新观察

建筑评论文集

有方
《城市·空间·设计》杂志社　　　　策划

U0334361

史 建 编

同济大学 出版社
TONGJI UNIVERSITY PRESS

光明城

LUMINOUCITY

看见我们的未来

"这是一个更多用言语而非书写表达话语的时代，录音、速记和整理的便捷，已经使即兴式发言可以'轻易'转化成流畅、清晰的文本。书写，以及书写过程中的阻滞、思考、谋篇的愉悦，逐渐让位于无序言说和极端化表述的快感。"（"新观察"第十一辑《主持人语》，2011 年）

"一年前，在台湾的'非常时期'，也就是陈水扁'执政'的最后三天和马英九'主政'的头四天，应台北的实践大学建筑系之邀，我与朱锫前去做学术讲座。正巧朱涛也在台北的淡江大学建筑系参加学术活动，在实践大学建筑系副教授、评论家阮庆岳的操持下，我们抽空到宜兰考察了黄声远的几个项目。在宜兰郊外黄声远设计的一座世外桃源般的别墅里，阮庆岳、朱涛和我'秉烛长谈'，我们深感华人建筑评论圈中率直讨论风气的缺失，曾激情四溢地商议自费出版华人建筑评论杂志。当然，回到各自的城市和重新陷入繁忙的工作之后，计划没有如期推进，但我们都惦记着那晚许下的'宏愿'。这次《城市·空间·设计》杂志愿意拿出宝贵版面让我主持评论栏目'新观察'，也算是对宜兰那次构想做的初步'实验'吧。"（"新观察"第一辑《主持人语》，2009 年）

"当初建议创办这个栏目，是有感于率直评论的稀缺；当两辑评论'横空出世'，我希冀的，是率直的论辩，于是有了本辑四篇具有理论背景的建筑师的犀利'回击'……就像王昀文章的标题所点明的，鉴于 20 世纪建筑界摸索的'盲目'，许多建筑师希望'上道儿'的大任由建筑理论评论家来担当。但是读过下面四篇出自建筑师之手的思辨之作，似不应再对某一类人抱有奢望：'大道'源于理论与现实、批评与建构的博弈、论辩之中。"（"新观察"第三辑《主持人语》，2010 年）

"当初我们'祭出'自己，就是为了在死水微澜的建筑界挑动这么激烈、坦诚、率直的论战，在思考中、在论辩、在焦虑中，一切皆有可能。"（"新观察"第五辑《主持人语》，2010 年）

"本辑是'新观察'栏目的第十二辑，即小册子已经不间断地刊行了两年。在这两年中，共刊出 47 位作者（事务所）的 51 篇文章。感谢所有作者和关心栏目的读者，尤其感谢那些很少为文的建筑师们！"（"新观察"第十二辑《主持人语》，2011 年）

"本辑'新观察'是第二十四辑——在这个匆忙而碎片化的年代，这个小小的坚持'传统'写作与思考的栏目已经存活了四年，深谢《城市·空间·设计》杂志的无怨无悔（我总是在最后的最后时刻交稿），以及各位作者与读者的不离不弃。无论如何，我会坚持下去。"（"新观察"第二十四辑《主持人语》，2014 年）

目录

实验建筑与当代建筑

实验建筑与当代建筑

再谈实验建筑与当代建筑

三谈实验建筑与当代建筑

四谈实验建筑与当代建筑

当代建筑:三重视点

当代建筑:媒体人的视点

当代建筑：学者的视点

当代建筑：建筑奖的视点

什么是人民的建筑

什么是人民的建筑

再论"什么是人民的建筑"

三论"什么是人民的建筑"

新陈代谢运动论

新陈代谢运动论（上）

新陈代谢运动论（下）

现代建筑与建筑师

何陋轩论

王大闳论（上）

王大闳论（下）

梁思成、林徽因论

当代建筑与建筑师

CCTV 新楼与库哈斯

黄声远在田中央

黄声远在田中央（续集）

李兴钢现象

设计理念与实践策略

与世博会有关

建筑双年展评论

建筑双年展反思

评论：第五届深港城市 \ 建筑双年展

杂论三题

参数化设计与建筑表皮

未来城市与乌托邦

国土与区域生态安全格局

实验建筑与
当代建筑

实验建筑与当代建筑

一年前，在台湾的"非常时期"，也就是陈水扁"执政"的最后三天和马英九"主政"的头四天，应台北的实践大学建筑系之邀，我与朱锫前去作学术讲座。正巧朱涛也在台北的淡江大学建筑系参加学术活动，在实践大学建筑系副教授、评论家阮庆岳的操持下，我们抽空到宜兰考察了黄声远的几个项目。在宜兰郊外黄声远设计的一座世外桃源般的别墅里，阮庆岳、朱涛和我"秉烛长谈"，我们深感华人建筑评论圈中率直讨论风气的缺失，曾激情四溢地商议自费出版华人建筑评论杂志。当然，回到各自的城市和重新陷入繁忙的工作之后，计划没有如期推进，但我们都惦记着那晚许下的"宏愿"。这次《城市·空间·设计》杂志愿意拿出宝贵版面让我主持评论栏目"新观察"，也算是对宜兰那次构想做的初步"实验"吧。

　　记得在2007年的首届中国建筑思想论坛上，我曾提出"实验建筑"转型论。与会的建筑师们（例如王昀）希望这一论调能成文，由此展开讨论，但因种种原因未能完成。年前，朱剑飞为他主编的《中国建筑60年：历史理论研究》文集约稿，由于他的构想宏阔而严谨，终于促动我在春节期间向国内建筑师们广泛征求资料，写成两万字长文《实验性建筑的转型——后实验性建筑时代的中国当代建筑》。本栏目中我的小文，即是根据此文删改而成，算是为这场讨论提供的基本语境。

　　朱涛的文章依旧"率性而为"，认为研究实验建筑应在限定的"社会语境"和"文化语境"，进行有针对性的分析，指出"今天我们面临的真正挑战，实际上是对解决多重矛盾的深度的追寻，对建筑意义的深度的追寻"。

　　远在澳大利亚又时刻关注中国当代建筑理论课题的朱剑飞，更关注的是从设计思想的角度认识"中国当代建筑"，即"在一个逐步混合的、互为依存的、既对立又合作的中西关系下，我们应该如何发展自己的建筑设计思想和价值观"，思考一种新的批判伦理。

　　与上述几位不同，兼有评论家和作家双重身份的阮庆岳，思维更加"恣肆"，他从演化论角度，从对"突变"、"骤变"、"突变"、"间断平衡"等生物学现象的分析入手，以对"现代性"的反思为基点，隐喻、分析和反省了当代建筑的几路演化进程。

实验需要语境

朱 涛

几年前，马清运在纽约哥伦比亚大学作过一个演讲，题目就叫"试验田"。演讲的海报背景是张照片，他穿着小花点（黄色？）衬衫，卷起袖子，理了个寸头，皮肤晒得黝黑，站在一堆貌似农民工，皮肤更黑的人中。他们的背景是一大片田野，好像还有一堵砌得半半拉拉的墙——这是典型的老马（大家这样叫他）的宣传风格，我很清楚。但这海报误导了我纽约的一位死心眼儿的左派朋友，她以为老马是个深入基层、搞草根建筑运动的activist（激进分子），于是跑来听演讲。听完跟我说：靠（Oh God），搞了半天，马是在指导施工队，修他自己在家乡投资、设计的葡萄园看护房和周边配套的旅游客栈！

读一张海报都存在一个语境问题，探讨"实验建筑"更是如此。

社会语境

我理解老马用"试验田"作演讲题目的用意。他用了一个比喻：试验田是指那些专门辟出来，搞杂交水稻之类农作物试验的田地。这词还宽泛地联系到1970年代末，中国农村搞包产到户的伟大"实验"：每家分一块责任田，自己自由耕种，想在上面试验什么就试验什么，结果农民的生产积极性和创造力大大提高。老马用这个典故，想说的是当前中国的发展，为建筑，或为其他什么东西，提供了无比广阔的"试验"（或"实验"）的空间和机会。

我喜欢和思维跳跃的老马争论。我跟他说：如果说"试验田"在30年前改革之初，意味着完全自由、开放的探索，大家当时没什么遗产可继承，也没有负担和忧虑。而到了今天，我们积累的经验和教训足够多了，是不是应该以一种新态度，以更全面、更平衡的眼光来看待"实验"？我也同样用了个比喻，一个"试验田"的负面例子：北京的沙尘暴正是内蒙古的"试验田"造成的。内蒙古牧民们本以传统游牧的方式养牲口，其实是长期摸索来的、符合当地自然条件的做法。内蒙古草场的土层很薄，全靠表层草皮保护。成群的羊或马吃了一片草后，马上转移到另一个地方，有利于被啃过的草皮长回来，保护土层不暴露出来，不沙化。可是，内蒙古的干部突然脑子进水，学中原的农村改革，搞包产到户实验，将草原也一块块划分成责任田，让各户牧民固定在一块块地里圈养牲口，结果严重超出草场的生态负荷。更糟的是，大批汉人涌入内蒙古，租赁草原，在上面种农作物。他们明知道那么浅的土层，如果种农作物，两年后土壤养分就会耗尽，土地就会不可挽回地沙化。但是他们很多人想：反正这是少数民族的地，只要在这"试验田"里放开做我想做的事，做出"成果"来，两年后走人，管这么多干嘛？这就是沙尘暴的起因。你在北京外围搞再多植树造林，有什么用？挡是没用的，内蒙古那边在大片大片地毁坏草场，才是问题的根源。

绕了一大圈，我想说的是：我们今天这个时代，已经不再是欧洲1909年未来主义运动和1920年代前卫建筑运动的时代，也不是1958年中国开始"大跃进"的时代，甚至不再是1970年代末中国刚开始改革开放的"纯真年代"。今天距离拉得开了，历史的经验和教训在我们面前堆了一大堆。我们如果愿意的话，其实是可以把问题看得更全面、更深刻些的。1909年的未来主义者和1920年代的前卫建筑师们曾幼稚地相信，技术进步能够给人类带来一个美丽新世界，结果见证了两次世界大战中技术被用来大规模地杀人。1958年毛泽东真诚地相信激进的社会实验可以超越一切经济发展规律和自然环境限制，结果大跃进导致大饥荒，遍地哀鸿。1978年改革开放各方面的实验所取得的成就当然是巨大的，但它的问题今天也暴露得很明显了，和建筑直接相联系的有居住问题、环境问题和公众的空间权益受到损害等问题。那么，当我们今天讨论"实验建筑"时，在社会性这个维度上，我们需不需要更细心、更精确地讨论一下"实验"的社会责任、限度和后果？换句话说，我们需不需要更精确地定位我们今天"建筑实验"的社会语境？

很多建筑师才不管这些。他们很像那些到内蒙古去种菜的汉人，一味猛做，做出"效果"后走人。在谈论建筑对社会的影响上，他们只醉心于"实验能产生多大能量"之类的抽象谈论。但是我们需要追问的是，在这里"能量"究竟指向何方？是指改善社会、改善人们生存环境的能量，还是指破坏性的能量？原子弹能量倒很大，可是能随便"实验"吗？今天一些建筑师的确很有能量，他们成了能影响政府官员和开发商决策的参谋。但如果这些建筑师的能量是破坏性的，那岂不是能量越大，实验越激进，对社会就越是场灾难？

文化语境

在谈了上述问题后，我必须要说明的是，我不是一个建筑审美的保守分子。我坚定地认为，建筑产品，至少其中的一部分，是需要承担文化开创的使命的。创造性的建筑作品，可以通过特有的手段，刷新我们的空间体验，或其他建筑审美经验——这一点才是大部分"实验建筑师"感兴趣的，也是"实验建筑"话语展开的立足点。它其实是从现代前卫艺术运动中的"实验艺术"话语体系横向移植过来的，强调的是形式语言的反叛性和探索性，而不是直接的建筑实践的社会性参与。或者有些人干脆就认为建筑师只要专注于形式实验，就已经自动体现了某种社会责任感。

但是，无论如何，至少有两点需要更深一步探讨。第一，实验建筑和实验艺术的不同之处在哪里？或者说，相比实验艺术而言，实验建筑的实验性特长和限度在哪里？实验艺术可以沿着两个不同方向来开拓艺术新领域：1. 建设性的手段。如立方主义和抽象绘画在反叛传统写实绘画语言的基础上，通过构筑出新的绘画语言来开拓艺术领域。但它们并不破坏艺术本身的自律性，不尝试打破艺术与生活之间的界限。恰恰相反，它们实际上是通过构筑新的绘画语言，加强了艺术本身的自律性。2. 破坏性的手段。如达达主义不光反叛传统艺术语言，还激进地颠覆艺术本身的定义和规范，甚至颠覆艺术与生活的界限。

回到我们的建筑学，问题在于：就第一种方向而言，与社会生活如此紧密交织的建筑学，能在多大程度上，像纯艺术那样，实现形式语言的自律性？就第二种方向而言，"实验建筑"又能沿着"破坏"和"颠覆"走多远？"实验建筑"能在多大程度上颠覆建筑本身的定义和规范，颠覆建筑和生活之间的关系？杜尚可以把小便斗拿到博物馆里，起名"泉"，供奉在那里。可建筑中能产生出真正的"达达主义"吗？如果说1920年代欧洲的前卫建筑与前卫艺术运动之间曾有过一段联姻关系，那么当时的思想基础是什么？或者，当时的误解有哪些？后来，一直到今天，各自的发展轨迹和相互关系又如何？

现在看来，我们建筑界在1990年代初，受西方学院式建筑教育和中国1980年代中期前卫艺术话语的影响，引进了"实验建筑"这一概念时，没能来得及仔细考察该概念在西方和中国的特定历史语境和发展轨迹，而是把它当作一个孤立、抽象的概念来对待，因而它与中国现实结合时也一直是高度抽象的。今天，回过头来，再仔细梳理这些问题，仔细把这些问题放回到20世纪现代建筑发展的脉络中考察，相信会澄清很多问题，至少会让我们更清醒些，不要过于依赖实验艺术的话语体系，来谈论我们自己领域的很多问题。

第二，牵涉到"实验作品"的读解。不是一个建筑师宣布要搞实验，摆一个实验的pose，讲一个关于实验的构思，他的作品就自动有"实验建筑"的质量和意义了——我们的建筑师、建筑媒体和批评家们往往太容易满足于这层面上的东西。我几年前和朱剑飞那场关于"批评-后批评"的争论中，关于中国建筑那段，很多中国建筑师读着觉得委屈，好像我是在说他们没有"批评性"——实际上这不是我那篇文章首先想判断的。我最直接想和朱剑飞探讨的其实是：你说谁谁谁有批评性，能不能更精确、详细地告诉我表现在哪里，作此判断的社会或文化语境是什么——除了援引建筑师的文字宣言外？今天同样，如果我们认为还有必要谈论"实验建筑"这个词的话，建筑评判者要有细读作品的能力，要能深入、令人信服地读解出"实验建筑"作品的实验性究竟表现在哪里，针对什么做的实验，其质量和意义如何，而不是光听建筑师的宣言如何如何——而这，如果没有一种对建筑文化语境的敏感性，是不可能做到的。

阿多诺（Theodor Adorno）说过："奥斯威辛后，写诗变得不再可能。"他的意思是：经历了纳粹大屠杀之后，现代人的经验和精神世界变得如此复杂，面对的矛盾如此之多、之大，传统的田园诗式的唯美诗歌，已经成为一种虚伪、孱弱的艺术形式，不可能再有效地表达今人复杂的经验和精神状态了——阿多诺其实就是在努力思考艺术在特定文化语境中的恰当形式和意义。那么在他看来，"奥斯威辛后"，怎样的艺术才有价值呢？他说："今天没有其他对美的量度，只有依赖一件作品能够解决（多重）矛盾的深度。一件作品必须切开（多重）矛盾，并克服它们——不是通过把它们掩盖起来，而是通过追随它们。仅仅形式的美，不管是什么，是空洞和无意义的；在观察者的'艺术之前'的感官愉悦中，内容之美会丧失。美要么是（多重）力量向量的（作用）结果，要么什么都不是。"

十几年前，一个中国建筑师，似乎随便糊弄点"艺术之前"的感观愉悦，就能获得"实验建筑"的称号，如在立面上装几块木板、锈钢板、素混凝土、磨砂玻璃等等。那时候，建筑师几乎做点什么与市面上异样的东西，都能"出效果"，都好像能轻易获得文化批判的针对性（再加上当时说服甲方接受确实是比较难的工作，因而显得有点悲壮）——所有这些是因为当时的建筑文化本身实在太贫瘠、单调、肤浅了。我记得当时张永和在北京街道上骑自行车转悠，突然看到一个用磨砂玻璃包裹起来的小店铺，很纯净的样子，马上和我半开玩笑地说："感到很紧张，非常建筑在北京遇到竞争对手了！"可今天，随便到哪个城市公园，上一个臭烘烘的公共厕所，都可能会看到大片磨砂玻璃。我还记得，王澍的顶层画廊刚修好，一艺术家看到那些生猛的材料、做法，"感动得要大哭"。可今天，相信这位艺术家已经逛过纽约、伦敦的画廊，至少798去过几趟了吧，恐怕对那些大木头门、钢板、铁插销等，早就审美疲劳了吧。

这谁都不能怪，要怪只能怪我们的社会变化太快了，"文化语境"也跟着飞快地变。读者们见的市面多了，口味刁了，对建筑语言的要求也高了。当然，一些建筑师也在相应地调整策略。其中一些觉得只有靠来更生猛的，更狂怪的，非要摆出一个强奸context（语境）的姿态，才对得起"前卫"、"激进"、"能量"这些字眼儿。另一些觉得坚持做纯净点的形式，把墙刷白，加点木百叶，就算文化上的抵抗，或"批判"了——这些恐怕都还是糊弄，都还是太过简单的花拳绣腿。我想说的是，今天我们面临的真正挑战，实际上是对解决多重矛盾的深度的追寻，对建筑意义的深度的追寻。

今天的作品中，我认为是出现了一些更有勇气的"实验行为"的，如王澍的中国美院象山校区和刘家琨新近的大地震馆。但大家能互相促进，推动建筑文化向深层发展的前提是有那么一批建筑师和批评家，愿意和能够对这些作品进行细读，仔细辨析在今天特定的文化语境中，这些"实验"的质量和意义如何。比如，王澍的中国美院象山校区的曲面混凝土屋面上，那垂直摞起的无数小青瓦和宁波博物馆墙面上的循环利用的旧砖，究竟是协调传统与现代的一个有深度的实验，还是缺乏批判性，对传统遗物近乎拜物教般的炫耀？再比如，刘家琨的大地震馆，运用了人民大会堂的社会现实主义的语言，但其殿堂中的廊柱，是坐落在起伏、扭曲的地面网格上，似乎在有意铺设不同语言和象征意义之间的张力。但结果究竟会达到"解决多重矛盾的深度"，还是会在一念之差间失去张力，被其中某个语言单方面压倒，成为一种"象征主义"的媚俗？单纯讨论建筑师走的路线（该或不该）并不重要，随意给建筑物下褒贬定论（好或不好）也不重要，重要的是大家都保持对社会语境或文化语境的警醒，对建筑作品持续进行有深度的探索、阅读和辩论，形成"实验—批判"互动的文化氛围和过程。

离开社会语境或文化语境谈"实验建筑"，就和离开语境谈"创新"，谈"前卫"，谈"解放思想"，谈任何东西一样，要么是没有意义的扯淡，要么是自欺欺人的蛊惑。

如何从设计思想的角度
认识当代中国建筑?

朱剑飞

我们也许可以从经济的角度、城市的角度、住房的角度去理解当代中国建筑。在建筑学的讨论中,我们无法回避的一个核心问题是如何从设计和设计思想的角度去理解分析当代中国建筑。从表面上看,当代中国建筑似乎包含了许多现象,如"实验建筑"的出现,建筑师对理论和"建构"设计的兴趣,全球一体化的冲击,海外建筑师的涌入,海外对中国建筑的报道,海外或西方建筑自身所谓"解构"和"新现代主义"的发展,以及最近关于"批判性"与"后批判性"的讨论等等。

这些现象之间有什么关系?我们如何从整体上结构性地把握同时涉及这些线索的当代中国建筑?对这个大问题的回答需要许多研究工作和跨时间、跨国界的洞察。在此我希望列出我认为最基本的几个观察,以助我们对这个大问题的回答。

三组建筑和"象征资本"

从建筑历史和设计思想的角度来看,最近十多年中国建筑界最有影响的建筑,如果先从功能和物理尺度上看,大致可以分成大、中、小型三种。

"大型"建筑,以国家大剧院、央视新楼和国家体育场("鸟巢")等巨型文化体育设施为代表。其甲方主要是国家政府,而设计者以欧洲"先锋"或"明星"建筑师为主,当然也包括中方合作建筑师、工程师。"中型"建筑,以深圳文化中心(矶崎新设计,2006年完成)和北京建外SOHO(山本理显设计,2004年完成)为代表,功能可以是文化设施或公寓办公楼群等,甲方包括政府和民间,建筑师似乎也是以海外如日本为突出代表。"小型"建筑，以长城公社的别墅和各种书屋、酒吧、艺术家工作室等为主。甲方以民间为多，建筑师包括海外的建筑师，以及中国的新一代建筑师。张永和的席殊书屋（1996）和隈研吾的竹屋（2002）可以看作这组建筑中最早的代表。波士顿建筑师、Office dA 的 Monica Ponce de Leon 和 Nader Tehrani 的北京通州艺术中心门房（2004），也是一个典型的例子。刘家琨、王澍、马清运等一些建筑师的设计也是这一类的代表。

这三组建筑，作为最有"艺术"价值的设计，在不同程度上都成为"象征资本"的符号。在各个项目中，尤其在较醒目的或较大型的项目中，建筑师的名望、建筑艺术和建筑设计知识的资本，与甲方的财富资本或权威资本相结合。建筑和权力资源在此"合资"，塑造出卓越超群的符号，以提高国家、地区、城市、企业或某房地产集团文化的、象征的资本。

中西影响的对流

尽管我们可以用新马克思主义或文化的政治经济学批判来研讨这些建筑，我们依然无法回避建筑知识与权力资源的辩证的依存，以及在中国的后毛泽东时代背景下权威和资本对建筑知识（设计艺术和形式语言）发展的强大推动。如果政治经济学批判可以暂停，允许建筑界内部对知识本身的讨论有一定的空间的话，那么这里有许多问题需要我们关注。

上述的三组建筑设计，都包含了国内外建筑师在中国的共生或合作，如"长城公社"或"南京国际建筑艺术实践展"。需要注意的是国外这批建筑师，从库哈斯到 Office dA，直接或间接地都从反对装饰的后现代的"解构"和"新现代主义"发展过来；所以他们的建筑都是"建构"的或"超级建构"的，从央视大楼到鸟巢、竹屋都是如此。这和中国新一代建筑师为了超越本土的装饰的巴黎美院传统，以及后现代影响所强调的"建构"和"现代主义"是一个巧合，也是两者合作和互相观摩学习的根本基础。当然，这两个"建构"实际上处在两个不同的历史轨迹上，同时又有共时的关联。

中外建筑交流的另一个关键现象，是一个对称交流的瞬间的出现。一方面，西方对中国建筑和城市建设的规模和速度有大量的报道，同时又有理论型建筑师库哈斯对中国和亚洲的关注和引用，以支持他的（反对过于理论化、美学化的）"工具主义"态度，这些都构成了一个中国向西方的影响。另一方面，西方建筑设计思想对中国的影响无处不在，同时又有直接的建筑师之间的共生和合作，最重要的是中国建筑师自身的努力消化，以及留学回来后对西方设计思想的采纳（以张永和为先行的代表），而其中采纳的主要是理论思辨、建筑自身的纯粹性和基本性，以及对形式传统（甚至社会意识形态）的反叛的趋势，这就构成了西方向中国的影响。如果说第一个影响是工具主义的，那么第二个影响就是批判主义的。

这是一个极为明确的对称的能量交换，在两个不同的体系接触时发生，大家都向对方输出自己"过剩"的能量。中国输出工具主义，而西方则输出批判主义（理论主义加上严谨的、纯粹的建筑语言）。这种能量对流会在形成的大体系中变得更加复杂混合，所以这种对称交换或许是短暂的。然而，中国相对于西方的实用主义、工具主义和"物"的、生命的能量等方面的优势，都会在相当长时间内保持，其基本原因是庞大的人口基数和强烈而持久的发展欲望。反过来，西方对于中国的在设计思辨、纯粹形式艺术和社会民主思想等方面的优势也会持久。

另一个相关的话题是，这几年美国建筑理论界的讨论，把库哈斯提倡的工具主义命名为"后批判（主义）"，而此前的以彼得·艾森曼为典型的强调理论和建筑纯粹语言的思路命名为"批判（主义）"，这种讨论（现在被称为"后批判理论"）有一个大气候下的必然性。在新自由主义影响和全球经济一体化推动下，近年西方建筑设计的大趋势，是思想上的实用主义和非意识形态化，以及形式上的放松和感性；而它在理论上的表现，就是现在所谓的"后批判理论"。

新理论或新批判性的必要

在一个逐步混合的、互为依存的、既对立又合作的中西关系下，我们应该如何发展自己的建筑设计思想和价值观？中国的建筑师实际上每时每刻都在走自己的路，随着时间的推移，也会以直觉和涵养为基础，形成自己独特的形式语言和思想价值观。中国建筑师或许可以不管西方的各种"主义"和概念。但是我认为中国建筑界至少应该有一些人，关心如何在世界的语境里和西方的理论家对话，如何与西方的价值观念进行磋商辩论。为此，我们应该思考一种新的批判伦理。

西方的批判的基本构架是二元对立的，在社会理论和建筑理论上表现"自我"、"独立"、"对抗"、"纯粹性"等概念。其基本问题是个人主义和概念上没有妥协的余地：批判是不妥协的，而建筑又必然是妥协的（因为它必须运用某种形式的资本和权力），所以，如果要实施建筑的话，该理论只能接受堕落。为此，我们必须寻找一个新的理论构架。

中国的伦理观念强调二元互相依存，互相转化。它提出一种关联的伦理哲学。如果我们启用这样一种思想，那么我们或许可以建立一个关联的批判性。在这种思想指导下，批判不是二元对立的，不是纯自我的，而是关联的，在与"他"者（人、集团、资本、权威、自然资源，等等）的关联互动中改造世界。

演化吧，
中国建筑！

阮庆岳

达尔文提出的演化论，牢牢占据生物学的核心轴，难以撼动，却也争议不休。那么，建筑也有演化论吗？基因与突变也是建筑发展的决定因素吗？我的生物学不佳，就求助一下"维基百科"吧：

演化论，是用来解释生物在世代与世代之间存在变异现象的一套理论。从古希腊时期直到 19 世纪的这段时间，曾经出现一些零星的思想，认为一个物种可能是从其他物种演变而来，而不是从地球诞生以来就是今日的样貌。而当今演化学绝大部分以达尔文的演化论为主轴，已为当代生物学的核心思想之一。

"一个物种可能是从其他物种演变而来"，多么有趣的说法！（适用于建筑吗？）1930 年左右，有些学者认为演化论过于专断，便将长期被忽略的门德尔遗传定律加入，让"天择"与"基因"两个因素，共同架构演化的基础，称为新达尔文主义。"基因"是承继，"天择"则是演化（也可说是基因的"突变"），以变成"另一个物种"，达到竞争与演化的目的。

这样描述下来，似乎接近当代中国建筑的发展现象了。那就再挑明些说说吧！近20 年中国当代建筑的发展，明显落在承继 / 突变的复杂与矛盾间；那么，如果"基因 /遗传"是无可脱逃的某种宿命，"演化 / 突变"是必要的救赎吗？可以既遗传又突变吗？突变是生存的必须手段吗？突变一定更好吗？若拒绝演化，结果会是什么？

再求助一下聪明的生物学吧！据查：进化论是以"良性突变"作立论基础，然而遗传基因在复制时，突变的概率只有百万至十亿分之一，且99%以上的突变是有害的，往往会形成软弱、病态、畸形的生物，会被自然淘汰（和此刻的建筑现象确实有相似处）。

听来有些悲观，但任何理论都非绝对真理，听听另一个"骤变"理论的说法：生物学上的骤变（saltation）是指生物在相邻的两个世代之间，具有显著差异。骤变说（saltationism）认为生物的变异，是"非偶然"且"非渐进"的，甚至只需要一个步骤便能形成新物种。

回到关于"当代建筑"的议题吧！对于当代的中国建筑，如果"良性突变"不可期待，那么"骤变"会是可能方向吗？骤变应有其应对现实而生的必然性，"是'非偶然'且'非渐进'的，甚至只需要一个步骤便能形成"，其所面对的现实形势与力量，必然险峻不可挡，所以只能走险与之对决。

中国当代建筑如果算是"骤变"的话，此刻面对的险峻现实是什么呢？造成其必须骤变的因素又是什么呢？

1980年代中国社会整体对外积极开放与对话，透过对比与差异后，价值系统重新再建立，自然是造成这样骤变的近因（再更远的话，当然还可以提到慈禧、李鸿章等当年在洋枪洋炮下改革态度的承传），也铺陈了民意对迈向现代性改革（或称骤变）的期待与信仰势不可挡。然而，骤变虽已是普遍被接受的态度，对专业者（建筑学界与执业界）而言，难题却是该怎么骤变？以及究竟该骤变成什么模样？

这大概是此刻中国当代建筑的状态。基本上，对于骤变的必然性并无怀疑，对于骤变是什么，以及该应对的"他者"为何，则显现出观点的巨大差异。简单分类，我觉得此刻认定"他者"的态度有三：第一是依旧以"超英赶美"为历史演化必经之路，"习人之长、补己之短"的临帖过程则是不可回避的成长模式；第二则是拿此刻中国自身的现实，作为骤变时自处的思考位置点，认定此时此地的现实所在才是问题关键，不以远方的他人模式为基准标杆，之所以必须骤变则是为了解决现实问题；第三是相信真正的骤变，仍须透过对既存基因的积累与学习，骤变后的形貌究竟为何，也仍埋藏在祖先所承传的基因里，无他者可作解救。

环顾我所知范围，可分别列入这三种相异态度的建筑人，算算绝对不在少数，当然混血或跨相异态度的，也还有许多，这里不好一一点名与对号入座，免得祸延子孙。至于，三个路线究竟何者才是正确坦途呢？某种程度上我觉得三者同有重要性，只是各有其阶段性的时代角色任务。此刻看其显现的次序，似乎是：1.临帖模仿，同步并进；2.认定自身所在，响应现实所需；3.衔接基因库，承传文化脉络。三者相互重叠共生，并不全然互斥，其中自然也隐藏着全球与在地的对抗，资本与权力的争伐，生息吞食一刻未曾止。

中国当代建筑面对的歧异路线挑战，可能不是单一的特殊现象，而是大时代的普遍问题。所谓的骤变，也是全球在不同时间状态时，均可见到的建筑现象，只是此时此地的中国，正好浓缩放大了，特别明显易见。关于这个，演化论还有灾变论（catastrophism）

说法可引，认为地球曾遭许多短暂的灾难，其中有些是全球性的，例如生物大灭绝，或是月球形成理论，因而引发世界同时的骤变。

以此观视，或者我们也可假想当代建筑的某种骤变现象，其实也有个"灾难"的共同源头可寻，有个必然的共同因子埋在某处，才引发出这近代的普遍现象。然而，四顾茫茫，草木皆兵，究竟该莎乐美般斩谁人的头，来为这时代的"骤变"作救赎呢？

若暂时不管"冤债有主"的说法，我个人会鲁莽也直觉地将这个（替罪的）稻草人，假设到"现代性"这回事上。也就是说，我认为"现代性"这个大哉问的难题，应是当代的共同"灾难"（与祝福），人人皆须回应，建筑也不能自外。且不管各自应对的路径与手段是什么，真正要思考的问题，至终可能还是要回归到"现代性"与此刻中国时空状态交语的本质问题上，否则可能所有作为都只会沦为"项庄舞剑"的徒然。

这议题已经讨论无数，霍布斯邦在"19世纪三部曲之二"《资本的年代》中，也点到"现代性"与其所极依赖科学的可能危险："追求艺术的科学极致，是条很吸引人的道路，因为如果科学是资本主义社会的一个基本价值，那么个人主义、竞争就是其他价值……其次，如果艺术与科学相似，那么它应和科学一样具有进步的特点，进步使'新的'或'后来者'（在某些条件下）变成'先进的'。这对科学来说没有问题……然而在艺术上则不尽然……同时，'进步'一词也是含混不清，因为历史上所有已被看到的演变，这些演变都是（或据信是）前进的，同时也可用于企图促成未来理想的变革。进步可能是（也可能不是）事实，而'进步主义者'一词更只是政治用语。艺术上的革命者通常很容易与政治上的革命者相混淆……也都很容易和另一种极不相同的东西相混淆，即'现代性'。"[1]

先告诉我们所谓"进步"的不可信，同时说科学的进步，未必是艺术的法则，再提醒艺术与革命间，以及更重要与"现代性"间，角色间厘清的必要。关于该如何解决这个大哉问的难题，大概无人敢一肩担起回答吧！提个比较迂回（或说迂腐）的应对法，就是认为"现代性"的问题，不会是永久或长期存在的，因这只是时代一个波峰的问题，必会过去的，因此或稍可轻松看待（憋口气忍忍）。

关于这个，再掉一次书袋（请包涵）。"间断平衡"（punctuated equilibrium）理论认为有性生殖的物种，可在某一段时间，经历相对传统观念而言，较为快速的物种形成过程，之后又经历一段长时间无太大变化的时期，二者间自有其微妙的平衡必然关系，需拉长时间轴才看得出来。

1. 艾瑞克·霍布斯邦(Eric Hobsbawm)，《资本的年代》，王章辉等译，台北：麦田出版，1997年版，第438—439页。

也许，我们正就处在那个"较为快速的物种形成过程"，就像坐在逢上突来风暴的船舟上（且其因果尚未明），难免颠簸、晕眩，也刺激些，但可能因此到达意想不到的终点，是福是祸难于论断，或说是因人而异。就像是如果接受"骤变"是此刻建筑的必然状态，且明白其根本是"非偶然"与"非渐进"的事实，那么自己的位置究竟何在？能否清楚掌稳舵并定方向？这些类同哲思的问题，怕就要一一浮现，让创作者头痛了。

　　时代巨轮兀自转动，个人究竟要怎样应对？"如何"做建筑从来不是问题，"为何"与"因何"做建筑才是挑战。或者，暂且毋需心慌，这样在时代巨涛与个人定舵间两难的创作者处境，自古从来就有，迹痕斑斑也历历可数，我等并不孤单。就学学古人的智慧，看苏轼先生如何在《定风波》里，潇洒应对人间风雨吧！

　　莫听穿林打叶声，何妨吟啸且徐行。

　　竹杖芒鞋轻胜马，谁怕！一蓑烟雨任平生。

　　料峭春风吹酒醒，微冷，山头斜照却相迎。

　　回首向来萧瑟处，归去，也无风雨也无晴。

　　虚无也宿命了些，也许！（就请多包涵了。）

从"实验建筑"到
"当代建筑"

史 建

"实验建筑"的终结

2003 年 12 月 14 日下午，在北京水晶石"六箱建筑"，举行了"'非常建筑'非常十年"的回顾展和研讨会。不大的会议室挤满了人，新一代青年建筑师们群星荟萃，但来去匆匆，他们大都没有被归类为实验建筑师，但同样关注"当代性"、"立场"和"批判性参与"等问题，艺术家 / 建筑师艾未未表现得尤其决绝。

这实际上不仅是非常建筑十年，也是中国实验建筑"十年"实绩的展示、辨析和总结的契机，但只有《建筑师》破例刊出了纪念专辑，主流媒体反应平淡，笼罩在张永和及实验建筑身上的"前卫"光环正在褪去。

也正是在这期《建筑师》杂志上，张永和在《第三种态度》中表达了"批判地参与"，以及"立场的根本性、策略的不定性"等观点，并且提出了要以 10 年纪念为契机，实现"非常建筑"从一个个人化色彩浓厚的建筑师工作室向组织严密的建筑师事务所的转型，而"'非常建筑'的发展目标，是成为一个业务上国际化的建筑事务所"。在这些表述中，介入现实的"入世"（市场经济）欲望的强烈，已经遮没了"实验"性，而非常建筑在此后也确实是这么做的。

此后，随着张永和、王澍、马清运等人在国内外高校担任要职和承担大型设计项目，新一代青年建筑师群体的崛起，以及国家设计院模式的转型，实验性建筑的语境发生了彻底转换——它所要对抗的秩序"消失"了，开始全面介入主流社会，它所面对的是更为复杂的世界。所以，我把 2003 年 12 月 14 日看作实验建筑的终结和当代建筑的起始。这时，虽然"实验建筑"还被认为是"先锋建筑"的某种泛化称谓，但实验建筑的非先锋性已经引起后起的批评家和理论家的关注、警惕和直率的批评。

从一开始，就像其内涵的模糊一样，实验性建筑的谱系就不是明晰的。以马清运为代表的另一种实验建筑模式，以《大跃进》或库哈斯式的话语／视觉／策略模式，以更为激进、有力的方式影响了现实、实验建筑、当代艺术和媒体，但是他同时期的建筑实验，却一直没有被实验建筑谱系明确接纳。另外，艾未未、齐欣、大舍建筑、张毓峰、张雷、崔恺等人性质相近的工作则难以归位；此后，更有都市实践、朱锫、祝晓峰、李兴钢、童明、标准营造、土人景观、王昀、王晖、马岩松等众多建筑师的相近实践被"漠视"——实验建筑在此陷入"谱系学"或者存在合理性的窘境。

实验性建筑的实绩，最终较为完整地体现在张永和、王澍、刘家琨和马清运的设计理念与实践上。从后实验建筑或国际语境而言，这四位建筑师在实验建筑阶段实践的意义是"前所未有"的。但是他们这些实验性建筑时代的作品的空间探索也是拘谨而个人化的，往往需要更具批判性和叙事技巧的话语解说，在某种程度上，是高度人格魅力化的话语造就了实验建筑，它更像是他们在后实验建筑时代的准备期的实验。也就是说实验建筑更多是以话语、观念的方式传播的，而其空间营造的实绩并没有泛化。

此时，中国意义上的现代主义前卫设计实验很快遭遇到经济的起步和超速城市化现实：这时国家主义设计模式崩解，建筑样式的表达成为社会的超量需求，快速设计成为普遍现实和生存前提。由此，实验建筑面对的问题被瞬间置换，实验性建筑师曾经标榜的前卫姿态亦被迫转换为文化上的退守。既有的"实验建筑"概念以及汇集的建筑师和作品，需要进行过深入的学术清理；以"实验建筑"为话语的建筑活动和批评到目前依然具有强大的影响力，但是当其面对现实问题，具有较大的局限性，即它难以将更为广泛的建筑实践和实验纳入进来；近10年中国城市／建筑的超速发展及面对的挑战，已经远远超过当年"实验建筑时代"或"实验建筑"所针对的问题，且成就庞杂，头绪纷呈，急需系统的梳理和分析批评。

"当代建筑"的意义

如果说当年"实验建筑"的称谓是比"先锋建筑"更宽泛的概念，那么现今"当代建筑"所指，则是更为宽泛的、特指具有"当代性"或"批判地参与"的探索群体。但是，与其说它与当代景观设计有某种对接，不如说与当代艺术有着更为"天然"的联系和共同点，它们已经是媒体时代的主流建筑／艺术，既保持着对现实锐利的审视，也是时代的空间／视觉最有力的表达者。

在这里，"当代建筑"并非对"实验建筑"的进一步泛化，而是还实验建筑以本来面目，并将更多具有相同特质的设计趋向予以归并，在全球化语境中予以审视的方式。

就像当代艺术之于主流艺术和传统艺术，当代建筑也并不仅仅是界定时间的概念，它首先指一种直面现实、应对现实的观念和态度。正是在"当代"这一观念或态度的昭示下，像"活的中国园林"这样的综合性展览，才能在"国家"的名义下汇聚广泛的艺术领域和立场的建筑师、设计师和艺术家的作品。

其次，当代建筑无须对抗实验建筑时代无所不在的强大的"坚实"体制和国家主义设计模式，但却被迫融入更为复杂的、体制与市场机制混合的现实。当代建筑仍然具有批判性，这种批判性虽然更多是作为生存策略的姿态或表演，但也有将实验建筑时代的话语的批判性转化为建构的批判性的新的可能。

第三，由于超速城市化现实的催生，当代建筑已经割舍了实验建筑时代的"自闭式"空间实验的边缘化套路，转而在主流平台进行具有国际视野的设计语言演练。这种探索可能依然是有关空间的、本土语言的和城市的，也有可能是有关科技和环境的，或仅仅是"造型"/表皮的。在后实验建筑时代，具有不同立场、风格、观念的建筑师可以因不同的需要结成不同的利益群体（如著名的集群设计现象）。

这里相对较晚地提出"当代建筑"概念，并非欣喜于实验性建筑的终结和拥抱当代建筑的众声喧哗，而是忧虑于面对日益强势的意识形态/市场综合体，当代建筑在学科建设、空间实验和社会批评方面日益萎缩的现状。

要像当年论述"实验建筑"那样按照谱系罗列中国当代建筑师及其作品，或者按照几种类型划分，都是不现实的。这首先是因为建筑师群体的壮大，不断有新的年轻建筑师/事务所加盟；同时，由于市场压力、立场的弹性和策略的多变，使许多建筑师的设计品质处于不稳定状态，其作品或者分属当代建筑的不同趋向，或者只有部分作品具有"当代性"，这或许也是现实变化剧烈的一种表征。

再谈实验建筑与当代建筑

原载"新观察"第三辑 / 2010.01

建议创办"新观察"这个栏目，是有感于率直评论的稀缺，而非旨在使其成为"横空出世"的热点栏目。我希冀的，是率直的论辩，于是有了本辑四篇具有理论背景的建筑师的犀利"回击"。

张永和的文章首先"向我开炮"，质疑了我的从实验建筑到当代建筑的过程是中国建筑发展轨迹的提法，认为从1990年代开始出现的就是当代建筑，"实验建筑是其过程中的一个插曲，一个有意义的插曲"。他进而从文化、理论、城市、技术、环境、社会等层面，界定了当代建筑面临的主要问题。

都市实践的王辉是兼有评论家身份的建筑师，他关注的，是什么原因使中国的实验建筑稀释、蒸发、失重了？是什么理由使中国的实验建筑至少在将来时中还存在？他提出的重要观点，是"中国现代建筑学的低起点虽然使得许多设计有实验的色彩，但如果这些设计在整个世界性设计史的背景下并没有过多的原创性，它只能被定义为启蒙，即将一种被认同的先进或先锋理念移植到建筑文化基础非常脆弱的现实"。

兼具建筑师、教师和学者多重身份的王昀，一方面视野宏阔地辨析了20世纪以来中国建筑界三次与"布杂式国际接轨"的脉络和症结，一方面也率直地指出了有关实验建筑和当代建筑讨论的基本概念界定的缺失。

作为设计师和建筑评论界的后起之秀，范凌私下里对"新观察"第一辑中几位评论家文章的点评可谓一针见血，但是最终拿出来的文章，却"避重就轻"，试图以个案而不是全景式纵览，探究由建筑师（如张永和）身份变化和特定社会政治语境所构成的中国当代建筑发生的空间。他希望由对个案的研究，提示对"当代"话题的三个观察角度和研究方法建议。

就像王昀文章的标题所点明的，鉴于20世纪建筑界摸索的"盲目"，许多建筑师希望"上道儿"的大任由建筑理论评论家来担当。但是读过下面四篇出自建筑师之手的思辨之作，似不应再对某一类人抱有奢望："大道"源于理论与现实、批评与建构的博弈、论辩之中。

问题建筑

张永和

实验建筑

1990 年代中后期，记得第一次是在台湾的《建筑 Dialogue》杂志里看到王明贤和史建用"实验建筑"一词描述当时在中国出现的为时不久的一些建筑和建筑实践，其中包括了非常建筑工作室（下面简称"非常建筑"）的几个设计。

我当时没深究过王明贤、史建两位是如何定义实验建筑的，但知道他们想要说明的一个现象是一批和以往不同的建筑。至于叫什么，也许并不重要。后来也出现新建筑、前卫建筑、非主流建筑和翻译得变了味儿的"另类"建筑等等称谓，其实都没有本质上的差异，所指的是同一批建筑。我很长时间以来，都认为王、史的实验建筑仅是一个宽泛的概念。

在"新观察"第一辑中，史建比较明确地指出实验建筑是非社会的、非商业的设计实践。我在 1985 至 1993 年，做了许多自己出题的建筑设计，倒符合这样限定的实验建筑；或按照屈米（Bernard Tschumi）的提法，也可以叫作理论设计，即没有业主委托、建筑师为了研究某个建筑问题做的设计，一般总停留在图纸上。《非常建筑》一书里发表的工作大部分是那个时期的，属于理论设计的性质，同时也包括了若干个非常建筑最早期的项目。

非常建筑的成立，就是为了盖房子，为了做社会、商业实践，是入世的。《非常建筑》一书的内容反映了我从理论设计或实验建筑向社会、商业实践的过渡。1996 年，非常建筑第一个建成的商业设计是席殊书屋，大概是因为用了自行车轮—— 一个非建筑的元素，似乎体现着一种实验性，但它恰恰标志着我自己的工作重点开始脱离理论设计性质的实验建筑实践。也就是说，如果我的实验建筑时期有一个结束点，应该就是1996年。2003年非常建筑成立十年，对我们来说只是一个总结前面工作的理由，同一年我们也经历了社会意识和实践组织意识的提高，于是当时也常谈这两点，但就工作方向而言并没有发生划分阶段的变化。

那非常建筑是否从1996年就不再从事任何实验建筑性质的工作？也不尽然。非常建筑多少年来一直在当代艺术领域里做展览和装置的设计，并经常利用这些机会对一些非常规的材料进行尝试，如2008年在伦敦的维多利亚与艾尔伯特博物馆（Victoria and Albert Museum，V & A）做的以塑料植草格为结构材料的装置。这些工作和史建定义的实验建筑是接近的，但其形式是材料和建造，不仅是图纸和模型。此外，非常建筑现在几乎每个项目都进行一些建筑技术上的研发，涉及材料、结构、能源（包括节能和洁净能源）诸方面。这是另外一种实验。从这个意义上，也可以说非常建筑现在的工作比以往都更具备实验性。

1990年代其他中国建筑师从事实验建筑的情况我不是太清楚。我了解的1990年代更是中国建筑师开始以独立身份展开实践的初期，至于他们是否做过实验建筑并没有必然性。因此也构不成一个严格的实验建筑阶段。

1990年代的问题

我真正关心的不是实验建筑，而是建筑。非常建筑的早期工作聚焦在一些建筑的基本问题上：什么是建筑的核心知识？什么是建筑形式语言的特性？什么是建筑设计的基本功？等等。对这些问题的探索也构成对当时中国建筑权威的挑战：1990年代，仍处在巴黎美术学院的阴影下的中国建筑师普遍不关注建筑的材料性，认为绘画是建筑设计的基本功；我们恰恰认同材料性是建筑最根本的性质之一，设计的基本功应是熟悉材料和建造方法的观念。在此也顺便说一句：正因为我认为材料和建造的问题非常基本，我反而对如何翻译"tectonics"的讨论不觉得很有所谓（尽管我明白张钦楠先生和罗小未教授两位是想用不同的汉字组合对应不同的英文词汇："建造"对应construction；"建构"对应tectonics），而对关于"建构"的理论性讨论更持担心的态度，唯恐这些讨论倒把一个简单的问题复杂化了。

在实践中，用通俗的"建造"一词便很清楚，说的就是材料和结构的逻辑以及它们在建筑形式上的表达。当时人们看到的是非常建筑的设计和当时主流的设计趣味上的差异，我实际上认为趣味是问题的现象，不是问题的本质。朱涛在"新观察"第一辑的文章中提到我有关磨砂玻璃的玩笑话，其背后是我对半透明性的兴趣；它和透明性一样，都是建筑材料性的组成部分。至于朱涛借此发挥的他关于1990年代中国建筑探索容易开展的一番议论，则令人困惑。按照朱涛的说法，只会推导出：在气氛仍相对保守、独立实践空间狭小的 1990 年代，建筑应该非常繁荣的奇妙结论。常识告诉我们，任何新事物，包括新建筑的出现总不免经历一个艰苦的过程。

建筑的材料性问题衍生出建筑形式语言的问题——如：建筑形式语言与建造的关系？建筑是否与美术，特别是雕塑，共享一个审美体系？进而文化问题——如：中国的建造条件与世界其他地区的是否一样？文化当然与地域和历史有关联，但远不是在建筑设计中能直接地阐明的，因为建筑中体现的文化只能是当代文化、当地文化与建筑自身文化的结合。这又和当时中国建筑界流行的"文化即符号"的思维方式产生冲突。正因为清醒地意识到这一系列问题的重要性，我尽管受到欧洲现代主义思想的影响，但比较快地意识到超越欧洲现代主义建筑风格的必要性。

今天回顾 1990 年代，早期的非常建筑走过的历程主要是从建筑的基本问题到文化问题。在 1990 年代的语境里，非常建筑的工作所关心的问题以及关心这些问题的方式不同于当时的权威性话语，具有了对抗性。狭义地说，非常建筑的回归建筑的物质性，与朱剑飞在他文章中提到的艾森曼（Peter Eisenman）的纯粹建筑语言，以及弗兰姆普敦（Kenneth Frampton）的自治建筑，部分地重叠了。实际上，在 1990 年代期间，我也是认可美国的批判主义思潮的。

1990 年代末，我开始把城市问题带入工作中来。当时非常建筑还没有城市设计或规划的项目。于是，借由北京大学创办建筑学中心的时机，先进行了对城市，特别是对北京的一系列研究。我对许多城市问题的基本认识，就是那时形成的。建筑的物质性则成为北大建筑基础教学的一个核心思想。

今天的问题

假设中国建筑已经解决了基本问题。我们面临的主要问题，除了文化外，还有理论、城市、技术、环境和社会。

文化问题：文化问题在后现代主义语境中居重要地位，在今天全球化的大环境下也很有意义。市场越是全球化，国际交流越多，是否能充分利用当地的条件做出设计越是一个挑战。这当然不是一个形象和风格的问题。当地的资源可以包括政治、经济、气候、施工工艺等多方面条件。建筑设计需要创造性地组织和协调这些资源。

理论问题：后现代理论引进其他学科的知识，创造了一个开放的、活跃的建筑讨论的平台。但今天许多建筑理论过于抽象，探讨的是哲学或隐喻，无法包容如气候变化等现实中的现象和问题；理论与实践的桥梁尚未健全，缺乏方法论的研究，无法推动跨领域合作等工作模式。理论将被实践逼迫更新。

城市问题：现在我们对城市化的统计数字大都了如指掌，但在如何把这些知识运用到建筑设计中来，又如何运用到城市设计等层面上，还急需推进。尤其是在城市尺度上改善能耗和碳排的问题，也使得我们又不得不重新认识城市，并严肃考虑建立城市、基础设施、建筑三位一体操作的可行性。

技术问题：不能把建筑技术问题只限于计算机生成形式。今天的技术为建筑提供了大量的新材料、施工方法，以及获取洁净能源的方式。这些技术将彻底改变建筑和建筑实践：超轻、超薄建筑、软建筑、动建筑，都已经实现或正在被实现。建筑师不仅要了解技术，也要进行技术的研发。

环境问题：气候改变使建筑设计必须考虑节能减排。环境的问题不是新的，只是从来没有像今天这样紧迫过。但这并不只是意味着建筑大量引进高新科技，而是更需要建筑师改变工作习惯。例如：建筑师需要在一个项目的开始就与设备工程师合作。形式创造将不再是建筑师最重要和独立进行的工作。

社会问题：近些年来，在台湾和美国都有建筑师为弱势群体提供了高质量的建筑设计，在四川地震救灾过程中，国内外建筑师都表现出了极大的热情。下一步将是在更大量的建筑中体现对社会和人文的关怀。城市和环境问题本身就是社会性的。建筑师如何能够更积极地参与市场化的住宅设计，其社会意义恐怕最重大。

除了理论，以上的问题大都在非常建筑的日常实践中有所涉及。我们目前的工作重点放在低碳城市规划、太阳能技术、多种塑料材料在建筑上的应用等方面。如前所述，我们自己或通过合作做建筑技术方面的研发，正在进行的有玻璃钢结构和玻璃砖拱券结构，以及超高层围护的遮阳和太阳能采集综合设计等。

当代建筑

我以为关注上述问题的建筑就是当代建筑。反过来说，当代建筑是被问题定义的。今天的建筑师们或多或少都对以上问题有所认识，多的是文化、城市，少的是技术、环境。

当代建筑与实验建筑的关系不是相互排斥的。当代建筑包括实验建筑，只要实验建筑也关注这些问题。前面提到的非常建筑的塑料植草格结构装置，关心的是轻型结构和材料的回收及再利用，即技术和环境问题。

基于以上观察，我不敢苟同史建从实验建筑到当代建筑的过程是中国建筑发展轨迹的提法，我认为从 1990 年代开始出现的就是当代建筑，实验建筑是其过程中的一个插曲，一个有意义的插曲。

中国建筑今天的秩序仍不容乐观。独立建筑师从两方面被夹攻：一方面是市场加媒体的诱惑和压力，另一面是削弱了但依然有效的体制的排斥。前者成就了势不可挡的流行，后者固守着权力范围内的种种禁区。因此，相信今天的建筑实践仍然可以构成针对性。

失重的实验建筑

王 辉

题解：在一个没有重力的时空，所有的分量都被轻易地举起。当你回眸自己曾为沉重所付出的代价时，是解脱还是失落呢？

史建断言中国实验建筑终结于某年某月某一天，还好歹认可了实验建筑曾经的存在；朱涛的不能"摆了一个实验的 pose……就自动有实验建筑的质量和意义"的大白话，则连这点可怜的历史也不给了。好在二位又都破中有立。史建提出更有包容性和现实性的"当代建筑"概念，朱涛提倡能经得起批评的有深度的建筑。读了之后，颇认同实验结束或实验不存在的提法。用笔谈的形式让自己信马由缰地循着二位的观点发发刍议，破一下从业者述而不作的规矩，不亦乐乎？

我思考这个问题的出发点是听说过、没见过的席殊书屋，这是张永和用磨砂玻璃、钢骨架和自行车部件设计的一个小小的装修项目。今天，有无数个设计的酷劲儿都超过了它，让它只能是个平常建筑，而不是非常建筑。但如果认可史建的史观的话，席殊书屋可以被认为是个实验建筑，而时下许多貌似很实验的建筑并不具有席殊书屋的实验性。之所以如此，首先是因为实验是相对于其所处环境的对手而言的。对手越强大，实验性也越大。

当年张永和所面临的是用四十余年时间积累起来的本土设计院体系和教学体系—— 一个基于中国基本现实条件的务实体系。它的逻辑是建立在社会物质短缺的前提条件之上。这个体系今天依然很健在，以至不少人一论建筑，就先要引入到适用、经济、美观三要素的语境中。在当时大学生一开始工作就是社会急需人才、不会失业发愁的前提下，少有人会去思考材料性（磨砂玻璃）、建构性（钢骨架）、文学性（自行车部件）这些奢侈但也很根本的命题。而这些命题被点破后，引来看官痛哭涕零的现象，朱涛也应能理解。在这种语境下，张永和用建在过街楼门洞里不足四两的席殊书屋，抛出了一种另类的知识体系和价值体系，足以和有千斤之重的设计院体系作对。

这种对立是真诚的。1990 年代末，我在纽约第一次见到来办展览的张永和，最新鲜的感觉是洋溢在他个人和作品之中的激情。这些激情是被时弊激出来的。张永和展示了一个作品：上下颠倒的办公室（估计也不存在了）。这显示出他对日常生活的一种质疑，以及要颠覆日常惯性的勇气。这种激情的价值来自于对手的分量，对手重力越大，对他的抗力就越强。如果把对手比喻为一个引力场，作品的分量是由这个场的 g（重力加速度）决定的。1990 年代，虽然已然开放了十余年，但引进的基本上是西方的务实知识，例如西方商业性的设计，并同化到中国的实用主义之中。张永和所代表的另一种西方知识，就显得很有分量。从唯物史观上讲，这种对抗中的创作至少是有实验性的。同样一个设计，放到不同的引力场中去，重量自然不一样，总是相对于条件而言的实验建筑尤其如此。

中国进入新世纪后，社会条件变了。和谐社会、节能减排、可持续发展等等来自左派知识分子的声音成了国策，知识分子反成了被充电的对象。昔日比较封闭的设计院体系和教学体系摇身一变，成为全球化的拥抱者和被拥抱者。对手一下子没有了，甚至成了己方，g 缩水了，引力场消失了。假如席殊书屋依然存在，它可能无异于边上的一个发廊，或者酒吧，甚至更令人惊艳的时尚场所。在新的引力场中，不但批判性消失殆尽，连审美都疲劳了。

作为隔岸观火的朱涛，自可以"腰不疼"地问批判性和实验性表现在哪里了，因为他所在的彼岸的 g 和此岸的不一样。这里是沉甸甸的，到那里是失重的。理解了这一点，不被朱涛认可也没什么委屈的了。由于建筑设计任务源自于实际的、个案的需要，建筑首先是关于地域性问题的命题，这使得中国当代实验建筑要跃出的首道门槛是有中国特色的现实问题。

这道门槛说低也低，犯不着用实验性的创举去超越，过分地追求反而会失去了业主；这道门槛说高也高，总是要人盘缠于没有学术价值的无聊之事上，不是有追求的人能轻易迈得过的，迈过去后也已然精疲力竭。不单是建筑师把目标锁定在对这道门槛的突破，连评判建筑好坏都只以这道门槛为准。由此，凡是因为中国客观条件所限而做不到家的，都值得原谅；只要是有斗争倾向的，就已然有了实验精神。实验精神和实验性的混淆，使标签代替了实质。

这种以中国建筑生产状态的基点为参照系的评分方式，虽然使很多建筑作品都能得高分，但通过不了火眼金睛的朱教授。从在纽约的 archicomrade[1] 圈里谈建筑开始，我

---

1. archicomrade：在纽约的一个由中国留美的年轻建筑师组成的建筑组织，举办不定期的学术交流活动。

就了解朱涛一直在用世界的参照系审视中国的实践，所以他称重的砝码不会是有条件的中国，而应是无条件的中国。更何况时代也不同了。席殊书屋的时代，没有话语权的张永和巧妙地用在设计院里够不上资格的项目来质疑整个社会的价值体系。而今，国家都搞完了 CCTV 大楼和"鸟巢"，我们再沉醉于向个别不开化的业主讲道理，这哪里是搞实验，分明是下乡传播党的政策。

我们的眼光应当向上看了：为什么被世界上那么多敌对势力诋毁为不自由的国度，诞生了真正世界级的实验设计师的实验作品？ CCTV 大楼和"鸟巢"都发展于某年某月某一天之后，假如它们的第一作者是中国人，史建的定论还成立吗？如果再加上朱涛的"虚无主义"的观点，这个解读是否可以把实验建筑放到将来时的语境中，作为对当代建筑及其愤青（好在这个职业中的皑皑白发者仍可以为青年）的企盼和要求呢？

这个疑问可以更直白地分解为两个问题：是什么原因使中国的实验建筑稀释、蒸发、失重了（史建的终结论）？是什么理由使中国的实验建筑至少在将来时中还存在（朱涛的语境论）？

第一个问题有 N 多回答，我可以抢先抛出两个。

第一，要区分启蒙建筑和实验建筑。实验的核心是原创的，而启蒙的使命是传播的。中国现代建筑学的低起点虽然使得许多设计有实验的色彩，但如果这些设计在整个世界性设计史的背景下并没有过多的原创性，它只能被定义为启蒙，即将一种被认同的先进或先锋理念移植到建筑文化基础非常脆弱的现实。从道德意义上讲，在中国现代条件下做启蒙主义比起实验主义更圣洁一些，至少免了朱涛的"破坏性能量"之虑。理解我们大多数人的启蒙者使命，可能工作会做得更轻松一些、扎实一些。中国当代的实践谱系纷呈，社会的宽容也让每一谱系都有实验的色彩。许多人被这些色彩所迷惑，过分膨胀了实验的分量，甚至为实验而实验，从而也淡化了建筑文化对整体社会文化的启蒙力量。

第二，好奇害死猫。实验在科学领域是正统和正常的，而在当代中国建筑学领域却显得非常诡异。对科学而言，实验是一种认真的态度；对建筑学而言，实验似乎并不是一种诚恳的态度。这几乎是一种悖论：实验建筑师往往是执着的、严肃的和敬业的，却被大众理解为卓尔不群、孤芳自赏、漠视业主和使用者利益的自利者。这种消极的理解使得当今没有多少人能自豪和自信地认领实验建筑师的头衔，也鲜有愿意把自己作为实验祭品的业主。

当然，早期现代主义前卫建筑师也领教过这种状态，虽然他们幼稚，却是非常纯洁。但在当今群雄辈出、百舸争流的时代，实验或许会被理解成一种不洁的动机。尤其是媒体的介入，实验几乎和作秀画了等号。用朱涛的句型，媒体时代后，实验变得不洁了。举个例子，CCTV 大楼一遇大火，马上给落井下石的实验者找到了实验田。一位外国媒体朋友曾告诉我某某（新星）正在重新给 TVCC 着装，并天真地认为这是某某给 CCTV 做的真项目。我当时断言这是借题炒作。现在想来，可以把我的这种判断作为世人对建筑师很狐疑的案例来研究：一方面，我没内线而下定论，主观上认为CCTV请人安排后事是不可能的，这种判断并没有依据；另一方面，把人家满腔热情搞实验理解成想出名都发了疯也没依据。但抛开我作为建筑师可能存在的同行相轻之心，作为普通人，我的判断是有效的，因为在这个媒体时代，你无法相信纯洁，所有的动机都有原罪，更何况某某是在媒体的聚光下呢。

建筑学实验和科学实验的本质性区别可能在于，科学要等待实验的结果，用成与不成说话；建筑学好像只要贴个实验标签，让媒体知道一下你做事的性质是实验而不是没想法的实践，就足矣了。在科学，实验是名词和宾语；在建筑学，实验是形容词、副词和表语、状语。难怪实验比较诡异。

对于第二个问题的回答可以从库哈斯的《大跃进·序言》中找到："珠三角随着一颗彗星的突现，以及当前'未知之云'所产生的环绕珠三角的存在及表现的神秘外罩，都在证明存在着平行的宇宙，这种存在完全矛盾于全球化等于全球知识的假设。"

亚洲当前的城市化和全球化，是一种可以产生新知识的新语境，因而是有条件创造一种与既成文化平行的文化的。在这个意义上，把中国理解成实验田是正确的。中国至少已经是政治学的实验田，现在也是经济学的实验田，为什么不是科学的实验田呢？因为科学的主体是科学家和科学机构，它的聚集地仍然是欧美，中国也许只能作为试验田，成为验证新成果的牺牲品（例如在药学领域）。

但建筑学的条件比科学要好些，它门槛低，反而让一些在欧美无法实现的思想，在中国的土壤上有实现的可能，我们的奥运会就充分证明了这点。最近上演的《2012》大片中，把拯救世界的方舟制造都寄托到中国也说明了这一点。这是一种机遇。虽然遗憾的是把握住这个机遇的基本是外国人，但至少证明了实验建筑在中国产生的可行性。换种阿Q式的说法，先让外国人探个道，做做试验品，引来将来实验建筑在中国的语境和中国自己的试验者。

回到史建的某年某月某一天，一个为了告别的聚会。在那个时刻，张永和也已经不是过往的张永和。他与时俱进地放弃了实验建筑的说法。这不是对先前的否定，而是自觉地意识到社会条件的变化。与会的新兴的一代青年建筑师本可以效法张永和的起步之旅，但都很识时务地选择了和现实条件相结合的各种路线，即史建所谓的"当代建筑"，不再标榜实验。这种非堂吉诃德的实用主义的选择，是建立在中国当代产生了更多更有意义的建筑命题基础之上。这些人的智慧在于他们立足于这些现实命题，而不是游离于现实去解哥德巴赫猜想式的题目。

在2009年4月的齐欣建筑师北京个展上，马清运提问：为什么过了这么多年，与会的还是这些人？答案很简单，他们一开始就聪明地避开了所谓的实验之路，利用中国特殊的建设机会和中国业主的开明，直接尝试各种已被世界语境认可的思想。就如中国的通信技术，一下子就嫁接到世界最先进的水平上。因此他们没有被淘汰。

这种说法讲得再透一些，就是我们当今是在一种被认同的环境中工作，而不是在一个不被认同的语境中挣扎。那些貌似实验性的建筑，并没有实验的分量，因为没有阻力。

最明显的例证是不断发生的集群设计。这本是能够凝聚大家的力量产生宣言的机会，无论是像 Archigram（阿基格拉姆学派），还是像 Opposition（反对派）。但被马清运所指的这批建筑师没有在意识形态上走得更远，而是比较务实地把已被社会主流接受的（先前）实验性的意识形态落地生根。毛玻璃、木头、钢架这些材料已经不再表征某种抗争的思想，而是表征某种风尚的手法。新一代建筑师在顺境中发展，并没有头破血流，因此可以从某会继续生存到某会。

这种说法并不与这些建筑师在日常的工作中仍然在与各种保守势力的不断奋争相矛盾。这种说法是指他们一出手就博得满堂彩，是在表演性地演示一种结果，而不是为了一种主观认定的结果而痛苦地实验。

假如这种说法成立的话，我们已不在一个实验的时代，而是在享受前人实验结果的时代。这种时代的变迁也许可以从扎哈（Zaha Hadid）的前后职业运气上看得更清楚些。或许，张永和的第一个十年是实验时代的尾巴。

所幸浪漫但也充满牺牲的骑士时代结束了。我们是感到庆幸还是遗憾呢？

请把我们领到"道儿上"来

王　昀

让我这个建筑师来"新观察"讨论中国当代建筑的问题，实在是个错误，因为建筑师总有自己的偏爱和倾向而难以保持客观。如果真的要对中国建筑有新的观察，一定要综合中国当代建筑的所有作品并加以分析之后才能发现，而这项工作实际上只有不做建筑的建筑理论评论家才看得清。

就我个人的体会，我们这些建筑师的设计作品是否在"道儿上"，实际上连自己也不清楚，有时自以为已经上了道儿，实际上是自行车上了机动车道，发觉不对时硬撑面子，在自行车上加一个马达当汽车使。实际上即使加了马达的自行车也还是自行车，根本上就不是汽车。

所以要想把中国当今的建筑真的搞明白，实际上就需要建筑理论评论家把自行车归到自行车道上，让汽车跑在汽车道上，否则认为都是车就任其混在一起跑，实际上将是一片混乱。

既然谈到道儿的问题，评论家应该最清楚，我们中国的建筑一直有一个现象，就是力图与先进国家接轨。以前我们抱怨建筑的材料不好，施工的质量不好，但是实际上中国的建筑问题已经不是作品的多少，开工面积的多少，是否施工细致，材料的好坏，更不是我们是否能与世界再次接轨，而是我们应该看看与世界是否接错了轨，因为有时看似已经与世界接了轨，但如果接错了其实更加麻烦，因为越努力实际上离"大道"越远。

我看中国建筑学与国际的三次接轨

在我看来，中国建筑与世界实际上有过三次接轨。第一次接轨是 20 世纪初，大批留学生被派到了美国，而当时美国的教育体系是古典的巴黎美术学院的布杂体系，至于二战期间大量的欧洲艺术家和建筑师被迫去美国并在之后建立了现代建筑体系，使萌芽在欧洲的现代建筑在美国开花结果，则是我们的老一辈留学生所没有赶上的。而在现代建筑到达美国之前便学成归国的老一辈留学生，带着他们认为的西方最先进的布杂建筑教育体系和判断标准，回到祖国之后建立了一套中国的布杂体系，并以此来培养自己的建筑设计师和学者。

第二次接轨是新中国建立初期，现代建筑开始兴起的美国和欧洲对中国采取了封锁的政策，而新中国则是以苏联为学习的榜样，学习苏联的建筑和理论。尽管苏联曾经产生过对西方现代建筑思潮有深远影响的前卫的构成主义，但是这种前卫的流向在1930年代初期被斯大林所主张的社会主义内容与民族形式所替代，构成主义受到批判。1950年代当我们向苏联学习时，成为其主流思潮的社会主义内容、民族形式的理论与方法被我们认为是一种先进的理论与方向。然而这种社会主义内容与民族形式的思考，究其思想体系，实际上也是一种布杂体系，而这种来自苏联的先进的布杂体系与早期从美国学来的布杂体系，在观念和方法上一拍即合。至此，关于建筑的布杂体系，伴随着这两代留学归国人员地位的确立，最终成为一种"正确的"教育体系和判断标准，从而在中国扎根。

1979年的改革开放，我们打开了国门。此时尽管曾经有过非常简短的现代建筑的发展动向，但是这种动向很快地便被在1981年前后从美国传来的后现代主义建筑思潮所冲散。从强大的美国所传来的后现代主义建筑思潮自然异常猛烈，而这种猛烈的建筑思潮并没有给国内的布杂体系带来冲击，相反地给其带来了新生和涅槃。实际上，后现代主义建筑思潮同样是另外一种布杂体系的变种的延续。这种延续性的回潮很快地与中国国内的从美国带来的布杂体系，以及从苏联的社会主义内容、民族形式的布杂体系产生了契合点，成为一种代表着先进建筑思潮的体系。由于后现代主义建筑的体系比影响我们的前两种布杂体系显得更加接近时代和当下的生活，加上其建筑所表现出的不完全复古传统的建筑形式，以及大多是在现代建筑中加上些装饰性的符号便可以作为的方式方法，从而让这种状态非常容易符合我们的布杂体系教育出来的专业人士。于是，通过符号的手段自然能够做出具有中国特点的中国现代建筑，是我们这个时代的整个特征和思考方式。

不可否认的是，我们这三代建筑工作者主观上都是在探索中国建筑的走向，都是希望将中国建筑带到道儿上来。但是客观上，这三次与世界的接轨，以及我们为中国的新建筑呕心沥血的三代建筑人，其努力的方向、所行走的轨道，事实上却都是在为了布杂体系而进行努力并奋斗着。

包袱太沉重，累了，就放下吧！

细想想，我们身上有很多包袱，其中重要的一项就是生怕人家看不懂我们的建筑，因为我们做的所有的工作好像就是为了博得人家的欢心。怕人家看不起中国建筑文化的一个重要的表现，就是在建筑中力图采用各种方式方法来证明这是中国的。这样的心态表现在设计时总是试图采用某种符号来声明我做的建筑是中国建筑，后现代时期是试图用造型的符号来完成这样的声明，而近来则是在试图用传统的其他手段让人家取得视觉的联想。

这样的状态，说明后现代建筑思想不仅仅是一个体系问题，这种思想实际上更成为我们背起这个沉重包袱的理论基础，并成为给予勇于担负这个沉重包袱的建筑师们以微薄力量的稻草。

由谁来定义中国建筑？

实际上对于人家而言，最能理解的中国文化是现代文明之前的中国文化，于是人家期待的中国是一个"梳辫子"的中国，即便是没有了功能性的辫子，至少也是要有一个装饰用的辫子，否则，就会让人家看不懂。就像东方人，如果稍微地现代一点儿，人家就说你是日本人，因为在他们的眼中，东方的现代只是属于日本。而中国的现代化就意味着丧失了所谓的传统文化，而实际上所谓的丧失，不过是丧失了他们期待的有辫子的文化。看到中国一天天地与世界同步，他们就会说中国的城市已经变得没有特色，已经一天天地与纽约、巴黎、东京没有什么区别。实际上，谁都知道，除非神经错乱者，不会有人将东京当成纽约。而我们很多的媒体和理论工作者也跟着人家说我们已经失去了特色，的确要特色不错，但要有怎样的特色？我们的特色为什么不能是现代的中国特色？为什么不能是建立在现代为前提的微差，而必须是用眼睛能够分辨出的明显的不同？

中国建筑应该由谁来定义？回答当然是中国建筑师自己。正当我写到这里的时候，网络上突然出现了迪拜这个建立在虚体经济上的泡沫城市发生了崩溃的消息，一个曾经以为是为我们带来并展示着新方向的城市如此之快地走到了崩溃的边缘，对于总爱与国际接轨的我们又是怎样的感受？迪拜没了，接下来我们又该去找谁接轨？

城市化的过程需要大量的建筑建设，为了对未来负责，作为建筑师，我们真诚地呼唤中国建筑的理论家和评论家们肩负起你们的责任，因为只有你们才能发现中国未来的建筑走向，能够给我们这些建筑师指出一条通向未来建筑的"星光大道"。

我们期待中国有一批成熟的建筑批评家和理论工作者的出现，由他们来定义中国的建筑，真正地将中国建筑带到道儿上来，让我们这些建筑师"心明眼亮"地去工作。如果真的有这样的理论家出现，引用春晚小品中毛毛的一句话：我们将感谢你八辈祖宗。

定义问题，概念应该明确

本来文字在上一节就已经进行了结尾的处理，但交稿次日的中午接到了专栏主持人史建先生的电话，希望我能够进一步更确切地再对"实验建筑"和"当代建筑"的问题发表些具体的看法。

我认为对于这段时间的关于实验建筑的讨论，参加讨论的人对当事人所提出概念的理解与当事人所提出概念时对于概念的理解上出现了偏差，因此在对于这两个概念加以讨论之前，似乎有必要对"实验建筑"和"当代建筑"的概念加以明确，明确了概念后，才能让讨论在同一个平台上进行，讨论才会真正有效。

事实上，"实验建筑"是一个外延非常大而内涵又很小的概念，并且实验本身又是现实中处处都可以存在的行为。如果以"实验"这个概念本身去理解每个建筑师的建筑工作，我相信所有的建筑师都会认为自己的工作是实验性的，于是所有的建筑都可以被理解为实验建筑，实验建筑没有边界。我认为大家需要先把概念搞清楚。

如果按照对实验建筑最为普遍的理解，我以为是历史上中国建筑中各朝代建筑在斗拱和屋顶的变化上所进行的工作，比如明朝时期的无梁殿（用石材仿木材做大屋顶）以及 20 世纪初吕彦直先生试图用砖石混凝土表达大屋顶，诸如此类的这些工作。由于是为了解决建筑中的文化问题并在其建造的过程中采用了相应的科学手段，同时对其所提出的用新材料来表达原有的形式，或者进行一些假说性的验证，如斗拱可以由于增加数量而变小的假设，用石材和混凝土材料同样可以表现原有形式等理论假设加以验证，并提出明确、具体、可操作、有数据、有算法、有责任的技术操作行为，其实都是实验性的。因此在针对这样的"实验"概念意义上理解的实验建筑，诸如无梁殿和吕彦直先生的建筑，以及今天大多数的按照这样实验的定义所进行的工作，就都是实验建筑。在这个意义上的实验建筑，与其说是一个思想性的定义，倒不如说更是一个技术问题的定义。同时，由于实验不同于试验，朱涛先生担心的在实验田上猛搞的举动是试验建筑的行为，不应该列入实验建筑。

这里看一下百度网站上所给出的关于"实验"和"试验"的解释，就会清楚很多：

所谓实验：是指前人已经试验过的，基本是成为真理的。我们再做的时候，是重复过程。从实验中更形象地学习到知识。

所谓试验：跟实验就不一样了，它是在以前没有得到结论的，或是结论没有得到大多数人认可的，我们在通过试验对某个结论进一步研究。

这短短的几句话，实际上实验建筑的概念已经呼之而出，请注意按这种普遍意义上的理解：实验建筑是一个重复过程，只是为了在其中学习知识，而对其批判的朋友，估计是将实验建筑误听成了试验建筑，所以变得恐慌。因为只有试验建筑的概念才会是那些没有得到大多数人认可的结论。现代的电脑技术太方便了，同时百度上还特意地加以这样的说明："'实验'和'试验'两个词容易被人们混淆。"

如果我们将实验建筑理解为试验建筑，讨论也就没有办法进行了。如果我们顺着实验建筑真实的概念来理解，那么远的不说，20世纪初在中国第一个创办建筑系的柳士英先生，以及他创办的中国人的第一家建筑事务所和其间所进行的建筑设计，今天看起来，每一个似乎都在探讨着一种方向，应该称得上是实验性的举动，说其是新时代的实验建筑的鼻祖应该没有问题。

改革开放初期，记得在我读大学期间，北京曾有位叫王天锡的建筑师，他在1980年代曾非常短暂地开设了一个私人建筑事务所（记得好像是叫王天锡建筑事务所[1]），这在1980年代可是一个实验性的举动，当时号称国内的第一家私人事务所。后来据说很快便因与设计体制之内的冲突而隶属于某国营设计院，但他的设计工作和此举是否同样也可以说是实验建筑？

如果将实验建筑的概念真的按照定义去理解，不过是进行着一种重复的工作而无所谓思想，只是以在实践中更形象地学习为目的，那么自鸦片战争以来，如以吕彦直先生为代表的探索中华建筑风格的建筑家的工作，以及柳士英先生的探索创办中国建筑教育和其自己的建筑作品，还有以梁思成先生为代表的探索中国建筑历史考古学，以及那些20世纪初将欧美布杂体系引入中国，并为之努力培养出一批"布杂"的建筑师和教书的先生们，那些在1950年代曾向苏联学习并为"社会主义内容、民族形式"而努力的建筑师们，直至改革开放后向美国的后现代建筑学习的建筑工作者们……只要是实验性的，不论思想和目标如何，只要他们的工作是在一个真理的前提下，即使是重复前人的工作，或许都应当纳入实验建筑的体系和系谱。如果是这样的话，那么史建先生所谈的实验建筑的终结之日，似乎就有相当的急刹车之嫌。因为"实验"建筑如果作为一个举动的过程来理解，那么就应该存在于任何一个时代和任何一个阶段，没有风格的藩篱和界线，也不可能停止——你说实验建筑停止了，而我说我天天都在实验，怎么能说停止呢？这实际上就是对于实验建筑的理解角度出现了问题。

但是如果顺着史建先生所给的实验建筑的终结日而反推"实验建筑"是源于王明贤先生所提出的概念，并具有一个开始之日期的话，那么我所理解的王明贤先生所提出的这个实验建筑，就是一个纯粹名词的存在。而"实验建筑"这个概念中的"实验"实际上并无我们前面所说的"真的在实验"之意，而仅仅是对当时短期现象的代用词，就如同我有了个小孩，给他取名叫"王实验"，并不意味着我的这孩子天天在进行着实验，而只不过这个词我喜欢，这里"实验"仅仅是一个名字而已。如果这样的理解是正确的话，那么这个层面上的"实验建筑"便可以随时让它生，也可以随时让它结束。由于这里的"实验建筑"并非具有真实"实验"所具有的含义，所以批评人家被定义为实验建筑的建筑师没有实验性，或者说人家的设计不具有实验性，反而会使其蒙冤，人家想：

---

1. 实为"北京建筑设计事务所"。——编者注

我就想取个名字而已。

所以我想所有的一切讨论必须在理论家们给予更加细致的定义之后才能进行。由于目前对于实验建筑的概念究竟是一个名字还是一个具有实际性的工作内容的界定很不清楚，于是朱涛先生不承认"实验建筑"的存在似乎有道理也无道理，只是不容许"实验建筑"的名词化存在就如同不容许我给孩子取名为"王实验"一样，未免有武断之嫌。但是如果朱涛先生所说的实验建筑是由实验建筑不存在实验性来判定不存在实验建筑，那么他实际上真的就将或许只作为名词化存在的实验建筑作为过程和动词意义上而存在的实验建筑了。不过如果仅将实验建筑作为一个名词来理解的话，那么实验建筑本身有没有实验其实也就很不重要了，那样一来，也就不需要讨论了。

但是问题就在于王明贤先生对于"实验建筑"的定义究竟是一个名词化的东西，还是认为"实验建筑"本身就是具有动词的含义呢？我认为这件事情只能当事人给一个定义才能真正地开始讨论。

说到这里，我好像已经开始被自己搞乱了，不过接续的问题又来了，那就是史建先生所提出的实验建筑终结之后的"当代建筑"的问题。如果从字面上来看，当代就是"目前这个时代"（引自百度网）的意思，如果按照这样的理解，当代建筑就应该是指"当今这个时代的建筑"，于是当今存在的建筑都应当是当代建筑，而当代建筑有一个随时间进行滚动的含义存在，是指一个相对时期的时间概念，同时这种概念又是具有相对性的。而按一般意义的理解，比如当年戴念慈先生的阙里宾舍，在当时的时代就是当代建筑，今天的张锦秋先生的中华风格的建筑一定也是当代建筑，如果否定张锦秋先生的建筑进入当代建筑的系谱，那么事实上"当代建筑"这个词就又如同实验建筑一样被名词化了。如果史建先生所提出的当代建筑的定义是作为一个名称的话，那么这个名称化的当代建筑就不是我们普遍所理解的当代建筑。

实际上大家是处在不同的角度和层面在争论和讨论这个问题，这个问题在俯视时似乎都是叠加在一个平面上，而从侧面看却是在不同的平面之上。这样不同平面之上的问题如何能够交圈？如果不在一个平面上的话，那么这种讨论只能上演一个当代版的"关公战秦琼"的大戏，表面热闹而实际上没有任何的关联和依据。

所以如果让问题能够深入，我倒是建议：请理论工作者和评论家们先将这个定义加以明确，让这个定义的内容本身形成一个确定的概念。我想这样会使讨论更加有效。

最后再补充一个提问吧，媒体上常说中国是外国人建筑师的实验田，那么这里的外国人在实验田上所做的建筑是不是实验建筑？如果不是，如何解释？看来实验建筑概念的外延和内涵需要理论家进行界定，同样地，"当代建筑"概念的外延和内涵也同样需要界定。但是问题是，如何不让"实验建筑"的外延和内涵与普遍意义上理解的"实验建筑"的外延和内涵产生歧义？同样地，也不让"当代建筑"与普遍意义上理解的"当代建筑"的外延和内涵产生歧义？

我们需要方向

无论实验建筑还是当代建筑，实际上都面临一个在哪一个轨道上进行实验以及是行驶在哪一个轨道上的当代的问题。而且实验建筑和当代建筑究竟是在进行着技术上的探究还是进行着某种思想性的思考？如果是思想性的思考，那么为什么不更加明确地指出其方向性和这个方向要解决的思想问题，以便让我们建筑师更加心明眼亮？

最后我们还是真诚地期待理论评论家们能找出一个更好的词语概念来定义我们今天建筑实践的特征，并能够指出方向性。期待！期待！万分地期待！

作为个案的"当代"

范 凌

可以认为建筑师的身份（identity）回应了时代变迁过程中特定的社会政治语境（socio-political context）。过去二十年中，中国房地产业的经济利益驱使了建筑师与开发商的积极互动：一方面，设计依然是增加房地产产品附加值的服务性行业，尤其在大型项目中，建筑师仅能从设计概念上被动地做一些装饰性介入；另一方面，开发商在经济利益和政策驱使下采用大型街区（superblock）式的开发规划策略，使房地产有能力建造空间上的"微型城市"，甚至在现有社会体系下植入"微型社会"。从这个角度而言，房地产开发不再是单纯"协调住房供给"的市场化方式，而有可能成为构筑当代社会人文秩序的"事业"。快速开发并不意味建筑师单一的反应模式（pattern of response），激烈的竞争和非常规的现实增加了建筑师参与当代社会空间构筑的可能性。因此，我希望通过个案分析而不是全景式纵览，试探性研究由建筑师身份变化和特定社会政治语境所构成的中国当代建筑发生的空间。

SOHO 中国（SOHO China）是极具特征的北京房地产开发公司，倡导了生活方式品牌化。通过观察过去十年这家开发商本身的策略及其开发产品的演变，可以解读开发商与建筑师角色所发生的动态演变，以及建筑作为产生更广泛城市效应（形成"微观城市"和形成"微观社会"）触媒的潜力。以视觉导向为本质的北京奥运会既催发了特定社会政治语境的形成，又使当代的社会政治空间更加错综复杂。以重大社会政治事件为导向的开发模式使北京迅速形成了与奥运相符的形象和实力，但是本身也存在着大量社会问题和政治摩擦。在这一语境下，SOHO 中国越来越有意识地以"建筑师的设计介入"作为调停（mediate）开发过程和社会政治关系的媒介。

最近十年，SOHO中国逐渐形成了独特的商业模式：在"黄金地块"开发"小型办公、家庭办公"（SOHO）模式（商住混合的当代生活模式形象）的项目并迅速销售套现，每一个项目都邀请国内外著名建筑师参与设计。SOHO中国的第一个开发项目"SOHO现代城"开启了商住两用空间的开发销售操作模式。当时，无论建筑设计还是销售理念都挑战了投资者的常规认知，现在，这样的方式却同化了前奥运时代CBD的开发："一开始，住宅的销售业绩并不理想，潘石屹的销售团队在商住混合双重功能的概念之中挣扎不已。SOHO现代城有着独一无二的特色，鲜亮的外表、宽敞的平面，还有开放社区的设计，对于中国而言是全新的，是时髦的。最终项目在公众间大受欢迎。"[1]

建外SOHO延续了SOHO现代城所采用的商住混合开发模式，但是山本理显的设计所体现的建筑集群性和清晰性，却为SOHO中国的第二代商住两用开发赋予了具有挑战性的"开放社区"概念。SOHO中国成功地在"使用年限为40年的商业用地上叠加使用年限为70年的住宅功能"[2]。虽然打了政府的规划政策的擦边球，但是SOHO中国却通过从商业用地到商住混合用地的转换，实现了"开放社区"理念。随后一系列的SOHO项目可以被理解为是这一趋势的延续和变异。城市研究学者伯特·德·穆恩特（Bert de Muynck）在这些蔓延的SOHO开发背后所观察到的是："SOHO中国在出售一个梦，有人更将SOHO的英文缩写翻译成'明星建筑师装饰下的和谐操作'（Starchitects Ornament Harmonious Operations）。"[3]

SOHO中国最新前门大街改造项目是奥运前高度"政治化"的开发：前门有强烈的老北京生活遗风，改造本身代表了首都北京的"旧貌新颜"——这正是奥运会需要向世人展现的形象。奥运会触发了前门的更新改造与再开发计划，也给予项目足够的国际关注度、影响力和财政支持。然而，前门开街日期一再拖延，商业开发方式和策略也不断遭受质疑，暴露了政府与开发商之间的利益博弈。前门大街两侧改造是该项目的核心内容，原计划于奥运会开幕前完成，所有商铺开门营业，后由于奥运会火炬接力需要，开放日期又提前了。可是，即使按照原计划，开发商和政府间无休止的协调，尤其是审核过程的僵局，也会延误最终的时间表。最终，前门大街在奥运火炬接力期间和奥运会期间分别象征性的开门迎客。奥运期间的施工限制使项目长时间停滞，加之奥运后SOHO中国和政府就开发和经营权的谈判，也导致正式开街时间一改再改。

"黄金地段"前门大街的商业模式是SOHO中国开发策略的特例。奥运前后的复杂政治气候使该项目一直扑朔迷离。最早，潘石屹称从政府背景的"天街公司"收购

1. Ji Yongqing，"SOHO China and Real Estate Economics 101"，15 March 2009, http://www.cbfeature.com/specialcoverage/news/sohochinaandrealestateeconomics101/theworldofrealestateaccordingtopanshiyi/P2.
2. http://www.fzfdc.gov.cn/article/shownews.asp?id=9789.
3. Bert de Muynck，"SOHO China's New Futurism"，in Art forum, 10 June 2009, http://www.artforum.com.cn/angle/780.

前门项目是"希望拯救老街区"[4]。SOHO中国在香港挂牌上市的招股建议书中，前门被描述为"地段独一无二……被认为是公司融资最重要的资产载体。"但是，在上市成功后，"SOHO中国与全体股东却不得不面对相关股权交易无法如期获得政府批准的尴尬和风险。"[5]前门项目困难重重的官方原因，主要是由于SOHO中国的外资背景和国外上市方式，鉴于该项目属于旧城改造，政府对将股权出售给外资公司心存顾虑。从提倡保护的角度来看又是另一个版本：SOHO中国的股权转让被"北京市政府永远叫停是因为有触犯保护法规的嫌疑，正在接受调查。"[6]但不论哪一种版本，潘石屹都不得不面对其一贯的"开发销售"的商业模式在前门项目中不再行得通。

前门改造项目与SOHO中国一贯的品牌市场策略不同，既没有以潘石屹个人形象进行宣传，也没有对建筑师个体的任何宣传。从其他的媒介中，可以发现有三位在各个阶段颇具代表性的建筑师/建筑专家：国家历史文化名城保护专家委员会委员王世仁，现在被崇文区政府聘为前门大街历史文化风貌保护顾问，他提出了前门大街改造的基本原则并具有最终方案的专家审批权，而且他也是在SOHO中国介入前门之前该项目的主要建筑师；SOHO中国聘请的中国建筑师张永和；以及在王、张两人介入项目之间SOHO中国所邀请的众多国内外建筑师：SOHO中国最早的方案由美国建筑师本·伍德（Ben Wood）和韩国建筑师承孝相等国外建筑师完成。伍德是上海和杭州新天地的建筑师，承孝相则与SOHO中国有过一系列成功的合作。随后，天津建筑师周恺和英国建筑师大卫·阿德迦（David Adjaye）相继加入。但这些建筑师的当代建筑语言却一直无法通过崇文区政府和王世仁为首的专家委员的审批。就在这个僵局时刻，张永和通过承孝相的引荐，加入了前门项目的设计。SOHO中国在"长城脚下的公社"项目十年后重新和张永和的合作，合作的促成也来自政府的建议，希望前门的开发可以同时保持本土性和国际化。

张永和在设计中将中国传统的"庭院"语言作为核心空间的设计概念，保留了坡屋顶、青砖墙的传统风貌，并采用了传统工艺的花砖砌筑工艺和砖雕工艺。张永和在这个项目中的身份，成为众多当代现实的调停者：一，张的设计努力融合了当代商业空间的诉求与传统院落建筑空间语汇，形成"走街串院"的新商业体验；二，张的国内学术影响力帮助开发商在政府面前具有更多的说服力，反过来也帮助政府约束开发商建立项目正确的社会公众形象；三，张的国际声誉和文化作用也使其帮助甚至代表开发商和政府与前门项目众多国内外参与建筑师进行协调、沟通、建议和约束；四，张的家庭背景使其能够代表开发商商业利益和政府形象需求与历史保护专家之间建立

4. Ian Johnson and Jason Leow, "Builder Soho China Stumbles in Beijing", Wall Street Journal, 24 December 2008.
5. http://www.sohochina.com/news/sohonews.aspx?id=21561.
6. Ian Johnson and Jason Leow, "Builder Soho China Stumbles in Beijing", Wall Street Journal, 24 December 2008.

积极的对话；五，张对待历史街区的积极保护态度以及对传统建造工艺的重新使用，在政治和经济博弈中寻找到了建筑学本身发展的文化价值和立场。

SOHO中国惯用的文化性和明星建筑师策略，在这个高度政治化的开发项目中无法提供更多的商业价值，但却转化为斡旋于商业与政治利益之间的调停者。

张永和的诸多身份最终成为在政府、开发商、专家之间获得平衡的权宜之计。2008年房地产市场节奏放缓之前，SOHO过度饱和的市场和高速的开发销售迅速耗空了CBD的土地资源。过快消耗所产生的土地增值导致连潘石屹本人也无法承受，SOHO陷入了"有钱，却没有项目"的窘境。[7] 奥运后，前门项目也进行了策略转向：潘石屹最终放弃一贯使用的买地、开发、销售的模式，而选择以租用的方式投资这54 000平方米的商业用地。[8] SOHO中国挂牌上市后，面对经济和政策的不确定性，当务之急是固定的经济来源。至少，前门得天独厚的地理条件和巨大流量为这笔投资保证了不菲且稳定的租金收入。而在奥运后开发商和政府的相互妥协中，建筑师又将转化角色。

上述个案启发了我对"当代"话题的三个观察角度和研究方法建议：

一，建筑的"当代转向"（a contemporary turn）与重要社会政治事件紧密相关，事件所形成的断裂，割裂了前与后两个不同空间，因而，当代转向并不是连续的从实验建筑向当代建筑的发展，而是在重要社会政治事件所形成断裂前后两个空间中平行的努力；二，当代转向并不一定形成当代建筑语言本身，但是却形成当代建筑师操作的社会政治地志，每个个案中建筑师对于断裂的特定反应（response）和介入（intervention）态度，以及与各社会政治角色之间的协调、互动、摩擦、抵抗，形成了建筑师的当代身份（identity），这一身份并不一定伴随着国际化和全球化的当代建筑语言，却一定服务于一个更广泛和复杂的观众群体；三，事件的发展、断裂的反应，以及反应所带来的影响最终都会趋向平淡和常规化，从这个角度而言，虽然当代建筑是一个持久的话题，但是任何一个当代性必然会趋向平稳，并被别的特征所取代。因此，当代的问题的生命力和"个案"、"即刻"、"瞬时"的思路不可分割。

上述的个案分析以及三个建议，希望分别能够和"新观察"第一辑中朱涛的时间和空间语境，朱剑飞的建筑师身份，史建的中国建筑当代转向的讨论之间，建立起更精确的对话。

---

7. 《21世纪经济报道》2008年5月27日第018版，
中国股市《国际大行抛弃SOHO中国潘石屹身家缩水
160亿港元》。
8. http://www.sohochina.com/rent/sohoproperty.
aspx?id=21513.

三谈实验建筑与当代建筑

今天·昨天　王明贤

反思需要语境　朱　涛

杂谈"实验"、"当代"和我们的出路　朱剑飞

先知，注定死在他乡？　阮庆岳

原载"新观察"第五辑 / 2010.05

这辑"新观察"是第三次讨论"实验建筑与当代建筑"，首先是王明贤对"实验建筑"的历史陈述，接着是第一辑中的评论家们对第三辑的建筑师们的回应，以及对这一议题所涉及的现实和理论问题的深化，言语犀利，新见迭出。

　　作为实验建筑的倡导者和"热情推介者"（朱涛语），王明贤的短文追溯了实验建筑的历史语境、诞生阶段的史实，以及2002年以后对其"没有太大的兴趣了"的原因。从某种程度上，正好回应了朱涛长文的前半部分对于实验建筑讨论语境的正本清源的诉求。

　　在交稿信中，朱涛埋怨我在第一辑的约稿中过于强调"笔谈体"，以致他的文章一挥而就，虽然尽兴，却也引来不少误解，并使随后跟进的讨论过于分散。此次他拉开学术论辩的架势，以万余字篇幅，追根溯源，针对两辑"新观察"中对我们两人文章的争议，仔细检讨"实验建筑"的意义与局限性（特别针对张永和的"连贯性"史观），"以更清晰地为我们当下状况定位"，为此，他希望通过多重视角和参照系的结合——地方的与世界的、现实的与历史的，精确定位我们的语境——多重的语境。

　　朱剑飞的长文在逐一检视、点评了两辑中的文章（特别对朱涛的文章提出批评）之后，将论述的重点落在"我们的出路"上，他认为"在世界建筑界，中国建设规模的令人注目，与中国的声音和主体意识的匮乏，极不相称"，并就中国有可能或应该产生的理论观点和理论范畴，做出六点"预设"。文章最后对东西方各自"产能"（中国的功能主义和实践能量、西方的理论和形式）过剩，以及在此语境下中国建筑主体意识提高的策略等，提出意见。

　　隔岸观火的阮庆岳一方面不温不火地评述了前两辑相关讨论的是是非非，一方面从"现代性"反思角度，审视大陆建筑界近十年"现代性"话语权的更迭轨迹。文章最后，冷不丁抛出了"先知"论，意在"督促"评论者与理论家各自闭门修炼功课，"理论家与评论家像是先知与说书者的差别，一个在说明尚无人知的路途，一个则铺陈眼前过眼风华，目光注视处并不相同"。

　　到了这辑，有关"实验建筑与当代建筑"的讨论已经刀枪剑戟，涉及实验建筑的评估、中国建筑的现状、当代建筑理论的核心议题等问题的论辩，逐渐浮出水面——好戏终于开场了！

　　当初我们"祭出"自己，就是为了在死水微澜的建筑界挑动这么激烈、坦诚、率直的论战，在思考中，在论辩中，在焦虑中，一切皆有可能。

今天·昨天

王明贤

　　《城市·空间·设计》"新观察"推出实验建筑的讨论，史建、张永和、朱涛、朱剑飞、王辉、王昀和阮庆岳等针对中国 1990 年代以来的实验建筑现象作了精彩的论述。这样集中地探讨实验建筑问题，无疑对建筑界有很多启发。特别是张永和，他经历了 1980 年代在美国的"非常建筑"时代、1990 年代中期以来在中国的"平常建筑"时代、2005 年出任麻省理工学院（MIT）建筑系掌门人的"国际张"时代，眼界开阔，提供了另外一个视野，一看就有国际范儿。顺便说句题外话，张的文章简练而有机锋，令人想到艺术家黄永砅的文字。

　　但是讨论却也暴露了建筑师的先天不足——对中国现当代建筑史研究不太重视，缺乏历史的维度。若论实验建筑的渊源，应该从童寯、汪坦、冯纪忠、陈志华这些被边缘化的建筑界学者谈起。像童老的西方近现代建筑史介绍对中国七八十年代现代建筑启蒙起到决定性的作用，汪坦先生关于现代建筑理论的研究影响了一代人。1980 年代有点像"五四"时期，是中国新文化复兴的时期。建筑处于走在最前沿、又走在最后的状态。1970 年代末，1980 年代初，中国建筑界对西方现代主义建筑、后现代主义建筑有比较多的研究。当时哲学界、美术界、文学界对后现代主义的研究借鉴了中国建筑界的学术成果。另一方面，当时的建筑创造又是滞后的，在 1980 年代，建筑创造几乎是个空缺。那时的建筑界状态是官方建筑师占据主流的地位，民间学术力量还处于边缘。在建筑界的早春年代，除了上述老先生的学术活动外，值得一提的是"中国当代建筑文化沙龙"把中青年建筑批评家聚集在一起，做了不少活动，1980 年代就邀请张永和、王澍、史建演讲或发言。现在回想起来，我们当时的眼光还算不错。

正是有了这样的学术基础，1990 年代中期，我和饶小军提出"中国实验建筑"的概念，并于 1996 年 5 月组织了中国青年建筑师对话会，这是中国第一次讨论到实验建筑的会议。1999 年世界建筑师大会上，我策划了"中国青年建筑师实验作品展"，虽然那个展览规模很小，但是它标志着中国实验建筑师的正式亮相。1999 年做展览的时候，实验建筑师还处于受压制的状态，很多老一辈建筑师对青年建筑师的作品（主要是方案）表示怀疑。但是发展很快，到了 2002 年，中国的实验建筑师就成了社会各界，尤其是媒体关注的对象。此后，中国实验建筑由边缘走向主流，不少实验建筑师成为明星建筑师，风光无限。而我，对这样的建筑师也就没有太大的兴趣了。

艺术家顾德新在 1989 年曾说："中国艺术家除了没有钱，没有大工作室，什么都有，而且什么都是最好的。"我想："现在呢，中国艺术家除了有钱，有大工作室，什么都没有了。"希望我们的建筑师不是这样的情况。21 世纪的建筑师，条件很好，做出最当代、最时尚的建筑，可是我不知道这十年到底有哪些作品能留在市民的记忆中，能留在建筑史上。

反思需要语境

朱 涛

史建主持的"'实验建筑与当代建筑'笔谈"引起一些生动争论。但正如王昀所说，如果一些基本问题不事先界定清楚，大家泛泛争论，不同角度和层面的认识叠在一起，"关公战秦琼"，战到最后，也就不了了之——我们太多的建筑论坛都是这样。这里我想再写点东西，看能不能有助于澄清几个基本问题。

我发现，大家的很多争论都是直接围绕史建的《从"实验建筑"到"当代建筑"》和我的《实验需要语境》两篇文章展开。这两篇文章，虽论述角度不同，却有一个共同话题，那就是：在近十年来的中国，时代的变化（应该）相应引起建筑文化的变化。史建一文着力于对既有变化进行概括和分析，我的文章侧重于呼吁建筑师和批评家在主观上对变化中的社会和文化语境保持警醒。我下面的论述便是围绕这两篇文章的初始观点和对它们的回应展开。

以历史分析读解时代变迁

就我理解，史建一文的观点可概括为：近十年中国城市、建筑的超速发展，使得1990年代中期兴起的，强调文化反抗、形式探索，但多少有些暧昧、封闭、自恋的"实验建筑"，不足以面对新时代众多层面的挑战。因而，它被以追求"当代性"和"入世"的"当代建筑"取而代之。史建甚至断定2003年12月14日——"'非常建筑'非常十年"的回顾展和研讨会标志着这个转变。这论点很大胆，但我觉得一个遗憾是，对于如此宏大的话题，史建的文章，连同它的完整版本《实验性建筑的转型》一文[1]，都显得过于简略，没能把"实验建筑"和"当代建筑"这一对关键词，放在时代变迁的背景中，足够详细、清晰地界定出来。

"实验建筑"是不是只能用宽泛的"实验性"来定义？"当代建筑"是不是只能用同样宽泛的"当代性"来理解？如果读者同时面对两个都比较模糊的概念，那他们对二者及相互间关系的理解，就不可避免地产生歧义和纷争。比如针对史建的"实验建筑"向"当代建筑"的"转型说"，张永和在题为"问题建筑"的回应中表示"不敢苟同"。他以非常建筑自己的经历推而广之，认为中国建筑发展从 1990 年代一开始就是"当代建筑"，而不存在一个从"实验建筑"到"当代建筑"的转型，前者至多是后者发展中的"一个插曲"。

在我看来，要深化讨论，有必要引入一些更贴近的历史分析，将概念尽力放回到它诞生和发展的历史语境中读解。这种工作即使不能保证我们找到概念的绝对精确定义——也许该概念本身就没有，但可以加深我们对该概念的理解，从而进一步帮助我们理解所经历的变化。关于"实验建筑"概念，在展开我的历史分析前，我相信至少有两点，大家是可以取得共识的——这可以成为我们深化讨论的基础。

第一，既然史建已经很清楚地判定：中国建筑发生了从"实验建筑"到"当代建筑"的转变（他甚至都给出了具体的时间——2003 年 12 月 14 日），那么不管我们同不同意他的判断，至少从字面逻辑上，我们应该可以断定，在史建的论述中，"实验建筑"不是一个超越历史的普遍概念，用来泛指所有历史阶段中的建筑设计探索，而是一个特定历史概念，用来特指中国建筑在 1990 年代到 21 世纪初这个阶段的某种建筑现象。就这一点说，王昀的回应《请把我们领到"道儿上"来》中提到的之前的无梁殿和吕彦直的大屋顶等案例，不在史建的"实验建筑"论述范围内。

第二，不管今天看起来"实验建筑"这概念有多少暧昧、不足之处，无法否认的是，在世纪之交的中国建筑话语中，它确实是中心概念之一，它也确实起到了巨大的建筑文化推动作用。这一点，只要我们翻看当时的建筑期刊，从"实验建筑"字眼出现的高频率，就足以确认。而且很多亲身经历过当时建筑文化变迁的同道，包括我本人，从个人的经验也可以佐证。

那么，有建设性的讨论不是简单否认、取消、悬置这个在历史上已经成立了的概念，而是回到当年的语境中，分析这个概念背后的动机和意愿，以及它如何构筑起来的，

1. 史建，《实验性建筑的转型：后实验性建筑时代的中国当代建筑》，全文被选入朱剑飞主编的《中国建筑 60 年（1949—2009）：历史理论研究》，北京：中国建筑工业出版社，2009 年版，第296-313 页。史建在《城市·空间·设计》2009 年第 5 期发表的《从"实验建筑"到"当代建筑"》是该文的删节版。

它的长处和局限在哪里——相信这会有助于我们深化讨论。

"实验建筑"及其不满

在我看来，"实验建筑"概念的打造，得益于两拨人的共同努力。第一拨当然是该概念的倡导者——以王明贤以及稍后崛起的史建为代表的评论家们。我认为他们当年打出"实验建筑"的旗号，动机很单纯，就是源于一种文化期待。这种期待首先认定建筑是众多艺术门类中的一种，然后很自然地发问：既然在1980、1990年代的中国，已经开始蓬勃发展出各种实验艺术——实验美术、戏剧、电影、文学等等，那为什么就独独不能相应地产生实验建筑？正是一种对当时建筑艺术跟不上其他艺术门类发展的焦灼感，正是一种想竭力辨认出建筑界中哪怕一点点积极变化的征兆，以积极推动发展出与当时各实验艺术成就相当的建筑产品的热情，驱动着王明贤和史建当年的建筑评论和历史写作，甚至可能一直持续到今天仍没有本质改变。如在1998年一篇推介几位青年建筑师的"实验性作品"，题为"90年代中国实验性建筑"的文章中，王明贤和史建明确写道：

20世纪的中国建筑艺术一直与其他艺术门类的发展脉络不太吻合，这种状况在激进的1980年代表现得尤为明显。当时没有出现实验性的前卫建筑，几乎成为那个时代艺术唯一的不和谐音。值得注意的是实验性建筑终于在1990年代的建筑洪流中诞生，虽然时至今日它依然游离于边缘，但毕竟已在与前卫艺术进行横向的沟通，试图在边缘寻找自己准确的定位了。[2]

在最近的《实验性建筑的转型》一文中，史建仍是沿着同一思路追溯"实验建筑"的源头：

中国的实验建筑肇始于1980年代中期，当时主要受思想文化界，尤其是当代艺术的"八五新潮"的影响……[3]

我本人是在1993年帮汤桦在上海美术馆做建筑展，以及和作家朱大可共同主持跨学科的"21世纪新空间文化讨论会"时初识王明贤的。在和他交往中，在对他的文字的阅读中，我逐渐感受到，他建筑写作的最大特点就是超常的慷慨热情——所有在他看来有别于正统设计院的作品、设想、倾向或姿态，他都慷慨纳入"实验建筑"的标

2. 王明贤、史建，《九十年代中国实验性建筑》，《文艺研究》1998年第1期，第118页。
3. 同注1，第296页。

签下，热情加以推介。王明贤的建筑写作——不妨称之为"推介性写作"，可能就是王辉在《失重的实验建筑》一文中所期待的建筑评论的最佳范本："凡是因为中国客观条件所限而做不到家的，都值得原谅；只要是有斗争倾向的，就已然有了实验精神。"（在两年前《domus》国际中文版组织的建构论坛中，王辉也表达了类似观点："在中国现实环境中，哪怕不是建构的行动，只是建构的动机，都是对主流建筑意识的反动，都是一种革命性的行为。"[4]）可以肯定的是，中国一批青年建筑师从1990年代中期开始在媒体上迅速获得话语权，与王明贤的慷慨包容和热情推介密切相关。

当然，光有一方面评论家对"实验建筑"的热情推介是不够的，在另一方面，"实验建筑"本身要有料才行。也就是说，另一拨人，被称为"实验建筑师"的建筑师们，帮助评论家们成全了"实验建筑"这个概念。在1980年代和1990年代之交，已经有些青年建筑师蠢蠢欲动，比如赵冰、王澍、汤桦等。大家确实是深受1980年代中国思想文化解放的激励，想在建筑领域做些探索性工作，但大家都还没有提出明确的建筑理念和有力作品，因而呈散兵游勇状。只有等到海归张永和在1990年代中期的崛起，抛出一系列写作和理论性作品，才一下子形成了凝聚力，整合了建筑江湖中的散兵游勇，然后迅速被王明贤贴上了"实验建筑"的集体标签。值得指出的是，张永和等建筑师为"实验建筑"注入的观点和内容是有一定多样性的，但不管怎样，王明贤定位"实验建筑"的概念基础始终没有变，再重复一遍，那就是：建筑是艺术的一种，实验建筑是实验艺术的一种。

也许有人会问：王明贤不是建筑科班出身，而是从人文背景出发写建筑，所以很自然地倾向于从实验艺术的角度来考察建筑发展，而较少将一些建筑学科自身特有的问题，比如材料、建造、空间、环境、城市问题，以及建筑历史直接作为核心问题考察。但那帮被归到"实验建筑师"标签下的建筑师们，为什么就没能明确地质疑过"实验建筑"植根于"实验艺术"的概念局限性呢？我想，至少可以有两个笼统解释：

1. 从现代建筑传统来看，建筑发展中向来有两大"经典羡慕"：羡慕艺术和羡慕技术。柯布那代最为极端，他们在羡慕前卫艺术运动和羡慕新兴工业技术的两极间急剧摇摆，期待能从摇摆中生发能量，推动他们自己冲破当时的建筑文化困境。而在1990年代的中国，实在没什么技术元素可以触及，"实验建筑师"们面对当时的建筑文化困境，几乎是很自然地从羡慕中国实验艺术起步，开始对中国建筑新文化的探索。（也许今天一些青年建筑师对计算机等的热衷，预示着另一股羡慕技术时尚的到来？）

前面已经提到，"实验建筑师"内部确实有不同的工作侧重点，而且越到后来分野越大，但这种多样性在王明贤等的"实验建筑"评论话语中主要被阐释为具体表现形式的多样性，而他们自己建立的"实验建筑是一种实验艺术"这一概念基础从来没

4. 王辉等，《关于〈建构文化研究〉的对话的对话》，
《domus》国际中文版2008年第1期，总18期。

有从根本上被挑战过。

比如，张永和确实开创性地探讨过建构等一系列建筑专业特有问题，但在 1990 年代的相当一段时间，他在建筑界起决定影响的，或者更确切地说，他被王明贤等评论家主要关注的，是他的概念设计、装置设计，他与艺术家的合作，以及他参加的大大小小的艺术展览等。王澍可能是更典型的例子：他很长一段时间，言谈举止都散发着一个"非理性"艺术家的气质。你看他在"2000 年西湖国际雕塑邀请展"的作品，山脚下的两片夯土墙，他夯了塌，塌了夯，夯了又塌，折腾好多天——明显的建造工艺不过关，他居然还能美滋滋地自我欣赏——"只是一种心情和体验"。[5] 任何"有理性"的人，不会相信这是建筑师在正儿八经地探讨建筑材料和建造。艺术，只有在神圣艺术的保护伞下，只有当那两片土墙被当作装置艺术或大地艺术，建筑师被当作行为艺术家时，一切才获得阐释的合法性。是苏州大学文正学院图书馆等一系列"正儿八经"的建筑项目，才逐渐把当年"实验建筑艺术家"的王澍逐渐改造成今天的建筑师王澍。

2. 从现代艺术运动的特性来看，任何一个运动要成功，关键在于求同，至于如何存异，则是次一级问题。少数建筑师，如刘家琨和张永和，甚至都曾在言谈中隐约表达过对"实验建筑"标签的质疑：他们有时觉得自己相当一部分的建筑追求，其实在努力地向建筑作为一种建造传统的回归——向传统回归，却被无辜套上前卫"实验"的标签，好别扭！但我们要理解，在 1990 年代，各种不同的"进步话语"最迫切需要的不是相互间就不同观点吵吵个没完，而是要迅速建立起一个联合统一战线，同仇敌忾，对抗他们共同的敌人——社会上通行的政治象征主义和商业媚俗。一个统一、清晰、便于识别的文化标签，一个朗朗上口的团伙名称，是在文化群殴和话语争夺战中一举取胜的关键。于是"实验建筑师"们即使心理犯嘀咕，也都主动或半推半就地在"实验建筑"标签下拜把子了。至于各人私下的不同意见，等革命成功了，再当作人民内部矛盾慢慢处理吧。

或许谁也没想到，革命会这么快"成功"——在短短几年中，"实验建筑"一跃成为中国建筑话语的一个中心概念。这在今天的史建看来，也是危机的征兆，因为"实验建筑"的反抗姿态不能再维持了，而且新世纪中国现实的巨变暴露出"实验建筑"的很多局限性——这论断我基本同意，但是它会不会太过笼统？会不会忽略了很多层次的复杂性？如果将焦距聚近，仔细观察"实验建筑"阵营内部，我觉得或许可以提出另一个层次上的论断。进入 21 世纪，像张永和、王澍、刘家琨等建筑师，不管他们的工作在时代巨变的背景下显得多局限，不可否认的是，相对 1990 年代而言，他们各自投入建筑实践的力度越来越大，他们的理论话语越来越集中到对建筑本体的探讨上。

5. 王澍，《设计的开始》，北京：中国建筑工业出版社，2002 年版，第 125 页。

史建说他们转型了，但也可以说他们沿着 1990 年代的探索进一步地深化和发展了，或甚至能不能这样说，他们在近十年来达到的建筑文化力度和多样性，已经充分暴露出当年以王明贤为主建立起的"实验建筑"评论话语的局限性？今天史建对"实验建筑"局限性的批评，是否应该进一步细分出来，哪些是针对"实验建筑"探索，哪些其实应该指向"实验建筑"评论话语？

前面提到，1990 年代"实验建筑师"内部的多样性，尚能被"实验建筑"评论话语罩住，大家尚能（暂时）共享一个对"实验建筑作为一种实验艺术"的概念交集。那么进入 21 世纪，这个概念交集即使仍然存在，相比建筑师们在建筑学本体领域取得的成就来说，恐怕已不再占据中心诠释地位了。

如果从这个角度，就比较容易理解今天张永和对"实验建筑"的"始乱终弃"态度了。在《问题建筑》一文中，他显得要将"实验建筑"概念完全推为王明贤和史建二人的专利，强调非常建筑从一开始就在直接从事"当代建筑"，从没有将"实验建筑"放在工作中心。客观地说，在 1990 年代建立统一战线的峥嵘岁月中，"实验建筑评论家"和"实验建筑师"们的确是靠"实验建筑"这个中心标杆来互相支撑，共同打下一片江山的。即使评论家的诠释和建筑师的追求之间有不匹配之处，但至少当时是一方愿打，一方愿挨——当时有没有哪位"实验建筑师"断然宣布拒绝这个标签？没有。大家在受该标签牵制的同时，实际上也都得益于它。就我个人的经历，记得 1995 年左右，我屁颠屁颠跟着张永和见各种建筑界牛人，听他谈建筑理念和抱负，"实验建筑"一词，在他嘴边同样很频繁地蹦出。但问题是，今天的情形有了很大变化。史建描述这些变化的视角很宏大，我则想强调其中一项工作的紧迫性：仔细检讨当年"实验建筑"概念的局限性，以更清晰地为我们当下状况定位。在《实验需要语境》一文中，我试图委婉地提出问题：

实验建筑和实验艺术的不同之处在哪里？或者说，相比实验艺术而言，实验建筑的实验性特长和限度在哪里？……现在看来，我们建筑界在 1990 年代初，受西方学院式建筑教育和中国 1980 年代中期前卫艺术话语的影响，引进了"实验建筑"这一概念时，没能来得及仔细考察该概念在西方和中国的特定历史语境和发展轨迹，而是把它当作一个孤立、抽象的概念来对待，因而它与中国现实结合时也一直是高度抽象的。今天，回过头来，再仔细梳理这些问题，把这些问题放回到 20 世纪现代建筑发展的脉络中考察，相信会澄清很多问题，至少会让我们更清醒些，不要过于依赖实验艺术的话语体系，来谈论我们自己领域的很多问题。

我非常理解史建提出"当代建筑"概念的初衷："忧虑于面对日益强势的意识形态／市场综合体，当代建筑在学科建设、空间实验和社会批评方面日益萎缩的现状。"就像当年王明贤提出"实验建筑"是为了推动建筑文化的积极发展一样，今天史建提出"当代建筑"显然意在建立一个新的概念基础，以此进一步推动建筑文化的发展。史建文中论及的"当代建筑师"范围极其宽泛，既包括一些"转型"后的"实验建筑师"，也包括大批新近涌现的、形形色色的建筑师。但遗憾的是，在史建文中，"当代建筑"的概念基础，它的文化针对性和价值取向，并没有被十分清晰地界定出来。那么在我看来，"当代建筑"一词就面临着被迅速泛化为"存在于当代的建筑"的危险——王昀就在问，张锦秋的建筑算不算当代建筑？我就会问，就像我曾问过朱剑飞一样，陈世民算不算有"当代性"、"入世"的当代建筑师？如果该概念泛化到英文所谓的"Anything goes"（任何事情都会发生）的状态，那它的意义也就不存在了。

我再重复一遍我的观点：史建的从"实验建筑"到"当代建筑"的"转型说"很大胆，但两头概念都有待于进一步清晰定位。我特别强调的是，批评家的历史分析和建筑师的历史反思非常重要，既可以帮我们更深入地理解前者，同样也可以帮我们更精确地定位后者。比如，张永和在1990年代是"非常概念性建筑师"，他设计和修建的一系列作品，很多是杜尚式的概念性装置或空间（如推拉折叠平开门和上下颠倒办公室等），他1990年代末开始谈城市，21世纪初谈"批判性参与"，直到今天谈"目前的工作重点放在低碳城市规划、太阳能技术、多种塑性材料在建筑上的应用"——期间的变化可谓惊涛骇浪。不管是用史建的"转型"，还是张永和的"渐变"——名词本身没那么重要，我特别期待张永和能为我们写篇长文（类似刘家琨的《"我在西部做建筑"吗？》[6]），深入剖析他这些年来思考的变化，包括他体验到的矛盾、困境和内在挣扎——这必将成为当代中国建筑的珍贵思想资源。他的《问题建筑》一文，仅仅泛泛地将所有经历概括为非常建筑对一系列"建筑问题"的关注——我认为太轻描淡写了。

在结束本节之前，让我再从另一个角度简略考察一下史建和张永和之间的争论。虽然历史只有一个，但由于其本身充满复杂性，而每个人感知历史的方式不同，经常导致罗生门式的不同历史叙述。在概述1990年代以来中国建筑发展上，史建一文，相对来说，强调的是建筑发展的不连贯性。从他的文字我们可以读出建筑学经历过矛盾和危机，因此才会有他所谓的"转型"；而张永和一文，强调的是他自己事务所实践的连贯性。从张的文字中读不出什么矛盾和危机——自非常建筑成立始，其实践的基本命题就已经系统地铺设出来，以后就是连续地贯彻、实现和成就。期间当然也有对一些新命题的吸纳和探索范围的扩展，但整个过程是连贯地发展的。

这阐释的分歧，是否也和我们理解和写作历史的方式不同有关？我本人直到最近才开始强烈意识到，同一部历史，不管什么历史，既可以写成一部光滑的、从胜利走

6. 刘家琨，《"我在西部做建筑"吗？》，张亮、朱涛客座编辑，《今天文学杂志》2009年季号"中国当代建筑专辑"，总85期，第65-86页。

向胜利的历史，也可以写成一部充满矛盾、断裂的、从危机走向危机的历史。这是否意味着，在反思建筑史时，我们不仅要反思历史究竟发生了什么，同样也要反思我们在以什么方式感知和写作历史？我们的历史观和写作文体在如何深刻地影响着我们对历史的阐释？因篇幅所限，我就不在这个问题上展开。

以多重语境评判建筑

现在我转向另一个问题：该依照什么语境来评判历史中已经发生，或现实中正在产生的建筑？

我的《实验需要语境》一文引发一个争论：1990年代展开"实验建筑"到底是容易还是难？就这一个看似简单的问题，由于探讨问题依照的语境不同，回答可能完全不同。比如，针对我文中就磨砂玻璃借题发挥的玩笑，张永和觉得我是在贬低"实验建筑"探索的价值，觉得我"认为1990年代中国建筑探索容易展开"。

可能我没写清楚，我的本意其实不是在第一线上攻击当时任何"实验建筑"的话语建设，而仅仅表达出一种不满和焦灼：我发现任何一种诚恳的建筑话语建设，如建构等，在中国建筑市场上都会被追随者迅速沦为肤浅的风格时尚，这反过来挑战我们"实验建筑"话语的深度和生命力。[7]

至于1990年代搞"实验建筑"的难易问题，王辉的回应文章已经很均衡地回答了：说难也难，说容易也容易——要看你依照什么语境评判。说它难，主要是指外部社会因素——当时它所处的社会环境中的巨大阻力使得一点点建筑探索都非常艰难——那一代先驱的抗争绝对值得后辈的我们敬重；说它容易，主要是关于内部文化建设——也恰恰是因为当年的社会环境阻力如此巨大、无处不在，当时建筑文化如此贫瘠，才使得任何"要求进步"的主张都能被轻易归入"实验建筑"的统一战线中，获得意义。

当然，这种微妙的状态也许仅仅在1990年代中后期持续了几年，就在世纪之交的现实巨变中被迅速转换了（这正是史建"转型说"的背景）。我们不妨这样说，今天中国建筑师要展开一种有独立性的建筑实践，可能面临着与1990年代完全相反的问题：说容易也容易，主要指外部社会因素——市场和甲方相对1990年代来说开放很多；说难也难，在内部文化建设上——外界阻力没有了，用王辉的话说，在一个失重的环境里，各种语言花招都不再能轻易获得意义。在这种情况下，中心难题一下子凸现了：要界

7. 这一点延续了我在2002年《"建构"的许诺与虚设》一文提出的批评观点。该文被节选刊登在《时代建筑》2002年第5期，全文被选入朱剑飞主编的《中国建筑60年（1949—2009）：历史理论研究》，北京：中国建筑工业出版社，2009年版，第266-284页。

定出一种有针对性的文化张力，锤炼出有生命力的建筑语言，是不容易的，它是建筑学的中心挑战。

因为我本人一直坚持批判性地读解中国建筑探索内含的矛盾和局限，王辉以戏谑的口气说"隔岸观火"的我，一直"腰不疼地"在"用世界的参照系审视中国的实践"。王辉用的"参照系"，其实在很多层面上与我一再谈的"语境"相重叠，我这里不妨暂时将两个词相互通用。我认为他的质疑，如更进一步推进，会更有深意：究竟该以什么语境来评判中国某一特定历史阶段的建筑现象？是依从中国的、当时的语境，或者中国的、当下的语境，还是世界建筑的参照系（当然它本身又可分解出很多层次）？这问题不单单是针对建筑评论家和史家如何展开写作，也关系到建筑师们，该将自己的创作放到何种语境中展开：是中国历史的，当下的，还是世界建筑的语境？

我先做一个笼统回答：没有任何一个作品和行动能自身产生意义，意义只有在各种参照系中，在与其他参照物之间的相对评估中产生。多重参照系并用，即使不能保证我们阐释的意义更精确或更丰富，至少可以帮助我们避免陷入自我指认的封闭状态。或者更极端地说，一种单一的语境，本身就很难称其为语境。往往是多重语境交织，才能帮助我们将其中每一种语境定位。对建筑写作者而言，理想的状态当然是能兼顾多重语境，帮助读者同时理解：当时发生了什么，今天出现了哪些新问题，在世界建筑参照系中意味着什么——如果我的文章没能做到这一点，我会进一步努力。而对一个有追求的建筑师而言，在创作中也应该同时考虑多重语境。原因很多，这里我"腰不疼地"举几个：

1. 归根结底，建筑历史最终对建筑师工作的判定是以他们的作品为中心的。你纵使有一万个当下的"客观条件所限"——社会太黑暗，甲方太扯淡，施工队水平太低，手下人太懒，等等——你没有伟大的作品，就是没有伟大的作品。历史判断不会仅仅因为你个人的局部现实，而放弃更大尺度、更整体的判断。建筑师不能简单地相信自己每天处理的一堆眼前问题——不管当下显得多重要，就能自动赋予自己作品伟大的意义。反之亦然，建筑师也不应该为眼前的一点点成功所迷惑——在历史的大尺度判断中，你眼前这一切有可能都是过眼云烟。总之，"风物长宜放眼量"，真正有追求的建筑师应该有更多、更大的参照系来评估自己的作品。

2. 中国当代建筑的创作艰难状况，在很大程度上来源于不能从眼前的挣扎中拉开焦距，将自己当下的探索，纳入到中国的建筑传统，尤其是整个 20 世纪以来现代建筑探索的传统中来观照。我们的经验是呈局部化、碎片状的。在 1980 年代，中国当代建筑开始又一轮传统与现代之争时，完全没有超越 1920 年代和 1950 年代已经进行过的文化争论。那些过往的经验已经被全盘忘记，而不是在吸收的基础上进一步发展。我们总是感觉自己的每一轮探索都是在孤立的语境中从头开始，因此才愈发显得步履维艰。

在这一点上，我觉得王昀回应中的第一节"我看中国建筑学与国际的三次接轨"读来饶有意味。他概括 20 世纪中国建筑三次与国际接轨，"事实上却都是在为了布杂体系而进行努力并奋斗着"。这观点读起来过于武断，我认为在布杂的影响之外，中国建筑师同样也展开过丰富的现代建筑探索。但无论如何，我认为王昀的意义在于为我们探讨"实验建筑"这一特定历史概念提供了一个 20 世纪中国建筑整体发展的宏大背景和新颖视角。

3. 谈到现代建筑传统，显然光局限于中国的现代建筑传统是远远不够的，我们还必须观照的是作为"世界建筑"意义上的现代建筑传统。事实是，中国 1990 年代的"实验建筑"未能成功地将前辈中国建筑师的探索纳入到一种连续的历史经验中，没能建立起中国现代建筑传统的一个整体语境来观照自身，而主要依赖的是借鉴国外现当代建筑经验，与中国当时保守的文化状况抗衡。那么我要反问王辉的是：除了观照中国当时当下的语境外，以世界建筑的参照系来考察中国建筑难道不是必要的吗？ 1990 年代是如此，今天更是如此——中国建筑发展已经与全球化如此紧密地交织在一起，对中国建筑的评估，几乎不可能与世界建筑参照系割裂开了。

上述对多重参照系—语境的辩解，不仅仅起源于我个人的思考。英国诗人、批评家和诗学理论家艾略特（T. S. Eliot）在 1919 年发表的诗学名篇《传统与个人才能》已经极精辟地阐述过类似问题。不嫌累赘，我这里引两个段落（尽管我前面一再提及将"实验建筑"放在"实验艺术"基础上观照的局限性，但我并不是要全盘否定建筑向艺术学习。在这里，我认为艾略特的诗论对我们的建筑思考确有启发。在读引文时，大家不妨把其中"诗人"置换为"建筑师"）。

在谈到诗人如何通过自己的创作来延续和更新诗歌传统时，艾略特提出了"历史意识"这一概念，实际上就是指诗人将自己的作品同时放在当下和传统的多重语境中加以定位的意识：

……对于任何想在二十五岁以上还要继续写诗的人来说，一种历史意识是不可缺少的。这种历史意识与一种感知有关，不但要感知到过去的过去性，也要感知到过去的当下性。历史意识驱动一个人写作，不单出于他自己那一代的背景，还要感到从荷马以来整个欧洲文学以及他本国的整个文学，一起有一个同时的存在，并组成一个同时的秩序。这种历史意识是对永久的意识和暂时的意识，以及永久和暂时合并起来的意识的一个共同集合。正是这种意识，使得一个作家成为传统性的。同时也正是这种意识，使一个作家最敏锐地意识到他在时间中的位置，他的当代性。[8]

也只有在多重语境中，诗人的个人才能才得以与传统形成互动，为自己的作品赋予意义：

8. 本译文是笔者根据英文原文，在卞之琳的译文基础上改译而成。

没有诗人，或任何艺术的艺术家，能够单独地具有他完全的意义。他的重要性和我们对他的鉴赏是鉴赏他和已往诗人和艺术家之间的关系。你不能单独评价他。你必须得把他放在前人之间来对照、比较。我的意思是，这不仅是一个历史批评的原则，也是一个美学批评的原则。他之必须适应，必须符合，并不是单方面的。当一件新艺术作品产生时，发生了什么事，意味着与此同时所有以往的艺术作品都在发生同样的事。现存的艺术经典在自身内部构成了一个理想秩序，该秩序会由于新的（真正新的）作品的引入产生调整。在新作品来到前，现存秩序是完整的。当新意加入后，该秩序若要继续保持，整个秩序都必须相应改变，即使是轻微的改变。因此每件艺术作品对于整体的关系、比例和价值都重新调整了。这就是新与旧之间的适应。[9]

我的上篇《实验需要语境》想说的是只有通过精确定位作品与社会和文化语境之间的关系，才能赋予作品意义。那么，究竟如何清晰辨认建筑师所处的社会和文化语境呢（除"语境"外，英文context还可翻译成"上下文关系"）？综上所述，我本篇想说的是，没有别的捷径，只有通过多重视角和参照系的结合——地方的与世界的，现实的与历史的，才能精确定位我们的语境——多重的语境。

9. 本译文是笔者根据英文原文，在卞之琳的译文基础上改译而成。

杂谈"实验"、"当代"
和我们的出路

朱剑飞

史建再次邀请，盛情难却，我就借此机会，以对话和随笔的形式，讨论第一辑和第三辑各位作者提出的一些问题。

实验

阮庆岳的文章，谈到了当代中国建筑演化的突变过程，也表现出一些茫然。我也认为今天中国所发生的事（包括政治、经济、文化、城市和建筑），是无法近距离看得清的，只有采用历史和世界的眼光，才有可能看到一些轮廓。我个人认为，今天中国的变化是整个近代史的一部分，而且可能是非常关键的转折性的一部分。所以，比如我们讲到"现代"中国，就不能离开明朝末年西学东渐的历史，而西方理性的进入，早于西方对中国的"帝国主义"殖民扩张，所以这不是殖民或后殖民主义理论所能全部概括的。另外，今天中国的变化，又是整个亚洲现代化、工业化、城市化的一部分。在更大范围看，它是占世界人口大多数的发展中国家现代化、工业化和城市化的一个具有代表性的一部分。从这个意义上讲，库哈斯的论点是有宏观的结构性意义的（而几年前朱涛先生所关注的库哈斯对珠三角研究的不严谨、不深入等等，或许是因小失大）。我关于"批判"和"后批判"，即"理论性"和"实践性"的讨论，也是在此构架上展开的。这一点最后再谈。总之，要讨论当代中国的深刻变化，必需将其纳入亚洲和世界（尤其是非西方国家）的现代化的进程中去。

史建的文章，认为"实验建筑"于新世纪之初退出，被"当代建筑"取代。我个人认为，史建把握了这一批"自由的"、民间的青年建筑师近年的一个变化。但是我也认为这两个词汇用得不太恰当："当代建筑"应该是广义的，可以包括各种倾向，如实验和思辨的实践。"当代建筑"没有立场和定位问题，而"实验"则是比较具体的一种态度和取向。另外，所谓新的入世态度，确是这批建筑师的新取向，但在大背景下看，它是整个近现代中国建筑的一个基本特点。即使是以近三十年为背景，这种入世态度也可在设计院的一般项目中处处可见，甚至可以说是其独特贡献。回到史建的文章，该文实际聚焦在这一批1990年代中期浮现的"自由的"建筑师群体，并提出他们近年的"入世"倾向。这个问题许多人都已经涉及（李翔宁、朱涛、王辉、彭怒等）。这一趋势可能和这些因素有关：建筑师年龄的增长（心态的缓和），实践机会的扩大，优质建筑材料愈加广泛的运用，形式语言水平的普遍提高，商业化媒体炒作和"明星"机制的出现，过早或过高的成就感，中国国际地位的提升，以及中外大规模互动导致的落差感的淡去，等等。它一方面导致"敌人"或批判对象（巴黎美院和后现代的装饰语言体系）的消失，一方面导致"纯粹"建筑的通俗化、一般化、游戏化、媒体化，失去原有的艰涩、悲壮、冲突和批判性。

关于这一点，第三辑的王辉和王昀的文章都涉及了，张永和的文章也在寻求一个答案，大家都集合在一个我们今天应该怎么办的问题上。对此，我希望最后再谈。

在第一辑，朱涛的文章也提到了今天的困境：磨砂玻璃如此普及，原有的反差和"陌生"已经没有了。朱涛提出的出路是在作品中寻求解决"多重矛盾的深度"；一个作品应该"切开、克服、解决深度的多重的矛盾"（按照阿多诺的理论）。朱涛没有展开，也许这个命题本身很难展开，但是对多重的、深度的、矛盾的追求和表达，显然是有必要的。

除这些精彩的观点外，朱涛文章的整体思路却是不太容易读懂。文章贯穿了不满和批评，但其整体思路不太清晰。文章前半部质疑了"实验"，后半部质疑了1990年代中国实验建筑的"艺术化"和"过于抽象"，随后又认为1990年代是有针对性的、悲壮的，而今天已经没有这样的语境了。按照我的观察，朱涛是不自觉地沉浸于语境之中，从而产生非语境的思考，随后又主观地强调语境以资弥补。他的批评是语境内的超语境的批评，酷似狱中的呐喊。朱涛几年前的文章（《"建构"的许诺与虚设》）或许是问题的开始。文章认为1990年代中国出现的所谓基本或建构的建筑并不基本或建构，因为它们有时不顾结构或材料逻辑，把建筑做成一些形态，使之看起来很"建构"或"基本"。朱涛讲的是好坏和真伪问题，而实际需要的是一个历史的、社会的、语境的判断。如果我们按照历史的、语境的眼光看，这些建筑本来就是一种姿态，一种立场，一种意识形态。设计当然要往好里做，建构的深度也应该推进。但是1990年代这批自由建筑师的突破是历史的，它是历史问题，不是真伪问题。也许朱涛已经主观认识到这个问题，所以"新观察"第一辑的文章，强调了"语境"。但看来还是不够历史，没有足够的距离。朱涛文章的另外一个问题，是过于强调文字和批评的快感，其中有许多率性的误读。如库哈斯关于context那句话（原意是"强奸"吗？误导读者的后果是否考虑过？有必要多次引用吗？），还有对我以前言论的随意简化。朱涛认为我对这些建筑师的研究只是引用他们的宣言，而我的研究恰恰是社会的、历史的。这还是小问题。大问题是，就研究整体而言，朱涛过于介入，缺乏历史视野。

当代

第三辑中，张永和的文章对自己思考、设计和实践的历史作了解释。作为自传性的论述，我们可以有距离地解读，或许有助于我们认识中国建筑当代史的一些问题。在评论者和实践者之间对话互动中，有些历史线索可以逐步理清。比如，在多次讨论中，我们已经基本可以肯定，1990年代这些独立的建筑师的关注，是材料、构造、基本形态、空间、体验等所谓"基本"的"建筑"问题，针对和挑战的是庞大的巴黎美术学院（加后现代）的体系。至于这些建筑是否是实验的、先锋的，是一个语境或历史环境的问题：在中国当时的环境下，它们是前沿的、有针对性的，而在西方的和世界的环境里看，其原创性、针对性和思想的深度，当然还有待努力。王辉说这些建筑师的工作，在中国是"启蒙"，也可以。

范凌的文章，提供了一个很好的个案，把开发商、市政府、各类建筑师和技术专家在前门大街改造过程中各自的角色，进行了细致描写。读到最后一段，体会到范凌和我对话的意图。我在第一辑的原文中，提到一种解读"杰出建筑"的思路，认为在许多项目上著名建筑师与开发商或国家政府"合资"，是在共同打造"象征资本"（symbolic capital）和"杰出符号"（marks of distinction）。我是在引用西方学术界的一个思维公式，一个新马克思主义文化批判的套路。我原文的意思是，这种现象确实有，但对此理论的运用要节制，不能因它而掩盖具体的复杂的现象，如中西方关系具体的互动和改变，中外建筑师的互动交流，形式语言的提高，建筑内在知识的发展，理论性与实践性在中外东西之间的流动，等等。我最后提出的"关联"理性，实际上就是指类似于范凌描述的一些建筑师在前门大街改造过程中起到的关键的协调作用。这种现象当然处处可见，但在传统和伦理层面上，中国文化特别注重这种关联理性，它或许可以弥补西方现代思想中独立主体所导致的种种弊端。这是我原文最后一段的基本意思。

王昀的文章，在回顾了中国的几次接轨后，提出我们今天出路在哪里的问题，反映出历史的视野和对重大问题的发问。王辉的文章，肯定了1990年代实验建筑师的艰苦、悲壮、冲突和针对性（如一个"骑士时代"），以及今天"实验建筑"的茫然、失落和无奈。文章认为，今天的中国，实验针对的目标和阻力大大削落，实验的时代似乎已经结束。但文章在中途也认为，"实验建筑在中国还是可行的"，因为在政治上、经济上中国是个实验田，而欧美建筑师已经可以在中国实现其探索性建筑。王辉的文字反映出忧患和追问（我们是"庆幸还是遗憾"？我们还能"实验"吗？）。

王辉和王昀从不同角度提出了同样的问题。其他文章在不同程度上也如此。大家都向这个核心问题集合，那就是，在今天，我们应该怎么办？这是第一辑和第三辑一个比较明显的共同关心的问题。关于这个大问题，涉及许多方面。我想从我关心的层面上谈谈不成熟的片断的看法。我的讨论也许无法直接回答建筑师应该做什么的问题，但或许有间接的帮助。

我们的出路

一、今天中国建筑的规模、效益和速度，是空前的，令世界瞩目。但是中国在（西方主导的）当代世界建筑设计、"建筑理论"和"建筑历史、理论和批评"的核心话语圈内，基本上没有地位。在这个"精英"的话语圈内，中国基本缺席。在此层面上，中国基本没有自己的声音。对有关理论讨论，中国基本不介入，没有判断，也不表达自己的主见或主体意识。我们的建筑设计，如同其他领域，在原创和独特理论构思方面，比较欠缺。但是，如果中国确实有一个独立于西方的几千年的文化传统，如果中国确实在政治上、经济上探索一条没有先例的发展模式，如果中国今天确实在成为世界性大国，挑战和改变着现有的世界体系，那么中国的建筑，应该会逐步发出一个自己的声音，提出自己的判断和主体意识。那么，这个声音将在何时、何处，以何种形式发出？它的内容是什么？它的基本观点和思维范畴是什么？

在世界建筑界，中国建设规模的令人注目，与中国的声音和主体意识的匮乏，极不相称。今天谁都希望来中国，与中国合作，参与中国的变革。中国大城市的大院校门庭若市，名人川流不息，好不热闹。但它似乎又是那样的肤浅、散漫和被动。它的繁华与中国实际判断力和主体意识的贫乏，构成强烈反差。轰轰烈烈的时代大概早已结束。我们需要的是有组织、有目的、有主见的理论研究和理论对话。我们需要中国人根据自己的判断和问题，有远见有目的地组织中国与西方的对话和辩论。这不仅仅是对历史、理论、设计单独的关起门来的静态研究，而是联系起来的、活的、动态的，与西方理论界和设计界直接的对话和交锋。它可以把中国转化成世界性的研讨基地，也可提高中国自己的主体意识、判断力和独特话语的产生。这实际上需要国内内部的各种联合，以及国际性的联合，规模应该小些，也应该是多重的、多元的。现在国内已经有一些这样的活动和研讨，他们规模不大，却有一定的深度，如关于中国园林和关于现象学的研讨和出版，但是以国内内部联合为主。大学机构、独立建筑师、国家设计院和其他有关集团，可以有选择联合，然后主动联合有关西方个人和机构，积极推动研讨，培养自主的判断和意识，提高中国的话语地位和理论资本。

二、关于中国有可能产生何种理论观点和理论范畴的问题，我也想说几句。中国自己的理论建构，不一定是一个完整的体系，由一个主体或组织发出，它可以也应该是开放的、多元的。中国自己的理论话语和价值体系的产生，应该和大环境有关，如政治经济体系、文化传统、人口基数、工业化和城市化的规模和历史，也和具体的历史时间（如21世纪）与此时世界的格局和所面临的问题有关。根据这些因素，我以为中国很可能出现的理论包括这些方面：

1. 国家和制度的介入。由于几千年的传统以及近现代中国政治体系的演化、整体调控和制度化建筑设计的操作方式，给中国提供了一种理性高效的"多快好省"的服务于社会的理念。它主要反映在设计院的实践中，也反映在个人、各单位和各部门之间的协调之中。它可能强调了社会整体的制度化（也就是国家的理性化），但它不是一些简单的个人主义的价值批评所能涵盖的。

2. 规模的、大型的和战略的思考。由于中国文化传统中的"战略性"思维，由于今天中国庞大的人口基数所导致的"规模"问题，也由于今天中国的城市化、现代化是占世界人口80%以上的"发展中"国家城市化、现代化的一个代表，中国建筑的突出的伦理价值观和思维逻辑，是理性的功能主义和重视规模的"战略性"设计。库哈斯关于"大"的理论实际上才刚刚开始，现在应该由中国人来阐发。

3. "形式"的消解。现代主义建筑有一个强调大规模为社会服务的思想，但在其发展中，也出现了纯净的建构逻辑和极简的形式美学的主导（在理论和设计的领域里），这应该和人口少、中产阶级比例增加、"资产阶级"审美趣味的主导有关。作为有庞大人口基数的发展中国家现代化一部分的中国，其现代建筑的整体导向会对西方"小型现代化"的建筑理念（如形式美的纯粹）造成冲击，甚至对之重新定义。关于"个人"建筑师的独创的意义，也会因此而重新得到审视。也许个人建筑师的独创和实验，会以一个灵活多变的、入世的、协作的形式出现。

4. 连续的景观。由于"综合"的思维传统（如关于风水和地理形胜的论说），把景观、建筑和城市作为生态的整体来考虑，也是一个可能的突破点。这和大的、规模的、战略性的思维有关。

5. 知识的重构，或现代主义的差异性。由于现代化向非西方国家即占世界人口大多数的国家和地区蔓延，关于现代建筑的定义，关于现代建筑的历史，都必须重新界定。作为这些国家的代表，中国现代建筑的历史和经验应该是这项理论辩论的基本素材。在此辩论和冲击下的新的现代建筑史论，应该具有相当的非西方性、混杂性、社会功能性和文化地域多元性。现代建筑的历史和理论，应该由此得到一个地理的、多元的、差异的重组。现代建筑的知识体系，应该由此得到扩充或重建。

6. "关联"的伦理和逻辑。由于几千年不同于欧洲的文化传统，中国的"关联"的伦理价值和思维逻辑，可能会对西方现代体系中的"独立主体"（个人的或放大的）的伦理和逻辑，尤其是其弊端（如排他性、否定性、线性思维、绝对自由主义等等），提出挑战。

三、近年来西方有所谓"后批评理论"，倡导者以库哈斯为典范，强调实践和虚心学习，挑战此前的重视纯粹形式逻辑、内在哲学理念，以及对社会和商业持否定态度的"批判理论"。现在看来，"批判"和"后批判"的关系，基本是（或平行于）

理论与实践、形式与功能、独立性与关联性的关系。而今天西方与中国的关系，或发达国家与发展中国家的关系，小型现代化和大型现代化的关系，也在这个线索上展开。这个关系的基本因素，是中国和其他发展中国家庞大的人口基数和发展欲望，及由此决定的基本的功能理性和强大的原生能量。在此关系中，西方和中国的相对位置，表现在西方理论和形式的"过剩"，以及中国功能主义和实践能量的"过剩"，它必然导致各自向对方输出自己的"过剩"。如果这个观察世界的格式基本正确，那么它会帮助我们看清中国、亚洲和发展中国家的处境。它告诉我们，中国建筑主体意识的提高，与西方的交流、对话和辩论相关；它告诉我们，这个主体意识的提高，伴随着对西方理论思考的进一步吸收，以及对中国自身的功能理性、实践理性、关联理性的阐述和发展。

先知，
注定死在乡？

阮庆岳

史建主导两次在"新观察"关于"实验建筑与当代建筑"的讨论，时间点与议题都不错。先是从评论面作铺陈，再来是执行者的回复，算是战线初次有交锋（下棋的和看棋的），冤债也能稍微各表，矛盾争议点因此浮露。

首先的争议点，是张永和"非常建筑"的正式成立，究竟可以作为所谓"实验建筑"燎原烽火台的第一发革命信号弹吗？而这波以"实验建筑"为名的现象，真的确立了其在中国当代建筑的历史位置吗？以及，此一现象（或运动）是否真如史建宣称的"已经终结"了呢？

是"实验建筑"，还是"启蒙运动"？

我个人同意"非常建筑"的设立，以及席殊书屋的现身，可以明确作为上个世纪末伊始，这一整波建筑现象的标志点。所以能如此，当然牵涉到张永和当时进入中国建筑界所代表与暗示的现代性正统位置点，他在操作建筑与选择斗争目标的明确性，以及更重要的，是引发这之后某种类同建筑操作路线的风起云涌，其整体影响不可小估。虽然尔后十余年政经大环境迅速变幻演化，后起者也各自响应做修正，显现了百花争鸣的分歧性，但以"非常建筑"与席殊书屋为首的原初号角声，基本上还是奠定了这一波段整体路线的调性。

只是，是否当以"实验建筑"为名，我并不完全确定，因为"实验"这名称过于笼统，也有过强的理性与进步思维（甚至已然具有某种不负责任作为的揶揄意涵），无法精确叙述这波现象的本质意义。于我,这反而更像是中国现代建筑历程里的一次"启蒙运动"(The Enlightenment),是一种回应理性的、人本主义的运动,是一种对现代建筑的渴切响应与孺慕呼唤。就如同王昀所叙述的共曾三次现代建筑接轨尝试(也都算是中国现代建筑的某种自我实验吧!),基本上并没有真正衔接上"现代主义"的核心价值,依王昀看都还只是在复辟的布杂体系里打转,并不算有真正起步,而这说法,也间接回应了朱剑飞所提中国现代建筑谱系亟待整理与厘清的迫切事实。

那么,就以"启蒙运动"来做譬喻试试吧!

关于这历史事件,虽人人皆知无须多说,但还是引一段维基百科的说法作参照:"启蒙运动的倡导者将自己视为大无畏的文化先锋,并且认为启蒙运动的目的是引导世界走出充满着传统教义、非理性、盲目信念,以及专制的一个时期(这一时期通常被称为黑暗时期)。"我基本上觉得这与张永和出发时的旨志接近,他主要斗争的对象是理念上的"黑暗时期",也就是那个"充满着传统教义、非理性、盲目信念,以及专制的一个时期",出征时的色彩不但浪漫也具有理想性格,完全符合王辉以追悼语气所说的"浪漫但也充满牺牲的骑士时代"精神。

堂吉诃德与大风车

这样可追悼的所谓骑士精神,代表者当然是堂吉诃德与大风车的故事(而堂先生彼日信念的出发处,是自己大量阅读的"骑士小说",与因之而生的某种具理想色彩的自我憧憬与想象)。若将张永和引作譬喻,彼时出发想挑战的大风车为何,应是清楚迫目也人尽皆知(譬如僵硬的巨型设计院等),响应力道则主要放在对既有价值系统的颠覆,重点尤其是在于求取"质变"上,因此席殊书屋这么一个仅有芝麻大的作品,完全可因其思考与战略位置点的正确,毋庸置疑成功地在"质变"上造成时代冲击,也因此得以受彰显。

但大风车可被(与必须被)斗争的存在必然性,同样可在时代流转下无情地稍纵即逝,原本引人的骑士使命感与浪漫情怀,也转瞬即刻变成情何以堪的街坊笑话。这部分就可回归到史建所说的"实验建筑终结论"了。是的,某种曾经以理想与浪漫出发的一波建筑浪潮,确实在新世纪初始烟花不断的时刻里,无声息地消失殆尽。

取而代之的,是库哈斯以市场经济为对话的"量变"思轴,也就是说建筑的"市场/量变"价值观,正悄悄取代原本"思想/质变"的核心位置,于是短时间内一个波起一个波落,同时造出一个时代的漩涡,彷徨打转自然难免,能够自清甚至清人者,则善莫大焉。这个时代趋势走向,也破解了张永和当初想二者合一的初衷,或说本想以舒缓节奏逐步完成,由思想与价值领头,至终完成整体结构与内涵的革命,却被这波突然风起云涌的市场与资本大军颠覆,手脚不免慌乱,位置点也因此模糊,说是"终结"也许沉重了些,但是原本具有的尖锐性与批判性,在遭逢商业/资本时,确有尴尬姿态显现。若拉远再看，中国当代建筑此后也更清楚地区划出"质变所以能量变"与"量变所以能质变"的路线分歧，也就是说：进入恶，是否是到达善的必要路径？或说：接受市场量化检验，必会是交易灵魂的浮士德吗？

到底，谁是"现代性"的代言人？

当然，这其中还牵涉到话语权的问题，也就是说某个程度上，整个中国社会依旧对于所谓的"现代性"有着强烈的期盼与憧憬，而谁可以是这个伟大救星的代言人呢？我觉得张永和曾经很接近过这位置，但却在尚未竟全功时，便迅速被"原汁原味"的外来大军，以及孜孜深耕文化与现实的在地梁山好汉取代，因为毕竟张永和依恃的代言正当性，一方面引自外面的先锋性现代论述与思想，另一方面则同时意图确立与深化（以文化及现实为据）的自体位置，战线拉开后单兵确实难为，而资本市场突然兴起（兀自打乱一池春水），主要敌人究竟是谁忽然也不清楚了，理想性与正当性双双受挫不算意外。

然而，这个使命不乏勇敢衔接者，譬如"都市实践"是两条战线同做挑战的扎实团队，与现代性对语能力已然被肯定，"土楼计划"更确认其呼应在地现实的位置点；马岩松则以镶银标枪向远方未知天空抛掷（然而本质里似乎对未来是悲观的），对现代都市与建筑何去何从不断扣问，意图的眺远高度与自我企图都值得鼓掌。在地耕耘者可以王澍与刘家琨为例，王澍亮相不久的宁波博物馆，一屋巍然不卑不亢，虽属在地却拒不退守边陲；刘家琨地震后回应的"再生砖"，在尘埃废墟中应许了新生的悲痛决心，胡慧姗纪念馆更是表达平凡生命才是哀叹对象的深沉意涵，思考与实践同跨步。

内化、固化与驯化

军容其实壮大整齐，那史建何以还要诅咒地说"实验建筑终结"呢？基本上，目前整体的状态与现象虽然纷杂多元，却多显现在操作面（与有些炫耀耳目）的成绩上，思考也有深化的趋势，但命题其实仍不脱张永和当时（以及接续建立的）未尽之志，可说只是一团不断在继续滚大中的雪球，庞庞然貌似惊人，核心议题只是加大加广，其实本体从来未变，因此看似依旧在朦胧实验中，其实可能只是内化、固化与驯化的过程而已。

因此，于评论者而言，对这样烟花般不断表演与显现的作品，除了或鼓掌或吐口水外，难以有思维上的可对话处，因此不免会有"不知为何而战"的乏力感，有些类同发觉那巨大妖魔敌人消逝无踪，忽然变成平凡无奇大风车时，不知何去何从的堂吉诃德老兄当时的心境。

那，可以再重建一个大风车吗？因为世间若无敌人，如何去寻找批判的位置呢？

而且更严重的，是忙得不亦乐乎的这所有操作，可能还是会沦为朱涛所议的"项庄舞剑，却不知沛公何在"的徒然与虚无。

再回到"终结论"吧！基本上，我赞成整个"实验建筑"在时代波段上的定义，也某个程度地同意史建的终结论。然而于我，终结的说法并不是批判，而是现象的描述，"实验建筑"提出的议题与挑战，仍在持续被消化破解中，余波并未止，但有为者应当更积极提出对时代的新命题与挑战，以免陷入风花般的自溺回绕，这也是类同张永和所说"今天的建筑实践仍然可以构成针对性"的期许吧！

若是将两期"新观察"并看，俨然有评论者与实践者对立于战线两方的硝烟味。但凭实而论，眼前中国建筑的缤纷景象，爱之或恨之，都还是得承认是实践者领军在往前冲，朱剑飞呼吁"新理论或新批判性的必要"，并非无的放矢，王昀的"请把我们领到'道儿上'来"，也不是意气话语，评论者与理论家各有其功课要闭门修炼。

关于这部分，自然不是轻松就可达成的，但譬如朱涛隐约暗示的社会性关怀态度（张永和亦提及），或就可以是一个新的批判位置与操作点，因为关于文化面、物质面（材料与施工法等）与都市现实面，皆已有碰触、响应与发展，以人为依归的面向，目前还算是相对阙如，这也是谢英俊近期突然受瞩目的原因之一，他正恰恰填补了这个大空洞。从另个角度看，这是当代中国建筑在与政治权力、资本权力与文化权力开启对话后，也对于民主权利当有的正视与响应吧！

说书人并不等同先知

最后还要理清楚的，是理论家与评论家不必然是同一件事。评论家虽然需要理论依据，但未必表示自有理论。真正理论的建立，有如先知的话语般可以盏灯照路，评论者与实践者同样受益。而理论会先于作品与现象的出现，或是反之，亦值得探讨。若再做个或不甚恰当的比喻，理论家与评论家像是先知与说书者的差别，一个在说明尚无人知的路途，一个则铺陈眼前过眼风华，目光注视处并不相同。

但先知未必是值得称羡的，《圣经》说过一句骇人话语："先知，注定死在他乡。"因为自来，看见（与说出）别人见不到的事实，是必然会（也应该）受惩罚的，避走他乡（或伪装成说书人）往往就是必然路途与良方，历史中实证遍地。不过，先知不必然仅就指的是理论家与评论家，实践者当然亦若是，也同样承受着这个诅咒的风险，无庇荫可依附（不过，话说回来，死在家乡究竟又有何益？）。

哈哈，无论如何时代与红尘继续翻滚，所有"下棋的"与"看棋的"建筑人，若是依旧眷恋故土与家乡的温暖，就还是先小心戒之慎之吧！

四谈实验建筑与当代建筑

原载"新观察"第六辑 / 2010.07

这场关于"实验建筑与当代建筑"的论争，本来应该趁着评论家们的精彩回应，在第五辑见好就收；但是我还是禁不住再延续一辑，约请了四位尚未介入这一讨论的青年评论家，就这一议题展开更为深入、率性的论辩。与以往三辑讨论不同，在这次讨论中，有关实验建筑与当代建筑、建筑界与理论界的是非，都只是触发点，他们由此将议题拓展到更为宽广的学术/文化/政治/社会领域。

　　周庆华的文章对"实验建筑"概念的源流做了周密翔实的文献考订，在他严谨的文本建筑学分析中，部分被"埋没"的史实浮出水面，实验建筑的历史呈现出明晰、单纯、进步的路向。当实验建筑的物质形态日趋崩解、文本形态日益明晰，历史渐渐显得疏远、诡异和无奈，因为它的复杂性、矛盾性、鲜活性和现场性正在流失，消弭。

　　同样介入这一议题的冯原，则试图把近十五年的中国建筑思潮置入到历史的语境之中，"通过重新考查制约建筑生产的诸种外部条件以及这些条件的演进变异，来还原由建筑师主导的建筑生产的状况与条件"。他引入"显形政治"和"隐形政治"概念，以中国国家博物馆名称的更迭、设计与改扩建工程的历史流变，张氏两代建筑师在这个项目上的交叠为个案，阐述了他独特的"政体建筑"与"实验建筑"、"话语政治"（实验建筑）与"实践政治"（当代建筑）的转型观。

　　所谓"第三条道路"，即贝聿铭先生当年提出的"中国建筑创作民族化的道路"，金秋野的文章以实验建筑作为触发点，指出这是中国当代建筑的"几乎别无选择"出路。在他看来，"第三条道路，就是要在东西方之间，为建筑提供一条美学和伦理的自新之路，它关乎我们来日的生存想象"，而其"轮子"，则是知识传统、西方模式、中国现实和个人表达。他最后指出："第三条道路不是高速公路，只是千尺危崖上的一根细细的平衡木。"

　　"有关建筑本体的问题已得到基本认识"，"有关建筑与外界的关联却远未被廓清"，这是姜珺以重大事件为切入点，关注与实验建筑和当代建筑相关讨论的前提。他发人深省的"十问"基于如下设定："建筑史观是否能成为一种不以建筑为中心，而是以建筑为媒介或镜面的建筑大历史观？建筑评论能否成为一种通过建立与外界变量的有效关联，强化内部组织策略和应对能力的方法论？"所以他咄咄逼人的建筑评论十问的最后一个设问，即是"超越建筑评论"：建筑评论应该超越建筑本体，"成为结合了多领域知识的空间'地理—经济—社会—政治—文化'学评论，以空间为媒介，成为学科之间的中央处理器"。

"实验建筑"？"当代建筑"？
——思考当代中国实验性建筑

周庆华

　　史建在《从"实验建筑"到"当代建筑"》一文中，将 2003 年 12 月 14 日所举行的"'非常建筑'非常十年"回顾展和研讨会，视为"中国实验建筑'十年'实绩的展示、辨析和总结的契机"，并且断言地把"2003 年 12 月 14 日看作实验建筑的终结和当代建筑的起始"。[1] 史建的"终结论"掀起了一连串热烈的讨论和迥异的反应：从"某个程度地同意"[2]，到视为"大胆"的观点[3]，甚至"不敢苟同"的看法。[4] 如此将某年某月某日看作终结的主张，令我想起查尔斯·詹克斯将 1972 年 7 月 15 日视为现代主义建筑终结的断言。[5] 在进一步讨论"实验建筑"是否终结之前，有必要先阐释"实验建筑"

1. 史建，《从"实验建筑"到"当代建筑"》，《城市·空间·设计》2009 年第 5 期，"新观察"第一辑，第 14 页。同样的观点亦刊于史建《实验性建筑的转型：后实验性建筑时代的中国当代建筑》，朱剑飞主编，《中国建筑 60 年（1949—2009）：历史理论研究》，北京：中国建筑工业出版社，2009 年版，第 296-297 页。
2. 阮庆岳，《先知，注定死在他乡？》，《城市空间设计》2010 年第 3 期，"新观察"第五辑，第 22 页。
3. 朱涛，《反思需要语境》，《城市·空间·设计》2010 年第 3 期，"新观察"第五辑，第 4 页。
4. 张永和，《问题建筑》，《城市·空间·设计》2010 年第 1 期，"新观察"第三辑，第 5 页。
5. 查尔斯·詹克斯在他的著作《后现代建筑语言》中，断言现代建筑于 1972 年 7 月 15 日下午 3 时 32 分终结，因为曾经获奖的位于美国圣路易斯的体现现代主义供低收入人士居住的房屋（Pruitt-Igoe housing development in St. Louis）于该时被炸毁。Charles Jencks, *The Language of Post-Modern Architecture*, London: Academy Editions, 1987, pp.9-10.

在当时出现的语境和所赋予的涵义。

　　"实验建筑"这个词可以追溯到 1996 年于广州召开的"南北对话：5·18 中国青年建筑师、艺术家学术讨论会"，这是第一次讨论中国实验建筑的会议。[6] 会议的内容主要围绕当代中国实验艺术的发展状况，并着重讨论中国实验建筑的可能性和未来发展的路向[7]；所以，中国实验建筑的出现与当时的实验艺术有着紧密的关系。王明贤在高名潞所编的《中国当代美术史：1985—1986》[8]（修订版的书名改为《'85 美术运动》）中表示："1985 年新潮美术群体纷纷涌现，建筑界却缺少艺术群体，没有太多引人注目的活动。直至 1986 年下半年，'当代建筑文化沙龙'才脱颖而出。"[9]高名潞甚至在该书的初版序中明确表明当时的中国建筑是 85 美术运动的不谐和音："建筑是美术史的重要组成部分，本书撰写的建筑部分也试图与整个美术思潮连为整体论述。但由于在客观上，中国当代建筑似乎还游离于艺术之外，同时也由于各种局限性，这部分或许在某些方面与全书不尽合拍。"[10]当时中国建筑界与 85 美术运动有着明显的落差。

　　1986 年成立的"当代建筑文化沙龙"凝聚了一班中青年的建筑师和建筑学者，通过不定期的学术活动，去探讨建筑理论研究和文化问题，促进建筑界与其他文化界的交流，为 1990 年代正式诞生的中国实验建筑奠定基础。当然，1978 年中国恢复高等教育制度，1980 年代出国留学的学生学成归国所带来的新思维，85 美术运动的影响，邓小平 1992 年南巡以后经济改革下市场经济的全面实施等，都是关键的因素。中国建筑师注册制度和全国注册建筑师考试于 1995 年落实执行，配合当时思想文化解放的氛围和媒体的推广，使中国建筑师能够脱离官方设计院的体制，以独立的身份进行建筑探索，对建筑实践进行重新诠释，令建筑设计的自主性得以大大提升。

　　1990 年代出现的中国实验建筑，在起步时处于边缘的位置，"有意识地与前卫艺术进行横向的沟通，试图在边缘寻找自己准确的定位了"。[11]首次为边缘实践与建筑主流提供公开对话机会，又富有历史意义的活动，是 1999 年 6 月在第 20 届世界建筑师大会中所举办的展览。当时，除了展示 55 项建筑主流作品的"当代中国建筑艺术展"外，还有"中国青年建筑师实验性作品展"，展出 10 件由中国青年建筑师所设计的探索性

6. 王明贤，《今天·昨天》，《城市·空间·设计》2010 年第 3 期，"新观察"第五辑，第 2 页。

7. 饶小军，《实验与对话：记 5·18 中国青年建筑师、艺术家学术讨论会》，《建筑师》1996 年 10 月第 72 期，第 80 页。

8. 高名潞等，《中国当代美术史：1985—1986》，上海：上海人民出版社，1991 年版。

9. 王明贤，《80 年代的建筑思潮》，高名潞主编，《'85 美术运动》，桂林：广西师范大学出版社，2008 年版，第 426 页。

10. 高名潞，《'85 美术运动：80 年代的人文前卫初版序》，桂林：广西师范大学出版社，2008 年版，第 16 页。

11. 王明贤、史建，《九十年代中国实验性建筑》，《文艺研究》1998 年第 1 期，第 118 页。

作品。王明贤作为策展人在《空间历史的片断：中国青年建筑师实验性作品展始末》中，透露了筹办此次展览背后的困难和辛酸。这些实验性作品差点被全部撤下，不能展出，难怪被视为"带有悲剧色彩的遭遇"[12]，体现出边缘实践在狭缝中挣扎生存的艰苦奋斗。

"实验建筑"的突破性、开放性、针对性、革新性

谈到"实验"，王辉认为"只要是有斗争倾向的，就已然有了实验精神"[13]，阮庆岳觉得这个名称"过于笼统"[14]，而朱涛则表示实验建筑这个概念暧昧，有不足之处[15]，一再重申"实验建筑是一种实验艺术"的概念基础[16]，并且提出："'实验建筑'是不是只能用宽泛的'实验性'来定义？"[17]刘家琨在 2007 年接受《建筑师》杂志访问，被问及有关实验建筑师的问题时表示："'实验建筑师'是当年就这么说，大家也就这么认为，反正就这么一帮人，也是实验，都没怎么干过，开始干，摸着石头过河，你说不是实验吗？但是这个词后来又被拿出来讨论，实验是指跟西方扯上那种关系，挺学术的，我觉得也没什么不好。"[18]既然"实验建筑"是世纪之交中国建筑话语中的一个中心概念，而王明贤指出这个概念是 1990 年代中期他和饶小军所提出的[19]，所以细阅王明贤和饶小军所写有关实验建筑的文章[20]，或许可以从中更深入了解他们当时赋予实验建筑的涵义。

12. 王明贤，《空间历史的片断：中国青年建筑师实验性作品展始末》，《今日先锋》2000 年第 8 期，第 8 页。
13. 王辉，《失重的实验建筑》，《城市·空间·设计》2010 年第 1 期，"新观察"第三辑，第 7 页。
14. 阮庆岳，《先知，注定死在他乡？》，《城市·空间·设计》2010 年第 3 期，"新观察"第五辑，第 20 页。
15. 朱涛，《反思需要语境》，《城市·空间·设计》2010 年第 3 期，"新观察"第五辑，第 5 页。
16. 朱涛，《反思需要语境》，《城市·空间·设计》2010 年第 3 期，"新观察"第五辑，第 7 页。
17. 朱涛，《反思需要语境》，《城市·空间·设计》2010 年第 3 期，"新观察"第五辑，第 4 页。
18. 唐薇、牛瑜，《"低技策略"与"面对现实"：建筑师刘家琨访谈》，《建筑师》第 129 期，2007 年 10 月，第 23 页。
19. 王明贤，《今天·昨天》，《城市·空间·设计》2010 年第 3 期，"新观察"第五辑，第 2 页。
20. 谈及实验建筑，王明贤的文章包括：《九十年代中国实验性建筑》，《文艺研究》1998 年第 1 期）；《边缘与主流的对话：中国大陆青年建筑师的实验》，《建筑 = Dialogue: architecture + design + culture》1998 年 4 月第 13 期；《建筑的实验》，《时代建筑》2000 年第 2 期；《空间历史的片断：中国青年建筑师实验性作品展始末》，《今日先锋》2000 年第 8 期。饶小军的文章包括：《实验与对话：记 518 中国青年建筑师、艺术家学术讨论会》，《建筑师》1996 年 10 月第 72 期《边缘实验与建筑学的变革》，《新建筑》1997 年 9 月第 56 期；《实验建筑：一种观念性的探索》，《时代建筑》2000 年第 2 期。

饶小军在《实验建筑：一种观念性的探索》中，对实验建筑的突破性进行论述：

实验性建筑对于建筑学本体价值的探寻，首先是从观念层面上对建筑学的基本概念寻求突破的，所以说，它是"一种观念性的探索"。这就注定了它在实验的过程不可能一蹴而就，思想将面临种种困难，并排斥一切陈腐的观念……这就是实验建筑的现状和前提。实验者也正是这样的"前行者"，永远不能满足于现成已有的东西。[21]

讨论突破性，需要考虑当时的语境，所以张永和于 1996 年落成的席殊书屋，使用磨砂玻璃、钢框架结构去强调材料性和建构性，虽然从西方的建筑标准来看并不算是先锋，但相对于当时的中国语境来说，已经是一个突破，挑战着巴黎美术学院的体系和当时流行的后现代装饰风格。因此，席殊书屋被视为是一个实验建筑，而现在很多采用类似设计手法的建筑作品则不具有席殊书屋的实验性。

此外，饶小军在《边缘实验与建筑学的变革》中，带出实验建筑的开放性：

我们所要强调的是实验性建筑的开放性。它并没有什么既定的规则和方法，它只是一种态度，一种不断创新、不断自我消解的设计倾向……"实验性设计"从对人们约定俗成的概念及手法的质疑开始，涉及对真实性、语言的不定性、形式的发生过程等概念的重新认识和阐释。[22]

王明贤在《边缘与主流的对话：中国大陆青年建筑师的实验》中，亦同样提及实验建筑的开放性：

我们所要强调的是建筑实验的开放性。它只是一种实验态度，但它所探究的问题和经验，却是关系建筑学的根本性问题。也许，这正是实验性建筑所担负的使命。[23]

开放性的态度挑战墨守成规的方式，鼓励从新的方法论入手去进行建筑实践。这体现在王澍的早期作品之中，如杭州丰乐桥人防地道口（1991）和杭州孤山室内小剧场（1991）。王澍主张建筑师的工匠态度和建筑施工工艺的现场性，并与建筑工人在工地里保持紧密的沟通。他表示："我宁愿在现场随着某种更加耐心的节奏，和工匠交谈，

21. 饶小军，《实验建筑：一种观念性的探索》，《时代建筑》2000 年第 2 期，第 13 页。
22. 饶小军，《边缘实验与建筑学的变革》，《新建筑》1997 年 3 月，第 21 页。
23. 饶小军，《边缘与主流的对话：中国大陆青年建筑师的实验》，《建筑 = Dialogue: architecture + design + culture》1998 年 4 月第 13 期，第 73 页。

凝视他们的劳作，切磋工艺，随着偶发的实例要求而不断转变。对我来说，这里不仅有一种营造本身在技艺上的恰切性要求，也关乎现场真实的保持，导致不同以往的理论视角。"[24] 对于王澍这种直接面对现实，响应当下的经验和感觉的设计手法，王明贤的评价是："王澍的随意和'从头开始'的方式，让我们看到了实验性建筑的希望。"[25]

饶小军在《边缘实验与建筑学的变革》中，进一步对实验建筑的涵义作出补充：

……在于对西方化的主体概念持质疑和批判的态度，在消解主流文化中心的思想前提下……以当代中国社会生存状况和生活体验为基础的实验建筑类型。[26]

"以当代中国社会生存状况和生活体验为基础"显示中国实验建筑的针对性。虽然中国实验建筑在 1990 年代出现时，较多强调建构性、材料性，所以难免被看为"'自闭式'空间实验的边缘化套路"，[27] 然而，被视为在实验建筑实践意义上"前所未有"[28] 的张永和王澍，他们亦不乏一些涉及社会性议题的作品，包括张永和的清溪坡地住宅群（1996）和王澍在杭州设计的垂直院落（2002）。清溪坡地住宅群对流行于中国大地的美国住宅模式提出质疑[29]，而垂直院落则在高层住宅中坚持为每户提供院子[30]。

实验建筑的突破性和开放性同时意味着革新性的涵义。彭怒和支文军在《中国当代实验性建筑的拼图：从理论话语到实践策略》中，清晰地点出这方面的观察：

建筑的"实验性"……的本质在于永远向建筑的主流学术意识形态挑战，与主流设计实践相对抗；它反对已经被接受的、成为习惯的建筑价值观而表现为一种革命和创新的精神，一旦"实验性"建筑的形式、思想被广泛接受，其阶段性使命即告完成，必须重新上路；它远离建筑的正统和中心话语并把自身置于社会和文化的边缘；它没有既定规则和方法，表现出一种不断创造、不断自我消解的倾向。[31]

24. 王澍，《设计的开始 /3》，《建筑师》2000 年第 12 期，第 74-75 页。
25. 王明贤、史建，《九十年代中国实验性建筑》，《文艺研究》1998 年第 1 期，第 121 页。
26. 饶小军，《边缘实验与建筑学的变革》，《新建筑》1997 年 3 月，第 20 页。
27. 史建，《从"实验建筑"到"当代建筑"》，《城市·空间·设计》2009 年第 5 期，"新观察"第一辑，第 16 页。
28. 史建，《从"实验建筑"到"当代建筑"》，《城市·空间·设计》2009 年第 5 期，"新观察"第一辑，第 16 页。
29. 张永和，《清溪坡地住宅群：获美国第 43 届"进步建筑"奖作品》，《世界建筑》1996 年第 2 期，第 57-59 页。
30. 王澍，《"中国式住宅"的可能性：王澍和他的研究生们的对话》，《时代建筑》2006 年第 3 期，第 36-41 页。
31. 彭怒、支文军，《中国当代实验性建筑的拼图：从理论话语到实践策略》，《时代建筑》2002 年第 5 期，第 25 页。

这种不断革新的精神，是实验建筑的核心价值。王澍在一次的座谈会中提出不谋而合的观点：

　　建筑学要比较健康地发展，实验就应该是一个常态。就是所有的不确定需要去发现的事物，持续不断的思考，它应该是一个常态。当时王明贤提这个词的时候，他征求过我的意见，我说可以，没问题。因为什么？因为不能不存在这种实验状态的时候，他们试图摆脱常规，试图能够使得这个东西有一些新鲜感，我当时同意这个词，我觉得很好，就是说其实他没有下结论，而是仍然保留在这样一种开放的工作状态中，这个很重要。我特别害怕的是很快出现了某种定型，那是很危险的，我觉得还没有到那个时候，或者永远也不希望这个时候的到来。[32]

　　当然社会变化太快了，昔日的青年建筑师们进行边缘实践，现在都冒出头来，成为炙手可热的明星级建筑师，甚至在中外知名的建筑院校中担任院长和教授，张永和的"非常建筑"亦从一个个人色彩浓厚的建筑师工作室转型为组织严密的建筑师事务所[33]，但这是否就意味着实验建筑的结束呢？

　　实验建筑的革新性显示出一种不断创新的倾向，所以"一旦'实验性'建筑的形式、思想被广泛接受，其阶段性使命即告完成，必须重新上路"[34]，关键在于这些以往处于边缘位置的青年建筑师，能否在成名以后，依然可以"重新上路"，继续进行探索，并且将有关想法薪火相传地感染给下一代的建筑师并予以发扬光大，持续地对当代中国建筑发展做出启发性的影响。

　　虽然1990年代边缘实验和建筑主流的界线在当代语境中被冲淡，并且变得模糊，但实验建筑在探索形式语言和材料建构等内容外，还可以积极地做出社会性参与，对社会上一些议题提出针对性的响应。张永和在《问题建筑》的结尾同样认为："相信今天的建筑实践仍然可以构成针对性。"[35]事实上，2003年12月14日后在中国亦出现了一些被认为是实验性而又具有社会层面针对性的建筑作品。王明贤评价杭州中国美术学院象山校园（2004，2007）为"中国最大规模的建筑实验场"，因为除了体现中国"循环建造"的特点，"重新发现中国传统的空间概念"，诠释出中国园林精神

32. 李东、黄居正、王澍等，《"反学院"的建筑师：他的自称、他称和对话》，《建筑师》2006年8月第122期，第34页。

33. 史建，《从"实验建筑"到"当代建筑"》，《城市·空间·设计》2009年第5期，"新观察"第一辑，第14页。

34. 彭怒、支文军，《中国当代实验性建筑的拼图：从理论话语到实践策略》，《时代建筑》2002年第5期，第25页。

35. 张永和，《问题建筑》，《城市·空间·设计》2010年第1期，"新观察"第三辑，第5页。

之外，还对当下城市大规模拆迁改造作出回应。[36] 刘家琨的"再生砖"回应 2008 年四川大地震的灾后重建工作，而在胡慧姗纪念馆（2009）中，他使用一个救灾帐篷去展示在大地震中丧生的一位中学女生的遗物，并表示这个纪念馆除了"为一个普通的女孩，也是为所有的普通生命——对普通生命的珍视是民族复兴的基础"。[37] 实验建筑的针对性流露出建筑师直面现实，勇于面对社会问题的态度。

界定"当代中国实验性建筑"

若实验建筑的特征被界定为突破性、开放性、针对性、革新性，强调在基本概念和观念中寻求突破，抱着一种不断创新、不断思考的态度，鼓励从新的方法论入手去进行建筑实践，不满足于现成已有的东西，并力图对人们约定俗成的手法和墨守成规的方式作出质疑的话，这种探索精神实在值得重视和鼓励，正如王澍所言："建筑学要比较健康地发展，实验就应该是一个常态。"[38]

由于以上的讨论都聚焦在中国本土建筑师所作出的实验性建筑，所以为了避免"实验建筑"这个词所产生的歧义，使用"中国实验性建筑"来代替相对来说较为理想，以避免王昀所提出的"中国是外国人建筑师的实验田，那么这里的外国人在实验田上所做的建筑是不是实验建筑？"[39] 这类型的质疑。

此外，以上的论述集中在 1990 年代以来中国实验性建筑的发展，因此有必要对"中国实验性建筑"这个词赋予一个清晰的时间坐标，而采用"当代中国实验性建筑"来涵盖这个范畴的有关讨论，在比较之下显得更为合适。正如王昀的理解："当代就是'目前这个世代'，而当代建筑所指涉的是'当今这个时代的建筑。'[40] 再配合张永和的讲法："当代建筑与实验建筑的关系不是相互排斥的，当代建筑包括实验建筑，"[41] 按这样的讨论，实验建筑与当代建筑并不是一个单向的线性转型或发展轨迹；相反，两者是并

36. 王明贤，《改革开放第三个十年：21 世纪初建筑探新概览（2000—2009）》，《中国建筑 60 年（1949—2009）：历史纵览》，北京：中国建筑工业出版社，2009 年版，第 260 页。

37. 刘家琨，《"我在西部部做建筑"吗？附：胡慧姗纪念馆》，《今天》（中国当代建筑专辑）2009 年第 2 期，总第 85 期，第 91 页。

38. 李东、黄居正、王澍等，《"反学院"的建筑师：他的自称、他称和对话》，《建筑师》2006 年 8 月第 122 期，第 34 页。

39. 王昀，《请把我们领到"道儿上"来》，《城市·空间·设计》2010 年第 1 期，"新观察"第三辑，第 16 页。

40. 王昀，《请把我们领到"道儿上"来》，《城市·空间·设计》2010 年第 1 期，"新观察"第三辑，第 16 页。

41. 张永和，《问题建筑》，《城市·空间·设计》2010 年第 1 期，"新观察"第三辑，第 5 页。

行发展的。"当代中国实验性建筑"一词点出在当代中国建筑的发展过程中，在众多普通、平庸的建筑之中，出现一些由中国本土建筑师所设计，对中国语境来说富有突破性、开放性、针对性、革新性的实验性建筑。

这些实验性建筑实在有赖建筑师抱着持之以恒的态度去进行探索和开创，亦同时需要建筑评论者的细心解读，去做出深层次的探讨，并进行深入的分析和学术研究上的整理。这种实验探索和建筑评论的互动关系和讨论氛围，在当前的中国语境中，实在有待进一步的发展和开拓。

实验、当代与中国建筑的隐形政治

冯 原

本文是对史建引发的"实验建筑与当代建筑"以及一系列相关讨论的回应。不过，在几位讨论者已经把问题引向相当深入的层次之后，我并不打算从建筑的内部入手来切入这个题目，而是想把近十五年的中国建筑思潮置入到历史的语境之中，通过重新考查制约建筑生产的诸种外部条件以及这些条件的演进变异，来还原由建筑师主导的建筑生产的状况与条件。

2009 年 6 月，在给《今天》杂志的"中国当代建筑专辑"的约稿中，我和广州建筑师李少云有一个关于当代中国建筑的处境和策略的对话。从一开始我就谈到，建筑可以是一种内部的问题，因此可以从建筑师的身份和建筑作品的关系进行探讨。不过，由建筑师主导的建筑进程在中国是在相当晚近才发生的现象，在当代而言，这大半不是因为建筑师的籍贯身份或体制身份，而是由于建筑师身处其中的"圈子身份"所决定的。具体来说，存在着一个（或多个）有关建筑的、能够生产出价值和话语的小世界，建筑师的创作应该是在这个小世界里得到认定和评价的。如果确实存在着这么一种小世界的话，我就会把如何品评建筑的问题转向到这个小世界的建构问题上去，我的问题是：这个小世界是怎样营造出来的？它所依赖的社会条件是什么？它受到什么相关

1. 冯原、李少云，《处境与策略：当代中国建筑师关于本土化的三种态度》，《今天》"中国当代建筑专辑"，2009 年夏季号，总第 85 期。

因素的支配和制约？某个小世界又是如何在若干个小世界的竞赛中脱颖而出的？[1]

要在本文中回答前述的这一系列问题，我不得不再次绕个圈子，把问题继续扯远一点，目的是为了显现一个更为宏观的背景框架。这就是说，要回答建筑的内部问题，我们就不得不去触及影响它的外部条件和成因。我的意思是，起码就新中国前四十年的历史状况来看，建筑师并非主导建筑进程的最大力量。

2009年年底的"深圳·香港城市\建筑双城双年展"，由欧宁和姜珺策划的以"中国思想"为题的"马拉松对话"活动上，库哈斯在我和陈侗的场次中首先问我的问题是：与西方相比，中国的变化是如此迅速，代际区别是如此之大，你们是过了不惑之年的人，怎样来看待这个问题？我认为这个问题正中我的下怀。因为代际的问题就是每一代人介入社会并成为历史的时间段问题，它相当敏感地关联到每一代人的处境和策略，因此也必然是一种历史性的结果。我的回答是：所有的当代中国问题，其实都可以放进一个简单的现象中来考查，那就是"松绑效应"。用身体的感受来比喻新中国成立以来的中国历史，可以得到一个两段论的身体模型：我们曾经在前一阶段被紧紧地束缚起来，然后又在邓的时代被缓慢地松开。这个一绑一松的历史进程，事实上造就了三代人的代际处境，我们的父辈，中年不顺，却晚景尚好；我们这一代，中年畅旺，却晚景堪忧；我们的后一代，童年幸运，而中年却难以预测。[2]

在我的回答中其实包含了两条线索，一条是宏观的、不以个人意志为转移的社会背景线索，它被相当概括地总结为由毛到邓、由束缚到松绑的两大阶段；另一条线索则是个人的，或每一代人介入社会进程的时间段，这意味着我们既共享一个宏观的大背景，又因为进入社会的时间段不同，从而拥有了不同的代际命运。

我承认我对当代中国人代际命运的分类和预测是粗略而相当象征性的，不过，正是这种象征性模型，特别有助于我们去揭示中国建筑问题的真相，那就是：一直以来推动着中国建筑发展的最大力量是什么？建筑师从何时、在何种条件下演变成主要的推动力量的？这种提问的好处在于，我首先否定了存在着一个大一统的中国建筑这种东西，正相反，发生在建筑领域的变化是每一代建筑师与特定的社会处境和条件互动的成果。那么，依据同样的道理，社会体制与政治经济的变化因素构成了那条宏观的线索，这种力量的强弱变化大致上可以决定特定阶段的建筑师群体的基本走向。但是，正由于每一代建筑师介入到这个宏观背景中的阶段条件相差很远，所以，这使得某些阶段的建筑师仍然会拥有相当的能动性来改变既定的走向。观察这两条线索的相互关系，便能揭示出上述的问题真相。

2. 在这里我重新表述了这段话，原话可参见欧宁主编的《中国思想：深圳马拉松对话》，《生活》别册，2010年4月。

所以，回到建筑领域之后，接下来我的问题可能很简单：在共同的语境中，为什么人们不会把1959年国庆十大建筑称之为"实验建筑"呢？其实，从建筑史自身的逻辑和现代性的进程出发，新中国在社会主义阶段的建筑成果不无"实验"的意味，这也是为什么库哈斯会提到的中国式经典说的来源。[3] 不过很显然，当我们今天回过头去看时，能嗅到的"实验气息"，只是我们的思维投射到过去的回声罢了。事实上，在新中国的社会主义建筑阶段，只有政治一统天下的大世界，而没有建筑师的独立价值的小世界，建筑师被紧紧地束缚在单位大院式的建筑体制之内，从这种体制中诞生的建筑，其实验意味充其量也是大规模的社会实验在空间中的一种反映。

如此说来，因为有了比较的对象，所谓"实验建筑"的内涵便得以显现出来——最起码，实验建筑是意指这样一种类型——由建筑师个人所主导的，具有相对独立价值观的，具有"创新—保守"张力关系的建筑。从这个结论中也可以推论出它的反面类型——由政治意识形态所主导的，具有统一的宏大价值观的，具有"敌—我"张力关系的建筑。由于它政治经济的显著属性，我可以把这一类型的建筑称之为"政体建筑"，以区别于"实验建筑"。这样，对这两种类型的建筑的定义，恰恰吻合了前面我提到的宏观背景的线索。我同意史建把实验建筑的概念与张永和等人在1990年代的实践联系到一起的看法，这倒不是说建筑师可以超越历史条件，反过来说，正是因为在1990年代中出现了新的历史条件，在捕捉这些条件的敏锐感上，张永和无疑是最为突出的。

不过，当宏观背景的两段论与建筑的类型学叠加到了一起之时，尤其要引起我们关注的要点在于，如果"实验建筑"确实在某个历史时期得以出现，那它就不仅是某个建筑师个人努力的结果，而是一个话语与实践的象征空间——建筑的小世界从大一统的体制中分离出来的结果。而以中国的现实来看，"实验建筑"的出现并非意味着"政体建筑"和相关的意识形态的消亡。

为了更准确地描述中国建筑的演化之路，就有必要对前述的那个宏观的两段论模型加以修正，在这里，我加入"显形政治"与"隐形政治"的概念。很明显，"显形政治"与"政体建筑"阶段是对称的，而"隐形政治"则与一种多元的、复杂的现象相对称，实验建筑只不过是其这一阶段中较显著的一个表征而已。

把中国建筑的演进置入"显形政治"与"隐形政治"的框架之中，起码有两个原因，一个是因为建筑生产的物质性，这似乎是个普世原则，世界各地的建筑生产均是物质生产的一部分；另一个则是因为建筑的工具理性的性质。相对而言，后一条具有

3. 可参见2003年《南方周末》对库哈斯关于国家博物馆改建方案的访谈。

较为强烈的中国制度特色——建筑的观念生产并非必然会成为工具理性的俘虏，不过，建筑的观念生产能否出现，本身就应该被视为特定的政治经济条件的产物。

这样，我们就可以从中推导出两条原理：第一，建筑的物质生产方式决定了建筑生产与资本的从属关系，也天然地决定了建筑生产的右派立场——以土木工程为表征的基本属性；第二，以建筑的物质生产为条件衍生出来的观念生产——以话语生产为表征的生产方式，却从属于特定的政治经济的意识形态，由于上述的关系，建筑的观念—话语生产必然也会在总的意识形态的支配下呈现出某种左右拉扯的张力关系。

在这里，我的意思是，让我们放弃对前者的考查，而把注意力集中到后者身上，实验建筑如果真的存在着，那么，它更多不是以一种实践的形式，而是以建筑的观念—话语生产的形式而存在的。最有意思的问题是：实验建筑为什么能够从一种话语的生产中获得力量，最终又转而去占领了建筑实践中的那些山头？这个提问也许已经触及史建提出的从"'实验建筑'到'当代建筑'的转型"的定义问题。依据我的理解，实验建筑是一种典型的"话语政治"的话，当代建筑就已经转换成一种实践政治了。正因为如此，新中国早期的"显形政治"阶段可以略而不谈，值得我们关注的是它的"隐形政治"阶段，在这个阶段中，既出现了具有独立价值的话语小世界，也实现了从建筑的"话语生产"到实践政治的转型。

没有一个例子会比这个例子更能够反映什么是"政体建筑"和"实验建筑"，以及什么是"显形政治"和"隐形政治"之间的关系，这个例子就是国庆十大建筑之一的中国历史博物馆和中国革命博物馆。在"显形政治"时代，建筑师反而是隐形的、第二性的，所以，这个具有强烈的苏维埃建筑与共产主义符号特色的纪念性建筑，以它的位置、体量和风格昭示出新中国的国家政体性质，我们很难把它完全归类为老建筑师张开济先生的"作品"。正确地说，应该是建筑师的工具理性在国家主义支配下所完成的任务。

当时间来到了 2003 年，中国历史博物馆和中国革命博物馆被更名为"中国国家博物馆"，并打算对该馆进行重构和改造。最值得注意的是，命名的变化表现出国家意识形态的一种"当代姿态"。此时，起码从表面上看，国家打算从这个公共建筑的前台退到后台，让国际建筑师站到前台献技，但是从当时的国博任务书的规定中便可以看出，国家意识形态并非要从国家的象征空间中退场——它要求保留原有建筑的四个立面，但是它同时又要求获得全新的形象，正如它用"国家"二字来统合和取代"中国历史和中国革命"的两分法。在原建筑物的取舍之间，在后台和前台之间，"隐形政治"在此得到了相当准确的诠释。

有趣的是，张永和获得机会与库哈斯的 OMA 一道参加了对这个社会主义建筑经典的改造实验。这里面暗含了两个因素，一个是这个国家项目的象征意味，足以标示着以张永和为代表的实验建筑的正式出山——从话语政治到实践政治的转型。我不知道是不是巧合，2003 年正是史建宣称张永和带领的实验建筑向当代建筑转型的时候。第二个因素是库哈斯代表的新的国际主义建筑登陆中国，并陆续引发公共建筑的"舆论地震"的开端。诸多巧合和历史因素汇集在这个跨度五十年的博物馆建设和改建项目之上，它既让我们目睹了父子两代建筑师基于不同的政治经济背景，在不同的国内和国际条件下的实践作为，又让我们看到"隐形政治"在全球资本游戏中的暧昧性。在"显形政治"时代借张开济先生之手诞生的社会主义经典建筑，居然在"隐形政治"时代又能够借助于实验建筑的开创者张永和和库哈斯的合作获得"重生"。

尽管张永和与 OMA 的设计方案并未成为获胜方案（中标与否其实已经变得不重要了），然而这一事件所具有的象征意味，便足以使它超越了那些获胜方案，并对我一开头就提到了那些问题提供了启示。它的关键结构在于——社会主义时期的张开济先生和实验建筑时代的张永和在中国历史博物馆和中国革命博物馆向中国国家博物馆转化上的汇流，为新中国从"显形政治"时代转入到"隐形政治"时代提供了一个非常形象的时空模型。借用大卫·哈维的"时空压缩"理论，国家博物馆项目如同压缩了的时空，相距五十年的历史的一端与另一端发生了碰撞。

我最后想说的是，基于政治之于建筑的特殊的支配关系的历史渊源来看，"隐形政治"时代只是一个相对的概念，这部分是因为当代建筑是个什么样的定义，仍有待于我们去观察和思考，另外的原因则在于——建筑是这样一种生产，在任何时代里很难独善其身，不得不卷至意识形态的风口浪尖。我们所要做的是应该区分那些相对更加细微的变化因素，这样，我们也就不怕把它当成是对于建筑本身的一个解释：如果仅仅以观念的创新与演化为要素来观察，建筑，或者说中国的建筑，从来就不是一个反应敏捷的领域，而是一个迟缓而负累的领域。在这个意义上，我们不得不做出有理想憧憬的价值判断："隐形政治"时代要比"显形政治"时代提供的选择性更多，所以时代进步了；"实验建筑"要比"政体建筑"更有可能带来多元化的价值观念，所以以个人建筑师为主导的"实验建筑"要比任何体制内的建筑生产更具有积极因素；"话语生产"要比"实践政治"更具有前瞻性和开创性，所以话语生产既有可能是"实验建筑"的生产成果，也更有可能在当代的状况下继续推动着建筑的创新与未来。

最后，不管什么是当代建筑，我相信，"当代"的内涵在于它是一个开放的概念，尤其是在这个让我们对历史的游戏感到失落甚至绝望的年代，只要我们对未来还有所憧憬，"当代"或许会成为我们共同的一种期许。

第三条道路

金秋野

　　有人问我："那是什么呢？请用一句话来概括。"我一下子说不出来，我们都能感觉到风向，却无法清晰地描述这阵风。有人说，风气十年一变。我觉得，这里有观念上的弹性极限，也有一些集体性的内在的迫切需求，它来自于个人对全局的默默认知，虽然出之于内心，却很可能是最客观的动力。这个东西到底是什么呢？从晚上到早上，心里一直萦绕着这个问题，却找不到一个合适的词加以表述。

　　凌晨三点，一个词跑进我的脑袋，那就是贝先生说的"第三条道路"。他在1982年谈到了这个问题，如今，时间已经过去快三十年了。很多人曾为此努力，却不得要领。今天想来，这可能仍然是最要紧的一个方向，虽然简单，虽然直接，但很真实。

　　贝聿铭说："我的真意是希望由此找到中国建筑创作民族化的道路，这个责任非同小可，我要做的只是拨开杂草，让来者看到隐于其中的一条路径。"道理谁都明白，目标大家也不见得反对，可是三十年来，还真没见到有多少人认真把这当个事情；即使不自觉之间已经走在路上，也因为自尊或其他什么成见，不去触碰这个词，甚至于，内心里开始对种说法生出抵触之情。如今我们要重新绍述，要认真而诚恳地说，我们要寻找的并不是什么新鲜事物，它正是贝先生的第三条道路。

　　二十八年前贝聿铭提出这个概念的时候，历史格局和社会心智与今天全然不同。那时候西方的建筑世界郁郁乎文哉，我们心急，却都不知道从哪儿学起。接下来这二十年发生了很多事情，从改革开放到软着陆，从大包干到农民工，从自由主义到新左派，从贴邮票到互联网。如今，除了使用筷子以及经济发展模式上的"摸石头过河"，我们的人生经验几乎全然西化了，即便是最有抱负的中国建筑师，也不太把追求文化独立性、自主的形式语言和一种外在于西方知识系统的建筑美学和伦理当回事。有人诚意追求"中式风格"与地产经纪的结合点，有人循着西方建筑理论的思路开始遭受"原型焦虑"的折磨。与上一代或再上一代建筑师比，他们要么更加超然，要么普遍虚无。

很快，西方就不再是一个可望而不可即的存在，在二十年积极的交流、学习与合作之后，不自觉地，人们开始以西方的制度标准、美学趣味和工艺品质来衡量中国的建筑实践。一比之下难免会有失望，结果名正言顺成为"先进即正确"的信徒，"达到并赶超国际标准"的工具理性甚嚣尘上。可同样是因为交流和思考，让我们更能看清西方整个思想体系和社会制度的问题，很多问题都无解。故此，我们不妨把目标放低一点，不去谋求超越，而去另辟蹊径。如今假如不能自寻出路，恐怕以后就会是个难以收拾的局面。因此无论在哪个领域，寻找第三条道路的理由都是充分的，局面都是迫切的，努力都是必需的。

现在重新回顾一下贝先生这句话。如今，我们已经开始摒弃了"建筑创作"这个词，建筑师职业内涵扩大了，"库哈斯主义"之后，建筑设计更像是运筹，建筑师更像商人。但在我心里，总是还有个不变的形象在，有个恒常的东西在。理论界谈民族、谈传统，先前大多数论述中，人们总是不自觉地将二者混为一谈。如今我们要很清楚地一分为二，从这个角度来说，贝先生"寻找民族化道路"的这一说法，也许并不确切。但是在这句话里面，贝先生自己留出了余地，他说得很清楚，他要做的只是拨开杂草，给我们指出一个方向，我想这个他做到了，三十年之后，我们终于可以直接求知于西方世界，对历史看得也更清楚些，在这个文化环境中，最有自尊心、最无成见、最愿意认真积跬步以致千里的人，都该明白，除此之外我们几乎别无选择。

为什么这么说呢？因为我们没有别的方向。有些人沉湎于历史，在对人或物的追怀中寄托对故国的哀思，我认为无助于当世。跟着西方更没有前途，即便我们跟他们一模一样了，也注定得不到尊重和关心，还得自己尊重自己，自己关心自己，最后的结果总归是斗争而不是和解，这是关乎生存空间和文明形态的问题，没得商量。很多建筑师主张的"处理现实"，其实只是权宜之计，因为现实是有为法，是梦幻泡影，一个浪头跟一个浪头，还没等辨明洋流，就被拍死在沙滩上了。这些道路都不通，连个方向都算不上，只能算是避难所。现在，商品、利润、全球化、资本运作都是褒义词，人们总是奢求最高性价比，所以才会一哄贪欢，甲方跟官员称兄道弟，建筑师跟甲方称兄道弟，搞评论的跟建筑师称兄道弟，不为别的，就为切一块蛋糕分一杯羹。说到底，心中缺乏"诚"与"敬"，给自己很多妥协的借口、惰怠的理由，却美其名曰叫"入世"。说明白点，那不是入世，那叫混世，入世需要勇敢坚毅、百折不挠，混世却可以随风摇摆、顺水推船。入世的是菩萨，混世的是魔王，两码事。

既然此路不通，就得另觅出路，这个很难，性价比偏低，所以识时务者、聪明人和成熟的人避而不谈，只有傻瓜才肯信以为真。贝先生是傻瓜吗？有人会说，他奢谈所谓"第三条道路"，自己却不全心求索，话是噱头，人是滑头。我死心眼，不敢这样虚无，我倒是宁可相信他老人家是真诚的，否则他何必苦思冥想搞什么"民族风格"，干嘛不直接把代表国际先进水平的现代主义建筑理念批发到中国，以求得皆大欢喜呢？他的立场、他的作品，都表明他铁了心要跟我们分担同一份焦虑。这份焦虑，从鸦片战争算起，两百年了，不管你身在哪里，操哪种语言，只要你皮肤没变色，理智没沦丧，哪怕化成灰都能感觉到。

"第三条道路"是一个明智方向。首先，它告诉我们，不能因自尊和傲慢而抛弃西方现代主义，乃至西方古典精神。有一句话，黑格尔说的，我记不清了，大概的意思是，新的范畴必须涵盖已知的所有范畴。西方建筑的历史与现实是我们绝不能视而不见的丰碑，其过程、案例和人物都是我们的思想资源。我个人就暗暗觉得，柯布的救世情怀和天真勇毅跟孔夫子很像，然后不禁推断，古往今来，以人格来揣摩世情，千古没有变化。环境的进化有赖于倾注心血的建筑实践，而建筑师的成就必然附丽于对个人成就的渴求之上，他的自我完成就是社会责任和文化责任的载体。其次，它告诉我们，必须从历史中寻找资源。一个人对历史的兴趣和对历史素材的兴趣应该分开来处理。在历史的两个部分（大传统和小传统）中，需要反复强调的是，不能放弃知识传统，它差点被遗忘和切断了，而那恰恰就是重建秩序的关键之所在。最后还有民间智慧，现在唯一真正受重视的东西。也许还包含更多，但也有排斥，排斥那些盲从派、知识追星族、犬儒、哲学贩子诡辩家（他们没有信念），以及混世魔王。中国当代建筑界的一个关键问题，不是缺少好的设计师或充满敬业精神的职业工作者，而是缺少真正意义上的知识精英和诗人的介入，在哲学的意义上来探寻一个模式、一种生存态度、一种独特的诗意和实践伦理，来为中国建筑注入灵魂。换句话说，我们需要的不仅是灵巧的双手，还有智慧的头脑和充沛的感情。

既然我们不能超越现代建筑材料与施工技术，就必须使用西方建筑的一些现成的东西，可以将其看成是一些词汇。不妨把建筑构思分为遣词、结句和谋篇三个层次，我们在第一个层次上，也可以不得不使用基本的抽象形式语言，然后在另外两个层次上，采用何种语法去组织句子结构，用什么体裁去表达什么感情，就不受限制了。用英语来写骈文的确不容易，但我们心目中挂念的倒不是骈文。梁思成的建筑语言学类比的问题，首先在于他给出的词汇定义并不基本，但分析方法不妨借用。贝聿铭在香山饭店和苏州博物馆中也给出了一些具体的建议，从舆情上看，大家并不特别认同。我们如何拉接两个传统，找到自己的语言？作为先行者，前辈并没给我们留下特别具体、可供操作的思想资源。

现在需要把问题搞得更清楚些。第三条道路，就是要在东西方之间，为建筑提供一条美学和伦理的自新之路，它关乎我们来日的生存想象。我们若想在第三条道路走下去，就要有一部合乎规格的车辆，它的四个轮子分别是：知识传统、西方模式、中国现实和个人表达，四者缺一不可。这里不提公共空间，不提低碳，不提非线性，不提表皮，不提地域性，不提建构，那些时髦的范畴没错，但都包含在更大的范畴之内，它们或者太重，或者太轻，都不是最迫切的问题。除此之外，有更多值得牵挂的东西，尤其是以个体为单位的苦思和创造，以及"知其不可为而为之"的圣徒精神，来与商品时代的滚滚大潮搏击。我们的出路，有时候不得不寄望于个体树立精神标杆，给众人一个模式而不仅仅是潮流，艺术没有集体创造，要允许一部分人先觉悟起来。

很多建筑师直接求学于西方，他们之中最有智慧的人，应该能抓住这一体系的精髓，并以个人的悟性加以弘扬，这是四个轮子里相对最稳妥的一个。中国现实，它就在我们身边，库哈斯说得没错，他的总结针针见血，但他毕竟不能感同身受，农民工不是他的亲戚。所以我们还不能轻松地审美起来，我们还是要改进，野蛮的原始积累和非人道的城市化、两极分化的环境体验和竭泽而渔的发展模式，都有改善的必要，总有一天我们能从噩梦中醒来。

在残酷的现实里，确实可以生出设计素材和思考动力，但它必须是批评性的，它的不完美提供了这一切。批评地思考中国当下问题，就不能不回到传统，我本能地质疑人们对"公共空间"的偏爱，也就是西方语境下民主自由的无条件偏爱，同西方语境教育出来的最有反思精神的哲人一道，必须将这套"被现代"过程中无条件接受的城市发展模式和居住模式，甚至更广泛意义上的现代化的生存想象，都进行彻底全面的反思。美学就是伦理，形式就是秩序。当我们开始树立新一套美学标准，开始展开新一轮环境构思，进行新一季生存想象，旧的秩序才能慢慢消退。所以说最要紧的还是我们的知识传统，那里就有礼和乐，乐就是形式，也就是秩序，"乐理通伦理者也"（《礼记》）。如何应对面前这个礼崩乐坏的局面呢？回到传统，周身沉浸于其中。

在当代中国文化环境中，所谓的"实验"更像是一种工作，一种姿态，而不是一种体验，一种知行合一的人生道路。"思"已经物质化了，它外在于身体和实践，成为自我标榜。况且，太多所谓"实验"只是紧随别人的脚步，带着崇敬与赞叹，从别人的作品中培养自己的趣味，期待别人的掌声。"达到并超越国际水平"这个标准，用来衡量经济、技术或管理则可，用来衡量艺术不行，因为创造性和灵性没有统一标准。只有苍白乏味的心灵，才不懂反求诸己，只懂亦步亦趋。第一代"实验建筑师"，喊着"你有我有全都有"的口号，梁山的炕头还没捂热乎就去打方腊了。

所以我认为，当务之急是一小撮天真勇毅、不识时务的建筑人投身于传统，像传统知识人（较文人的范畴更加广泛）一样追求"君子不器"的境界，同时保持清醒，目视当代，心系故国，毕竟，五千年的积淀不能轻易丢弃。我相信那里应该有一些要紧的资源，它能提供一些生存想象和环境美学，从城市到建筑，都可以找到一条新路。历史素材可以不仅仅是园林和国画，也可以是意识形态、民间信仰或巫术层面的东西。儒、道、佛的哲学是指导性的原则，我们爱物，但要爱得有道理，晚清的道器之争仍然有它的现实意义。新的研究／实践者要在东方和西方之间、沉湎和超脱之间、用心与无心之间、技术偏爱和原初体验之间，寻求中国式的平衡，明晰而客观，沉湎而充满感情。要同时具有高迪的雄心和巴拉干的平常心。这件事是个阶段任务，只能依靠少数派来完成，因此个别建筑师责任重大，却不能以小圈子或小团体故步自封，一旦自大起来，就会江郎才尽。

一切都是平衡。第三条道路不是高速公路，只是千尺危崖上的一根细细的平衡木。前几天批改作业的时候，看到学生写的一句话非常令我感佩。他说："在这样一个发展的时代，思考中国建筑未来的建筑人走在独木桥上，掉下去不会是惊涛骇浪，而是鲜花美女，只有闭上眼，抵住物质的诱惑，一直前行。闭上眼，那是中国建筑的明天。"（魏宏源）

《黑客帝国》（*The Matrix*）的结尾部分，尼奥瞎了双眼，就此能够看透机器世界的真实结构。这是充满象征意义的，在第三条道路上也是如此——闭上眼才有平衡。

建筑评论十问

姜 珺

行文之前迅速浏览了一遍前五期"新观察",注意到近十年的一系列建筑圈内事件被赋予了里程碑式的光环。我个人更愿意将这种里程碑意义赋予一些更具普遍性的事件(尽管看上去像是老生常谈),比如1998年的住房制度改革和2008年的北京奥运会,两者不仅通过中国特色的"新住宅运动"和"新公共建筑运动"直接刺激了中国建筑实验/实践的强度,而且在中国城市化方面更具全局性的影响,前者强力加速了近十年的中国城市化,为各种建筑实验提供了用武之地;后者则为前者的城市化成就树立了全球认可的身份。2008年曾被视为中国经济的拐点,然而之后的中国城市化不仅未见减速,全球建筑市场的衰退更加剧了这一枝独秀的大工地上的竞争,从而也间接推动了对新的、针对中国本土的建筑评论,乃至建筑史观的生产和需求,"新观察"也是这一阶段性的反省之一。

我之所以更侧重大事件的意义,多少是因为我不希望在这一时期暗流涌动的建筑讨论之后,浮现出的仍然只是在中国社会变革历程中被边缘化的建筑专题史,那就辜负了我们正身处的这场千载难逢的建筑变革。另一方面,这一侧重也基于两个判断:一是迄今为止,有关建筑本体的问题已得到基本认识;二是有关建筑与外界的关联却远未被廓清。这种建筑学内外认识的不对称,造就了今天建筑评论似是而非的分裂状态,一方面是近乎术语的元话语分析,另一方面则是对外界条件断章取义的判断。建筑史观是否能成为一种不以建筑为中心,而是以建筑为媒介或镜面的建筑大历史观?建筑评论能否成为一种通过建立与外界变量的有效关联,强化内部组织策略和应对能力的方法论?在此我想讨论与建筑评论相关的十个问题,作为对之前讨论的回应。

"建筑批评"还是"建筑评论"?

对于 Architecture Criticism 是译作"建筑批评"还是"建筑评论",本身也许不重要,通常人们会将二者等同起来。但字面上,"建筑批评"隐含了对是非对错的判断和对负面现象的不认可,而"建筑评论"却更为中立和包容,强调对现象本质的洞悉和事物价值的甄别。"建筑评论"包涵了"建筑批评",不仅可以通过"破"成为"一部批判的历史",也可能通过"立"建立"回溯性的宣言"。我无意咬文嚼字,仅想借此说明"建筑评论"可能具有的两种取向。中立和包容不排斥哪怕是犬儒的批判,也未必会减少建筑评论的锋芒,却可能因此变得更为审慎和开放,从而有条件超越建筑学的本体视野,面向"建筑的矛盾性和复杂性"。

"建筑评论"是一个现代概念?

尽管建筑是人类最古老的职业,但具有如此"矛盾性和复杂性",却是工业革命之后的事。工业革命不仅通过产业分工和人口集聚直接推动了城市化,也间接将市场经济和民主政治这两种西方主导的现代性法则推向全世界。此前,无论是《建筑十书》还是《营造法式》,其作者都是被主流精英排斥在社会边缘的工匠,他们的工作是将当时统治阶层的意志,以可行的技术手段制定成统一的空间规范,并体现为城市对建筑的有序控制。而在工业革命之后,城市成为主体日益多元化的聚居地,现代建筑是在这一空间生产权力下放过程中,参差不齐的建筑师与权力分散的业主的自我组织野心与现代工业技术相结合的产物。城市不再像过去那样对建筑具有绝对的控制力,现代建筑成为一种具有自我意志的语言,在城市化突变的某些失控时刻,成为众声喧哗的一部分。

理解了现代建筑与市场经济和民主政治的渊源,我们就能够认识到建筑评论所内含的现代性。古代中国没有建筑评论,只有园林评论;作为匿身于礼制城市中的黄老道学空间,园林为文官政治系统中的精英们提供了空间游戏的场所;但这种文人评论只是更多地与他们在文论、书论和画论上的旨趣相平行,而他们对城市空间却是维持而非革新。现代性将原先属于园林中"从心所欲不逾矩"的私人实验释放到公共空间,建筑评论则相应成为知识分子介入公共事务的一种参与方式;评论内容也由内在美学延伸到建筑与外界环境的互动,并进一步延伸到对城市空间组织和区域空间结构的议题。

后发现代化令中国现当代建筑区别于西方?

然而,当我们讨论空间组织权下放这一概念时,需要注意到中国与先发现代化国家之间的"时差"。这一时差不仅体现为中国落后于西方发达国家的工业化水平,更体现为中国作为后发工业化国家在国家和社会组织上采取的自主模式，与依赖殖民和战争等危机输出模式的先发现代化国家之间的差异。当西方宣称"现代主义已经死亡"时，中国仍在实践着计划经济下的城市化模式，国家计划某种程度上延续了礼制中国维持城市空间差序格局的传统，建筑师们恪尽职守地将现代建筑的整体原则与共产主义国家的宏大理想相结合，产生了一系列在西方只可能被视为乌托邦而无法实现的城市和建筑。西方建筑师们在现代主义建筑运动中壮大的改造社会的雄心，不可能在琐碎零散的私人委任中实现，而在20世纪中期的中国，国家的统一意志使之成为现实。

这一时期为集权国家服务的设计院队伍，在日后设计权下放的市场经济年代，依然以官方或半官方的身份垄断着大部分中国建筑设计市场，他们体制化的惰性与社会主义市场经济的既得利益相结合，使之成为某些现代主义教条最忠实的捍卫者。1996年席殊书屋在中国当代建筑史上的标志意义也与此有关：一方面，张永和代表着1980年代第一批留洋、并于1990年代学成海归的新生代建筑师，他的这个小尺度设计中混合着同样浑厚的西方观念艺术和本土空间元素，二者在当时设计院一统江山的时代背景前，无疑都"非常"异类；另一方面，张永和的登台亮相又和他父亲张开济先生的引荐有关，父亲在"体制内"的身份为儿子的独立实践网开一面，使得这个在两代建筑师之间承上启下的事件成为可能，这也许是席殊书屋更具象征性的地方。

新中国前三十年以高度集权实现后发工业化，后三十年则以有限分权进行后发城市化。由于中国选择以渐进式改革而不是"休克式疗法"导入市场经济，大部分设计院（及其千头万绪的子公司和周边产业）至今依然能够直接或间接地从计划体制的遗产中获益；同时，设计权也逐渐通过有限的市场竞争下放给外国建筑师，以及独立实践的本土（包括海归）建筑师，这为各种方式的建筑实验创造了竞争性环境。三方各有所长，并互有交集：外国建筑师可能擅长对市场环境的变量分析；本土建筑师可能擅长对本土语境的建筑转译；而设计院则具备可靠的经验以及对本土建筑规范的把握。三方之间往往以各种合作方式，应对中国现当代建筑日益复杂化的格局中出现的重重矛盾，而他们在建筑市场上的频繁交锋，也是国内外建筑思潮汹涌泛滥、众说纷纭而又莫衷一是的原动力。

现代性和实验性的关系？

如果把现代性视为是一系列与自由（市场经济）、平等（民主政治）、理性（法制体系）、人本（和谐社会）等有关的普世价值的话，我们首先应该意识到这一进程不仅在中国远未完成，即使在被视为先发现代化的西方国家，目前看来也是隐忧重重——主要表现在由工业革命引发的一系列持续的能源危机、环境危机、金融危机和国际政治危机上。由于现代建筑所立足的现代性基础尚未稳固，现代建筑便不可能像前现代建筑（尤其是中国古代建筑体系）那样长久不变地维持一种秩序，而是内在地具有了对这种基础进行修正和实验的可能。

现代性一方面令建筑学从边缘话语走向中心，另一方面也因过多的放权（建筑师几乎成为受委任的造物主）而令建筑学处于失重之地。当代建筑与其说是在寻找新的可能，不如说是寻找新的边界——一种比城市规范更为抽象的自律性（东方哲学的核心价值），一种对市场经济丛林法则的积极抵抗，或者一种可以在城市和建筑之间进退有度的界面，对超越于业主控制力量之外的宏观约束的引入，对工业革命后的全球工商社会的放纵、消耗和透支构成约束。对这种近乎道德或审美、而不是技术或规范的边界摸索，将成为建筑进入未来必须进行的实验。

建筑实验还是社会实验？

工业革命不仅引发了城市化，也引发了对城市化和城市病的反省，进而驱动着前赴后继的空想社会主义者们建设起一系列乌托邦社区。一方面，那些实验未能得以善终的事实，成为保守派们固守教条、反对社会实验的把柄；另一方面，其中远离尘嚣（或者说远离资本主义工商产业链）、自给自足的乌托邦光环，不仅启发了包括柯布、赖特在内的建筑师们，对今天有着社会理想的建筑师们依然有着感召作用。在人们因工业化分工而导致的社会隔离中丧失了熟人网络之后，空间成为重组社区关系、改造社会秩序的调控手段。潜在的社会实验最终落实于可见的建筑实践，这使得建筑师不仅可能以建筑项目为媒介介入社会，通过建筑语言宣扬社会愿景，也有可能通过建筑手段进入社会实验，成为行动的知识分子和入世的理想主义者。

实验还是实践？

儒家曾经用"修齐治平"来描述古代知识分子的入世序列，我们也可以借之来描述一个建筑师的工作：修身（建筑师个人的建筑训练）、齐家（创建和运营建筑事务所）、治国（进行大型项目实践与社会化合作）、平天下（介入国际化的社会活动或建筑运动）。儒家的道德体系一方面要求知识分子由内而外、因小而大地遵循这一入世序列，另一方面也强调修齐治平的一致性。序列的每一个片段或过程的不同组合，都能对应一种类型的建筑师，而我们几乎可以在今日中国炙手可热的建筑市场中找到各种类型：修身未了者（学生打工仔），齐家而止者（专营小型商业项目的事务所），忽然治国者（修身和齐家经验不足，而在大型设计院中接手重大项目的方案设计者），修身和齐家皆优而无缘治国者（理想主义建筑师），修身不足而善齐家、治国者（实用主义建筑师）；修身、齐家、治国而优则平天下者（资深社会活动家），等等。"修齐治平"这一序列，也是建筑师从"建筑实验"到"建筑实践"，到"社会实践"，再到"社会实验"的选择，而中国建筑市场白热化在这一序列中造成的混乱（或者说是理想与投机共存的局面），也是今日中国建筑师团队良莠不齐的原因。

建筑评论的维度？

如果建筑评论是对建筑的一种推动力量，我们需要怎样的建筑评论？如果建筑的最终成就，在于其本体语言如何转译、处理和优化外部条件的话，我们是否可能为各种建筑（好的和坏的）建立一种统一的评论维度？这种维度是否可以为我们今天的建筑界提供一个分类的谱系？

我们首先需要为建筑建立内部和外部两个要素集合。

内部要素（即本体问题）：包括空间、材料、构造、建造等技术、类型、语言方面的问题，前面说过，有关建筑本体的问题已得以基本认识（而不是得以解决——在此，问题的提出比解决更重要）。

外部要素：这个问题更为复杂，因为建筑所处的语境容易在过于宽泛的观察中散点化。因此我将外部要素同样设立成为一个先后序列：地理—经济—社会—政治—文化，进一步还可以延伸为地理（包括气候、生态和资源等）—经济（包括人口、产业布局、企业的盈利模式等）—社会（包括区域、城市、乡村、部落和家庭等关系）—政治（包括国家、地方、部门、团队、企业等的管治方式）—文化（包括国家意识形态、历史、民俗、宗教、集体无意识和亚文化等）。这个序列将建筑的外部问题分解成为建筑发生的前因后果：在自然经济条件下，经济模式决定了社会关系，经济基础及其社会组织产生了政治上层建筑，社会组织与政治架构的双重作用决定了文化形态。而任何一个环节的变化也会对其他相关环节产生影响，比如经济模式的转变对生态环境的影响，社会转型对政治改革的诉求，文化入侵对上层建筑的冲击等等。

其次，我们可以在两个集合之间，为建筑师及其建筑作品的侧重点作矢量连线，其指向为建筑师在内外之间的主动和被动关系。比如：主动以内部要素转译外部要素者（比如张永和擅长以空间类型、材料和构造实验解决社会组织问题，取向相似的王澍则更长于折射文化问题；都市实践的大芬项目则是通过空间介入，改造村落社会—街道政治—山寨文化，而土楼项目作为面向弱势群体的廉租屋项目，则侧重于经济—社会问题），或者通过主动组织外部要素来重建内部要素者（比如谢英俊组织灾民进行的住宅自建）；而反过来，内部要素也可能被动和消极地接受外界要素（环境制约—经济瓶颈—社会矛盾—政治压力—文化审查等），而成为后者的妥协之作或牺牲品；或者，内部要素除业主的硬性要求之外几乎不考虑外部要素，成为空降异地的个人游戏（比如某些无视时空变化、永远只唱同一首歌的明星建筑师）；另外，我们也可以以此为谱系，为地方类型和自发建筑编制索引（比如陕北窑洞对应"材料—空间"与"地理—气候"，贫民窟则对应"材料—构造"与"经济—社会"），从而也为建筑师的自觉创造提供多样化的切入点。

建筑评论还是建筑理论？

建筑相辅相成的内外维度，为建筑的矛盾性和复杂性提供了一个解析评价的平台。单纯从事"建筑实验—建筑实践"的建筑师在内外维度间建立的也许只是少量非必然的联系，单纯从事"建筑实践—社会实践"的建筑师则倾向于建造合格而不是有趣的房子，而从事"建筑实验—建筑实践—社会实践"的建筑师则会更多地考虑建筑与当时当地的针对性（比如针对某种地理条件选择的当地材料，或为某种社会关系保留其特定的空间类型）。只有少数建筑师才能全面兼顾到各种要素的对应性，谨慎地将"社会实践"上升为"社会实验"。

在更为详尽地对内外维度的属性进行关联架构的基础上，我们可以得到一套分析与评价理论，既可以成为建筑师的方法论，也可以成为建筑评论的认识论。建筑评论在评论建筑上的具体意义，则是基于这一建筑理论为建筑个案提供各种维度的分析。而建筑评论的难度，则在于建筑理论在外部维度上的跨度和深度，这使得评论者将不仅再是建筑项目事后的评价者，也有可能成为其事先的智囊团。

批评还是建议？

智囊团有别于"事后诸葛"之处在于其提供的不仅是批评，还有建议。如果批评者并不能基于其立论的前提推导出能够在同样现实环境中更为优化的结果，或者其立论的前提在现实中只是一个并不成立的假设，批评就不再有效，成为"站着说话不腰疼"的空话。智囊团则有条件与建筑师身处同一语境，借用建筑师周旋于项目之间的媒介作用和自身游走于"地理—经济—社会—政治—文化"等学科之间的跨域作用，系统地将与项目相关的内外部信息处理成为知识，并进而将之表达为建议，成为建筑师空间转译的依据。智囊团的工作将尽可能避免建筑师用建筑学有限的专业知识去臆测无限的外界环境，为建筑在语境的迷宫中疏理方位，建筑将因此变得更为充实，以更饱满的内容去应对当时当地的语境。

超越建筑评论？

过去三十年的中国城市化创造了一种混乱与有序并存的文明演化景观，其中充斥着令人反感的丑陋和遭人诟病的千篇一律。不敢说这种接近灾变的效应就是全球财富重心东移后的必然结果，但我们可以试问：所有第三世界的新兴工业化国家在过去三十独立建成的新城（包括旧城更新）中，是否有更好的榜样证明这种后发的快速城市化可以以更有序的方式发生？如果没有，我们就应该深究这一现象的根源，而不是浮于浅表地愤世嫉俗。这场在诸多主体协同作用下产生的灾变，令任何单一学科的判断力和作用力都不再有效。语境的复杂性，以及建筑师不再有能力从根本上影响城市这一事实，使得具有跨学科思维的智囊团成为这个行业迟早将会出现的新职业。当建筑学正在超越建筑本体时，建筑评论也应该超越建筑本身，成为结合了多领域知识的空间"地理—经济—社会—政治—文化"学评论，以空间为媒介，成为学科之间的中央处理器。由建筑师和评论家综合而成的智囊团，将提供方案分析和研究报告，从被动中寻求主动，行动主义地介入社会矛盾，面向外界变量的弹性，针对基地条件的地方性、复杂关系的理性架构等一系列从建筑实验 / 实践中提炼出来的工作方法，将成为建筑学为非建筑领域贡献的跨界性思维。单一的建筑评论也许终将消失，取而代之的是更为直白的建筑报道、更为深入的建筑报告和更为系统的建筑理论。

当代建筑：
三重视点

当代建筑：媒体人的视点

当下，不是所谓评论或研究主导当代建筑的"走向"，这是一个媒体建筑的时代。

显然，评论界有关"实验建筑"与"当代建筑"的论争，理论界有关建构以及近现代建筑史与当代建筑关系的研究，并未扩展到媒体，专业与大众媒体对于中国当代建筑一直有着自己的视角、理念和影响力。

"上气不接下气"这一成语，在本辑中出现了两处。在《建筑师》杂志主编黄居正的文章中，用以形容中国当代建筑师对世界建筑风潮的追逐状态，他认为"今天，我们还不能完全看清中国当代建筑发展的特征、路径、谱系，以及蕴涵的价值，因为，'当代'离我们的价值世界太近，缺乏历史判断所必需的距离感。"

而马卫东的文章干脆以这一成语为题，概括中国建筑的状态。在交稿信中，他坦言："我无意冒犯我们的建筑师，更不敢打击一大片，其实写这篇文章的初衷，只是希望我们的建筑师能做自己的作品，哪怕是很幼稚的也行。"

以当年在《a+u》中文版中的中国建筑师／事务所专辑的经验，马卫东对当代建筑怀着深切的惋惜，他认为"品质观念和意识，是当代建筑师需要认真去想和做的事情。""我不认为解决功能层面的作品要比解决精神层面的作品低一个档次。其实，现在的中国建筑，只是需要每位建筑师能够认真地、很有品质地完成建筑的角角落落。长时间的坚持下来，便能够对建筑形成自己的见解和观点，甚至也会有自己的一套'理论'。"

值得关注的是，媒体不仅有着鲜明的办刊理念，而且越来越善于运用媒体资源，拓展、强化这种影响力。到去年年底，《世界建筑》杂志的"WA中国建筑奖"已经办了六届，《南方都市报》的"中国建筑传媒奖"也已办到第三届。

作为"WA中国建筑奖"的策划人，王路认为该奖体现出了"以和为美"的价值观。"我们应该遵循建筑学自身的规律，本着'实用、坚固、经济、美观'的基本原则，以人为本，以天为大，以和为贵，在秩序和关系的和谐中宁静地表达自信。"

"中国建筑传媒奖"是眼下少见的大众媒体的建筑奖，该奖的策划人赵磊坦率地谈到他对中国建筑和建筑师的看法。他首先把与建筑周边环境不和谐，刻意凸显自己的建筑归类为"尖叫建筑"，认为建筑师们日益精英化和时尚化。而"建筑传媒奖"创办的初衷，是倡导"走向公民建筑"，望能从外围切入'相对封闭'的中国建筑，并以大众的视角给中国建筑以启示及警醒。他深信："在未来，形象工程的时代会结束，漠视公众建筑质量和空间利益的时代会结束，我们会迎来一个'公民建筑'的时代。"

建筑本体的"复权"

黄居正

历史不能假设，但并不拒绝想象。

如果当初获庚子赔款的一批青年才俊，不是去的宾大，而是去的包豪斯；或者，留学的时间不是在 1920 年代早期，而是在 1932 年希区柯克和菲利浦·约翰逊在 MoMA 举办"国际风格"展之后，那么，以后的中国现代建筑史展开的是否会是另一番图景？

可惜，他们带回来的是一个那时在欧洲已被弃之如敝屣的叫作"布杂"（Beaux-arts）的体系。不过这个体系倒是很合中国人的口味，即使在西学逆转中国，风披草偃之时，它也可以把一堆民族的、传统的、权力的、意识形态的象征统统附着在那个形式化的古典立面上，因此，从民国到中华人民共和国，即使国号的改变也没有撼动它的霸主地位。它稳据了大学教育半个世纪，培养了一批忠诚于布杂思维的建筑师，自觉或不自觉地为权力制造出了一批批北京或仿北京的"十大建筑"。

1979 年的改革开放，我们刚要放弃很不"现代"的布杂，开始传授四大师的秘诀，不料却从最现代的美国那儿飘来了一朵美丽的"后现代"云彩，让我们那些正在思考如何接续传统、如何"现代"的理论家、建筑师们仿佛体验到了涅槃后的重生，于是，一堆画着斗拱、大屋顶等传统符号的图像化、形式化的建筑，伴随着勃兴的商业消费文化，又借尸还魂般地粉墨登场了。于此时的国人而言，这简直就是一条终南捷径，不必费神劳力、苦苦思索，便既保持了传统，又直接跨越了现代，这样美味的馅饼居然直接砸到了我们的头上。不过，江湖上有句话说得好，"出来混，总是要还的"。

及至 1990 年代，改革开放十多年后，国家全能主义在建筑领域也难以为继了，国营设计院之外，终于可以允许个人设计事务所的开业经营。王纲解钮，打开了严捂着的盖子，放出了一些不安分的"虾兵蟹将"，他们各因才性，各擅胜场，立一端之说，骋一偏之长，开启了中国建筑的新时代。

如果说体制的变革，打开了潘多拉的魔瓶，那么，三十年的经济、社会、文化的急剧变化，则为中国当代建筑的发展提供了不可或缺的动力。

首先，无疑是经济的高速增长。自从国人不再热衷于搞运动群众的群众运动，把重点转移到以经济建设为中心之后，每年GDP增长率几乎都维持在两位数，城市化率以每年增加一个百分比的速度在迅速地扩张。中国变成了全球工地，多少楼堂馆所，多少广场大道，多少别墅豪宅，要以50年甚至100年不落后的超现代面貌呈现在世人面前。

狄更斯在《双城记》里说："这是一个最好的时代，这是一个最坏的时代。"对中国建筑师而言，最好的时代当然指有大把大把的机会实践，一个刚毕业没几年的学生，就有可能承担几万平方米，甚至几十万平方米的项目，让那些在本国只能修修补补的老外，看得分外眼红，纷纷杀将过来。要说建筑学，那以前毕竟是人家的家什，操将起来自然要娴熟一些，功底要厚些，舌底又生出了些我们懵懵懂懂似懂非懂深奥莫测的用后现代解构语言编织成的莲花，唬住了我们，生生地从我们口中夺走了一块块肥肉，让遗老遗少们痛心疾首地惊呼"中国变成了国外建筑师的试验场"，甚至耸人听闻地警告说有变成"西方建筑殖民地"的危险。照理在那些喝过点儿洋墨水，受过西式化教育的专家眼里，"非我族类，其心必异"的祖训本已是不合时宜的教条，但眼看着"十大建筑"的专利旁落到洋人之手，因心理痛楚而生理的扭曲变形也属必然，像蒙克的那张著名的画一样。

当然，对于普通建筑师们来说，在长城内外、大江南北，城市化或被城市化的浪潮汹涌澎湃，一浪高过一浪的"当今盛世"，单说活儿，有很多。不过活儿太多，也容易导致"这是一个最坏的时代"，楼脆脆楼歪歪楼倒倒固然不是建筑师的责任，但大量的山寨复制，大量的粗制滥造，大量的"三俗"化形式，在这个最需要创意、最需要人性关怀的领域，却常常充斥着在傲慢的权贵意志控制下被扭曲的形象塑造，泛滥着乡愿建筑师们为迎合市场条件而反复锻造出的犬儒式的权宜建筑。

其次，生活方式和价值观的多元化。在国人日常生活的吃、住、行领域，毋庸置疑，发生了巨大的变化，琳琅满目的超市货品，花样翻新的汽车品牌，充满想象的售楼广告。单说穿衣吧，四十年前的"文革"期间，大街上满眼望去，人头攒动下只有一片蓝灰，像北京冬日的天气。今天，什么露脐装、什么内衣外穿，时尚的风潮天天刮得人眼花缭乱。有人说建筑如衣服，我国史上纵酒放达的第一裸男刘伶，便说"我以天地为栋宇，屋室为裈衣，诸君何为入我裈中？"把建筑看成是一件衣服。在讲究理性的西国，前几年弗兰姆普顿的《建构文化研究》大热，因此理论而进入国人视野的森佩尔、路斯，也都秉承相同的见解，只不过他们更专业些，还按照从柏拉图那儿传来的习惯，建立了思辨的理论体系，唤做"饰面的律令"。既然建筑如衣服，"总有一款适合你"，那么，无论是业主还是建筑师，在时尚的衣柜里，选择的丰富性和可能性自然就大大地多了起来。

第三，本土文化意识的复兴。据说去年中国 GDP 的总量已经超越日本，排名世界老二，赶英超美的目标，指日可待。一部分先富起来的人，可以在海外奢侈品商店一掷千金，炫示其超强的购买力；一部分民族主义分子，可以不顾韬光养晦的遗训，狂肆地喧嚣"中国可以说不"，但总让人觉得有点儿暴发户心态，上不得台面。古人讲"仓廪实而知礼节"，得仿佛有些优雅。不过，旧的"革命"的意识形态在国家层面已经被抛弃，新的价值观和价值体系一时半会儿又难以建立得起来，好在中国几千年的文化博大精深，要想拉个把曾经装饰过中国历史篇章的伟大圣人出来重新回聘上岗，或周游列国授道解惑（孔子学院），或"金"身塑像拱手垂身（广场雕像），广播为仁为善的道德理想，为"大国崛起"的百年梦想增添一抹"焦虑"的文化底色，为国民找回些许虚妄的自信，总是不难。

问题是，这种经常性的数典，虽强化了对祖宗的记忆，陶醉在阿 Q 式的我祖上也曾经如何如何的梦呓之中，但毕竟缺乏解决当下问题的能力，也难以生发出具有中国当代特征的本土文化。譬如世博会的中国馆，徒有峨冠博带、宏伟壮丽的外表，却实质上空洞无物、虚张声势，显得简单、脆弱，而且幼稚，既没有想象力，也缺乏创造力。当然，对于一个从未现代过的，或正狂奔在现代化路上的国家而言，很容易迷失在如保罗·利科（Paul Ricoeur）所论说的悖论迷雾中：如何成为现代的而又回归源泉；如何复兴一个古老与昏睡的文明，而又参与普世的文明。面对这样的文化困境，1980 年代，楚尼斯、弗兰姆普顿等建筑学者提出了"批判的地域主义"作为应对的策略，虽然国内有人批评其带有西方理论家对西方的非中心地区和第三世界国家建筑的文化投射和身份认定，并进而提出了"现代乡土建筑"的理论框架——一种立基于当时、当地、自然、民居传统、本土营造经验的设计倾向，但对于目光如豆似我者，实在难以判断出在具体的实践中两者究竟有多大的不同。

这样的时代风尚和意志，催迫出中国当代建筑的转向。

转向始于一种可称之为"抵抗建筑学"的拒绝态度——意识形态或民族国家的象征，这样一种集体主义的宏大叙事显然与年轻一代建筑师所追求的个体价值的理想背道而驰；而全面的商业消费主义同样会消解掉个人的内在价值和特征，成为千人一面难以识别的形式化、图像化的符号。抵抗建筑学的武器，就是回归建筑学的本体：空间、建造和材料表现。

"建筑空间的观念不仅使风格相对化，从而为克服建筑中的折衷主义提供全新的武器。"[1] 空间的概念在西方最初经过森佩尔、施马索夫、李格尔等建筑和美术史家的

1. 弗兰姆普顿著，王骏阳译，《建构文化研究》，中国建筑工业出版社，2007 年版，第 2 页。

厘定、辨明，成为建筑思维不可分割的组成部分。之后，又经西格弗里德·吉迪翁、布鲁诺·赛维等人的阐发，空间成为现代建筑的本质特征，是建筑中的主角，它不仅是一个与装饰、形体、功能等平行的物质要素，而且不隶属于形式之下。风格派里出外进反立方体的住宅、勒·柯布西耶的建筑漫步、得州骑警的九宫格，无不是这一观念的外化实践。

　　而在中国，即使到了 1980 年代，大学的建筑教育仍然恪守着水墨渲染和对立面形式的推敲。虽然在理论探讨和某些论著中开始出现了"空间"一词，如彭一刚先生所著的《建筑空间组合论》，关注的却仍然是建筑形式的处理问题[2]。在实践层面，一直要到 1990 年代"实验建筑师"群体的崛起，才真正开启了对空间概念的探讨。刘家琨的带有"纽约五"痕迹的罗中立、何多苓画家工作室，张永和的早期作品席殊书屋、康明斯总部亚洲办公室、王澍的自宅室内、苏州大学文正学院等等，都抛弃了形式化的立场，转向对室内外空间品质的关注。但遗憾的是，这样的探讨既没有持续很长的时间，更没有产生有任何独特价值的空间语言，便草草收场，集体滑向了另一个更时髦的话题和理论——建构文化。倒是较晚回国的建筑师王昀，从 60 平方米自宅开始，到庐师山庄，再到百子湾中学，努力地用聚落空间中挖掘出的诗性元素去丰富现代主义的空间语言。

　　当然，建构理论在中国建筑界的热议和大受追捧，大概不仅因其时髦，还有其重要的现实意义：它与空间观念一样，可以穿越后现代的迷雾，刺破矫饰的形式主义，将建筑师的职责定位在以往被忽略的建筑工艺和细部处理等本体性问题上。不过，在中国的现实语境中，与其说是在云山雾海的"建构"理论指导下展开的建筑实践，倒不如说是指向一种更为直白的关于"建造"的工艺性审美。

　　2003 年在"'非常建筑'非常十年研讨会"上，柳亦春曾发言道："'非常'的批判意义在于，把建筑重新放到一个非常低的层面上讨论其物质性问题，一块砖、一块瓦，包括里面的美学倾向，重新回到像一个匠人盖房子时的思考和工作。"[3]让建筑这门高尚的艺术返回到它的基础状态——建造房子上，这其实与几十年前现代主义者密斯的态度并没有什么不同："对两块砖审慎的摆放，是建造的开始。"并在 1947 年接受 House & Garden 杂志采访时说："我实践着的是一门关于建造的艺术，建筑永远不会在我这儿现身。"

　　不同的是两者之间所追求的美学倾向，以及中国建筑师身上背负着的对传统文化难以忘怀的记忆和因此隐藏着的对现代性的批评。这种批评"控诉着现代性所造成的

2. 李华，《"组合"与建筑知识的制度化构筑》，载于朱剑飞主编，《中国建筑 60 年（1949—2009）：历史理论研究》，中国建筑工业出版社，2009 年版，第 239 页。
3. 赵星，《"'非常建筑'非常十年"研讨会纪实》108 期，2004 年 4 月，第 53 页。

城市在征服乡间土地的过程当中，对传统道德与生活环境的破坏，对人类稳定性和可靠性的破坏，控诉这城市中个体性的无根性和孤独化，控诉着城市中个体的丧失个性化和异化、社会冷漠化和大量的生活公式化，控诉着城市将人性从大自然的束缚中解放出来以后，又将他们关进了一个由工厂、贫民窟、混凝土的丛林以及国家官僚主义迷宫所构成的铁笼子中。"[4]

因此，中国建筑师绝不会像密斯那样用手工艺去精细地仿制出一个现代工业品（巴塞罗那椅和柏林新国家美术馆的十字柱），而是用乡土性的传统手工艺和当地材料传达出一种批判性的审美力度，如张永和的二分宅，刘家琨的鹿野苑石刻博物馆、四川美院新校区，董豫赣的清水会馆，马清运的玉山石柴。而走得最远、最为激进的，当数王澍的一系列实践了，他的拆筑间、宁波美术馆、中国美术学院象山校区一、二期，虽然在细部处理上多有缺陷，影响了建造的外在品质，但由于实践了手工艺匠人与材料之间在建造过程中无媒介的亲密的身体性接触，隐约显现了某种如本雅明所说的在机械复制时代消逝已久的内在性"灵晕"（Aura）。

日本唯美派作家谷崎润一郎在《阴翳礼赞》中有一段描述东方人对于"物"的态度。譬如说玉石品鉴，中国有"手泽"一词，日本有"习臭"一语，长年累月，人手触摸，将一处磨亮了，体脂沁入，出现光泽，而富于雅味。人与物在这里，不是一种征服和剥夺的关系，而是让物进入了人的内心，守护了物的自身性和丰盈性。但在我们这个现代技术统治的时代，技术生产销蚀了"物"所具有的无穷意味，取而代之的则是一种无形象的活动，它不再为物提供一个缓慢生成和成熟的空间，而是使它们成为可替代品。这种可替代品，在技术生产的速度中，可以迅速地消失，也可以迅速地生产出来，已不复有"人性"的蕴涵了。

在中国当代建筑由图像化向着物质化的转变过程中，与对建造的关注一样，材料和材料表现的问题不仅逸出了以往集中于技术性层面的思考方式，而且在试图突出加工方式对于材料所能产生影响的过程中去实现"人性"的复归。无论是新型材料还是传统材料，新的加工方式和工艺可以挖掘出材料潜在的表现力，从而超越物质羁绊，在建筑中形成丰富的精神内涵和形式质素。大舍的私企协会办公楼，以及新近完成的嘉定新城幼儿园，张雷的混凝土缝之宅，标准营造的西藏尼洋河游客中心，多相工作室的世博万科馆等，都可以看作是这样的尝试。

中国当代建筑可以说是由一群局外人所创造，然后由历史推入局内，并与（大众）媒体结合，获得了无上荣光。在短短的十几年间，他们几乎演习完了一遍西方建筑整

---

4. 李工真，《德国现代史专题十三讲——从魏玛共和国到第三帝国》，湖南教育出版社，2010年版，第75页。

整一个世纪的发展历程，每一次，当上气不接下气地演完了，试验完了所有这些"主义"、"理论"、"潮流"节目的可能性以后，等不及固化，便抛弃了它们，像昙花一现那样，令人目眩，可惜又有些脆弱而短暂，犹似"时尚的旋转"。

贡布里希在《艺术的故事》第16版的"没有结尾的故事——现代主义的胜利"这一节，告诉我们："当天的事件，只有在我们过了相当的时间，知道它们对日后的发展所起的作用后，它们才能转变成'故事'，"而且，"越走近我们自己的时代，就越难以分辨什么是持久的成就，什么是短暂的时尚……"确乎如此，今天，我们还不能完全看清中国当代建筑发展的特征、路径、谱系，以及蕴涵的价值，因为，"当代"离我们的价值世界太近，缺乏历史判断所必需的距离感。

上气不接下气的
中国建筑

马卫东

百花齐放

史建先生来电，希望我能以媒体从业者的身份写一篇有关中国建筑的文章。边开车边讲电话，其实也没太搞清楚内容，便爽快地答应了。

中国建筑其实也是我一直关注的内容，从 2004 年回国后开始做原版《a+u》的中文翻译版，到 2007 年开始在每期《a+u》中文版的后半部分中加入我们独立采编的有关中国建筑师和建筑作品的专辑，中国专辑共做了 8 辑，每辑大约 80 页左右，选取的都是当时在国内一定程度上有不错作品的建筑师或事务所。然而做了几期后发现，能够以这种方式出专辑的建筑师或事务所其实在数量上还是不多，在选编的过程中为确定人选和作品还是费了很多周折。在编辑中既兴奋于其间出现的星星点点的人和作品，又苦恼于这些人和作品不能够连成一片，以构成足够的量。思量之下便想换种方式，取消专辑，重新思考杂志的结构，以适应这种中国建筑的现状。之后，便结束了《a+u》中文版的翻译出版工作，希望有个新的纪录方式，即以全新的内容构成重新做一本的建筑专业杂志，专门报道在中国出现的建筑作品和建筑师。

正因为如此，这一年来，一直在思考新杂志的形式和内容，也对中国建筑的状况进行了考察。首先能够确定的是，杂志应该是平实地对中国建筑作品的还原，对呈现出来的作品以专业的表现形式给予忠实再现，没有悬念，也不要高潮。

记得回国前的 2003 年，我为原版《a+u》做了一期题为"百花齐放"的中国建筑专辑。之所以命名为"百花齐放"，是觉得在当时的中国所呈现出来的建筑作品和之前相比，

128

已极大的丰富，更希望今后我们中国的建筑师能有更多的作品呈现出来，百花齐放，构成中国建筑的风景。这八年来，中国的城市化扩展的速度和规模更在成倍增长。据最新资料显示，中国的城镇化率已达 46.59%。我们只用了三十年时间就赶上了西方近两百年的城市化历程。可想而知，我们中国建筑师参与其中的实践机会也是前所未有的，因此产生作品的可能性也应该是巨大的。可惜的是，今天，中国建筑给人留下的印象仍然是模糊不清的，其中能够让人印象深刻并记得住名字的建筑作品和建筑师仍不多，状况好像没有改变多少。

百花齐放依然还只是我的愿望而已。

实验建筑

中国建筑的问题到底出在哪里？

因为要写这篇文章，这几天也在网上看了看，发现有人用一些关键词来描述中国建筑出现的现象，如豆腐渣工程、烂尾楼、钉子户、实验建筑、建构、欧陆风、招投标、围标、集群设计等，这些光怪陆离又看似毫不相关的词叠在一起虽然滑稽，倒也很大程度上勾勒出中国建筑的特征。中国建筑的快速发展，无可奈何地拖带了很多社会的、政治的、经济的问题，但就建筑本身，没有太多受人关注的内容，其实也是一个很大原因。

也正因为此，我们的建筑师很难满怀自信地用平实的语言和平稳的语调来谈论自己作品，更容易偏颇于扎堆热议和争论那些看似复杂的问题。

前几辑的"新观察"里，就好像有在议论"实验建筑"的定义、"实验建筑"的开始和结束。通常被看作是实验建筑开始的席殊书屋，其最大意义是挑战了当时国内以国营大院体制为主流的封闭守旧的风气，用我们其实并不陌生的材料，演示了一个如此与众不同的建筑形式和处理手法，告诉大家建筑原来还可以这样去想和做。而王明贤和史建顺势提出的"实验建筑"这一说法也恰如其分，是顺应当时时代的需要的。它倡导打破旧的思维模式，努力创新的精神，给当时的建筑师以创新的勇气。这样看来，实验建筑更应该是一种做建筑的态度和观念，而不是建筑的类型或风格，即便是这样，它也会有卷土重来的可能。

史建的实验建筑结束论，我更愿意理解为中国建筑已经完成了初期的摸索阶段，即将进入一个开花结果的成熟发展阶段的一个美好宣言。实验之后总希望有成果的显现。但如果实验建筑表明的是一种态度和观念的话，我倒宁愿不看到结束，希望它能够一直伴随着我们。

旧的死亡了，有时不一定会自然长出个新的来。中国建筑还没有乐观到可以梳理和总结的程度。搞明白几个建筑理论，究明几个词的含义，也还不是我们当前最需要的。

只是热衷于攀附理论之端（其实绝大部分情况下仅仅停留在几个词之中），无异于那些名牌裹身的人。那些人为了时刻让自己感觉优人一等的地位，更是不断替换和追求当季最新的款式和形式，那些人通常是被我们所不屑的。但好像和我们的建筑师不断地摒弃旧的说法、旧的理论，一直想用最新的理论来武装自己，在本质上没有太大的差别，只是我们伪装得更好些。

这其实也和我们的教育有关，现代建筑学长年的发展，建立了一套自己的价值体系和评判标准。这套体系构筑起了一堵又高又坚的堡垒，是不对外开放的。我们其实真的很喜欢关起门来，讲一些外人听不懂的话，在一个虚构的价值体系里高谈阔论。

理论很重要，能够指导我们的行动，不过不要用力过度，不要大谈别家的理论。我们的革命观教育使得我们习惯性地去否定历史，否定当下，甚至轻易否定自己。我们总是一往无前地向前冲，冲向心目中美好的未来。在这些人心中，只有未来是美好的，只有高高在上的理论才是值得追求的，却不愿意认同自己身边的人和事。改革开放后的发展经历了三十年，好像中国的电影导演都已经进入了第七代，可至今我们的建筑师好像还没有世代的交替，自然没有家谱可寻，也没有脉络可依。我们个个都想成为英雄，实际上个个都是孤魂野鬼，没有集体的归属感，成为不了一股集体的力量，也构不成中国建筑的全貌，有的只是支离破碎的断片。

品 质

我们不提倡高深的建筑理论，我们不要实验建筑，不要建构，不要参数设计！我们要打破墙，打开门，要说大众能听得懂的话，做大众能理解的建筑。我们要脚踏实地地做有品质的建筑！

有品质的建筑，是需要我们能够很好地解决建筑的功能问题，解决建筑的形式问题，解决建筑的空间问题，解决建筑的建造问题。这些问题的解决不都是源自所谓的建筑理论，而是来源于生活的智慧和生活的品质。这些问题的解决，可以仅仅是使用功能上的，也可以是文化层面的，也可以是社会方面的，也可以是精神表述的。当然这是依据每位建筑师的个人能力和喜好而定，并无上下贵贱之分。我不认为解决功能层面的作品要比解决精神层面的作品低一个档次。其实，现在的中国建筑，只是需要每位建筑师能够认真地、很有品质地完成建筑的角角落落。长时间的坚持下来，便能够对建筑形成自己的见解和观点，甚至也会有自己的一套"理论"。

建筑是那么的有趣，其实它也不太需要理论，它只是需要对生活的热情，对生活的理解。我经常偏激地说，像安藤忠雄或巴拉干等建筑师，他们早出现一百年或再晚出现一百年，他们的作品同样能够打动人。

品质观念和意识，是当代建筑师需要认真去想和做的事情。理论的研究和追随，有时也是需要的，但一定不是我们当下要着力推崇的。在我们现今浮躁的大环境下，理论太容易被表面化利用，被标签化、时尚化、潮流化，而常常忽略了建筑的本质——做有品质的建筑，提供有品质的生活。

日本有很多建筑师，在他们的建筑作品中，更多的是着力表现生活的某一部分，哪怕是微小的一个局部。有一对年轻的建筑家夫妇，叫手冢贵晴和手冢由比，他们的作品几乎都是结合基地的环境特点或业主的某个生活喜好，或他们认为的生活中某个有趣的小部分，进行放大处理，从而形成空间的特点，并构成建筑的特征，非常耐人寻味。我罗列了一下他们到现在为止的住宅作品的名称：托盘住宅、稻田中的多米诺楼、蜗牛之家、船之家、伞之家、抽屉之家、山形屋面住宅、拥抱大海的住宅、环抱山丘的住宅、高顶棚沿街别墅、回廊之家、沐浴阳光住宅、拥有私家天空的住宅、观景之家、挑檐楼、叠箱住宅、巨箱别墅、展望楼、拥抱森林之家、截角住宅、漂浮楼、檐廊住宅、锯状屋顶住宅、天窗住宅、屋檐住宅、薄墙住宅、薄顶茶室、热海阶梯别墅、拥抱蓝天的别墅、无墙别墅、阳台之家、屋顶上的住宅等。

从名称里大概可以想象得出，这些作品没有依附时下所谓最潮流的理论，也没有炫耀式的自我标签，但非常贴近生活，要表现的也是我们生活中细微的甚至有时会被我们忽略的某一部分，但独具特色，构成了他们建筑最显著的特点。

同样的，日本建筑名家原广司，在他的设计早期，便开始关注"有孔体"在建筑中的表现，并力求在建筑设计中运用，几十年下来，最终"有孔体"成为原广司自己的建筑设计理论。

他们只是日本许许多多的建筑师中的一员，他们设计的出发点有可能立意并不高，有些看起来还有点幼稚，但是长时间坚持有品质地完成，最终修成正果。正是这些独具个性的日本建筑师，构成了日本当代建筑丰富而又个性强烈的特点。

高兴的是，国内也慢慢地出现了这样的建筑师，杭州的王澍，可以看到他试图通过现场材料的随机运用，来表现现代建筑里中国传统文化的痕迹；北京的王昀，试图在中国当下的社会文化建造技术下，最大限去再现自己心中现代建筑的空间表现。从他们的作品中能够很明显地看出他们想要表现的东西，而且一直贯彻在作品里。是否是主流，一点也不重要，重要的是能够清晰地表达出来。能这样做，其实是件很自信的事。可惜这样的建筑师还不够多，我们绝大部分的建筑家，好像不太愿意执着于一个方向，总是在不断地寻找另一个制高点，试图找到一个更高的起点，总想赢在起跑线上。

上气不接下气

有品质的建筑，是需要投入成本的。最大的成本，应该是时间。有品质的建筑，需要反复地琢磨，不断地推敲，有可能要多次推倒重来，并且需要和各种协作团队反复地沟通。品质，需要花更多的时间来完成。这已是当代许多建筑师们很难习惯的大问题了。在高速发展的今天，我们已变成最着急最不耐烦的人了。"一万年太久，只争朝夕"，作品要有"曝光"，评论要抢"沙发"，言语要听"回响"，最好能"立竿见影，一举成名，名利双收，一夜暴富，四十五岁退休"。在这种心态下，其实是很难从事建筑创作的。我们经常是"在追求快乐时急得上气不接下气，以至于和快乐擦肩而过"。

上气不接下气，是一种快速运动的状态，是无序混乱的状态。我们经常是慌乱胸闷，上下抓狂，我们害怕停顿，我们上气不接下气，这是我们自己的状态，也是中国建筑的状态。

这是我眼中的中国建筑。然而作为一个建筑媒体人，我仍然希望中国建筑能够真正地"百花齐放"，也能够让我们的新杂志"呈现"出来更好更多的作品。

嗷意，中国建筑！其实路就摆在这儿，只是你不一定愿意走而已。

以和为美

王 路

　　早些时候我们的城市和乡村呈现一种富有情感的风景与聚落和谐并存的图景，是山城或者是水乡，都有其鲜明的个性，老百姓生活其中，宁静而祥和。然而这种景象现在很难找到了。快速的经济发展和城乡建设改变了这种富有识别性和归宿感的家园图景和生活环境，代之以到处相似的交通、商业、行政、工业等大尺度的建筑和城市新区。它们布满本该是耕地的自然环境中，像肉瘤一般病态地发展，侵蚀土地，耗用自然资源。人们生活的本该有归属感和识别性的家园变得到处都一样，人类像蒲公英，无根地飘浮着。

　　日益高涨的城市建设浪潮和热火朝天的建筑业，使中国成为世界的焦点。在长时间自我封闭的状态后，改革开放促进了我国在社会各个领域的发展，我们在紧追猛赶，要完善基础设施，要建新城，建住房，建剧场、博物馆、会展中心、行政中心、高新科技园等等，要与国际接轨。但对当代社会的进步，人们一方面陶醉在舒适和自由中，另一方面，也越来越认识到这种无止境的快速发展隐藏着的巨大危机。随着我们的城市越来越肥胖，越来越高大，我们失去了越来越多的历史城市和历史街区，大量的古建被拆毁，大批的历史街区被粗暴地解剖、整形得面目全非，许多凝结着先人智慧和历史文化见证的实体和空间环境就这样黄鹤一去，永不复回了。

　　为了眼前的利益，不考虑持续发展，崇尚大规模的改造，盲目崇洋媚外，要去旧迎新，甚至改天换地，这是中国人现在有的勇气，在某种程度上像传说中的独眼怪兽，缺乏一种广角的思维。我们好像只有一根筋，越来越紧密地被单一的全球化文明所链接，信奉的是一种抽象的以经济发展为主导的技术进步的理念，而失落了对灵魂深处内心世界、情感世界的追求，对生存环境真实的历史感的呵护和爱心。

我们看到建筑被无情地抽离出它赖以生存的环境，被作为一个个物体随意捏拿，像龙像凤，建筑成了要装扮的糕点；我们看到建筑的产生是一个个物体形态和规模的竞赛，比高比大比快速建造，要50年不落后，而粗糙的建造却让它一两年后就不堪入目；欧陆风情和复古风并存，脱离了国情，脱离了当代生活，建筑在异化。

《世界建筑》杂志社正是在这样的历史背景下，在2002年设立了"WA中国建筑奖"。旨在这种城市建设迅猛发展，以速度与规模为导，在向求快、求大心态弥漫的历史条件下，鼓励、推介结合国情并有创新价值的建成作品，以活跃中国建筑界的学术气氛，提升中国建筑的品质。"WA中国建筑奖"每两年评审一次，至今已举办了五届，在国内外已受到广泛关注，获奖作品被收录到国际诸多建筑网站，在国外举办展览，并在国外多种建筑杂志上刊登。

"WA中国建筑奖"从一开始设立，就有意区别于国内既有的建筑奖项，自由报名，项目不分规模大小，不分建筑类型，做到真正从建筑的基本品质出发，在倡导传承与创新的同时，找寻渐渐失落的建筑的基本价值观。至今"WA中国建筑奖"共有38项作品获奖（优胜奖和佳作奖），它们从不同的侧面体现了"WA中国建筑奖"所倡导的主旨，关注建筑的基本品质，从不同角度反映了这些建筑师在当下快速城市化进程中对城市发展和建筑创作的深度思考。这些获奖作品虽然类型不同，规模各异，但都从各自的角度体现出了"以和为美"的价值观。这种以和为贵的思想实际上也从另一个角度诠释了建筑创作中"实用、坚固、经济、美观"的基本原则。

"和"的观念是一种动态辩证的整体思维，也是自古以来而且在当今也不应该失落的中国人的审美理想。"和"是我国古代的哲学观和美学特点。首先是天人之和，天地与我并生，万物与我为一，人与自然相安共处，人是自然的一部分，强调整体思维，持续发展，讲求和谐。"和"是适度，不过分，讲求节、度，含蓄之美，把适"度"和持"中"看作一种为了万物的进一步发展而在一定阶段上所必须保持的一种相对稳定平衡的状态，而不像我们现在这样要精疲力竭，耗尽资源；也不像我们现在这样追求张扬、喧哗、浮躁，只顾表达自我，不顾左邻右舍。"和"也是合理，不铺张，是一种实用经济的原则，我们不要太过注重量的增长，不要太过追求建设的速度，而要适时适度，想得多一点，琢磨得细一点，心平气和一点，脚踏实地一点。"和"还是一种平衡，讲求关系，大与小之间，理性与情感之间，个体与群体之间，城市与乡村之间，人工与自然之间。

所以，只有当一个富有特色的自然环境和不可置换的并有历史价值的空间环境被小心翼翼地保护和发展并适应当代生活，使科技文明与自然法则、文化传统与经济建设和谐并存时，我们的未来才有希望，我们的建筑才不会失落它应有的品质。传承与创新是建筑的永恒主题，但在城市建设和建筑创作中我们不能改天换地，去旧迎新，去毁灭自然和历史的生命来获得发展，创新不是胡乱发明，更不是一些不着边际的形式语汇的堆砌。传承也绝对不是形式上对历史样式的模仿或拷贝。我们应该遵循建筑学自身的规律，本着"实用、坚固、经济、美观"的基本原则，以人为本，以天为大，以和为贵，在秩序和关系的和谐中宁静地表达自信。

"WA 中国建筑奖"获奖名单

2002 优胜奖：南京大学陶园 02 幢研究生公寓（张雷），北京天主教神哲学院（沈三陵），北京亚运新新家园俱乐部（吴钢）；佳作奖：北京国家会计学院（齐欣），台北仁宝电脑企业总部大楼（姚仁喜），天津财经大学逸夫图书馆（周恺）

2004 优胜奖：北京望京科技园二期工程（胡越），北京柿子林别墅（张永和），常熟市图书馆（宋晔皓）；佳作奖：深圳规划局办公楼（都市实践／朱锫），北京亚运新新会馆（陈凌），同济大学建筑与城市规划学院 C 楼（张斌、周蔚），台湾王功生态景观桥（廖伟立），盐城卫生学校图书馆（朱竞翔）

2006 优胜奖：阳朔小街坊（标准营造），上海市青浦夏雨幼儿园（大舍建筑），台湾地震博物馆（邱文杰）；佳作奖：天津冯骥才文学艺术研究院（周恺），上海市青浦工商局私营企业协会办公楼（大舍建筑），东莞理工学院教工生活区（张雷），北京宋庄美术馆（徐甜甜），北京龙山新新小镇教堂（张瑛）

2008 优胜奖：广州万科土楼公舍（刘晓都、孟岩），南京高淳诗人住宅（张雷），北京伊比利亚当代艺术中心（梁井宇）；佳作奖：唐山城市展览馆（王辉），北京中信国安会议中心庭院式客房（吴钢、张瑛、陈凌），鄂尔多斯美术馆（徐甜甜），长兴 S 景观步行桥（傅筱），深圳东方花园（梁文杰、周敬强、裴协民）

2010 优胜奖：福建下石村桥上书屋（李晓东），西藏尼洋河景区游客接待站（标准营造·赵扬工作室），四川广元下寺村新芽环保小学（朱竞翔，夏珩）；佳作奖：北京胡同泡泡 32 号（马岩松、党群），上海嘉定新城幼儿园（大舍建筑），上海世博会万科馆（多相建筑设计工作室），台湾宜兰礁溪樱花陵园 D 区纳骨廊（黄声远），林芝南迦巴瓦接待站（标准营造）

2012 优胜奖：秦皇岛·歌华营地体验中心（开放建筑），四季：一所房子（林君翰／香港大学），高黎贡手工造纸博物馆（TAO 迹·建筑事务所设计）；佳作奖：悦美术馆（陶磊建筑工作室），昆山有机农场系列——采摘亭（直向建筑），杭州支付宝大厦（维斯平建筑设计），上海文化信息产业园 B4／B5 地块（庄慎，任皓／阿科米星建筑设计事务所），无锡美新微纳传感厂区办公研发大楼（上海联创建筑设计有限公司）

从"尖叫建筑"到"公民建筑"
——大众媒体的建筑观
及建筑"干预"之路

从奥运会到世博会，近几年，在一系列重大事件的推动下，大众媒体对建筑的关注多起来。一个无法回避的问题是，在"眼球经济"时代，多数大众媒体对于建筑的关注是短视而功利的，大家更在乎的是报道的对象是否有噱头，报道是否能引起大众的关注。这导致媒体对建筑外观的关注大过结构和空间，对明星建筑师的关注大于建筑本体……即便是经过汶川地震、玉树地震的洗礼，上述视角依然未见明显转变。

上述现象的产生，亦有其原因。同样在近几年，同样在上述重大事件的推动下，越来越多的"明星"建筑师"降临"中国，越来越多的"尖叫的建筑"（2007，张永和语。"尖叫的建筑"大意为与建筑周边环境不和谐，刻意凸显自己的建筑，如鸟巢、新央视大楼等）在中国落地。大众媒体尤其"热爱"此类建筑，因为此类建筑集合了媒体炒作的多种要素：独特的外观、明星建筑师的作品等等，具备了较好的"噱头"。

因"尖叫的建筑"噱头十足，在鸟巢、新央视大楼的引导下，"尖叫的建筑"在中国越来越多，相比较而言"公民建筑"（在中国，"公民建筑"概念首次由"中国建筑传媒奖"提出，是指那些关心民生，如居住、社区、环境、公共空间等问题，在设计中体现公共利益、倾注人文关怀，并积极为现时代状况探索高质量文化表现的建筑作品）很是欠缺。这是我对中国当代建筑的直观感受。

而对于中国当下的建筑师群体，我们的感觉是，中国的建筑师从业的社会态度异常消极和被动。作为狭义的职业工作者，大量建筑师甚至都无暇关心自己产品的社会后果，更不要说还持有通过建筑实践来改善社会状况的信念；作为广义的知识分子，他们很少有眼力透彻地观察自己身处其中的空间政治经济的运作，更少有勇气站出来批评该运作过程中的不合理和不公正。

与之对比的是，多数建筑师都热衷于进入精英文化和时尚文化。越来越多的建筑师在大众媒体上宣讲自己的生活趣味，在各种时尚杂志上露脸，展示自己如何搭配服装，对哪一款跑车比较情有独钟，而对于他本应该去谈的"建筑"却避而不提，即使谈到，也会把一个相对简单的事情渲染得无比晦涩，生怕一般读者能看懂，生怕普通老百姓不把其看成"精英"。这亦是我的直观感知。

这样的状况让人悲观。我们相信，建筑师之所以值得人们尊敬，要么因为他创造出伟大的建筑作品，要么因为他有深刻的空间思想，而不是穿什么衣服、留什么发型、喝什么酒、开什么车。当然，媒体热衷于对明星建筑师进行媚俗报道，明星建筑师热衷于进入时尚文化——这两重负面影响是相辅相成的。

总之，对于当今中国的建筑以及建筑文化，我赞同建筑评论家、第二届"中国建筑传媒奖"建筑评论奖获得者朱涛的判断——"当今中国的建筑以及建筑文化正处在同样一个无视广大公众生活现实，仅仅专注富家阶层兴趣的'势利眼'状态"。

上述种种，促使《南方都市报》从开始深层次的关注并"干预"建筑，我们期待通过我们的正面"干预"，能促进中国当代建筑及建筑文化向关注社会大众，建筑师承担起更多的社会责任的方向发展。

从 2007 年至今，我们"干预"中国建筑的形式主要有以下三种：开设"建筑评论"栏目，发起主办"中国建筑思想论坛"及"中国建筑传媒奖"。除"建筑评论"栏目主要是针对普通民众外，后两者——作为建筑事件，皆是对中国当代建筑、中国当代建筑文化的直接干预，我们期望能从外围切入"相对封闭"的中国建筑，并以大众的视角给中国建筑以启示及警醒。

开设于 2007 年的"建筑评论"至今已逾四年。在这四年时间里，它一直以培养普通民众的对建筑的兴趣，引导建筑审美为己任，坚持刊发千字左右的短小文章，鼓励建筑师对身边的建筑进行评述，并鼓励普通民众参与建筑评论的写作。

而在 2007 年底举办的"首届中国建筑思想论坛"，原本是"建筑评论"的年度总结。但在论坛主题的征集中，我们发现建筑师及普通民众关心的焦点，已转到当时已落成或初具规模的国家大剧院、鸟巢等建筑身上，在这样的情况下，我们把论坛的范围和主题进行扩大：论坛的视角及参与人选圈定在两岸三地，希望这一论坛能成为中国建筑反思的平台，期望其对中国建筑文化的正面推动能有一定影响。后经饶小军、王明贤、孟建民、贺承军等人的帮助，"首届中国建筑思想论坛"于 2007 年 12 月在深圳举行，主题定为"中国当代建筑实验与反思"，马清运、饶小军、王明贤、史建、王昀、马岩松、朱锫、王澍、刘晓都、汤桦、刘国沧（台湾）、顾大庆（香港）、孟建民、刘家琨等14 位建筑师、学者出席了这一论坛。

"首届中国建筑思想论坛"是我们"干预"中国建筑的"试水之作"。回头来看，这场原本是针对"尖叫的建筑"，呼吁建筑回归本体的论坛，并未达到预期的效果。

对中国建筑及建筑文化的不了解，决定了论坛的主题并未真正切入要害，加之主题的开放性决定了讨论焦点的不集中，焦点的不集中注定该论坛当时并未成为建筑界广泛关注的事件。

"首届中国建筑思想论坛"存在文章开头提到的多种弊病：主要邀请"当红"建筑师参与，并期望通过明星建筑师来扩大论坛的影响；为了制造关注度，为了制作噱头，论坛发布了并不严肃的榜单。首届论坛设置了四个榜单，除赖德霖和王明贤主持的"20世纪最不该遗忘的十大建筑与十大建筑师"两个榜单外，另外两个榜单——中国十大最人性化城市、深圳人最喜欢的十大公共空间，从某种意义上说，纯粹是为炒作的需要。在"首届中国建筑思想论坛"结束后，我们立刻认识到这是一个错误的选择，并在以后坚决不会使用。

虽然"首届中国建筑思想论坛"有诸多不足，但其重视思想，强调批评和反思的基调已经形成，我们期望这是一个严肃意义上的论坛，期望其能为中国建筑界提供一个纯粹的反思的平台。此外，在首届论坛上，我们决定在2008年举办一个和中国当下所有的建筑奖价值取向都不一样、评选流程亦完全不同的建筑奖项——这就是"中国建筑传媒奖"前期的雏形。

"中国建筑传媒奖"萌芽于2006年，思考于2007年，举办于2008年。其名称的来源延续了"华语文学传媒奖"、"华语电影传媒奖"等由《南方都市报》主办的华语传媒系列大奖的称谓，意在表明该奖项是一个由媒体（大众媒体及专业媒体）为建筑颁发的奖项，它不是严格意义上的专业奖项，体现的是媒体的视角。

在2006、2007及2008年，我们用了三年时间研究了世界上最为重要的建筑奖项，并吸取了其中最值得借鉴的要点，经多位建筑师、建筑学者的建议，制定出了中国建筑传媒奖的基本章程。我想说，这在中国当下是程序相对科学、评奖相对公平的建筑奖；为确保大奖质量，奖项设置采取了极简原则，首届仅有杰出成就奖、最佳建筑奖、居住建筑特别奖、青年建筑师奖及组委会特别奖5个奖项，2010年的第二届也只增设了建筑评论奖一个奖项；为了确保专业性，大奖联合目前中国最为重要的建筑杂志主办；为确保参评作品的高质量，大奖在两岸三地圈定了以专业建筑杂志主编为核心的提名人的队伍；为保证评审的多重视角，大奖确定了以专业建筑师为主，并包含建筑史学家、建筑评论家、艺术评论家、公众知识分子在内的评委队伍；为确保开放性，大奖接受普通建筑师申报而不设立任何门槛，不收取任何费用……

在2008年7月，"中国建筑传媒奖"已经有了清晰的架构，并基本确定了提名人和评委的团队。但当时大奖的核心诉求仅停留在要确保大奖的程序正义，确保评选过程的透明上，并没有清晰的价值取向。

2008年10月，在首届中国建筑传媒奖提名人会议结束后，在多位提名人及建筑评论家朱涛的建议下，大奖提出"公民建筑"的基本概念，并将"公民建筑"作为中国建筑传媒奖表彰的主体，将"走向公民建筑"作为中国建筑传媒奖的口号。因南方都市报系一直致力于推动中国的公民社会建设，我们也深信"走向公民建筑"是其中极为重要的一个环节，且"公民建筑"对中国当下建筑现状意义重大，符合大奖体现社会视角、关注民生的特点，因此这一概念很快被确定为中国建筑传媒奖的精神内核。

事实证明，"公民建筑"为中国建筑带来深刻的影响，在过去的两年多时间，这一概念在多种场合被不断提起，并不断引发热议，并有多位学者在多处撰文探讨到底何为"公民建筑"，而"中国建筑传媒奖"在某种意义上已被等同为"公民建筑奖"。直到今天，"公民建筑"依然被广泛关注并被广泛讨论，"虽到底何为'公民建筑'至今我们依然无法给出准确定义，但从大奖评选过程和评选结果看，我们清晰地感受到了'公民建筑'的呼唤"（赵辰语）。

"公民建筑"的思想确立及"首届中国建筑传媒奖"的成功举办，为《南方都市报》正面干预中国建筑提供了清晰的思路：采用一奖一论坛的模式（逢单年举办"中国建筑思想论坛"，逢双年举办"中国建筑传媒奖"）；将"公民建筑"列为"中国建筑传媒奖"及"中国建筑思想论坛"的指导思想。

在这样的思路下，2009年举办的"第二届中国建筑思想论坛"（学术召集人朱涛）将主题定为"社区营造与公民参与"。论坛贴合"公民建筑"的理念，着力探讨在当下中国的社会状况下，一个良好的社区在社会关系和空间配置上应具备哪些品质？在社区营造中，如何才能实现这些品质？社区的主体——居民们能在社区营造的过程中扮演什么积极的角色？社区空间的设计师——规划师和建筑师们，能否既通过精湛的专业技能，协助打造出高质量的社区空间，又凭借对空间、政治、经济的深刻理解，在政府、开发商、居民等多种社会力量间积极调节、斡旋，以技术专家和公共知识分子的双重身份，帮助公众伸张他们的空间权益？

为了有效地探讨这些问题，论坛设置了纵横两条线索交织的结构。在横向上，邀请两岸三地的建筑师、规划师和学者们汇聚一堂，各自从不同的社会背景和实践经验出发，通过对民间社区运动、建筑师和规划师的空间实践以及建筑教育改革等议题，来分享彼此的经验。在纵向上，针对中国内地的社区营造，邀请学者和专家从中国居住形态的历史回顾、旧城改造和遗产保护、自发的社区演变以及对公众参与式的社区规划的实验性探索等议题，展开多层次探讨。

从"第二届中国建筑思想论坛"来看，不论是从主题选择还是论坛结构的搭建，不管是演讲人选择还是演讲内容的准备，都可以说是成功的。从2007—2009年，"中国建筑思想论坛"完成了从懵懂到风格鲜明、主题清晰的转变。

而2010年12月举办的"第二届中国建筑传媒奖"，与两年前的第一届相比，出现了质的转变：参评作品的数量和质量，都有质的飞跃。自行申报作品100多件，是2008年的5倍；提名作品130余件，是2008年的3倍；其中香港、台湾参评的作品超过50件，是2008年的5倍；竞争最为激烈的最佳建筑奖，更是在60余个提名作品中，评选出一个获奖者。"从某种意义上说，第二届中国建筑传媒奖，是2009、2010两岸三地优秀建筑的一次全面普查。"（史建语）从 2008—2010 年，仅两届，这个年轻的奖项就成长为两岸三地建筑师参与程度最高、规模最大、最具影响力的建筑奖项。

而从两届建筑奖参评的作品看，除数量猛增外，参与建筑的"公民性"亦有极大提高，这也反映出中国当代建筑及建筑文化的一些可喜的变化。我们深信，在未来，形象工程的时代会结束，漠视公众建筑质量和空间利益的时代会结束，我们会迎来一个"公民建筑"的时代。

"中国建筑传媒奖"获奖名单

"首届中国建筑传媒奖"获奖名单（2008）

杰出成就奖：冯纪忠；入围奖：陈志华、汉宝德

最佳建筑奖：甘肃毛寺生态实验小学（吴恩融、穆钧）；

入围奖："9·21"地震教育园（邱文杰＋大涵设计顾问股份有限公司＋庄学能建筑师事务所）、香港湿地公园（香港建筑署）

居住建筑特别奖：土楼公舍（都市实践）；入围奖：台湾新竹县五峰乡天湖部落迁徙工程（谢英俊建筑师事务所/第三建筑工作室）、第五园（澳大利亚柏涛（墨尔本）建筑设计公司/北京泊岸建筑设计咨询有限公司/北京市建筑设计研究院）

青年建筑师奖：标准营造；入围奖：大舍建筑、杨家凯

组委会特别奖：谢英俊；入围奖：坂茂＋松原弘典、刘家琨

"第二届中国建筑传媒奖"获奖名单（2010）

杰出成就奖：汉宝德；入围奖：陈志华、张良皋

最佳建筑奖：大奖空缺，入围奖：津梅栈道（黄声远＋田中央工作群）、钻石山火葬场重置工程（香港特别行政区建筑署）、张家窝镇小学（直向）、大唐西市博物馆（刘克成）

居住建筑特别奖：中新生态城建设公寓（何勍＋曲雷理想空间工作室）、喀什老城区阿霍街坊保护改造（王小东、倪一丁、帕孜来提·木特里甫）；入围奖：台湾"8·8"水灾原住民部落重建（谢英俊）

青年建筑师奖：傅筱；入围奖：徐甜甜、冯果川

建筑评论奖：朱涛；入围奖：金秋野、周榕

组委会特别奖：无止桥团队；入围奖：刘家琨、朱竞翔

"第三届中国建筑传媒奖"获奖名单（2012）

杰出成就奖：陈志华；入围奖：王大闳、张良皋

最佳建筑奖：罗东文化工场（台湾宜兰，建筑设计：田中央工作群＋黄声远）、歌华营地体验中心（河北省秦皇岛，建筑设计：OPEN建筑事务所）；入围奖：高黎贡手工造纸博物馆（云南省腾冲市，建筑设计：TAO迹·建筑事务所），南山婚姻登记中心（广东省深圳市，建筑设计：都市实践），休宁双龙小学（安徽省黄山市，建筑设计：维思平建筑设计）

居住建筑特别奖：宁波市鄞州区人才公寓（浙江省宁波市，建筑设计：DC国际）；入围奖：四季：一所房子（陕西省渭南市，建筑设计：林君翰），西柏坡华润希望小镇（一期）（河北省西柏坡，建筑设计：李兴钢建筑工作室）

青年建筑师奖：华黎；入围奖：董功，祝晓峰

建筑评论奖：阮庆岳；入围奖：金秋野、刘东洋

当代建筑：学者的视点

原载"新观察"第十五辑 / 2012.02

上辑"新观察"的议题是"当代建筑：媒体人的视点"，意在通过专业与大众媒体主导的视点，揭示他们参与／干预中国当代建筑"乱象"的策略。

这也是一个可以多向延展的议题，本辑"当代建筑：学者的视点"当时即以确定并与四位声誉卓著的建筑学者沟通，只是因为谢英俊"人民的建筑"展和"深圳城市＼建筑双年展"等针对性较强讨论的楔入，才使这一议题延宕了下来——不过，学术本来就是清冷的，沉一沉反而更显醇厚和烈度。

赵辰的文章接续了上辑"新观察"的议题，从学者的角度，认为"一个社会建筑文化的合理发展，不能过多地依赖政权统治者和经济支撑者之决策，必须得到社会公众力量的有效介入……最有希望首先得到改变的可能，应该来自于媒体界"。文章介绍了欧美公众媒体成熟的介入公共建筑批评的运作模式，也坦率地指出了国内媒体（尤其是公众媒体）和"批评界"介入中国当代建筑批评的症结。

"中国建筑传媒奖"是这两辑以当代建筑为议题的"新观察"绕不开的话题，如果说作为该奖的提名及初评委主席，赵辰只在文章的最后对该奖寄予希望，那么作为该奖的发起人，饶小军的以建筑师的职业精神和社会责任为诉求的文章，在痛陈了中国建筑界"失重"状态、公共建筑与公民建筑的区别的同时，更将厚望寄托在传媒奖及其"走向公民建筑"的取向上。

夏铸九的文章也是针对传媒奖的，其基础是他作为终评委对台湾建筑师谢英俊、黄声远两个获得提名项目的考察报告。文章绕开了饶小军文章的以"职业精神"为诉求的人文关怀，基于对项目的周密的实地调查，认为谢英俊的屏东县玛家乡玛家农场"建筑师对建筑形式与建筑构筑的表现十分自信，并未能提供多一些原住民在规划、设计、营造过程中参与的机会，十分可惜"；黄声远在宜兰县宜兰市的诸多作品从"公民建筑"的角度都存在问题，而宜兰河畔津梅栈道的成功之处，恰在于"建筑师玩弄空间形式的部分是相对受到节制的"。

他认为"使用者与地方居民有发言的权利，这是一种公共领域，一种公共空间的再现，它可以改变封闭的建筑论述与建筑师的惯行，有助于公民建筑的形成，它就是公民社会"。从另一个角度，夏铸九的文章回应了"走向公民建筑"的专业诉求，也介入了建筑批评，其独立性、实证性和责任感，在当下都显得至为珍贵。

赖德霖的文章对于建筑家改造社会的宏大愿望不表乐观，他转而主张回归近代胡适提出的主张"多研究些问题，少谈些主义"，即鼓励大家都从问题入手，做自己所能做，做好本分，以及从一点一滴做起。作为建筑史家，他认为，创新的前提是对于传统的"重新发现，重新认识，重新解释，以及重新评判"，"无论这传统是旧是新，是中是外，是好是坏"。他还认为，在原则和现实之间，不应拒绝妥协和折衷。如对于历史建筑保护固然要做最积极的努力，但也必须考虑在最坏情况下的可做和可为。

且谈中国建筑的
公众媒体介入之问题与期望

赵 辰

十余年前，我曾在几次公众性的建筑文化论坛上，针对中国高速发展的经济与文化态势中建筑学与社会关系扭曲的现象，明确提出中国的建筑需要公众媒体的介入。这主要是指当时中国特殊的社会体制加之市场经济发展的不够规范，使得大量社会公共建筑与空间的建设受到政客与奸商的过多控制。这种情形下，许多原本很有社会积极意义的建设项目，最终演变为令人惋惜的恶俗之造物：如那些"欧陆风"式的政府部门、堆砌式的"市民广场"、图案式的公共绿化空间，等等。其反面则是，社会公众利益和高尚品位的建筑文化难以得到关注与推广。我的道理是在于，一个社会建筑文化的合理发展，不能过多地依赖政权统治者和经济支撑者之决策，必须得到社会公众力量的有效介入。而面对中国的民间、社会公众力量（如NGO等）缺乏之国情现实，我以为，最有希望首先得到改变的可能，应该来自于媒体界。尽管我们的媒体也并不能算是理想的社会独立体，但毕竟还是相对有影响、有作用的社会力量。

从今天的情形来看，公众媒体已经显然大规模地介入了中国的建筑领域。大致可以从两个方面来显现：一是建筑出版物的众多，其读者群已经明显拓展到公众社会的层面；二是公众媒体已经将建筑作为了重点报道和讨论的对象，并完全介入建筑学的专业领域。当下的中国公众媒体上，从纸质到电子的，从平面到动态的，建筑的信息被大规模的以专业地或非专业地呈现了。

我们已经可以从时尚杂志和公共电视频道、互联网公共网站上大致领略当今中国的重要建筑作品和明星建筑师，也可以大致了解重要的建筑事件。并且，这种现象还在大规模地发展着。

然而，参照国际发达国家社会中之公众媒体与建筑的良性关系，我认为我们现在还完全不够一种理想的状态，起码，这并未达到当年我希望公众媒体介入中国建筑的要求。

建筑报道的问题

首先，从媒体关注、报道的主要对象及范围来看尚属狭窄、单调，其层次也尚属浅显。

中国现行的公众媒体对建筑的报道与传播，往往还集中在表面的社会热点上。诸如一些国际著名建筑大师在华的作品，被不厌其烦地报道、采访。然而，这些大师们的作品背后的合理因素，尤其是他们曾经在建筑学术与文化上的有益贡献（往往直接关系到他们的成名过程）却鲜有介绍。这很容易使中国的公众对这些大师们产生"空降"之感，更是提供了一种这些大师们的玄妙之感。其中，也难免与因某些大师乐于为自己制造神秘感相关。当然，媒体也过于热衷在建筑界"造星"，某些年轻的建筑师正是受此迷惑，误解建筑师应该具备的与社会之合理关系从而丧失自我。如，库哈斯、哈迪德等明星建筑师，从我们的媒体所能了解的似乎是：今日因大量的吹捧、溢美而显得爆发式的无比显赫，而他日又因口诛笔伐般的唾弃而显得十分地颓败——这与这些大师的真实情况和实际社会意义是相去甚远的，为此，我感觉媒体有时真的是在添乱。

这种热衷于追逐热点的建筑报道，也极明显地反映在过多地集中报道北京、上海等地的大型公共建筑上。尤其是北京奥运与上海世博相关的建筑报道，形成了与中央电视台类似的主流媒体完全同步的宣传态势。而事实上，偌大一个国家还有更多的非常贴近生活、涉及民生的公共建筑事业；或有某些由重要设计者所做的优秀建筑设计作品，正是由于位于小城市或是乡间而难以受到媒体的重视。这使得我们能感受到的，公众媒体对中国建筑的介入，似乎是带有党报媒体遗传之"官腔"的。如，笔者所考察过的，位于广东增城的南昆山十字水度假村，是国际著名的景观事务所历经十余年精心打造的，富有先进的自然生态及人文历史可持续发展规划设计思想与技法的优秀作品，并且已在国际上得到奖励。显然，由于该项目既位于偏僻之处，又是民间投资项目，我们的媒体并没有给予足够的关注。

我们都有感于中国当今社会文化生态的"浮躁"，在建筑界当然也不例外。而我感到，公众媒体的介入，似乎有助于这种"浮躁"的。

从国际发达国家的社会发展进程中，我们可以看到一种建筑学与公众媒体的良性关系。最为明显的是在欧洲与美国，建筑作为一种耗费大量社会资源的公共艺术，首先会受到代表公众媒体的舆论监督。同时，由于建筑对于社会发展的重要意义，公众媒体的报道和介绍也应带有时代与社会先进思想的引导性。尤其是那些由各级政府主持的，占有社会公共资源，耗费社会民众纳税所得的政府公款而建设的大型项目，从项目的提议、策划、规划设计、建设等全过程的各个阶段，都会受到媒体的大规模、深层次的报道和公众参与的讨论。以此，使得这些建筑项目与社会的公众利益发生紧密地关系，也有可能使得建筑师的设计创作融合如城市社会而成公共文化的产物。

建筑批评的问题

我们同样可以看到中国当下的公众媒体对建筑的介入，在建筑批评层面也存在一些不利的现象。

所谓建筑批评（Architectural Critique），对于一个文明发达的现代社会之建筑文化来讲是十分重要的：建筑作为特殊的公众艺术或是社会公共产品，其艺术表现力和社会影响力是与一般的艺术有相当不同的。并且，由于对于社会资源的大量占用，建筑从来就是社会地位和权力的象征，所谓"空间政治"的意义。因此，一个文明发达的社会，需要对建筑文化的意义进行公众的评判与讨论（Critique & Debating）。这自然是公众媒体介入建筑领域的重要意义所在，如在英国、美国等现代建筑文明发达国家中，社会的公众媒体对公共建筑的发展起到了强有力的监督与鼓励作用，一些著名的报刊常有由重要的学者型媒体工作者（专栏作家）主持的建筑专栏（笔者曾有接触过如《华盛顿邮报》等专栏作家，对此有较深入的了解）。这种在著名公共媒体上的"建筑批评"，往往具有强烈的公共社会道德规范，在社会的不同利益争斗中严格保持中立的立场，也具备相当的建筑学之基本知识素养，尤其是具备建筑文明发展史或是艺术史方面的知识，其写作也是具备高水准的论文，产生的讨论也具有深度的思辨，如此全过程的"建筑批评"自然对公共建筑文化的发展起到了极其重要的引导作用，也对建筑学术有极大的帮助。

中国当下的公众媒体对建筑文化的介入，已经在某种意义上达到或正在趋向"建筑批评"的层面，我们起码可以感觉得到形式上"专栏"正在形成之中，已经出现一些文化人士由于热衷于建筑文化或是其他缘故，而正在成为"专栏作家"。这显然是一种好的现象，作为建筑学界的人士，我是完全乐见其成的。但是，目前我们依然能够看到这个层面的许多问题，也值得在此指出。

首先，目前介入或是热心于建筑文化的一些公众型文化学者，对于艺术史与社会发展规律方面的整体修养不够，尤其是对建筑学（西方的）的基本知识过分缺乏，对国际建筑发展历史之基本趋势了解甚少。这方面知识和规律了解不够的缺陷就导致对建筑学术的基本原理有理解上的偏差，由于建筑学术的规律性东西都与西方建筑和历史有着必然的关联性，由于这种缺陷而必然使得他们的建筑批评不够中肯与到位，难以以理服人，尽管我们只是讨论中国的建筑问题。这些学者们，往往以某学科的背景出发对建筑的某方面有些研究而获得一定成功之后，就比较自信地以为对建筑学十分了解，可以对建筑界指点江山了。这样再发展出来的一些建筑批评常常有失偏颇，比较片面。甚至，会脱离社会实际的建筑发展现实而过于理想化地评判社会中的建筑项目，也有可能对建筑师提出一些过分的要求。这都使得这些建筑批评难以达到合理有效的社会效果，成为过于片面的"一家之言"。

其次，这类批评也存在着一些缺乏建筑与城市的工程技术与社会发展意义理解的问题。有些媒体工作者、艺术家和文化人，以自己所具备的文化学者的身份，就以为在建筑与城市方面可以充分地具备决策性的发言权了。容易将建筑作为文化与艺术作品的一般意义来进行讨论，对于建筑与城市作为工程项目和社会发展的一些实际情况往往疏于了解和探讨。这样的批评就很容易显得轻率而缺乏深度，难以真正到问题的点上，难以让专业的和非专业的相关人员都能信服。

为此，我有时觉得这种所谓的"建筑批评"，有"批评"但不一定有"建筑"，就如我们很多社会文化学者尚存在有文化但不太有建筑文化的问题。

期望

也许是我的要求过高了，而正是有着更高的期望，才愿意指出其存在的问题，但这并不影响我看到，目前公众媒体对中国建筑领域的介入是一种良好的历史性进步。并且，我依然如十余年前一样坚信这种公众媒体的介入，将对中国建筑的发展带来十分积极的意义。只是，我们还有很长的路要走。

近年来由《南方都市报》举办的"中国建筑传媒奖"和"中国建筑思想论坛"，就因为相关人员的真诚、严谨的学术精神、对于中国建筑发展的强烈责任心，以及认真而规范的运作，显然已经为公众媒体对中国的建筑的介入，做出了一个成功的典范。通过其有效地集合专业与非专业的建筑学人士，并相当有规模地在公众媒体上形成对中国建筑的社会讨论，所产生的影响力应该是深刻和具有历史意义的。

以此，我还是有理由期望这种公众媒体对中国建筑的介入，能够不断克服存在的问题而成长发展。这必将在我们现有的条件下，有助于中国的建筑文化发展，有助于中国文化复兴的大业。

建筑师的职业精神与
社会责任

饶小军

当代中国建筑的发展轨迹呈现为一种令人迷茫困惑的乱局：建筑学的"学术"，一方面在整个教育界腐朽的院系科研体制下远离了设计创作实践的经验体系，而被扭曲成教条刻板的科研伪成果，凑不出一篇像样的对当下建筑的评论；另一方面，在实践领域由于市场的畸形发展，表面是一派繁荣景象，各路异域新潮风声迭起，本土建筑全面失守，只有追风，无法固立基础。

以奥运鸟巢和中央电视台大楼为代表的一系列国家建筑，其质疑和赞美之声充斥着媒体视屏；房地产商矫情演绎的各种住宅风格的"异域风情"哄抬着房价，却使得越来越多的人无法安身；地震灾害使大量房屋倒塌，撼动民心，引发了建筑行业的伦理危机……政府和社会开始关注民生问题，媒体也从大众角度发出对建筑行业问题的关注。

2008 年 12 月《南方都市报》联合国内多家专业建筑杂志和其他建筑媒体，共同设立"中国建筑传媒奖"，以"走向公民建筑"为主题，从大众角度来评价建筑，力图以更大的视野探讨建筑的社会意义和人文关怀，对当前中国建筑设计思潮做了一次巡礼，并借此探讨未来中国建筑的变革方向。2010 年 12 月再次评选出了第二届"中国建筑传媒奖"项目。这是多年来中国建筑界的大事，该奖项在行业内外引起了极大的反响，激励建筑师去思考建筑学的职业精神和社会意义。

当代中国建筑师承受的压力是全方位的：他们不得不从传统的专业圈子中走出来，不得不面对恶劣的市场竞争环境和官僚体制问题，不得不思考本土的建筑文化问题，不得不去面对社会价值观转变问题，不得不维护设计师的权益和基本利益问题，不得不承担生活的种种压力和负担……在这样的精神状态之下，有的人变得投机和世故，在社会结构的缝隙中钻营而放弃了内心的道德底线；有的人退缩到极端个人主义的状态，自闭自恋；有的人则追随浅薄时尚的所谓明星，把建筑神秘化为一种巫术；只有少数人尚在坚守着职业精神，真正关注和讨论中国建筑的社会责任和人文关怀问题。

我曾经在一篇评论中写道：

总体而言，当代的建筑师亲历了整个社会价值观激变的年代，思想和精神历程始终处于复杂而痛苦的"失重"状态：一方面，他们秉承了上一代人那种英雄主义般的精英意识，坚守着那种个人内心中难以割舍放弃的传统价值观，即相信职业建筑师应该具有的社会责任感和理想抱负；另一方面，却又不断受到来自现实的压力，市场经济已然导致整个社会的伦理价值转变，年轻一代已然放弃了前辈那种价值观、责任感、理想主义和精英意识，走向后现代主义的"平面时代"——一个没有权威、不谈主义、看淡理想，只相信自我、相信瞬间感觉的时代。

的确，新一代的价值取向已然转变或走向虚无。面对这种社会价值观和思想的转变，建筑师在躁动不安的现实当中如何找到自我的思想立足点？我们所赖以为本的那种职业精神如何去面对新的价值观的挑战？什么是建筑师的社会责任？这也许是建筑师内心必须面对的灵魂的自我拷问和忏悔：要么是向下滑落，在社会的泥潭沼泽中放弃职业的操守；要么是向上突破，继续坚守社会的理想和价值取向，担当起建筑师应有的社会责任感。

对上述中国建筑师的精神轨迹的反思和评述，是我当下对所有建筑问题的一种前设性的思考，只有把现有建筑界各种事件和思想变化放在这样一个背景之下，才有可能讨论当代中国建筑发展种种现象的价值和意义。

一直以来，人们都认为建筑是一个"小圈子"，是大众难以介入的专业领域，如果就全国建筑师的数量而言，它也许是一个"小圈子"，建筑师的培养每年人数相当有限，再由于这是一个实践性很强的专业，能真正从事建筑设计的人相对于其他专业来说就更少。加上建筑师常常热衷于业内的事情，热衷于复杂的技术和审美的自恋，实际构筑了一道"技术和审美的屏壁"，使外界难以介入。但建筑又绝对不是专业的事情，因为无论其建筑过程还是建成后的环境，都和每个人的生活息息相关。建筑对于社会公众的影响是直接的，不仅仅是空间视觉的方面。城市和建筑对于人的影响几乎是强制性的，人的衣食住行都发生在建筑空间中，我们很难想象人在城市当中不受建筑的影响和控制。从这层意义来说，建筑又是个"大圈子"，无所不在，无所不包，直接影响人们的行为和思想。如果只在专业的范围内讨论和评价建筑，是非常局限而有问题的。

早在"建筑传媒奖"之前些年，《南方都市报》"黄金楼市"版的"建筑评论"栏目，深圳几位建筑师尝试在公共媒体上写一些小文章，年终《都市报》记者赵磊建议大家相聚进行一下"总结"？我和贺承军建议举办一个学术论坛，邀请全国知名建筑师参加，以扩大论坛的影响力。当时还找到了王明贤，共同商议策划了《南方都市报》"2007中国建筑·思想论坛"，主题是"中国当代建筑实验与反思"，这是一次规模较大的建筑行业面对公众的思想讨论。

后来我再次倡议，以公共媒体和专业媒体联合的方式，设立了两年一度的"中国建筑传媒奖"，朱涛更提议以"走向公民建筑"为主题，提倡人文关怀、社会参与和公民空间建设。意在打破传统封闭的建筑圈，而把建筑放在社会的层面加以评价，拆除设在公众与建筑之间的屏障，使建筑走向开放、民主的进程，这是大众传媒对建筑的正面实质性"干涉"，是一种极有社会意义的进步，在当下混乱的建筑时局中尤显必要。2008 年所启动的这个以"侧重建筑的社会评价，以建筑的社会意义和人文关怀"为评奖标准的奖项，确实给中国建筑带来积极的影响，对于促进中国建筑行业的转变，带来一种新的价值观念。

我依然坚持我在许多文章中所提出的看法：建筑评论并不简单地是向公众普及建筑知识，提高大众的审美情趣。而我更相信公众才是建筑的最终评判者，不可低估大众对于建筑的判断力，"群众的眼睛永远是雪亮的"。当建筑师陶醉于矫情自恋的自我表现时，公众常常以"无声的行动"对建筑做出评价和判断。尽管许多城市到处兴建规模巨大气势雄伟的市民广场，而市民常常自主选择"拒绝参与"；建筑师所热衷设计的一些文化展览体育建筑，即在行业内所称之的"公共建筑"，并没有构成公众所能参与的空间和场所，常年闲置无用，造成浪费。而真正的大众公共的文化生活和体育锻炼却常常在民间的街巷餐厅、歌舞厅、健身房或者户外等空间中发生。设计与使用者常常发生"错位"，公民通过"错用、滥用"的方式对建筑进行"创造性"的使用，而重新赋予一些建筑以"公共性内涵"。媒体也许无法真正听到这部分"声音"，建筑评论在此显得软弱而无力。面对公众的"拒绝"或"滥用"的行动，政府部门和建筑师不应充耳不闻或视而不见，而应该去积极地响应和换位思考，倾听公民内心真正的"声音"，关注真正使用者使用建筑的无声行动。

好的建筑也许并不是媒体和建筑师所热衷追捧的"扎眼建筑"，而一定是谦虚地为大众服务、设身处地为公民着想的建筑。当然，还是要强调的是，建筑使大众建立对城市文化的认同，而不仅仅是建筑师单方面的责任，也需要公民的积极参与，建筑师要意识到建筑是对于大众的"家园感"的建构，也许这才是建筑师真正的职业精神所在。传媒奖所提倡的"走向公民建筑"的主题概念，试图建立一种新的建筑设计的立场，即关注公民社会，关注建筑的人文精神。而建立在这样的社会学意义上的建筑评论，一定不是什么建筑的形式美丑问题，不是建筑师所迷恋的空间问题，更不是只为少数人服务的建筑推介，它是关乎公民社会的建筑公共空间使用权利的大问题。我相信，这代表了来自社会方面的评价和观点，对建筑师乃至建筑行业将会产生深远的影响。

从"中国建筑传媒奖"的基本立场来说，这是一次"民间＋学术"的传媒奖活动，这就使得它与正统的权威、业内封闭的各种评奖有所区别，排斥传统意义上的行业内有关技术和美学的评判，而更加关注涉及公共领域的建筑空间，更加关注大众的参与和评价，更加关注建筑的社会及人文内涵。《南方都市报》始终以构建"公民社会"为己任，借助这项活动可以使"公民社会"的概念得到进一步的提倡和拓展，而建筑界也借此可以讨论建筑的社会意义问题。

中国社会经由市场经济的变革，确实导致了整个社会的分层裂化，形成了少数人集团的利益与普通大众利益的冲突与矛盾，这种矛盾与冲突必然反映到建筑当中来，考验着建筑师的道德立场和价值观念，也把建筑学的社会意义提升到了前所未有的理论焦点上来。立足民间，关注民众，使我们不至于陷入以往那种以"公民"或"人民"为名义所构成的抽象的权利空间，一种本质上与民众并不相干的"公共建筑"。传统意义上的"公共建筑"是指办公、商业、旅游、科教文卫、通信以及交通运输类建筑等根据建筑的功能类型所界定的建筑。而现实当中，"公共建筑"常常是国家权力或者少数人利益的象征，如国家大剧院、奥运建筑和中央电视台等。公共建筑的所代表的往往不是普通平民百姓的利益，而代表真正大多数人利益的平民社会和生活场所并不发生在这些公共建筑当中。"公共建筑"并不等同于"公民建筑"，相反，它们有可能正好构成相反的命题。而"公民建筑"是从属于"公民社会"和"公共领域"相关的一种带有社会学意义的概念。

最后，我们要说的是什么是建筑师的"职业精神"？一方面它是一种对技术理性的具体而细致的持续关注，对功能空间、技术措施的反复推敲，对建筑质量的计较和把握；另一方面更是对社会各阶层群体的人文关怀，关注使用建筑的真正的平民大众。至于那些时尚的、概念的、样式的风格变化问题，都最终绕不开这个建筑学最基本的问题。我愿意提醒诸位的是，坚守建筑师的职业精神和社会责任，对于未来中国建筑的发展也许意义重大。

建筑构筑的自信与
建筑师的自我 [1]

夏铸九

作为以"走向公民建筑"为主旨的"第二届中国建筑传媒奖"的终审委员，由于是台湾参与的唯一委员，应主办单位要求，对台湾屏东县玛家乡玛家农场（谢英俊设计）[2] 和宜兰县宜兰市宜兰河畔津梅栈道（黄声远设计）[3] 实地考察，提出报告。

第一部分

2009 年"8·8"水灾灾后重建，世界展望会捐赠的原住民部落与家屋。雾台乡台糖玛家农场基地，原属排湾族玛家部落的传统领域，曾经规划为尚未执行的鲁凯好茶村迁村的基地。"8·8"水灾灾后重建时，政府迫于形势的压力，紧急安置了排湾族玛家部落（包括玛家村、北叶村两村）、大社部落（两个部落三个村在文化上又分属两种排湾系统），再加上鲁凯族好茶一个村，关系着相当复杂的地方认同问题。尤其，相关的命名成为居民关注的议题。排湾族玛家部落原来称玛家农场为"Rinari"，在玛家农场重新命名的讨论过程中，曾有部落代表提议沿用"Rinari"，也有代表另提新名"好

1. 2010 年 12 月 19 日，深圳，"第二届中国建筑传媒奖"终审报告提出之后，2010 年 12 月 25 日增加标题与结论，2011 年 1 月 8 日小部分文字修改，2011 年 12 月经主办单位同意，"新观察"组稿之前，再做文字修正。
2. 2010 年 12 月 9 日现场参访调查，夏铸九。
3. 2010 年 11 月 30 日现场参访调查，夏铸九。

154

家社"等。为了尊重此地为玛家传统领域，最后定案为"Rinari"。但是，重建小区中央主干道的命名则引发多次讨论。这涉及位于干道旁的大社村门牌将直接成为"Rinari"的一部分，颇有些争议。起初，代表们为感谢世界展望会的捐赠而一致提议为"展望路"，但被世界展望会婉谢，因此，后来改提议"礼纳里路"、"迦南路"、"好家社路"，经过数次协商，最后定案为"和平路"。其次，重建的四个部落中心的小学，为张荣发基金会捐赠，曾有居民戏称，不如成为"玛好大"，也有人提议称为"长荣百合"，"百合"等不一而足。由这些未定案的争议，可以想象未来不同族群、不同部落间的共同生活，不是一件简单的事。因此，灾后重建，原住民被迫由原乡外移此地，异地重建，在台湾社会已经引起极大的争议，再加上不是临时中继房屋，而是永久家屋的重建，确实是相当艰难的设计任务。考虑专业领域的知识与技能积累的必要性，本案未来值得研究者进行用后评估（post occupancy evaluation），避免错误复制。

基地设计

建筑物朝向在基地配置上似乎未与基地本身有更深刻的关系。建物类型似乎完全独立自足，与基地配置关系生硬。基地内部，不同族群、部落间来往的步行通道，其实有相当复杂的联系，值得仔细规划设计。以及，基地的坡度，有些地方由于不同坡向，有些复杂，若能结合鲁凯、排湾族本身独特的建筑传统，一些基地微地形变化、坡坎、转角、植栽、公共空间的处理，都可以由地方传统建材的页岩迭砌，轻而易举取得丰富的成果。目前，基地推平配置建物，简单一如军营，十分可惜。此外，鲁凯族的建筑传统，地方工匠技艺，目前仍然十分强大，在上雾台地区家屋营造中表现出色，尤其，原住民个性开朗、性格单纯、富幽默感，容易沟通，对外来新生事物接受程度高。在12月25日必须完工的临时入口意象设计中，建筑师曾与居民沟通，尽量采用传统石板材料或图腾等进行搭建。虽然，建筑师谢英俊在一开始的家屋方案中也以石板作为局部装修材[4]，但因为时间压力等种种因素，最终未能实现该设计。总之，灾后重建过程，政府的工程手段较平时更显简化，越发加重了时间压力，致使建筑师谢英俊未能在足够的时间中利用原住民参与设计过程，十分可惜。何况，建筑师的设计也不容易与其他负责规划、营造的工作完全区分出来进行评估，也颇不利。

建物类型与室内空间设计

独户与双拼两种类型。居民表示喜独户型，但不喜其二楼天花非水平，屋顶斜度过大，居戏称为"欧式"。室内空间布局，入口、楼梯、动线与室内各房间关系，应

4. 现在位于 Rinari 大社部落的第一栋示范屋即是以石板迭砌作为外墙装修材。

155

多听取居民对使的意见，可以设计得更为细致一些。这是永久家屋，在居民尚未真正迁入以前，已有居民感到空间配置不够好用。屋型的设计是否与居民传统生活习惯相符合，还有待日后观察。至于屋型提供的前后廊，应是符合原住民日常生活所需的设计元素，预期使用效果会不错。而每栋家屋两旁、前方则留有少许空地，提供给部落族人未来自行设计的发展空间，算是谢英俊团队在规划设计过程中的坚持，符合部落需求。

结构、构造、材料、施工

表面上建筑师选择美式 2 英寸（约 5 厘米）×4 英寸（约 10 厘米）薄壁轻钢构作法，然而，似乎受限于台湾的营造工业现实，在材料、做法、施工细部上难以落实，最后成为类似台湾本土型轻钢构的高级铁皮屋。以台湾的标准言，营造厂施工质量可称相当认真，负责好茶的营造厂明显优于负责大社的营造厂。大社部分的营造厂有偷工减料之嫌，如二楼天花板部分，甚至还有窗子安装反了的情事。至于结构安全，应该没有问题，然而，夏季通风、木材防腐，尤其是防火[5]，仍亟待注意。特别是双拼式共同壁隔间墙的噪音困扰，目前做法仍有待加强，估计在夜间问题会有些严重。

小结

建筑师对建筑形式与建筑构筑表现（architectural form and architectonic expression）十分自信，未能提供原住民参与机会。

实际过程颇为复杂，必须说明如下：山坡下方屏东县长治乡，原台湾广播电台大同农场旧址，平坦风大，慈济捐赠，建筑师过于自信，自谓设计满意程度达 110%，完全拒绝居民参与，加上慈济强势的宗教干预，与原住民既有宗教体系格格不入，已经造成极大冲突，更遑论基地与日常生计与生活的关系。屏东县玛家乡玛家农场案优于附近的慈济案；世界展望会与建筑师在家屋建造上，由展望会安排会内工程督导，建筑师、营造厂和居民之间形成多方协调机制，与慈济案的建筑师相较，本案的建筑师还愿意保持弹性，听取居民意见，做出修改。然而，这种说法似乎仍然还是止于姿态而已，建筑师对建筑形式与建筑构筑的表现十分自信，并未能提供多一些原住民在规划、设计、营造过程中参与的机会，十分可惜。而在公共空间部分（包括教会建筑、部落意象表示物、学校，以及其他公共使用空间），世界展望会现阶段分别邀请不同的建筑师事务所与三部落进行设计，这些不同类型的基地空间与各家屋之间的接口整合，在展望会所安排的协调机制中，要使多方建筑与规划团队和部落居民沟通，在短期内达成良好共识，十分不易。

5. 2011 年 12 月礼纳里发生火灾，好茶一栋家屋失火造成相当损失。

156

相较于居民原来熟悉的部落家屋，如鲁凯好茶村原有家屋室内平均达 80 平方米，户外庭院空地也极宽阔，居民农业生产基地就在村落左进，目前移居地，农业生产地尚未有着落，使得未来本案设计上的调适问题与居民日常生活间的冲突，有恶化的可能。

第二部分

全程

宜兰县宜兰市宜兰河畔津梅栈道现场调查，由于基地与方案的特殊性，虽然目前申请案仅为津梅栈道，由于基地实为一系列设计案的最后一段动线，因此，参访调查路线遂由宜兰市鄂王里杨士芳纪念林园开始，之后，沿着小区间的弯曲巷弄，步行至宜兰县社福大楼，然后，再由社福大楼的西堤屋桥，由陆桥跨过环河路到西门堤防，也就是宜兰河河堤，才是真正的津梅栈道。津梅栈道通向宜兰河北侧的津梅砖窑，为宜兰重要的历史空间。

本方案的建筑计划书制作（architectural programming），是一个漫长而集体的工作成果，包括了为数不少的宜兰县政府的公务员、宜兰地方小区的工作者、宜兰地方的规划与设计团队，在相当长的一段时间里逐渐积累的营造成果。建筑师黄声远，为最后的一段跨过宜兰河到河北岸津梅砖窑的津梅栈道，建筑设计部分的执行者。

在杨士芳纪念林园，黄声远建筑师设计，建筑师的设计没有很明显的出入口，当我们在基地内走动，在空间有点特殊，提供简餐的小吃部，女老板与店员正在准备餐食，于是在随意的气氛下请教一点空间使用的感受，没有想到女老板竟然脸色变得有些难看。进一步了解下，才知道因为嫌空间太局促，不好用，又没有一点储藏空间，女老板就用木板隔了一间储藏室，与建筑师之间因此起了争执，有些语言上的冲突，搞得不太愉快。此外，即使是宜兰这样的中小城市，杨士芳纪念林园的实际使用上，一些设计的死角，也会吸引吸毒者聚集，造成治安死角，这些都是建筑师原先设计时所始料未及之处。之后，走到基地的另一侧，许多中、老年人坐在树下、建筑物矮墙附近聊天，得知为地方城镇出殡下葬动线，因此有些人聚集于此，若有送葬需要，可以临时雇用劳动力。由此，进入展览空间，为鄂王小区发展协会（鄂王者，岳飞也，岳王庙就在附近）使用，调访者也随之询问使用者的经验。在座的两位工作者之一，一位年长男性，正是小区发展协会理事长兼鄂王里里长，竟然反问："你要听真话，还是听假话？"感觉很奇怪，经询问后，抱怨连连，主要问题在于空间能看不能用，又被嫌过于狭窄，以及，厕所距此 80 米，老人来去受不了。至于谈话的言语中，受访者不时以带嘲讽的措辞说，"黄大师"如何如何？令人不解，值得深究。

离开杨士芳纪念林园后，由旧城西路折向光大巷，目前见到的鄂王小区主要巷弄铺面，为黄声远建筑师设计，少数后期墙面与铺面为小区艺术家与其他建筑师的作品。光大巷是圆形的旧城西路，清代城墙遗址之外的鄂王小区巷弄，曲折，有趣味，充满宜兰城镇日常生活的亲切氛围。看来鄂王小区本身对小区改造的意见会不少,建筑师对铺面材料与处理,也可见其用心。

穿过光大巷之后就是宜兰县社福大楼,也是黄声远早期的设计,社福大楼立面开放多变化,向宜兰河河堤方向,附设建有西堤屋桥,由陆桥跨过环河路到宜兰河西门堤防。然后,由宜兰河西门堤防往北开始,才是目前调查对象津梅栈道。长期以来,经过宜兰河的治理、宜兰旧城的保存、小区发展等过程,地方的共识是,串连宜兰河南侧的旧城区(气象站、社福大楼等)与宜兰河北侧的津梅砖窑。也就是说,宜兰市民争取的是"南北串连"。至于这个串连构想的具体化,以庆和桥附挂栈道(即津梅栈道)作为地方通道的实质物理空间,也很难说得清楚是到底是谁的构想了。总之,津梅栈道为地方小区使用者、市民团体,以及地方的规划师们,长期向地方政府争取所获得的地方服务设施,也是地方政府对地方小区使用有所响应的交通动线。这个凝聚民意的建筑计划书,归功于长时间地方民意与地方治理互动过程积累的成果,成就为凝聚民意的公共空间计划案(public space project)。最后,才由建筑师在这个基础上,将这个由计划书所传达的地方需要,适当地用空间形式表现出来。然而,建筑师对于地方实际需要仍然掌握不够,以至于下午四五点钟地方居民使用高峰时,宜兰河两岸自行车要推行经栈道,必须擦肩而过,宽度不足,使用者常感困窘。日常使用者反应,因铺面材料关系,雨天走路很滑。妇女则抱怨,晚上很暗,照明不足,走起来害怕。至于栏杆底部某处,装置喷雾喷口数个,并不足解炎夏暑意,当是建筑师之自我与个人欲望表现的戏剧性出场效果。

小结

相较建筑师其他作品,如宜兰火车站前,对照低矮的火车站建物,对铁路局历史建筑的粗率处理,将有限经费耗尽于八株高大的铁树,也就是丢丢当广场,结果遭宜兰地方使用者,在地上喷黑漆辱骂,"垃圾建筑师,成就个人,愚弄宜兰,淘空财政"(之后还有另外两句涂鸦,因时间而模糊难辨);如:宜兰酒场的微管束意象设计,经县府评审后,终于未进一步延伸至车站;罗东小镇生活廊带,获第七届远东建筑奖佳作奖之后,宜兰县政府地方公务员表现出的冷嘲热讽;获第二十八届2006年台湾建筑佳作奖的礁溪户政与卫生所,对礁溪地方使用者造成的巨大冲击;宜兰诚品书店经黄声远设计之后,这个宜兰最大的书店,又有诚品的光环,原是地方爱书人的节点,竟然造成某一类老顾客抱怨,新的书籍分类方式却不容易找到书等等。多处经验相互比较,津梅栈道的成功之处,在于建筑师的设计能力,受到地方共识所形成的前期建筑计划书适当的规范与指引,遂能累积为地方表现,而不仅仅是建筑师压抑不住的自我表现与建筑形式玩弄的专业惯行。津梅栈道个案中,建筑师玩弄空间形式的部分是相对较受到节制的。

建筑师玩弄空间形式的后果,往往可以获得建筑创意奖,然而,却不能是公民建筑奖所期待的：建筑与社会，与市民、小区间的互动，甚至，建筑是个动态的社会过程，有助于市民社会的浮现。不然，倘若获奖，将被宜兰地方使用者嘲讽为建筑"收割奖"，收割地方小区、居民、公务员、规划师或其他设计师积累二十余年地方共识成果的建筑"收割奖"。

结论

台湾与香港，市民社会已经浮现，正有待进一步成长，中国大陆，市民社会刚刚浮现。建筑，作为营造劳动的社会与历史分工，不只是在基地上放置一个容器而已。而使用者与地方居民有发言的权利，这是一种公共领域，一种公共空间的再现，它可以改变封闭的建筑论述与建筑师的惯行，有助于公民建筑的形成，它就是公民社会。

对我们的现代建筑师，这个移植的现代专业者，或许，借引《金刚经》可以提供一点反思：无我相、无人相、无众生相、无寿者相。

知天命年感言

赖德霖

  不知是因为在历史研究领域浸淫过久，还是因为人已过中年，我感到自己近年来对中国城市和建筑方面一些大话题的看法愈来愈趋于保守甚至悲观。如很多朋友关心环境，但我不认为建筑师们去谈这个问题有多大意义，因为我知道，即使全中国建筑师们对环境保护的努力都加起来，也未必能抵得过一个镉老板甚或煤老板的破坏。另有很多朋友关心历史保护，但我也很少加入他们的呼吁，因为我知道，试图说服那些野蛮的市侩和流氓的政客是幻想他们的道德廉耻仍在、文化良心未泯，是以为"与虎"可以"谋皮"。还有很多朋友关心城市生活质量，可我不信，北京乃至中国各大城市的交通拥堵问题可以控制，但根本解决——只要目前以小区或居住区为单位的城市开发模式还在通行，大大小小的"紫禁城"内部的道路还不能与城市的交通系统和整合并为城市服务。更有朋友关心社会改造，提倡"公民建筑"，但我仍心存疑窦，曾质疑"中国建筑传媒奖"的组织者们，目前只考虑到奖励建筑师和建筑作品而忽视甲方是否有些天真——设想一栋建筑能否"公民"，建筑师说了算不算，尤其是在"我们这儿"？

  我越来越服膺胡适所说的"多研究些问题，少谈些主义"。因为主义只是解决问题的方法，方法的讨论并不代表问题的解决，而对于方法的介绍和评判也不应该脱离它适用的问题和解决问题的效果。我也越来越理解当年童先生面对学生们兴冲冲呈上的自编理论新刊所说的话："学校旁边的珍珠河污染严重，你们有没有想过如何治理？"日本建筑师妹岛和世认为当代中国建筑缺少自己的风格，一位记者曾问我对此有何评论。我说风格问题并不重要，重要的是这些建筑是否解决了中国现实的种种问题，解决的效果怎样。看到一些院系生产出的学位论文虽多却不能构成学界的积累，我于是便试图劝说自己专业的研究生们从最基本的史料工作做起，作为学位论文的附录，去充实中国建筑的基因库，而不是执拗于构筑宏大的论说框架。我也因此在一封致友人的信中说，史料工作"看似简单，甚至可能被讥为非历史，但我一直认为它对于学术研究极为根本，是目前中国研究生建筑史学方法论教育中十分需要强调的一个内容。如果全国所有大学每年不下百位的建筑历史研究生每一位都能把测绘一栋建筑，整理一套目录，搜集一件历史照片或文物，采访一位建筑师作为一项基本训练和实习，从现在做起，并由核心机构汇集、发表这些材料，则若干年后中国建筑史研究的整体必有极大改观"。

我尽量做自己所能做——如果我不能改变他人。我庆幸曾经在一些老前辈过世之前采访过他们，我也庆幸在北京的许多近代建筑被夷平之前参加过对它们的普查，我更庆幸自己在前南京中央博物院这座梁思成先生亲自参与设计的重要建筑被那位"梁奖"得主改造之前研究过它，并拍摄过它许多照片。我也曾建议那些对于历史建筑保护已经悲观的朋友，不知大家能否退而求其次，找一个合适的地方将一些建筑，即使一些局部，移建过去。我说我很佩服东京大学的村松贞次郎教授。由于日本战后城市高速发展和地价上涨，大量明治维新时期的历史建筑在 1960 年代已经难以维持原状，村松教授便发起将很多代表实例迁至名古屋附近的一个湖边，建成明治村博物馆。现在那里已经成为一个旅游胜地，其中还有美国建筑大师赖特的杰作东京帝国饭店的门厅局部。这是一个原则与现实妥协和折衷的成功个案。

总之，我以为历史建筑保护固然要做最积极的努力，但却不得不做最坏的打算，我们不能寄希望于某些人的良心发现，而必须考虑在肯定无法原址保存的情况下，我们还能保什么、做什么，哪怕仅仅是测绘、是拍照。得知北京梁思成先生和林徽因先生生前的故居已被该受孔教授"三妈"之谴的孽障所拆除，我已经无话可说。但我仍存希望——这座现代中国建筑思想摇篮的一角梁架能在清华大学建筑馆的门厅之中获得新生。相信它能让一座著名的文化沙龙的笑谈欢声和机锋快语永远回荡，也能让"心向往之"的后学们不断获得心智上的感召与净化。

做所能做最重要的当然是做好本分。岳飞曾说，"文臣不爱财，武臣不惜命，天下太平也。"建筑又何尝不是？倘政府官员能尽职尽责、有效管理，建筑学会或协会能够不断完善行业标准、规范行业行为，学校教师能专心教学和学术研究，建筑师和工程师能精心设计，施工单位能认真施工，没有逼良为商，没有官商勾结，没有豆腐渣工程，我们又何愁中国的建筑水平难以提高？

我的本分是建筑史，所以必须"向后看"。我很欣赏贾宝玉所说的"编新不如述旧，刻古终胜雕今"。"旧"和"古"意味着传统。更确切地说，我反对不讲传统的创新，无论这传统是旧是新，是中是外，还是好是坏，我以为对传统的重新发现、重新认识、重新解释，以及重新评判，就孕育着创新。例如我注意到中国古代一些王朝就十分重视建筑的管理，目的在于控制造价并保证质量。这不仅体现在建筑的等级分类，既有规则的资源分配，还体现在对于建筑规则的拟定与奏准、预算的编制与核定、工期的计划与控制、竣工后的编造报销册和题销，以及建筑完工后保固期的规定。我也发现近代上海公共租界的土地有偿使用制度曾颇为完善，它包括土地查勘、评估地价、制定税率和征收地价。地税因此也成为市政部门最重要的财政来源之一，除了用于城市的再开发，还可以发展公益事业，让纳税人和公众都能分享城市发展所获得的利益。这些历史经验堪为今天中国的城市管理部门所借鉴，我们毋须舍近求远。

我还发现，近代以来，很多中国现代建筑的先驱者们都对中国建筑的现代化问题有着独到的思考。他们之中有张绪、华南圭、吕彦直、杨廷宝、梁思成、林徽因、童寯、刘敦桢、冯纪忠等第一代大师，还有勤勤大学《新建筑》杂志社的一批年轻学子。他们或积极地为中国建筑输入新的学理，或不懈地探索中西建筑结合的道路，或"上穷碧落下黄泉"般寻找中国建筑的过去并论证它复兴的可能，或与时俱进，密切关注着现代建筑的新发展。忘记了他们，或不了解他们的思考，中国建筑就失去了一段通向未来的阶梯。我也更加钦佩汪坦先生、罗小未先生、陈志华先生、吴焕加先生、刘先觉先生、张钦楠先生、邹德侬先生，以及王骏阳博士、卢永毅博士、李华博士、葛明博士和陈伯冲博士等一大批"普罗米修斯"。他们对于外国建筑和建筑著作的译介无疑为中国引进了不同文化的建筑传统，不仅开阔了中国建筑师们的视野，还使我们可以在世界的语境中重新认识自己。

我也忽然理解了当年孔子提出"克己复礼"主张时的心境——的确，对于一个讲求"和为贵"的人来说，再没有什么比眼见"礼崩乐坏"更令他担忧。由此我关注到曾经影响中国社会长达三千年的礼制和礼制建筑传统在辛亥革命之后的命运。《左传》有言："国之大事，在祀与戎。"

坦言之，我并不奇怪别人在哪里参拜自己国家的战争亡灵，我只关心我们自己的忠烈祠安在，我们自己的英魂可有享祀，以及我们自己的老兵可有赏恤。所以终于见到国庆节人民英雄纪念碑前有了花篮，我便心有戚戚，脑海里顿时蹦出了《隋书》中的话："圣人遗训，扫地俱尽，制礼作乐，今也其时。"

正在迈入知天命之年，此番感言却不知是悟是误，还望诸位看官有以教我。"我虽不敏，请尝试之。"

当代建筑：建筑奖的视点

原载"新观察"第十六辑 / 2012.04

2012 年 2 月，普利兹克建筑奖突然命中王澍，给近代以来沉闷、稚拙的中国建筑注入了强心剂，这个沉睡的巨人兀然耸立了——对所有关心这件事的中国人而言，这个建筑奖首先与中国有关。

其实，这个奖只与王澍和他理解的中国建筑传统有关，中国建筑依然举步维艰，一切并不因此而突变。而且，对王澍来讲，普利兹克奖并非从天而降，在此之前，他曾获得首届 Holcim 全球可持续建筑大赛纪念奖（五散房，2005—2006 年）、德国的谢林建筑奖（与陆文宇，2010 年），以及威尼斯建筑双年展的特别荣誉奖（2010 年），已具有广泛的国际影响。

当大众和专业媒体都无比亢奋地聚焦于普利兹克奖与王澍的时候，这辑"新观察"依然借着这一业界超级热点的"东风"，将视点聚焦于目前国际重要的建筑奖，梳理其对当代建筑潮流的推助脉络，意图借此清泻一些业界近来因此而亢盛的肝火。

作为新晋普利兹克奖评委，张永和认为王澍获奖即国际的肯定，一方面使中国看到了自己优秀的建筑师，另一方面也带来了对该奖政治化的猜测，背后则是对中国建筑师水平的怀疑，这种反应似乎"是中国目前依然缺乏文化自信的表现"。他进而从"传统与现代"、"土与洋"、"市场与理想"、"粗与细"、"体制内与体制外"几个方面，略述了对王澍作品及中国当代建筑现状的认识和思考，把这一热门议题引向深入讨论的语境。

李翔宁的文章将目前国际重要的专业建筑奖分为国家级的建筑学会奖、专设的建筑文化奖（如普利兹克建筑奖）、有特别主题的建筑奖项三类，予以评说。他特别详述了声誉日隆的 Holcim 全球可持续建筑大奖赛，指出其在评审策略上对"可持续性"给出的比较全面的阐释，尤其是在生态技术本身之外，综合地考虑可移植性、社会视角和人文视点，而不是将建筑设计的空间形态等美学因素放在首位。

如果说李翔宁的文章是对当代国际重要建筑奖的横向扫描与评析，那么，就像文章标题所明示的，钟文凯的文章则从"时间维度"，纵向剖析了国际重要建筑奖对当代建筑的促动。从这一角度审视，作者更着意于 AIA "二十五年奖"，因为该奖每年评选出一个建成时间在二十五年到三十五年之间的作品，持守"当代建筑：……视点"的选题惯性，"不仅要保持完好的状态，还要出色地满足其使用功能，而且不得改变原来的使用意图，更重要的是，作品必须具有持久的影响力"。

"自此，中国建筑纪年，也许会被分割为前普利兹克时代与后普利兹克时代"，周榕的文章更从"后普利兹克时代"和"中国建筑范式"的角度，以"前普利兹克时代中国建筑的形式语境与范式饥渴"、"普利兹克奖的范式效应与王澍作品的范式评估"和"后普利兹克时代的语境裂变与范式可能"三个论题，对近代以来"进化语境"的"范式缺席"，尤其中国当代建筑本土化范式重建的困境，以及在此焦虑语境中王澍获奖的意义（可能的深刻影响，相对于该奖对日本建筑师的明确范式取向），都做了深入独到的阐释。

普利兹克奖与王澍

张永和

　　我从去年开始担任普利兹克奖（下面简称"普奖"）的评委，参加了本年度的评选工作，知道今年该奖定于在北京颁奖和中国建筑师王澍获奖是一个巧合。普奖，即国际的肯定，一方面使中国看到了自己优秀的建筑师，但另一方面，这个巧合带来了对普奖政治化的猜测，背后则是对中国建筑师水平的怀疑。这两种反应似乎都是中国目前依然缺乏文化自信的表现。

　　作为中国建筑师，我以为王澍获普奖更使我们重新审视如下的问题：

传统与现代

　　王澍工作的焦点之一是将中国民居，特别是江南民居，进行现代的转化。一定程度上，他传承了他的母校东南大学（原南京工学院，也是我的母校）几位建筑师，如钟训正、孙钟阳、王文卿等的设计方向。在几位老师工作的基础上，王澍走得更远，并形成了自己的形式语言体系。但在这个问题上，可以做的工作还很多，答案也会是多种多样的。

土与洋

　　王澍的工作态度里面可以看到传统文人文化对他的深远影响，例如他对业余的偏爱，反映出传统文人对职业化，即匠气的顾虑。王澍使我们看到传统在当代文化中的

168

活力，现代不等同于西化。同时，王澍将中西知识统一调度，体现出一种深思熟虑。在中国，如何继承自己的传统，又如何吸收外来的文化，每个人都在寻找一个特定的属于自己的平衡点，但其过程总是一个高难度的挑战。

市场与理想

王澍的经验告诉我们实现创作理想和获得市场成功之间需要选择。今天在中国，像王澍一样坚定地抵制市场压力，保持独立的价值观是不容易做到的。反之，认真地将市场化的产品做好，又具有社会意义。但摇摆只能是机会主义的，执着是必需的。

粗与细

王澍非常了解和理解今天中国的建造工艺，因此不去简单地追求精细。他策略性地运用旧材料，更多构成一种文化立场和姿态，而不仅仅是出于对环境的考虑。做到这一点，需要大量的技巧和经验；恰恰说明王澍不业余，有匠心。如何把握建造工艺，是所有建筑师需要认真对待的。

体制的内与外

王澍获普奖再一次把中国特有的体制问题摆在我们面前。尽管王澍在中国美术学院任教，他的实践无疑属于体制外。但我认为不能孤立地看待体制。今天，体制和市场以及教育体系都紧密地联系在一起。到底是体制，还是市场，还是教育，对中国建筑设计质量以及中国建筑文化发展影响更大？这些影响中哪些是积极的？哪些是消极的？体制能否突破？

以上也可以说是我参与普奖评选工作中对当代中国建筑现状的一些认识和思考。总而言之，我对中国城市的发展抱悲观态度的同时，对中国出现更多的出色的建筑单体又持有乐观态度。

当代建筑的国际奖项
与 Holcim 全球可持续建筑大奖

李翔宁

2012 年是对当代中国建筑具有特殊意义的一年，王澍获得普利兹克奖作为一个标志性的事件，将当代中国建筑又一次带到国际舞台的聚光灯下。当月在美国波士顿 MIT 召开的 ACSA（美国建筑院校联合会）成立百年纪念大会上，王澍成了绝对的话题主角。与此同时，国内的职业建筑师们展开了对于王澍是否该得此奖项的大讨论，而公众媒体则在讨论普利兹克建筑奖和普利策新闻奖的区别。大家在惊叹王澍一步登天的同时，似乎忘记了我们对于国际建筑奖项的知识是如此贫乏，以至于我们只知道普利兹克建筑奖突然授给了王澍，而从没有注意到在此之前，几个非常重要的国际建筑奖项也授给了王澍，这些奖项类似于作为奥斯卡风向标的金球奖，早就透露出了某些蛛丝马迹。似乎我们应该从头来了解一下当代国际重要的建筑奖项，以及它们对推动当代建筑潮流的发展方面所起的关键作用。

我想这些最重要的奖项，似乎可以分为三类，一是国家级的建筑学会奖，二是专设的建筑文化奖（普利兹克建筑奖当属此类），三是有特别主题的建筑奖项。

第一类奖项中最重要的，当属三大建筑学会奖，也就是美国建筑师学会（AIA）金奖、英国皇家建筑师学会（RIBA）金奖和法国建筑科学院金奖（The Académie royale d' architecture）。其中历史最悠久的是英国皇家建筑师学会金奖，设立于 1848 年的维多利亚女王时期，其金奖颁给"直接或间接地以其作品促进了建筑进步的个人或团体"，获奖者不但有建筑师，也有规划师和历史学家。最近几年获奖的建筑师包括 2009 年的阿尔瓦罗·西扎（Alvaro Siza）、2010 年的贝聿铭、2011 年的大卫·切波菲尔德（David Chipperfield）和 2012 年的赫曼·赫茨伯格（Herman Hertzberger）。曾获得该奖的历史学家和理论家包括柯林·罗（Colin Rowe）、约翰·萨默森（John Summerson）、尼古拉斯·佩夫斯纳（Nicolas Pevsner）、刘易斯·芒福德（Lewis Mumford），以及工程师皮埃尔·奈尔维（Pier Luigi Nervi）等，1999年，特别地颁给了巴塞罗那这座城市。而法国建筑科学院1671年由法王路易十四创立，是最早的国家级建筑学会，其第一任院长是数学家兼工程师的弗朗索瓦·布隆代尔（Francois Blondel）。法国建筑科学院金奖和美国建筑师学会金奖一样，许多获奖者也是普利兹克奖得主。美国建筑师学会金奖主要颁发给美国建筑师，但是也有少量国外建筑师获奖，如勒·柯布西耶、阿尔托和丹下健三等。2012年的美国建筑师学会金奖由美国建筑师斯蒂文·霍尔（Steven Holl）获得。

第二类建筑奖中除了普利兹克建筑奖之外，比较著名的还包括日本天皇赏、德国的谢林建筑奖，以及丹麦皇家嘉士伯建筑奖等。日本天皇赏（the Praemiumimperiale Award）是在1988年为了庆祝日本艺术协会成立100周年而设立的，自1989年首次颁奖以来，主要也是普利兹克奖的得主，除了2011年的莱戈雷塔（Ricardo Legorreta）、2010年伊东丰雄、2005年谷口吉生、1994年查尔斯·柯里亚（Charles Correa）、1991年奥兰蒂（Gae Aulenti）等少数几位。德国的谢林建筑奖（Schelling Architectural Prize）比较年轻，从1992年开始颁奖，两年一次，包括建筑奖和建筑理论奖两部分。建筑师得主包括2000年妹岛和世、1996年卒姆托（Peter Zumthor）、1994年哈迪德（Zaha Hadid）等，2010年王澍和陆文宇获得该奖项。另外，美国的艺术与文学院学院奖（Academy Award for Arts and Letters）是和奥斯卡奖（正式名the Academy Award）平行的重大奖项，张永和曾荣获2006年美国艺术与文学院的学院建筑奖。

第三类有特殊主题的建筑奖项中比较著名的有针对伊斯兰建筑文化的阿迦·汗奖（Aga Khan Award for Architecture），现在该奖项的范围放宽到全球甄选有地域文化特征的建筑，中国建筑师李晓东的福建土楼小学曾或此殊荣。另外一个需要重点谈一下的，是我本人曾经参与策划和评审组织的Holcim全球可持续建筑大奖赛。这个奖项特别之处在于针对可持续建造，它虽然面对真实项目，但希望在颁奖之前，该建筑还未动工建造，也就是甄选尚处于设计阶段的方案，而非建成作品。

瑞士著名企业设立的Holcim基金会于2003年成立，至今已举办了三届世界可持续建筑论坛和Holcim全球可持续建筑大奖赛，鼓励世界优秀的建筑师、规划师和工程师参赛。可持续发展和建造，是当前全人类共同面对的急迫问题，该大奖的设立和颁发致力于可持续建造的宗旨，对大众了解和增进可持续发展的意识将起到很好的促进作用。建筑大奖赛将全球分为五个洲际性地区，分别为欧洲地区、亚太地区、北美地区、非洲中东地区以及拉丁美洲地区。大奖赛的评选分为两个阶段，先是区域性评奖，五个区域评选出各自的金奖、银奖、铜奖、纪念奖和旨在鼓励新人的鼓励奖，第一阶段区域大奖奖金总额达110万美金；然后进入第二个阶段，即全球大奖的评选，全球大奖奖金总额为90万美金，其中金奖奖金高达50万美金。

Holcim可持续建筑基金会与全球五所知名的理工院校密切合作，这五所学校分别来自五个赛区，瑞士苏黎世联邦高工（ETH）是 Holcim 基金会的全球技术能力中心（TCC），它与基金会共同深入研究并制定了大奖赛的评选标准。五所大学分别负责组织本区域的评委会，并对本赛区的参赛作品进行评选。与其他建筑奖项的评选不同，Holcim 可持续建筑大奖最显著的特点是强调作品的"可持续性"，而不是将建筑设计的空间形态等美学因素放在首位。评奖确定了下列五条标准：

1．重大变革和可移植性；

2．道德标准和社会平等；

3．生态质量和能源保存；

4．经济效能和适应性；

5．文脉的呼应和美学影响。

首届 Holcim 可持续建筑大奖赛始于 2004 年第四季度，世界各地的建筑师、规划师、工程师等专家和从业人员踊跃提交方案，共收到符合评奖要求的来自 118 个国家和地区的一千五百多项设计作品。亚太地区的评选结果于 2005 年 9 月 23 日在北京揭晓，并在钓鱼台国宾馆举行了亚太发奖仪式。五个赛区的获奖作品共计 46 个，分别来自全球范围内的 20 个国家和地区，2006 年 4 月在泰国曼谷王宫举办了 Holcim 可持续建筑全球大奖赛颁奖仪式。首届 Holcim 可持续建筑亚太地区比赛的参赛作品来自从哈萨克斯坦到新西兰的 17 个国家和地区，入围的参赛作品达到 255 个，占全球作品的将近五分之一。除评选出三个金、银、铜奖外，还分别评选出三个纪念奖和三个鼓励奖。中国上海同济大学建筑系常青教授主持设计的"杭州来氏聚落再生设计"获得金奖。来自中国大陆的其他获奖作品，还有王澍设计的"宁波的五散房"、张宏儒和刘超设计的"上海建筑科学研究院（SRIBS）低能耗连体住宅"获得纪念奖，李志刚设计的"中国阜阳东州谷仓式社区概念计划"和西南交通大学王蔚老师和学生沈永德、王彦宇设计的"成都 2 + 2 + 1 住宅"获得鼓励奖。

获得亚太区金奖的方案"杭州来氏聚落再生设计"，是关于城乡接合部风土历史环境命运及其城市化方式的规划设计，也是同济大学常青研究室完成的"钱塘古镇保护与再生设计系列"的一个组成部分。来氏聚落有近九百年的历史，位于杭州钱塘江南岸的长河镇中心地段。该方案的核心是在结构性保护，即在保存原有环境的自然与文化生态系统前提下，进行聚落的再生设计。如与水乡环境相呼应的道路系统，顺应道路系统的房屋组群布局、肌理、尺度和朝向，以及具有象征意味和心理暗示作用的风习讲究等，都是保存原有生态系统的重要对象。这样的城郊古镇聚落在我国大城市周边比比皆是，因而这个案例对我国城乡保护与改造具有普遍探讨意义，在城市历史和文化风貌的可持续发展方面具有典型的实验价值。

Holcim 的评审策略事实上是对可持续给出了一个比较全面的阐释，尤其是在生态技术本身之外，综合地考虑可移植性、社会视角和人文视点。该奖的可持续的评价标准是我们理解可持续问题的基本出发点，它使对于可持续问题的认识可以在一个比较公允、完整的层面展开，也使我本人随后处理许多和可持续概念有关的展览时有所借鉴。

　　反思国内的建筑奖项，一方面国家建筑学会的评奖主要针对国有大院的系统，似乎比较忽视当代独立建筑师事务所的作品，作品评审的范围有较大的局限性；另一方面，缺乏强有力的独立的评审委员会和学术委员会。近年来《南方都市报》的中国建筑传媒奖在一定程度尚接近国际建筑奖的评审体系，虽然"公民建筑"的主题定义广受诟病，但其维持独立评审团的努力，在当代中国还是开创了一个有益的尝试先例。我们也期待中国在不久的将来可以有自己的建筑奖项品牌，可以在真实地再现当代中国的复杂面貌同时，维持一个国际化的水准，使得当代中国建筑可以有一个更好的平台。

建筑奖的时间维度

钟文凯

一

    在关于路易斯·康的纪录片《我的建筑师》里,贝聿铭先生在访谈中说过这样一段话:"建筑必须经受时间的考验。如何评价一件作品——你所知道的建筑师设计的令人兴奋的、精彩的作品?它们在二十年、五十年后会是什么样子?那才是衡量的尺度。那就是为什么萨尔克研究所会永远像它最初构想时一样的完美。人会生老病死,但作品的精神会流传下去。"

    贝先生本人在职业生涯中获奖无数,早在 1983 年就已获得被称为专业最高荣誉的普利兹克奖。2004 年,当他的代表作华盛顿国家美术馆东馆获得美国建筑师协会(AIA)颁发的"二十五年奖"时,贝先生仍十分兴奋,称这是他最珍视也是他一生中获得过的最重要的奖项之一。

    从时间跨度来看,AIA"二十五年奖"的确是一项很特别的建筑奖,每年评选出一个建成时间在二十五年到三十五年之间的作品。建筑物不仅要保持完好的状态,还要出色地满足其使用功能,而且不得改变原来的使用意图。更重要的是,作品必须具有持久的影响力。以建筑物正常的寿命来看,二三十岁的建筑还处于风华正茂的青年期。这样一段不算太长的时间,有助于把作品推到更为宽广的时代背景下去检阅,考验一件成功亮相的作品在设计思想和建造质量上的持久力,同时也允许那些最初备受争议的作品被重新评价,或是让一些起先并不广为人知的作品被再次认识。

    二十五年大约是一代人的时间。AIA"二十五年奖"多少带有怀旧的色彩,回顾的

174

是我们上一代的建筑作品。2012 年最新的获奖作品是建于 1978 年的盖里自宅。房子位于加州圣塔莫妮卡典型的美国中产阶级郊区，购买和改造这栋小房子总共花了 26 万美元，却成为盖里职业生涯的转折点，不仅预示了他后来更为大胆肆意的形式创作，而且他用胶合板和铁丝网等便宜材料所进行的试验在今天看来反而显得更为原真，依然鲜活而不失挑逗性。

除了地域性的限定以外，世界各地的建筑奖对于参选作品都有时间上的限定，这种"时间维度"在一定程度上反映了不同奖项的设置在其所倡导的建筑价值上的取向。如果说 AIA"二十五年奖"强调的是设计思想以及建造质量的持久性的话，那么更多的建筑奖则致力于推动当前建筑思潮和建造技艺的交流。例如，在授予单个项目的国际建筑奖中，阿迦·汗奖以三年为周期，密斯·凡·德·罗奖（欧盟）两年一度，斯特林奖（英国）则每年评选。在我国，WA 中国建筑奖和中国建筑传媒奖也是两年评选一次。这些获奖作品几乎都是在最近一两个评选周期内刚刚出炉的新项目，体现了目前最受关注的一些建筑议题、设计思潮或技术革新，获奖者往往也包括当今最活跃最炙手可热的建筑师。例如，扎哈·哈迪德的作品在 2010 年和 2011 年蝉联了英国皇家建筑师协会（RIBA）颁发给单个建筑项目的最高荣誉斯特林奖。

值得一提的是，美国还有一项在近年来几易其手但仍在持续的"进步建筑奖"（P/A Award），颁奖对象是"将来时"的建筑——尚未建成但必须是真实的委托项目。就像"进步"所提示的那样，该奖鼓励的是探索性、敢于冒险和创新，因此成为不少年轻有为的建筑师崭露头角的途径。

如果说建筑是连接过去、现在和将来的桥梁，那么与时间维度相关的建筑品质就是恒久性、当下性和探索性：建筑可以保存记忆，建筑必须应对现实，建筑能够激发想象。建筑的恒久性与过去、当下性与现在、探索性与将来之间并不构成一一对应的关系——恒久性、当下性和探索性是相互依存的，因为将来不断地成为现在，而现在已经消失在过去。从古埃及开始，恒久性就一直是西方建筑所崇尚的价值之一，然而我们不是生活在古埃及那样数千年都几乎一成不变的世界，当今社会二十五年内所发生的变化或许已经远远超过了古埃及的一千年。因此，没有建筑的探索性，就不会有建筑的当下性，更谈不上建筑的恒久性。如果当年的盖里没有搜肠刮肚、苦思冥想为自己的家庭改造一栋郊区住宅到底意味着什么，并且追随个人直觉进行材料和形式方面的探索，他就没有真诚地回应他所面对的平淡无味的中产阶级社区，人们也不会直到今天还记得这栋小房子并且还要为他颁奖。

二

还有另一类型的建筑奖，评选对象不是建筑项目而是建筑师。实际上，大多数建筑项目奖也是颁给建筑师的。这一方面说明建筑师在行业中所扮演的核心角色，另一方面也使人产生疑问：评奖机制是否成了明星建筑师现象的助推器？为什么没有更多的奖项去表彰对一项建筑作品的成功做出贡献的其他参与者，比如业主、工程师、施工人员，甚至建筑物的使用者？当然还是有例外。以英国皇室名义颁发的 RIBA 金奖始于 1848 年，授予通过毕生的工作对建筑学做出杰出贡献的个人或群体。历届获奖者虽以建筑师为主，但也包括工程师（Ove Arup，Peter Rice）、学者（Sir Nikolaus Pevsner，Colin Rowe）、画家（Sir Lawrence Aima-Tadema），甚至还有一座城市（巴塞罗那）。

个人建筑奖按照时间／年龄的尺度大致可以分为两类：鼓励扶持后起之秀的青年建筑师奖，表彰长期卓越贡献的"终身成就奖"。

建筑师常被称为老年人的职业——伦佐·皮亚诺是最有成就的在世建筑师之一，他曾说：建筑师应该活到 200 岁，因为要到 70 岁才能学会盖房子。照此标准，已过不惑之年的建筑师被称为青年也就不足为奇了。

出于对专业的热爱，很多著名建筑师都一直工作到晚年，甚至是生命的终点。另一位传奇般的巨匠，巴西建筑师奥斯卡·尼迈耶已年过一百，但仍每天工作画图，不久前听说在设计有巴西利亚四倍大的安哥拉新首都。看来，把"终身成就奖"颁发给一位在世建筑师总有操之过急的危险，很可能好戏还在后头。

把奖颁给已经去世的建筑师并非闻所未闻。美国建筑师协会于 1993 年把最高荣誉 AIA 金奖授予了美国开国元勋之一的托马斯·杰斐逊。他也是一位新古典主义风格的业余建筑师，深受帕拉蒂奥的影响，代表作是自己的家宅蒙蒂塞洛（Monticello）和弗吉尼亚大学校园。这听起来有些遥远，离我们更近的清华大学礼堂就是以弗吉尼亚大学圆厅（Rotunda）为原型的中国近代建筑。

普利兹克奖被称为建筑界的"诺贝尔奖"，表彰在世建筑师"通过建筑艺术对人文科学和建筑环境所做出的持久而杰出的贡献"。如果说每一两年评选一次的建筑项目奖会把目光过于集中在"当前"，而前文谈到的"二十五年奖"又是在倒后镜中回顾"前辈"作品的话，那么"在世"相对而言或许是定义"当代"的更好的时限，因为需要评估的是建筑师此前已经完成的一系列工作，同时还能够对将来有所期待。而且我认为，把普利兹克奖看成"终身成就奖"是一种误解。虽然其中一些建筑师（比如伍重）在获奖时已经度过了职业生涯的黄金期，但有不少获奖者还正处于事业的上升阶段，他们最重要的作品在多年以后才得以陆续实现。我还记得，库哈斯在 2000 年的获奖对于很多人来说都是个意外——尽管他的写作和竞赛方案已经在学科内形成了巨大的影响力，但在当时毕竟还没有太多建成的作品。

"人不能两次踏进同一条河流。"任何评奖都不会有绝对恒定、普适的标准——不仅评选对象在变，评委也在变。与 RIBA 金奖以及 AIA 金奖相比，始于 1979 年的普利兹克奖还是一个相当年轻的奖项。每一次评奖不仅是对其自身传统的延续，同时也可以看作是对该奖的一次重新定义。评奖不应该是高居象牙塔中的裁判，评奖是一次实地考察，一次探险和发现，一次与现实发生碰撞的机会。多年来我们不止一次地对普利兹克奖的评选结果感到过惊讶，或者这正是它引人关注的秘诀所在。

三

2012 年无疑是普利兹克奖的中国年。中国建筑师张永和成为评委之一，颁奖仪式选在北京举行，普利兹克奖官方网站推出中文版，王澍成为第一位获得普利兹克奖的中国建筑师。在中国当代城市和建筑发展的背景下，这是一个不失时机地选择。

今年 48 岁的王澍是最年轻的普利兹克奖获得者之一，但他自称是一名化身建筑师的宋代文人。要认识他，我们或者穿越到上千年以前的另一片时空，或者选择走进他的建筑。

三月末的一个雨天，我站在宁波历史博物馆的屋顶平台上，向外倾斜的墙面成了遮风挡雨的屋檐。久经岁月的砖瓦再次被春雨淋湿，愈发显得灰暗沉重，那些匪夷所思的图案究竟是出自何人之手？近处屋顶上，不知哪来的野花野草不经意地从砖缝里冒出来，添上一抹淡淡的黄绿；环顾四周，烟雾迷蒙之中，又一座新城正崛地而起……

在《时间》那篇口述里，博尔赫斯谈到普罗提诺的三个时间，这三个时间都是现在。一个是当前的现在；第二个是过去的现在，即所谓记忆；第三个是未来的现在，就是想象中的东西，我们的希望或我们的忧虑。

建筑存在于长久的岁月里，也存在于每一瞬间。

那一瞬间，我似乎感悟到普罗提诺的三个现在。

后普利兹克时代的
中国建筑范式问题

周 榕

2012 年 2 月 27 日，几乎与《金陵十三钗》冲击第 84 届奥斯卡金像奖铩羽而归同时，王澍获 2012 年普利兹克奖的消息猝然而至。这一意外降临的喜讯如巨石入水，极大地扰乱了中国建筑界的平静生态，余波至今未歇。遥想当年，37 岁的张艺谋凭一部《红高粱》，出人意料地夺得了柏林电影节金熊奖，从而一举奠定了其中国影界第一人的领军地位。此后，"张艺谋作品"逐渐发展成为某种范式，持久影响着中国电影的历史走势，迄今凡二十五年。当下，中国建筑是否亦如 1987 年的中国电影，随着大奖折桂，也同样走到了一个转折性的历史关口？诸多迹象表明，王澍获奖这个标志性事件，或将在中国现代建筑史上划出一道深刻的分界线，自此，中国建筑纪年，也许会被分割为前普利兹克时代与后普利兹克时代，而代际更迭间的语境嬗变和目标偏转，即将对中国建筑生态造成的深刻改变和持续作用，我们今天已能依稀觉察。

前普利兹克时代中国建筑的形式语境与范式饥渴

笔者近来在思考中国当代建筑的"失范"现象时，对形式和范式的关系问题产生了浓厚的兴趣。所谓"建筑失范"，是指在缺乏明晰的建筑范式参照下，建筑形式的无序化、矛盾化、粗鄙化、任意化的种种混乱倒错现象。而"建筑范式"，笔者参照托马斯·库恩（Thomas Kuhn）的"范式理论"，将其定义为："既具有独立的风格识别性，又能被某一共同体内大多数成员所认同的建筑价值体系、秩序构造规则，以及成熟稳定的形式集合。"

依据上述定义，决定某类形式创造能否成为一个共同体建筑范式的关键要素有二：一是区隔于共同体外部其他范式的"识别性"，二是针对共同体内部成员的集体"认同度"，两者缺一不可，必须兼备。

　　相对于库恩提出的科学范式，建筑范式问题的复杂性在于，其所适用的共同体对象，并非相对匀质、单纯的科学共同体，也不是相对集中、专业的建筑共同体，而需扩展到多元、复杂、业余的社会共同体和文化共同体，这就导致共同体成员达成某种形式认同的一致性异常困难。这种"认同障碍"，在价值裂变、审美各异、趣味离散的当今时代，变得尤为突出。

　　历史上任何一个发达的人类文明共同体，都必定会发展出与其文明程度相匹配的建筑范式。建筑范式的作用，是通过稳定的空间结构来固定和彰显文明的意义结构；通过收敛的形式特征，来确认并强化文明的价值认同；通过横向传播与纵向传承，来提升和扩散文明的影响力。建筑范式，为文明共同体内的形式繁衍，提供了一个学习范本和复制基因，从而令低成本、大规模、快速化、协同性的形式生产成为可能。简言之，建筑范式为文明共同体提供了一个相对恒定的支撑结构。

　　中华传统文明，之所以历经动荡乱离，还能稳定有序地传承逾三千年，与其很早就发展出一套强大、统一的建筑范式有直接的关联。大一统的建筑范式，让中华文明的核心价值理念无须文字教化，就能够通过潜移默化的环境力量，渗透并持续作用于一代又一代中国人的集体无意识。中国历史上朝代更迭无数，异族入侵乃至亡国多次，服饰语言面目皆非，唯有依靠依附于恒定文字的思想范式，依附于恒固建筑的空间范式和行为范式，才令中华文明免遭倾覆溃灭，始终保持强大的凝聚力和集体认同感。

　　然而晚清以降，随西风东渐而来的西方建筑范式，逐渐动摇了中华本土建筑范式的统治地位，并随着清末"新政"后，官式建筑对西洋古典建筑形式的主动采纳，以及西式建筑教育在大学中占据绝对主流，而获得了官方与学界双双认可的"文化合法性"。此后百余年来，本土与外来建筑范式的争斗浮沉构成了中国建筑史的发展主线；中国建筑在范式混乱的语境下进行了无数次形式实验，但迄今为止，仍不能达成稳定的范式认同。由于"范式失怙"，而造成百年建筑形式的错乱离散，失去"范式化空间"加持的中华文明共同体，其集体认同度在难以察觉间被暗中侵蚀，并随代际流转而日益崩解，社会与文化溃败之象愈难约束……

　　本土传统建筑范式的覆亡，诚为三千年未有之衰变，但可悲的却是，在中华传统文明体向中华现代新文明共同体转型进程中，与新文明相匹配的新建筑范式始终持续难产。出于一代知识精英的稚嫩认识，从以五四为标志的新文化运动伊始，中华文明的现代转型之路，就被错误地描述为一个以现代化的西方为潜意识目标的"进化"故事。这个只争朝夕的"进化语境"，长久支配了中国的现代化进程，在时不我待的焦虑中，许多次重建范式的历史节点都被轻易错过了。

　　纵观百年中国建筑史，笔者个人认为，只有三个建筑逼近过被文明共同体成员广泛认同的范式地位：一是 1925 年吕彦直设计的中山陵，二是 1959 年建成的人民大会堂，三是 1979 年贝聿铭设计的香山饭店。中山陵代表的是中国本土的新古典主义范式，人民大会堂代表的是新折衷主义范式，香山饭店代表的则是后现代主义范式。这三个建筑范例，在其落成的年代，由于分别占据了垄断性的时代传播地位，而进入了全民性的"共同知识"领域，并均曾赢得过当时从建筑共同体到文明共同体内大多数成员的喜爱与推崇。在此，笔者无意点评这三个建筑在专业上的设计得失，仅仅从文明认同角度肯定其"准范式"意义。

尽管这三个标杆性建筑，都曾起到过巨大的形式示范作用并广为时人效仿，但在"进化语境"的持续施压下尽皆被先后打入形式冷宫。此后再没有任何一个中国建筑，达到过这三者曾经的文明认同的集中度。由于"文明进化"的观念，已经深入民族的集体无意识，因此在历史发展的关键节点，对"进化"的刻板认同，总是与对传统形式的本土认同"互夺两亡"，造成文明共同体内范式构建的左右失据，也造成重建现代本土范式的努力，每每以悲剧告终。百年来最有范式自觉意识的建筑学者梁思成，难免还是在被"进化语境"支配的历史舞台上黯然退场；从阙里宾舍到菊儿胡同的范式雄心，仍然抵不过整个民族向一个虚幻的进化目标集体狂奔的时代巨潮。一个世纪以来，基于本土思想资源与形式资源的建筑范式的重建努力，无论以何种风格面目出现，最终都会被"现代性"质疑，被"现代化"击败。"进化语境"，构成了中国当代建筑本土化范式重建的真正困境。

另一方面，植根于西方文明资源的诸多舶来建筑形式，之所以难以构建为中国当代建筑范式，从本质上看，主要有两个障碍：一是解决不了区隔于其他现代文明体的形式识别性，二是无法获得中华文明共同体成员的集体认同。这两个障碍导致了那些轰动一时、占尽传播优势的现代设计，尽管曾街谈巷议、家喻户晓，但却总是无法成为全民热爱并争相仿制的认同范本。无论是 1980 年代中期横扫国内建筑奖项的中国国际展览中心，还是 1990 年代末横空出世的国家大剧院，抑或此后尽揽媒体风流的鸟巢、水立方、CCTV 总部、梦露大厦，都无法成功跨越上述两大障碍，成功晋升范式宝座。

长期的"范式缺席"，令中国当代建筑实践始终处于一个"乱哄哄你方唱罢我登场"的失序状态，而"建筑失范"导致的诸多乱象——以政府办公建筑的"官式山寨"为甚——造成了中华现代文明共同体的"范式饥渴"。正在这样的时代语境与历史当口，普利兹克奖石破天惊地推出了一位中国本土"建筑英雄"，王澍，能否"文起八代之衰，而道济天下之溺"，为处在"范式饥渴"中的中华现代文明解危纾困，必将成为整个中国建筑界瞩目的焦点。

普利兹克奖的范式效应与王澍作品的范式评估

在古典时期，范式选择是通过漫长的时间磨洗而做出的"自然选择"。苏轼称颂韩愈，"匹夫而为百世师，一言而为天下法"，是因为韩愈的文章能够一扫自东汉以来的三百年流弊，并历经身后二百余年的历史考验仍然堪为世范。

而在步速狂猛的当下，范式选择只可能是快速集中资源、高效传播打击、大规模覆盖受众、反复叠加增强传播效能的"人工选择"。当代建筑师的"吉祥三宝"——出版、展览、获奖，无一不是针对传媒的谄媚招数，在某种程度上，这个时代的建筑精英，已经成为半专业的"媒体从业者"。

建筑评奖，是一种最高强度的"人工选择"手段。一方面，建筑评奖中的"把关人效应"，高效率地把大量不具形式代表性的"背景建筑"，以及不符强势价值观的"噪音建筑"，都剔除在关注视野之外；另一方面，建筑评奖，可以通过与媒体合谋，达到高强聚焦社会注意力的效果，从而在不动声色间，向社会大众传播某种隐含价值观。建筑评奖，可以看作是对共同体内建筑秩序的定期自觉清理，建筑评奖相对收敛性的结果，以及对某种确定价值观的着重肯定与重复确认，的确有助于建筑范式的形成。尤其当某个建筑奖项，已然经过相当长的时间积淀起某种价值传统，这个"范式催生"作用，就发挥得愈加明显。

建筑的"范式效应"，在普利兹克奖历史上表现得尤为清晰。首先，普利兹克不是一般意义上的优秀设计奖，而是奖给建筑师的"类终身成就奖"，这意味着它在考察参评对象时，就已经占据了一定的"时间选择"优势，其参评对象的作品，也由于长期的积累而呈现出某种成熟、稳定、连续、可识别的价值取向与风格特征，这种"形式集合"较之于单体建筑评奖的"形式片断"，更具有系统化的范式潜质；其次，普利兹克奖定位于撷取世界建筑发展的顶尖果实，并由于对这一定位的长久坚持而积累了巨大的声誉，历史性地被推举为建筑成就的最高"国际认证机构"，也愈益演变成媒体趋之若鹜的世界建筑信息发布中心。其他任何奖项都无可企及的国际影响力与传播优势，令普利兹克奖历届得主的作品攫取了超量的关注，成为建筑界研究、追捧、模仿，乃至复制的样板。在这样高屋建瓴的势能作用下，获奖者的作品向建筑范式转化的基本条件都已经具备，接下来的关键，完全取决于其是否能获得共同体成员的广泛认同。

在美国以外的国家中，受普利兹克奖"范式效应"影响最显著的无疑是日本。1987年，丹下健三代表日本首夺普利兹克奖。作为日本现代建筑无可争议的领军人物，丹下在获奖时已经积累了逾四十年从业经验，其现代主义建筑作品和思想，在日本建筑界具有集中的代表性和巨大的影响力。丹下健三获得世界建筑最高奖，意味着国际建筑界一个非常明确的范式肯定信号，对日本现代建筑发展起到了非常好的正反馈激励作用，令日本建筑界集体士气大振。其后六年，槙文彦再获大奖，越二年，安藤续得，加上2010年的妹岛和世与西泽立卫，日本建筑师已有五人摘得普利兹克奖，成为美国以外战绩最佳的团队。纵观日本建筑师在普利兹克上的获奖历程，从现代主义到新现代主义，日本建筑范式发展路向清晰，价值认同收敛，思想传承有序，在各个历史节点，普利兹克奖对之都起到了良好的价值确认与奖掖推动的贡献。

对比普利兹克奖在选择日本建筑师上明确的范式取向，王澍获奖向中国建筑界释放的价值信号就颇显暧昧。众所周知，长期以来王澍一直是以体制的边缘人，甚至是行业潮流与规则的抵抗者身份在中国开展其建筑实践的，这从他将自己的工作室着意命名为"业余建筑"即可窥一斑。无论从哪个角度观察，王澍的建筑价值观都与中国主流建筑师（无论是旧主流还是新主流）相去参商：他的建筑思想大量从中国本土文化资源中汲取营养，他"向后看"、"不出门"的建筑态度与中国主流建筑师"主动进化"的"西游"热望恰成两极；他的建筑工作，远离中国当代复杂而艰险的社会现实，没有对当下真实困蹇的时代生活展现出起码的观照与同情（如刘家琨），反而呈现出一派"不知今世何世"的桃源诗意及传统文人的笔墨趣味；他的建筑语言，自中国美院象山校园二期开始，就向极度私人化方向发展，其形式识别性虽高，而集体认同度很低。尽管王澍建筑的设计质量已经达到了当代中国建筑的最高水平，但至少从他目前的建筑工作看，王澍迄今为止创造出的形式体系，尚不足以为中国当代建筑树立起一个普适性的范式。Philip Johnson or Luis Barragan？王澍的选择其实早已不言自明。

或许令人失望，这一次开创历史的普利兹克奖，并未能有效发挥其以往的"范式效应"，为中国建筑铸模泥范，充分缓解中国建筑的"范式饥渴"。这个奖带给中国建筑界的，是一次非典型的"望梅止渴"。

后普利兹克时代的语境裂变与范式可能

王澍获奖，虽然并未能直接为中国建筑树立起新的范式，但却对中国建筑界一直深陷其中的"进化语境"，是一次致命的打击。此前在竞相扮演现代化代言人的进化游戏中奇招迭出、乐此不疲的中国建筑精英们，因王澍的捷足先登而被瞬间"价值清零"。那些按照西方范本垫鼻削腮式的形式竞赛，那些按国际标准精心演练过的规定动作和自选动作，那些经年积攒下的海外赞誉、国际地位与诸多奖项……霎时因参照系的陡然拉升和更变而显得索然寡味。

多年来，支配整个文明共同体的进化语境，构成了中国当代建筑师"创新实验"最重要的意义背景，而2008年之后，因西方文明的整体衰退而导致的位序逆转，令这个原本天衣无缝的意义背景产生了越来越大的裂隙。2012年的普利兹克奖，对王澍以外的中国当代建筑精英群体产生了双重作用：其一，是通过对这个群体中最另类分子的肯定，变相颠覆了群体主流一直深信不疑的现代化语境，也反讽般消解了他们工作的意义积累；其二，在客观上也极大释放了中国建筑师集体的"现代性焦虑"，弱化了源于他们潜意识深处的"进化内驱力"。刹那间，进化语境不再雄踞无可置疑的超级意义王座，相信在此后很长一段时间内，重新为自己的工作寻找意义定位的迷茫，将为中国建筑精英的设计实践带来相当的困扰。

另一方面，王澍成功的案例珠玉在前，对本土思想资源的重视和挖掘热潮或将再度开始。建筑语境的裂变，将有助于化解本土与舶来形式间的历史恩怨，从而尘归尘，土归土，不再非此即彼，甚至你死我活。欲达到范式认同，必先经历形式和解。

总体来看，普利兹克奖授予中国建筑师，对中国建筑生态是一次极大的利好效应，相信中国建筑新范式，必会在建筑生态蓬勃而自由的生长中逐渐呈现，新的中华现代文明，毕竟将在持续的前进中，隐约显影出轮廓。

什么是
人民的建筑

什么是人民的建筑

原载"新观察"第十一辑 / 2011.06

"诞生于两次世界大战之间，以包豪斯为代表的现代主义建筑运动，是人类历史上第一个有着普世理想的世界性建筑思潮，其理想是把现代化的工业生产与人民生活结合。但是，第二次世界大战以后，这一运动一方面陷入形式主义泥潭，并随着1960年代国际风格广受质疑而式微；一方面毫无抵抗地倒向以消费为导向的市场机制，建立技术与专业的壁垒，使建筑与人更加疏离。

"谢英俊自1999年起，进行了一系列强化用户为参与主体的项目，采用以适用科技、协力造屋、可持续发展为理念的社会建筑实践。尤其是在两岸灾后重建、少数民族偏远地区建筑与社区重建的项目中，设计出具有开放性的结构系统与工法，透过此一平台，居民不仅可以参与其中，地域文化的多样性与当地的传统，也得以体现和延续。

"当建筑日益受制于市场机制并沉迷于形式主义美学时，谢英俊逆潮流而动的卓绝作为，就显得殊为'另类'和难得。

"从社会建筑角度，向媒体和观众展示谢英俊实践的真意；从开放建筑角度，向建筑界揭示谢英俊设计理念的真相，是展览举办的目的。"

以上文字，是我作为策展人，为"人民的建筑：谢英俊建筑师巡回展"写的展览前言。在编辑本辑"新观察"的时候，展览已顺利地在哥伦比亚大学北京建筑中心和深圳图书馆展出，并举办了4场学术论坛。

谢英俊和我都对论坛寄予厚望，我们不愿意看到应景式的、即兴的、客套的发言，期待经过充分准备的观点阐述与真诚讨论。台湾的两位学者很规范，在展览开幕之前就传来了精彩的发言提纲，由此带动大陆学者和建筑师们也进行了发言的先期或后期的文本化整理。

这是一个更多用言语而非书写表达话语的时代，录音、速记和整理的便捷，已经使即兴式发言可以"轻易"转化成流畅、清晰的文本。书写，以及书写过程中的阻滞、思考、谋篇的愉悦，逐渐让位于无序言说和极端化表述的快感。

这次我们逆潮流而动，"逼迫"论坛嘉宾以文本（而非论坛发言速记整理稿）呈现其观点，因文章较多，将分几辑刊出。本辑收录六篇文章，打破了"新观察"每辑四篇笔谈体文章的"惯例"，是从不同角度对谢英俊建筑设计实践与思想的思考，限于篇幅，就不一一介绍、点评了。

需要说明的是，谢英俊的文章，整理自他4月10日下午在尤伦斯当代艺术中心的同名演讲，这似乎是其实践与思想最直白的表述了。当时我也在场，记得演讲进行到最后，背景银幕上出现他在杨柳村项目现场的表述："整个中国的城市建设，就是农民工干出来的，所以没有任何的理由怀疑，说他们没有办法自己盖自己的房子"时，现场气氛非常感人。现在这些文字经他亲手整理出来，还是稍显空泛，这使我又有些怀疑文本的力量了。

人民的建筑
——关系到 70% 人类居所的实践与探索

谢英俊

建筑专业的工作

我们自 1999 年从事这个工作，到现在十一年。很多朋友特别关心我们，社会对我们也非常重视，重视的原因大部分是好奇，当然主要是因为我们在灾区工作。很多人觉得这是源于慈善或是人道主义精神，虽然我们不否认，但我们做的是真真实实的建筑专业工作，也是出于对专业工作的自我肯定，让我们能够持续做下来。

我们团队跟一般建筑师或者设计院不太一样，我们不只是从事设计工作，还牵涉材料研发、生产与施工。说我们是研究单位也不对，因为没有任何研究经费的支持。接近一点的说法——我们是公司，是一个企业。但企业要营利，我们的营利事业搞来搞去变成非营利，这也很奇怪。

70% 人类的居所是非常庞大的领域，我们对这工作的价值与它的未来有很深刻的认识，所以才会持续投入。虽然有一套完整的想法，这次展出的每个单项目呈现出来的，因为现实条件的限制而与原始的想法未必吻合。但 80 多个项目统合起来，就能完整呈现，是给社会对我们关注的回应，也是作为跟专业界沟通的平台与依据，是"人民的建筑"展最重要的一个目的。

十一年前我们进入这个工作领域的时候，没有那么多的想法，只是在解决当下实际的问题，但是深入以后，一个个问题慢慢地解决，把视野拓展开来，发现后面竟然是那么庞大的黑洞——所谓 70% 人类的居所问题的黑洞。

大部分人类的居所建筑跟建筑专业者是没有关系的，说 70% 不过分；前阵子纽约

190

有一个展览为 90% 的人设计,那个讲法更真实一点。这牵涉到的不仅是技术问题,是观念的问题,甚至于是哲学、价值观的问题,当然,更多的是方法的问题。这次展览主要是呈现工作方法,是怎么跨进这个领域。有些人常常会指责建筑专业界的人说:"怎么不像谢英俊一样去做那种事情?没良心!"这不是良心的问题,是方法的问题。如果没有方法,踩不进去,想做都没有办法做。

挑 战

从黑龙江到海南岛,所有的农村都盖类似的水泥砖房,再贴上瓷砖。天翻地覆地盖,千村一貌。其实预制板砖房并不便宜,不保暖,冬冷夏热。农民穷尽一辈子之力就是盖这种烂房子,遇到地震就屋塌人亡,完全是建筑惹的祸,这没法避免吗?不只是中国,海地也一样,第三世界、全世界都一样,为什么专业的力量没有办法进入这个领域?这就是我们要解开的结。

光鲜亮丽的现代建筑,我们设计师做得到;而令人叹为观止的传统民居,那种丰富的质地,不是现代建筑生产体系做得到的。原广司的作品天空之城,试图把很多异质的、矛盾的、丰富的内涵加进去,不受制于死板的现代建筑,但是再比较一下京都保存的传统聚落,现代建筑师再怎么搞,绝对没法呈现那种丰富质地,到底出了什么问题?

川震有将近 200 万间农民房重建,政府的目标是三年之内完成,事实上只花两年多就完成了,那么庞大的数量在那么短的时间完成,任何现代的工业化作为都不管用,只有靠农民集体的创造力和劳动力才能办到。

人类的现代文明创造了辉煌的成果,但也把地球搞毁了,现代的生产、生活,包括脑袋里想的,基本上都是不可持续的,面对可持续的挑战,文明都得重构。既然要讲"人民的建筑"这么大的议题,就得在这个框架下来思考,简单讲,我们盖的房子一定要高标准的环保绿色建筑。

可持续的建筑

一般谈到可持续建筑或是环境问题,都是在讲技术,但 1999 年国际建筑与研发联盟(CIB: International Council for Research and Innovation in Building and Construction)对可持续建筑有明确的定义,涵盖了社会、经济、环境的课题,不是单纯谈绿色环保及节能减排。

面对环境课题——绿色建筑,我们的做法是,必须让它生活化、平民化,在生活当中不知不觉地做到,透过适用科技,一般的低技就可以做到。在经济课题上则考虑一定要便宜,若这个东西很贵,就没有办法进入 70% 人类的领域,这是挑战。我们盖的房子绝对要比农民盖的房子便宜。建立自主的营建体系,是一种农民、小区居民可以掌握的生产与施工营建体系,这与现在的市场机制、工业化的生产、资本的运作不太一样。同时，必须能与当地传统文化结合，村民能够参与，呈现出多样化的需求。透过这些做法，才能达到可持续建筑兼顾环境、经济、社会文化的目标。

把我们盖的房子跟一般砖混建筑做节能减排的对照：程宅（木结构草土墙）可以减排 132 吨的二氧化碳，地球屋 001（木结构草土墙）减排 67 吨，地球屋 003 减排 43 吨，这是非常惊人的数字。一般绿色建筑做不到的，我们透过与传统建筑工艺结合，就做得到。

开放系统

开放系统在现代建筑开始发展时就被提出来，但那是在房屋整体工业化生产体系之下的思维，像柯布西耶所谓支撑体和填充体之间的关系，但这样的建造观念是否可以照搬？我们做不到整体工业化生产，全世界能够做到整体工业化生产的地区跟国家很少。我们必须认清开放系统面对非整体工业化生产体系的时候，是怎样一个面貌，并在这个条件下重新思考开放系统。

我们对开放系统的概念跟柯布西耶那个时代提出来的不太一样，可能更开放。我们盖的房子，各式各样的建材都可以用上，以绵竹九龙示范房为例，除了以轻钢结构取代传统穿斗式架子外，可以和传统的工艺结合。青川的几户则是资金不足，屋架搭起来先完成一楼墙体后就入住，等有钱的时候再往上继续做：必须有弹性与开放性。

专业者作为的有限性，才有办法导引出使用者——另外一个参与者的加入。传统穿斗式结构就是一个例子。千百年来，在这块土地上使用最广泛的结构体系就是穿斗式结构，它有一定的规制，但变化无穷，我们的轻钢体系，就类似这种体系。

开放体系的建立，原型的探讨是核心作为。这要透过调研，深入地了解各地方不同的自然与社会文化条件，掌握住房的原型，才能建立出有效地开放体系，不只是空间上，包括结构、构造、材料等。比如我们在河北的地球屋 001，是探讨华北地区农宅的原型。两楼规划为了节地，一般靠北边的房间因为太冷，隔出小房间当储藏室，我们把空间划分的特性保留，改善靠北面空间的采光问题，让光线透过北面斜顶间隙进到这个空间。

这次展出的一个西藏黑帐篷，意在说明藏族民居的原型。西藏大部分民居跟帐篷息息相关，不管再大的房子，里边的空间、结构、构造都跟帐篷息息相关，以这个原型发展出不同的房型。

传统欧洲或高纬度地区的建筑物的结构原型，是圆锥形的帐篷结构拉长，就成了西式传统木结构体系，美国的气球构架系统（baloon）是由这个系统衍生出来的。所有传统建筑的构造体系，都有它的脉络，我们按照这个构造体系衍生出类似的结构：海地提案、"8·8"水灾避难屋、工棚与住房。

原型和开放体系的探讨与建立，是专业作为，是专业者在整个建房过程中有限的作为；另外一个主体——居民或其他主体的加入，才形成家屋。

互为主体与住民参与

主体到底是什么？这一课题的论述占了西方现代哲学思想很大的篇幅，讲了一百年，写出来的论文、报告、文章像天书一样难读。什么叫"他者"？你完全无法理解与沟通的就叫作"他者"，不可理解与沟通的必须参与进来搞这搞那，就叫互为主体。关键在于参与进来，开放体系才有意义。

整个西方现代文明强调的是个人意志、个人的价值，虽然激发了能量，创造了现代非常高效的文明，却也毁了地球。哈贝马斯提出的互为主体，是对现代主义、现代性思维进行修正，但是面对未来的挑战其实是不够的。

"他者"到底是什么？从技术作为层面来说，我们盖房子方法必须要简单、简化，居民才有办法参与，这也牵扯到工作权的问题，小妹妹、大伯、大妈可以参与盖房子，这是另外一种主体的参与，必须贯穿我们所有的构造体系跟营建生产过程。

我们研发的简化轻量型钢系统目的就在此。轻量型钢系统是公认的未来建筑的趋势，但是目前只有比较高端的、昂贵的、豪华的建筑才采用，农村没有办法用。现代的建房方式若没有简化，一般人没有办法参与。只有简化，一般人能参与，他们的主体性显现，天翻地覆的事情才能发生。另外一个主体不是只有人，包括材料在内。我们在北京周边盖的房子，使用的木料歪七扭八的，要顺着歪七扭八的木料去做，这也是一个主体。邵族社区另外一个主体是"祖灵"——他们的信仰核心，这个社区的配置是以他们的信仰仪式为主轴。

2009 年我们在深圳双年展做了一个装置《茧》，现在还在，这是我跟阮庆岳、Marco 三个人的作品，这个作品是 Marco 先提出来的，他觉得虫子都能自己盖房，人却非常无能。他想做一个很简单的，像虫茧一样。但是，他有他的想法，我有我的想法，阮庆岳有他的想法，几乎没有办法沟通。要开展了，还没有办法摆平，我就请我们在青川的工作同仁刘振加入，他有自己的想法，也不听我们所有的人，就在路边临时拉来民工，民工搞不清楚要干什么，只是觉得这里有工资可赚，也乱搞一通，这个作品就这样完成了。

每一个人好像都有参与，但是那个东西好像直接跟他也无关系。这个团队，我们取名叫作"Weak"（弱团队）。就是因为这样，所以产生很精彩的作品，因为 weak，因为无法沟通，他者能加入，大自然也参与进来，草长起来。这解释了什么叫作"另一个主体"，它是不听你的，然而，当你没有参与，你没有在其中作为，事情也不会发生，听来有点儿吊诡。"互为主体"、"他者"的参与，是解开 70% 人类居住问题很重要的概念。

俯览建筑大地：
关于谢英俊

王明蘅

民居是建筑的大宗，谢英俊数十年来的努力及成果，值得观摩。其中内蕴的重要讯息，值得释放。所触及的深层课题，更值得阐述。乘着他的思想羽翼，得以迎风而起，俯览建筑大地。

主体：在个体与群体之间

当条件严苛时，住居可能被化约成基本的楼地板面积。对居民而言，主体性的意义不只是使用权。不同居民之间的个体差异也可能稀薄到不存在。当生活条件提高了，个体需求的差别会浮现，也可能加大而反映在住居的空间内容中。当条件更好时，纵容个体的需求是可以想象的，其空间形式是深层欲望的投射。欲望的原型则常在童年的潜意识中育成。

主体性的萎缩与膨胀，不单纯只是内在的条件函数，也与外在的文化规范对应。文化是群体的产物，有时宽松，有时紧迫。主体性是在个体与群体之间的选择的权力，也是自由行动的权力。在绝对的个体与绝对的集体两端，都是不自由的，无从选择。主体只成了没实质内涵的空洞名词。民居是个过程，民居中涉及的主体议题，不在个体之中，也不在群体之中，而在两者"之间"。

权力与知识的再分配

昔时造园，云："七分主人三分匠"，意指营造上的心智和技术上的分工与分配 194

原则。"主人"的比重反映主体的强度。因此可见，有完全自理与自造的民居，当然，也有由建筑师完全代理、由营造商完全代工的民居。

20世纪"二战"后的西方世界，为了因应重建的大量需求，而发展能大量生产的房屋预铸系统，因此需要建立标准化的构件，也因此得建立标准化的空间，最后得研究标准化的居住单元，乃至于标准家庭。虽已过半个世纪，这种科学主义的幽魂仍漂浮在许多建筑学黉的上空。

在系统房屋的高峰期，西方同时出现反向的社会批判，"民众参与"是个关键词，如利刃般穿透政治、都市计划及建筑专业的意识核心，一如人民专政的劲道。不分东西，建筑师在传统中建立的权力被迫下放，甚至专业知识也得自废武功，重新学习。

启于荷兰的"开放建筑"代表了1960年代意识形态转变下的一个新方向，其中却包含了许多民居久远的老智能。在巩固居民主体性的前提下，如何延续系统房屋的效能成了技术上的新挑战，也引发了设计方法上的新课题，同时浮现了从大量而少样的制造观念走向少量而多样的市场局面。

层级

开放建筑的核心观念就是层级。自然界有层级的现象，人造环境更显现出层级的构造。层级是种垂直关系，在空间中以领域形式出现：房间在房屋中，房屋在聚落中，聚落在区域中。在实体上，层级会呈现辖制关系：下层级的元素得依附上层级，但较自由；上层级的元素有辖制能力，但较不自由。二者适当地切割，才能存同求异。房屋的骨架若是上层结构，内部的房间就是填充体。因为较为自由，所以能符合个体不同的需求，也能因应日后需求的变化。民居才得以是个活体，而非尸体。

方言

隈研吾认为他的老师内田祥哉将日本的现代建筑从沉溺在混凝土板的蛮横中拯救出来，并称他代表着建筑的"民主"。内田先生是日本开放建筑的核心人物，也是系统房屋的专家。他碎化了浇灌塑造一体成型的建筑，即使是钢筋混凝土也应该像传统的砖头、木头般成为独立的元素。建筑应该是构成的艺术，如同音乐，如同文章。

建筑是种语言，或值得成为语言，便应当创造有意义的构筑词汇，将它交给人民，让人民用它来描绘地方的风貌，来抒发个人的情感。语言是集体的，而写作则是个体的。在写作中，语言逐渐丰富。不同的写作，丰富了地方风貌。民居是大地文章。

略述谢英俊的"场所主义"

王墨林

以谢英俊作为一种方法，我们从台湾充满了世俗化的现代主义风建筑，可以观察到台湾人对于现代性的体会，大抵限定于对划一化形式的审美经验，多样性反而从一套套人工化的工学系统中被排除掉。因而以谢英俊作为一种方法，我们在他设计的建筑中，最深刻感受到的即是他为未来自然生成的多样性预留出发展的空间。这里提到所谓的"多样性"，可以说是相对于资本主义最为强调的"均质化"，切断在地长时间积累起来，并成为一种社会关系资本的风土人情，却以极快的速度重新再配置模造的均质化文化，使生活环境渐渐失去了它的"场所性"。

谢英俊的"场所主义"恰恰是一条路径，让我们由此审视从 1960 年代开始流行现代主义与小区建筑的结合，却产生切断个人与文化联结的必要之恶，完全被称之为一套标准化的"生活机能"模式所取代。生活环境原本是身体行为与外部建筑的关系，在不断辩证下所互动出的一个"场所"（place），就是以身体的行为对"场所"进行占有的行动，如此才从中产生"居住"的意义；而居住者也因为对这个场所＝生活世界的占有，所谓"主体"更由此而生。20 世纪五六十年代在西方社会福利制度下兴建的"国民住宅"，却因常常设计过度而形成另一种新的人工化场所，"居住者"的身体行为因而逾越了设计者架空的想象，而将空间的行动权从设计者手中夺取过来，遂被称之为"犯罪的温床"，其结局就是全部炸毁，其中著名例子乃是 1958 年美国圣路易市政府盖的 33 栋 11 层的 Pruitt Igoe 小区，于 1972 年将其炸毁。

谢英俊在其经典建筑，也是 1999 年"9·21"大地震之后，在日月潭为原住民邵族所盖成的一个新小区，其中最重要的不只是部落的重建，更是族人失落已久的一座生活世界的再现。我们就看到在台湾地区原住民之中，因汉化最深而被整个原住民论述边缘化的邵族，他们先以对国有地，也是对祖先曾经保卫的土地予以占据，并在其地面以自然材质盖了族人的房屋，然后通过"祖灵篮"的联结，由此建构起邵族在圣与俗、公与私、中心与边缘对立下的公共圈论述。现代性的空间在这个过程里，一直被挤压地往后退，而让原住民占据了现代性后退出来的空白，邵族就在这个空白上建立了他们的场所＝生活世界，也是一座支持主体的基体。

谢英俊在其"场所主义"所主张的多样性，相对于均质性或标准化的建筑环境，或被称为充满混杂性，也就是在多样混合的异质空间里一直呈现着一种不安定状态，即使房屋已造好，因身体知觉仍不断在空间（space）被体验化，而居住者就将这种身体被经验化的世界不断延展出一座实存的空间，并据此成为身份认同的坐标。或者我们可以说，在"场所主义"下的场所＝生活世界，从外形看愈来愈已丧失其现代性的建筑环境，但它却是最适于主体存在的环境。

人民建筑、个人建筑、社区建筑

朱 涛

广义地说，我们作为社会、文化的人，所从事的任何活动和制作出来的任何东西，都是有"社会文化意涵"的。"建筑的社会文化意涵"，此话题之所以特别重要，是源于建筑的独特属性：它的修建消耗巨大的自然、社会和人力资源；它在物质意义上为人们提供生存庇护所和活动平台；它又是特定文化状况的一种反映或表现。

本次谢英俊回顾展题为"人民的建筑"，其策展序言寥寥数语，视野却非常宏大。策展人史建的首要意图在于把谢英俊的当下实践放在现代建筑的历史脉络中考察：如果说以包豪斯为代表的现代建筑运动，"其理想是把现代化的工业生产与人民生活结合起来"，那么谢英俊今天的实践对这个传统有哪些延续和更新？沿着这思路，我们可以展开很多话题，如现代建筑与工业、建造、用户、场所、地域传统之间的关系等等。

我对其中一个方面尤其感兴趣：中国语境。实际上，当我最初看到"人民的建筑"标题时，第一反应不是包豪斯，而是毛泽东的"为人民服务"。我相信，在中国社会生长的、35岁以上的人，一看到"人民"这个词，心里都会"一激灵"。因为我们从小就接触人民公园、人民大道、人民广场、人民大会堂等空间环境，耳边充斥"我代表人民，来看望你了"或"我代表人民，判处你死刑！"之类话语。我们现代汉语中的"人民"，实际上与英文的people和德文的volk，涵义不尽相同。我觉得有意思的是，史建在把大家的注意力向包豪斯现代传统那里引导的同时，还在利用"人民"这个政治色彩特别浓厚的词，尝试与中国当代社会语境展开对话。那我想进一步追问，在20世纪中国，"人民"曾是什么涵义，今天又是什么涵义？中国建筑相应有哪些表现？而今天谢英俊的实践又为我们带来哪些新的理解？

1958年"大跃进"期间，中国穷一国之力，在北京修建庆祝建国十周年的十大建筑。北京市委书记处书记、副市长万里在《北京市国庆工程动员大会上的讲话》中，说该工程目的在于"反映建国十年来的工农业生产和各个方面建设取得的巨大成就，检验社会主义中国已经达到的生产力水平。不是有人不相信我们能建设现代化的国家吗，老认为我们这也不行那也不行吗？我们一定要争这口气，用行动和事实做出回答。"——建筑是一个国家、民族、"全体"中国人民走向现代化的象征物。

2008年，四川建筑师刘家琨自己捐资、设计修建了一个小纪念馆，用来纪念一个在"5·12"地震中死去的初中学生胡慧姗。刘家琨说："这个纪念馆，是为一个普通的女孩，也是为所有的普通生命——对普通生命的珍视是民族复兴的基础。"——建筑是弘扬个人生命价值的纪念碑。

上述两段话，间隔半世纪，体现了"人民"定义的深刻变化：从一个集体、抽象、政治性、道义上的大词"人民"中，开始分解出很多个体、具体、公民法权意义上的"个人"。胡慧姗纪念馆，恐怕是以最强有力的语言弘扬了这种变化，但它并不是建筑孤例。

我们可以宽泛地说，自1980年代开始，随着中国市场的开放，个人独立建筑设计事务所以及私人开发商和业主的涌现，一些明星建筑师、明星开发商、明星项目（尤其是那些意在彰显个体用户"个性"的楼盘如别墅）的出现，都多多少少在空间文化上推动了"个人建筑"的发展，只不过这里涉及的"个人"往往是比较"优越"的个人，而不是胡慧姗式的"普通生命"而已。

简言之，我们不妨这样概括当代中国建筑的状况：一方面作为国家、政权、民族集体表达的建筑仍在盛行（奥运、世博等）；另一方面是作为个人表达的建筑也在积极涌现——一个"人民"和"个人"建筑并存的局面。

这里一个新的社会危机，连带空间危机，凸显了：在抽象的，几乎被架空了的"人民"和无数零散的、孤立的"个人"之间，我们几乎没有一个清晰可辨的中间层次。而这正是公民社会建设亟待解决的问题：单个零散孤立的公民，如何能进一步形成一个个团体，以此为单位，更有效地履行公民义务和争取公民权利？在"人民"和"个人"之间，我们能不能发展出一个中间概念——"社区"概念，一方面把"人民"具体化，另一方面把"个人"们团结起来？在空间上，规划、设计和建造，能不能推动"社区"的发展？

在官方行政体系中，我们还留存有"单位"或"居委会"，但那是正统的自上而下社会控制系统中的一个环节。在乡村和城市旧区，我们还有很多靠传统社会纽带维系的社区，但它们大多在迅速衰落，并在中国城市化进程中面临着被拆解的危险。在城市开发中，我们有较近出现的"居住小区"，但那更多的是硬件意义上集中，而不是社会性的集合。

当然，在另一方面，我们可以乐观地说，如今借助网络、传媒平台，大家对公民权利的积极讨论，以及公民维权运动的兴起，正使得"社区"的概念呼之欲出。但对我们建筑行业而言，遗憾的是，"社区"在中国的发展，尚没有在实体空间维度上得到支持。正是在这问题上，我认为谢英俊（也包括其他台湾同行）的工作，为我们带来一种完全不同的实践模式——"社区建筑实践"，概括起来有以下特点：

用户本身的社会纽带

谢英俊团队的建筑用户往往本身就已经构成了成熟"社区"，他们之间靠各种社会纽带相连，如族裔、地域、信仰和文化传统等。谢的介入，是帮助他们通过建造、强化和改善既有的社区。相形之下，中国建筑师的末端用户往往是在剧烈城市拆迁重建过程中，被打散后再重新组合的原子化的家庭单元，而很少再有任何成型的社区（或许西安鼓楼回民区洒金桥—大麦市街和新疆喀什老区的改建，可算特例：原住民靠强烈的族裔和宗教纽带，争取到就地安置，从而得以继续维持原有社区）。

建筑师与用户的交流界面

谢英俊团队在设计建造全过程能直接和建筑的用户交流。而在大陆，或在通常的房地产开发中，建筑师即使动辄设计十几万平方米的小区，影响数以万计居民的生活，实际上是依循开发商对市场的定位，而无缘与用户见一面，更无从谈起"用户参与式设计"。

建筑师的专业和社会双重整合的角色

谢英俊的团队工作贯通社区策划、规划、设计、建造各环节，在每一环节上又都能有效地进行社会动员和吸收多方人士参与，因而其建设过程不光是硬件上的建造过程，也是软件上的加强社区凝聚力的过程。他所扮演的 master builder 的角色是兼具专业和社会角色于一身的。相形之下，通常的建筑过程是以基于专业分工的持续分解过程，设计、建造、使用，一系列环节线性传递下去，建筑师虽号称"龙头专业"，起到一定环节的专业监督作用，但根本无法起到全方位整合社会力量和关系的作用。

"人民的建筑"的现代传统再定位

谢英俊的启发在于，建筑师如果仅仅满足形式游戏，其实践的空间恐怕会越来越狭窄，其社会干预力量会越来越微不足道。回到策展序言提出的问题，谢英俊今天的实践，促使我们在多方面为"人民建筑"——这个现代建筑运动的理想再定位，包括建筑师的教育、建筑师对相关产业的介入、建筑师扮演的多重角色，以及建筑师与社会状况的互动，等等。

谢英俊长达十一年的建筑实践，无疑构成当代建筑的一个宝贵资源。本次"人民的建筑"展览非常敏锐、及时地对这一资源做了初步梳理工作，意义重大。我呼吁在这基础上，能有一批建筑师和学者们更进一步，做一些实证研究，更具体、深入地读解谢英俊的工作。

我感觉到现在为止，我们这些关心谢英俊的读者们，甚至包括谢英俊本人在讲话时，大多在较抽象的层次上谈论其工作。我们赞赏他的实践哲学、价值观、工作态度、服务对象、总体策略和积极的社会效应，但我们不能仅此而已。我们需要整理出更系统、翔实的资料，对谢英俊众多案例的开发、设计、修建、使用等各方面进行切实调查、分析，既整理出一套专业、技术性资料，也总结出谢英俊团队在社会组织、动员方面的经验。既要有他在十几年不懈探索、实验中取得的成功经验，也要包括他的挫折、教训和与现实各层面交接时遇到的冲突矛盾。现在中国的建筑学院中有这么多博士生要写论文，这么多建筑师、学者要做科研、出书，但愿其中会有一批人投入到这项极有价值的研究中！

关于人民建筑的思考

崔　恺

非常高兴参加"人民的建筑"展的论坛，主要原因有以下两个方面：

其一是因为我和谢英俊先生的交往。实际上第一次听说谢先生的名字是在前些年第一次去台北时，那次听台湾著名建筑评论家阮庆岳说起，并看到阮先生和谢先生的一个书信集，知道谢先生在"9·21"大地震后在山里义务给邵族灾民建社区，引起了台湾建筑界的关注。之后几年又听说谢先生在河北农村带领农民盖房子，很感兴趣，但一直没有机会去看。再后来又一次去台湾开会，便与接待方提出去阿里山看看邵族社区，没想到他们联系了谢先生，他百忙中专程陪我去考察了邵族社区和山里几所震后援建的小学校。我还有幸在邵族社区谢先生的工作室吃了他亲自做的烤肉，也才实际了解到谢先生其实不仅做设计，而且是带着村民一起建房子，而且自此培养了一个邵族施工队，专门在乡下盖轻钢结构的农村住房，生意还不错。

"5·12"汶川地震后不久，我就听说谢先生率队深入灾区考察，欧特克中国研究院梁进先生和我说，准备与谢先生合作搞一个"马尔康计划"，开发一套软件，将谢先生的轻钢住宅体系定型化，便于在灾后重建中推广使用。后来谢先生还专程来院里向有关专家介绍他的建筑体系。之后我便不时从他给我发来的短文中得知他在灾区的活动：何时起架，何时上顶……去年10月我邀请了谢先生在"重生"灾后重建的研讨会上发言，较系统地了解了他为灾区做的贡献，十分敬佩！

其二我想谈谈对"人民的建筑"的理解。以前有一个常用的口号叫"为人民服务"。在革命的年代这句口号成了口头禅，好像也比较抽象，"人民"是一个泛泛的概念。改革开放以后，大家似乎变得务实了，很少有人再说起这个口号，"人民"的概念变得具体了，"为人民服务"变成"为……服务"了。建筑师常说的就是"为业主服务"，但我们设计的房子多数情况下并不是业主自己使用的，换句话说，我们并不真的知道在为谁服务。说不好听点儿，可能是"为钱服务"吧？商业社会嘛，大家心照不宣。

这两年参加了《南方都市报》搞的"中国建筑传媒奖"评选，主题是关注"公民建筑"，获奖作品多是为偏远农村和城市弱势群体而设计的建筑，谢先生的作品也获过奖。我想这些获奖作品除了设计水平之外，很重要一点是表达了建筑师的爱心，一种值得钦佩的道德观。从一些获奖作品的照片中看到农村的孩子们在新教室中露出质朴的笑脸，让我们由衷地感到建筑的意义。的确，当建筑师们使用不多的善款为这些可爱的孩子精打细算地做设计时，那种真诚、真实的奉献精神让人感动。前几天又参加了在清华举办的"阿卡汉建筑奖"讨论会，李晓东教授在永定土楼前的桥上书屋获此殊荣，而会上展现出了其他获奖作品中，也有类似在发展中国家的扶贫项目。

会上我不知为什么突然想起毛主席当年闹革命时采取的策略：农村包围城市。如今城市建设如火如荼，但获得这类量重位高大奖的作品，却似乎往往出自偏远的农村地区。这说明什么问题？我认为其一应该是对设计者善举的肯定。当建筑师们普遍在建设市场上争名夺利的时候，他们仍然在关注贫困地区的儿童教育和百姓生存问题。其二应该是对这类扶贫建筑设计所表现出的回归本土的建筑立场的肯定。比起大城市中争奇斗艳的建筑浮躁之风，这些盖在乡下的小建筑显得简朴、纯美，就像田野里刚刚生长出来的青青嫩芽，清纯质朴，生机勃勃。设计者以极有限的造价精心设计，甚至亲自参与建造，采用当地材料工法，使用当地工匠，注意与当地自然环境与风土人情的结合，同时也植入设计者的当代建筑理念，粗粮细作，独具匠心。其三也说明国际建筑界和媒体对当下中国城市建筑大规模的快速发展的总体状况并不认同。缺乏独创性，缺少文化价值观，功利主义的建筑很难在国际舞台上确立自己的位置。

评奖的目的不仅仅是褒奖已有的成绩，更应引导未来的发展方向。近年来这类评奖活动尽管在一定范围内得到了业界的认同，但显然尚没有引起更广泛的关注。甚至有些同行对之不屑，认为这类奖项排斥主流，那些获奖建筑不能代表中国建筑的最高水平，其关注点也不能解决当下建筑领域中的最广泛最基本的问题，抑或有炒作和卖弄之嫌。

我当然不同意这种观点，我认为这些小项目的获奖应该引起业界对建筑目的的再思考：我们到底为谁服务？我们在设计中是不是有"公民意识"？我们在设计中是否维护和改善公共利益？我们的建筑是否真正适合大众的使用？我们对社会弱势群体是不是真的关心？我们对社会的进步、城市的文明是否担负起了应有的责任？

话说得好像有点大了，但其实并非上纲上线不着边际。我们建筑师虽然话语权不够强，但仍有许多机会去影响业主和城市的决策者们，用正确的观点去说服他们，引导事情向正确的方向发展。即便大的决策难以扭转，我们也可以在下一个层面上去争取向积极的方向上转化。更何况在许多细节上，我们还是有很多应该去关注、去坚持，而不是简单的抱怨和放弃，应了那句老话："大事做不了，小事又不做。"比如在领导喜欢的大广场旁，你是否应该考虑为百姓创造一点儿休闲纳凉的地方？在业主追求商业空间利益时，你是否能让商业的价值和城市的活力空间结合起来？在为客户创作比较夸张的标志性建筑时，也能更多地考虑普通人的使用需求？凡此种种，就能够把"为人民服务"落到实处。尽管不敢说这些就算是"人民建筑"，但也许可以说，这些建筑中有了些"人民性"，或我们常说的"人性化"吧。

　　实际上就我所见，许多大设计院里的同行们都很有社会责任感，他们在建设的大潮中保持着清醒的头脑和道德的立场。他们虽然因为现实原因，不可能经常深入乡村做扶贫项目，但在日常的设计中也确有"公民意识"表现出来。我以为，这样的"准公民建筑"也应该提倡和鼓励。我希望我们的传媒奖也应该关注这一类主流的建筑活动。另外，我们行业中的所有建筑奖的评选标准也应强化"公民性"，毕竟，我们设计的建筑最终都是为人民服务的。

家园建设的主体
——谢英俊建筑实践的启示

黄伟文

　　基于工业化大生产与专业分工的现代主义建筑设计体系日益强大，人类栖居于大地上按自我意愿筑巢的自然权利，也越来越多地从个体和群落手中转移到少数大开发商、政府与建筑师手中。栖居的设计建造，成了一种知识垄断和壁垒。想象一下当下城市人痛苦面对别无选择的由专业设计和开发而来的商品楼盘，你要明白那不仅仅是土地、资本的壁垒，也是知识的。

　　久而久之，人类普遍的建设自我家园的能力，或者说适应生存环境而发展出的筑巢能力，以及栖居文化的多样性，都会发生退化。2005 年首届"深圳城市 \ 建筑双年展"选择深圳一个老太太穷四十年时间自己动手收集材料建起的四层楼房作为参展作品，正是对这种自己动手筑巢的稀有个案的重视（参见文章 http:／ blog.sina.com.cn/s/ blog_7275adaa0100oeg2.html）。同期展出的塞缪尔·莫克比（Samuel Mockbee）的乡村工作室的工作，也是从帮助美国南方贫穷社区居民的建设中，来探索建造方式与材料的多样性，从而增强人类栖居的能力与知识。

　　而缺乏来自民间筑巢文化基因多样性的哺育与启发，以及民间筑巢能力所附带的对地方、环境及气候的敏感性与适应性，建筑学就会日益失去大众性与地方性的基础与脉络。依靠技术与材料的进步及设计精英的形式创造，建筑学未来可能走向两个极端：更加通用化、机器化，或者更形式化、明星化。

　　这两者都会导致建筑设计过程参与者（包括建筑师、业主与公众）的大量萎缩，从而损害建筑学的多样活力，同时也损害建筑及所组成的城市空间的多样活力。想象一个城市全部由高度工业化功能化的建筑产品及少数精美的标志性建筑组成，公众在使用中不可以扩建、加建、改建、临建、违建，那将是一个多么乏味的空间环境。

正是这些非正规的由普通人动手进行的建设活动，如破墙开店、临时食街、报刊商亭、街边摆摊、遮阳篷、屋顶花园、填空补齐、见缝插针……弥补了正规、专业同时往往是不便宜的设计的正襟危坐、一本正经，使得城市空间还可以是生活化的、大众趣味和手工的、有多样性和惊喜的，同时也是便利和便宜的。

今日城市的非正规建设活动，大都使用轻钢材料结构。轻钢之于今日的民众，就像木头之于中国先民，是平民阶层的材料与结构。这些充斥城市犄角旮旯里的轻钢骨架的自发搭建，可以看作谢英俊轻钢建筑体系的起源。谢英俊对轻钢材料的选择及轻钢结构施工方法的发展，具备了通俗易得、经济环保、简单易学、可灵活发挥的特点。

这种通俗开放的建筑策略，与谢英俊称之为"互为主体"的沟通实践的结合，构成了谢英俊实践在两个领域的开拓性：建筑学的，同时又是社会学的。我想用另一个社会学概念来解释谢英俊建筑实践的特点和价值，那就是"赋权"（Empowerment）。

赋权是指个人、组织与社区借由一种学习、参与、合作等过程或机制，从而获得掌控（control）自己本身相关事务的力量，以提升个人生活、组织功能与社区生活品质。谢英俊以"协力造屋"为口号发动灾区村民活动共建家园的建筑实践，以互助建房及相应的庆典仪式来重塑社区的健康结构（在受灾地区还是一种精神/心理创伤地治疗），这些都很好地阐释了赋权过程所包含的三重内容："公民参与"（citizen participation）、"协同合作"（collaboration）、"社群意识"（sense of community）。

现代建筑学的知识壁垒，不仅仅是矗立在城市居民面前，也深刻地影响到广大的中国乡村地区。在时代变革和现代转型的裹挟当中，无数中国农民无奈和短见地放弃了自己的民居传统和栖居方式，也就放弃了原本存在的真正属于自己的建筑权利，而模仿起城市的别墅洋房、面砖幕墙。这种缺乏质检控制的体系只有在地震之后，才能让人认识到其中对生命的威胁，且不论其对栖居文化的影响如何。

谢英俊将建筑实践的服务对象定位在占中国70%人口的农村，这令他看起来像一个公益或者说是雷锋式的建筑师，也与早期的现代主义建筑大师博大的社会情怀一脉相承。但实际上，谢英俊建筑实践的贡献首先是建筑学方面的，体现在他开放的低成本可持续技术和实践方法。特别是他将建筑技术开放，也就是赋权给建设的另一主体——普通用户来继续发展，表明他已经超越了现代主义建筑以来浓厚的英雄情结与精英意识，走出了现代建筑日益流于形式创造、日益缺乏源头活水至而不断被抛弃和宣布死亡的困局。所以他的建筑体系和方法不仅仅是针对农村建筑的，而是适用于包括城市在内的所有建造，是值得所有的从业者来思考和参与的变革。

中国目前的城市化日益依赖地产化，而且是大地产化，或称大盘化和围墙化。这种地产化路径依赖的城镇化，在中国中小城镇尤为风行和令人担忧。而乡村，也毫无疑义地成为这种城镇化的镜像和复制。这种城乡家园建设主体的政府与地产的两极化和二元化，也就是人民作为家园建设主体的萎缩过程。

我们曾经有很多"人民××为人民"的句式，如"人民城市为人民"。但是如果真正要创造人民"之"（of）城市，就只有"由"（by）人民来建设，才谈得上"为"（for）人民。所以要达到人民城市\建筑为人民，其前提必须是人民城市\建筑人民建。人民必须成为建设的主体，这对城市、建筑、社会都是必需的。

　　以人民为城乡建设主体不能仅仅停留在口号上，而是需要切实地拆除限制人民成为建设主体的门槛，进行赋权。赋权可以从规划的划地开始：比如除了形式上的公众参与，规划师能否切实将土地划小到个体或群体（具体的人民）合作可以参与的程度？规划土地管理者能否将切小的土地零售给个人或合作群体，而不总是批发给大地产商？建筑师能否像谢英俊那样与个人或合作群体互为主体地设计和建造家园？

　　有了合法小物业权利的个人和合作群体能否对自己的物业和社区有更多的话语权？对自身物业和社区有话语权的人民才会培养出对城乡规划建设的参与技巧和主体意识，才能是真正意义的人民城市人民建，人民城市为人民。

　　但无论以何种方式建设，城市的使用者总是人民。即使是利用资本与知识壁垒建造的城市，人民归根结底是城市发展与运转的主体，与主动赋权给人民的建设方式相比，只不过是过程和成本不一样而已。人民可以用脚来投票他们厌恶的城市，也可以动手来更改他们不满意的城市，这是不为其他意志所转移的事实。

　　套用毛主席关于人民是推动历史发展动力的句式——人民，只有人民，才是城乡建设的主体和动力。

再论"什么是人民的建筑"

原载"新观察"第十二辑 / 2011.08

建筑师是中国超速城市化进程中的超级工作者，因为埋首于项目和设计语言，而与文字相对隔阂——Studio-X的主任李虎是"人民的建筑"展的倡议者和重要组织者，他也主持了展览北京展的学术论坛，但一直没有能够及时将发言和思路加以文本化。在拖了一辑并且这辑依然到了截稿期的"严重"情况下，终于被逼得两小时内"一挥而就"。

　　李虎的文章不仅回顾了"人民的建筑"展的来龙去脉，也对现代建筑中由勒·柯布西耶所极力倡导的低造价住宅体系实验，进行了梳理，既指出其与谢英俊实践的顺接关系，也痛陈目前建筑界沉湎于时尚流俗的弊端。

　　在上辑"新观察"中，我在"主持人语"中提及谢英俊和我对巡展学术论坛的重视，我们都希望论坛能够真正讨论相关问题，而非无关痛痒的漫谈。在深圳的论坛上，兼具建筑师和学者身份的朱竞翔的观点令人耳目一新。他首先从营造（结构）史的角度，详述谢英俊的建筑体系与历史的勾连，进而指出其今后应予完善的方面。他指出"自然地更新"的重要，"我更会赞赏他的工作与发展是一种自然地更新，而不是有针对性或者标靶的抗辩。因为对过去、不好的事物光反对没用，除非你有更智慧、更建设性的想法。"诚哉斯言！

　　作为展览上海巡回展的组织者，李翔宁的文章更为关注从学术史的角度，评析谢英俊的工作，他希望借由谢英俊的工作，"发掘出一种独特的中国建筑当代性的可能"。

　　向来以言语犀利著称的建筑师冯果川，在深圳巡回展的论坛上，更是语出惊人。他首先质疑展览题目中"人民"的称谓，进而向中国建筑和建筑师"开炮"，痛陈其依附权贵、丧失专业精神的现状。在此语境中，冯果川高度赞扬了谢英俊的协力造屋实践，认为"谢老师的工作恰恰像一面镜子，照出我们建筑活动的种种丑怪现象，照出了我们建筑学被阉割掉而且也几乎被忘却了的部分。这既让我们为自己羞愧，又让我们燃起希望"。

　　"态度决定一切。通过谢英俊的实践可以引起我们对建筑师角色的反思。"这是在深圳巡回展论坛上，都市实践的刘晓都从精神、态度、模式和方式几个角度，审视谢英俊的工作，进而引谢英俊的工作为榜样和同道。

　　作为展览香港巡回展的组织者，杜鹃的文章透过对"社区"概念的历史演化的周密阐述，直切问题的核心："为什么将我们的视野局限在大规模公共空间呢？这正是因为规划师和建筑师缺乏对社会的真正基础——社区的正确理解。只有从社会的最基层出发，透过完善的社区组织和真正的公众参与，才能使城市规划和建筑设计达到可持续的目标。这也是可持续性的根本意义所在——为人而持续。"这也正是这篇看似"跑题"的文章契合展览议题的深意所在。

迟到的"现代主义"

李 虎

让我们看看今天中国的建筑界吧。那些十年前还在为了迎合领导喜好而做满城大屋顶的建筑设计院现在正在生产形似哈迪德、蓝天组、UNStudio 的时髦潮流的房子。超级发达的媒体和互联网，外加日益增加的国际旅游，极大地增加了中国建筑师的知识，加快了建筑"图像"在业内的传播。近期在鄂尔多斯的一个群体项目"Ordos20＋10"就是一个现代中国建筑界现状的真实反映。

我们所熟悉和拼命试图学到手的现代建筑学，是西方在西方的社会、经济、人文条件下发展起来的，建筑的评价体系也如此。作为发展中国家的一个好处就是得来容易。我们在建筑设计上从西方有取之不尽的源泉可以学习，如今从清华到同济的建筑系里也在轰轰烈烈地讨论和学习 Parametrics（参数学）。上个月在第一次造访同济大学时，炎热的天气里亲眼目睹一个没有空调和通风的教室里，挤满了学生，围观一位外国老师在投影仪上讲解数字化的编程，如同数学天书，暗自佩服这些学生的执着和忍耐。

今天，在我们对自己的东西完全没有自信，也没有自己现成的历史可以搬来使用的时候，我们不得不跟随着西方跑。在这个时候，有一个建筑师似乎在朝着相反的方向跑，异常执着和坚定，他就是台湾建筑师谢英俊。

2009 年起我开始主持哥伦比亚大学建筑、城市与历史保护研究生院在北京的 Studio-X 建筑中心的工作。当时中心空间刚刚建设好，院长 Mark Wigley 给了我极大的学术活动自由，利用这个空间的机会来加强哥大与北京建筑界的交流。当时在北京的学术活动已经异常活跃了，研讨会、展览、讲座、双年展接连不断。这种情况下，还需要什么样的学术活动？我开始把目标放在了农村。当城市里的建设已经被政策和领导意识所主导的时候，农村目前暂时自由的条件可能孕育着新的希望。

在这个简单想法下，谢英俊的建筑自然而然地进入视野。在一次与史建老师讨论，请他做这个新的建筑中心的顾问的时候，谈到这个想法，恰好史建老师已经很熟悉谢英俊的建筑，而且也第一次更正了包括我在内的很多人都存在的对谢英俊实践的片面误解，指出了谢在建构方面的独创和理想。自然而然，这次展览决定由史建老师来策展，才有了今天这样成功和有影响力的谢英俊展览。

Studio-X 的谢英俊展览可能是近年来建筑界影响力最大的展览之一。谢英俊建筑的影响力很快传开，展览继而在深圳、香港和上海做了巡回展和相关论坛。

从表面上看，按照我们所熟悉的西方建筑审美和评价体系，谢英俊的建筑不大可能会被选登在建筑杂志媒体上，或者被开发商所青睐。那些房子不但不时髦，而且重复建造，并且任由使用者进一步修改。然而，就是这些不起眼的建筑，向我们大家指出了在我们这样一个表面繁荣、实际经济依然落后的发展中国家里，建筑现代性的一种方向。

在这个时代提出"现代主义"，一个在西方建筑史里几乎 100 年前的东西，听来十分落伍。可是仔细想来，我们近十几年来所面临的全国上下大举建设的场面，不是和欧洲在上个世纪初期战后重建时期的大兴土木有所类似吗？在那个时代，一批正在崛起的青年建筑师开始考虑为大众建筑的问题。勒·柯布西耶正是那个阵营里的代表人物。他在 1914 到 1915 年前后创造了多米诺建构体系，并在 1928 年领导组建了国际建筑师联盟（CIAM），其主旨在于提高建筑作为社会性的艺术。在 1923 年的《走向新建筑》一书中，他提出"住宅问题是我们时代的问题。我们要创造大批量生产的精神，建造大批量住宅生产的精神"。

在后来的若干年中，他设计了一系列为农民和工人阶层所设计的大批量住宅体系，这些包括 1922 年的雪铁龙住宅（Maison Citrohan），1925 年在法国佩萨克（Pessac）的低造价工人住宅区弗吕日现代区住居（Les Quartiers Moder nes Fruges）。1929 年的卢舍尔住宅（Maisons Loucheur），是为了解决政府提出的在五年内建造 26 万套低造价住宅的需求，在这个今天可以被称为"双拼"的住宅类型里，柯布在 71 平方米的住宅内部实验了活动隔墙体系，来提供住宅内部功能和空间的可变性。

从 1930 年代开始，柯布和法国著名的设计师和工程师让·普鲁威（Jean Prouve）合作研究工业化的低造价预制装配式房屋体系。1942 年柯布在北非的阿尔及尔实验了与当地景观和气候结合的现代农民住宅，1949 年在法国南部的 Cap Martin 一个依山而建的度假酒店设计中，他发明并申请了一种全新的模数化框架建构体系。这种以 L 型钢构件为基本单元，2.26 米为基本尺寸的立方体预制体系，当时虽然没有在 Cap Martin 付诸实践，但是成为后来在瑞士的苏黎世建成的勒·柯布西耶中心的雏形。在那个直到勒·柯布西耶逝世之后才落成的建筑里，这位建筑老人一生对建筑模数、黄金分割、精确度和未来建造体系的探索，得到了最完美的实现。

在战后建设的马赛公寓里，柯布和让·普鲁威再次合作，现浇和预制体系相结合，造就了这栋 12 层高，337 套公寓，包含诸多社会性功能的复合社区大楼。这是勒·柯布西耶的第一个由法国政府委托的公共项目，那时他已经 58 岁，并已经是国际建筑界最有影响力的建筑师（相比之下，我们现代很多年轻建筑师都认为做住宅设计是一件不大光荣的事情，更不必说那些低造价的公共住宅）。

勒·柯布西耶为印度北部的旁遮普省会昌迪加尔设计的"张开的手"雕塑里提到：张开的手意在去接受创造的财富，然后把它发放给世界的人民。那应该是我们这个时代的精神。

彼时彼地。建筑上的现代主义精神诞生并得到发展。此时此地。绝大多数建筑师，没有也不理解这种精神的存在，在他们眼里，现代仅仅意味着追随潮流，那些潮流和我们时代真正的需求并没有什么太大的关系。

谢英俊躲开了这些潮流，坚持不懈地、安静地利用一切可能的机会，去实验和推广他的开放建筑体系和社区参与的建造模式。今年 5 月，利用去台湾教书讲座的机会，我第一次有机会亲自去看了谢英俊在台湾南部山区屏东的两个建成社区，以及他在屏东的工作室。

和他的同事聊天，了解到他们在台湾的工作在经济上很艰苦。这么多年来，是什么精神支持着谢英俊和他的同事们？我想除了我们所熟知的人道主义精神之外，他们对这种建造体系的未来的信心，一定是非常重要的。这种精神鼓舞着很多年轻的追随者和他一起奋斗。

最近非常兴奋地听说谢英俊要在北京的郊区开始做工作室和车间。在我们追星、追时髦的建筑文化圈里能有这样一位另类落脚，真是一件好事。看到中国农村所蕴藏的巨大的潜力，我相信谢英俊会找到他大展宏图的土地。

让我们去反思这迟到的"现代主义"。

自然地更新
——有关"人民的建筑"展览的感言

朱竞翔

先行者

我视谢英俊先生为同道与先驱。他是建筑师,也是研究者,还从事着教育工作。他乐于在乡村工作,把乡村当作一个社区。他致力于发展产品级的技术。他不仅是在设计项目,也在设计"应对",应对种种外部条件。当我自己在2009年将轻钢结构应用在川震小学时,他已在这条路上先行一步,走了很长时间,也走得很远。

这条路在中国没有人走过,因而深具挑战性。做一个简单比喻,假如要做一件家具,我们可以去加工榫卯,将构件组装起来,把它摆放得很漂亮,跟其他家具、装饰寻找优雅的关系。我们也可以从砍伐树木、选择材料着手,甚至从育苗、种树开始。我们也可以着眼后半程,去考虑如何修缮、循环再用。还可以去训练学徒,传播知识。这一系列步骤,不仅仅是产业链的各个环节,也是人类能继续发展、积累与传承的必要方面。谢先生的工作不像大多数设计师,仅仅在摆放、搭配上下些功夫,而是去挑战上述的诸多环节。

谢先生的工作在统筹整合发展产品,可目的不是用它来加强权力,也不是分割这个世界,而是用产品来服务弱势群体、少数民族和需要重建的地区。

系统选择

谢先生生活在中国台湾,这是一个文化非常多元的地区。这里"二战"后受美国很多影响，战前则是日本的势力范围，过去曾经是荷兰的殖民地，汉文化也留下很多的遗产。谢先生的系统表面上看，好像是来源于轻钢材料、厂房建筑与违章实践。而我认为应该有三个来源的影响：一是欧洲的半木框架体系，它贡献了小型三角网格以及填充物的结构补强作用；二是中国穿斗木构，它启发了排架方式施工；三是美国工业化早期的轻木系统——气球系统，它产生了以密度获得强度的材料布局，以及平面布局自由的可能性。现在他所做的是一种混合系统。这一混合系统的原型也能带来很多变体。结构不变材料变化，比如由钢到木；结构不变围合变化；材料本身品性变化，原来是直木，现在是曲的木构。群组联合起来也需要变化。谢先生自己亲自做、助手来做或工匠自主做，也会产生更多的变化。

结构上谢先生用了钢或者木的结构材料。从结构角度来讲，轻钢目前在中国是非常适宜，无论从产量、易加工性、结构的变化还是安装的便捷性。过去大家只知道砖、木，木有天然的缺陷，不像工业材料那样稳定，而作坊生产的砖虽然规整，但无法像杆件那样易于形成整体性的结构。谢先生把工业材料引入乡村，系统化设计结构，注重细节构造的安全性，并有着对修理、拆卸、制造与运输中能耗的种种考量。

围护体的选择非常多，很多时候是利用、改良地区的既有工艺。从实际效果来看，厚重围护体隔热性能肯定不错，但薄围护处理好不容易。相对于欧美，中国的气候更加波动与复杂。在亚热带地区房子可以有很多缝隙，气密性无须特别好。但在温带和寒带区域，室内外温差较大，气密性就会很重要。维护系统占据最大的表面积，非常影响外观精度、造价、工期和可拆卸性，它和结构的互动关系也是相当复杂的问题。这些议题需要谢先生和他的团队进一步标准化，以适应更大范围的应用。

谢先生的房屋形态多是简简单单的盒子，这不是被动、偶然的选择，而是有意识、主动的作为。瑞士、德国这些建筑水平很高的地区，建筑师常只做些盒子一样的房子，因为方盒子在环境、建造科技处理方面成熟有利，品质多有保障。谢先生的团队与研究机构、商业公司有广泛主动的合作，无疑帮助他在社区工作之外优化产品级的工作。

自然地更新

评述谢先生的工作时很多人都谈到他的态度，似乎它是先于工作的。我更会赞赏他的工作与发展是一种自然地更新，而不是有针对性或者标靶的抗辩。因为对过去、不好的事物光反对没用，除非你有更智慧、更建设性的想法。谢先生的理想、工作方法与经验的结合无疑为其项目带来一种全面的可持续性：用户因为盖了价廉性优的房子可以结婚繁衍，不至于背上沉重债务。社区因为良好的规划和协力造屋而有了凝聚力，也因为学习了新的生产技术而有能力服务周边村庄。生态环境受轻结构的扰动大为减小。对于建筑师与建造者而言，新系统也带来更多工作与研究的机会。这些研究与项目反之也将轻钢房屋从"可能持续"带向"可以持续"的境地。

谢先生的工作自 1999 年在台湾开始，2005 年因为"首届深圳城市\建筑双年展"第一次为大陆建筑师认知。那个时候大陆正处于个体松绑、商业涨潮的时期。到现在，我们看到这么多的建筑师为商业服务，或为个人工作，或为城市工作，或在产业某个链条工作。在这种背景下，史建先生策展的"人民的建筑"中所呈现的谢先生的历年工作，让大家感受到那么大的对比介于台湾建筑师的工作与大陆建筑师群体及社会现实之间。这个对比不是来自于谢先生，而是由我们几代人自身缺失慢慢积累，结果让建筑负担了太多社会与政治责任造成的。

　　大陆建筑师目前所处的时代矛盾重重：经济繁荣，跃进式的繁荣，工业向信息时代转型当中，文化处在重建当中，而政权统治手段却非常本能与功利，民众的价值观也亟待启蒙，这些不同步是现实诸多纠结、冲突的缘由。谢英俊先生工作的此时呈现，对国内建筑师和年轻一代有着重要启示：从社会理想出发，发展新认识，探索更可持续建筑的可能性，去服务更广大的、有迫切需要的民众，使建筑自然地更（一声）新，而不只是更（四声）新，这将使我们的心灵得以平复。

"降低身段"的行动主义
——写在谢英俊巡回展开幕之际

李翔宁

谢英俊的工作在当代中国建筑图绘中的坐标

今天我们都在谈一个炙手可热的词汇，"可持续"。当代中国的可持续性究竟包括了哪些意涵？去年由德国歌德学院资助，我做了一个名为"更新中国"的展览。在三年前的威尼斯双年展德国馆中，有一个主题为"新德国"的展览，主要是展示德国最新的、与可持续发展有关的项目。我们在探讨"更新中国"展览框架的时候，一共分了五个方面，一是城市的可持续规划，二是建筑中的绿色和生态、节能技术，三是历史和传统的延续，四是社会公平和正义，五是文化和艺术的持续发展。我想在这个框架中，谢英俊建筑师的工作最突出的方面毫无疑问是在第四个方面，当然他的作品在其他几个方面其实也有良好的表现。

最近我们在上海筹建一个新的当代建筑文化中心，作为这个机构的学术负责人，我们的一个团队正在策划一个展览，希望通过一个关键词来呈现当代中国建筑的面貌。于是我们向当代中国建筑师、建筑理论家、评论人、策展人发了问卷，想看看究竟哪些关键词是中国当前比较重要的。

经过我们的梳理，发表了一篇文章：《24个关键词：图绘当代中国青年建筑师的境遇、话语与实践策略》。我们将这24个关键词分为四类：

第一类是现象和诉求，这里包括廉价、纪念性等六个关键词，这些都是中国建筑中看似负面但实际存在的状态；第二类是操作框架，也就是中国建筑师必须面对的诸多限制，这里面包括空间政治等；第三类是理论参考，中国建筑师在谈论中国建筑问题的时候，他们的话语从哪些理论工具中来，其中包括建构、计算技术、批判的实用主义等六个词；第四类是实践策略，包括中国性、协商等。

在思考谢英俊作品的时候，我忽然发现，这四类中每一类都有一些关键词与谢英俊老师的工作存在一些关联。

在第一类关键词中，我选择了"廉价"这个关键词与谢英俊老师的工作进行关联。在他的工作中，首先要应对农村住宅中的造价低廉问题，无论采取何种设计，其首要条件都是必须廉价。这里的廉价还有更特殊的意义。

在第二类关键词中，我选择了"草根运动"。当然草根运动与我们现在经常提到的民生问题并不一定吻合，我想草根运动可能代表对弱势群体或社会比较低层的民众的关注问题。

在第三类关键词中，我选择了"日常性"。除了巨大的尺度和纪念性的形象之外，在建筑中，无论是从美学角度还是哲学角度，日常性都是值得我们关注的问题。谢英俊老师的工作中，通过与老百姓的交流以及不完全一次性进行的设计，留给村民们自己发挥的空间，从某种程度上保证了一种日常性的存在。

在最后一个分类中，来自于美国的倡导性规划的概念，讲究的是"公众参与"，能够收纳当地民众的意见。

总而言之，这四个分类正好组成一条线，也从几个不同的侧面反映了谢英俊老师工作的出发点、面对的限制、话语参照和实际采取的策略，我觉得基本可以反映他们的工作在当代中国建筑版图中的定位。

从谢英俊的工作引发的对当代中国建筑评价标准的思考

近年来国内地震、洪水等自然灾害频频发生，对中国建筑界而言在扼腕痛惜之余，也提供给我们一个反思目前社会问题的机会。灾难的出现，一方面将社会问题和矛盾尖锐地暴露出来，另一方面在这个时刻，无论是建筑师、艺术家还是知识分子，社会责任感也被空前地激发出来。

我们在今天提到中国建筑特征的时候，尤其是西方建筑杂志在报道中国建筑时，常会刊登张永和、王澍、刘家琨等的作品。当然，我觉得他们的作品是优秀的，并不比国际建筑师的水平差。可是基本上整个世界都感觉中国建筑界只有那么一些好的建筑师，而对95%的中国建筑评价都是负面的，权宜之计也好，建造粗糙、缺乏细部也好，事实上都是先入为主地以西方好建筑的标准在比照中国建筑。

而事实上，中国社会的急速变革和不确定性，是否容许我们发展出一套针对这种社会现实的评判标准呢？是否建造精良就一定胜过粗糙？使用时间长就一定胜过临时简易的搭建？如果改变思路，将这些通常认为是负面的品质加以利用，甚至有意识地发展成为实践的策略，我觉得也许可以发掘出一种独特的中国建筑当代性的可能。

其实我觉得谢英俊老师的工作，不应该仅仅从社会运动的角度探讨，他的工作更是提供了一个契机，让我们重新思考评价建筑的标准。尤其是在当代中国快速建造、廉价建造的环境下，谢英俊老师的工作给建筑师提供了另外一种选择，或者说提供了一个评判建筑好坏标准的另外一种视角。这对我们整个建筑学专业而言，有非常大的意义。希望大家在讨论谢英俊老师工作时，除了关注民生问题或建筑师责任之外，是不是还可以挖掘出当代中国建筑的新的评判标准，将他的实践作为一种应对低技、廉价、快速、可变更等社会条件的有意识的积极策略，而不是消极反映。

从乡村向城市推广的可能性

我的自身经验告诉我，当代中国城市问题，将农村视为发达、有组织、文明程度高的城市的对立面。我自己居住的小区就是一个实际的例子：老式大学教师宿舍区的绿树郁郁葱葱，充满乡村的野趣，甚至有居民自发种植蔬菜水果的行为。这不正是我们所追求的城市乡村的耦合体，或者是最近时兴的"景观都市主义"的范例吗？然而在这样的小区，这种脱离了理性规划和管理的自发行为，正面临被日益驱逐的命运。这里一个问题显现出来。既然对于中国而言，城市化问题愈演愈烈，形成一个不可阻挡的趋势，那么如何应对而不是逃避这种城市化进程？也就是说，我们是不是应该思考如何将谢英俊老师的经验转化在城市工作中，让自发的营造和乡村的工作方法可以在都市中创造激发城市恢复生机的一块块飞地？当然这也是非常困难的事情。刚才崔恺老师也提到，人民变了，实际上建筑师觉得他们想要的东西未必是他们真正想要的，因此我们在工作中非常困扰。关注民生的建筑是否应该以民粹主义的态度，完全尊重居民自身的价值判断，还是我们在社会参与的同时融入我们自身的专业见解？或许这是今天无法回答的，但我们至少尝试着从这个展览和讨论中获得一些思想的养料来培育新的见解。

作为发言的小结，我想阐明的是：谢英俊建筑师的工作，脱离了纯粹对于建筑日常性和参与式的美学观照，而成为一种"降低身段"的行动主义。这种身段的降低反而使得能量和力度获得质的跃迁。他或许不会因为单个的建筑作品而被写入建筑史，却可能激发一种社会变革的力量，或者更切近地说，成为改变建筑师自身价值判断的另一种参照系。

"人民的建筑"展引发的感想

冯果川

关于"人民"

我很钦佩谢老师的工作,谢老师是这个时代真正具备前沿意识并不懈实践的建筑师,他的工作强化和丰富了建筑师与普通人,特别是社会弱势族群之间的关系,延伸了建筑学的领域。

但本次展览以"人民的建筑"为名有些欠妥。在中国大陆的语境里,"人民"是一个长期被主流意识形态俘虏了的词。谢老师的展览反映的是对平常人的关怀,所以我建议不要用这个词,这会引起大陆民众对谢老师观念和工作的误解。请不要再称呼"人民"了,人民真的伤不起啊。

质疑中国大陆的建筑学

在现在的背景下,缺失或者说阉割是一个非常显著的特征。我们的建筑学同样是被阉割过的,我们的建筑学教育只有技术和美学的维度,而没有社会和伦理的维度。建筑师和广大知识分子一样,没有因为掌握了现代知识而成为具有现代意识的人,因为残缺的教育让建筑师把自己看作是庞大生产体系中的零件,或者孤芳自赏的艺术家。残缺的教育没有让我们树立起现代性中关于自由、民主,关于人的尊严等至关重要的现代意识,所以我们很难发现我们自身的残缺和社会环境的问题。

残缺导致了我们建筑学学术上的匮乏空洞和精神的阳痿,这又引发建筑师群体强烈的心理补偿冲动。如今我们建筑师的炫耀技术、造型，城市里充斥着建筑师们惊声尖叫、张牙舞爪的设计，恰恰是有意无意掩盖内在空乏的夸张表演。

变态的中国建筑师

当下的社会环境孕育了变态的建筑师。在中国的建筑师中出现了这样几类人，不少还成为青年建筑师的榜样。

一类是给权贵唱小曲的戏子。他们的观念——建筑师就是盖房子的人，不要去过问盖房子以外的事情。他们盖房子特讲究品质，所以常常愿意盖小宅子。而贵人们又有闲钱来把玩建筑，所以二者一拍即合。于是一批建筑师将给贵人建宅子看作是自己扬名立万之路。他们把精心设计的小宅子（有些其实很大）刊登在各大专业或大众媒体上，成为青年建筑师心中的偶像。过去贵人爱听戏，现在则有不少喜欢现代的高雅文化了，这些建筑师就像过去的戏子一样供人消遣。

第二类是渴望混进权贵的法家。这些建筑师很愿意放弃批判的立场，屈膝成为某些集团进行大规模资源掠夺和空间生产的帮凶。中国式造城和新农村建设中不乏这样的建筑师。这些人崇拜权势，为了享受权利的快感不惜助纣为虐。

第三类是唱咏叹调的宿命论者。这类人常常哀怨自身的不幸，但却把对建筑学的阉割视为宿命，把人为的事端看作是永恒的命运，或者中国的国情。他们的哀怨不是反抗，相反为宰制提供了合法性辩护。

第四类是伪持不同意见者。他们说心里并不认同主流形态的宰制，但是为了生存，只好干着违背自己意愿的工作。这其实是一种支持宰制的做法，内心隐秘的反对只是作为对自己日常工作的象征性补偿和救赎。

第五类是勇斗风车的傻瓜。这类人表面上看是在反叛，但实际上都是纠缠于一些虚假命题或细枝末节。他们的行径既替大家发泄了愤懑，又不至于威胁权势。

丑陋的中国建筑

这样的一群建筑师让我们的城市和建筑变得很丑陋。这种丑陋并不主要是视觉美学上的，而是因为建筑违背了真善美的原则。我们的建筑常常赤裸裸地炫耀，也赤裸裸地歧视平民。我们建设了外观很现代的都市，但这样的都市却是缺乏开放性、流动性、公平性的虚假的现代都市，是伪装的布景化的都市，布景成为中国的重要景观。

乡村的情况也很糟糕，让农民和市民同样是弱势群体，都没有了真正拥有土地和盖房子的权利。

谢老师工作的启示

谢老师的工作恰恰像一面镜子，照出我们建筑活动的种种丑怪现象，照出了我们建筑学被阉割掉而且也几乎被忘却了的部分。这既让我们为自己羞愧，又让我们燃起希望。

谢老师的建筑工作受建筑师亚历山大的影响，通过"协力造屋"这一参与式的建筑设计和建造活动，实现了对民众与建筑师之间主体意识的相互识别，相互影响。这两群人都会各有收获，这是原住民和建筑师双方面的相互启蒙。这正是哈贝马斯"交往理性"的要旨。而中国无论建筑师还是民众都严重缺乏主体意识，何尝不更需要这样的"交往"，唤起主体性呢？

其次，谢老师的工作是对社会、经济、技术、工业等多方面的整合，展现了建筑学宽广的疆域，让我们看到自身专业认识上的巨大盲区，看到当代的建筑师如何以清晰的知识分子立场有效地介入社会，推动社会进步，而不是像我们周围的建筑师那样，满足于追求自娱自乐，或者沉醉于依附权势，为虎作伥。

另一个非常重要的启示是，谢老师的工作是非常巧妙的现代性实操。他帮助的台湾地区原住民，不少是被排除在现代社会之外的无所事事的边缘群体，他们既不理解现代社会，也缺乏相应的谋生技能。谢老师的协力造屋不是授人以鱼的慈善，而是授人以渔的引导。通过协力造屋，帮助原住民学习、尝试现代社会的信贷活动，学习如何群体协同工作，如何进行劳动的交换，通过建筑实践体让原住民逐步认现代性，掌握现代性带来的便利和效率，从而有机会加入到现代社会中来。而且在这个过程中现代性的很多策略只是作为工具被使用，原住民的信仰和文化并没有因现代性的介入而丧失。这是一种相当自信的现代性导入过程，作为主体的原住民生活不是被现代性彻底同化，而是随着现代性的导入而变得更加丰富而有活力。

关于谢英俊的建筑社会实践

刘晓都

谈论和评价谢英俊的实践并非易事。从 2005 年"深圳城市\建筑双年展"知道谢英俊，并关注他的乡村建筑实践。从台湾转移到大陆，从另类独行到得到主流关注肯定，背后隐含的社会经济因素已经超出我一个建筑师所能评价的范畴。我仅能以直觉感受式地表达所引发出的几点体会。

谢英俊实践表述一个现象

显然，谢英俊的实践引发了广泛的社会关注。这种关注以在一批媒体人和建筑业者共同推进的"公民建筑"媒体奖的评选为主要代表。这个几乎是为谢英俊量身定做的奖项毫无悬念地名至实归，反映出谢的独行和非常规建筑实践得到知识社会的某种共鸣。说明在中国独倡经济多年显现出的社会发展的不平衡导致的社会文化和道德底线的不断突破，已经在国民思想上不仅仅存在一种缺失，而是形成混乱和危机的局面。谢英俊的行为恰恰为这种理想失去的现象提供了一个清晰的标尺。

谢英俊实践表现一个精神

"为人民服务"本来是大陆社会的专利，却被来自台湾的建筑师所实践。这个具有讽刺意义的事实对生长在大陆的建筑师是一个反思的触发点，对年轻建筑师无疑是一种精神激励和教育。谢的实践所展示出的理想主义价值，与现在的主流商业主义的价值成为一种对照。这种精神与榜样无疑是有重要意义的。

谢英俊实践表明一种态度

以城市为主体对象的职业建筑师的职业方式，是以被动和服务为特征的。这往往会消解主动承担职业的社会责任的意愿，陷入纯粹的资本的服务员角色。这便是我们称之为商业事务所的主要特征。服务不是问题，而为谁服务，如何服务，建筑师的职业道德的标准在哪里，则是应当反思的问题。这里涉及的几个领域和概念：开放建筑、草根建筑、乡村建筑，都是在关注人类行为最根本的东西，居所（dwelling）。谢英俊的实践的确表现出了对占中国 70% 的乡村建设的建筑与生存状态的关注。同时关注更深一个层面的东西，如现代主义的建筑技术、可持续的观念和文化的考量等等。态度决定一切。通过谢英俊的实践可以引起我们对建筑师角色的反思。

谢英俊实践成为一种模式

显然，这是一个另类的模式。既然另类，就不是人人都会去做或能去做的。谢英俊实践的模式有几个重要特点，第一就是自建，由建筑师指导，由住民进行自建活动。第二是建造非专业化，最大限度减少资本的剥夺。这显然是对现有开发模式的批判。它不是慈善行为，其中有经济模式的探索，也有大量建造的可能。

谢英俊实践作为一种方式

谢英俊采用的方式是特殊的，开始是比较个人的行为，后来有行业的支持。开始主要靠的是志愿者，后面相信会有更多人的参与，住民参与是重要内容。动员群众，有反精英的态度。

谢英俊，榜样和同道

我们在珠三角的一批建筑从业者在汶川地震之后成立了"土木再生专业志愿者联盟"，进行灾后重建工作。目前我们正在进行从灾后重建到乡村建设转变，开始进入普遍性的乡村规划与建设的领域。谢英俊的实践为我们提供了一个范例，我们引为榜样和同道。我们开始进行一些实验，比如赤脚建筑师的概念，目标是总结方法，为贫困的偏远地区编制建造手册，力图解决问题。愿意一同努力。祝谢英俊先生继续取得成就。

为何持续？

杜 鹃

可持续社会的基础——社区

"可持续发展"的讨论已有近百年历史，与现代主义启蒙相当。而"可持续发展"这个概念发展到今天，包含了公众参与、社区发展、环境、社会公平等，是一个由硬件到软件转化的过程。

可持续发展需要具备自然资本、社会资本、建成资本。如果没有对自然、社会的保护，建成资本无法成立，也无法实现"可持续性"。自然资本包括水、食物、山、河；社会资本包括技术、能力、人群、社区；建成资本则是建筑、设备、基础设施。在当今的中国建设中，不管是乡村还是城市，人们往往只看到建成资本。但事实上，自然资本、社会资本和建成资本呈现的是一种金字塔状态，而且建成资本建立在自然资本和社会资本的基础之上。

就"可持续发展"而言，包括经济、生态、社会三方面，而对三者的认识从现代主义到后现代主义有所演变。最初把这三方面视为是三个不同的领域，接着人们提出这三者存在互联领域。后来现代主义观念认为，生态和社会都是在经济的大环境下发展，所以首先提升经济水平，然后才是社会、生态。但是现在大家普遍认为当时现代主义的这个想法是错误的，生态应该是最大的环境，其次是社会，然后才是经济。

社会可持续性是社会未来和环保发展的大前提，它在本质上影响社会的发展和环境的可持续发展。因此，只有在社会的可持续性基础上，才能谈论城市的可持续性和建设的可持续性。而要达到社会可持续性，就必须回归到最根本的因素——人。这里

226

的"人"并不是指每一个人，而是指社会中的小社区。只有系统的社区参与（包括政府参与）和稳健的社会团体，才能达到社区的可继续发展。以下将针对社区进行一个简单的历史回顾和理论性的探讨。

"社区"概念的误区

中国规划的建立，不管是政府领导还是规划师、建筑师，通常对"社区"这个专业用语的使用有所混淆。在现有中国的建设里，"社区"更多是一种行政区上的划分，完全是以空间来定义的，将城市分成不同大小的区域，从空间上管理"社区"的概念。这种对"社区"的理解，实际上是很原始的，大概回归到150多年前的认识。当时托尼斯（Tonnies）提出两种社区的概念，分别存在于礼俗社会和法理社会。礼俗社会由小规模的同类社区组成，人口流动性低。人们清楚知道自己所属的社会团体。法理社会指规模较大、较复杂的、由不同成分形成的社会。这不是由小群体组成大群体的概念，而是一种更分散性的概念。在比较传统性的社会里，小型社会是机械团结，即通过亲属或者宗教关系；而法理社会是有机团结，并不是纯粹按照宗教亲属甚至住宅、工作的地点来连接的，也就是说打破了空间性的隔离。

现有的城市规划中的"社区"，受到来自于1920年代的"自然区"的影响。每个自然区是一个社区，包括大学、贫民窟、少数民族居住区。其实，这种观点在社会学中，于1950年代就已经被挑战了。经过对很多城市和乡村研究，人们发现没有任何一个具体的研究能够将社会分成很清晰的"社区"。社区之间界限模糊和相互连接，没有办法清晰地划分居住或工作之间形成的各种关系区域。但是现在的城市规划和城市建设，运用的正是在社会学中已经被推翻的社区概念，并在这个基础上规划建设。

对社区概念的理解缺乏共识，造成在城市规划等领域上的沟通困难。故本文将英国、美国、中国及中国香港地区社区规划和发展，做了一个大概的比较。在社区概念和社区发展的发源地美国，现已形成的一系列比较完善的制度，而在其他国家，比如英国，则属于一种被动性的状态。社区发展在众发达国家并不是一个建设性的概念，是抗议性的，是一群人对政府的规划建设不满时，自发组织形成的。英国最早的社区活动是伦敦船坞区重建，当时英国政府给予伦敦船坞发展公司特殊权：可不依从一般的法例去进行规划和建设。市民的意见对其发展并没有阻碍力；并且它只需向中央政府负责，而无需向地区政府负责。政府希望通过商业发展来启动整个比较落后区域的发展，这与现在中国很多地方的发展模式很相似。

当时的社区建设没有真正跟80%居住在廉租屋里的居民沟通。一直到最后，即使建设了很多来自世界各地的建筑大师设计的博物馆、大厦、住宅，它仍是一个非常失败的例子。尽管当初得到英国政府的特殊授权而且全国最大的开发商的管理，但直到今天才只有30%的居住率。此后，英国大多数大型社区建设、城市建设，都需要与社区组织进行接洽。政府和开发商投入大量资源，最后却以失败告终。人们最终发现这不只是一个经济问题，更是政治问题。

香港社区发展过程与英国很相似，也是从抵抗开始的。廉租房在香港有很长久的历史，政府部门也被赋予很大的权力，能建公共建筑、公屋，而且有权力拆迁旧的房子。十年前，也就是 2000 年，该政策遇到了一个真正的挑战——湾仔利东街重建项目。当时香港的市区重建局要把整个利东街重建，引起了香港第一个反对政府建设的草根运动。从开始的游行，到后来街坊形成的比较有组织的运动，这次运动导致现在香港建设大型城市建筑时，必须要通过公开声明，并向当地居民咨询。当然这个咨询的真假问题，有效与否，就要由自上而下和自下而上的参与人来决定。

中国的社区发展分几个阶段，这与中国改革建设之间存在很大关系。第一阶段是从 1949 年建国到 1980 年改革开放，当时面临的主要问题是资源分配不均衡，住房数量不足，质量欠佳，以及政府财政压力大。因为家庭关系以及政府权力形成了比较强大的社会网络，所以在大多数城市里有福利住房。工作地点和居住地方之间非常近，自然形成很紧密的社区关系。第二阶段是从 1980 年改革开放到 1988 年，居住体系发生了很大变化。社会流动性和自由选择性逐渐增强，包括开始有城市移民和流动人口，因此形成了比较不稳定的邻里关系，也导致了中国比较独特的、松散性的社区关系。

第三阶段是从 1988 年居住系统改革计划和房屋产权发展到现在的，高度流动性和自由选择性的阶段。高度流动性和自由选择性，以及大比例流动人口导致松散的社会关系。社会阶层分化加剧，造成贫困人口住房问题。在类似北京、上海这些大城市中，几乎 30% 是流动人口，在深圳甚至达到了 80%。在这样松散的社会关系中，对社区的概念造成很大的冲击。对中国而言，现在面临着一个重新审视社区这个概念的机会；在现在特殊的城市状态下，思考如何重新形成新的社区理念，从而改善现有的城市规划和建筑。

社区的建设要求三个步骤。首先是增强意识，使人们认为他们有共同责任和共同做出改变。然后是加强能力，使社区成员发现自己的能力并感觉被授权，从而发现能力是对共同和演变社区的一部分责任。最后是社区营造，通过建立持续的组织和集体行动来加强人际、社交和社区关系。社区组织这个概念大概包括四个基础：一个是实施经济正义，所谓经济正义是不管政府的投资还是居民自己的投资，各方均等分享经济利益，并不偏袒特殊团体；二是力争社会公义；三是保护公民自由；四是尊重环境。

这些都离不开公众参与。公众参与是指感兴趣或受到影响的人主动参与社区决策过程。关于公众参与，其实争议很大，而且其中还存在真假问题。理论上，高公众参与度才能使公众的诉求得到反映，然而由于决策过程复杂，效率也会降低。在公众参与中本身存在两个衡量标准，一是有多少人能够参与，二是其影响力。鼓励公众参与可以使弱势群体有权力反映以及影响政策制定以保护其权益，同时增加归属感和团结力。这并不是单向的咨询过程，必须有一个双向互动，才是真正的公众参与。

当代城市建设——回归社区

近三十年，建筑学对后现代社会与城市的认识形成了一些新的想法。后现代社会被认为具有不平等、不安全和不稳定的特质，处于文化分裂和无根的局面。庞大和密集的城市为不同组织发展提供足够条件。社会由次文化群社区拼贴而成。这些社区的出现使人与人之间的关系发生了根本的转变：民众倾向加入次文化群而退出参与地方性社区，因此社会关系建立在专业及兴趣上。从传统社交网络到现代社交网络，人们的关系逐渐走向多元化。发展到后现代社交网络后，就更加地分散，包括家庭、亲戚、朋友，甚至素未谋面的网友。许多社交不单是面对面的，更多是通过网络或电话。人们与城市更多的区域产生关联。

由于城市中社会性的变质，空间性、场地的概念有了很大改变。这种变化给城市规划、建筑设计带来了很多启发，比如公共空间。人的多面性造成了城市的复杂性——社交地点的分散和城市的多中心性。由于网络技术的发展，社交活动可以发生在虚拟空间，如在线论坛。同时由于工作时间延长，人们缺乏参加社交活动的时间，造成私有空间活动代替公开社交，如家庭电影取代电影院。然而，当今的城市规划和建筑设计仍然停留在旧有的思维中，未能洞察当代社会与城市发生的深刻变化。

在中国的城市建设中，公共空间包括城市广场、建筑地标等一系列大型建设，仍被认为城市公共性的最主要体现。在当代社会里社交空间呈现出千姿百态，为什么将我们的视野局限在大规模公共空间呢？这正是因为规划师和建筑师缺乏对社会的真正基础——社区的正确理解。只有从社会的最基层出发，透过完善的社区组织和真正的公众参与，才能使城市规划和建筑设计达到可持续的目标。这也是可持续性的根本意义所在——为人而持续。

三论"什么是人民的建筑"

2011 年 6 月 27 日下午，上海，同济大学建筑与城市规划学院 B 楼钟庭报告厅，"人民的建筑：谢英俊建筑师巡回展"最后一站的演讲和学术论坛举行。与展览在北京、深圳和香港巡展的论坛更多关注"人民"不同，作为巡展中唯一在学院举办的论坛，这次专注的，则是"建筑"（动词）。

谢英俊的演讲明显比北京尤伦斯当代艺术中心的演讲增加了"技术"含量，他的演讲试图通过"珀尔修斯之盾"的隐喻，探讨近年来他致力于灾后重建工作的方法。在生动阐述了简化、开放体系、原型探讨和互为主体之后，谢英俊指出："透过传统的号子，把现在的建筑语汇跟传统结合起来，让我们能进入 70% 的人类居所的建造活动。"即通过展览，当人们逐渐把其营造现象聚焦于现代性与现代主义时，谢英俊却希望借由实践经验，生动说明"他的"现代性与失落的传统的某种深层对接、唤醒、再生。

刚从欧洲回来的王澍，首先谈到"建筑师真正独立思想的产生，不只是思想本身的讨论，其实很大一个程度是作为今天的专业建筑师工作的方式如何，这个其实是最基本的，比产生什么思想还要基本"。他指出，与国外多样化的实践状态不同，谢英俊因为孤立而显得高大，而要加入谢英俊行列，则不仅要改变既有的设计方向，更"要承担得起改变生活的那份勇气"。

大舍建筑的柳亦春认为谢英俊的工作就是一个真正的现代主义的工作。他认为"如何在更广泛的时代背景下能够体现出这个体系的优越性或者特点，从而由一个自下而上的实践展现出当代建筑学的专业性，反而是我期待在这种实践之后看到的事情，尽管似乎从一开始，它是以某种放低专业或者说弱化专业的姿态出现的"。

接续柳亦春的话题，葛明把对谢英俊的实践的感受引向"室内"和"家"，他认为"房子的经济性，或者建造的快速性固然重要，但它能否通过日常的室内呈现而唤起对家的理解，也是至关重要的"。

对谢英俊的工作，策展人、艺术家龚彦关注的"是否能……用实效的数据和体验成果，与土地和人达成共建的愿望？"她文章的标题"农村不是第二个城市"，也意味深长。

有关"人民的建筑"的讨论结束了，有关人民的建筑的营造则在继续。

10 月 4 日，美国柯里·斯通基金会宣布 2011 年的"柯里·斯通设计奖"（Curry Stone Design Prize）首奖授予谢英俊！该奖创立于 2008 年，宗旨是奖励作品蕴藏人道关怀、对社会产生影响的建筑师与设计师，每年颁发首奖一名，佳作奖两名。对于这个"意外"的斩获，谢英俊以他惯有的文字表达方式群发道："干一杯啦，好友们"。衷心祝愿，这个奖励有助于他的任重道远的实践。

珀尔修斯之盾
——解决 70% 人类居所问题操作方法初探

谢英俊

在"人民的建筑"展之后史建兄声声催促，必须响应前几场论坛中大家的评语和过于保留的质疑，作为这次展览论坛的收尾。从事这工作，说实在的，大多靠直观以及实事求是的态度解决问题，没有考虑那么多的学理依据，当回过头来整理相关的论述时，发现碰触到太多不同领域的专业，道听途说只言词组地拼凑一套歪理，也蛮心虚的，就以重新整理的同济大学演讲文稿，算回应交差了。

这次的巡展，承蒙众多好友的支持，诚惶诚恐，最后一站落脚中国美院，以告一个段落。但所有的思绪与反响，开始酝酿、沸腾；抛石入湖产生的涟漪会扩展到何处，不得而知。接下来 9 月底的两个展览：台北世界设计大展及成都双年展，分别提出两个自主营建方案，海地震后小区重建以及复层人工地盘间的小区建设方案，这是将自主营建扩及城市的做法，也响应了一些有关在城市执行自主营建可行性的质问，希望能补足"人民的建筑"巡回展的某些空缺。

8 月底回到老巢日月潭邵族安置小区，再度坐在工作室前的帐下，让一切思绪平静下来，准备参加邵族为期半个多月的祖灵祭，这是 1999 年地震后，来这里支援重建每年最期待的，祭典让思绪转移、沉淀、重新开展飞扬。

许多的讨论，都围绕在现代性和现代主义，那是无所不在的金钟罩，没法摆脱，至少当下，但它愈来愈不管用。有一位长者说我们的怪异作为，是属于前现代，但我觉得不止于此，应该还有很多前文明的成分，也就是属于原始部落的，那是被遗忘了的另一个价值体系，人与自然更紧密的结合，现代文明解不开的，或许能在这里找到解药。

就如邵族保存完好的传统祭典歌曲，它是多声部参与式的音乐，任何人都可以加入，不论音高如何都可以找到自己的共鸣点，由于结构简单，每个人都可以耍花腔，混合起来，如天籁般的美妙，这不就是我们整套的做法吗？建立开放性的架构，简化构法，居民能参与，发挥创意灵活调动……

祭典最后一天，是挨家挨户不停地唱歌跳舞喝酒，通宵达旦持续二十几个小时，天亮以后，队伍来到工作室，在帐下的歌舞令人震撼，真希望有更多的朋友能一起分享。

珀尔修斯之盾

从北京、深圳到香港，这是最后一站。终于（也未必），摆脱了对我们团队"还可以"的误解——认为我们只是人道主义、社会关怀的建筑师，甚至很多人认为我们是慈善单位，但是，真正支持我们做这些工作的，是我们对自身专业的自我肯定和过程中所获得的回馈。

过去几场没有谈到比较核心的课题，今天是最后一场演讲，诸位都是专业者，我们多谈一点专业的事情。可能大家没意识到，改革开放三十年，农村静悄悄地建了超过城市四倍以上总楼地板面积的房子。四倍是怎么来的？粗略地算一下，农村平均人口假设是城市人口的两倍，1970年代改革开放从农村开始，农民稍微有点钱首先就是盖新房，这是一次，最近十年内经济发展起来再盖一次。农民盖房每户的面积是城市人的两倍，所以算起来是八倍，打个对折吧，也有四倍，无声无息地，完全超乎西方现代建筑发展的经验，这不是小事情。气候暖化，农民建房肯定做出了相当的贡献。

现在农民到底是怎么盖房的呢？大家认为政府弄一些样板图纸就可；但除非政府强力介入，或是有援建的状况下，农民才照着图盖。这种房子太贵又不实用，看起来好像是城乡一体化，房子像城市周边的别墅，但是农具没地方放，结果农民在田里照样搭工寮，想要节省农村土地，搞了半天还是没有用。

再穷，农民还是希望盖个欧式别墅。对于"豪宅"的想象不是现在才有，举个例子，2006年，我们到河南兰考带领村里的合作社建房。刚到的时候，看到当地古色古香的房子以为是明清古宅，其实是七八十年代盖的。大家知道，兰考是很穷的地方，农民有一点钱之后要盖房，肯定是要盖"豪宅"。什么叫豪宅？就是将房子盖得很高，但可能是建筑技术的断层，屋架很不规范，所以每一个屋顶大抵都变形漏水，而房子太高也没有办法隔间，冬天生盆火完全不顶事，因为空间太大了。令我们吃惊的是，冬天气温也都在零度以下，但每个家户都敞着门，为什么敞开？因为没办法采暖，门开着和关着温度都一样。从这点可以知道，形式主义不是现在才有。于是我们在村里做了一个旧房改造的示范。里面搭一个钢架，把屋顶稍微升高一点，加一个夹层，这样一层就变成两层。只要花很少的钱就可以增加一倍的楼地板面积，同时改善采暖、通风和采光。

为什么形式主义那么厉害？实事求是那么难？建筑容易勾起人的七情六欲，只要有点钱，很容易就会盖出不合理而且很奇怪的房子。我们如何跳脱建筑形式或图像思维？我引用希腊神话中美杜莎——蛇发魔女与珀尔修斯的故事来做比喻。人们只要直视美杜莎的眼睛，就会化为石头，对手珀尔修斯是透过磨亮盾牌的折射，不正视她的眼睛，才将她斩杀。形式依附在身体的愉悦上，正符合消费时代、媒体时代的特质，人们几乎无法抗拒，就像美杜莎的眼神，我们是否有办法战胜它？珀尔修斯的盾牌要从何而来，好让千千万万的人民能从形式的魔咒中解脱出来，贴近我们较能接受的低限的理性，这是我们今天讲的重点。

传统民居非常精彩，农民非常能干、聪明、机巧，怎么不会解决自己的问题？但传统的房子是千百年的积累，现在时代变化飞快，短短几年之内，完全是新的材料、新的技术、新的生活方式与价值观念，通过试错的方式，或许五百年后可以摸索出较恰当的做法，大家能接受吗？建筑专业者不参与其事有可能吗？

从海南岛到黑龙江，几乎全部都是砖造预制板的房子，外面贴了瓷砖。江浙一带盖了许多看起来很漂亮的房子，但完全不合理、不保暖，几乎无法住人，而且非常昂贵，农民穷一辈子之力盖出这种烂房子，完全不抗震，地震来了就倒，压死人。

川震后我们在汶川银杏乡看到这样的情况：近几年盖的房子全倒，但传统穿斗式的房子连屋瓦都没掉。现代的聪明人到底做了什么事？我们去年在西藏有一个小的示范项目。之前牧区里已用水泥、砌块盖了一些新房，由于季节性冻土的关系，地基变形量很大，而水泥的黏结是一次性的，那些用水泥砌块盖的房子，过了一个冬天以后基本都开裂；反观传统的土房，因为土是软的，可以吸收变形，即使裂了还能愈合，反而没事。再看看玉树地震灾区，只要是现代盖的新房基本全倒。这全都是我们认为老百姓可以自己解决的事情，我们的现代化到底出了什么问题？这些完全是建筑惹的祸，伤亡是可以避免的。还有海地地震后的惨状，所有第三世界的情况都一样，所以我们探讨的这些问题与70%人类的居所有关，一点不为过。

为什么现代的专业知识进不到这70%人类居所的领域？现代建筑学的思想理论是在欧洲特殊时空下的产物，不曾面对类似中国9亿农民三十年之内盖了城市四倍面积住房的这种事情。而且农民现在盖的房子，会因为能源、生活习惯……种种社会条件的改变，大部分也将在未来二十年内拆掉！

亚历山大是西方少数能意识到建筑不仅仅是专业者的事，也是全民之事的学者，他发展出模式语言（Pattern Language）的工作方法，来面对公众参与的接口衔接问题，以及民众智慧技能的积累与整合。1960年代，英国的社区建筑运动开启了使用者参与这扇门，特别是战后大量兴建集合住宅，人们觉悟到：我住在这里，为何对这座房子、这个社区、这个环境没有表达意见的权利，全部交给几个建筑师画几笔就解决掉了？因此，当时的社区建筑运动主要是提出居民的参与权，但居民到底是怎么参与？亚历山大建立一套操作方式，既然那么多人要参与，怎么沟通，意见怎么按照轻重缓急，恰当地把它组织整合起来？所以就衍生了所谓的模式语言的操作方式。《俄勒冈实验》是校园的改善计划，也是当时第一个依他方法的实践项目，让使用者的意见能够整合到规划过程里。

模式语言的基本语汇（statement）是由三段的陈述构成，即前提（if）、结果（then）、变量（problem）。任何参与者对设计规划的想象，甚至很多的原则与限制条件或俗成的做法等，都先建立独立的语汇，经由沟通排序，将语汇组织成树状网络，再由这网络演变为设计蓝图。现在虽然有很多人使用模式语言，但仅用在搜罗不同意见，最后"装在一个袋子"里，交给设计师去做规划。利玛社区是亚历山大比较大规模具体的实践项目，但是他不太提。为什么？这个操作方式有问题，最后的那"一袋的语汇"如何形成最后的规划，没法交代。例如我要跟你讲的话，写成一个个单词交给你，你是不懂的，必须有一个彼此都能理解的结构或逻辑将它串起来，才是一个可以表达意思的句子。

刚才和李老师谈到，左派如果不碰触工具、生产、资本、劳动力等，摸不到问题核心。背后那个结构，所指的可能就是这些，也就是通常建筑师不太关心的那些事，说不定这就是珀尔修斯的盾牌。夏铸九在他的《理论建筑》中提到："亚氏向一种不同的技术再三致意，期望给设计带来整体的秩序。此处，技术有一更广的意义，它是做东西的确定方式，它适应几何的需要。这是说，材料、技巧，以及生产过程中之人类组织必须在营造基地上发生……简言之，这是社会革命而不仅是建筑的革命……当然，对一个社会中的专业者，如建筑师，亚历山大的研究方式肯定是相当不切实际。然而，假如一经妥协，亚氏的作品就会失去了其大部分的力量与魅力"。[1]其实，关键在于现在的建筑教育训练出来的建筑专业者对这些事情（工具、生产、资本、劳动力等）不熟悉，所以没有办法踩入这个领域。

举个类似的例子，川震灾区重建只要是盖传统穿斗式房子，村民在营建过程中，每一个人都知道自己要做什么事情，因为他们心里已有既定的、熟悉的一套做法，即所谓的语汇，不论是跟工匠的沟通，或亲友间传递讯息，甚至正进行的上梁仪式，亲朋好友包个红包，正好拿来付了工资……这些运作都很自然，形成盖房的俗成模式，这认知就是大家共通的语汇，该准备瓦的、准备砖的、准备泥的，有条不紊。工匠该怎么走位，村民该怎么参与，怎么立架，很有默契，清清楚楚。

再举个例子，我们设计四川唐家河自然保护区有一个观测站，采用传统的穿斗式建房体系，我只用一张简图，工匠就把房子盖起来。如果按照现在的设计、绘图方式，光这个小房子，没有画 50 张图是没有办法盖的。所以，我们必须重新建立新的建筑语汇，

1. 夏铸九，《理论建筑——朝向空间实践的理论建构？》，台湾社会研究丛刊，1995 年版，第 107-108 页。

从思想观念到设计、生产、施工，再到往后的使用维护，才能真正碰触到那深层的结构，用以跟居民沟通，居民能够熟悉、能够操作，才能进入 70% 人类居所这个领域，只是做形式、造型、空间配置是不够的。

接下来说明对这课题的响应与作为。第一，简化，让居民可以操作，这与现在所谓的房屋工业化体系大相径庭；第二，开放体系，就是说，建筑专业者只做少部分的事，其他的是由使用者参与；第三，原型探讨，要设计出开放的体系，原型的探讨是基本工作；第四，互为主体。

简化

面对这些实际的问题，不是乡土情怀，也不可能浪漫；工业化是不可避免的，但是在这种思维之下的房屋工业化是怎么回事？举一个典型的例子，法国很有名的建筑师让·普鲁威（Jean Provué），他也是思索如何透过工业化大量生产组装式的房子，降低造价，解决大部分人的居住问题。这个想法完全正确，但是问题在于，量化始终是房屋工业化的罩门，很难突破。我们看一下他的房子的组装过程，这么小的一个组装式建筑，牵涉多少的零件！在工业化过程当中，怎么克服这么多样化的零件？这个小房子，我相信它有上万个组件，而这种生产必须靠模具，这意味着，假设它有 1000 个组件类型，就要开 1000 个模具，而可能 10 分钟就能生产 100 间房子的某个组件，那要有多大的建房量才能支持这生产体系？所以，我猜想那生产工厂始终都是静悄悄，设备一大堆，偶尔响一下动一下，真正的量化始终没有出现。

产业化住宅真正的成本不在于材料，而是整个工序，甚至于工厂的投资、管理、运营等各方面。基本上不用模具生产是达不到量化，也降低不了成本，即便 1000 间可能都达不到最基本的量。以日本的轻钢系统的工业化住宅为例，他们很细化，零件特别多，即使一个简单的单元都要两万个以上的组件，所以成本奇高。万科是全世界最大的开发商，它的量有多大可想而知，在深圳有一个 PC 预制基地，我们去参观的时候他们也承认，以万科的量都不足以支持这套预制体系，在经济效益上，还必须和同业联合起来才有办法应付，所以说，量化始终是房屋工业化的罩门。

轻钢体系是公认的未来建筑趋势，因为它非常环保，材料可回收，而且用钢量少，用于低层建筑，只算材料的话是非常经济的，问题是它的成本非常高。建设部也推动轻钢体系，但是始终做不起来，因为成本降不下来，关键在哪里？因为这套体系是由美国的气球系统（balloon），或言小木柱系统直接转换过来，薄钢板不能焊，接头极不容易处理，而且是以整片墙作为结构和组装单元的系统，弹性小，少了开放性。美国的住宅产业，是将房屋当成短期使用的消耗品，30—50 年就报废，是彻底的报废，没有支柱片瓦可回收利用，是银行与房屋工业紧密扣连下的产业，很浪费地球资源。我们的轻钢结构是将构件加强，把墙的系统还原回梁柱系统，构件就少了非常多，节点减少，也简化了结构、加工及组装工序，类似传统穿斗式构架，所以农民一看就懂，极易上手。

简化轻钢体系，让居民的参与权和工作权得到保护。我们花的最大功夫是简化：生产设备的简化，建构的简化；所谓社区自主的（营建）体系才能搞得起来，这至关重要。十年前，也就是2000年时，我们在少数民族的部落里建了一个小型加工厂，一般而言，如果要建立轻钢建筑生产基地，没有投资几千万元是玩不起的，但我们的加工厂只要几十万元就可以建成投产。2008年台湾"8·8"水灾以后，我们接受委托兴建将近1000户，稍微可做量化生产了，我们将生产设备做些加强，这个简单的工厂年产量可以达到2000户，但是哪有那么多房子要盖？所以还得养鸡、种菜，让部落的年轻人有点事做。

再提另外一个工业化商品的盲点。现在所有的商品，充满了多余的功能设计，例如我们用的电脑，可能只用了1%的功能，但得为其他多余的99%的功能支付费用。房屋工业化体系也一样，没有一个针对农民、小区居民可以操作的工业化生产体系，但我们做的就是，这种工厂哪需要什么技术工？都是收容所里面的灾民来加工。

再举另一个例子，这次"8·8"水灾重建的项目，有一个将近500户的部落，我们动员居民和其他部落的人来支持，不到两个月就完成了最困难的钢构组装，由于工期短，其他工序由专业承包商承做，半年就完工入住，这是超快的速度。什么是速度，什么是速率？组装这房不需要什么特别技术，只要简单的手工具就可以，每个人的动作很慢，看似效率很低，但500户同时展开施工，速度就快，这与一般现在的工业化思维不一样。

另外，我们的设计图就跟诸位画的不一样。我们刚开始做第一栋系统化住宅设计时，画到制造图起码得三百张以上，而且还只是一个小房子。但是我们现在只几张图就可以生产，可以盖房，可以跟居民沟通，而且还可以数码化、参数化，居民拿到这个图可以看得懂。我们在唐家河，只用一张简单的图，传统工匠就可以把它做起来，而不需要画50张的图，就是这道理。

这次展览，我们展出一台万能实验机，看起来有点原始，用来测试构件的抗拉力和压力，这是我们的法宝。为什么要做这个？实验室有更精密科学的仪器，但我们不是要一串实验数据，我们的设计人员、工程师、师傅可以透过实验来了解所有构件的受力状况，也就是把力转换成一种直觉。传统的工匠盖房子，能以经验判断这根柱子够不够力、顶不顶得住，但是要具备这判断力，得要有二十年以上的经验。但现在用的都是新材料，钢材、土、钢网、水泥……这些东西，到底它受力的状况是怎样？必须透过这个万能实验机把它转换成直觉，才能快速地、科学地建立共通的语汇。

在深圳展览时办了一个工作坊，带学生实际操作万能实验机，压了一根直径10厘米，长2.8米的杉木杆，施压之前我问大家它可以承受多大的压力？大家都无法想象，实验结果超过15吨！我们对于任何杆件的受力状况，没有"力"的直觉怎么做设计？面对千变万化的民居时，没有这些直觉，怎么跟同仁、跟当地师傅讨论？

开放体系

开放建筑从 20 世纪现代建筑开始时就被提出，发展到现在，就如同学手上几乎人手一把的 USB 万用接头，最后都变成封闭体系，为什么？因为利伯维尔场商品化运作的结果，任何体系要最大化地保护自身的利益，将它复杂化、独特化，自己搞一套，就变成这个样子。

照理讲，开放体系在社会主义国家，苏联或改革开放前的中国，应该可以得到很好的发挥，因为开放体系对全民有益，对整个产业有益，但很可惜没被重视。赫鲁晓夫楼就是一个错误的案例，中国应该有，台湾也有类似的建筑，大板预制或箱体预制系统，这种房子可以快速地盖，刚开始也算漂亮，也好用；但是随着时间改变，功能需求不一样了，慢慢也有一些破损，但完全没有办法修，也没办法更动，现在成为一个无法解决的大问题，原因就是开放系统在量化过程当中被抹杀掉了。而我们做的轻钢结构开放体系，各式各样的材料都可以用上，还可以跟传统工艺结合。以我们在四川青川的项目为例，第一年先把架子搭起一楼做好住进去，等之后有点钱了，再把二楼、三楼做起来。

原型探讨

我花很多心思做原型探讨的工作。系统要有开放性，原型的探讨非常关键，如何找到一个最恰当的原型，能够做最少的动作但可以广泛地运用？我们这次展出特别搭了一顶西藏的帐篷，藏族传统建筑，包括现在新盖的都是从帐篷空间转换而来的。房间里有两根柱子，这两根柱子就是帐篷的两根撑杆，不论房子盖得多大多豪华，基本上都是由这个原型叠加起来的。原型并不是只有指涉空间与造型，构造、材料、结构体系，都可以形成原型的要件。例如高纬度地区的木结构体系，从欧洲、西伯利亚到日本，是由印第安式的帐篷拉长了以后再变形而来，日本的合掌造是同一个系统，2 英寸 ×4 英寸的小木柱系统也是从这里再演化过来的。

互为主体

在 70% 的人类居所中，居民在这里边的角色是什么？怎么面对这些问题？现在建筑师的训练跟米开朗基罗的时代没有太大差别，强调的是个人价值、个人意志。设计师都有强迫症，夸张点说，甚至要求居民在屋里得穿什么颜色的衣服！为什么会形成这种观念？居民的角色在哪里？当居民站起来、要参与的时候，设计者必须以什么样的态度来面对？

现在的建筑师可以设计光鲜亮丽的现代建筑，但是做不到传统民居、传统街道那种质地丰富的建筑与空间。原广司是现在日本最牛的建筑师，他试图在无聊的现代建筑中加上一些异质的东西，好让它丰富起来，不要那么呆板，但跟京都保存的传统街道小院落比起来，那差得太远了，那种质地不是现代的思维方式与设计态度能做得出来的。

西方并不是没有反省力，鲁汶大学医学院宿舍是一个反向思考的项目，用户的参与让它变成具有多样化的面貌，这跟现代主义、工业化建筑所呈现出来的面貌截然不同，但一定把施工队和设计师给整惨了。格鲁吉亚在战后的烂尾楼（或是违章）更牛了，这不是使用者说说意见，设计师去设计，然后施工队去干的活，居民在楼盘上自己来，各自发挥。所以，我们这种想法，在城市里头还是可以有作为的。

四川地震灾区农民两年内重建了超过两百万间房，大多是靠农民自己的手，用简单的工具完成，姑且不论房子是否为大家所认同，最起码应该感受到人民的创造力、劳动力有多强大，但这力量在我们熟知的现代化及工业体系中被忽视掉了，更严重的是从我们的建筑学领域里、设计者眼中消失掉了。刚才讲到，从亚历山大到鲁汶大学项目、原广司的作品，相较于灾区的农民建房，不过是小打小闹。

刚刚我们讲了面对这些课题时，我们做了哪些事情可以有珀尔修斯盾牌的效应。我不否定形式的操作，美杜莎的眼神没那么可怕，但必须透过盾牌折射，才不会变石头。

最后要提的是，我们的所有作为必须坚守可持续的原则，一点都不含糊。现在讲究高科技绿建筑，但是只要稍微动一点脑筋，低科技还是可以有很好的效能。例如我们盖的地球屋 001 可以减碳排 67 吨，轻钢草土房可以减碳排 43 吨。接下来举三个具体项目来说明在上述想法上的实践。

1. 台湾"8·8"水灾原住民部落重建。这是我们从事这个工作十几年来，第一个能够让我们伸手伸脚的项目。预计要完成一千多户，现在已经完工的约有八百户，总共有 13 个部落。这些都是捐助兴建，由于捐助有限，我们只做基本需求的部分，其他的，如石板屋等就由居民自己做，也就是说，这个房子必须要有可扩充变易的弹性。

2. 四川"5·12"地震重建。我们在青川协建 200 多户。其中有个项目较特殊，这家族有四兄弟，他们在最快时间之内"第一个吃螃蟹"。我们搞的新把戏，这四兄弟一听，马上知道怎么回事，拿到钢料后，家族很快动员盖起来。当然，震后大家比较穷，所以先把一楼做好住进去，等之后有钱了再慢慢把二、三楼弄好，完成后的房子不知诸位能不能接受？如果不能接受也没有办法，因为那是他们的房子。

3. 茂县太平乡杨柳村迁建项目。有个 56 户的羌族山寨，我们设计的房子跟传统的寨子看起来有点像。第一次起架当天，一大早村民拿了两根撑杆来，他们传统建房要用撑竿，不用讲他们自己就带来了。其实我们都已经设计好撑杆了，不过还是先让他们用自己传统的撑竿撑撑看。因为这是三层楼，他们的撑竿不够长，结果撑到号子差不多都快唱哑了都还没有站起来，我们的支点比较高，很容易就撑上去了。这个房子对他们来讲做起来很快，根本不用教，只要告诉他原则就可以了。而且旧料都用得上，每一家都不一样。

透过传统的号子，把现在的建筑语汇跟传统结合起来，让我们能进入 70% 的人类居所的建造活动。

建筑活动的另一种状态

王 澍

来这儿前，我刚下飞机，飞了十几个小时，所以有点发懵，因为我刚在马德里开了一个会，叫国际建筑教育高峰会议，和 AA School、ETH、戴尔夫特、哈佛、宾大、伊利诺理工、UCLA 等一堆欧美建筑名校的建筑系主任一起研讨。我一到这里来，正好看到谢英俊，很有感触。因为正在讨论国际上建筑教育的方向，讨论新的方向，谢英俊就是其中的一个方向。

刚才说到谢英俊的一些精神，说他其实带有一点早期现代主义的那种理想的精神，那个精神后来很快地就在大规模建筑活动中被异化掉了。最早期的那些现代建筑师，应该说，现代建筑最早期其实就是带有强烈的为人民服务的精神，建筑师一半是共产党、左派，最早的实验作品都是工人住宅，标准化，快速建造，低造价，最基本的生活需求，最简单的材料，在这个主题上去研究，这是当时的一种精神。这个精神很快又被传统的正统建筑学的东西给消费了，消费完了之后才出来后来这些事情。

我们现在经常回头去看早期现代的东西，那种状态，其实我都很喜欢，这和我们后面谈的现代主义根本就是两回事。谢英俊他身上就有那种状态。

第二个印象，正好昨天听了 AA 的建筑系主任的一个发言，他对建筑新方向的理解，他认为全球化其实是现代主义最早期时候的特征，就是因为全球化才出现现代主义，全球化并不是一个新的话题，这是一个老的话题。全球化它说什么呢，建筑师的视野变得比以往大得多，基本上是那种飞行员一样坐在飞机上看世界之后产生的那样一种愿望，他放了一张黑白照片，柯布参加国际会议，是从一架直升飞机上走下来，格罗皮乌斯也经常这样，都是在天上飞来飞去的那种建筑师。他们有了那种世界性的视野之后，再做什么事情，才有了现代主义。谢英俊就是一个经常在天上游牧的建筑师。

再谈谈我刚在西班牙开的那个会。整个会议上大概一半以上都是在放数字设计、软体设计，像八脚章鱼一样那种造型的。像谢英俊这个方向，包括我所在学校的这个方向，强调动手和现场的方向，在这种氛围下显然就只属于一个小支流。当然还有一批学校是试图在这两种倾向当中找点平衡，软体的也有，建造的也有，两个东西都有，大概就是这样的一个状态。

其实我觉得谢英俊做的工作对我来说感觉最大的，就是我一直在说建筑师真正独立思想的产生，不只是思想本身的讨论，其实很大一个程度是作为今天的专业建筑师工作的方式如何，这个其实是最基本的，比产生什么思想还要基本。比如说在专业建筑学院圈子里，讨论来讨论去那些狗屁思想，其实差别都不大。像谢英俊，其实他就做了一件事情，就是直接走出了这个圈子，他后来开了十年营造厂，专门给别人搭违章建筑，还给大街小巷留下了很多违章建筑的作品，后来才开始做一些大建筑的建造。他是花了一个很长的过程改造了自己的身份，这种选择其实几乎是一种哲学性的选择，真正带有一种自我批判的意识，既然选择了，彻底检讨自己，敢这样做。因为我们很多人说是可以这样说，真正要在一个社会里面生存，当你想到生存的时候，还敢这么做，其实这需要巨大的勇气，没有办法不钦佩，而且他做了，而且一直在做。

我记得我们为了台湾那个展览第一次见到的时候，他正在说钢材价格涨得很厉害，"8·8"水灾的村庄重建项目，怎么算都亏本。后来过了差不多一年，我们准备展览的时候再见面，他好像已经很有办法，他能最后把这件事情给搞定，用比所有人都更低的一个价格去竞标，低得离谱，把所有的竞标者都气得要死。之后他亲自来组织建造，购买材料，能够把这个做成。从教育角度上来说，其实这对建筑师的教育，也是特别重要的地方，是我们教育里面没有的。

相似的一点，是我在 1990 年代干了很多今天叫"装修"的活，有区别的是，我用建筑的方法做，自己取名叫"室内建筑"。我讨厌用装饰材料贴的那一套，不仅设计，还总承包。我的这个经历，那种压力，是光画图所没有经受过的，真正面对社会要把这件事情彻底做完。我每天早上和工人一起上班，8 点就站在工地上，一直站到夜里 12 点，一站就是三四个月。

这些之后我们再来谈一点理想。我觉得，他的作品里面，除了因为这种房子的临时性，不容易为正常建筑的观念接受，所以比较容易被人道主义的行动接受，导致大家冠之以人道主义的一些光环。其实他的兴趣是在建造上，而且这种建造有前提，比如说简单、快速、便宜的，能够快速地解决生活问题。我经常去看传统的东西，记得前两年看一个美国电影，是讲魔门教的那种教区里面，大家造一个谷仓，所有的材料准备好之后，全村人到场，像节日一般，用一天就造好了，那个房子，只用了一天，巨大的一个谷仓，不是一个小建筑，很大，整个的结构非常的清楚，其实这里面就包含了对建筑完全不同的另外一种方式。

这两天在马德里讨论的另一个主题是日本的地震，海啸之后怎么样重建，显然用现代主义，我们现在建筑的这个方式太慢了。我不久前给伊东和妹岛提供了一个建议的方案，是关于用简单材料快速建造半临时住房的，也想在日本做点什么事情。我的建议是，如果政府的救灾建设速度太慢，冬季就要到来，很多住在帐篷和临时板房的灾民无法面对严寒，那么是否可以设想一种简单清晰的建造方式，所有灾民，无论男女老幼，都可以参加建造，最多两周就可以完成一栋相当有质量的房子的建造，而且是很有尊严的房子，两户共住一栋，分享一处公共交流的空间，有起码的邻里关系。这样一种建筑活动，我觉得是对整个建筑学，对现代建筑学的一个检讨的机会。

再多说一点儿的话，谢英俊其实有个癖好，他有技术癖，这个技术癖不是高科技的技术癖，是带有简朴建造里面的建构性的技术癖。这种技术癖表现在比如他在台南有一个大的项目，是为少数民族做的一个像文化中心的项目，我是看不出跟少数民族有什么关系，带有一点钢结构炫技色彩的巨大的建筑，很多圆盘在天上，那个结构处理得非常巧妙，他很得意他在这方面做出的工作，显然，他是带有技术癖的人。

另外一方面，我觉得他除了人道主义之外，其实他对整个建筑业有考虑。他经常把自己说成最后要做上市公司的，就是他的这个东西可以大量建造，因为变成一个大产业之后可以上市。我觉得他不是开玩笑，因为整个建筑界，如果讲建筑设计的话，现在这种像是艺术家一般的，每一个东西都要特殊的创作，有点像 fashion design 这样的一种做法，并不是建筑学的基本。建筑学因为大量的建造是带有重复性的，是要大量的人简单可以理解，可以解决普遍问题的，那是建筑学一个更根本的东西。他现在想做的我觉得是朝这个方向在做，这个是我们现代学院建筑教育不可能做得到的，因为整个学院讨论的话题只是一点点，金字塔塔尖上面的所谓的 design 这些东西，就在那个塔尖上，底下一大块完全为大家忘记，这一块东西我觉得才是建筑学的基本。从谢英俊来说，他的眼光是蛮深远的，看得很远，这永远都是他一定要解决的问题。

当然，我觉得其实他很纠结，他受过专业建筑的教育，又想走这条道路，他有自我的冲突，现阶段我觉得属于他实验的初级阶段，他在建造和美学之间在反复地挣扎，忍不住想美学一下，想文学一下。他的展览，做得像剧场一般，我就发现谢英俊身上那种文学意味又回来了，很文学的东西又回来了。实际上这些建筑学都需要，如何最后能够把这件事情真正能够做成，显然需要越来越多的人来加入，因为现在，至少在我们这个所谓的华人建筑圈里，谢英俊几乎是一个人独撑做这个事情，没有人在做这个事情。它和美国不一样，美国那个建造系统里好像还是保存有很多多样的做法，木结构是可以做的，轻钢结构是可以做的。在我们国家的所谓规范体系里，这些东西其实是不能做的。在这样一个状态下，谢英俊的这种独立斗士的形象当然就愈显高大，因为是一个人在干。其实这个是需要有更多的人加入，但要下决心改变你的生活，因为这不只是改变你的设计方向，只要你这样做，一定就会改变你的生活，要承担得起改变生活的那份勇气，这是谢英俊的所作所为。

走向开放的建筑

柳亦春

我谈一点简单的感想。因为之前对谢英俊老师并没有特别的直接了解，不像王澍，跟谢老师已有过很多直接的接触。当然关注谢老师的工作已经很长时间了，知道在众多的建筑师中，有那么一位非常特别并令人尊敬的，长期以来可以坚持直接深入在农村第一线，深切关心农民的疾苦和居住问题，亲自动手帮农民盖房子的建筑师。也想过，同样作为建筑师，为什么工作的方式方法可以差异那么大？这样的方式或者这样的差异意味着什么？

一直以来，作为一个职业建筑师，在当代社会里面，应该采取怎样的态度来工作，真的是一个纠结的问题。因为从价值取向来判断，总有很多很矛盾的地方，常常发现自己必须要做的事情和自己想做的事情有一定的差距。由此，我觉得谢老师现在的工作对当代社会是构成某种批判的，对当代，特别是以消费文化为主体的这样一个消费社会，他的工作是具有批判性的，尤其，他把设计的范围限定在了一个相对来说跟城市有一定距离的更为广泛的乡村。

刚才李虎提到，他说在农村里面建筑师也许存在着更大的机会。前两年当然也有新农村建设的话题，但是这个工作显然和谢英俊所关心的不太一样。从谢老师具体的工作来讲，首先，我觉得他建立的这个建造体系在当代社会有它的科学、理性的成分在里面，实际上他的工作倒并不是像王澍刚才讲的带有早期的现代主义色彩，而是他的工作就是一个真正的现代主义的工作。也许因为工业文明在中国社会不曾很好地得以展开过，也因为我们的整体思维都不曾系统地理性过，我们一直都说现代主义在中国没能很好地落地生根过，总觉得那个头开得不太好。

245

也许今天在面对更广泛的农村建设的时候，现代性工作的介入可以有一个全新的开始。至少对我来说，我觉得我们或许可以获得一次机会，我们可以重新建立一个全新的体系，一个全新的系统，来思考建筑的现代性问题和建造的问题。当然说到建造的问题，我想起刚才王澍讲的建造和美学的纠结，实际上美学是不可回避的，这个纠结也是一个问题，建造当然会涉及美学的问题。刚刚谢老师的介绍可能更多地偏向于一个比如说低成本，或者说在没有房子住的情况下，迅速地用最低的造价来建造房屋，它先解决有没有的问题，在解决完了有没有的问题之后，就会涉及美学的问题或者其他的各种各样的文化问题。那么，抛除刚刚讲的这项工作所具备的社会意义方面，我特别想讨论或者想关心的是这个工作的专业性的问题。作为一个有着一定建筑学背景的建筑工作者，这样一个体系它不应该是把我们以前所有的关于建筑学的经验都瓦解了的东西，而是反过来，它应该是能够——假如今天出现这样的东西的话——具备把我们以往的建筑学经验能够容纳进来的一个体系，所以也许这个体系更大的意义，是否并非如展览的名称所言——人民的建筑，如果从一个专业的角度来讲，我更希望它是一个或者就像李虎工作室的名称那样——开放的建筑。当然这种开放的说法和做法也都有过先例，开放性不仅仅体现在它是从建筑师的角度而言的这个建筑体系，也包括让民众以适当地方式参与进来。

民众参与进来是一个讨巧的做法，当然也是困难的、有相当控制难度的，好处是它可以把不同地方的不同特点，以这样一种方式令其介入进来。但是作为建筑学专业的人员，除了这些东西之外，还可以让什么样的关于文化、关于历史的经验都带进来？这个开放性我觉得是值得讨论的。因为刚刚放的录像里面有一个现场的小女孩说了一句话，她说"盖完了房子我爸爸就可以有时间出去挣钱盖房子了"，我不知道她的意思是不是认为这个房子不是她的，或者她不认为这是一个房子，抑或潜台词是这并不是她想象中的家？所以我觉得这里面一方面有一个观念的问题，人的固有观念改变起来确实比较困难；而另一方面这种观念之所以难以改变，也有它必然的原因在里面，多少年来他建立了自己对房屋的认识，那种东西、那种记忆我觉得是没有必要去完全忘记的，它反而应该是持续的。这样的话，如果能够在这方面，这个体系能显示它巨大的包容性，也许这件事情会更加有意义，因为它可能更接近于一个更广泛的当代的事情，这个工作就能跟更早期的关于工业化体系的住宅区别开来。

我觉得毕竟这个时代还是有着这个时代的一个基本的特征，比如刚刚讲的数字化技术的一些问题，关于生态及可持续的问题，等等。这个体系，如何在更广泛的时代背景下能够体现出这个体系的优越性或者特点，从而由一个自下而上的实践展现出当代建筑学的专业性，反而是我期待在这种实践之后看到的事情，尽管似乎从一开始，它是以某种放低专业或者说弱化专业的姿态出现的。

住宅／家

葛 明

　　刚接到李翔宁老师的电话时，其实有点犹豫，因为我对谢先生的工作不是很了解。我想最终愿意来是因为作为一个设计教师，最近在处理一个在我看起来是"新"的命题——怎么给学生教住宅设计，于是就正好过来取经。

　　平时我和研究生聊天，说如果在一个展览馆和住宅的设计中做选择，希望他们能选择做住宅。原因简单，比如说展览馆，它展出的是一种物品，设计它就是为这种物品做一个设计，换一种物品，就要换一个办法，因为物品不同，办法之间就不太能通融。从学设计的角度来说，做了几个展览馆也不见得能找到多少共通的地方。但是住宅不同，因为人与人根本上相同的地方多，所以如果做了一栋住宅，再做第二栋的话，因为共通的地方多，所以从中可以学到的东西就可能会多一些。

　　但是目前一般人会觉得做住宅不太长设计。不少高手做小住宅出身，做完后水平高了，名气大了，就不做了，甚至觉得小住宅只是帮他没活的时候练手的一个工具。一般人还认为即使住宅这个类型可以帮着长设计，也主要指小住宅，比如说像贝聿铭先生那一代人，他们向布劳耶尔学的大多是如何做一个小住宅的本事，所以他们水平不错。因此也常有人说流水别墅或萨伏依别墅第一、第二的话，无非觉得这种住宅才可以发挥，利于设计。

　　在中国，做住宅之余学设计，对大部分人来说是个障碍——很多建筑师工作以后主要做住宅设计，而且做得越多好像越不会做设计，这就是一个基本情况。在我看来这是一个大的问题，所以这两三年来，我逐渐把重心转到怎么教学生做住宅设计，自己也开始从事这方面的实践。

　　我希望学生将来能多多从事像谢老师一样的工作，除了理想、态度等等之外，还要不断思考"它能帮我长设计吗"这一问题，这或许有点功利，但不是不重要，而是非常重要，这是我想讲的第一点。

第二点，如果考虑当代住宅的问题，我觉得不应该总是对它进行城市和乡村之分。因为住宅在现代性出现以后，首先要讨论的是家和离家。我在东南大学教概念建筑时的一个核心词是 Uncanny，就是异样的感觉。弗洛伊德曾说他有一次在火车上坐包厢，早晨起来因为车子震动，门后的镜子突然动了，他以为一个不速之客撞了进来——其实是他，觉得很害怕，这就是 Uncanny。这不是简单的镜像问题，注意这个故事非常有特点，它发生在一个特定的室内，让他产生了异样，你说这是家还不是家。

实际上现代性的一个重要之处就是讨论这一问题，当然现代性对于欧洲人，对于中国人来说是不一样的，不可能存在一个普遍性的现代性。但是，对于家的理解是当代民众都需要面对的问题。在这一意义上来说，现代性之后就不太可能再有所谓的真正的乡村和城市的差别，而在于家和离家的不同——实际上离家了就要进城，所以这一命题就是都市性命题。当然，在中国并不是要求每一个灾民去讨论卡夫卡，讨论现代性，但对于专业工作者，必须面对这一命题去工作。

另外，针对谢先生的工作，我提一个建议，希望以后能有更多的室内照片，觉得会更好地说明问题，因为室内对于家与离家可以提供重要的判断。现代主义是都市化的表征，它产生的节点之一是新艺术运动，新艺术运动之所以能成为节点，是因为它首先是一个室内革命——这表明了生活形式因为大都市而突然产生了变化，这之后不久，好像欧洲人就开始能逐渐接受它了。所以，在我看来，如果在中国重新讨论家与离家的关系，总觉得同样很难跳过关于室内的讨论。

如果大家认可需要一个关于室内的讨论，马上产生一个问题，就是它与住宅建造，而不是装修的关系，这是我想展开的第三点。

但是室内为什么必然跟建造系统有关系呢？浅浅地理解路斯他们的观点，室内是包裹身体的一圈，它甚至可以像一片布围着我，对身体有包裹的姿态就够了，它好像可以与建造无关——当然这种包裹背后其实还体现了一种生活形式，中国人需不需要这种包裹的感觉，另外值得讨论。我想说这点是因为谢先生现在所做的主要是轻钢结构，一般说来我们现在还不太适应它，总觉得这种结构骨架突出，太瘦，太硬。如果我们周围的东西更厚一点，更软一点，会更有家的感觉。可见，室内与建造系统是有关联的。

那么，轻钢结构会因此给我们带来新的生活形式，产生新的家的感觉么？比如在日本，轻钢结构已充分表达了轻，非常容易带来特殊的透明或者阴翳感，而我们与日本的生活形式又不尽相同，那么，我们的特点在哪里呢？我觉得这是需要思考的，尤其是为一个贫困地区做的快速建造，更需要仔细地思考它——因为他们暂时失去了家，更需要家。所以房子的经济性，或者建造的快速性固然重要，但它能否通过日常的室内呈现而唤起对家的理解，也是至关重要的。一个人如果在异地呆十年，他离开之后能够不断忆起他曾经生活过十年的这个地方，那么我觉得在所谓的现代性中间，它就已经产生了一种家的感觉。

由于在快速建造中，结构系统更特殊，也会使家的讨论显得更突出，因此我选择这一点来说，希望使我所谈的三点更容易聚焦。

我觉得谢先生的工作已经为我们大家做了良好的铺垫，我特别盼望过了十年谢先生还办展览，而且全是室内照片，那么我想这或许就是中国的一些改变已真正开始了，可能期望太高了，其实这个需要谢先生和我们在座所有同仁的共同努力。

农村不是第二个城市

龚 彦

十年前，因为一个艺术项目，我结识了现已 88 岁的建筑师尤纳·弗莱德曼（Yona Friedman）。1950 年代在布达佩斯封闭阴冷的避难所内的经历，让他考虑建筑师的责任以及居住者和房子的关系。他著名的"移动建筑"（Mobile Architecture）理论探讨的并非如何使房子运动，而是使用者对房子进行改变的可能性。在他屈指可数实现的建筑作品中，有邀请教师、学生以及家长"自主规划"的法国 David d' Angers 中学，有邀请当地人用他们最为熟悉材料和工艺方法——竹子——进行"自主建设"的印度科技博物馆，过程中，作为建筑师的尤纳只提供最符合使用者需求的技术翻译（另一种角度考虑"设计"）和建造安全保障。尤纳把这些三十多年前的实验记录在一本名为《生存建筑》（L' Architecture de Survie，1981）的书中。前言中他强调，"生存"这样的口号式词汇在此并不带任何乌托邦色彩，而是从生存底线和最基本生活空间角度重新思考建筑的角色。比如，谁有权决定建筑？如何保障这种权利？如何在贫困世界（环境）实施这种权利？也许，我们也可把它理解为"建筑师的生存之道"。

如果说布达佩斯的避难所是尤纳建筑理论的原型，那么那些正在踏入中国农村的建筑师们的设计原型会是什么？这里的原型除了视觉角度（审美很危险）——由原住民根据生活需求自发建造的房屋外形，还有为满足现代生活需要更新的基础设施（供水、排污、温度等）和由身份、职业、等级、物质、家庭关系交织而成的心理原型。于是我们不禁问，进村后的建筑师，是否能不重蹈城市中规划与建造问题的覆辙，建立起技术翻译和文化采样的并行系统；是否能回避救世主的角色诱惑，检点甚至限制自己的行为和想法；是否能让原住民如感受耕作般感受"建设"，而不是作为原住"民工"

登场；是否能将农村自然生发的传统和民主系统物化为空间的点点滴滴；是否能在农村保存城市里已消亡的四季、时空、宇宙；是否能在工业化的基础上保持多样性和个人性；是否能通过对空间及其功能的规划和重组，催生出一种介于驯服和游牧之间的生活形态，为生活价值提供多重选择；是否能——最后——用实效的数据和体验成果，与土地和人达成共建的愿望？

生存、权利、传统，在近代中国都没能被系统地经过现代主义的提炼，一些个人实践还未见成效就被以知识文明包装的学院体系扼杀。这些结了撕、撕了结的痛楚和代价持续到今天，赶上了传播的大时代，被机灵地抽象成为媒体产品、姿态高地和言说雷区，变异成为心安理得的投机。遗憾的是，建筑正在队列的前三排。

在上海的讲座上，谢英俊先生说，"改革开放30年，农村建房无声无息地已超过城市建房的四倍，这已完全超乎了现代建筑的经验，不再是件'小'事情"。农村和城市的区别，对我而言在于土地和时空，它们是人的基本权利和生存条件。作为现代人空间和心理上可触摸到的最后净土，我们需要用最现实、严肃、具体的方式去面对。农村不是第二个城市。

最近"下乡"成了时髦的词儿，当代艺术、设计、建筑、文学圈都为此忙得不亦乐乎，城市即罪恶，似乎只要跨越那道地界，超级理想国就会到来。但是有多少下乡的人还记得"写生"——书写记录生僻之物。这一经典的艺术生活行为很早以前便被屈打成了保守派，至今尚未平反。责怪西方的观念主义？还不如可怜自己的买椟还珠和叶公好龙吧。建筑师应该到没被模式化的居住环境里走走，恢复自己作为居住和使用者的感官，获得更大的想象力和创造性。土壤和突发的魅力并非原始或者原生态，而是一种接近本质的感受力。这是一种替代性生活，让我们回到很久以前的自己。

在这些背景和环境里，谢英俊先生的建筑实践是如此之重要，令人尊重。而他更艰巨的野心——用工业生产的方式把乡村建造体系模式化、程序化，更令人期待。我想，最成功和持久的标准化生产都根植于运动变化的"地气"，它不会被便捷和丰富的假象利用，成为物欲和独裁者。到了那时，建筑是否带有"人民性"，这个"人民"在中国台湾、大陆还是非洲，也许连媒体都懒得理睬了，因为我们都会是真实的受益者。

新陈代谢
运动论

新陈代谢运动论（上）

原载"新观察"第十八辑 / 2012.09

近年来，有几件事应该让建筑界为之触动，除了王澍获得普利兹克建筑奖和中国的 GDP 跃居世界第二，还有日本新陈代谢运动的历史价值被不断"重估"——先是林中杰的博士论文《丹下健三与新陈代谢运动——日本现代城市乌托邦》出版（2010；2011 年出版中译本，丁力扬等译），被认为是"第一本完整关注新陈代谢运动的都市乌托邦主义的著作"（丁力扬语）；接着，库哈斯与汉斯·奥布里斯特的 719 页巨著《日本计划：新陈代谢派访谈》（2011）"横空出世"，以对该运动重要当事人的长篇访谈和史料的完整呈现，重估了这一"最后"的现代主义流派。由此，以新陈代谢运动透射的对现代建筑运动的再反思，开始以从未有过的犀利视角，重审中国现代建筑历史，拷问我们令人困窘的现实。

"新观察"意图抓住此一契机，以两辑篇幅，分别以林中杰博士专著和库哈斯新著为"底本"，约请两书作者和编辑者，针对中国语境，对新陈代谢运动进行深入讨论。

《新陈代谢之前》是日本建筑师矶崎新为林中杰专著撰写的前言，此次他以建筑史家的视野与立场，从中、日、美三个现代建筑运动边缘国家不同的现代化／本土化历程比较的独特视角与宏阔语境，重估了新陈代谢运动这一"有着乌托邦诉求的现代艺术和建筑运动的最后的范例"，认为它"无疑应该被定位为 20 世纪的最后一波现代主义建筑运动，而非后现代主义的开始"。

将中、日、美三个现代建筑运动边缘国家不同的现代化／本土化历程进行比较，并且抽出梁思成、菲利普·约翰逊和丹下健三进行个案分析／引申，是矶崎新这篇长文的绝妙之处，它使中国建筑的现代化／本土化的症结在这一特定语境得以彰显。丁力扬在文章中形象地将这三国的现代化／本土化之路概括为"美移"、"日异"和"中译"，并做了进一步剖析。

林中杰的文章阐述了他的新著的动机，认为"新陈代谢派所勾勒的激进的城市演变与建筑形态之下的思想和价值观具有普世性和当代性"，"希望能通过新陈代谢去追溯乌托邦思想的源与流，以及在当代社会中的显现与隐象"，即"把建筑、城市主义与景观整合在一起考虑，大尺度的设计介入、超前的形态与结构，以及从整体到细节的整体性设计拥有新的必要性"。

需要特别指出的是，矶崎新先生的文章经作者特许刊载，丁力扬译自大岛（大岛ケン正）的英译本，此次刊出，译者再次做了修订，矶崎新工作室的胡倩根据原文做了审订，在此深表谢意。

新陈代谢之前

矶崎新

把未来实现乌托邦城市作为目标，并率先在政治、艺术、社会各领域中进行实践，这就是被人们称作的"前卫"（the avant-gardes）的含义。

在现代艺术和建筑学充分发展的 20 世纪，尤其是 20 世纪上半叶，"运动（movement）先行，宣言（manifesto）紧跟"是现代艺术运动发展的典型模式，其中最经典的例子便是未来主义（Futurism），以及之后涌现的印象主义（Impressionism）和立体主义（Cubism），还包括最后出现的象征主义（Symbolism）。自 1910 年开始，包括未来主义、纯粹主义（Purism）、达达主义（Dada）、超现实主义（Surrealism）、存在主义（Existentialism）。这些艺术运动如同小溪一般，经历了从各自渗透传播，到逐渐汇聚，最终形成一股汹涌洪流——即所谓广义的现代艺术运动（modern artistic movement）。建筑设计领域也经历了相似的过程，在时间上也完全重叠。因此，我们可以看出这些运动不是独立的，而是以一个整体的姿态集体涌现。从支流到洪流，呈现出某种思潮化，甚至学院化（institutionalizing）的趋势。其中荷兰风格派（De Stijl）、包豪斯学派（Bauhaus）、俄罗斯构成主义（Russian Constructivism）这些思潮就经历了自身发展，相互协调，直到逐渐融入现代艺术运动的过程。这三个学派最终汇入现代艺术运动的重要组成部分，也就是后来的国际现代建筑会议（CIAM）。因此，对于 20 世纪的艺术和建筑运动的描述，学界遵循了多个组群的单一图表体系，以至人们也就能够在同一个先锋思潮运动的历史框架下，对现代艺术和建筑学两个领域的现象一并论述。

日本的新陈代谢学派创立于 1960 年，同时也是现代建筑运动中最后一个在学派成立的同时伴有宣言提出的实例，但由于受到 1968 年全球性"文化革命"风暴的冲击，新陈代谢学派的先锋运动的历史身份也最终消亡殆尽。尽管在 1968 年之后，所谓"前卫"和"先锋派"（avant-gardism）这种说法还仍然存在，但被提及时，给人的感觉往往更像是一种隐喻或讽刺，这也导致如今的"先锋"、"前卫"这类术语的含义逐渐庸俗化，脱离了之前发生的艺术运动的历史意义。然而，哪怕缺少意识形态的宣言式表述，不再标榜自身的前卫身份，先锋运动依然会被潮流推动，激进思想仍会不断涌现。只不过，由于所谓前卫运动这样的具有历史性地位的角色在 1960 年代前后就已经消亡了，通过提出某一宣言来实现某个单一思想的模式也自然不复存在。

今天，回头重新看半个世纪前出现在日本的新陈代谢运动，我们应该更加留意其所依托的两个主要背景因素。一方面，现代主义建筑运动在全球范围内的迅速发展；另一方面，日本作为一个岛国——一个地处远东地区的国家的特定身份和所处的环境。我们有充分的理由认为新陈代谢运动是有着乌托邦诉求的现代艺术和建筑运动的最后的范例。上述背景也为日本现代建筑界努力与现代主义全球化发展趋势进行联系提供了重要的立足点。

在 1960 年前后，建筑界的现代主义建筑大师们普遍到了即将退休的年纪，这也为年轻一代建筑师的登场提供了有利机遇。与此同时，建筑实践领域的状态也随着社会的变革而悄然改变。在 1968 年，普遍迹象表明，各方面条件为后现代主义的出现所做的准备和相关基础都已经逐渐确立并清晰起来。尽管如此，笔者依旧认为，在一定程度上，新陈代谢运动无疑应该被定位为 20 世纪的最后一波现代主义建筑运动，而非后现代主义的开始。

在这里笔者希望添加一些补充说明，以期解释致使新陈代谢这个有着技术性乌托邦本质和纯粹形式化运动出现的特殊背景，以及这一运动为何出现在日本这个地处远东地区的国家，而非那些西方世界中心国家的原因。日本经历了第二次世界大战打击和战后十年的军事占领，而此时的现代建筑运动在西方国家也经历了从初步发展到逐渐滞后的过渡阶段。所以，1930 年以来日本对现代建筑的接受过程，也必然经历了"本土化"（domestication）的转变过程，或许称之为"日本化"（Japanization）更为合适。

如果切换到 1930 年，作为前卫现代建筑运动中心的苏联和德国，这项运动到了那个年代却因为政治批判而陷入了危机。由于斯大林主义（Stalinism）和纳粹主义（Nazism）这两种"反现代主义运动"（counter-modernism）的大行其道，这两个国家的现代主义运动前进状态一度发生停滞。反观同一时期的中国、美国和日本——这些一只脚踏在现代主义运动边缘的国家——已经开始接受来自于中心地区的现代主义建筑运动的影响。当时的中日美已经准备好用自己的方式，迎接现代主义。只不过，由于从一开始它们就试图从现代主义诞生的中心地区，移植现代主义的种子，这一过程并非是从内部自发的。事实上，现代主义在中日美的演进中起决定作用的，大多是评论家、建筑师和艺术家，并且正是这些人，决定了各自国家现代主义运动的具体方向和内容。现代主义在中美日所经历的，是先移植，再接收的过程，而最终在现代思想观念中得以顺利转化并吸收的内容，也就必定具有了各自独特的选择性。在这一个过程中，评论家、建筑师和艺术家这些骨干力量，作为推动者和话语权掌控者，起到了举足轻重的作用。因此，我们有必要对 1930 年前后的以下事件或个人给予足够的关注，即中国国民党南京政府中制定文化政策的知识分子们，纽约现代艺术博物馆的第一任馆长菲利普·约翰逊，以及东京帝国大学教授岸田日出刀。

中国方面：上世纪初，中国国民党南京政府曾经修建了一系列民族性很强的纪念建筑，其中最具代表性的便是南京的中山陵。这一建筑将中国传统建筑中的屋顶形式和西方装饰艺术风格元素融合在一起，创造出独特的当代设计风格。同一时期，经历了在宾夕法尼亚大学跟随保罗·克雷（Paul Cret）学习之后的梁思成回到中国。梁的建筑实践活动对 1950 年代之后的新中国城市规划和所应具有的建筑样式的争论和研究起到重要作用。

美国方面：1932 年，菲利普·约翰逊在纽约现代艺术博物馆组织了"现代主义建筑：国际展览"（Modern Architecture: International Exhibition），并与亨利·罗素·希区柯克（H. R. Hitchcock）一起出版了《国际式风格》（The International Style）一书。虽然该书将欧洲前卫建筑运动当作一个整体来研究，但是菲利普·约翰逊很明显对其中一位建筑师情有独钟，那就是密斯。在包豪斯晚期的后人文主义（post-humanism）思潮的指引下，密斯引领了 1930 年代美国的现代主义建筑主流趋势，就是将融合了实用主义（functionalism）、产业主义（industrialism）和城市化进程（metropolization）的社会潮流进行具体化实现。1950 年代，美国在全球范围逐渐确立了经济、政治双重统治地位，美国的现代主义建筑随之成为现代建筑普世价值观的代名词，现代主义风格也终于成为国际主义风格。而这一转变的开端，无疑是以公众和建筑界 1930 年代对密斯的广泛认可作为标志的。

日本方面：1930 年前后，日本建筑界的领军人物，也是丹下健三在东京大学的导师——岸田日出刀，选择了勒·柯布西耶（作为日本建筑走向的灯塔）。当时，两位日本建筑师前川国男和坂仓准三，已经在勒·柯布西耶巴黎工作室工作了一段时间。除此以外，还有更多日本人在包豪斯学习过，但岸田日出刀从这一代人中选择了前川国男和丹下健三，并对他们的建筑活动倍加支持。相比之下，岸田之所以没有选择坂仓准三的原因，是因为坂仓的工作，很大程度只不过是移植勒·柯布西耶的形式而已。岸田日出刀的意图是从现代主义的建构角度，重新诠释传统日本建筑，寻找一种能与柯布语言（Corbusian elements）相结合的模式，而丹下无疑对这一目标做出了明确的回应。从二战时期开始，这一极具本土化的接收与移植过程，便开始影响日本建筑，到了 1950 年代，因"民族元素"（national element）和"现代元素"（modern element）一体化而产生的内部冲突重新出现，反过头来又以相反的方式影响着日本建筑实践接下来的发展。

中、美、日这些原本处于现代主义建筑辐射边缘的国家，从 1930 年代开始，都经历了根据各自的民族特点选择性地接受现代主义建筑的过程，并在第二次世界大战各国相对隔离期间，进一步将各国的现代主义运动推向不同方向发展，成就了另一种本土化。到了 1950 年代，现代性与本土性相融合的趋势变得更加清晰，分别呈现出以下不同的状态。

美国方面：上文已经提到过，"二战"胜利后，美国逐渐成为一个霸权国家，随之开始试图把其带有功能主义特征的国际主义风格传播到世界各地。直到在越南战争爆发，这个全球化的趋势才开始有所动摇。

中国方面：新中国成立后，中共政府联合苏维埃俄国的力量，开始着手建设新国家，自然也就受到斯大林主义（Stalinism）艺术手法（artistic methods）的影响。所谓斯大林主义，是一种基于反对早期俄国的前卫形式主义（formalism）的立场。在 1950 年代中期开始，赫鲁晓夫试图全面否定斯大林主义，不过，在建筑领域，这一努力并没有超越简单的工业大生产和功能主义的套路，因此苏联的上述斯大林主义方法论最终还是深深影响了新中国同时代的建筑风格。当时的中国政府官方，曾经起用过许多自诩为社会主义现实主义风格（socialist realist）的建筑师和艺术家来主导建筑领域的工作，与此同时，梁思成的从现代主义立场出发，在对中国传统建筑的评论和保存的思考的同时，进行手法改良的实践则遭到了政治、政策的排挤。这个时期的中国建筑，正经历着一场全新的变革，政治决定了作为代表国家的建筑形式，即接受一种折衷风格（北京的城市规划和建国十大建筑）：创造一种有着 19 世纪传统建筑风格的本土化表达方式。这无疑将本应与日本和美国平行的现代主义建筑中国本土化进程，引入了一条死胡同，并最终陷入了对"民族化道路"再评价的死循环。中国在这种情况下所走的现代建筑发展的弯路，一直持续到 1980 年代开始的政治经济体制改革之后，才终于有了起色。

日本方面：1950 年代，日本进入到一个经济飞速增长的时期，衍生出了被称为"55 年体制"（1955 System）的稳定国家福利政策[1]。当时的日本国内，出现了日本农业改革（reform of agricultural liberation）和"二战"后财阀（zaibatsu）纷纷解体的社会事件。紧接着，伴随着朝鲜战争的开始，战争对日本经济保持繁荣状态的支撑作用也开始显现。尽管新的体制和社会结构还处于重组之中，但是有关文化和意识形态之间的论战，依旧沿着 1930 年代时期现代 / 传统和现代主义 / 民族主义的主线继续发展。这场论战正反两方的博弈是以绳文文化（Jomon esque）＝平民主义（populist）＝民族性（ethnic）和弥生文化（Yayoi esque）＝精英主义（elitist）＝国际化（international）这样的观点为基础的。丹下从 1930 年起一直处于这场论战的核心位置，并开发了他独自的路线。与丹下健三

1. "55 年体制"指的是日本政坛自 1955 年出现的一种体制，即政党格局长期维持执政党自由民主党与在野党日本社会党的两党政治格局。一般认为该体制结束于 1993 年。"55 年体制"一词最早见于政治学者升味准之辅于 1964 年发表的论文《1955 年的政治体制》（《思想》1964 年第 4 期）。——译者注

是合作关系的致力于研究西方先锋艺术的冈本太郎[2]，倾向于两极共存的对极主义态度，而丹下健三则提倡两方的对立变为统合。这种特征在日后他的广岛和平纪念大厦（1955年）和东京奥林匹克体育场（1964年）的设计中有鲜明的体现，且让这两个建筑作品成为可能的是它们作为国家形象建筑的背景，即背后有着作为"国民国家"的"日本"的支持。即使当时日本国力较弱，但来自于统一国家政权的强有力干预依然存在。这种建筑文化与民族性之间的紧密关系一直继续到1970年的大阪博览会。

总之，1930年前后，在欧洲前卫建筑思潮的指引下，现代主义运动的中心从欧洲转移到了其他一些国家，比如上面提到的中、美、日三国。这些国家根据自身条件，开始对现代主义建筑进行有选择性地吸收和移植。这种所谓的现代主义"本土化"的过程大约持续了二十年时间。中国的梁思成、美国的菲利浦·约翰逊（他在美国以评论家和建筑师双重身份发挥作用）和日本的丹下健三作为同一代人推动了这一进程。他们的工作反映在现代主义建筑最终形式的转变上。他们虽然都是现代主义时代的建筑家，但其作品均开始呈现了与政治、社会的现代化的单纯线形发展所不同的结果。从1968年世界范围的"文化革命"运动开始，先锋建筑学派不得不接受失败的现实。人们可以看到民族主义和资本主义两者之间的关系，从和平相处，一步步走向对抗对立。在日本，1970年前后，两者之间曾出现过融合的迹象，但自从那之后，资本主义又有超越、取代民族主义的趋势。从全球范围来看，19世纪的"国民国家"的形象是由其首都的"建筑"所代表的。到了20世纪，大城市成为建筑发展主要舞台，对都市现象的关注也逐渐超过对单个建筑的关注。简言之，"城市"成为最能体现20世纪国家面貌的主要代表。尽管从现代主义运动伊始，人们就预见到了这种发展趋势的必然性，然而，这些问题真正开始超出国家制度、统治范畴，成为社会主导意识形态主流的则是出现在20世纪中期。新陈代谢运动就是在这时产生的。

丹下健三也早就意识到了现代主义运动所面临问题远超出了"城市"（city）和"建筑"（architecture）范畴的现实。那时，他在东京大学建筑工程系战后组建的城市规划方向担任助理教授。而他所讲授的内容，却并不是通过立法和城市规划手段使用必要的技术来控制城市，而是有关于城市形态的历史发展的相关内容，也就是今天被称为"都市主义"或"城市设计"（Urbanism/Urban Design）的课程。丹下研究了由勒·柯布西耶领导的关注城市主题的国际现代建筑会议（CIAM）。CIAM的城市观点不同于官僚政府采取的城市规划的具体方法——确立法律条例，实行种种规定——而是一种社会改良的现代主义"规划"思想，因此，从广义上讲，现代主义是一次乌托邦运动。从"二战"中设计的"大东亚共荣圈"纪念馆方案（1942年）开始，丹下以这种观点下的"城市"

2. 冈本太郎（1911—1996），日本艺术家，以其抽象和前卫的绘画雕塑作品著名。冈本太郎设计了1970年大阪世博会的标志性雕塑——太阳之塔。

一直是他探讨的主题，并最终在他的广岛和平中心项目（1949—1955）中得以实现。这个作品在 1952 年以城市核心为主题的国际现代建筑会议上广受赞誉。这个作为广岛原子弹爆炸废墟复兴的纪念建筑，将现代主义的"乌托邦"规划以纯粹的手法进行了具体化。

综上所述，与 19 世纪带有民族特征"建筑"优先的策略相比，20 世纪的人们更为关注"城市"这一主题。在 1950 年代后的战后重建过程中，虽然"城市"主题已开始出现征兆，但是除了"柏林重建设计竞赛"（Berlin Reconstruction Plan Competition，1955 年）这类无法再城市复旧的案例以外，其他各种遍布欧洲的复兴规划最终都沦为了复旧规划。比如，像华沙和法兰克福的市中心重建，也从最初的城市再生逐步妥协，最终从复兴变成了简单复旧。即使是在大部分的木质建筑被烧毁的日本城市，同样的过程也在上演。应用在废墟重建上的方法依然是当下被普遍认同，并形成惯例的城市规划手段，而非国际现代建筑会议现代主义原则的乌托邦规划建议。在 1950 年代，只有极少数城市，如昌迪加尔和巴西利亚保留了些许乌托邦印记。但它们也因为现代主义在具体实践过程中所存在各种矛盾遭到批判，不可避免地沦为失败的案例。

尽管如此，1950 年代的日本还是稳步进入了经济持续增长时期，在保守党为了获取社会稳定而颁布了 1955 年体制之后，人口开始向大城市的集中导致了东京这类城市所必定要经历城市形态的变革——大都市消除了它原先的边界（例如城墙），开始向周边区域（主要是耕地）延伸。当原有市郊被完全都市化，并且城市没有余地再继续扩张之后，如果再试图通过采用土地所有权细分的策略来应付城市扩张，过度拥挤的状况就会凸显出来。此时，将城市区域延伸到东京湾的策略也应运而生。诸如此类的概念最初是由政府财政部门和负责城市政策的官员提出的。丹下健三起初对此持谨慎态度，他借着被邀请到麻省理工学院演讲的机会，向学生布置了对波士顿港的海上城市规划进行提案的研究课题，从此开始了他在这个领域的探索。丹下健三首先在 1960年代东京世界设计大会（Tokyo World Design Conference）上介绍了上述课题的研究模型（也就是在这次大会上，新陈代谢派将宣言印制为小册子并分发出去），之后又着手开始了"东京计划 1960"（Plan for Tokyo 1960）的工作。这个项目持续整整一年时间。1961年新年，丹下在日本 NHK 的特别节目中，正式发表了这个项目。特别值得一提的是，这个项目是通过电视媒体初次公开亮相的。

这个"乌托邦"项目，正如上述所述，是从研究、媒体等虚体（virtual）开始的。如果"乌托邦"是指虚构的所在（nowhere），那么"东京计划 1960"则从一开始就是真正意义上的"乌托邦"。

日译英：大岛ケン正（Ken Tadashi Oshima）
英译中：丁力扬（原译于 2009 年底，重译于 2012 年 7 月）
校译：胡倩（矶崎新 + 胡倩工作室，合伙人，主持建筑师）

新陈代谢的再生

林中杰

看到这个题目，熟悉新陈代谢派建筑师的读者也许会质问：新陈代谢派何有再生之说？黑川纪章、槙文彦、菊竹清训、矶崎新，乃至年纪更长的大高正人，都称得上是日本建筑界的常青树。槙文彦和矶崎新依然活跃在国内和海外舞台，新作和专著层出不穷。槙文彦作为组委会主席主持了 2011 年的世界建筑师大会，他设计的备受瞩目的纽约新世贸中心四号楼也新近封顶。菊竹和黑川直至逝世之前也不断有大型作品推出，例如前者主持规划的 2005 年的爱知世界博览会和后者 2006 年落成的东京国立艺术中心。更不需提作为新陈代谢的精神领袖的丹下健三，是整个 20 世纪下半叶日本建筑当仁不让的教父。作为一个建筑师群体，甚至作为一个影响深远的建筑运动，新陈代谢在过去的半个世纪中实际上是走向成熟和枝繁叶茂的过程。

从衰落走向新生的不是新陈代谢派建筑与建筑师，而是新陈代谢的思想，更具体地说是居于新陈代谢运动核心的乌托邦精神。当诺曼·福斯特规划的阿布扎比的马斯达（Masdar）生态新城在沙漠上拔地而起时，我们看到的不但是新陈代谢派所鼓吹的"人工土地"——架高在地面 13 米之上的整座城市的方形基座，也感受到久违的以一种独立于世俗之外的最纯粹的方式追求完美环境（零碳排放、负能量消耗、彻底拒绝汽车）所带来的震撼。层出不穷的新的乌托邦设计，例如设想以"卡特里娜"飓风之后的新奥尔良为基地的 NOAH 项目和设想耸立于纽约罗斯福岛之上形如巨型蜻蜓的竖向公园，对新陈代谢式的巨构城市提出了新的诠释。在一定意义上，新陈代谢的再生也是乌托邦的再生和再次国际化的过程。

2005 年夏天，当我第二次到达东京，进行长达一年的调研和论文撰写的时候，一位亦师亦友的日本学者曾很认真地问我："你为什么要研究新陈代谢运动？你知道，日本的建筑界现在对新陈代谢并不感兴趣。"在我沉吟的片刻，他追问："是不是因为中国城市的更新和大尺度的建设与新陈代谢的城市设计相似？"我同意他所说的与中国城市的相似性，但这并非我关注新陈代谢的主要原因，我更多地感觉到新陈代谢派所勾勒的激进的城市演变与建筑形态之下的思想和价值观具有普世性和当代性，而我希望能通过新陈代谢去追溯乌托邦思想的源与流，以及在当代社会中的显现与隐象。

我了解这位学者所说的新陈代谢当时在日本的处境。1973 年的石油危机不但击碎了日本持续近二十年的经济奇迹，也切断了新陈代谢派所梦想的以巨构为基础的城市演变之路，原先备受推崇的宏伟城市规划和大尺度设计纷纷被搁置，而且受到普遍的质疑和批评。日本建筑与城市转入精细化发展，筱原一男、安藤忠雄和伊东丰雄等人的作品以内敛、简化、飘逸、淡化结构与纪念性的小尺度建筑成为新一代日本建筑的代表。虽然 1980 年代日本在泡沫经济的刺激下大规模建设与城市更新再次抬头，新陈代谢所主张的结构化、等级化的巨构城市形态并没有受到青睐。新陈代谢派建筑师在1970 年的大阪世博会后基本上分道扬镳，发展各自的建筑路线，在一些竞赛和项目上从合作转化为竞争甚至矛盾，1986 年的新东京都市政厅竞赛就是一例。

黑川是对新陈代谢的概念最执着的人，他不断地通过出版物提出在新陈代谢概念基础上新的理念，如共生。尽管如此，从瑞纳·班纳姆的《巨构》（*Megastrucutre: Urban Futures of the Recent Past*）一书出版之后的三十五年左右的时间里，仅有零星的关于新陈代谢的文字，且基本上围绕对巨构的批判，鲜有深入的理论探讨。建筑界和社会对新陈代谢的冷淡态度在一定程度上也可以从一系列建筑的相继拆除反映出来。丹下的老东京都市政厅、黑川的大阪索尼大厦、菊竹在东京上野公园湖畔的索菲特酒店相继被推倒，其中菊竹的建筑仅有十三年的寿命。2007 年更传出了东京舱体大楼的业主要把这座黑川的代表作（也是新陈代谢运动最广为人知的建筑）拆除重建，这件事因黑川在其临终之年奋力抗争被广为报道，在一定程度上唤醒了建筑师以及公众对新陈代谢建筑的关注。

对新陈代谢式的未来都市构想的重新关注与当前建筑与城市设计的实践领域对技术的再发掘，推动设计参与大范围的人类课题（如气候变化）的趋势息息相关。要把握这样的问题，唯有把建筑、城市主义与景观整合在一起考虑，大尺度的设计介入、超前的形态与结构，以及从整体到细节的整体性设计拥有新的必要性。在这样的背景下，建筑理论界在 2010 年前后迎来了新陈代谢的回归。除了笔者的拙作之外，八束先生（八束はじめ）隔年以日文出版了 *Metabolism Nexus* 一书，并借世界建筑师大会之机在东京森美术馆举办盛大的"新陈代谢之未来都市"展览，哈佛大学举办了丹下健三的回顾展，其他新陈代谢派建筑师也相继出版一些专辑和论文集。今年年初，库哈斯和奥布里斯特出版了对新陈代谢建筑师的采访录，进一步把新陈代谢推进到公众话题的领域。从《新陈代谢》这本小册子在 1960 年世界设计大会上发表算起来是五十周年，对新陈代谢的认识大体经过了一个轮回。

从新陈代谢主义的再生，我们很容易联想到"再生"这个概念本身就是新陈代谢思想的一部分。生命的演变从一开始就被植入到新陈代谢派的论述之中。区别于现代主义基于理性分析的城市理念，新陈代谢派声称他们视城市为一种"有机的演变过程"。这个过程既包含了有机体内部的循环，也包含着社会中吐故纳新的演进的永恒定律。这种思想的来源是日本的传统宗教哲学和日本战后复兴的马克思主义两者的结合。《新陈代谢》开章明义地声称："我们认为人类社会是一个有机的进程，一个从一个原子到一片星云的连续过程。我们之所以使用这个生物词汇是因为我们相信设计和技术应当成为人类社会的符号。我们不认为新陈代谢仅仅是一种自然的历史的过程，而是想通过我们的设计来推动社会进行主动的新陈代谢式的进步。"这些建筑师的勃勃野心在这段话中昭然若揭，因为他们追求的不仅是建筑或城市设计的变革，而是想通过建筑的手段达到社会的革新，他们设想的一个全新的城市和社会运行的系统。从这点看，正如矶崎新先生所言，他们和 20 世纪初在欧洲兴起的现代主义一脉相承，建筑成为乌托邦主义的载体。

新陈代谢派甚至不讳言新陈代谢也会发生在小组成员内部：最初的成员会因为理念的不同而离开，新的成员会加入。事实上，从一开始新陈代谢派建筑师对"新陈代谢"概念作为一种建筑和城市发展进程的理解就不尽一致。槙文彦主张的群造型强调由下至上、个体形态决定群体结构的形态逻辑，与巨构的自上而下的等级结构背道而驰。矶崎新与新陈代谢派在许多命题上站在同一条战线上，他在 1960 年代初的作品多以巨构形态为特征，并参与了丹下工作室的诸多城市设计。但在城市的演变这个问题上，矶崎新与新陈代谢派有不同的理解，他认为新陈代谢对城市发展的进程过于乐观，城市不可能按照一个事先设定的巨构定期更换个体单元就能永续生长。城市发展不可能单纯呈现为演变（transformation）的过程，有时遇到的会是突变（metamorphosis），从而导致结构性的根本变化。最明显的例子就是核爆或地震，两者对日本人来说都有直观的体会。突变的结果是"废墟"（ruins），矶崎新 1960 年代两幅出名的拼贴画——"孵化过程"和"摧毁未来城市"——都表达了这个主题："城市"与"废墟"是人类社会的两个状态，它们始终在轮回更替。在这样的论述中，再生这个主题表达得尤为明显。

在中国，常常可以看到大片的老社区（有的其实不是那么老，也就是十几年的房子）被成片推倒，新的摩天楼就在还未完全清理干净的废墟上拔地而起，那样的场景几乎就是"摧毁未来城市"的"真人版"——"城市"与"废墟"的轮回——只不过在和平时代和非自然灾难时期，以一种更文明的方式发生而已。在小一些的尺度上，突变也以一种反讽的方式在发生。新陈代谢派没能实现一座完整的理想城市，但也建了一些可复制的单体建筑作为示范，最典型的就是东京舱体大楼。一个个完全工厂预制的钢结构舱体挂在容纳竖向交通与管道的核心塔上，黑川设想每二十五年舱体会被更换一次，而主体结构保持不变。然而东京的城市更新速度如此之快，定期更换的不是建筑物或城市的组成构件，往往而是整座建筑物或整片城区。在这个意义上，新陈代谢以其前瞻性和辩证性继续为当代城市设计与研究提供一条思路。

谈到新陈代谢运动对中国的启示，我还想提到两点。

首先，新陈代谢运动诞生于 1960 年在东京举办的世界设计大会，这是日本战后主办的第一次建筑与设计界的国际盛会，其影响不下于现在的世界建筑师大会，战后的日本又是以出口和工业产品为经济支柱，设计创新的意义不言而喻。创建新陈代谢派的五位建筑师和两位设计师都相当年轻，在国际上都还名不见经传，其中黑川还是年仅二十六岁的研究生。他们不但能登上这样的国际舞台，并且发表了大会唯一的宣言性的文件，可见当时日本建筑界对新人的扶持和开放性。其结果打开了战后日本建筑的创新之门，为之后五十年设计之繁荣和持续领先打下基础。

其次，对于新陈代谢运动的定位，最近一些文章在争论新陈代谢是现代主义的延伸还是后现代主义的急先锋（参考矶崎新先生的文章和最近刊登在美国《建筑教育学报》的一篇文章），对厘清新陈代谢运动的来龙去脉很有意义。从建筑实践者的角度，对新陈代谢的学习和研究则需要跨越风格之别，去了解其内在的设计思想和政治意涵。新陈代谢之所以在五十年后仍有生命力，就是因为它不是简单地对西方某种风格或运动的跟进，而是从深层次对建筑与其社会使命和本土性的关系的思考，再结合到当前的技术中去。

美移·日异·中译

丁力扬

在重译矶崎新为林中杰博士的《丹下健三与新陈代谢运动——日本现代城市乌托邦》一书所做的序言的过程中，我特意留意了一下矶崎新的有关现代主义在中美日落地情况的描述。矶崎新的观点是：现代主义尽管发源于欧洲，但是在中美日这样的"边缘国家"，现代主义经历的是先移植再接受的过程。通过美国的密斯创造的国际式，日本丹下健三对日本建筑做出的现代主义诠释，中国南京政府修建的一批纪念建筑和之后梁林们的工作，现代主义完成了在这三国的本土化，并且发生了最后的形式转变。

在有关中国这一部分，矶崎新的观点没有把上世纪初中国排除在现代主义范围以外，也不曾歪曲新中国成立后中国建筑的特殊事实，他这种说法我们未尝不可以接受之。但是，很明显中美日三国在对待现代主义建筑"移植"这件事上，情况各异，更重要的是其间表现出的立场差别巨大：对美国来说，其自身本不具备传统和经典，的确存在一个"移"的过程；在日本，现代主义"移"了之后，迅速本土化，变"异"的状态更为明显；而对于中国而言，可能是因为其自身文化极强的个性，以及缺乏落实能力，纯粹的"移"和"异"都很难做到，但是"译"的过程还是真的存在，而且在某种程度上来说，现代主义建筑的"西译中"焕发了另一种生命力。因此，我感觉矶崎新的文字中针对上述问题的话只说了一小半，所以以上先引述了其说，再谈一些浅显的观点。

美"移"

美国人很早就意识到从自身一时半会是发掘不出现代主义建筑的，与其去欧洲取经再回来学以致用，还不如直接请外援来的效率更高（当然也有由于历史原因不请

268

自来的）。按到美国先后排序，我们可以很轻松地列出以下大牌建筑师和他们到美国的年份：鲁道夫·辛德勒（Rudolph Schinlder，1920 年）、威廉姆·莱斯卡斯（William Lescaze，1920 年）、理查德·诺伊特拉（Richard Neutra，1923 年）、埃罗·沙利宁（Eero Saarinen，1923 年）、沃尔特·格罗皮乌斯（Walter Gropius，1937 年）、马歇尔·布劳耶（Marcel Breuer，1937 年）和密斯（1937 年）。包豪斯三巨头的驾临还激发了一批前包豪斯教员和公司雇员前往美国的热潮，其中包括赫伯·拜亚（Herbert Bayer，1938 年）、约瑟夫·阿尔伯斯（Josef Albers，1933 年）、拉兹格·莫霍利纳吉（László Moholy-Nagy，1937 年）、沃特尔·彼得汉斯（Walter Peterhans，1938 年）、路德维希·希尔伯塞墨（Ludwig Hilberseimer，1938 年）、埃里克·门德尔松（Eric Mendelsohn，1941 年）、弗雷德里克·凯斯勒（Frederick Kiesler，1926 年）和汉斯·霍夫曼（Hans Hofmann，1932 年）等等。

这些欧洲建筑师和艺术家在用自己的实践直接影响美国建筑和艺术界之余，另一个更重要的成就便是教学。格罗皮乌斯和布劳耶在哈佛、密斯在 IIT 为美国建筑教育中创立了现代主义建筑的训练体系。另外，门德尔松在加州伯克利大学、凯斯勒在哥伦比亚大学也在一定程度上影响了美国建筑教育。梁思成曾遗憾自己错过了哈佛的现代主义建筑教育。但是事实上，他也对此没有办法，因为他在宾大时是 1920 年代，就算是他到哈佛读研究生的时候，也才是 1920 年代末，他哪会料到十年之后，欧洲三位大师突然驾临新大陆，其中两位接手哈佛建筑系，另一位在芝加哥重新打造出"新包豪斯"。梁林回国的时候，德国馆还没有建，MoMA 的国际主义展览也没有开展，美国的第一座国际主义建筑 PSFS 大厦要到 1932 年才建成。除非他能像贝聿铭一样，在 1930 年代经历了对宾大和 MIT 的巴黎美术学院建筑教育的失望之后，于 1945 年进入哈佛，最终如愿以偿成为格罗皮乌斯和布劳耶的学生。这可能就是机缘和巧合，让梁思成和杨廷宝带着从宾大练就的一身巴黎美术学院功夫回到中国，影响了接下来一代又一代中国建筑师，而贝则留在美国，成为 20 世纪最重要的大师之一。

与中国、日本比较起来，距离欧洲最近的美国大陆更像是欧洲的延伸。不夸张地说，现代主义是从欧洲整体平移到美国的，当然这其中，菲利普·约翰逊、亨利·罗素·希区柯克和赖特，以及那些为"密斯们"提供实践机会的美国人，也起到了至关重要的作用，他们和欧洲人一起，在美国将现代主义推进到国际式风格。

日 "异"

从安政元年（1854）开国之后，日本就从未停止过对西方建筑文化的接收和转化，但这并不阻碍日本建筑师建立一套属于自己的具体设计方法。以 20 世纪初期为例，当建筑需要落实到"形式"和"结构"时，新陈代谢的作品中与欧洲和美国的现代主义一样，出现了"骨架"（skeleton）、"组件"（component）；而当遇到"演变"和"更新"这些有关于日本文化的强调时，则涌现了"生长"和"系统"这些与西方现代主义建筑迥异的概念。如果我们把当时特殊的日本城市危机、战后社会变革和带有民主、公有制色彩的理想城市思想放到一边，只关注建筑层面的"具体"情况时，我们可以看到组件、骨架和城市三者在生长着的系统中相依共存的状态，而新陈代谢的绝大多数巨构构想都在这一层面表现出明显的相似性。

从林中杰博士的书中，我们可以找到如下"生长的组件"由"骨架"联系而成的"系统"化形态：黑川纪章的"城市联结器"（urban connector）、"变形"、霞浦计划（Kasumigaura）、螺旋城市、中银舱体楼，矶崎新的空中城市，菊竹清训的海上城市、树型住宅，丹下健三的东京湾规划、静冈新闻和广播中心，以及桢文彦和大高正人的"群造型"等等。

东西方有着不同的世界观，日本新陈代谢运动的根基是东方的，更是日本的。丹下健三对本土和民族性的关注无疑对日本现代建筑和新陈代谢派有重要影响，甚至可以说新陈代谢是丹下探寻日本文化在形式和空间上的全新表达的延伸。新陈代谢和丹下之间是存在互动的，这种关系也缔造了新陈代谢运动的成就。实际上，正是丹下的一贯号召——要继承精神而不是具体语言——帮助建筑师后辈们摆脱了形式语言和主义标签的束缚，将日本建筑的思考从欧洲和美国再次带回了本土。他们能够不通过经典建筑形式而达到这一目的，无疑对现代主义来说是一种升华。

日本的建筑就和明治维新的模式一样，首先完全照搬，而后部分摒弃，直到充分本土化。在这种模式中，外来的影响被接受、质疑，最终被合并、超越和异化。而中国对外来影响的反应更加多变，体现到建筑设计，经历了拒绝、接受、同化的多次回合，而最终逐渐显现的反而是"效仿"这个简单的初始反映。

中"译"

中国的现代化进程先后受到美国和苏联的影响，对外来事物的接受并未沿着线性的历史轨迹发展。相比日本，当20世纪初的中国建筑界面临根本性的全面改变的机会时，我们明显感到来自于一个过度成熟（早熟）文化的巨大惯性。中国对待外来文化的态度和美日就有着根本不同，正如梁漱溟所说"中国文化独自创发，慢慢形成，非从他受。反之，日本文化、美国文化等，即多从他受也。"[1]

对当时的中国建筑师来说，现代主义问题经常被理解为风格问题，而非建筑空间创造的理念。建筑可以使用钢筋混凝土这一类现代建筑材料，却不妨碍借助大屋顶和斗拱来塑造中国建筑的挑檐体系，结果最终的形式与现代主义理念完全脱离，这种处理方法清晰地表明了中国"体用二分"的哲学思想，也接近李泽厚的"现代内容和中国形式"的美学观点。很大程度上，现代建筑就像英语一样，作为国际性的通用语言，由中文翻译成英语的建筑模式可以以一种直接的、实用的方式满足国际社会各种要求，所以对待现代主义，中国建筑师的方法有限，就建筑而言，中国文化落实的能力之缺

1. 参见梁漱溟《中国文化个性殊强》，《中国文化的命运》，中信出版社，2010年版。

乏显得尤为明显。

其实，赖德霖已经就这种"译法"给出了解释，尤其是他将吕彦直作为中国建筑师在这方面的最早尝试总结为："通过对西方建筑原型造型要素做相应中国风格的变形以实现中国化和现代化的双重目标"，"'中译西'，即改用中国固有建筑能使之能服务于西方的功能；'西译中'，即将西方的建筑原型改为中式的风格"[2]。很多建筑师都自觉和不自觉采用了"翻译"的方法，墨菲（Henry Killam Murphy）、何西（Henry H. Hussey）、吕彦直、董大酉、林克明、梁思成，莫不是如此。

导致上述情况发生的另一层原因是礼制在中国建筑中的主导作用。作为中国绵长的历史中代替宗教的"道德"所依托之物，"礼"在建筑中体现在城市和建筑布局以及建筑的具体形式上。当中国传统建筑遭遇来自西方新建筑思潮的冲击时，建筑的布局和结构不得不随着功能的改变而改变，但是"礼"这一部分——由于往往受符号所承载——属于建筑本身以外的附加物，恰恰得以存留，一直到今天，当需求出现时，形式依旧。

一言以蔽之，看上去都是移植并接收了现代主义的中美日三国之建筑，其本土化的过程却有着如此巨大的不同，正如矶崎新所说，经历20世纪前半叶的转化，现代主义在美国最终成为国际式风格，并传播到世界各地；现代主义在日本被其内部的"民族"与"现代"之争不断向前推动，直到出现了新陈代谢学派；现代主义在中国却仿佛进入了死胡同，陷入了对"民族化道路"再评价的死循环。

现代主义发源自人们对社会内部的一次审慎的批判。从内部出发的建筑现代主义的发展经历了很多层次，是一个不断向深层次发展的过程。因此，一个国家对现代主义的接收的过程也应该具体到其中的不同层次，而接受后的再现也不可能依循某种既定的、固有的方式进行，而更应摸索自己的道路，在发展中重新找到自我，这才是应有的立场。也就是说，建筑的现代主义进程成功与否更要看现代主义本土化的方式和程度。如果就中美日三国进行比较，日本无疑做得最好，一方面，有着"学习"传统的日本没有来自内部强大文化的阻力，在接受层面可以很顺畅地进行，另一方面，回归本土进程从一开始就是日本建筑师和评论家的最终诉求，并以新陈代谢学派出现为标志达到最高峰。从这个角度来说，矶崎新有关新陈代谢是全球现代主义的最后一波思潮也是可以理解的。

其实我对矶崎新如此纠结于现代主义这个标签一直不理解[3]，因为包括现代主义在内的建筑创作活动都是带有象征意味的。要知道从联系家庭、建筑和城市的现代主义，到强调演变和更新的新陈代谢，再到《生长和形式》（*On Growth and Form*）背景下的参数化建筑，都不约而同地在寻找与生命体和建筑之间关系有关的象征，从这个角度来说，20世纪之后建筑界所发生的其实都是一码事。

2. 参见赖德霖《中国建筑革命——民国早期的礼制建
筑》，（台湾）博雅书屋，2011年版。
3. 参见丁力扬《新陈代谢运动的历史再定位》，《时
代建筑》2011年第1期。

新陈代谢运动论（下）

日本计划：日本建筑中的七位“武士”　太田佳代子

黑川纪章访谈　雷姆·库哈斯　汉斯·尤利斯·奥布里斯特

原载“新观察”第十九辑 / 2012.12

"有四位建筑师，两位分别是工业设计师和平面设计师，还有一位是评论家。如同黑泽明的电影中表现的一样，他们多有不同，却都拥有很强的非自我主义的野心：用他们新的双手重建这个国家。随着 A nous l'avenir!（将未来把握在我们手中！）的发行，新陈代谢主义诞生了。他们中的每一位都发表了一系列为特定的地区设计的具有前瞻性的方案——大部分集中在东京——用以平复城市中的人们日益积累的不安情绪。在这些方案中，未来很远却又很近，仿佛触手可及。"

在编辑这辑"新观察"的时候，太田佳代子女士曾来信表达了她的担忧，她听说中国市场上已经有了《日本计划》（Project Japan）的中译本，这将使她参与策划的这辑关于新陈代谢派的文章失去意义。幸好，我已很偶然买到了这本"编辑"得很烂的盗版书（竟然是中英混排版），并且知道"书"中有关黑川纪章访谈的部分存在严重的失误——绝大部分内容没有翻译，也可能漏排了。这使她重获信心，写下了上面这段激扬文字，而文章的名字，是"日本计划：日本建筑中的七位'武士'"。

在文章中，太田佳代子回顾了这部由库哈斯和汉斯（艺术策展人）实施的、起始于 2005 年的、原计划 3 天结束的采访计划，如何延长为一个长达六年、充满责任感和抢救意识的编辑出版计划。以及这部体例怪异的巨著的成书动机："我们的研究和分析将这些发现陈列出来，几乎未经触碰，它阐释着建筑和大社会之间的动态关系。《日本计划》是对一个大部分重建的历史的系统性记录。"

寻找另一种现代性，或者，从传统中探寻东方现代性的因子，这是库哈斯团队对看似疯狂的新陈代谢派的未来主义实验的洞察；当然，那种近乎癫狂的入世和跨界状态，也是库哈斯们痴迷的，这绝不是大陆设计界自恋自怜的"跨界"趣味，而是黑川纪章在访谈中披露的种种"英雄壮举"。

太田佳代子是位优秀且细心的编辑，从一开始，她就力主这辑"新观察"应完整刊登《日本计划》中的"黑川纪章访谈"，而不是精选书中若干片段。大陆建筑界对黑川纪章并不陌生，早在 1980 年代，《世界建筑》杂志曾破例为他刊出专辑，"共生"论借着后现代主义东风"如火如荼"，但那还只是建筑师兼理论家黑川。

这个长篇访谈让我们看到一位拥有众多身份的超人黑川，当然，还有更重要的："这些内容都将改变我们对建筑师这个职业的惯有的、局限的认识，建筑师们不仅是建筑行业的专业人士，也是对现状、对建筑领域具有建设性见解的评论家。"

诚哉斯言！我想，她才是这辑"新观察"的真正的主持人——可惜的是，由于开本和印刷条件的限制，没能按她的意愿配上原书精彩的史料图片。

在此，还要感谢 OMA 北京的姚东梅和王羽，正是与《日本计划》的作者们同样的激情，促使他们在百忙中出色完成了艰辛的沟通与翻译工作，以及马健全女士的周密校审。

日本计划：
日本建筑中的七位"武士"

太田佳代子

将近七十年前，整个日本处在一片废墟与绝望的萎靡状态中。分布日本群岛的约二十座城市大于50%的区域受到空袭和原子弹爆炸的摧毁，仅剩半壁残垣。以大都市东京为例，其损失达51%，很难想象如何在此重建都市生活。

然而，对于城市规划者和建筑师来说，这样的状况不应仅仅是悲剧，而可以成为一种机会，烧焦的土地也象征着一张白板，一片新的都市栖息地。

老一辈的希望和信心已消磨殆尽，但贫瘠的土地上涌现的新生一代，却充满了新希望和新能量——他们企盼以一种全新的方式重建一座新的城市：这里不仅将拥有一个全新的社会，把昨天的问题转化成明日有价值的东西，还将把有形的物质遗产和无形的精神遗产保存传承，并融合到新生的事物之中。

走近七位年轻"武士"

有四位建筑师，一位是工业设计师，一位是平面设计师，还有一位是评论家。如同黑泽明的电影中表现的一样，他们多有不同，却都拥有很强的非自我主义的野心：用他们新的双手重建这个国家。随着 A nous l'avenir!（将未来把握在我们手中！）的发行，新陈代谢主义诞生了。他们中的每一位都发表了一系列为特定的地区设计的具有前瞻性的方案——大部分集中在东京——用以平复城市中的人们日益积累的不安情绪。在这些方案中，未来很远却又很近，仿佛触手可及。

新陈代谢派自1960年宣布成立以来，在十年中一直保持活跃的研究和创作状态，并在1970年的大阪世博会达到巅峰。虽然其中的四位建筑师武士最终吸纳了后现代主义的新力量——围绕哲学的时髦讨论、语言学或艺术，以及禁欲与内向的极简主义，但新陈代谢主义仍然是后来的日本建筑链节的一个开端，从此一代又一代的新生力量沿着上一代的足迹继续前行（如今，这条链节已被个人主义或分化现象所取代）。然而，新陈代谢派人物为未来城市或建筑所勾画的精彩蓝图，却以某种方式一直流传下来。或许这需要归功于新陈代谢派成员的表达沟通能力，使得这场运动作为神秘的东方遗产保留至今。

2005 年，雷姆·库哈斯（Rem Koolhaas）、汉斯·尤利斯·奥布里斯特（Hans Ulrich Obrist）和我所在的编辑团队共同前往东京，与那些依然健在的"武士"以及与他们的专业研究或个人生活紧密相关的人士会面，并进行了访谈。此次访问任务是为了记录"最后一次前卫运动"和"西方国家以外的第一次建筑运动"中的在世者，我们希望有幸借此机会，解码这一全世界公认的谜题。

最终，采访并未按原计划在 3 天内结束，而是延长为一次长达六年的、曲折的研究、分析和编辑过程。在不为人知的谜题背后，隐藏着一个又一个出人意料的事实。换句话说，我们正在发掘或建立的是一系列动态的链接脉络，这意味着可能有一些视点甚至连新陈代谢派或者与他们同时代的人都没有意识到。有一些领域他们已经完全淡忘（毕竟半个世纪已经过去）或被曲解为人文现象，因此并无相关记载，或者在我们到来之前已被当作历史看待。在我们这个项目的某些过程中，书籍不再那么有用或可信。

五十年前的事物尚未完全成为历史，因此想要在这一主题上拥有编写完整的学术著作，还为时尚早。但鉴于人类的寿命，当我们终于可以研究近期的历史时，再想象我们现在这样直接入手自己组织操作，去记录在世者们的声音时，恐为时已晚，珍贵的历史记录将永远消逝。

正是由于意识到了这一点，我们找到了编写此书的动力，并花费了如此漫长的时间，完成这个这项自发的任务。事实上，编辑团队中并没有历史学家或建筑评论家，似乎反而对项目有利。

理论上，仅凭回顾建筑作品或事实去理解建筑史是不太可能的。作为一个主题，新陈代谢主义为这一点提供了佐证，因为新陈代谢派的活动与战争结束后国家的恢复重建、经济的迅猛发展和社会的飞速变化一直保持着紧密的联系。日本政府制定的国家重建计划，新生力量涌现并统领了商业领域，传媒的力量不断增长尤其是电视，以及经济的全球化，这些因素构成了日本甚至世界其他国家和地区在 20 世纪后半叶发展前行驱动力，也是新陈代谢派成员活跃的范畴。我们的研究和分析将这些发现陈列出来，几乎未经触碰，它阐释着建筑和大社会之间的动态关系。《日本计划》是对一个大部分重建的历史的系统性记录。

在新陈代谢主义的高潮时期，日本曾主办过两次重要的国家级和国际性活动，即中国人现已很熟悉的奥林匹克运动会和世界博览会。在中国和日本，世博会被看作是远期规划蓝图、新科技发展和国际化交流合作的某种孵化器。新陈代谢主义者在其中得到了大量的关注，尽管年纪轻轻，却有机会给未来城市和建筑提供无限的构想。例如黑川纪章（本辑有黑川纪章访谈的无删节详细译文）就为东芝公司和石川岛播磨重工业（造船企业）的联合体设计了一座富有未来感的建筑馆。此建筑不仅是一座能够播放多屏幕，在其中上演有关未来内容的电影的移动影院，更是一个社会和经济循环体系在建筑上的展示。在作品中，标准化的建筑模块可以灵活地组合或拆解，根据任何地形扩展或缩小成任何形态。模块使用钢材制作，以利回收。

这座临时建筑所拥有的生态特质恐怕早已被人们淡忘，但在当时，这却是无数渴望为未来做些贡献的建筑师们的作品之一。一个极端的例子是，黑川纪章曾建议在寒河江新建市政厅的墙体中预埋定时炸药，设定在建成后第三十年的某一时刻，大楼自行爆炸并消失。就像新陈代谢主义理论，一个循环在特定时间结束，为下一循环提供空间。这段插曲是在库哈斯和奥布里斯特采访黑川先生的时候提到的。"问世—毁灭—消失"的自然轮回以及"无常"哲学，是佛教徒黑川纪章在基本的唯美主义中深信不疑的，并努力尝试融入其新都市和新建筑体系中。

在1960年代到1980年代之间，新陈代谢派拥有与政界和商界沟通的便利渠道，而政治家和商人们也非常愿意听取他们的意见和建议。然而，当市场原教旨主义和全球化趋势开始统治经济体系，建筑师们面临的情况也发生了根本的变化。建筑与社会的分化再次变得严重。然而这种状况并不仅仅发生在日本，全世界都在遭遇这一问题。

在《日本计划》的受访者中，黑川纪章、矶崎新、下河边淳可能是与中国联系最紧密的。作为日本国家规划师的下河边淳，出于其对中国社会与文化的兴趣在退休后曾多次访问中国。矶崎新早在1990初，就为中国海南岛提出了一个独特的方案，该项目后被发表为"海市，幻想之城"，并被誉为当代乌托邦，他至今活跃在中国多个城市的大型建筑项目设计中。

1980年代初，黑川纪章开始访问中国。在随后的二十多年中直至2007年去世之前，黑川先生一直参与中国多个项目总体规划和建设。黑川先生不仅拥有令人起敬的作为一个建筑师和城市规划师的勃勃雄心，还非常真诚地希望与中国分享他在从零开始重建城市的经验和见解。作为一位日本的更是亚洲的建筑师——他摒弃对西方范例的单纯模仿，一直坚持基于社会特点和传统的现代化与都市化。

本辑"新观察"中选编黑川纪章先生的采访，主要有两个原因：第一，黑川先生的访谈生动地讲述了这位独特的建筑师的一生与日本战后现代化建设的联系；第二，通过访谈我们可以了解到黑川先生在日本国家建设和现代化进程中的诸多贡献，从中获得极大的鼓舞。这些内容都将改变我们对建筑师这个职业的惯有的、局限的认识，建筑师们不仅是建筑行业的专业人士，也是对现状、对建筑领域具有建设性见解的评论家。

《日本计划》留给人们的第一印象，像是一本关于历史的书籍。可是主标题下那些醒目的名字，包括雷姆·库哈斯和汉斯·尤利斯·奥布里斯特，却无声地体现着对当今社会上的建筑及建筑师的一种批判态度。曾经年轻而饥渴的建筑师们如何在建筑领域中共同奋战——这种精神如今已消失殆尽——给予了我们极大的鼓舞。细品《日本计划》这本书，我们会发现大师们的思想精髓并非狂热的未来主义。

翻译：姚东梅、王羽（OMA北京）

黑川纪章访谈

雷姆·库哈斯（Rem Koolhaas）
汉斯·尤利斯·奥布里斯特（Hans Ulrich Obrist）

黑川纪章

1934　出生于名古屋

1945　目睹名古屋在美国空袭中一夜变为废墟

1957　毕业于京都大学，进入东京大学研究生院丹下健三研究室

1958　赴列宁格勒参加国际建筑学生研讨会，后访问莫斯科

1959　发表新东京项目：建筑文化中的人性类型规划；受丹下健三委派，协助浅田孝与川添登组织的
　　　世界设计大会；加入"新陈代谢派"

1960　参加世界设计大会以及纽约现代艺术博物馆"前瞻性建筑"展览；出版第一本著作《预制住宅》

1961　为东京规划螺旋体城市方案

1962　在东京成立事务所；在巴黎近郊鲁瓦约孟修道院参加 Team10 研讨会

1963　完成首个委托设计作品：山形县日东食品工厂

1964　丹下健三研究室博士课程

1965　发表《流动人口》；在（意大利）乌尔比诺参加 Team 10 研讨会

1967　出版《行动建筑论》；加入下河边淳的研究组，进行新国家综合开发计划研究；完成山形县
　　　夏威夷乐园

1969　成立社会工程学研究所

1970　为 1970 年大阪世博会设计三个展示馆；日本国家铁路顾问

1972　中银舱体塔楼；舱体度假屋 K；舱体屋村落方案；首次赢得国际竞赛：坦桑尼亚新议会大厦和新首都

1973　在日本 NHK 国家电视台访谈首相田中角荣；意大利瓦斯托和圣萨尔弗规划

1974—1991　日本 NHK 国家电视台特约评论员

1976　大阪舱体塔

1977　大阪国立民族学博物馆；加入教育部中央委员会以及"政治—商务—学术"社会自由研究组

1979　大平正芳首相的顾问；阿斯彭国际设计大会主席；开始利比亚 As-Sarir 新城设计项目

1985　为筑波博览会设计五个展馆

1986　被委任为清华大学终身客座教授

1987	"新东京规划，2025"；获得理查德·诺伊特拉奖
1988	广岛市现代美术馆
1991	出版《共生的思想》
1998	马来西亚吉隆坡国际机场；哈萨克斯坦阿斯塔纳规划；荷兰阿姆斯特丹梵·高美术馆新馆
2006	赢得圣彼得堡新足球场项目竞赛；出版第100本著作《都市革命》
2007	住户投票要求中银舱体塔楼拆除；在东京国立新美术馆（黑川纪章设计）举行作品回顾展；参加东京都知事选举；作为"共生新党"领袖竞选参议院议员。10月去世，享年七十三岁

"建筑师往往活在如此之小的世界里，这在我看来是很愚蠢的……"

加入新陈代谢派时，二十六岁的黑川纪章是当时组织里最年轻的，也是最早熟、出镜率最高的成员，并很快成为最高产的代表。在1957—1958年两年中，他连续经历了东京大学研究生院、丹下健三研究室，1958年访问苏联后幻想破灭和目睹了国际现代建筑协会的解体及其静态现代视角。这些经历最终使黑川纪章成为新陈代谢派的典范。

目睹日本城市被第二次世界大战弹火的摧毁也是至关重要：这使得黑川纪章痛苦而清晰地意识到建筑的非永久性。在我们的访谈中，黑川纪章坚持表示，这一经历不仅是明显的现代启示以及新陈代谢主义的导火索，实际上更是佛家思想与日本传统神道的融合与延续，自17世纪以来伊势神宫每二十年的重建就是明证。

1962年，黑川纪章成立了自己的事务所。他通过一系列自荐的方案和在1960年代至1970年代实现的激进的项目，开创了新陈代谢主义的关键性理念：在城市规划的国家规模中，引入预制、舱体、蜂窝式的、生物学隐喻等手法……

在1970年大阪世界博览会上，黑川纪章从纯建筑师"变形"成了媒体人物，也推进了他的政治生涯。1969年，随着社会工程学研究所的成立，他超越了建筑并研究政治、经济、科学和人口统计学，为各种政府部门和机构制作了上百份报告。与此同时，在1974—1991年之间，黑川纪章作为日本NHK电视台特约评论员，在电视媒体上进一步宣扬他的思想与理念。

2007年，在他生命中的最后一年，黑川纪章首次参加东京都知事以及参议院议员选举，但均未成功。黑川纪章后来被批评为对空言虚辞的无休止追求、浮夸以及过度制造，但同时他也是一个目的严肃的公共知识分子、实际上的政府顾问、一个据他自称作为100本书的作者，以及享誉日本国内外的建筑大师。所有的一切，都是黑川纪章项目的一部分。

雷姆·库哈斯：我们的期望不是重构新陈代谢主义的历史，而是试着理解像您这样一位新陈代谢派成员如何回顾新陈代谢主义。目前的访谈让我们感到惊喜。

汉斯·尤利斯·奥布里斯特：您是新陈代谢派的最年轻的成员，这一点在无数场合被注意到。大家似乎都提到您曾在世界设计大会前两年，也就是1958年去过莫斯科。那次莫斯科之行是怎样的？您是受邀前行，还是一次研究访问？

黑川纪章：我当时受邀前往列宁格勒，作为日本代表团的团长，参加国际建筑学生研讨会。那时日本国内学生正在进行左翼运动。当时我最仰慕的小组之一是前卫派构成主义，因此我在莫斯科试图探究20世纪早期后发生了什么，是否有人仍继续这一探索。遗憾的是我一无所获。但是我有幸与几位学生和青年委员会主席一起得到了赫鲁晓夫的会见，并进行了亲切的谈话。

库哈斯：谈话的内容您还记得吗？

黑川纪章：我在接受莫斯科电视台采访的过程中，对在莫斯科大学和地铁站看到的、模仿革命前帝国时期装饰风格的斯大林主义设计理念和社会主义现实主义提出批评意见。这些建筑让我觉得很怪异，与苏联前卫派的列昂尼多夫、塔特林及马雅可夫斯基大相径庭。我感到非常失望，这也是我回到日本的原因。你应该听说过，赫鲁晓夫试着重新评估前卫运动，包括现代主义，这是他的解冻政策之一。

库哈斯：他想要恢复这些吗？

黑川纪章：是的，赫鲁晓夫自己确实曾做过尝试。继斯大林之后，赫鲁晓夫邀请外国建筑师与建筑学生来到莫斯科，甚至包括欧洲建筑师。但是随后他很快改变了主意，开始反对现代主义。毕加索是共产党员，然而对毕加索在莫斯科的一个艺术展，赫鲁晓夫却强烈批评。

库哈斯：他变为反对它了？

黑川纪章：是的，他说毕加索的画让一头驴用尾巴都可以来画。赫鲁晓夫回到了社会主义现实主义的艺术与建筑领域。

两个崩溃瓦解

汉斯：您与马克思主义的关系是怎样的？在新陈代谢派文学作品中，处处可以看到马克思主义思想的痕迹。

黑川纪章：我本身也是京都大学的积极分子，但 1958 年后，我改变了看法。

库哈斯：您的意思是说，新陈代谢主义中完全没有马克思主义元素？

黑川纪章：完全没有。而且，第二年，国际现代建筑协会解体了。这令我非常震惊。

库哈斯：很短的时间里两个信念的崩溃瓦解。

黑川纪章：国际现代建筑协会与包豪斯都是了不起的"慷慨陈词语汇"，因此我当时无法理解发生了什么事情，现代主义理论出现了什么问题。1959 年，我写了一篇檄文，关于我们正在面临的从国际现代建筑协会运动到另一阶段的范式转变。但是另一阶段到底是什么？

库哈斯：您用什么词表示转型？当时"范式转变"一词还未出现。

黑川纪章：正式说法是，"从机械时代到生命时代"，或者更准确地说，是机械原则到生命原则的转变。

汉斯：您认为这是一种宣言吗？

黑川纪章：是的，是一种宣言。

汉斯：我们对宣言的观点非常好奇。在过去的十年至二十年中，艺术及建筑世界中的宣言越来越少。很显然，作为一个运动，1960年的新陈代谢主义可以看成是一次集体宣言。

这是新陈代谢主义！

黑川纪章：1958年，我们互相还不认识。我听说过菊竹清训的名字，槙文彦还在美国。我正在写书，尝试了解当时的建筑范式转变。随后我收到了丹下健三老师的一位朋友浅田孝先生的邀请。

库哈斯：他们也是合作伙伴。

黑川纪章：是的，的确如此。当时他们共同在筹备1960年的东京世界设计大会。川添登成立了大会筹备委员会，标志着新陈代谢派的开端。1959年，新陈代谢派的第一年，我遇到了川添登与浅田孝先生。当时我们都在努力了解世界的变化，思考我们能够做些什么，我们能够发现哪些有趣的事情，可以选为大会的议题。随后川添登先生和我邀请了工业设计师荣久庵宪司先生、摄影师东松照明先生、建筑师菊竹清训先生，以及平面设计师粟津洁先生加入我们的队伍。我们还联系了槙文彦先生和大高正人，但是当时槙文彦先生不是很愿意参加。

汉斯：他的态度很迟疑？

黑川纪章：他的想法与新陈代谢派的其他成员不太一样。大概在他到美国的第二个月，他突然与大高先生共同成立了一个团体。

库哈斯：一个小细胞。

黑川纪章：是的，一个蕴含在新陈代谢派之中的小细胞。他们推崇他们的"团队形成"的理念。我们认为与我们的新陈代谢主义思想类似。你知道为什么邀请东松照明加入我们吗？他1960年的系列摄影作品《沥青》深深吸引了我：作品聚焦了东京街道的细节。看着他的照片中的街道表面，人们可以看到沥青马路上的许多细节，包括钉子、垃圾、可口可乐瓶盖、石头等。照片展示了一个非常混乱的现实世界。我认为这就是新陈代谢主义！我建议他加入新陈代谢派，因为他的摄影作品能够代表我们。这样我们的队伍差不多成立起来，我们开始每天晚上六点开讨论会。

库哈斯：在哪里会面？什么样的环境？

黑川纪章：有的时候在银座的一家很小的名叫"柳月"的客栈里。那里是浅田孝的暂住地。他的居所在镰仓，距离太远了，所以他经常住在这家非常典型的日本小客栈里。每天五六点左右，川添会接到浅田的电话："过来吧，我们开始讨论。"有时浅田也会打电话给我们，邀我们到另一个地点开会，比如国际文化会馆（International House）。国际设计大会秘书长浅田和他的助手濑底恒当时在那里办公。有时我们也随便找个地方讨论。

完美地转变

汉斯：听说有时你们会讨论到深夜。

黑川纪章：是的，有时甚至直到清晨。但是讨论的第二天，我往往还继续画图或者写稿子。在会上，我们会花很长时间讨论新陈代谢派的文本，我们总是试着从日本传统建筑中选择范例。比如桂离宫，就一直是新陈代谢派很感兴趣的文本，因为它在150年中经历了两次不对称的扩建，古老的、中期的、新建的部分以模块形式组合。有趣的是，在我们的传统中，也有新陈代谢、周期等生长的思想。人们对桂离宫往往抱着一种欣赏的心境：首期就受到人们的膜拜；第一次加建完成后，人们称其为完美；第二次加建后，同样受到称赞。在每一个阶段，人们提起桂离宫时，一定会用"完美"来表达。我们认为，这是一个绝好的文本。

库哈斯：文本？你是说，一种蓝本？

黑川纪章：哦，"类型"或者"范式"实际上是与我说的"文本"恰恰相反，我所说的"文本"是引自罗兰·巴特1973年的著作《文本的愉悦》中的"文本"（text）。如果想用一种新的解释方法，一种问题。人们认为新陈代谢派的建筑一直在发展和变化，但是必须完美地变化，必须美观。

库哈斯：又一次提到完美。

黑川纪章：是的，完美作为一种持续变化的过程。非永久性的美、无形的美。因此我们寻求到一种新的理论。欧洲的美被认为是永恒的，但是也许我们可以基于运动发掘出一种新的美学。我们认为我们应该建造移动的建筑。这就是新陈代谢主义与未来主义的相关的地方。未来主义者及苏联前卫派与我们的想法一致。

重新开始的城市

库哈斯：我想关注两个年份：1958年至1960年。这个阶段给人的感觉像是一个忙碌的机场，很多飞机同时在这里起飞和降落。您失去了对共产主义的信念，而这个时候国际现代建筑协会解体了——或者说，现代性的信念消失了。第二次世界大战只过去了十三年，建筑刚刚开始从废墟与灰烬中重生，而且您正在研究伊势神宫和桂离宫。

黑川纪章：特别是桂离宫，一直是我关注的焦点。在新陈代谢派的每一次会议上，桂离宫都是我们讨论的议题。伊势神宫只是偶尔提到。

库哈斯：对于我们来说太难想象了。作为这次传奇运动的一分子，您创作了直到今天依然富有震撼力、令人称绝的视觉作品。但是您告诉我们您当时的研究对象是宫殿与庙宇，您是如何将这些融合为一体的呢？

黑川纪章：这就跟如今的事物与许多其他的事物相互关联一个道理。我认为我们正在合成着很多事物，包括矛盾。当时发生的事情太多了。

库哈斯：在学校里您是否受到未来主义派和苏联前卫派的影响呢？

黑川纪章：是的，在高中时代。我父亲是一名建筑师，他的工作室里摆满了书。

库哈斯：所以您是说，您的文化信息很多来自于父亲，而不是来自学校？

黑川纪章：是的，还有一些来自自身的第一手体验。我在小学快要毕业的时候开始考虑建筑的问题。我在名古屋的中心长大，但是在战争中，我们逃亡到了乡下。有一天夜里，两三百颗炸弹飞过城市上空，城市成为一片废墟。拥有150万人口和230年历史的名古屋一夜之间消失了。我很震惊。站在废墟之中，我父亲说："现在我们必须在伤痕中重建城市。"我想，我们能建成一座城市吗？不可能！那时候，我并不相信建筑——我认为建筑和城市一样，都会瞬间消失。

唯识论

库哈斯：您那时候多大年纪？

黑川纪章：十岁。上中学后，我开始对哲学产生兴趣。每周我在东海学园佛教学校听校长、著名哲学家椎尾辨匡讲课。进入京都大学后，我开始研究哲学和佛教中的唯识论学说，它们成为我的共生理论的起点。

唯识论教学在4世纪起源于印度，后来与大乘佛教一起，经过中国传播到了日本，成为日本文化的基础。我对这个理论中的反纯粹主义学说很感兴趣。与之相反的是，从亚里士多德到康德，欧洲现代主义一直是基于理性的纯粹主义和二元论的。比如天主教，就通常将美好和邪恶划分为两极。纯粹主义者确实对科学、技术和经济起到了推进作用，但是这还远远不够。

库哈斯：在这个过程中，您是什么时候接触到马克思主义的呢？

黑川纪章：正如我刚才提到的，我曾经是大学里的积极分子，但是1958年，我开始对共产主义失去信心，于是在东京大学研究生时期，我开始专注哲学并开始写作，这些作品最终收录在我的《共生的思想》之中。这本书我花了五十年才完成。

暂时性哲学

库哈斯：您父亲是一位现代派建筑师吗？

黑川纪章：是的。

库哈斯：是一位中坚分子？

黑川纪章：是的，一个典型的现代主义者。

库哈斯：他是否有在日本以外地区的作品？

黑川纪章：没有，只在日本国内，而且只在爱知县地区。

库哈斯：您曾经告诉我您父亲是从传统派转变为现代派建筑师的。

黑川纪章：我想说的是，当时在战争时期，人们不得不成为传统主义者——就连丹下先生当时都创作了伊势神宫式的作品。在军队的管辖之下，很多建筑师都被迫进行神道风格的建筑设计，也包括我父亲。在战争时期他设计了多个神道风格的建筑，但是我认为他自己也并不热衷其道。战争结束后，他成为一位现代主义者。

库哈斯：这是我最不能理解的问题之一。在战争时期，很多建筑师被迫进行神道风格、伊势风格的设计，但是为什么战争结束后，前卫派仍在继续研究伊势神宫？

黑川纪章：不是的，并不是这样。

库哈斯：川添登先生是这样说的。

黑川纪章：是的，但是他说的是建筑风格背后的哲学。伊势神宫和桂离宫代表了美学宣言，暂时性哲学。

库哈斯：而不是方法或者理念吗？我还是完全不能理解。好像纳粹将古典主义建筑风格强加于一代建筑师，而随后那些受纳粹压迫的建筑师的后代又在学习古典主义。

黑川纪章：问题是唯识论与西方唯物论的对比。

库哈斯：这是战后重建的一部分吗？或者，这是否与战争有某种关系？

黑川纪章：事实上神宫已经有1200年的历史了，每20年都会重建一次。你理解么？我们看到的一切都是暂时的。

在战争中整个城市都可能一天之内消失。日本人坚信这一点，而不是外在的形式，就是这个哲学。川添先生之所以引用伊势神宫的概念，是因为伊势神宫的简约与现代风格契合。希特勒很迷恋新古典主义，并试图效仿卡尔·弗里德里希·辛克尔，这就是区别。在战争期间，丹下先生在"大东亚共荣圈纪念碑"竞赛中设计了日本神社风格的项目是很不光彩的。

库哈斯：是的，这也是我们想要讨论的问题。

不可见的延续

汉斯：如果回顾丹下健三和川添登在1950年代的关注点，以伊势神宫作为日本建筑的范例，确实发现他们在传统的伊势神宫的类型中发现了现代主义的主题——在功能设计中对自然材料的使用，整个预制的理念。他们是否在传统中寻求现代性？

黑川纪章：不是的，在哲学中而不是从形态中寻求现代性。当然，传统有很多是看得见的，但是重要的是我们坚信我们的传统和哲学是看不见的，这与欧洲的学说大不相同。欧洲人的思维方式根植于物质文明，因此他们所谈论的传统是看得见的。

库哈斯：事物。

黑川纪章：建立在物质至上的秩序感。我们将伊势神宫作为看不见的延续：每20年，这座神社可看见的部分——建筑——就会被重建。我们说传统已经被保留了1200年，尽管材料还总是新的。我们称它是一座非常古老、传统的建筑，但是我们所指的古老是与雅典卫城的物质保护截然不同。

在日本明治维新时期，我们开始从服饰、宪法、教育和建筑等多方面效仿西方文化——各个方面都以欧洲为模板。我对这种态度非常抵触。现代化不应该意味着复制欧洲文化。但是自19世纪以来，所有的发展中国家都在努力效仿西方社会。这种效仿的模式对技术及经济发展很奏效，日本通过复制西方模式，在这些领域取得了极大的成功。但是现在中国、新加坡、马来西亚和亚洲其他国家不再认为模仿西方是实现现代化的最佳途径。我们需要的是在全球化和本土化之间的一种共生的哲学。我们必须促进多样性文化的繁荣共生，而不是将未来发展局限在一味的现代化的竞争中。既不是伊斯兰原教旨主义，也不是民族优越感，它应是一个全新的世界。

建筑以外的方式

汉斯：正如我们在各种访谈中了解到的，新陈代谢派并不是一个同质的群体。它集合了很多异质的成分。与其他前卫运动相比，新陈代谢主义似乎更加有机，界域也更宽松。

黑川纪章：大高正人和槙文彦当时对建筑的思考是基于形态或布局的问题，但是我以一种更为哲学的方式思考。川添登努力研究伊势神宫、出云神社、绳文文化——一种日本岛国古老部族的文化，试图寻求日本文化的所在。但是他是传统派的核心人物。

丹下健三与新陈代谢主义没有真正的关系。丹下先生与矶崎新对新陈代谢派很感兴趣，但是矶崎新的秩序感总是错位，所以我们自行开始了。他曾经说过，"我是一个反—新陈代谢主义者"。我认为他更倾向于与前卫艺术家形成一个团队。他本人就是一个真正的前卫艺术家，与我们的团队很不相同，而且他依然持有这种艺术态度。

我开始接触建筑和艺术圈以外的人。我接触到了社会学者、经济学者、数学家、生物学家、哲学家、商人和工业家等等。

库哈斯：所以丹下先生没有参与。这是我们没有听说过的。

黑川纪章：新陈代谢派结成后，丹下先生邀请我们到国际文化会馆并宣布："我们成立东京团队，包括新陈代谢派，还邀请大谷幸夫、矶崎新和一些其他成员。"我问他："东京团队有何想法？丹下先生对建筑的未来有何设想？东京团队与新陈代谢派的理念有何区别？其实您是否同意新陈代谢主义学说？"但是他没有回答，于是这件事就结束了。

库哈斯："变形"可以看作是东京团队的另一个名字吗？
黑川纪章：不是的，"变形"是我想用于新陈代谢派第二本著作的名字。

汉斯：这本书从来没有出版？
黑川纪章：我们尝试过了。我编辑了大量的内容，荣久庵宪司根据我们的讨论编撰了自己的篇幅，但是菊竹清训、大高正人和槙文彦没能提供内容。

库哈斯：为什么？

黑川纪章：我不知道。新陈代谢主义出现后，我认为"变形"对我来说有意义。我认为它会使新陈代谢主义迈上一个新的台阶。我已经出版了《螺旋计划》（1961）和《变形计划》（1965）两本书，但是槙文彦、大高正人和菊竹清训并不是很赞同，虽然在出版时我们已经对书名和论点达成了共识。

库哈斯：那就是说，1962年后，你们之间再无共识？

黑川纪章：1969年，我们在秘鲁一个住宅项目竞赛中合作，1985年，共同为筑波世博会进行总体规划。2003年，在大高先生八十岁生日会上，所有的成员都聚齐了。2005年，我们出版了我们的新书。

生命的原则

汉斯：菊竹清训和川添登曾经指出他们的科学灵感，这也是菊竹清训理论的重要工具。我曾经一度认为武谷三男1946年出版的作品《辩证法诸问题》也是您的研究工具，或者您获得了其他科学灵感。

黑川纪章：我的想法不太一样。就像我刚才说的，我一直在试着理解即将到来的时代，思考从机械时代到生物动力学时代的转变。

库哈斯：那么您的研究灵感更多来源于哲学，而主要不是科学？

黑川纪章：我一直在研究生命科学和哲学。新陈代谢主义是一种生活的原则，共生思想是生命中最重要的概念之一。循环是一种生命的原则，生态是一种生命的原则，信息是一种生命的原则，模糊不清的中间区域也是一种生命的原则。自从新陈代谢主义创立以来，我持续探索循环、生态、信息，以及共生——所有这些关键词都是基于生存原则。我的研究方向非常明确。

库哈斯：如果现在回顾您的事业，以及您在1960年代拓展建筑领域的方式，通过包括出席电视节目、展览和各种活动，成为公众人物，这些是不是都可以看作将生命包括在建筑中的一部分？您是否会把这些看作新陈代谢思想和哲学的一种实践？

黑川纪章：我试着改变这个时代。

社会工程学研究所

库哈斯：能否解释一下，您是怎样改变这个时代的？还有，当您的世界开始扩展，您的想法是什么？

黑川纪章：建筑师生活在一个很小的世界里，我认为这很愚蠢。建筑和都市学应该与哲学、经济、社会学、政治、科学、艺术、文化以及其他领域相互关联。

汉斯：您当时具体与哪些人合作？

黑川纪章：我试着与一些知名学者合作，包括哲学家、人类学家梅棹忠夫。我在1977年设计了国立民族学博物馆，梅棹先生后来成了博物馆的第一任馆长。我广交益友，与各个不同领域人士建立起跨行业联系。1969 年，我成立了社会工程学研究所，邀请不同领域的人们共同讨论未来学。这是一个全新的"活动"主题。研究所成为日本政府的基本研究机构，为财务省、防卫省、厚生省等服务。

库哈斯：成立这个研究所完全是您个人的想法吗？还是受到政府的鼓励？

黑川纪章：不，我在当时的商业环境下成立了这个研究所，当时得到了多个企业的支持，如三井、三菱、住友等。

库哈斯：作为一个年轻人，您当时是如何与这些大公司取得联系的呢？您如何能够得到他们的信任？

黑川纪章：我想这可能跟当时我的两本书在市面上成为畅销书有关。我利用一切可以利用的媒介与社会沟通。菊竹清训是一位纯粹的建筑师，桢文彦是一位教育家和建筑师，川添登是一位纯粹的历史学家，所以我认为我必须拓宽视野。

每当开始一个项目，我都通过在社会工程研究所里的工作来进行市场和科研工作，并展开讨论，听取公众意见。与此同时，我从一个完全不同的角度进行建筑创作。这种方式非常有效，最终政府在一些重要的基础研究工作中对我们委以重任，如进行新建航空系统与铁路系统的比较，模拟日本人口增长，以及为财务省做经济预测等工作。这些对我来说，都是非常宝贵的经历。

库哈斯：您能否解释一下，对航空和铁路的研究主要是关于什么主题？

黑川纪章：研究主要是为了将垂直起降（VTOL）和短距起降（STOL）交通体系合并成综合交通网络，以适用于日本多丘陵的地理条件，一方面将新干线高速铁路与高速公路连接，另一方面将地面交通与空中交通连接。当然，还有很多其他的研究课题，其中有一项实现了降低汽车工业污染的技术研究是由丰田公司赞助的。

库哈斯：你们一共完成了多少研究项目？

黑川纪章：在 36 年里完成了大概有 480 个项目。

汉斯：太了不起了。其中有多少已经发表？

黑川纪章：我们是受政府委托进行的研究，所以，这些课题并没有发表。研究成果主要供投资商和政府机构参阅。

库哈斯：有多少人参阅这些报告？那 480 份报告大约分发给多少投资商了？

黑川纪章：这些报告主要为不同政府机构服务，为他们制定发展计划提供基础的研究材料。当时研究所拥有 200 万美元基金，投资商们可以共享研究成果。

库哈斯：那个时候的 200 万美元吗？

黑川纪章：是的，当时确实是一笔不小的数目。我们的报告为政府提供最前沿的信息。

汉斯：您有样本吗？

黑川纪章：这里没有，不过你可以参考那些报告的题目，它们已经在研究所归档。

库哈斯：您刚才说，您反对欧洲的二元论，而对共生和哲学更感兴趣。但是"社会工程学研究所"这个机构，听起来不是更惊人地欧洲化，更倾向二元论吗？

黑川纪章：我并没有否定二元理论，我只是认为，二元论并不能解决所有问题。我认为研究所的名字很东方化，因为社会学和工程学是两种相反的观念。我觉得称其为"社会工程学"更能够表达我们的研究方向，即将社会学与工程学结合起来。

库哈斯：是的，这个名称在美国也出现过，表达的是对社会形态的精心掌控。而您对"社会工程学"的诠释完全不同。

黑川纪章：请注意，美国在半个世纪前并没有出现这个名词，那时候这是个全新的词汇。

库哈斯：您能不能介绍一下研究所是如何发展的？在当时的日本，您是如何实现这一切的？

黑川纪章：研究所 80% 的客户是政府机构，因此我们对政府努力试图改变的事物很清楚。而通过这些关系，我受邀参与多个政府委员会，担任国家铁路、日本航空、三菱地产和日本森大厦株式会社的顾问等，以及在日本 NHK 电视台一个新节目中担任评论员。

库哈斯：下河边淳先生从政府角度为新陈代谢派的许多成员提供了很多支持。您遇到他了吗？他支持您吗，还是您受到其他的支持和帮助？

黑川纪章：这就说来话长了（大笑）。

库哈斯：1960 年代，您主要将精力集中在政府项目方向上，甚至帮助他们制定政策法规。当时政府控制的企业很强大，拥有大量的资金并几乎为一切事情决策，您也得以扩展自己的机构。而在过去的 10 至 15 年，政府控制的企业权力减弱了，而相应转移到私营企业和私人发展商身上，但这些发展商往往缺乏广阔的视野。

黑川纪章：我现在看你和你所做的，就像在看年轻时的自己——扩展到不同国家，试着衔接不同领域。

库哈斯：是的，但是我没有您那么幸运，您的事业与政府密切关联，这给我留下很深的印象。

即兴电视直播

汉斯：电视是您利用的很重要的一个媒介，而且对您的事业具有很大的影响。您当时所做的一切，在现在几乎是不可能的。您能不能介绍一下是如何得到机会，进入电视领域的呢？

黑川纪章：日本放送协会 NHK 电视台在 1970 年代曾经有过系列节目，邀请来自不同领域的七位专家学者担当评论委员会成员，我当时代表建筑界受邀。评委会成员的任务，是对 NHK 电视台新闻评论节目的方向进行讨论，录制成一个新的小专辑。我的专辑"新闻之窗"大概有 15 分钟，在节目中我可以畅所欲言。我作为社会评论者的理念在我的著作中都有所体现。目前我写的书已经有 100 本。

库哈斯：您的评论性专辑是一个人吗？
黑川纪章：是的，不是访谈性节目。

库哈斯：完全即兴？
黑川纪章：是的，电视现场直播。

库哈斯：您没有把它事先写下来吗？
黑川纪章：我当然使用了笔记，压力很大，因为它是向全国播放的"'频道 1'。"

库哈斯：从什么时候开始，什么时候结束？
黑川纪章：这项工作我从 1974 年一直参与到 1991 年。

库哈斯：在同一个频道，同一种形式吗？
黑川纪章：是的，但不仅只在电视中播出，同时也在无线电广播中播放。我还出现在其他国家的电视节目和广播中，包括公共频道和私人频道。

库哈斯：我相信这种经历一定对您树立声望很有帮助。
黑川纪章：我想是的。我能够得到提名，成为委员会成员，可能与我当时写书和对未来社会提出有趣的方案和建议有关。我认为人们对我的想法感兴趣，因此他们邀请我参加各种各样的论坛和辩论。但是，成为电视新闻评论员，或者说在电视中发言，并没有为我带来什么新的项目。从这一方面来讲，这些事对我来说帮助并不大——当然，我还是赢得了人们的认可和社会影响。

写，写，写

汉斯：在欧洲，有一种很有趣的并列现象，虽然日本的媒体空间有明显的不同。在 1960 年代早期，新小说派作家阿兰·罗伯—格里耶在《快报》周刊中有一个很大版面。他是一位得到巨大平台和大众媒体空间的实验派作家，那段时间很特别。

库哈斯：称其特别也是因为目前公共电视系统不再存在，各个地方的公众区域都在消失了。

汉斯：您的著作《都市设计》（1965）和《行动建筑论》（1967）在当时成为畅销书，也使您一夜之间成为在日本家喻户晓的人物，这在建筑师中并不多见。到底是怎样一种情形呢？

黑川纪章：秘密在于我的书，《信息群岛研究：日本的未来》（1967）以及《流动人口》（1969），这两本书吸引了建筑专业以外的大批读者的关注。现在这本《信息群岛：日本的未来》（Joho rettou Nihon no mirai）非常著名，但没有人真的读它（大笑）。

库哈斯：那么这本书不是畅销书（大笑）。

黑川纪章：这本书中讨论了日本社会的未来。它并不成功，因为这是日本第一本讨论信息化社会的书籍。评论家说："为什么一个建筑师，要讨论监视技术呢？"那个时候，名词"情报"（joho）是智能的意思。没有人买这本书。

汉斯：提到这个，我想起1997年第一次拜访您办公室的时候，您指着窗外说，这些建筑终会消失，但是写作是永恒的。

黑川纪章：在我看来，建筑师必须首先是个思想者，其使命不仅是实现项目，同时还能够尽力展现出城市的未来和社会的未来的景象，每当我没有紧迫的设计工作，我就一直写，写，写。

《都市设计》这本书已经再版，并已销售近半个世纪。这是惊人的。我认为，"露地"（roji）——城市走廊的想法要比广场更好，而未来的城市应该拥有狭窄的通道，而不是露天广场。我的这一理论成为城市规划者和建筑师，甚至是普通民众讨论的热点。我开始在东京和京都做狭窄"露地"的研究，并制成了新闻纪录片。当所有街道都因汽车急剧增加而拓宽，保留步行街在当时成为一个重要的城市问题。所以我的意见反其道而行，人们对这一理论很感兴趣。我于1973年被邀请在电视上与田中角荣首相进行辩论，并强烈坚持……

库哈斯：推进。

黑川纪章：促使当局改变其对城市的思考。人们产生兴趣并逐渐开始理解我的想法。这就是为什么我的书成为畅销书。

汉斯：您所说的畅销书大概发行了多少本？

黑川纪章：大概在10万到30万本。另一本畅销书，《流动人口》，不谈论建筑，是关于移动。我谈到信息社会和共时社区的未来。如果人们总是在搬家，我们如何维持社区范围内的沟通？

汉斯：1960年，新陈代谢派通过一本书展开自身的宣传，出版物虽小，但在世界范围内产生了影响——正如蝴蝶效应，就我们所知，在艺术领域也是如此。书籍如同教科书一样渗透到社会之中，尤其是小型教科书，展现了思想是如何在封闭的建筑书店的世界外展开不同的旅程。难道您不这样认为吗？

黑川纪章：嗯，也许吧。正如你所说，我的书不是针对建筑师，而是面对普通人的。我的想法直接深入公众意识，而不是只在建筑领域。《新陈代谢1960年》，我们的第一本书，并没有在日本得到回应，却深入到了国际建筑学会。

汉斯：它创造了一个传说。

黑川纪章：《城市革命》这本书，是第100本。

汉斯：写作是您的日常实践吗？

黑川纪章：思想是建筑师专业的重要组成部分，我在规划和设计的同时，每天读书写作。

引进戈达尔

汉斯：有一件事让我深深着迷：您的实践的扩展和延伸在当今产生了强烈的共鸣，不仅在建筑领域，在我的领域也是如此。当代艺术中，艺术家们所做的事情被雷蒙·德洛伊称为"玛雅事件"，它是在有实验性的同时成为主流。想想马修·巴尼的电影《绘画抑制9》(Drawing Restraint 9, 2006, 比约克主演)，或者菲利普·帕雷诺和道格拉斯·戈登制作的关于齐达内的电影。我今年夏天与阿兰·罗伯-格里耶一起旅行，他告诉我，1960年代初，在法国曾有过一股风潮，可能就是称之为"玛雅"的潮流。戈达尔的早期作品便拥有着这种神奇的品质，那些主流电影同时也很前卫。在建筑领域没有比较，只有您曾经达到这种境界。我们在电影界有戈达尔，在文学界有罗伯—格里耶。如果不是纯粹的巧合，是什么让他们出现在同样的时间呢？

黑川纪章：电影《砂之女》(Woman in the Dunes, 1964) 的导演敕使河原宏、艺术评论家中原佑介和十三位包括我在内的志同道合者，在1968年成立了一家名为"电影艺术"的公司。这家公司只引进戈达尔的电影，我们为这些电影出版了《电影季刊》，一本漂亮的杂志。我们引进了近20部影片，后来公司破产了。

库哈斯：您认识戈达尔吗？
黑川纪章：不认识。

库哈斯：您会说法语吗？
黑川纪章：不，我学不会。我试图对将新陈代谢运动推向不同的领域。新陈代谢派的另一个成员——平面设计师粟津洁，当时也是研讨会的成员。
在1960年代，我还设计了太空舱，日本第一家迪斯科舞厅，在东京中心的赤坂地区。这是那个时代的沙龙：丹下健三和矶崎新，人们几乎每天晚上来到这迪斯科舞厅，其中包括著名的剧作家寺山修司、诗人谷川俊太郎、作曲家一柳慧、小说家石原慎太郎（现在是东京都知事），以及诗人白石加寿子。

库哈斯：这种聚会有没有太多的政治色彩呢？
黑川纪章：通常我们批判政府和政治制度。

库哈斯：有左翼倾向吗？
黑川纪章：思想上并没有，但场面非常前卫和反学术。太空舱有一个不锈钢地板和由电视机制作的吊灯。我试图在许多方面推进。

库哈斯：一贯是各个方面。

地域扩张

汉斯：我想多了解一些关于拓展领域究竟如何产生效果。您甚至翻译了影响深远的文本。您翻译的简·雅各布斯的《美国大城市的死与生》(1972)在日本成为畅销书，这是令人难以置信的，因为它的原著作从来就没有真正畅销。

黑川纪章：我写了《都市设计》之后，发现了雅各布斯的书。她提出的关于小街道的想法与我很相近，我觉得我找到了战友。所以我问她，我是否可以把它翻译出来。

库哈斯：对其他作家您有没有这般的认同？

黑川纪章：随后，我翻译了另一本书是查尔斯·詹克斯的《现代建筑运动》（*Modern Movements in Architecture*，1977）。我认为这对于学生来说是一本很好的教材。现在我在翻译约翰·霍金斯的书，《创意经济》（2002），当今最先进的经济学著作。

汉斯：关于媒体扩张，我们已经谈了很多，也包括在其他领域的探索。但您的工作包括：地域扩张，另一种形式的宣传。纵观 1960 年的会议，在艺术领域我们所说的艺术只是基于西方国家和日本，但您的探索范围包括亚洲很多国家。

黑川纪章：1986 年，我突然被邀请设计海南岛，在中国南海，好比东方的夏威夷。这个想法来自邓小平，并通过这一邀请，使我遇到了中国政府的高层人士。然后我又开始批判北京城市规划的政策，强烈反对已经开始建设的三环。我很希望保留城墙、胡同、狭窄的街道——它们是极其珍贵的。他们对这种观点都感到震惊，因为在 1970 年代，没有人这么说。来自俄罗斯和其他国家的建筑师和教授到中国来后总是说：你必须发展。而我说，应该保持老城区、修复古城墙！与此同时，1982 年我被任命为清华大学终身客座教授。

8 小时讲座

库哈斯：您多久去一次？

黑川纪章：有时一年三四次，有时一年一次，讲座安排得很密集。有一次，我做了八个小时的演讲，包括用午餐，所以这是与中国政府非常亲密接触的开始。

汉斯：与中国的接触从政治家开始，在新加坡也是如此。我记得 1997 年我拜访您的时候，马来西亚总理马哈蒂尔也即将到您这里。

黑川纪章：我的一些书已经在多个国家有译本。在中国进入 WTO 之前，他们可以复制和翻译任何东西。我事后才看到我的书已经有读者，这给了我很大惊喜，我从来没有与中国出版社签订过任何合同。在我的读者当中，有一位深圳市市长，他在学生时代读过我的书，有一天出现在我的办公室，说："我们举行了两次国际竞赛，但没有找到正确的想法，所以我们放弃了竞赛。现在我们希望邀请您来设计。"虽然我对于赢得国际竞赛的大项目并不陌生，但这是一个非常直接的邀请。我想，他来找我是因为任何国家的政府都需要城市规划思路。

库哈斯：这么多令人印象深刻的工作，这么多令人印象深刻的思考，这么多令人印象深刻的雄心。我们能不能说，目前在建筑领域里人们对您有一种误解：即仅知道您设计的大楼，而不知其他。令人郁闷的是，在建筑方面，您所做的其他工作似乎并不受关注。您的许多工作是完全不为人知的，甚至在某种意义上说，受到质疑。

全神贯注

黑川纪章：哦，我不知道，我不在乎……（大笑）

库哈斯：您的专业和您之间的裂痕什么时候真正开始呢？或者说您对这种裂痕是否有所察觉？例如，在这方面您有朋友是建筑师吗？

黑川纪章：我确实经常会见重要的人，虽然有时候我觉得他们说得很无聊。但是，我努力将年轻建筑师介绍给日本以外的人。

库哈斯：您是说您没有什么社交生活吗？

黑川纪章：我很忙。我所做的是项目的编写和设计，我全神贯注。尽管有一些个人批评，但我想我受到很多人的欣赏，特别是我已经获得了日本建筑中的全部重要奖项。在过去的45年里，我已经赢得了各种国际比赛的一等奖。虽然有些项目从来没有实现过，但对于我来说都是得到的某种认可，不管是来自竞赛的组织者还是建筑评审员。另外，我的书也已被翻译和阅读。我一直受到采访、讲座和展览的邀请。

汉斯：您有没有时间睡觉？

黑川纪章：非常短的时间。

汉斯：多久？

黑川纪章：有时五个小时，有时三个小时。我没有星期六或者星期日，没有年假，没有暑假。

汉斯：有多少人在您的办公室工作？最多和最少的时候是多少？

黑川纪章：包括顾问，我曾经有230人，但现在只有80人。

汉斯：另一项统计问题。您有多少项目已实现与未实现的呢？

黑川纪章：我大概赢得了十分之一到八分之一的大型项目的竞赛。

汉斯：到目前为止，您有多少项目已经实现？

黑川纪章：我没有算过，不知道具体数字，但介于100和200之间。

库哈斯：50%的新陈代谢派建筑师会计算实现的项目，另外50%的新陈代谢派建筑师就不算（大笑）。

汉斯：另一个问题，一个我总是在问的问题，在您未实现的项目中有没有最喜欢的、并为其尚未实现感到遗憾的项目？

黑川纪章：我对那些获得一等奖的设计方案至今没能得以实现都感到遗憾，比如1987年的阿联酋大学城、1989年的大阪市政厅、1972年坦桑尼亚国会总部、1975年阿布扎比会议城、1978年韩国新首都等等。1971年的一天，我收到了一封电报，告知我在蓬皮杜中心项目上获得了一等奖，而第二天……

库哈斯：我在拉维莱特公园项目上也有过相似的经历！

黑川纪章：第二天，我得到通知，我们的方案获得了第二名。

库哈斯：您觉得您的方案更胜一筹吗？

黑川纪章：我认为我的方案比建成的蓬皮杜中心更有意思。奇怪的是，他们给我发了两次奖金！非常奇怪（大笑）。

汉斯：诗人里尔克曾经为年轻诗人提供指导。您对年轻一代建筑师有何建议，我很好奇，想知道。

黑川纪章：我对他们只有一个忠告，像我当时年轻没有经验的时候一样，勇于接受挑战。想要得到项目，就意味着必须参加竞争。很遗憾，年轻一代们很狡猾（大笑），他们不愿意参加竞赛。竞赛会耗费大量时间和财力，而且很累，所以他们逃避竞赛。他们设计住宅、室内装潢或者是外立面，总之就是很省力的工作，不需要写书或是挑战政府。

形象出众

库哈斯：（看着一张黑川纪章站在一辆车旁的照片）您觉得个人的出众形象对您的事业起到多大的作用？

黑川纪章：形象出众？（惊讶）你知道吗，在我二十岁左右的时候，每家周刊都邀请我拍摄专辑。

库哈斯：因为形象出众？

黑川纪章：不是，是因为我的生活方式，我自信的谈吐。每个杂志都想用我的形象吸引读者。杂志社总是准备一部车，实际上，我是因为穷得吃不起饭，才会那么瘦削。那个时候我的体重只有 35 公斤。

库哈斯：嗯，这就是您保持身材的秘密。那个时候您那么潇洒、敏锐，清瘦到只有 35 公斤。现在呢？

黑川纪章：55 公斤！（大笑）很不一样了，但还算是前卫派。

库哈斯：您并不是一个明星，而是一位严肃的学者。就是在那个时候，您创办了社会工程学研究所吗？

黑川纪章：那是 1960 年代末期。如你所知，公众热爱贫穷而充满斗志的人。可是当这个贫穷的人开始成功，人们的态度就会转变为嫉妒，这是典型的规律。如果我继续在各种竞赛中失利，我就会重新变得贫穷。想要变穷很容易，而且我并不畏惧。

选自《日本计划：新陈代谢派访谈录》

（ Project Japan: Metabolism Talks ...TASCHEN，2011 ）

翻译：姚东梅、王羽（OMA 北京）

审校：马健全（一石文化）

现代建筑与
建筑师

何陋轩论

原载"新观察"第七辑 / 2010.09

2011年5月下旬，参加了中国美院建筑学院的第四届"树石论坛"，以及王澍策划的有关冯纪忠先生的绝世之作何陋轩的研究文献展。那几天杭州阴雨，所见、所谈、所悟的文化气场，迥异于北京。正是在这种烟雨氛围中，我们抛开了预设的"本土"与"园林"等宏大议题，将这辑"新观察"的论题锁定在冯先生的小小竹轩上。

在《实验性建筑的转型》中，我曾把王大闳设计的"国父纪念馆"看作台湾建筑由"古典主义向现代主义的坚实转向"。在我看来，何陋轩也是同样级别的现代建筑史的转型力作。当然，对与会的建筑师们来说，何陋轩的意义更深远得多。

"何陋轩是'中国性'建筑的第一次原型实验。"王澍的文章开宗明义，在界定何陋轩的建筑史意义时没有丝毫的含混。他认为何陋轩是过去一百年中国建筑史中，真正扛得起"传承"二字的作品，认为它"打通了历史与现在，大意与建造细节间的一切障碍"，"几乎做到了融通"。他进而痛惜地指出："在今天的中国建筑师里，有这种安静悠然的远意，并且能用建筑做出，非常罕见，因为这种状态，正是中国现代史花了一百年的时间所设法遗忘的。"

与王澍宏阔忧患的历史视野不同，童明的文章质疑了对何陋轩构造重建的意义，他更着意于对何陋轩的"意动空间"的细读，"通过何陋轩可以透露出，冯……能够真正以建筑方式进行思考的现代建筑师。他不仅在真实的环境中从事建造，而且也在自己的心灵深处从事建造。""这种建造不是那种动辄社会责任、文化传承之类的惶惶言论，也不是那种循规蹈矩、呆板严实的亦趋亦步，它是思维的一砖一瓦的真实搭建。"

王欣则从语言承袭的角度，认为"何陋轩就是一个画上世界'树石亭池'的真实构造，冯先生撇开了就在眼前身边的明清园林，单取了画意，且只取了基本式"，"是给自己更给后人做了一个'如画的范型'"。他进而指出："面对何陋轩，'当代建筑'是惭愧的。我们承袭了什么？"

"接着"王欣的话题，由何陋轩，董豫赣激愤于以"当代建筑"相标榜的"时代迫切症"！"在时代的速度压力下，建筑做法的讨论被压缩成建筑说法的争论，建筑观点的阐述被简化为建筑看点的热播，就这样，建筑现场变成建筑立场，建筑表现从技术表现转向效果表现，建筑阵地从工地转向媒体，建筑价值从内涵转向包装。"

以何陋轩为节点，几位有着江南文化"血统"的文人建筑师论述的"小"与"大"自然大不相同——正是这些"严重"的不同，构成了本辑"新观察"因"小"而生的磅礴气势，以及由"大"展开的发人深省的多向观照。

小题大做

王 澍

　　在一些中国建筑师的心目中，冯纪忠先生占有特殊的位置。"文革"和"文革"以前的事情，在人们的刻意忘却中，早已成为过去，而冯先生在今天的位置，主要在于一组作品，松江方塔园与何陋轩。这组作品的孤独气质，就如冯先生骨子里的孤傲气质一样，将世界置于远处，有着自己清楚的价值判断，并不在乎什么是周遭世界的主流变化。

　　冯先生和这个世界刻意保持距离，这个世界的人们却也并不真的在乎他，我想这就是事情的真相。在同辈分量可比的建筑师中，他或许是获得官方荣誉最少的一位。他的后半生一直在同济大学执教，同济的师生提起他都像在谈化外仙人。

　　针对建筑本身的传承困难，则是另一种方式。1980年代初，我在南京工学院建筑系读本科。中国建筑师学会苦于中国建筑缺乏有新意的设计，组织八大院校搞设计竞赛，项目是在青岛的中国建筑中心，实际上是建筑师的疗养院。南工很重视，组织博士、硕士为主的青年教师团队搞集体会战。那时，冯先生的松江方塔园已建成，何陋轩应该还没有建成，其中北大门是很轰动的作品。一夜，我偶然迈入建筑教研室，满屋子的学长在画图。见到我进来，有人就说，听说你最爱提批判意见，就评价一下我们的方案吧！我仔细看了图纸，地道的铅笔制图，很棒的铅笔素描效果图，让人佩服，但我一眼就见到冯先生的北大门赫然纸上。我就问，为什么要抄北大门呢？满屋哄笑。有人就说，看吧！终于有人说出来了。我就觉得自己像是《皇帝的新装》中说出真相的孩子。负责的学长就有点脸红，说冯先生的北大门设计得太好，实在想不出比那个更好的。

多年以后，我看到又有人抄了冯先生的北大门放在苏州环秀山庄一侧，则是后话。

从另一角度看，与当冯先生和他的松江方塔园和何陋轩不存在相比，抄冯先生的北大门，至少是对冯先生的建筑感兴趣的做法，尽管这样做没什么出息。

让我感兴趣的是，在现代中国建筑史上，冯纪忠先生处于什么特殊的位置。实际上，他是可以被视为一类建筑的发端人。他的松江方塔园与何陋轩完成于1986年，从那以后，尽管冯纪忠先生一直在做设计，但再没有建成的。与这一时期中国建筑巨大的建设量相比，与这一时期他的同辈建筑师的高产相比，他的作品空缺意味深长。他在2009年离去，但我们对他作品的认识只停留在1986年的那个时刻。

二十几年后，仍然有一些中国建筑师对冯先生的松江方塔园与何陋轩不能忘怀，我以为就在于这组作品的"中国性"。这种"中国性"不是靠表面的形式或符号支撑，而是建筑师对自身的"中国性"抱有强烈的意识，这种意识不只是似是而非的说法，而是一直贯彻到建造的细枝末节。以方塔园作为大的群体规划，以何陋轩作为建筑的基本类型，这组建筑的完成质量和深度，使得"中国性"的建筑第一次获得了比"西方现代建筑"更加明确的含义。

用一组如此微不足道的作品，搞定一件大事，让人感叹。作品不在乎多，而在乎好。这就是为什么，当想为冯先生的何陋轩做一个展览，事先请几位朋友到何陋轩一叙，除了童明在上海外，董豫赣、王欣从北京飞来，葛明从南京坐火车赶来，我经常戏称他们都是所在学校的教学英雄，其实大家都很忙。到了方塔园，大家问我，为什么而来，接下来就一起大笑，不知道为何而来就已经来了，一切无须多言。

如果纵贯过去一百年的中国建筑史，真正扛得起"传承"二字的，作品稀少。而这件作品，打通了历史与现在，大意与建造细节间的一切障碍，尤其在何陋轩，几乎做到了融通。1980年代初，当冯先生做这个园子时，尽管面对诸多阻力困难，但刚走出"文革"的他，必是憧憬着一个新的时代。他完全没有料到，自己在做最后一个；也完全没有料到，自己会如此孤独，后继乏人。

这让我想起赵孟頫，书法史上，二王笔法由他一路单传，他身处文明的黑暗时刻。有人会问，不可能吧！那么多人写字，笔法怎么会由他单传？这里谈的不是形式，而是面对具体处境的笔法活用，克制、单纯、宁静、深远，其背后是人的真实的存在状态。在冯先生自己的文字里，着手方塔园与何陋轩，他是抱着这种自觉意识的，但他的周遭，早已不是那个宁静的国家，他对这些品质的坚持，对"中国性"的追索，是相当理想主义的。我想起梁思成先生在《中国建筑史》序中的悲愤，疾呼中国建筑将亡。实际上，那只是几个大城市的街上出现一些西洋商铺建筑而已。而当冯先生做这个园子时，已是"文革"之后。当我们再见方塔园，则是这个文明崩溃之时。

我第一次去看方塔园与何陋轩，记得是1996年，和童明一起去的，正值何陋轩建成十年后。那种感觉，就是自己在合适的时候去了该去的地方。在那之前，我曾有过激烈的"不破不立"时期，对模仿式的传承深恶痛绝，甚至十年不去苏州园林。遍览西方哲学、文学、电影、诗歌等等，甚至1990年代初，将解构主义的疯狂建筑付诸建造。记得一个美国建筑师见到我做的解构建筑，狂喜，在那里做了三个原地跳跃动作，因为美国建筑师还在纸上谈兵的东西，居然让一个中国的青年建筑师变成了现实。但也在那个时候，我桌上还摆着《世说新语》和《五灯会元》，书法修习断断续续，并未停止。漫游在西湖边，内心的挣扎，使我始终保持着和那个正在死去的文明的一线之牵。也许这就是我的性格，对一种探索抱有兴趣，我就真干，探到究竟，也许最终发现这不是自己想走的方向，但正因为如此，才明白自己想要的是什么。1996 年，我重读童寯先生的《江南园林志》，发现自己终于读进去了，因为我发现这是真正会做建筑的人写的。也就是这年，我游了方塔园，见到何陋轩，发现这是真正会做建筑的人做的。

说得直白些，做建筑需要才情，会做就是会做，不会做就是不会做。从意识转变的线索，我们发现，和自己的转变相比，冯先生和童寯先生一样，经历了从热衷于西洋建筑到回归中国建筑的转变。但更重要的是，只有回归到"中国性"的建筑，当他们的才情与本性一致，他们才变得放松，才真正会做了。

我和童明、董豫赣、王欣、葛明一帮朋友坐在何陋轩里。在坐下之前，我们远观近看，爬上爬下，拍一堆照片，就像所有的专业建筑师一样。我意识到这一点，就拍了一堆大家在干什么的照片。冯先生在谈何陋轩的文章里，早就料到这种情景，但他笔锋一转，说一般的人，只在乎是否可以在这里安然休息。我注意到在这里喝茶的老人，一边喝茶，一边在那里酣睡。我们也坐下喝茶，嗑瓜子。被这个大棚笼罩，棚下很黑，坐久了，就体会到外部的光影变化，视线低垂，看着那个池塘，确实很容易睡着。一种悠然的古意就此出来。实际上，何陋轩本身就有睡意磅礴的状态，在中国南方的炎热夏日，这种状态只有身在其中才更能体会；或者说，冯先生在画何陋轩的时候，自己已经在里面了。与之相比，外部的形式还是次要一级的问题。六百多年前，唐寅曾有一句诗：今人不知悠然意。在今天的中国建筑师里，有这种安静悠然的远意，并且能用建筑做出，非常罕见，因为这种状态，正是中国现代史花了一百年的时间所设法遗忘的。

方塔园与何陋轩是要分开谈的，从冯先生的文章里看，他也认为要把两件事分开，因为隔着土山和树，方塔与何陋轩是互相看不见的。从操作上看，冯先生先把这句话摆出，别人也不便反对，做起来就更自由。但更深一层，我推测是冯先生想做个建筑，毕竟方塔园只是个园子，北大门做得再好也只是个小品。另一方面，方塔园在前，冯先生的大胆实验让一些人不爽，就有人暗示在那块场地做点游廊亭子之类，以释放对没见过的东西的不安与焦虑。冯先生显然不想那么做，他想的东西比方塔园更大胆。他要做的东西是要和密斯的巴塞罗那德国馆比一比的。这看上去有点心高气傲，但我想冯先生做到了。无论如何不能低估这件事的意义，因为在此之前，仿古的就模仿堕落，搞新建筑，建筑的原型就都源出西方，何陋轩是"中国性"建筑的第一次原型实验。冯先生直截了当地说过：模仿不是继承。

入手做何陋轩，冯先生首先谈"分量"，这个词表达的态度很明确，因为"分量"不等于形状。"分量"也不是直接比较，而是隔空对应，这种间接性是诗人的手法。冯先生的特殊之处在于他把抽象性与具体性对接的能力，他让助手去测量方塔园里的天王殿，说要把何陋轩做成和天王殿一样的"分量"。这就给了何陋轩一个明确的尺度，一个限定。这既是机智，也是克制。

"分量"作为关键词，实际上在整个方塔园发挥作用。借方塔这个题，冯先生提出要做一个有"宋的感觉"的园子，放弃明清园林叠石堆山手法。问题是，现实中没有可借鉴的实物，哪怕是残迹。史料中也没有宋园林的直接资料。造价很少，建筑仿宋肯定也行不通，于是，"宋的感觉"，就成为一种想象的品质和语言。这几乎是一种从头开始的做法，一种今天人们从未见过的克制、单纯，但又清旷从容的语言实验。在那么大的场地，冯先生用的词汇要比明清园林少得多，大门、甬道、广场、白墙、堑道、何陋轩，如此而已。他反复强调，这些要素是彼此独立的，它们都有各自独立清楚端正的品相，它们存在于一种意动互渗的"分量"平衡中。所谓"与古为新"，实质上演变为大胆的新实验。从他与林风眠的长期交往，到他自己善书法看，冯先生肯定是熟悉中国书画史的。历史上曾经提出"与古为新"这一理论主张的人物，最重要的有两个，元赵孟頫，明董其昌，都是对脉络传承有大贡献的路标人物。

更准确地说，冯先生所说的"宋的感觉"，是指南宋，在那一时期的绘画上，大片空白开始具备独立清楚的含义。南宋也是对今天日本文化的形成具有决定性影响的时期，许多日本文化人甚至具有这样一种意识，南宋以后，中国固有文明里高的东西是保存在日本，而不是在中国。当有人指出方塔园，特别是何陋轩有日本味道，冯先生当然不会买账。用园林的方法入建筑，日本建筑师常用此法，但冯先生的做法，比日本建筑师更放松，气息不同。在日本的做法中，克制、单纯之后，往往就是"空寂"二字，出自禅宗，我也不喜欢这种感觉，"空寂"是一种脆弱刚硬的意识，一种无生命的味道。冯先生以"旷"、"奥"对之。"旷"为清旷，天朗气清，尺度深广；"奥"为幽僻，小而深邃，但都很有人味。

"旷"、"奥"是一对词，但也会一词两意，具有两面性。方塔下临水的大白墙就是纯"旷"的意思，平行的石岸也是纯"旷"，冯先生下手狠，如此长的一笔，没有变化。而北大门、堑道、何陋轩，都是既"旷"且"奥"的，这里不仅是有形式，还有精神性的东西在里面，尽管在中国建筑师中，冯先生是少有的几个明白什么是"形式"的人。

我注意到，对视线高度的控制，冯先生是有意的，除了方塔高耸，其他空间的视线要么水平深远，要么低垂凝视。对于今天人们动不动就要到高处去看，他相当反感。

语言上的另一重大突破是细柱的运用。实际上，废掉屋顶下粗大梁柱的体系，也就彻底颠覆了传统建筑语言。就建筑意识的革命而言，这种语言的革命才是真革命。或者说，冯先生由此找到了自己的语言，在那个时期，这是独一无二的。我推测，对细柱的兴趣来自密斯。有意思的是，我书桌上的一本德国学者的著作，探讨密斯的细柱如何与苏州园林中的建筑有关，因为密斯的书桌上一直摆着一本关于苏州园林与住宅的书。

细柱被扩展为线条，墙体、坐凳、屋脊、梁架，都被抽象为线，甚至树木，冯先生也想选择松江街道边的乌柏，因为树干细而黝黑，分叉很高，抽象如线。不知道冯先生是否见过马远的《华灯侍宴图》，我印象里，这张图最能体现宋代园子的感觉：一座水平的长殿，屋檐下为细密窗格的排门，隐约可见屋内饮宴的人，殿外隔着一片空地，是六棵梅花，很细的虬枝，飞舞如铁线。空地上，空无一人。

但我感触深刻的，还是冯先生对所做事情的熟悉，非常熟悉。2006年，冯先生回访方塔园与何陋轩，一路谈论，诸多细节回忆，点出后来被改得不好的地方，全是关于建筑的具体做法，甚至哪些树不对，哪些树长密了，不好，等等，和1980年代他的文章比较，细节上惊人的一致。可以想见，做这个园子时，冯先生是何等用心专注。仔细读冯先生所写的关于方塔园与何陋轩的文字，就会发现，这是真正围绕建筑本身的文字讨论，这种文字，中国建筑师一般不会写。常见的状况是，要么为建筑套以哲学、社会学、人类学等等概念，以为有所谓概念想法就解决建筑问题，但就是不讨论建筑是如何做的；要么就是关于形式构图、功能、技术的流水账，还是不讨论做建筑的本质问题。实际上，很多著名建筑师只管建筑的想法，勾些草图，然后就让助手去做。冯先生对细节的苛刻说明他是一管到底的，这多少能看出留学时期，森佩尔、瓦格纳、路斯所代表的维也纳建筑师对他的影响，尤其是那种对匠艺的强调。而将城市问题和建筑一起考虑，使得方塔园的尺度意识特别开阔。最终，由何陋轩完成了建筑的类型实验。

如果说方塔园与何陋轩几乎是一种从头开始的实验，它就是摸索着做出来的。可能成功，也可能出错。说何陋轩是"中国性"建筑的第一次原型实验，是在类型学的意义上，在建筑语言革命的意义上，而不是指可以拿来就用的所谓方法。即使对冯先生，把它扩展到更实际的建筑上，也会作难。东大门要加个小卖部进去，尺度就出问题。生活里，冯先生是很好说话的人，人家要个窗户，他也觉得合理。做完了就后悔，觉得还是一面白墙更好。竹林里的那个亭子，照片上很吸引人，现场看就有点失望。但正是这种手法的稚拙，显现着摸索的鲜活。何陋轩的竹作，冯先生是放手让竹匠去做的，基本没有干涉，就有些意犹未尽。但我觉得恰到好处。物质上的做作越少，越接近原始的基本技巧，越接近普通日常的事物，反而越有精神性与超验性。实际上，20年后，这组作品还保持着如此质量，说明它能够经受现场与时间的检验评判。

中国建筑要做到很高质量，需要理清学术传承的脉络。在中国美术学院建筑艺术学院，我主张培养一种"哲匠"式的建筑师。"哲匠"一词出自唐张彦远的《历代名画记》，他把之前的伟大画师都称为"哲匠"。这是关于如何做建筑、做哲学的传承，需要从最基本的事情入手。这就是为什么，我们今年春天为冯纪忠先生所做的不是纪念展，而是让青年教师带了一个课程。学生们亲手制作了何陋轩80几个1∶1的竹节点，做工精良。有学生按1∶1尺度，以《营造法式》画法，用毛笔作节点制图，清新扑面。

在中国美术学院美术馆"拆造何陋轩——冯纪忠先生建筑作品研究文献展"的开幕式上，冯先生的女儿冯叶说她没想到这个展览能做得这么好。我告诉她，想法是学术上的活的传承，既然只拿到冯先生作品很少的几张图纸照片，我们就直接从现场研究做起。之后她告诉我，2008年，冯先生到访过象山校园，没有打扰我。先生在象山校园看了一下午，后来坐在半山腰咖啡厅的高台上，俯瞰校园建筑，没说什么话，坐了两个小时。

因何不陋

童 明

初识何陋轩的施工图，最惊讶的莫过于图纸在某些方面的简单性。且不说图纸的数量不过七八张，就其内容而言，也不如想象的那般复杂。如南立面，通篇上下除了简单的墨线图形外，只有檐口所标注的"+6.30"这么一个数字，而侧立面除了增加屋脊和北侧檐口的标高外，再无别的更多信息。

然而每入何陋轩，所获的现场感受却是如此丰富，以至于上上下下、反反复复地寻视巡视良久，也难以在概念中构成一份清晰的图景。可以说，这种丰富性来自于穿梭土丘、竹林、曲垣之间的蜿蜒石径，来自于临水而设、错层叠加并且相互旋动的青砖平台，来自于当空悬浮、由众多繁复的竹竿节点所构成的硕大草棚，在这样一种全然笼罩之下，各种因素都在暗处构成了一种相互转换的欲动。

这一切无不在志得意满地表达着作者本人的初始设想："意动空间"。

冯纪忠说，这是"我本人的'意'，在那里引领着所有的空间在动，在转换……"[1]

于是，为了弄清楚这一形式复杂的作品，人们更多习惯性地从建构的角度去理解，如2001年《a+d》杂志曾经以"建构"为题对冯进行的访谈，2004年华霞虹在《时代建筑》有关同济四个建筑作品评析中对何陋轩的解读。今年杭州中国美院建筑系二年级的课程设计也以何陋轩为对象，其中一部分就是针对节点构造所做的研究，以"拆造何陋轩"为题，对竹轩的全部竹节点进行了详尽的分类，并且在此基础上复制了所有模型，

---

1. 冯纪忠，《与古为新——方塔园规划》，东方出版社，
2010年版，第6页。

研究了替换设计，同时模拟《营造法式》中传统的样式图来表达记录，丰富的成果摆放了满满一间展厅……

然而对照着当年何陋轩的施工图，图纸表达的方式及其内容却令人不免产生这样的疑虑：我们是否在以现今的思维方式误读着何陋轩？因为图中关于细部节点的描述除了涉及曲垣、挂水以及"何陋轩"三字的立匾之外，并没有关于竹轩构造的任何信息。即使在与这些精巧节点相关性最多的剖面图上，涉及这些细节的地方也是含糊其辞，一笔带过。

冯本人的言论也验证了这样一种事实。在 2007 年有关何陋轩的访谈记录中，他非常坦率地陈述了这一点："竹结构的问题，就是不能做这么大空间，我们没办法考虑。竹匠考虑这个问题，就随机应变得比较多。我们看来是随机应变，实际上他们有很多程式我们不知道。所以当时我就照他们的意思去做，具体照竹匠来决定，我们就决定柱子的距离，多少柱子。"[2]

但紧接着冯又说明何陋轩的设计并非是粗放型的，"它还是一个有组织的房子，不是一个随便的房子"。只是这种不随便性的着落点与我们今天所关注的方式不一样，在某些方面，何陋轩的设计表达可以是非常约略的。作者最关心的就是"意动空间"的情境，"这个做到就够了，至于面上怎么搭的，就让他们去搭，因为我们决定不了"。[3]

因此在 2001 年《a+d》的访谈中，当方塔园被以建构的名义而提及时，冯推辞说："它在很多方面未尽如人意，当时并没有完全安静下来……还缺乏细节，缺乏'建构'……"而另一方面冯又认为，"贾岛一类的'推敲'亦不可或缺"。[4]

换一种方式理解，这样一种推敲可谓一种关系上的推敲。"不论台基、墙段，小至坡道，大至厨房等等，各个元件都是独立、完整、各具性格，似乎谦挹自若、互不隶属、逸散偶然，其实有条不紊、紧密扣结、相得益彰的。"[5]

实际上，这种貌似逸散偶然实则紧密扣结的方式，应当是贯穿于整个方塔园的构想之中的。

为什么何陋轩的意图会是一个"意动空间"，而不是一个"行动空间"？这需要回复到何陋轩的初始设计目的。冯在勾画何陋轩之前就已经估计到，游人在偌大的方塔园中游走半日之后，何陋轩其实就成为临出门前最后的一个休憩点。因此，"到那里就坐下"，但这并不是简单的坐下休息，而是"一坐就感到它的变动，一直到走……"这样一种静止与欲动的关系并不是"从这个地方到那个地方"，而是环岛景观在固定坐者的四周形成了一种意动状态。"久动思静，现在宜于静中寓动，我设计时正是这样想的，不然的话，大圈圈之中又来一小圈圈，那不就乏味了。"[6]

2. 冯纪忠，《与古为新——方塔园规划》，东方出版社，2010 年版。
3. 同上。
4. 冯纪忠，《关于"建构"的访谈》，《A+D》2001 年第 1 期，第 67 页。
5. 冯纪忠，《与古为新——方塔园规划》，东方出版社，2010 年版，第 135 页。
6. 同上，第 133 页。

于是直到临近实施的那一刻，何陋轩从规划中的庭院游廊格局转变为阴凉轩敞、竹构草顶的歇山厅。

但是仅有这样一座精致的敞厅是不够的，冯所指的意动状态应当就是那种丰富性，也就是能够为观者提供足够的情趣。

冯是这样来解释"趣"字的："趣就是情景交融，物我两忘，主客相投，意境生成的超越时空制约的释然愉悦的心态。"[7]

为了达到这样一种状态，需要确凿而清晰的方式才能实现。在他眼里，"所谓意境，并非只有风花雪月才算"。进而言之，就是里面的空间怎么变化，变化的幅度应当如何等具体的措施。在设想中，何陋轩的空间感受不仅应当随着位置的移动而变化，也应当随着时间的延展而变化，从而形成比其他建筑更多的"总感受量"。

如果顺着这种思路来反观何陋轩的设计过程，则会看到那种历经欧洲现代建筑教育熏陶，又秉承了中国文人情怀的思维所着重关注的内容。

首先是何陋轩的型制，其规模与格局的对话者是方塔园另一端的宋代方塔、天后宫、楠木厅，甚至北大门，它们是散落于方塔园中的"点"，既各自独立，又相互照应。因此何陋轩作为其中之一，其分量不能少于其他任何一个，这也许是冯将原先的分散格局转换为集中格局的另一个重要原因。而且何陋轩应当如同其他"点"一样，需要配以一个尺度相当的基台，"就好像是博物馆里一件贵重的东西，都用一个托子托住它"。[8]

何陋轩的基台虽然规模取自天后宫，但它所强调的是意动而不是静止，因此这里的处理方式必然不同于其他。由于竹轩作为岛上唯一的主体建筑，它需要恪守坐北朝南的传统规矩，因此只有基台可以成为实现该意图的主要媒介。三个大小等同的青砖平台依次相互转动30度，并以逐级高差相互叠落，其结果就是虽然竹轩本质上朝向明确，但由于与底部基台的错动关系，观者的视觉无论是跟随着上方的竹棚，还是跟随着下方的基台，都会产生一种旋动的感觉，而这种旋动又会将观者的视线带向竹轩的四周。

其次，由于竹轩与基台之间的错动关系，基台又是由三个相互转动的平台所构成，导致竹棚与台基的连接关系很难确定，因此正是在这里体现出设计者的精细度之所在。

冯要求竹轩的"柱子都是在砖缝里面"，这是因为何陋轩唯一费钱的材料就是铺地的大方砖，为了使竹柱在落地时避开大方砖，方砖的间隔采用小青砖竖向嵌缝，既为了加强方向感并有利于埋置暗线，也为了接纳铁质的柱基，消除尺寸误差。而三层平台错叠所留下的一个三角空隙，恰好可以竖立轩名点题。

另外，由于何陋轩的目的是休憩、观景，此时的墙垣在这里并没有围闭的必要，相反，它们以各种弧线形状延伸，散嵌到四周的地形中，从而起着屏蔽、导向、透光、

7. 冯纪忠，《与古为新——方塔园规划》，东方出版社，
2010 年版。
8. 同上，第 4 页。

视阈限定、空间推张等作用。功能上起着挡土作用的高矮不一的弧墙，实际上也与屋顶、地面、光影组成了随时间不断在变动着的空间。其结果，就是由竹轩、基台所形成的旋动关系，经由这些弧线挡墙的作用，从何陋轩的内部空间一直"引发"到对岸。

如果回复到何陋轩在建造之前的地形图中，我们就能体会到这样一种思考逻辑的用心之处：当时设计者所面对的核心问题可能就在于，在这样一种几近白纸的条件之下，身处何陋轩能够观赏到什么样的景致？

彼时何陋轩所处的基地，南侧水塘刚刚完成，四周树木仍然稀疏。虽然冯拥有绝好的预判性，二三十年后，园里的小树都长成大树，并且也会越长越茂密，空间感也会发生变化。但是在当时所能够即刻获得的则是各类独立要素所构成的有趣关系，时间推移的作用只会使四周不断成熟的景物渐次融入进来。

由此，我们最终会明白，为什么在何陋轩的立面图上，冯只关心檐口标高这一信息。

屋檐之所以压得这么低，是"因为墙靠马路相当近，我不愿意让他一进门就看到很多外面的东西"；但另一方面，这也相应推动了冯所谓的"意动空间"这一主题，这实际上就把核心思考从"景物对象"转移到"景致关系"上来了。

本来因为南望对岸树木过于稀疏，所以有意压低厅的南檐，把视线下引。而弧形挡土墙段对前后大小空间的形成，原是出于避开竹林，偶尔得之的，却把空间感向垂直于厅轴两侧扩展了，纵横取得互补。我总觉得，一片平地反而难做文章……[9]

因此在后来的一张"方塔园植被改造总图"中，虽然何陋轩只呈现为一个正南正北的十字形简单轮廓，但正是在这简单轮廓之下，却包含着一系列的复杂转化。我们从这几张为数不多的施工图纸中可以寻找到一些实际效果的具体原因：

正因为南侧的压低檐口，竹轩的屋面坡度才会显得更为陡峭，草棚屋顶在弯曲路径的映衬下会显得更为硕大，从而凸显出作为园中一"点"的合宜分量。

棚内屋架的构造本身并不是设计所关注的重点问题，上方竹结构的接点涂黑，杆件涂白，其意图就是使得屋顶能够变轻，能够飘动，从而弱化硕大尺度所带来的压抑感觉。

竹轩本身的结构虽然周正规则，但是在南北纵向剖面中，屋脊线却向北多移动了一跨，不等的跨度关系，使得落于下层平台的南侧檐口由于更长的放坡而显得更为深远。

东西两面的侧檐由于与弧墙的对应关系，所以其外边在施工图中也被修改为弧形，构成深浅不一的进深，从而也引起了下方斜撑立柱的各式造型。

外围的墙垣之所以设计为曲线，不仅是因为地形的关系，更重要的是考虑到早晚阳光的转换所带来的光影变化，从而使得在竹轩内所感受到的空间也随着时间在转变……

从这些方面来看，何陋轩在中国近现代建筑中可谓是一件为数不多的、无论从形

9. 冯纪忠，《与古为新——方塔园规划》，东方出版社，2010 年版。

式还是从意图可以清楚解释的作品。它的精确性存在于对所设意图的落实方面，也存在于对仗关系的娴熟运用：周正与散逸，方直与弧曲，透空与密实，安静与欲动……

　　设计就是这样考虑的。[10]

　　冯是中国近现代建筑师中少有的具有明确主体意识的人。在他的言谈中，经常会出现"符合我当时的心境"这样的话语。在方塔园的思考过程中，理应的挑战存在于，它是"从头开始空白的"，但冯对此却是"蛮开心的"。勿如说，即使从头开始，方塔园的诸多因素实质上还不得不取决于历史、现状、他人……但是何陋轩的情况却有所不同。冯称何陋轩是方塔园中"我的一个点"，引领着"我的一个点"如何发展的就不仅仅是与之有共鸣的"宋代精神"在流动，更重要的是，"我的情感，我想说的话，我本人的'意'，在那里引领着所有的空间在动，在转换"。

　　冯将整个方塔园的设计解释为取自宋代精神，也就是写自然、写山水的精神，但是在何陋轩，自己所遵循的则是写自己的意，就如同苏州园林是写主人自己的意那样，其主题不是烘托自然，而是将自己的"意"摆放在自然中。

　　于此，我们可以理解这里所指的"意"并不是一种工匠精神，工匠只是遵循既有的法则，但建筑师所更为关注的则是如何从无形之中寻找到有形之法。

　　当冯谈及创作方塔园的设计精神时，想到了"与古为今"这四个字。他是这样来解释的："为"是"成为"，不是"为了"，无论是为了新还是为了旧都是不对的，关键在于"与古"前面还有一个主词（subject），主词在于"今"，正是主词的存在才可能推动与"古"为"新"的这一过程。[11]

　　因此在《A+D》的访谈中，当冯遭遇"建构"这一词语时的反应是："一方面，建构的本意无非是提示木、石材如何结合一类的问题，但另一方面，它要求考虑人加工的因素，使人的情感在细部处理之时融进去，从而使'建构'显露出来，比如对于石材的处理，抛光是一个层次，罗丹式处理是又一层次，这种'简单'会使我们更深地体会到它的丰富性。在我看，'建构'就是组织材料成物并表达感情，透露感情。"[12]

　　我们无从得知冯是否研读过弗兰姆普顿的《建构文化研究》之类的书籍，但是从其言谈及设计中可以看出，对他而言，建构是一手段，而非最终目的。相应地，冯可能更喜欢用"意"这一中文词语来应对"建构"语境中的"诗"或者"精神"。

　　无意之笔只能是照相机、复印机。[13]

10. 冯纪忠，《与古为新——方塔园规划》，东方出版社，
2010 年版。
11. 同上，第 4 页。
12. 冯纪忠，《关于"建构"的访谈》，《A+D》
2001 年第 1 期，第 68 页。
13. 冯纪忠，《与古为新——方塔园规划》，东方出版社，
2010 年版，第 140 页。

"意在笔先，定则也。"冯在回忆访谈中有一段引用郑板桥画竹时的所悟之言颇具深意，"晨起看竹，烟光、日影、露点皆浮动于梳枝密叶之间，胸中勃勃，遂有画意，其实胸中之竹并不是眼中之竹也，因而磨墨展纸落笔，倏忽变相，手中之竹又不是胸中之竹也"。

意中之竹，眼中之竹，手中之竹，以及画中之竹，其实各不相同，它们之间的相互转化必须经由主人的一番细斟慢酌、慎思密想之后才能达成。

"意"在冯的解释中可谓是朦胧游离的，渴望把握而尚未升华的意境雏形。他说意象只有经过安排组合，寻声择色，甚至经受无意识的浸润而后方成诗篇画幅。[14] 这可能意味着两方面的含义："意"是先于创作活动而存在的，无意也无画，当然也无建筑，但它取决于作者本人的积淀；另一方面，"意"是需要一个清晰有效的过程来表达的。在设计之初，当"身处设计的临界点时，我想很难判断自己所具有的理念具体是什么？"因为"意"是需要一种艰苦卓绝的过程来实现的。

就艺术创作活动一般来说，意念一经萌发，创作者就在自己长年积淀的表象库中辗转翻腾，筛选熔化，意象朦朦胧胧地凝聚起来，意境随之从自发到自觉，从意象到成象而表现出来，意境终于有所托付。[15]

这也是建筑设计所经常面临的情况："结合项目分析，意象由表象的积聚而触发，在表象到成象的过程中，意境逐渐升华。不管怎样，三者互为因果，不可分割。我们争取的是意先于笔，自觉立意，而着力点却是在驰骋于自己所掌握的载体之间的。"[16]

通过何陋轩可以透露出，冯是属于真正意义上的那样一种建筑师，也就是能够真正以建筑方式进行思考的现代建筑师。他不仅在真实的环境中从事建造，而且也在自己的心灵深处从事建造。

这种建造不是那种动辄社会责任、文化传承之类的惶惶言论，也不是那种循规蹈矩、呆板严实的亦趋亦步，它是思维的一砖一瓦的真实搭建。因此，决定着建筑品质的往往并不在于外部因素，"建筑设计，何在大小？要在精心，一如为文。精心则动情感，牵肠挂肚，字斟句酌，不能自已……"[17]

在这样一种过程中，冯始终不离的是对这一过程标准的理解：真趣。

正是由于这一标准何其难也，才使得何陋轩背后的工作"夜以继日，寝食难安"，也正是由于这一标准，才使得冯的建筑"诚不若于读诗文中寻趣，其乐无穷"。

14. 冯纪忠，《与古为新——方塔园规划》，东方出版社，2010年版。
15. 同上，第136页。
16. 同上。
17. 同上，第137页。

树石亭池，小题大题

王 欣

上个世纪 80 年代，冯纪忠先生在文章中谈到他与友人同游松江方塔园时，有关何陋轩"小题与大题"的争论。简录如下：

客问及何陋轩的设计立意。

冯先生：（前面略去）我总觉得，一片平地反而难做文章。

客笑道：提起文章嘛，这一番动定、层次、主客体、有无序等等议论，不觉得似有小题大做之嫌吗？

冯先生不以为然，认为文章不在快慢，亦不在长短。建筑设计不在大小，一如为文。

客仍坚持道：小题终究是小题，大题谈何容易！

冯先生几未作答。

冯先生的设计能至大也能至小，但却始终没有小题与大题之分。

何陋轩的设计，与"建筑"保持了相当的距离，冯老先生取的是"画意"，因此有大不同。不能专以建筑度之，何陋轩的意图是特别的。

无论从立意还是建设的时间来看，何陋轩与周围的关系始终是相对独立的，那么它在设计上是可以被单独拿来说的：

一围池水，仿佛江滩，

一个草棚，如荫如盖，

一垄小坡，几株老树。

这是一组极其简朴而又基本的东西，这是什么，这分明是：倪瓒的"秋山嘉树，沙碛孤亭"（图 1）。

313

图1：倪瓒的树石亭池图式

314

一个再基本不过的山水图式，是久违的，也是熟识的：树、石、亭、池。

何陋轩就是一个画上世界"树石亭池"的真实构造，冯先生撇开了就在眼前身边的明清园林，单取了画意，且只取了基本式。

方塔园近二百亩之地，冯先生寥寥几笔，轻松控制得简淡高古。而何陋轩小岛，不过两亩，却笔法细微，元素俱全，用力过半。几乎植入一个乾坤，返照一个世界。

这何以言大，又何以言小？

说到小，它是传统山水画中最基本的元素与组成方式：树、石、亭、池。最简单不过了。

而正是这种最简单的分类，单清末一本《芥子园画谱》，几乎让人人都能画出个大概的意思来。街头巷尾，都有讨论山水花鸟、格局笔法的。当然高下差异是自然的，但是这种普及度实在惊人。

一个国家的人，都在用一种很接近的方式说话，这个是我们现在难以想象的，这个最终涉及什么，不消说的。这有多大？

说小，它的尺度与视觉力量几乎微不足道，静静地待在那里，不故作姿态，不言不语，可是这种方式，一旦延续就是上千年，不曾怀疑，不曾厌倦。说小，它的尺幅早就脱离巨嶂山水，仅限案头与袖袋，册页镜片，手边之物，守着片段，留着基本，不言宏大。但这是造园的源发，这是其大。这已经完整地构筑了一个文人理想的世界，虽小，而关系与类型一样不缺，它只是千年山水画的一个"小写"法。如永字关系于笔法，如庭之关系于园。树石亭池，是文人的基本作业，是世界的构造之法，这里有最为基本的问题的讨论：树的意义、水的意义、石的意义、亭的意义……它们之间组构的意义……这些东西永远是不缺一样，少一样，世界就不安。这是一个建立世界观的练习。

可以想象，在这样的练习之下，城乡的状态会是怎样的，一定不是现在这样的。

说小，它们根本不起眼，它们都是消退的，唯一的人造物"茅亭"，早已返了形式，归了自然，显出如树石般的自然之态，绝对没有伤眼之物。这里只有一个建筑，却空荡四开，不遮万物，满盛山水。茅亭的方式代表了建筑的方式，这是其之大：肩扛一个空空的亭子，因其几乎没有重量，择山水而置之。打开四扇，一房山水，屋顶与树荫相接，四柱疑似枝干，仿佛松荫大棚，俨然自然之物。整日守亭，目之所及，卧游四围，一个简单的方式可以招呼周遭的一切，是"不下堂筵，坐穷泉壑"。

是这个山水的基本式，决定了建筑的方式。

言其小，它是每日小课，提笔就是，排遣消情之用，譬如小品小酌。而这却是一个永恒的命题与功课，它被反反复复画了千年，历代摹写临习，笔仿意追（图2）。截取，组构，横竖左右，颠来倒去，把玩推敲，反复构造这个小世界格局，成千上万，元素一样，布局相似，但却不见雷同，几乎张张精妙，页页如新见。见于立意，见于格局，见于位置，见于笔法，见于旨趣……这是一个也基本、也至高的训练工具，是对类型、对法度的鲜活练习，这是其之大，这是画法与立意的学习与传递方式，是对程式的传承。

图2：作为手头日课的树石亭池，概括了一个世界

一首曲子月月弹，年年弹，还有一辈子画"寒林"的……不能小看程式，程式的最大成果是语言。

语言要不复，一切就要乱套。承袭的力量有多大？

何陋轩是"如画"的，其意图很明显：我想，冯先生要问"当代建筑"几个问题：

师从哪里？哪里承接意识与语言？判断标准是什么？这是最为核心的问题。

法式是什么？练习的工具是什么？传递的载体又是什么？这是最基本的问题。

可以说，冯先生的何陋轩，是给自己更给后人做了一个"如画的范型"，演示了一个有关中国建筑的基本式。

他没有以"建筑专业"的方式，却给建筑专业一个警示。

这个警示就是：语言的承袭。

何陋轩确实是一个小题，小其体积，小其简单，小其微弱，小其不语。而其意图放在这个语言丧失、礼数尽去的当代，这绝对是一个大题。

面对何陋轩，一个如倪瓒山水一般的构造，是对传统语言的一次临习摹写，在冯先生那个时代，何陋轩虽经非议但有幸躲过一劫，微弱地传承了下来。所谓"一脉相承"，果真，传统的传递真如此的纤微，如脉息。面对何陋轩，树石亭池，小小册页，仿佛看见了沈周，龚贤，弘仁……语言如脉，一息相传，似乎不见。

面对何陋轩，"当代建筑"是惭愧的。

我们承袭了什么？

从冯纪忠的何陋轩谈起

董豫赣

对于"当代建筑"这个光滑的时间新词，我只是想系个绊手绊脚的旧草绊，即便不能让具体的专业问题浮现，至少也希望利用草结的摩擦力，避免它因为过于光滑而迅速滑走。

进化

几周前，在北京大学生命科学院的方案评估会上，面对校方认可的具有墨菲特色的大屋顶方案，建设部院的崔恺忍不住调侃道——这是否意味着我们现当代的建筑工作做得不够好，才会导致人们对美国建筑师墨菲近一个世纪前为北大确立的中国建筑式样深感怀念？

据说，北大建筑学研究中心的方拥教授当场认可了崔恺的调侃：现当代建筑确实做得不够好。

这是可能的，除非我们信任建筑进化论——现代建筑一定会好过古代建筑，而当代建筑一定要好过现代建筑，这样一来，当代建筑师或当代艺术家只需要定期看看医生，只要能担保活在当代，就可以毫无作为地藐视或者调侃勒·柯布西耶的现代建筑或塞尚的现代艺术。

退化

几十年前，在滕王阁重建的重负之下，主持建筑师格外谨慎，在收集到唐以后所有朝代的滕王阁图样后，最棘手的困难似乎不再是设计，而是不同式样的时代挑选：

应该依据哪个朝代的图样重建滕王阁？

最终的选择是一件杂交产品——唐风宋韵。

唐风，是因为唐代图样的缺失，只能从王勃的《滕王阁序》这一文本中捕获；宋韵，是因为宋式楼阁的具体做法可以从宋代《营造法式》寻求古援。即便从央视回顾性的画面里，我也能感受到建筑师当年弥漫在设计过程中的焦虑，让我从这焦虑画面中脱身的沉思问题乃是：既然宋、元、明、清都曾重建过各自的滕王阁，既然所有时代的匠师们都没有从前朝式样里挑选式样的焦虑，这种焦虑似乎是现当代建筑师的特殊焦虑，它从何而来？

当年，梁思成在修建鉴真纪念堂时也有过类似焦虑吗？

即便我们同意梁思成先生将唐宋以来的建筑化归为三种不同风范（豪劲、醇和、羁直），甚至也同意其间暗示的建筑退化论倾向，然而这也只能是对业已沉淀为历史风格的总体判断，不能拿来对具体建筑进行判断，即便我们确立了选择唐代的"豪劲"风格当作设计起点，随后展开的工作才能确认质量的优劣。以鉴真纪念堂为例，梁先生亲自操刀的结果与初学者赤膊上阵的结果，一定会呈现出云泥区别。

在这个意义上，当代建筑暗示的进化论提法，与复古主义所彰显的退化论说法，不过是相互镜像的软骨同胞，一旦涉足具体的建筑问题，都一样不能担保建成建筑的最后质量。

造化

三十多年前，冯纪忠先生的建筑，在历经了来自传统退化论与现代进化论的双向批斗之后，否极泰来，他终于能在何陋轩的设计里，遇到一次还算宽松的设计环境。几年前，阅读学生唐勇送给我的一本关于冯先生方塔园的整个规划设计施工过程的著作，我通篇没有意识到方塔园现存宋塔的古宋年代，给先生在设计何陋轩带来什么相关仿宋风格的焦虑，这真是近些年来阅读专业书籍的罕见造化。我终于能在相关建筑的著作里，确信自己阅读的是相关建筑问题的理论展开，而非过去流行的风格问题或如今时尚的立场问题的无关铺叙：

关于我设计的这一文物公园的手法只提一点，那就是对偶的运用，且不说全园空间序列的旷奥对偶，还在北进甬道利用了曲直刚柔的对偶，文物基座用了繁简高下的对偶……人工与自然的对偶。[1]

1. 冯纪忠，《时空转换》，见《与古为新——方塔园规划》，东方出版社，2010年版，第138页。

上文提到的旷—奥、曲—直、刚—柔、繁—简、高—下、人工—自然，这些对偶词汇，虽然在历史上使用的时间异常悠久，却依旧能对经营空间提供有效帮助，因为对分辨这些对偶词汇的时代与来历并不在意，他就没有我们这个时代普遍的断代焦虑症；在谈论何陋轩被造价所迫时，他也没有刻意宣扬低技里的立场，面对何陋轩严苛的造价，反而洋溢着对设计有超越技术与造价的专业自信；先生讨论何陋轩与密斯德国馆差异的口风，与他在谈论1960年代为杭州设计"花港茶室"时，涉及到的中西方建筑差异时一样自然——回顾当年人们将这个矮趴趴的青瓦坡顶的茶室批为"土帽子"时，他比较了西方建筑努力上扬的姿态，以及中国传统建筑尽力下趴的姿态，他说他当时只是想重现中国建筑有往下沉以亲和土地的味道。我猜他既没将中西方建筑比较本身当作价值，也没把那时使用也被批判的小青瓦当作某种时代的风格标志，中西比较只是为了明确某种意匠追求，小青瓦只是达成这类意匠的材料选择。

在建筑学专业里，风格原本是空间经营结束之后沉淀的结果，这是一个浅显的事实，之所以被看似保守的建筑退化论或看似激进的建筑进化论者急于要带入古代或当代，并被看作一种先在的价值。在我看来，前者或许只是缺乏自信，后者则在缺乏自信之外，还被某种过于迫切的野心所致——要给自己在还未沉淀的建筑史中找到某个预设位置的迫切感，并假设自己能抽离处于正在进行时的流变之间，旁观自己在这个时代里的个人价值。

时代

一个月前，在杭州中国美术学院，在我做完一个题为"隅角之诗"的讲座后，批评家史建指出——中西建筑文化比较是个伪问题。如此说来，宗教也是伪问题，只是因为这个问题被展开得足够持久，其间居然结出了相关西方建筑学核心的几何晶体，尽管，我们如今可以宣称柏拉图形体的神性因为属于宏大叙事也属于伪问题。而我也愿意承认，史建拧起的"当代建筑"肯定不是伪问题，"当代建筑"这一提法没有问题，乃是因为它原本就不是专业问题，而只是相关时间的事实状态。就好比《时代建筑》里的"时代"二字，只是标明这本杂志要关注的时间范围，它自身既无法担保内部文章的质量，也无法独立展开为建筑专业问题。何况，从先机而言，"未来主义"之后，"当代建筑"的提法即便在时间起点上似乎也很落后。

就在那次会议期间，我还抽空去了趟绍兴，在禹陵旁的一个仿古村落里，偶然听见一位前卫艺术家这样的自我介绍：我是处于当代艺术靠前位置的艺术家。

这是一针见血的时代迫切症！而当代不过是个凡人无法更改的时间状态，假设自己能在均匀流动的时间中还能靠前，这真是只有艺术家或建筑师才能杜撰出来的速度狂想，按霍金的科学推论，快过时间的玩意将形成黑洞——最终将坍塌为无时间的死寂废墟。

将时间状态当作价值判断，或许遗传了勒·柯布西耶《走向新建筑》的口号，据说这时代之"新"，只是将柯布的《走向一种建筑》的一种时间误译。人们健忘了勒·柯布西耶与塞尚用以开辟现代建筑或现代艺术的新斧都是柏拉图几何形体，柏拉图形体并非什么时代利器，它不但是件异常古老的伪明器，还因为过于抽象而自动摒弃了相关时间的时代价值；人们也健忘了那位声称只要当下时代（而非过去与未来任何其他时代）的急先锋密斯·凡·德·罗，而他所做的一系列最精彩的先锋建筑——巴塞罗那德国馆、范斯沃斯住宅、柏林新国家美术馆，都无限逼近古老的帕提农神庙，他当时如此强调这类建筑所具有的当代时间性，如今还是被归为现代建筑而成为历史，更讽刺的是，"未来主义"在当代永不停息的时间流失中，也从"未来"滑为陈迹。

解决的办法是，将当代建筑永远与这一流变的时间状态捆绑一起，但这依旧是件无关建筑专业的时间事实。最早揭露事实真相的人可以被称为专家，而将早被证明的事实当作价值的人又将面临什么情况呢？在物理学界，有个流传广泛的传说——在地球流转不定的知识已成为科普的事实之后，有个物理学专业人士总是神秘兮兮地在不同场合宣称地球在运动这个事实，后来他被他的专业同事们送往医院进行治疗。

速度

在时代的速度压力下，建筑做法的讨论被压缩成建筑说法的争论，建筑观点的阐述被简化为建筑看点的热播，就这样，建筑现场变成建筑立场，建筑表现从技术表现转向效果表现，建筑阵地从工地转向媒体，建筑价值从内涵转向包装。

几年前，同济大学的李翔宁曾在我当时的陋室里，兴奋地谈起他对中国建筑策划与包装的兴趣，他当时给我列举了一个世界著名的建筑策划公司的名字，可惜我记不得了，大意是说——是他们当年成功地策划了著名的"纽约五"、解构主义，似乎还有如今叱咤风云的OMA。我没有他的兴奋，我注意到在这些如今或曾经声名显赫的人物或建筑团体，在被它们策划与包装之前，似乎都已先后沉淀了十数年的时光，我认为只是因为有了这一沉淀前提，才有后来策划的成功，我的问题是——中国当代建筑有无沉淀得足够的建筑值得包装？

前几天，北大建筑学研究中心年度论文答辩，学生刘星的论文旨在揭示芬兰建筑博物馆对推广芬兰建筑的意义。在20世纪50年代，芬兰以阿尔瓦·阿尔托为首的建筑师已经在世界建筑里崭露头角，为了加速推广芬兰建筑师在国际上的声望，该博物馆不但承担了举办学术研讨与展览的工作，还承担了那些质量优秀的建筑作品照片的处理，以明确这个国家对建筑品质的某种清晰的追求意图。我承认芬兰国家建筑博物馆对推广芬兰建筑起到的积极意义，但不愿夸大媒体推广的力量。

媒体如同啄木鸟，站在它自己的立场，它所发出的锯木噪声可以宣称是为了拯救树木；站在达尔文的角度，它可能只是为了填饱肚子才饥不择食地刨开树木寻找可吃的虫子；站在树木的角度，则需要警惕啄木鸟的这种道德宣言，饥不择食的啄木鸟有时也会毁灭它赖以生存的病木。

杭州那次会议之后，史建下来对我说，他之所以发起"新观察"的讨论，只是试

320

图搅起建筑批判死寂的状况，而我的感觉相反，建筑批评的热闹早已超出了建筑所能承受的分贝。当年，我在 M 会议的现场，旁观了王南溟以批评家的立场炮轰张永和的竹化建筑系列，以及蔡国强的火药系列；当年，我也旁观了艾未未在非常建筑十年会上质疑张永和的建筑立场。

最近，在翻阅《日本建筑》相关"绿化建筑"的一期专辑时，偶然看见日本建筑师们涉题广泛的绿化与建筑的结合，忽然想起张永和当年的竹化建筑系列似乎在王南溟的炮轰中烟消云散了，而蔡国强却因为漠视这类批评的分贝，他的火药系列如今在国际舞台的艺术上空似乎更加硝烟耀眼；昨天，在翻阅《时代建筑》寄来的"剖面建筑"专辑时，我看见王澍为世博会设计的展馆外墙上熟悉的青砖与碎瓦杂合的"瓦爿墙"，忽然忆起张永和当年为蔡国强设计的"泉州小当代"，其基于泉州当地"出砖入石"传统里的材料循环性，以及由此生发的对拆来大小不一屋顶的拓展性利用，即便当时还没有低碳或生态的这类具备当代立场的说法，它自身的建筑潜力当时就让我着迷。我至今也不清楚，这个让我着迷的美术馆是否建成，这一研究有无在非常建筑后续的项目里继续下去。

化境

卡尔维诺在为哈佛大学诺顿诗论所做的系列讲座（《新千年文学备忘录》）中，第二个讲座的题目就是"速度"，在讲座的末尾，他以一个显然杜撰的庄子典故来结束这个话题：

庄子的才干之一是绘画。国王要他画一只螃蟹。庄子回答说，为此他需要五年时间、一幢房子和十二个仆人。五年过去了，他还未动笔。他又对国王说："我还需要五年时间。"国王应允。十年过去了，庄子拿起笔一挥而就，画出了一只完美无缺、前所未见的螃蟹。

庄子需要十年修炼的时间与物质支持，能天然尾接王明贤在史建主持的"新观察"第五辑里的那个充满忧虑的结尾：

艺术家顾德新在 1989 年曾说："中国艺术家除了没有钱，没有大工作室，什么都有，而且什么都是最好的。"我想："现在呢，中国艺术家除了有钱，有大工作室，什么都没有了。"希望我们的建筑师不是这样的情况。21 世纪的建筑师，条件很好，做出最当代、最时尚的建筑，可是我不知道这十年到底有哪些作品能留在市民的记忆中，能留在建筑史上。

可是，我对这样的担忧也很担忧，正是当代建筑师过早地想留名史册的速度压迫，使得那些即便能进入中国当代建筑史的作品，也可能质量下乘。毕竟，以足球为例，无论专业水平如何拙劣，当代中国足球在未来也会沉淀出一部当代足球的拙劣史。

王大闳论（上）

那一代——王大闳建筑师其人其事　徐明松

青年王大闳及其台北建国南路自宅　王俊雄

原载"新观察"第二十辑 / 2013.03

2008 年和 2012 年两次在台北期间，我曾多次考察王大闳先生的国父纪念馆和台湾大学学生活动中心，深受触动——具有划时代意义的建筑自有其憾人的气场与力量。后来买到《国父纪念馆建馆始末——王大闳的妥协与磨难》，以及台湾建筑界朋友赠送的《王大闳作品集》等资料，对其生平与作品开始格外关注。

"1949 年以来，台湾的国家主义建筑仓促应对，复古主义于大陆有过之而无不及，且极端粗俗，然至王大闳设计的国父纪念馆为之一变，探讨以现代建筑理念、营造模式与中国传统建筑精神的有机结合，摆脱了近代以来大型公共建筑摹古、复古的定势，遂由古典主义向现代主义坚实转向。

"而其故宫博物院方案、建国南路自宅等，更是持守现代主义理念，对推动台湾现代建筑发展有重要的启蒙与示范贡献，是中国现代建筑史中承前启后、并引领一个时代的最重要的建筑师之一。

"就像冯纪忠先生一样，现代建筑理念实践一脉在两岸现代建筑史均处于边缘位置，王大闳先生也是一生多有波折，而甘于淡泊，其理念和实践的重要历史价值在近年才日益凸显，被后人研究、展览和重新评价。"

这是我作为"第三届中国建筑传媒奖"提名人，在提名表的第一项"杰出成就奖"的第一栏，填写的提名王大闳先生的理由。这也是我第二次提名他作为"杰出成就奖"的候选人，我觉得王大闳与冯纪忠堪称两岸建筑界的双璧，冯纪忠先生已于 2008 年获得"首届中国建筑传媒奖"的"杰出成就奖"，王大闳先生在大陆获奖却非常之难，因为知之者寥寥。值得庆幸的是，这次他获得了入围奖。

本辑"新观察"是去年在台北期间与《台湾建筑》的总编辑王俊雄先生共同筹划，并在一次聚会中与诸位作者商定的。"新观察"曾在第七辑"何陋轩论"中以四篇文章剖析过冯纪忠先生的小小力作，本辑则力图全面介绍王大闳先生及其作品，阐述其在中国现代建筑转型中的日益凸显的意义。

徐明松先生的《那一代》以两万余字的篇幅，详述了王大闳先生的"奇人奇事"，尤其是他作为"人"的养成、感情生活与文学著译生涯，并在此语境中解读其建筑设计实践，以及晚期面对名利竞逐而能做到袖手旁观、"无所事事"的动因，资料详实，语言生动。

王俊雄先生的文章则以王大闳早期作品——台北建国南路自宅为个案，认为王大闳由此摸索出一条"属于他自己所界说的建筑现代性"，"让困扰了一个世代之久的'中国建筑现代化'问题，或倒过来说，'现代建筑中国化'问题，有了全新的诠释取径和方法架构"。

那一代
——王大闳建筑师其人其事

徐明松

序曲

本文试着整理一篇王大闳建筑师作为"人"较为详细的介绍文字，以飨内地读者，特别是关于他的养成与感情生活。2006 年 10 月 28 日，"久违了，王大闳先生"建筑展在台中 TADA Center（台湾建筑、展演与艺术中心）开幕，重新燃起七八十年代建筑学子的热情与社会的关心。王大闳先生在大家的心目中不仅是一位建筑师，也是一位尝试各种创作的文学家与艺术家。他曾经为人所津津乐道，私语他开跑车的年少轻狂岁月，钦佩他面对巨大体制压力仍坚持寻觅现代中国建筑的方向，羡慕他多才多艺能文能乐，而今只能感叹新世代建筑人闻其名却不知王大闳何许人也。

面对商品化时代来临，如他所预言，建筑变成了服务业，经常还为政治服务，尽管身为台湾战后最重要的建筑师，他选择在自己宅第的高墙后面隐逸，偶尔借助或撰写或翻译的文字对外发言。

先来回顾一下所谓"王大闳学"在台湾是何时开始，又如何展开。1979 年，当王大闳还在浪头上时，姚仁录的建筑公司"大仁"出资，由当时任职于公司内的林盛丰主持编务，计划出系列台湾资深建筑师作品专辑的小书，可惜只完成了第一本，也就是王大闳的资料收集与书写，印了五百本，连出版都没有就告终，没有论述，仅留下一些选入作品的描述性数据。1990 年，三六建设股份有限公司出资请马以工（现"监察委员"）主编，十竹书屋出版《居——王大闳的建筑设计艺术》一书，亦缺乏系统论述，但文中有一手影像。1995 年，王大闳 78 岁，正式退休，"国立"台北技术学院（今"国立"台北科技大学)萧梅老师将王大闳在国内外发表的文字作品汇编成《王大闳作品集》。1997 年，80 岁，东海大学建筑系举办"王大闳研讨会"，算是规模盛大的研讨会，或是为王先生 80 岁生日所办的活动，可惜最终没有任何出版品。随后王大闳渐渐淡出社会不为人知，最后他忘却尘嚣，也被尘嚣所遗忘。

近十年后，王大闳被动地再度成为大家注目的焦点，2006 年我们办了一个他的回顾展，拍了一部他的纪录片，写了一本他的建筑导览书，来年再办了一个他的特展，为此编了一本他的中山纪念堂特刊，2008 年重新修订再版了他的作品集(《银色的月球》，通俗社)，2010 年还出了一本他的建筑专辑（《建筑师王大闳 1942—1995》，诚品书店；简体中文版 2015 年 1 月由同济大学出版社"光明城"出版），王大闳又重新回到大家嘴边、眼里、心里，接着大家问，然后呢？

2009 年，王大闳打破文艺奖得主必须是"近年持续创作"之杰出艺文工作者的规定，获颁第十三届"国家文艺建筑奖"，那几乎是整个建筑界的共识，如果他的作品不是持续散发魅力和影响力，让人低回再三，又岂能在十年后掀起那许多建筑人心里的骚动？

人性使然，于是我们在自述、他述的建筑论述之外，忍不住关注起王大闳"人"的历史。本来就不喜与人应酬的他，现在面对任何问题更是微笑不作响应，幸而早年他虽说自己不擅长教书和讲学，却很乐于分享对人、生活、美食、历史、文学的看法，遇学生或好奇者采访发问也全心回答绝不敷衍，而少年时造访王大闳自宅当作朝圣的建筑界后生晚辈、在事务所跟王大闳共事得亲见其丰采的员工、三顾茅庐才请到王大闳设计自宅或公司大楼的业主，也都成为珍贵的史料来源。

唯一让人犹豫的，是该不该披露王大闳先生的感情世界呢？曾说过男女之间最好是一见钟情的浪漫主义者王大闳于 1991 年发表在《中华日报》上的《胡适的外交手段》一文中写道："感到（胡适）这本自传似乎述得太简单，避开了生活中情感的一面。胡博士只轻描淡写地提到他的婚事，一件由父母做主的婚姻。难道在漫长的四十年间，自童年至少年，从青年到中年没有经历过情爱？为什么一字不提？"这样啊……看来人同此心心同此理，多情的王大闳肯定比不知情为何物的王大闳更迷人。

这几年社会各界对王大闳先生的讨论度、关心程度都增加了，有的建筑作品因此受惠，得到较好的保存与维护。例如台大学生活动中心中庭现况虽已破坏原始设计意象，应有的自然况味亦不复见，但增设电梯的提案已确定暂缓再议。不过还是有作品遭到不当修整又废弃在荒烟蔓草间(张群宅)，或因使用者的粗鲁介入而破坏了面貌(虹庐)。早在 1963 年，王大闳就说"意志比灵感更重要"，那时他思考的是如何为属于自己文化的建筑打开一条大道，而今如何让更多人认识台湾这块土地上现代建筑的文化价值，并给予恰当的照顾、妥善保存，应该是在探索建筑师的创意秘诀之外，需要大家继续并持续努力的另一个意志考验。

青年建筑师的画像

建筑人谈起王大闳，常私语说他是"最后的贵族"。贵族无关血统，而是说他不媚俗、气韵独特、坚持但随和、优雅不染尘埃，亦有人以"灰烬中的珠玉"形容之。事实上他出身平民家庭，但父亲王宠惠是国际知名的法学家，中国风起云涌之时参与政事，且游历欧美多年，思想开明，家中往来友人皆非俗士，耳濡目染之下，王大闳已经与同龄孩童大不相同。之后由父亲安排，先赴瑞士，再奔英、美就学，所习所见所思都是最"前卫"的。十多年后，王大闳再回到中国，他内在的小世界或许跟尚在混沌、变动的华人社会格格不入，但长时间接触各国文化、人种、思维，让原本淘气调皮好动的他似乎也能够怡然自处、笑看一切。家境优渥经济无虞，加上在西方世界看多了追求物质享受的各种姿态，王大闳日后面对名利自然多了一分清爽坦然。

与众不同的成长、学习过程，培育出王大闳的贵族气息。他话不多，绝不道人是非，但逢人问他意见，不好的，宁愿保持沉默不说，若是好的，就毫不扭捏点头说好。虽然受西方文化熏陶甚久，却念念兹兹要找出属于他的中国建筑，因而造就了独特典雅的建筑风格。

北平·苏州·瑞士

1917 年 7 月 6 日[1]，复旦大学副校长王宠惠喜获一子，名王大闳。这是民国建国以来，王宠惠难得偷闲、不在政治舞台上奔走的时候。人生得失，难预料。

曾任第一任南京临时政府外交总长、袁世凯政府司法总长的王宠惠祖籍广东东莞，出生于基督教家庭。鸦片战争后因中国排外情绪高涨，发起反洋教运动，遂举家迁居香港。父亲王煜初在香港道济会堂担任牧师，与当时在香港西学院读书的孙中山先生相交甚笃。王宠惠入学后受西方现代科学教育，同时又在父亲督导下浸淫中国传统文化，东西相融。1895 年 10 月，王宠惠兄长王宠勋在广州举行婚礼，孙中山冒着被满清政府追捕之险赴宴，与时年十四岁的王宠惠有一面之缘："酒次未终，忽有官校入屋索人，方眄愕间，始知总理已先时失所在矣，是为总理与清廷奋斗之始。"[2] 那也是王宠惠接触革命思想之始。

1900 年王宠惠自北洋大学（今天津大学）法科毕业，既是首届毕业生，也是取得中国大学文凭第一人。其后他先赴日与友人在东京创办《国民报》，以"破中国之积弊，振国民之精神"[3]，积极宣传革命；后转赴美国入耶鲁大学，1906 年取得法学博士学位。

1. 另有一说王大闳是 1918 年出生。经王大闳长子王守正确认，出生日期应为 1917 年。
2. 胡文俊编，《王宠惠与中华民国》，广东人民出版社，2006 年版。
3. 同注 2。

在美期间，王宠惠曾与孙中山合作起草《中国问题之真解决》宣言（The True Solution of Chinese Question），论清朝统治已病入膏肓，革命势在必行，呼吁西方各国勿再给予清朝援助，要对中国革命给予道德及物质上的支持。1907 年王宠惠再赴德研究国际公法，成为德国柏林比较法学会会员。1911 年 9 月王宠惠回国后武昌起义爆发，旋即被延揽进入政界；1912 年 1 月 3 日南京临时政府成立，大总统孙中山任命他为外交部长，两人成为筚路蓝缕政治路上的重要伙伴。后来王宠惠历经政府数次更迭，皆受到极度倚重，曾任教育总长、司法部长等，最高甚至位及代理国务总理，中华民国刑法也由他制定而成。

1919 年王宠惠夫人杨兆良因难产过世，王大闳未满两岁，交由住苏州的外婆照顾。老人家对外孙疼爱可想而知，至于举足轻重、享誉国际的法学家父亲身影则久久才出现一次。后世对于王宠惠的记录皆着墨于他的专业成就，对个性未多记述，我们难免猜测学法之人必定严谨、不轻易表达感情，但他对这个独子的宠溺未曾稍减。王大闳说起童年对父亲的记忆是，一进门就忙不迭地喊着儿子的乳名，每次都会带许多玩具送他。王大闳自小对美食的讲究和执著，也跟父亲的百般呵护脱不了干系。

苏州小学毕业后，王大闳先后在苏州东吴初中和南京金陵中学读了一年多，因外婆过世，同时社会动荡，常有学潮爆发影响上课，王大闳便随魏道明夫妇和孔祥熙夫人前往巴黎，学习法语。1930 年转往瑞士，就读位在日内瓦湖畔的栗子林中学，方便赴海牙担任国际常设法庭正式法官的父亲"就近"照顾。

或许因为隔代教养，也或许是因为父亲的革命基因遗传，王大闳说不上是乖巧孩儿，小时候使蛮劲扭着别人打架是理所当然，在法国停留期间也常一个人溜出门搭地铁到处探险，重点是：好玩。

即便进了瑞士栗子林中学，成为全校唯一的东方人，打架仍是家常便饭。只要找到对手，宿舍里、校园内，无一处不能变成打架擂台，让校长、老师和同学在旁观看。秉持着童年爱不释手的《水浒》、《封神榜》、《七侠五义》中的侠客精神，精力充沛的王大闳打遍天下（同学来自美国、法国、英国、瑞士、意大利……），终于为自己博得了"中国运动员"的称号。

西方教育初洗礼

栗子林中学专收男生，当时仅有七八十个学生，老师倒有二十多个，学生一举一动都在老师的监控中。

应是遵循古希腊教育精神的缘故，学校特别注重身体的锻炼，除了体育课之外，还设计不同活动，让学生从事户外运动。

周末得"捉狐狸"，扮演狐狸的老师在校外的山坡地上每走二十步撒一把色纸条，再让学生循线追捕，捕获者可领奖赏；或是冬天夜里在校长带领下爬山，夜宿小木屋，第二天早上再走回学校,老师会准备餐点,学生沿途唱歌玩闹、欣赏美景,既同乐也健身。

按照规定,栗子林中学的学生在夏日里须晨泳五十米,游泳池中是高山积雪受日照融化流下的冰水,净身之外还可提神醒脑;冬日早晨听到号角声起床后,得穿着睡衣跑到校外一公里半的体育老师那里点名,点完名才有早餐吃。

用餐时,学生须轮流与老师、校长共桌,学习礼仪,那绝对是比在艳阳下或严寒中锻炼身体更让这群青少年觉得辛苦的时刻。

但王大闳并没有因此改变调皮本性。带头吃喝美国同学爬上校园中的黑樱桃树,就着满树的樱桃边摘边吃,换得晚餐禁食的处罚,端来满抽屉的巧克力糖抵挡充饥;浴缸放满热水当游泳池玩耍,水溢流到门外被老师发现,校长只得以停发家长预留的零用钱作为惩戒。自小注重美食的王大闳为了学校供餐太过简单,"每日仅有一餐供肉,其余吃素,周五吃鱼,周日吃鸡翅",发电报向父亲抱怨,父亲跟校长通过电话后,王大闳便有了每餐吃鸡的特权,还嫌鸡肉烹煮味道不佳,另准备了调味的鲜味露一瓶,连校长都好奇不已。

看来西式教育正适合王大闳自由不羁的个性,任其悠游,如鱼得水。跟来自不同国家的同学一起生活,接触不同的文化和语言,又不失纯真的乐趣。而且他自此建立起运动健身的习惯,大学时夏天游泳、冬天滑雪,中年后每日早起转动眼珠看四边墙角的"小运动"也从不马虎持之以恒,时至今日视力仍完全无需依赖眼镜。

回想起年少青涩时光,他充满感性地说:"小时候,我梦想长大后当火车司机或机师,我觉得那是了不得的大本事。如今,我只想尽一个平凡人的本分,多设计使人们舒适的房子,如果有缘,再到栗子林走一遭。"

英国

儿时梦想是长大后要当火车司机或机师,这或许可以解释为何王大闳中学毕业后,1936 年考入英国剑桥大学时一开始选择的是机械工程系。王大闳自承小时候曾趴在地上一口气画了二十多辆汽车,全凭想象,有的图样甚至还预告了未来汽车设计的方向。在瑞士读书期间,中国第一位女飞行师李霞卿女士常开着 Hotchkiss 汽车来接王大闳去日内瓦度周末,飞机、汽车,进而延伸到火车、轮船,机械的魅力在他心中渐渐累积。王大闳始终认为机械跟建筑一样都是科学与艺术的结合,甚至机械设计的难度更高,例如设计汽车时,因受限于体积空间,分寸都需计较,否则就会影响车身的线条与美观。

当时机械系是剑桥大学最好的科系,一年后王大闳选择转入建筑系,让老师颇感纳闷。究其原因,或许是年纪渐长,对机械的迷恋渐渐淡去,或许也是因为他体悟到"建筑是现实和理想之间的一座桥梁,能形成我们的生活环境和外壳。每一幢住宅,每一所教堂,每一座音乐厅或是办公楼,都是实现我们生活中的一种需要和理想。地狱和天堂都是我们自己造成的"。[4]

4. 王大闳,《追求一个漂亮的线条》,1978 年。

王大闳并不是埋首书堆的传统学生，对他而言，学习的场域来自生活，来自环境，也来自观察，因为人生除了追求学识外，也应该寻求富广的生活。剑桥生活的悠闲和优雅显然完全符合他的期待。

剑桥学生可以自由选课，一年仅有一次考试，上课期间大学城里的餐厅、茶室、电影院、书店到处都是生气蓬勃的青年，河面柳荫下小船摇曳。学生组织无奇不有，其中一个叫做"夜半攀登会"，专门在夜深人静时翻墙、爬屋，而且成员皆配备专属的攀登器材，专攻教堂和高耸建物，他们高来高去、飞檐走壁的目的只是运动，追求冒险与刺激。校方若不是接到市民请求或为了保护古老校舍的精致石雕，一般并不会加以干涉。个人自由受到极度保障，就算入夜后你在宿舍高分贝听完所有贝多芬的交响曲作品，也不会有人阻止。

对食物一向挑剔的王大闳，在这样愉悦的环境中居然颇能体会英国餐点的美味，推翻大家对英国人不讲究吃的既定成见，宣称英国烤面饼（Crumpet）抹上牛油后的美好滋味仅次于他心爱的珍馔鸡头米。下午茶是重要的社交活动，若是与好友共聚，可以尽情享受茶点带给味蕾的刺激，谈天说地、引吭高歌；就连中学时期最让他觉得别扭的与师长同桌进餐，也因为可以在佳肴陈酒助兴下交换意见、聆听分享而显得十分可贵。

校内固然没有现代化游泳池，但是贯穿剑桥的康河不仅提供了水仙点缀的碧绿草地，还有软泥河床让那些在河中游泳的人与大自然更接近。

唯一让王大闳略有微词的，只有学生在上课及夜晚出门时必须穿黑袍戴方帽的校方规定。这凸显学生与市民身份不同的装扮最让他诟病的便是"不美"，为了避免负责执行规定的巡查员责罚，大家只好手中拎着衣帽，以便及时穿上。这自由中的小小纪律要求，看来除了增加点麻烦外，并未让王大闳有太大反感，反而视其为英国民族的传统和象征。

在这样的学习氛围中，王大闳进入建筑系第二年就展现才华。他以一个餐厅设计图参加剑桥大学建筑学会举办的学生设计作品竞赛，得到首奖，除获得奖金和奖章，也得到了肯定。自此，系上老师不时会把王大闳的作品挂在走廊上，供同学欣赏。

近十年的欧洲生活熏陶，为王大闳的思想打下根基，剑桥的一切几乎都符合他对美、自由和精神的追求。然而 1939 年他甫自剑桥大学建筑系毕业，第二次世界大战爆发，德军轰炸英国各都市，并断绝物资运送管道，剑桥也陷入困境。当时王宠惠担任外交部长，连络英国外交部长协助购得船票一张，让王大闳前往尚未对德宣战的美国避难。为躲避德国军机轰炸，轮船在海面上迂回航行了十四天后始平安抵达。

1940 年，王大闳开始着手写科幻小说《幻城》（Phantasmagoria）[5]，展现多元的企图与关怀，也是借文字抒发己念之始。只是历时七十余年未竟全书。

---

5. 中译《幻城》，王秋华译，典藏出版社，2013 年版。

来年进入哈佛大学建筑研究所。

美国

王大闳对美国的第一个印象是：很贵，饭店提行李要钱，开门要钱，什么都要钱。第二个印象是：不同于英国的职业阶级划分清楚，在美国即便是修电梯的小弟也可以读哈佛大学。那是一个人人有机会的消费主义社会。

哈佛大学位在美国麻州剑桥市。虽然同名为剑桥，王大闳对英、美两处却有截然不同的感受，首先察觉到的差异在于物质生活。他认为"优秀的物质文明，是人类文化的精华"，美国相较于英国文明粗陋，而哈佛大学的读书生活相较于剑桥是狭窄、粗俗和紧张的，每学期大考小考不断，把大学生当小学生看管，以致于学生缺乏自动态度和自由精神，汲汲于追求学术和技能不过是为了生存，而非一种生活方式。

或许正因为环境中缺乏丰富心灵及生活的元素，一向不太认真于课业的王大闳进入哈佛之后更孜孜不倦地投入阅读世界，期望从课外书中获得精神慰藉。而影响他最深的，就是卢梭的一篇论文《社会契约论》（Du Contrat Social）。卢梭认为人性良善，大自然则是完美的，符合自然的社会才是理想社会，所有罪恶都是人类违反自然的结果，而人类污染自然的同时也污染了自己，从而追求粗鄙的物质，轻忽了精神生活。这个说法引发王大闳的省思，他觉得人类固然会破坏，但也能创造，更善于用意志和技能重塑神所创造的东西，例如房屋和城市，端看个人努力。他把对建筑之美的追求看作是对理想的追求，而非单纯是物质上的满足，否则会把原本优美的自然塑造成无比丑陋的空间。但他也清楚知道理想跟现实之间的距离，就和精神跟物质之间的距离一样遥远，所以人常容易不满足，甚至将期待寄托于乌托邦，有时候反而付出极大代价。既然无法脱离物质单纯依赖精神而活，那么让物质与精神结合，以提升物质的层次，显然是必要的。也就是说，在物质当中必须注入美，才能符合精神的需求。

因为匮乏，所以更需要努力。这时候的王大闳已经逐渐脱离了自由的浪漫情怀，开始正视建筑必须兼顾的精神及社会意义。如果说美好的英国是他从少年蜕变为初识人间滋味成年男子的美乐地，那么丑陋的美国就是促使他思索未来专业角色的锻炼场。王大闳在译写的《杜连魁》书中说："美国虽有欧洲文化的背景，而美国本身的文化到底是粗俗的……粗俗的物质文明最令人生厌，就像一册没有内容，印刷粗糙，纸张低劣的书本。或是一辆机件欠精，线条不美的汽车。"又在《两个剑桥》[6]一文中说："哈佛大学可以产生一位肯尼迪总统，但不可能产生一位王尔德。非要牛津大学或剑桥的水土才能培植出一个王尔德。"应是他对英国和美国最好的脚注。

6. 1982年发表于"国立"台北工专工业设计科《建筑》组刊第 13 期。

王大闳进入剑桥大学同年，前德国包豪斯校长格罗皮乌斯因受纳粹迫害移民美国，进入哈佛大学建筑系教书，1937年担任系主任，许多美国和其他国家的学生都慕名而来。对王大闳而言，这位早在1920年代就研究并生产预铸建筑，希望借以提供平民居住质量的建筑大师不仅是现代建筑的倡导者，也是社会学者和教育家。他说格罗皮乌斯被"当时的纳粹党称他为共产主义者，而共产党却称他为一个标准的资本主义者。不论如何，我这位老师在建筑和社会学上，确是一位先知和倡导者"。王大闳从这位老师身上学到的不仅是建筑美学，还有建筑的社会意涵，打下了扎实的专业基础。当时与王大闳同班的还有贝聿铭与菲利普·约翰逊，日后三人各自站在建筑舞台上发光发热。

有趣的是，王大闳对老师格罗皮乌斯极为尊敬，一生保持联系不辍，可是他的建筑语汇却主要师承另一位从未谋面、在芝加哥教书的密斯，或许是因为密斯的语言蕴含了转译成现代中国建筑的可能性，而格罗皮乌斯所强调的预铸、工业化生产，则负载了太多社会性，少了一些艺术性，然而对于从事创作的人，如何将西方新事物以中国气味传达是一个重要的命题。说不定这就是台湾战后建筑只受到勒·柯布西耶和密斯洗礼，而格罗皮乌斯尽管受人景仰却未能施展影响力的原因吧。

1942年哈佛毕业后，王大闳不仅拒绝入籍美国的机会，也拒绝了普林斯顿大学"弹道学"（Ballistics）研究计划和布劳耶（M. Breuer）事务所的邀约[7]，选择接受当时驻美大使魏道明邀请，在华盛顿中国驻美大使馆担任随员，这个决定，说明他既不愿偏离建筑专业，却又不急于投入忙碌的建筑事务，或许还在寻找自己的方向。1944年10月，美国杂志《室内》（Interior）邀请王大闳发表作品，带有东方空间况味的"城市中庭住宅"（The Atrium Town House）于1945年1月刊登，是他日后建筑创作的原型之一；同年，他参加美国通用汽车公司的一个设计竞图，在4500多人当中跟贝聿铭同时都得了奖，时值珍珠港事件爆发，竟依旧吸引了媒体采访报道，对王大闳而言是难忘的经验。

第二次世界大战结束后，王大闳挥别生活了15年的西方世界回到上海，与四位友人共同成立"五联建筑师事务所"（1947年），并在上海市政府都市计划委员会负责"大上海都市计划"。王大闳脑袋里装载的西方"现代性"与古老的中国传统于此交会，将慢慢酝酿，来日迸发出新的生命火花。

1949年大陆政权转移，王大闳至香港停留两年多后，应父亲要求于1952年春天迁居台北。

寄情

我十七岁的时候，

---

7. 见《大失败》一文。

有位老人对我说，

"宁可赐舍你的金银，

而不要送掉你的心；

你尽可将珠宝给人，

不过要留下你的爱情。"

但是我年纪还轻，

这些话像对牛弹琴。

我十七岁的时候，

又听见他说，

"你心里的爱慕，

决不会白白地付出。

它的代价是无穷的悔恨，

和诉不尽的痛苦。"

现在我想起这话，

才知是多么真啊。

豪斯曼（A.E.Housman）《十七岁》，王大闳译

　　根据作家成寒访谈记录，六十多年前，王大闳离开美国之际，有建筑师朋友送给他一本书，是斯坦福·怀特（Stanford White）的传记《欲望建筑师》（*The Architect of Desire*），还笑着告诫他："回去以后，你可不要成为台湾的斯坦福·怀特！"

　　怀特是俗称"美国文艺复兴"风格的代表建筑师，已婚，但以风流著称，47 岁时结识 16 岁的当红女伶兼模特儿艾芙琳·内斯比（Evelyn Nesbit），为她深深着迷。艾芙琳因家贫，未受完整教育，怀特为讨艾母欢心，安排艾芙琳进入耶稣会办的女子学校读书。据说怀特位在纽约市格林威治村的工作室其中一个房间里悬挂着一个红色天鹅绒秋千，是他跟女子调情的地方，艾芙琳的童贞便是在此处献给了他。后来艾芙琳在富豪哈利·萧（Harry K. Thaw）的追求下嫁入豪门，但萧嫉妒心重，对妻子之前的恋情十分介怀，1906 年 6 月 25 日在麦迪逊广场花园顶楼表演厅拔枪射杀了出席同场音乐剧的怀特。

　　王大闳自己则在《雄心与野心》[8]一文中回忆，一次贝聿铭因业务来台，送给他一本摄影书 *La Promenade de KonigImmerlustik*，主题是女子的美臀。后来这本书因时常翻阅、

8．1996 年发表于《中国时报》。

或跟朋友分享，导致书页脱落，还由诚品书店吴清友先生托人重新装订。

单纯点想，美臀是一种美丽的线条，为追求美的王大闳所喜也是理所当然；而怀特因情感纠葛英年早逝，无疑是建筑界一大损失，确应引以为鉴。这两位王大闳青年时期的朋友都送书，显然知道他爱书，但巧合的是，两本书都与女人有关，是否透露些许弦外之音？

生活理想

王大闳奉父命来台时，随身仅拎着两只箱子，一箱是书，一箱是日常衣物。身无长物，但在父亲全力支持下，于1953年在台北开设大洪建筑师事务所，建国南路自宅是开业后第一件建筑作品。之后建筑设计案如日本驻华大使馆、别墅、学校、厂房、大楼纷纷涌至，堪称"生意兴隆"。

家世显赫、品味非凡、举止优雅、谈吐脱俗，长年留学西方的王大闳立刻成为台北名流圈中备受瞩目的焦点。建国南路宅往来无白丁，建筑人、归国学人、政商名仕无不对这典雅恬静的居所赞赏不已，也以自己能成为座上宾而傲。然而川流不息的宅邸内却缺少一名女主人，王大闳三十多岁了，父亲王宠惠难免不时提点关心。

王大闳在英国求学时期情窦初开，与一位英国少女坠入情网。从自述《两个剑桥》猜测，很可能是房东女儿："剑桥……当时仅有两所女学院，也都在市区内。但是男生和女生来往的机会并不多，因为女生都住在校内。同学们却经常和其他的女孩交朋友，房东的女儿便是最容易接近的一个对象。"当时王大闳二十出头，少女仅十四五岁。后来曾有人撰文谱写那段恋曲，王大闳虽未做正面响应，但他翻译的爱伦坡[9]情诗《安娜蓓莉》[10]或许隐约呼应了内心对那段纯真但早逝的爱恋时光的记忆：

那时，她和我两小无猜，
在这沿海的王国里。
但是我们绵绵的情意
却深于人间一切的爱。
连天上飞翔的天使
都美慕我和安娜蓓莉。

9. 美国作家、诗人爱伦坡于1836年和年仅十三岁的表妹维吉尼亚·克莱姆（Virginia Clemm）结婚，妻子于1846年肺结核过世，但对爱伦坡的创作影响始终未歇。
10. 《安娜蓓莉》（Annabel Lee）一诗完成于1849年。王大闳翻译后在《中华日报·副刊》发表，时间不详。

王大闳与这位昔日恋人一直保持联络。是多情，却也可能是一种"无情"。

1954年，王大闳认识了年方18岁的王美惠。王美惠姊姊任职于美国新闻处，与美国大使馆常有往来，因而结识在大使馆工作的王大闳堂弟，一群人找来年龄相仿的兄弟姊妹一同看电影、郊游，王美惠对斯文、风度翩翩的王大闳印象深刻，但始终以为姊姊才是大家意欲撮合的对象，没想到"雀屏中选"的竟是自己。

两人相差19岁，一个是儒雅绅士，一个是懵懂少女，这个选择可能是无意（或有意）复制了英国恋曲，也不无可能是因为"从古至今有许多的男人在一生中追寻一个他理想中的女人，似乎要在女人身上找到他的生活理想……"[11]，或是因为原本一体的男人和女人被劈分为两半之后，"半个男人觉得空虚不全、怅惘寂寞，没有乐趣，也没有幸福。所以他不断地在寻找他那失去的另一半，那个比他美善的一半——女人"。[12] 只是恐怕符合美善理想的女性难觅，如白纸般单纯的少女说不定更有可能经由学习"改造"，在未来成为理想伴侣。早有萧伯纳如是想。[13]

1954年底两人订婚，来年年初举行婚礼。为响应蒋"总统"节约呼吁，王宠惠选择在餐厅以简单下午茶点招待亲友，由叶公超证婚，参与者仅70人左右，晚上再在建国南路宅内宴请一桌。那天新娘身穿订制白纱礼服搭配银色凉鞋，皆是王大闳亲自挑选，日后王美惠参加应酬的服饰，也全都由王大闳在委托行挑选购入，无一次例外。

王大闳对生活细节的讲究，跟他在专业上的要求无分轩轾。原本未识俗世的新婚夫人必须立刻埋头迎战社交生活的诸多礼仪缛节，尤其需要照顾对美食颇为计较的丈夫的胃。于是她向傅培梅学艺，习得中菜、西点，甚至冰淇淋、甜甜圈也能一手包办。就连看似简单的意大利通心面酱汁，也比别人家考究，是用猪肉、牛肉、鸡肝、火腿、洋葱、大蒜和两种不同的西红柿酱调制而成。一日三餐菜肴、水果都要更换；每个月至少在家宴客三次，前一天就要将餐具擦拭雪亮，餐桌摆设布置也需经过王大闳点头同意。家中一尘不染。

面对工作，王大闳的态度是东方的，朴实沉稳、低调自守；面对生活，王大闳的态度则是西方的，风流自赏、桀骜不羁。骨子里，他依旧是那个在英国读书时，为了跟皇室同时拥有仅生产两辆的法国 AvionsVoisin 豪华轿车[14]，长达两个月不跟父亲通信

11. 王大闳，《男人怎样看女人》，《综合月刊》1972年。
12. 同注11。
13. 爱尔兰剧作家萧伯纳的戏剧作品《皮革马利翁》（Pygmalion，中译《卖花女》），后改编为音乐剧《窈窕淑女》。取材自罗马神话中雕刻家皮革马利翁爱上自己雕刻人像的故事，维纳斯为成全皮革马利翁，让雕像化为活生生的美貌女子。萧伯纳以此为本，演绎年纪、身份悬殊的二人相处可能会发生的问题。
14. AvionsVoisin 汽车由法国人 Gabiel B.Voisin 创立。他原本设计飞机，第一次世界大战后，于1919年将飞行概念转型为汽车设计及生产，在巴黎西南近郊的 Issyles Moulineaux 镇设立工厂，采用先进的袖阀发动机，车头有英挺的展翅双翼 logo。1930年代初，Voisin 经营不善，许多优秀设计人才纷纷出走，第二次世界大战开始，豪华汽车市场萎缩，1939年宣布停产。

的固执青年。在王大闳的建筑作品中我们看到东西辉映,但在感情生活中,我们看到了东方男性的主导,也看到了西方男性的奔放。他持续跟初恋英国女友鱼雁往返,与昔日上海恋人联系频繁并接济其生活所需,台北的名媛淑女莫不带着崇拜目光聆听王大闳分享西方见闻,宁愿不顾世俗眼光也要坐在他那线条流畅优美的汽车上一起出游。这在当时以传统中华文化正统自居的台湾保守社会既引人羡妒,也易遭人论议。

才华,是王美惠最崇拜丈夫的优点;风流,却是任何一个妻子都难以忍受的缺点。1964 年,王美惠委托律师向法院提出离婚诉讼,跟王大闳结束了近十年婚姻。

忏情录

1965 年,王大闳投入"国父纪念馆"建筑案,在理想与现实间挣扎,企图寻找新中国建筑而非伪中国建筑的可能性,为期七年。来年他开始译写王尔德的《格雷的画像》(*The Picture of Dorian Gray*),将时空地点转换为六七十年代的台北,书中的英国贵族绅士也都改为台湾的社会名流。1977 年由高信疆创办的言心出版社[15]出版,书名《杜连魁》。

初版序言中,王大闳说是在朋友鼓励下,"才下了十年苦功译完这部惊心动魄的故事",日后接受访问时也仅谦称自己因为中文不佳,需要多做练习改善,所以选择翻译一途磨炼文笔。并说探讨灵魂议题的尚有歌德、托马斯·曼等,王尔德并非唯一,《格雷的画像》似乎是个偶然……当真如此?

青年格雷纯真俊美,受到亨利爵士对青春和享乐的言论影响,开始迷失方向,对着自己的画像许愿让画中人代替自己老去,换得现实生活的青春永驻。外人不明就里,窃议那恐怕是与魔鬼的一桩交易;亨利夸夸而谈,鼓励格雷把握人生当下,抛开义务或悔恨包袱,尽情享受经验本身,让他一步步走向欺骗、杀戮、背叛、纵欲和自弃,万劫不复。不老的肉身和沧桑的灵魂在画内画外互相凝望,灵魂的存在是肉身痛苦的源头,也是提醒罪行的良知,直到格雷一刀划破肖像画,灵肉重新合而为一,却同时断送了自己的性命。当年出版说明文末王大闳引用波斯天文学家及诗人欧玛尔·海亚姆(Omar Khayyám, 1048—1131)的诗:"我将我的灵魂送往上苍,想探知一些来世的玄奥,不料我那灵魂回来倾诉,我自身就是地狱和天堂",确是最贴切的"读书心得"。

读书固然是扩大生活境界、调剂生活内容的方法之一,但王大闳也说:"书……不是一种最理想的消遣。你不能和书本交谈,也不能和它讨论。你只能收,不能给,一切都是单面的、被动的。"要摆脱掉单纯看书这个单面且被动的读者角色,进一步

---

15. 高信疆于 1974 年独资创办言心出版社,由夫人柯元馨担任发行人。"言心"取其谐音(元馨),也取其寓意。重要出版作品有张系国长篇小说《棋王》(1975)、夏志清编注的《夏济安日记》(1975)、朱天心《方舟上的日子》(1977)等。言心出版社于1977 年结束。

的选择是翻译，因为译者必须精读文本，对文本几近"无所不知"，揣测推敲并诠释作者的心理。但王大闳却选择在翻译之外加入"主动"书写，企图与作者对话（或自己有话要说）的欲望显然十分强烈。

就外在条件观之，王尔德和王大闳除了英国这个交集外，生活时代相差近一百年的两人看似迥异：王尔德是英国牛津大学的才子，也是唯美主义作家，特立独行，一生争议不断；王大闳虽长期浸淫西方思想，但未弃东方传统，认识他的人无不赞其沉稳从容、进退有节。王尔德狂妄，曾对纪德说，"你想知道我一生的这出大戏吗？那就是，我过日子是凭天才，而写文章只是凭本事。"据闻，王尔德应邀赴美演讲，1882 年初入境时在海关宣称自己没有任何东西需要申报，"除了我的天才"。而王大闳在《大失败》一文中说自己在建筑专业上虽没有失败，但也没有成就，虽然好读书却不会教书，尽管他发表自撰文章次数不亚于翻译文章，仍自认翻译略胜写作一筹，将功劳归于原作者，坚持谦逊美德。王尔德鼓吹享乐，王大闳过得却是极简生活（寡言、运动、阅读）。

只不过，大家看到的王大闳是真实完整的王大闳吗？

王大闳少年时期即赴西方受教育，返回中国时已年届三十岁，思想启蒙、情感体验、美学与价值观养成都在西方完成，虽然常被套上"出身中国上层社会书香世家"的帽子，但他对中国传统的认识除了幼时接触的经典古籍，恐怕绝大多数来自于身体的空间体验，和与人相处的模仿学习自我规范。或许在"国父纪念馆"建案承受"如何中国"的巨大质疑与压力时，激发了他内心的叛逆，也将他认知、情感与知识的西方性一股脑全都逼了出来。《格雷的画像》是不是代替了王大闳阐述自身？王尔德会不会是王大闳的一个掩护？"自传体是最好也是最坏的评论形式"[16]，王大闳能不能透过翻译与书写《杜连魁》的过程找到自己，厘清自己，然后拥有足够的勇气抵抗外在世界的种种，或为自己的妥协找到栖身地？

王大闳和王尔德二人在本质上究竟有怎样的联结与默契？

其一在于他们对艺术与美的认知。

王尔德在《格雷的画像》序中写道："艺术家是创造美丽事物的人。展露艺术、隐藏艺术家是艺术的目的。评论家是能将自己对美丽事物的印象，转换成另一种形式或是另一种新素材的人……在美丽事物中发现丑陋意义的人不仅堕落且毫无魅力，这是一种缺陷。在美丽事物中发现美丽意义的人是高雅的，有了这些人便有希望。认为美丽事物的唯一意义就是美的人，都是上帝的选民。"

王大闳本就认为美不只是外在表现，也是精神上的需求，他在《服装与建筑》[17]文中说："杰出的建筑必须先有好的设计，设计才能满足我们精神上的需要——美。"对于艺术的定义，也以汽车为例，说在英国剑桥大学求学时，同学常戏称汽车是"可

---

16. 《格雷的画像》，王尔德序。
17. 台北工专工程《学术丛刊》1980 年第 11 期。

憎的机器"（Infernal Machine），"如果把它当作交通工具，仅为了实用和宽大舒服，那它确是一具'可憎的机器'。它体积笨大，占据道路极大的面积，阻塞交通，妨碍市容，污染空气，确实可憎。但若一辆汽车的引擎和车身设计精美，它就成为一件活动的雕刻——一件艺术品。"

其二在于道德观。

王尔德或直言，或借《格雷的画像》亨利爵士之口，发表诸多在当时被认为挑衅、邪恶、鲁莽、违反道德的言论，抨击英国人的伪善，对抗社会的主流价值：

> 书无所谓道德或不道德，书只有写得好或写得不好。如此而已。[18]
> 你们画家真怪！你们想尽办法使自己闻名，一旦成名了，却又毫不在乎起来。你真傻。被人批评当然不好，但更糟糕的是根本就没有人来批评你。（《杜连魁》，第11页）[19]

让杜连魁感到困惑，同时又被撩动心弦的这番话，恐怕也让王大闳心有戚戚焉：

> 生活的目的是为了发挥自我。我们每个人生在这世界上为的是完完全全实现自己的本性。在今天的社会上，没有人敢发挥自己的本性。他们都忘了一个人最大的责任就是对自己所负的责任，他们认为行善才是他们的责任。他们把食物送到挨饿的人嘴里；把衣服披在受寒的人身上。可是他们自己的灵魂却得不到粮食，得不到温暖。我们是不是已经变成懦夫了？也许我们生来就没有勇气。我们生活在两种感觉的支配下——一是对社会的恐惧，那便是道德的基础；一是对神的恐惧，也就是宗教的来源。（《杜连魁》，第26页）

原本王尔德抒发关于享乐的理论，在王大闳笔下略为增改，变成了："善良就是自然，就是附和你自己。你勉强自己附和别人就是不自然。我们要生活在自己的生活中，不要迁就别人的生活。我们的道德观念是接收这时代的道德标准。而我认为对一个有造诣的人来讲，接收这种道德标准实在是一件最不道德的事。"（《杜连魁》，第88页）如果拿来当作王大闳面对"国父纪念馆"案内心的抗拒独白，应不为过。

王尔德对众人推崇的智慧嗤之以鼻，认为那是一种夸张，会破坏脸的和谐之美，让人面目可憎。王大闳大概对此再认同不过，为了加强印象，还干脆直接指名道姓，将两位古今名人拉下水："你看那些有头脑的科学家和哲学家——爱因斯坦、苏格拉底，

18. 同注16。
19. 引用《杜连魁》内文的标示页码，皆参照九歌出
版社，2006年版本。

他们长得多丑啊！"（《杜连魁》，第 11 页）

王尔德对于其他公认的俗世价值，也看得很透彻："你的地位，你的财富；我这一点智慧和值不了什么的才艺以及……美貌——我们都将会为这些上天所赐予的优越而受苦，大大地受苦。"（《杜连魁》，第 12 页）

王大闳后来在《信赖神或信赖金钱？》[20] 一文中更进一步用反讽方式嘲笑大家对财富的迷思："谁说东方是东方，西方是西方，两者永不会相投？但拿钱来讲，东方和西方却十分投合。钱确是联合东、西两方的共同语言，坚强环链。中国人拜财神；犹太人崇曼门（Mammon）。岂止如此！今天美国金、银币上都刻有'我们信赖神'的箴言，可见神和金钱，性质虽然相反，却同样值得我们信赖！"王尔德和王大闳同样必须面对社会对于知识的轻蔑。王尔德说："我太喜欢看书，所以懒得写……没有读者。他们除了报纸和参考书之外，什么书都不看。"热爱美食的王大闳则补了一段："有人说过台北满街是餐馆，书店却很少。这表示我们只注重吃，而不需要精神上的粮食。虽然《圣经》上有一句话，怎么说？人不是只靠饮食而生活。"（《杜连魁》，第 53 页）

唯一不再闪闪躲躲，堂而皇之以"我"现身，大篇幅改写原著的是《杜连魁》第十一章。原书描写的是亨利送给格雷一本奇书，以及格雷流连于各种奇珍异宝的收藏，似乎想借由这些"永恒"之物让自己遗忘时间和画像的存在。王大闳则花了许多篇幅描述自身体验过的欧美之旅，参观博物馆、逛街、游乐，这时杜连魁仿佛是在英国读书时期的他，过着无拘无束的生活。他还不忘比较欧洲和美国的高下："纽约像是一座俗丽的暴发户的大住宅，而巴黎却是一幢高贵的书香之家……美国虽有欧洲文化的背景，而美国本身的文化到底是粗俗的。吴腾认为粗俗的物质文明最令人生厌，就像一册没有内容、印刷粗糙、纸张低劣的书本。或是一辆机件欠精、线条不美的汽车。在台北时，吴腾时常说最可悲的是我们排斥了自己优秀的文化，而吸收的却是西方最粗劣的物质文明。"（《杜连魁》，第 137 页）

王尔德对感情、婚姻制度的犀利观察，更恰好为刚结束一段婚姻的王大闳的多情做了某种程度的辩护：

……你这单身汉不会知道结婚的最大好处就是双方都会养成互相隐瞒的习惯。（《杜连魁》，第 13 页）

用情专一的人只认识爱情平凡的一面；不忠于爱情的人才会深感到爱情的悲剧。（《杜连魁》，第 19 页）

自制正在处罚我们，每一个被强压下去的冲动会潜伏在我们心灵的深处来毒害我

20. 1995 年发表于《自由时报·副刊》。

们……如果你反抗它，你的灵魂一定会为了渴望那禁果而受苦；为了想做那些怪的法律称之为非法的事而得病。有人说过天下大事都产自脑中，罪恶也产自脑中。(《杜连魁》，第 27 页)

女人最喜欢用这两个字，他们每次都为了"永恒"而把爱情破坏得无余。何况这两个字毫无意义，终身的爱情和短时的迷恋唯一的差别是迷恋比较耐久一点。(《杜连魁》，第 32 页)

其实，就拿爱情来讲，这完全是一种生理上的现象，和我们的意志毫不相干。年轻人想要忠实而不能忠实，老年人想不忠实却无能不忠实。就是这么一回事。(《杜连魁》，第 38 页)

我劝你最好不要结婚。你要知道男人结婚是为了厌倦；女人结婚是为了好奇。结果两方面都会失望。(《杜连魁》，第 58 页)

女人根本只有两种：一种是无姿色的，另一种是有姿色的。第一种女人非常有用。倘如你要人家尊敬你的话，你只要和她们交往就行了。第二种女人虽然可爱，但你倘如和她们相处过密往往会被人看不起。她们好虚荣，总想打扮得比自己的女儿还年轻。[21](《杜连魁》，第 59 页)

一生只恋爱过一次的人，才是真正肤浅的人。他们自称的忠实和专一，实在是感情上的懒怠和窄小。忠实就犹如一个画家只画一幅杰作，那是他缺乏想象力和自认无能。忠实包含了顽固的占有心……[22](《杜连魁》，第 61 页)

风流韵事要一而再再而三不断地发生才能维持爱情。这样，情欲才会渐渐地精炼成为爱。何况，男人谈恋爱时，每次都是他的初恋。改换恋爱的对象并不影响到他的真情，反而会加强他的热情。最幸运的人一生中也不过只能经验到一次伟大的爱情。生活的秘诀也就是能一再地去追求这种经验。(《杜连魁》，第 197 页)

王大闳难得直言谈爱情，1981 年发表凯敏泰 (Clementine) 民谣翻译时写道："一般人对爱情像对其他事情一样，往往抱有一种极不合理的理想。我们不敢也不愿面对事实，总想掩饰现实的丑恶。"对爱情说不上不是失望，但有一种透彻领悟。

他看完《红楼梦》后曾说杜连魁和贾宝玉这两个富家子弟虽然性格不尽相同，却有许多相像之处。但不知王大闳觉得自己跟这两位天之骄子的想象程度又有多高？

21. 《杜连魁》与《格雷的画像》原文略有出入。原文是"女人只有两种，一种是简单素朴的，一种是多彩多姿的。简单素朴的女人很有用，如果你想获得崇高声望，只需邀请她们共进晚餐，另一种女人很迷人，但会犯一种错误，她们会为了让自己显得年轻而化妆……现在的女人只要外表能比自己的女儿年轻十岁，就心满意足。"(台湾商务印书馆，颜湘如译，2004 年版，下同)
22. 原文是"一辈子只爱过一次的人才是真正肤浅。他们所谓的忠诚与贞节，毋宁是传统习俗的死气或是他们本身缺乏想象力。忠贞之于感情生活便如同逻辑之于知性生活——必败无疑。忠贞！迟早我得分析一下，这其中包含占有欲。"

王大闳突破传统"谨守本分"的译者角色，在保留、删减、增写之间，与王尔德或对话或交心或唱和，短暂揭开了自己的面具，透透气。

《杜连魁》或许是当时"国父纪念馆"案的一种逃避，却也是救赎。那不仅是王大闳的一个文学功课，也是身兼读者和作者、评论者和创作者的王大闳剖开、看清楚自己之后完成的一本忏情录。

改变

王大闳第二任妻子与他仍有相当的年纪差距，行事同样低调。大家对她的认识大概只来自王大闳自己写在《女强人——Gloria K. 素描》[23]文中这段描述："K小姐的直爽坦白带有男子气，这一点她和我妻林美丽有些相似⋯⋯有一次，我妻子林美丽驾着她的Coupe去加油，站上的女服务员突然说：'你很像一个女强人'，这位女服务员倒真有眼光。我和美丽结婚几年后我才发觉她确是个女强人，这名词用在Gloria身上更适合，但K小姐驾车有点笨手笨脚，远不及我那位女强人。"

时光荏苒。曾经稚嫩、需要备受呵护的年轻妻子或许因为磨炼、或许因为本性展露，成了今日的女强人。其实王大闳早已预见此一"必然"。

1972年，"国父纪念馆"完工。同年王大闳在《综合月刊》上发表了一篇文章《男人怎样看女人》，透过神话、文学、历史，铺陈男女关系和地位随时代转变的轨迹。从女人为男人所创造，到女人为男人所改造，到女人为男人所拥有，到女人是男人的一半，到女人压迫男人，最后甚至宣布女人是男人的劲敌，因为"《创世纪》上说女人出自男人。现在女人已自求解放，压迫男人⋯⋯说实话，这个世界迟早是会被女人统治的⋯⋯今天我们男人能做的事，没有一件是女人不会做的。女人时时处处都会取代男人的地位"。这段演化史固然是时代缩影，似乎也映合了王大闳（或所有男人）的个人感情观演变。

2007年"国父纪念馆"特展开幕时，大家簇拥着在家人陪伴下前来的王大闳，希望多听听他讲些什么。但他挂着微笑不开口，只在听到有人说"王先生你是我们建筑界的宝贝"时，转头跟太太说："听到了吗？他们说我是建筑界的宝贝，所以要对我好一点。"

23. 1987年发表于《中华日报》。

遥望茜莉妮

你可是为了攀登苍天
凝视着地球，而面色倦乏凄白，
夜夜变化，像颗无喜悦的眼珠，
独自流浪在异族的星群间
找不到值得你专情的对象？

雪莱《月亮》，王大闳译

瑞士读书期间，是王大闳开启全面学习的重要阶段。自称不算是循规蹈矩爱读书的小孩，但他对可以尝试或认识的新事物则态度十分积极，开始阅读有关天文、心理分析学和灵魂学之类的书，包括科幻初体验，也是在这段中学岁月完成的。

英国科幻小说家乔治·威尔斯（Herbert George Wells, 1866—1946）师承赫胥黎（Thomas Henry Huxley, 1825—1895），受进化论思想影响很大，著有《时间机器》（The Time Machine）、《世界大战——决战火星人》（The War of the Worlds）、《隐形人》（The Invisible Man）和《月球探险记》（The First Men in the Moon）等，其中《时间机器》虽然不是第一本提出"时间旅行"观念的小说，但采用大量哲学、科学论述以说服读者其可能性，是日后科幻小说书写的典范，因此后世有人称出版该书的 1895 年是科幻小说元年。而《世界大战——决战火星人》中对火星人有硕大脑袋的描写，也成为后来一般大众对外星人的既定印象。1938 年美国哥伦比亚广播公司还将《世界大战——决战火星人》改编为广播剧，以仿新闻体形式播出火星人入侵地球的故事，造成大批美国民众恐慌四处窜逃，也让威尔斯成为家喻户晓的作家。

王大闳自述在中学时期看过《月球探险记》后，对于人类终将登陆月球深信不疑，也充满期待。当西方强国纷纷投入登月计划、在太空争霸之际，他心中也默默地编织了两个梦：写一本科幻小说，建一座登陆月球纪念碑。

科幻小说早在 1940 年他初抵美国时即着手书写，历时七十余年未能完成[24]；登陆月球纪念碑设计案则与"国父纪念馆"案和《杜连魁》译写同时进行，虽然完成纸上作业，却因政治外交因素无法实践。

虽然这个科幻—登月之梦后来真正完成的只有数十篇短文，但是逐梦过程的甜蜜辛酸都是难忘记忆。

24. 2013 由典藏出版的译本《幻城》，基本上是一种
对王大闳"凌乱"手稿的诠释。

未知的美好

所有建筑作品中，王大闳最乐于谈论的莫过于登陆月球纪念碑。那是少年时代对征服另一个空间的豪情壮志，也是对纪念性建筑的约定俗成诠释的突破，更有着那个时代的国族情感烙印。

王大闳对登陆月球的向往，是受到威尔斯的《月球探险记》启发："这本书是在人类登月前六十多年出版的，讲两个英国人登月的故事。这是一本现在所谓的科学幻想小说，我读了之后，深受影响。此后更喜欢看各国的科学幻想小说。在 1969 年 7 月 21 日美国三位航天员第一次登陆月球时，我并不引以为奇，因为在我意念中，我早已认为这是一件必然可行的事。"[25] 深具信心的他提早了两年，也就是在 1967 年已预先完成了登陆月球纪念碑的设计，以纪念这看似是迈入太空的一小步、实则标志了人类伟大科技成就的事迹。

王大闳认为人类在太空计划上的努力，并不纯然只是好大喜功，而是一种精神的挑战，也是梦想的实现。因为在远古时候，中国人就凭借想象登上了月球，并盖了一座银色的广寒宫，住在那里的嫦娥长生不老，是美好而永恒的象征；希腊神话中的月神茜莉妮（Selene）与兄长太阳神阿波罗各自驾着马车，掌管夜与昼的光，宛如希望的守护神。而且无论东西，这两位月亮女神都跟爱情脱离不了关系，嫦娥会化身为月华，让情人在花前月下互许盟誓；而茜莉妮自己就是痴情种子，为了让自己爱慕的美少年拥有不逝的青春，宁愿让他陷入永恒的沉睡，换得两人终生相守，尽管她只能痴望所爱。趋近月亮，甚至拥有月亮，仿佛就能拥有一份美好。

但是虚幻想象无法满足好奇。月球上到底有什么？不到那上面一探究竟，无法厘清问号。开始有人以理论、科学论述假设各种到达月亮的途径。最早让现代地球人登月美梦成真的，是法国博物学家儒勒·凡尔纳（Jules Verne, 1828—1905）于 1865 年出版的小说《月球之旅》（De la Terre à la Lune），书中主角登月的哥伦比亚号飞船其实是一个中空的炮弹，巧合的是，哥伦比亚号的地球发射点距离今天美国发射宇宙飞船的肯尼迪太空中心相距仅 120 公里。韦尔斯于 1901 年出版的《月球探险记》除了引发王大闳对太空产生兴趣外，对后世英国及全世界的科幻小说发展都有重要影响，另一位英国小说家刘易斯（C. S. Lewis, 1898—1963）的科幻系列作品《太空三部曲》第一部《沉寂的星球》（Out of the Silent Planet）便一脉相承，同样描述企业家和科学家携手打造宇宙飞船，在无人知晓的情况下悄悄摆脱了重力禁锢将自己抛向太空，同样描述外星人有更高的智慧，相较之下地球人反而显得好战、残暴、无知。

文学世界凸显了人类对未知世界的憧憬，而其中亦真亦假的种种科学论述也带动

---

25. 《吸收世界上奇妙色彩》，《中华日报》1978 年。

美、俄两国竞相投入资源，验证太空探险的可行性。

人类不断发下豪语，终于在 1969 年达成心愿。

一座露天教堂

"在某些方面，建筑师像为他人作画的画家。而登月纪念碑却是出自我的兴趣。自从孩提时代我读了威尔斯的科幻小说，就对太空和天文学产生了浓烈的兴趣。并且我认为登月纪念碑是相当有意义的，因为登陆月球是人类的重要成就，它也是科学的重要突破，实现人类千年来征服地心引力的梦想。"[26] 诚如王大闳所说，设计登陆月球纪念碑是他的兴趣，而非需要对业主交代的工作，同时借此阐明他对"纪念性建筑"的定义：不是为了纪念伟人或英雄，不是为了纪念战争或死亡，不像林肯中心或他自己设计的中山纪念堂，是"结合纪念和商业价值的建筑……反映了这时代的金钱导向"，而是为了纪念梦想实现后化喜悦为感恩的心情。

他投注了四年时间，做出概念简单但充满象征意义的高耸碑塔，矗立在平台上的两片柱状物仿佛一双手臂冉冉伸向天空，隐喻人类奔向月亮的长久渴望。碑塔顶端是平的，往下延伸到基座处渐渐形成两个半圆形，围成一间圆室，直径 30 英尺（约 9.14 米）。因中山纪念堂案之故，王大闳认真思考过纪念性建筑的意义与表现，他认为："……最难的部分，是如何利用建筑材料来显现……伟大精神。如何用具体的事物来表现抽象的精神，这是建筑师所面对的挑战。"他为登陆月球纪念碑选择了钢筋混凝土，涂白漆，没有其他装饰或覆材，材料求真，不求矫饰。

从地面要登入圆室，需经过狭窄通道内爬升的十五个台阶，室内地面铺设黑色的石灰石，以巨型灰色石块当桌子立在地上，桌面除了用纯银铭刻美国登陆月球贡献卓越的三十人姓名外，另置放一小块从月球带回来的岩石标本。两片半圆凹墙上刻有后羿射日及嫦娥奔月故事的浮雕，并将航天员登陆月球后诵读的《马太福音》最后晚餐经文"他们正吃的时候，耶稣拿起饼来，祝福了，擘开，递给他们说：'你们拿去吃吧！这是我的身体。'又拿起杯来，祝谢了，递给他们，他们都从杯中喝了。耶稣对他们说：'这是我的血，新约的血，为大众流出来的。'"制作成艺术品，放于室内，提醒世人月亮仅是宇宙的一部分，而大千世界的壮丽宏伟更令人惊叹。

这座登陆月球纪念碑高 252.71 英尺（约 77 米），以 1 英尺（0.3048 米）代表 1 000 英里（1 609.344 公里），象征月球和地球间的最大距离：252 710 英里（约 406 697 公里）。入夜后，柱状体会随着光线和观者角度而变化，犹如月亮的阴晴圆缺。

纪念碑顶端未封罩，可以感受自然的晴雨冷热变化，那仿佛是一间白色露天教堂，

26. 《对建筑和建筑师的一些想法》一文。

人立在其中，抬头仰望一线天，人类终于挣脱了地心引力的锁链，得以离开地球这个牢笼，享受到真正的自由，月亮不再遥不可及，但宇宙中尚有太多未知，值得探访。

王大闳为纪念碑取名为月神茜莉妮，跟登陆月球成功的美国宇宙飞船阿波罗号相呼应。

1969 年初，王大闳将设计图交给林振福教授 [27]，委托他制作纪念碑模型，7 月 21 日美国航天员登陆月球成功当晚，王大闳看到了最初的模型照片。同年 11 月，登陆月球纪念碑设计案刊登在美国建筑杂志上，那素朴之美诉说的是渺小的人类和宏大的想望，让人沉淀冥思，不因征服自满，反而将自己投射到广袤太空中，思索生命的价值与意义。美国斯坦福大学东方艺术系主任苏利文教授（Michael Sullivan）说："这设计具有真正的美，是一件富有诗意，高雅、单纯、优美而能激发灵感的设计，很少纪念建筑物有这样美的。"美国名作家亨利·米勒 [28] 说："王大闳以一对象征手臂直耸上空的石碑，表达了航天员登月时向神应有的感恩。"然而再美好的梦想，都必须面临实现的困难。

这是一个没有业主、没有预设基地的设计案，不但无法营利，还需要花费大笔经费以满足这精神和纪念的需要。王大闳想到了矗立在纽约港口的美国自由女神像，那是法国赠送给美国建国百年、象征自由的礼物，法国人也是向社会募款，才逐步完成女神像的。募款，似乎是唯一可行的办法，而登陆月球纪念碑正好可以当作庆祝美国建国两百年的赠礼，同时见证美国与"中华民国"的邦谊永存。

这个提议一经报道，与王大闳私交甚笃且热心国民外交的社会名流立即组成了一个筹备委员会，成员包括新光集团负责人吴火狮、台北市银行董事长金克和、于斌枢机主教、国际奥林匹克委员会委员徐亨、《中国时报》创办人余纪忠、知名影星卢燕、荣工处处长严孝章、时任台湾外交部门负责人的魏道明的夫人、台元纺织及新埔工专董事长吴舜文、中广总经理黎世芬等七十余人，积极奔走。还有美国德州狮子会分会长主动在休斯敦太空总署附近的净湖（Clear Lake）一带找到了理想基地，而王大闳却属意旧金山的天使岛（Angel Island）。

19 世纪中叶，美国因为加州掀起淘金热，以及兴建中央太平洋铁路的劳力需求，华人移民大量涌入，但随着淘金竞争加剧和美国经济衰退，美国人对华人的憎恨情绪也逐渐升高。1882 年美国通过排华法案，限制华人移民入境，并将由美国西岸登陆的

27. 林振福，画家、工业设计师，纽约普拉特学院（Pratt Institute）毕业，曾任职台湾手工艺推广中心，亦曾在台湾师范大学等校任教，负责 1964 年纽约世界博览会中国馆之布置展览设计。

28. 亨利·米勒（Henry Miller, 1891—1980）美国 20 世纪极富争议性的作家，也是业余画家，其作品多是小说、自传、批判、论述的综合体，被视为对传统道德及文化价值的挑战与反叛，对美国的消费主义大加挞伐，直到 1960 年代才得以在美国出版。著有《北回归线》、《南回归线》等。

华人集中囚禁在旧金山内海、面积仅 188 公顷的天使岛上，直到 1940 年为止，前后共有十多万华人在生活环境恶劣的岛上等待入境审核或遣返，平均停留时间皆达数年之久。天使岛上的艰苦岁月，是备受屈辱的一页海外华人史。

今日人类的科技成就固然迈入巅峰，仍需谨记历史上的过错，也勿忘人性与文明的真正价值，因为一切进步都无关个人成就的彰显，而是要体悟自身的不足，以追求更好的品德。那应该是王大闳忍不住调皮，想要反讽美国人之外，选择在天使岛上兴建登陆月球纪念碑的心里话吧。

只可惜兴建登陆月球纪念碑预算高达 6000 万，即便筹备委员政商关系良好，募款结果并不如人意。商品化时代来临，物质重于精神，王大闳不免有"我们有钱建造一百座工厂和饭店，但却不易筹经费来造一座教堂或一座捐赠给友邦人民的纪念物"的感叹。1979 年美国与中共建交，这个提案终告落幕。

万万没想到的是，在"国父纪念馆"之后，这个无关利害、只在乎纯良美善的纪念性建筑之所以失败，竟然还是脱离不了"政治"因素。

结语 揭开金箔下的轮廓

我只想简单的说：
我祈求的不过是那高雅德惠
因为我们的歌声中承载了
这么许多种音乐
因而渐渐沉没。
因为我们的艺术如此巧饰
在层层金箔下
失去了轮廓。
这是我们的发声时刻
不须夸夸而谈
我们的心灵明日将重新启航。

1968 年，格罗皮乌斯赠王大闳手抄诗稿，希腊诗人塞弗里斯（Giorgos Seferis, 1900—1971）著

音乐人钟文雄说："建筑界私底下流传一句话，如果王大闳肯弯一弯腰，台湾的建筑师肯定没饭吃。"[29]

29. 徐明松编，《论述与回忆：王大闳》，2010 年 1 月。

面对名利竞逐而能做到袖手旁观、"无所事事"并不容易。视成功如无物，除了需要人生历练，或许也跟王大闳凡事总会做反面思考有关。

早年有多所大学邀请王大闳教书，他仅答应台北工专工业设计科主任萧梅老师之邀，在工业设计科建筑组任教过六年时光，因为他认为建筑跟工业设计脱不了关系，工业设计的学生会动手做，建筑也该是如此。评图时候若有老师批评学生作品，王大闳总会以"也不尽然如此，他的设计还有其他优点"帮学生说话，每次上课都带巧克力请学生吃，一人一颗颜色不同，还让学生吃完后将包装纸贴在图板上，毫无架子。跟他学设计的学生，无论资质优劣，做出来的东西肯定四平八稳，他从不说这个设计不好，只说这个楼梯走起来辛苦、那个门把会刮手，然后让人自己去思考如何解决问题。他既不顺着别人的话说，想拍他马屁更是困难。王镇华老师有切身经验，每次在建筑师公会开会，当大家话题都浸淫在抱怨的情绪时，王大闳就会踩刹车。

所以，王大闳虽然体认到建筑是服务业，但他却不肯弯下腰、总是挺着背脊从事"服务"。

当时阳明山上多栋私人住宅皆出自王大闳之手，新光企业创办人吴火狮先生出面邀请他设计自宅时，却遭到王大闳拒绝，直到吴家晚辈遍访王大闳作品后再约相谈，才让王大闳点头答应。

他不抢案子，不抄袭，甚至不"抄袭自己"，时时求新求变。强调真才是美，力求材料的真实，而非做出来的虚假。事务所同仁说起当年跟许多公部门案子失之交臂，常是因为王大闳坚持中国现代建筑路线，对方一有疑虑便立刻推辞，因此他主要设计的都是私人、民间企业的案子，公共建筑作品其实不多。王大闳心中明白，要想封杀一个建筑师，只需说他很固执、难沟通，自然就没业主敢上门，但他并未因此改变作风。

这样的态度，显然跟很多建筑人不同。王大闳的《雄心与野心》[30]一文，也可看出他跟昔日同窗贝聿铭二人之间的差异。

文中谈到格罗皮乌斯受美国基督教基金会委托规划设计预定在中国东部建校的华东大学，因而找了贝聿铭跟王大闳讨论，以了解中国建筑的精神及地方特色。后来此案改在台湾，是为今日的东海大学，但不知何故，规划设计案最后改由贝聿铭负责，令格罗皮乌斯十分不快。

1975年日本在大阪举办世界博览会，国内举办中国馆公开竞图，贝聿铭本为评审委员，但后来却成为负责设计师，也难免引起非议。虽然王大闳说中国馆是大阪博览会中最吸引人的展览馆之一，只不过想起自己在故宫博物院设计案类似的经历，恐怕也百感交集。

30. 1996年于《中国时报》发表，并收录至《贝聿铭·现代主义泰斗》，智库文化/水平书局，1996年版。

王大闳以"为了理想而不择手段的同学"称呼贝聿铭，说他有魄力、想象力以及精敏的生意头脑，也佩服他的机智和口才，因此有今天的地位。

两个人之间多年交情，虽然没有频繁联系，但从贝聿铭送的礼物总是王大闳所喜欢的，可知二人称得上是知己。不过"除上面所说几点之外，IM 和我别无相同之处。他始终居留异邦，我急于回往祖国。他胸怀壮志，从纽约麦迪逊大道迈进欧亚，抓紧机会，不顾一切地去实现自己的雄心；我只有野心：在台北街头巷尾，白日燃烛，追寻一种属于中华民族的生活与环境，渴望有一天能完成几件深具意义的工作。"[31]

壮阔雄心与独特野心，让他们在建筑舞台上各自散发不同光芒：一个耀眼，一个隽永。在外人眼中看来，相较于贝聿铭的积极主动，王大闳写作、翻译、谱曲难免予人不务正业之感。

王镇华曾在一次阳明山的私密晚宴问过王大闳关于佛教三毒"贪嗔痴"的问题。

首先，我们知道王大闳一生绝大多数都处于优渥的生活环境中，无须"贪"，晚年经济稍显匮乏，也见他一派优雅、与世无争。其次是"嗔"，世俗来问自然是指脾气好不好，访谈前妻王美惠中，知道 1960 年代初离婚前是有一段争执与不愉快，但我们问现任夫人林美丽王大闳最生气的状况是怎样的情形？她想了半天说："记得我有一次不知道我在唠叨些什么，他转头跟我说，你再这样说你会后悔，记得是他最生气的一次"，如果这也算生气，那王大闳的修养自然就无话可说。最后是"痴"，王镇华老师这餐饭笃定就冲着这问题来，因为从我们研究王大闳以来，关于他的感情生活就众说纷纭，包括他前妻王美惠女士的描绘更是超乎想象，虽然我们不易交叉求证以还原真相，但我们有把握青年多金的王大闳的确有放任感情的倾向，当王镇华老师问到这一问题时，并说："你如何看待自己的感情生活？"王大闳是有点被这突如其来的问题镇住，或许有十分钟，大伙停止进餐，放下餐具，就等他回答。其实这一生王先生不说话的多，实在也不差这一次，他嘴角蠕动多次，欲言又止，原以为他应该选择不回答，没想到他最后说："我没办法控制我自己。"这是一个面对人生勇敢且诚实的回答，尤其在这虚矫的世界，亦显珍贵。

我们都知道王大闳这一生有三个愿望：谱一首曲子、写一本小说与盖一栋好房子。曲子多年前已在诚品书店董事长吴清友阳明山别墅演奏过。科幻小说刚出版。而好房子？是那指向天际，象征人类与不可知宇宙的纯白量体——登陆月球纪念碑？我们隐约觉得是它，尽管王先生不否认也不确认。如果所有王大闳的建筑实现都是妥协与受挫的，那暂时还是将登陆月球纪念碑保存在计划中吧！虽然王先生会有点遗憾。

31. 见《雄心与野心》一文。

青年王大闳及其台北建国南路自宅

王俊雄

前言

位于台北建国南路上的王大闳自宅，兴建于1953年，虽然已经拆除不复存在，似乎仍是王大闳青年时期最重要的建筑作品。

对于王大闳来说，1953年似乎是饶富意义的一年。首先，因他父亲王宠惠的召唤安排，王大闳在这年离开他已避居数年的香港，迁至台北，从此他在此生活超过六十年，台北成为他人生居住最久的一座城市，远超过北京、苏州、英国剑桥和美国剑桥等他出生、成长和求学时居住过的几座城市。其次，也正是在这年，王大闳开始独立主持建筑师事务所，他将其事务所命名为"大洪"。然而，此时的王大闳，虽然已经三十五岁，但应该还说不上是个有经验的建筑师。在这之前，王大闳唯一的事务所工作经验是1947年，当他从美国回到中国时，曾与陆谦受和陈占祥等人一起在上海开设"五联建筑师事务所"，但可能因为战乱迫近，上海五联时期的王大闳，似乎并没有什么具体的建筑产出。而1953这年，离他1938年转系进入英国剑桥大学建筑系、开始正式接触建筑已有十五年；离他1942年从美国哈佛大学取得建筑硕士学位，也已九年。因此，建国南路自宅不但是王大闳在台北的第一个居所，由他自己所设计，而且也可以说是他毕生的第一件正式的建筑作品，他青年时期的许多建筑观念在此完整显现与发展，非常值得探索。

一

从实践完成的空间形式来看，王大闳建国南路自宅的独特在于三处。首先，整体空

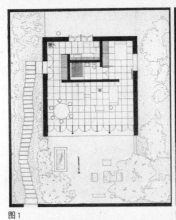

图1

图2

图3

图4

间由格子秩序所构成，严谨却不带拘束。在这坐北朝南占地约300平方米、南北深略长于东西宽的基地上，以高围墙圈成一内向性空间。那时王大闳还习用英制，这一内向空间被他理解为大约宽50尺深62尺之格状空间（图1）。在此架构下，东西向被分割成11尺（入口庭院）—28尺（房舍）—11尺（卧房侧院），南北向62尺分割成10尺（厨房后院）—29尺（房舍）—23尺（主庭院）。也就是说，在一个类似九宫格的空间构架下，借着房舍和围墙之间的彼此界定，形成以房舍为中央的五个主要空间，而东西向为对称分割，南北向则否，因此房舍位置并非在基地正中央而是偏北，让位于南向的主庭院其南北向深度（23尺）与房舍（29尺）几乎接近，尤其当我们考虑到，房舍南缘唯一半户外廊，深度恰为3尺，此中介性空间也可视为主庭院之一部分，如此，则主庭院深度和房舍深度相同皆为26尺，王大闳设计思虑之细密严谨，由此已可窥见（图2）。

而房舍之空间架构，也以相同于整体配置之手法，因此最后形成一种"格中有格"的空间分割。如前述，房舍为宽28尺深29尺之近正方形，除开南缘3尺半户外廊之外，所有空间以2尺为单元模矩来布设分区。分区方式甚为特别，先配置一东西向"中墙"于房舍中央，将房舍分割为南深14尺与北深12尺之两块区域，南区为起居，北区则为服务与寝室空间。而起居区不再有任何墙体分割（图3），但相对地，北区服务与寝室空间则以三道墙体再细分为入口门厅、厨房、浴厕和寝室等四个空间。最后，这五个空间之间维持着高度的连续性，除了浴厕和寝室之间有一悬空双开小门之外，彼此之间不置任何门，让不同的空间区块之间可以自由流通，彼此视觉穿透（图4）。最后，裸露的红砖构成的构造理性，也显示了王大闳对于现代主义物质理性的坚持。

"建国南路自宅"另一层重要的成就，或许在于王大闳拒绝一般常用的具象建筑符号来构筑对他所想要的中国意象，反而发展出一种极为独特的方式来响应。或许就如王大闳自己所曾指出的，在学生时期，他已注意到密斯的空间，"和我所向往的中国式纯朴古风，有许多不谋而合之处，因此引起我强烈的共鸣"。而这个共鸣，若从建国南路自宅来看，恐怕较多是透过一些微妙空间关系的调整来达成，而非一般所常提到的比例与细部等实质的手法。比如，起居空间的通透，原就是现代主义住宅的常态手法，但在建国南路自宅，透过屋内清水红砖质感墙壁，与透过比例近 1:5 的木制落地窗、3 尺深的半户外前廊和将前廊分划为三开间的一对圆柱，将空间延伸到同样具有清水红砖质感的前院，王大闳真正表达出的，是一种因曾居住在北平或苏州民宅中悠长的童年记忆（图5）。这个记忆不是执着于任何具体的符号形象，而是一种无时间性的、不会因被区分为汉唐明清而争执孰优孰劣的、在个人主观里才能存活的理想的中国空间。在这里，所谓的中国，除了是认同的对象外，更重要的，在于它指向了一种属于精神范畴的"理想"，而非任何具象的物质形式，就如同在勒·柯布西耶或密斯的建筑论述里的古希腊建筑一般。中轴线对比灵活自由的北区，正式对比非正式。

最后，从建筑构造技术的使用来看，建国南路自宅也有其独特性。台湾在第二次世界大战后的近二十年间，由于正逢战后复建与工业基础薄弱等因素，钢铁与水泥等生产现代主义空间常备的建材，不但昂贵且属于管制物资，取得不易。在"建国南路自宅"里，王大闳并未受限于这种材料与技术不足的窘境，反而别树一帜地使用当日台湾最寻常的砖木构造技术，加以改造后来解决这个难题（图6）。其创造性在于，在台湾这种砖木构造技术，原是用来建造斜屋顶传统空间；而王大闳不但巧妙地将之改造后用来构造出现代建筑习用的平屋顶空间，但在意义上又不落入现代建筑平屋顶空间的俗套，反而执意表现出空间的文化意涵。这种从物质与形象双重入手，却又不囿

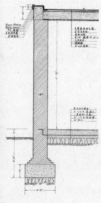

图5   图6

于任一者，可说是另辟了对于现代主义的诠释蹊径。这一点若比较王大闳哈佛同班同学贝聿铭的自宅（1952年，图7）与约翰逊（Philip Johnson）自宅（1949年，图8），几乎在同时间设计兴建，更能发现王大闳的开创性，因为这两栋住宅大都保守地重复着现代主义教条性的见解，尤其无法摆脱密斯式建筑语言的复制。

二

然而，从设计手法上来看，王大闳的建国南路自宅、约翰逊的玻璃屋和贝聿铭的自宅，也有相近之处。这相似之处在于皆使用格子秩序来构成空间。这点似乎并非个人偏好所致，而是来自当日哈佛建筑教育之结果；终其一生，除了少数案子如登月纪念碑等，王大闳皆是这格子秩序的遵从者。从王大闳现留存的学生时期作品来看，这个格子秩序的语境似乎甚为清晰，其中尤以"战后住宅"（1944）、"城市中庭住宅"（1945）与"浴室设计"（1946）等三件作品最具代表。但是，仔细分析，在这三件作品里，王大闳对于格子秩序的意义呈现，似乎不尽相同，其微妙之处非常值得深究。

在"战后住宅"里，王大闳对于格子秩序的意义，似乎主要从"机械论的现代主义"路线来理解。这个理解的发生，可能与他1941—1942年间，在哈佛身处格罗皮乌斯（Walter Gropius）现代主义建筑教育之下有关。"战后住宅"所呈现的机械论现代主义，主要由

图7

图8

两种特征交叉构成。

首先，住宅先被区分为起居（living）、睡觉（sleeping）与服务（utility）三种功能区划后，再于区内细分为个别空间。

其次，这个因着三种功能而被区分为三种空间的住宅，又被在 XYZ 三轴皆以单元模矩构成来整合，显示了其中的笛卡儿式空间观念。

单元模矩设定为 3 尺 8 寸，而主屋平面原型为宽 15 单元深 6 单元之长方形。并严格地遵循网格线位置，将此长方体空间进行起居、睡觉与服务等三种功能分区后，再分割成房间、厨房、浴厕、客厅等空间。单元模矩并被贯彻到每一门、窗、墙面，甚至家具，构成出严谨的物质组成秩序。而在分割空间之同时，又让个别空间之间具有不同层级的连续性，尤其起居区维持最大的空间延展性，并与户外空间之间相互流通。这样的建筑创作方式，似乎直接来自格罗皮乌斯在 1920 与 1930 年代对于预铸住宅（the prefabricated house）的实验，因为对于格罗皮乌斯来说，预铸住宅是其通往社会主义理想社会的重要途径，能给受资本主义压迫的低下阶层带来较平等的住居。

而预铸住宅里要求的经济效率，也被延伸到王大闳此时设计的“战后住宅”上，因此“战后住宅”最终营造出来的是一种非常物质性的空间。由于这种空间营造，来自于对材料分毫不差地使用与构造技术的精确掌控，因而关于感受的表现常被压抑到最低度，有时甚或被化约地理解成一种教条式的禁令。

然而，曾经说过喜爱自由学风的英国剑桥甚于现实主义的美国剑桥的王大闳，究竟对于格罗皮乌斯教导的、将建筑当成物质组织而对感受表达持禁欲态度的现代主义，是否由衷同意呢？从很多迹象来看，王大闳似乎是质疑多于认同。虽然他对格罗皮乌斯淑世信念是敬佩的，但离开哈佛之后，王大闳的态度似乎很快地就出现了微妙的转变。

1945 年王大闳在美国《室内》杂志发表了《城市中庭住宅》（图 9），该注意到的是，此作品是在该杂志主动邀请设计者“以自己最想做的理想住宅”为题而做的。在此自由情况下王大闳表达出来的理想，与之前“战后住宅”里所呈现的大异其趣。一反“战

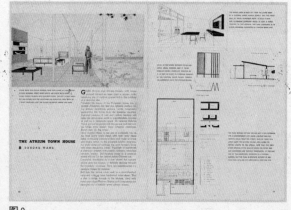

图 9

后住宅"中那种以紧凑集约的方式来塑造建筑实体，在"中庭住宅"中，王大闳却蓄意将住宅空间组织的重心放在中庭这个几乎没有什么实用价值的虚体空间上，因而给这个住宅带来更进一步来说，"中庭住宅"与"战后住宅"两者之间的思路与价值是截然对立的。

"战后住宅"中对建筑实体的关注，源于想要达成经济效率，空间感受相对来说是次要的；但在而"中庭住宅"却全然舍弃了这个思考，以无用的中庭为空间组织的中心，其目的是想塑造一种松散静谧，甚至带着些抹神秘气息的空间感受。

然而，令人惊讶的是，虽然在价值与思路上不同，但王大闳在"中庭住宅"所使用的物质组织手法，却与"战后住宅"雷同。也就是说，王大闳设计"中庭住宅"时，仍使用物质理性主义的单元模矩与功能区分为组织空间之经纬。而差别的是，在"中庭住宅"里使用这样的手法的目的不再是经济效率，而是用来生产一种原不被允许的空间感受。

借由这种对于建筑创作目的的上下倒置，让生产的主体由实体转换成虚体，让物质降格为工具层次而从属于意念，王大闳在"中庭住宅"里不但创作出在"战后住宅"里从未出现的多层次的空间感，而让一栋平凡的住宅出现一种"空"：即一种深邃无尽、得以容涵万物的空间状态；也让我们领略到纵是物质理性，也有表现出感受甚或精神意涵的可能。

王大闳"中庭住宅"的创作动力来源，有些人认为他得惠于密斯的启发。但是如果我们仔细检视王大闳当时的文字论述的话，似乎也可发现，他之所以认识到物质与感觉是可以相通的，也与他的历史人文意识有关；而此历史人文意识对于格罗皮乌斯来说，对于王大闳这样的年轻建筑师是绝对有害的。然而，在说明其"中庭住宅"时，王大闳曾强调，这样的空间构想是与希腊、罗马、中国等古文化相通的。

而在来年提出的"浴室设计"中，王大闳更进一步将此历史人文意识倾向表达得更为清晰（图10）。"浴室设计"同样格子秩序井然，所有空间元素、构件和线条之

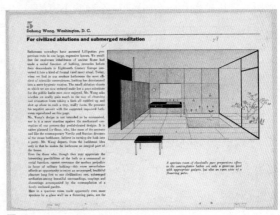

图10

变化无一不与格状构成准确对应。然而，在此案的设计说明中，王大闳强调却非这格子秩序。反而，他先是感叹古罗马浴池文化的今不复见，同时批评今日浴室虽科学效率，但却让沐浴沦为一种仅为保持生理卫生的日复一日寻常公事。因此他强调此浴室设计"并不想符合经济效益"，而是要达成一种他称为"文明的沐浴与沉浸的冥想"（civilized ablutions and submerged meditation）之任务，提供在今日文明中已失去的，"享受解放，健康喜悦的机会。我们一边休息，泡在水中沉思，一边凝视着可爱的园景，赏玩着泉流、肥皂泡泡"。

三

1946 年离美之前的王大闳，借由格罗皮乌斯认识到的现代主义，以及他自己对于现代主义进行的思索与反省，可能导向他产生两个不同的建筑理想，而这两个理想之间又彼此渗透：他似乎开始坚信建筑必须以物质理性为根基，但又求超越物质而行精神的表达。如果上述推测属实，这个反思，到了 1950 年代初期，遂成了他进一步走向文化主义的动力之一，其结果就是造就了第三个理想，即被他称为"现代中国式建筑"的建国南路自宅。而促成这个新层次的出现，又与他潜藏许久的爱国意识有关；他在 1950 年代初期的境遇，则替他的现代主义与爱国意识的冲突性结合，提供了出口。

王大闳的爱国意识，似乎是他那一代人青年成长时期无可避免的，因此带有一种集体性。在一篇访谈中，他曾表示："当时（我）那一辈学建筑的，都很想找出一点中国的东西，贝聿铭也是。"这番话显示，其实早在求学阶段，王大闳即想借由建筑对其爱国意识做出回应。虽然从其当时的作品看不出凿痕，但王大闳爱国意识的强度可能胜过一般所想象的。比如哈佛毕业后，王大闳拒绝了普林斯顿大学提供之工作机会，也回绝至第二代现代建筑大师布劳耶（Marcel Breuer）上班，而这对当时大多数中国留学生来说，是相当异类的选择。因为对大多毕业后选择留在美国的他们，这两项工作邀请将是很好的生涯跳板。当时王大闳的坚持到中国大使馆工作，而且伺机尽快回到中国，表现了他爱国意识的强烈，他因此曾自豪地表示，"抗战胜利后，因思念祖国心切，我是留美中国学生中第一个回到上海的"。然而，坐了一个多月的船回到中国的王大闳，不过两年，出乎他意料之外的局势剧变，又令他再次经历漂泊，直到 1953 年。不过这一切磨难似乎反而增强他创作"中国的东西"的决心。

"建国南路自宅"似乎因此可被视为在经历了归乡悸动与归乡难成再次漂泊的情绪催化下，结合之前的爱国意识，产生的理想建筑看法的改变。而它之为王大闳之理想，可由他曾以略带自豪的语气表示，此案是他许多作品中，比较满意的一个，因为"这栋房子是为我自己设计的，所以完全依照我的理想，维持简单的形式，尽量采用中国式的 motifs"中看出。

结语

本文试着说明，1953 年对青年王大闳来说是个关键时刻，借着建国南路自宅的实践，其建筑思想和设计哲学有了进一步的发展和更清晰的面貌。在几经挣扎之后，王大闳已在建国南路自宅中摸索出一条属于他自己所界说的建筑现代性。由于缺乏其设计过程的数据，我们很难确实他究竟是如何获取这个灵感，并以切合现实的方式准确地将之实践出来。虽然如此，透过一些语境的分析，我们还是可以了解，他如何调和了理智与心灵，让困扰了一个世代之久的"中国建筑现代化"问题，或倒过来说，"现代建筑中国化"问题，有了全新的诠释取径和方法架构。

简单地说，所谓的将中西对立起来，并以体用之分将之框架为"中学为体，西学为用"和"西学为体，中学为用"的争论，对于青年王大闳来说，已是个虚妄的意识形态问题。对于青年王大闳来说，真正的问题似乎是"自由"与否？亦即，是否能掌握工具和方法去表现自己的意识和感受，而非成为工具和方法的奴婢，纵使这套特定的工具和方法被发明时并非用来表达你的意识和感受，而是为某种特定意识形态的再生产而被建构出来的。也就是说，不加批判地接受某种工具和方法时，也必然同时接受了在这套工具和方法背后的意识形态，除非接受者能够对这套工具和方法进行反思，并进而掌握它归于己用。

从"战后住宅"、"中庭住宅"到"浴室设计"，我们看到了青年王大闳所进行的批判性工作，其结果就是他得以脱离了奈保尔 (Vidiadhar S. Naipaul) 所说的学舌者 (mimic men) 般的位置，而这位置却是常常是非西方世界建筑师的宿命！

同时，我们也看到，造成王大闳这批判力的因素之一，为他的爱国意识，从种种迹象显示，青年王大闳的确怀有强烈的中国文化主义。但他的中国文化主义，确是以反归自身"体"验为出发点的，而非一种虚妄的历史唯心主义，必须借由虚构一种特定的国族建筑史，或是透过大文字主义式的具象符号，建筑才能够"文化"化。就如同我们建国南路自宅所看到的，其方式，或许可以借用保罗·德斯贾汀（Paul Desjardins）对于波德莱尔的观察来形容；他说："对于形象，波德莱尔的心思主要放在如何使它沉入回忆之中，而不是装饰或描绘它。"

建国南路自宅可说是王大闳青年时期最具启发性的作品，其后，王大闳的作品经历了许多的变化，而在这些变化中也不乏产生背离青年王大闳路线的作品，这期间的辩证仍有待发掘和讨论。本文因此最后想指出，青年王大闳因此是个有自我独特感的时刻，它并非只是今后王大闳作品的过渡期，纵使它构筑了之后王大闳作品的基础，但青年王大闳带着直觉敏锐的创造力，给我们带来的启发似乎还更多。

王大闳论（下）

原载"新观察"第二十一辑 / 2013.04

一切都是命中注定。就在这辑"新观察"的截稿、编辑阶段，2013 年 3 月 28 日至 31 日，应空间母语基金会之邀，我和刘家琨在台北做了四天学术交流活动。期间不仅得以和两辑"王大闳论"的几位作者深入交流，还在王俊雄先生的陪同下参观了王大闳在台北的其他几个重要作品："中央研究院"历史文物陈列馆、"外交部"办公楼、台湾大学法学院图书馆和虹庐，以及阮庆岳先生赠送的、刚出版的王大闳早年的科幻小说《幻城》。因此，在做这辑编辑时就有了"坚实的底蕴"。

如果说上辑的两篇文章是对王大闳生平和早期作品的翔实生动的评述，本辑的三篇文章则是对其后续作品及设计理念的富于思辨性的理论阐述。

延续着上辑王俊雄关于的王大闳建国南路自宅的论题，吴光庭在台湾当代史的广阔语境中进一步解析其三个自宅作品，认为"在主流现代主义建筑及沉重的现代中国建筑之间，在中国社会中对传统及现代的重要期待及冲突之间，王大闳有意识地在现代主义建筑潮流中，还原密斯的作品与中国生活文化之间可能的衔接，是我认为王大闳建筑创作生涯上重要的成就"。

罗时玮的文章以现代美学讨论中的"拟仿"概念着手，探讨密斯的巴塞罗那博览会德国馆与王大闳在台北的作品对应于现代都会情境的美学表达层面的意义，认为王大闳的虹庐、良士与鸿霖大厦三个作品，"也采拟仿的颠覆策略，以无言的或平板的脸相，对当时台北都会中商品化与人性疏离的趋势提出控诉与批判；但王氏在此否定同时的肯定行动中不采取密斯的普遍性原则，而回归到文化本我的类型上转化的传统空间原型，以提升多重抗拒的强度：抗拒作品自我的被否定，以及在现代化中的西化浪潮冲击下抗拒文化自我的被否定"。

文章原为作者近三万字的旧作，由于视野宏阔、论证扎实、观点独到，对大陆读者理解王大闳作品及其空间语境仍有新意，经与作者商议，特别精简于此（限于篇幅，也略去了注释和参考书目。读者如有需要，可在网络上查到原文参考）。

接续着上面几篇文章对王大闳住宅作品的剖析，阮庆岳也对其公共建筑设计，尤其是"国父纪念馆"进行了深度分析，并由此对其作品做出了全面评价："现在回顾王大闳的全部作品，我依旧觉得由官方主导的公共建筑与由民间主导的住宅建筑，是交织的两条主要阅读脉络。其中，他想要回应的问题，其实是相同的，也就是如何能延续传统建筑的'真精神'，并结合时代的技术与思潮，重新定义所谓的中国当代新建筑。"

至此，"新观察"以两辑、五位台湾学者的文章，初步完成了对王大闳及其作品的扫描。就像我们曾经以四篇文章探讨冯纪忠的何陋轩，"新观察"试图以对被边缘化的潜流的持续关注，引发对中国现代建筑的再阐释，以及对"传统"与现实的另一视角的观照。

从依赖到反思
——王大闳自宅建筑作品的华丽反身

吴光庭

　　王大闳在 1952 年从香港到台北，开始了他在台湾的建筑设计创作事业上的发展。当时的台湾正逢 1949 年"国民政府"仓促来台后的混乱时局，战争一直威胁着台湾，人心浮动，社会发展毫无进展。依据 1979 年一二月份台湾《建筑师》杂志合订本——"光复后（1945）台湾建筑专辑"年表的记载，从 1945—1950 年的五年时间，竟然无任何新建建筑的登载，可见当时时局之混乱。

　　1951—1965 年共十五年的时间中，因亚洲太平洋地区政治及军事的重大变化，使得在台湾的"国民政府"重获美国在政治、社会、经济及军事援助，前后十五年的"美援"，不仅使得台湾社会逐渐安定，更使得美国维持拥有未来对亚太地区全面性的影响力，而这也使得这段时间的台湾在社会发展及政治及军事上形成了对美国的"依赖"，所谓"美式"或"西方现代建筑"也理所当然的借"美援"在台湾的广泛影响而大量出现。

　　另一方面，"国民政府"在反省检讨时局变迁，更积极主张强调中华文化的主体性在治国理念上的重要性，因此开始有意借随"国民政府"来台的大陆知识精英，全面鼓吹建立中华文化在台湾落地生根的行动，也形成了在文化发展上的单一，更形成了另一种文化形式上的"依赖"。

　　这两种因特定时局变迁所形成的"依赖"，也成为观察台湾 1950 及 1960 年代建筑发展的重要基础所在，反映在建筑发展的对应过程其实充满了矛盾。

在"如何克服现代"的矛盾

从晚清张之洞在其文作《劝学篇》中开始大力倡论"中学为体，西学为用"之说以来，中国历经辛亥、五四及至目前，如何强国始终是中国社会最大的共识基础所在。这其中包括对中华文化的期待及主张，即便是在文化发展上争议最烈的"五四"时期，代表主张新、旧文化的知识分子相互攻讦及激烈的论辩，但都无损于本质上两派人士所主张内涵中关于强国的基本主张，而其具体争执点主要在于"如何克服现代"的行动及主张。

对被称为守旧的"文化保守主义"者而言，"现代"之于中国应是内在的本质表现，其呈现必须为中华文化的主体形式，目的在于说明中华文化本身原已具备的文化高度及包容性，并说明己身文化传统与时势发展之间，具时代性开创意义的现代性论述。对"文化保守主义"者来说，学习西方的现代之所以必要，主要是因为在整体策略上，必须借此方式方得以全面而完整地了解西方，并以具包容性的文化高度破解西方的"船坚炮利"，最终反映自身文化的独特，以求平等对待。

但对于"新文化运动"的推动及支持者而言，辛亥革命后的中国仍处于弱势，主要症结在于既存社会体制及文化传统的迂腐，欠缺符合时代意义且明确的现代性作为其主张，因此，必须以西方成功的社会发展经验为师。对"新文化运动"者而言，如要学习发展成功西方经验，必须借如何克服传统才能习得现代，也就是说，借全面性的否定性思考检验既存的社会及文化体制，其过程及其所累积的经验均足以视为迈向现代的康庄大道的正确方向。对缺乏现代性具体想象的中国而言，这种策略虽嫌激进，但不失为一种符合当时民心所向的贴切反应。

但是，对辛亥革命以后的时局，尤其对后来长期执政的国民政府而言，显然，以当时南京东南大学为基地的"文化保守主义"者的主张较为国民政府所接纳。因此，当国民政府借北伐之举完成辛亥之后，中国国家统一大业而还都南京，进而委托长期在华执行建筑师业务并以中国复古式建筑设计风格特色扬名的美籍建筑师墨菲（Henry Murphy）完成以南京紫金山南麓为基地的"中央政治区"及南京市区现代化改造规划为主要内容的"首都计划"的规划报告书，书中第四章"建筑形式的选择"即明确的以复古式建筑定调为国家建筑的样式象征。

这个现象反映出国民政府在政治性公共建筑形式上对"政治正确"明确的美学偏好，并将建筑形式视为功利及功益性的工具。而将建筑样式载入国家首都规划报告书内，确有执政当局在国家民族利益上不得不的抉择，但以此所形成的建筑文化尤其是政府公共建筑的象征意义，形成政治进步及文化发展保守的不对等，且形成产生社会整体在意识形态上的不一致及内在的矛盾。而"首都计划书"内因政治决策所扭曲而再现的现代复古式样，也形成了缺乏空间灵魂的"形式化传统"的纸上建筑。

随着"国民政府"于1949之后在台湾的执政影响及对中华文化正当性的主张，"复古式建筑"成为1950—1970年代台湾在建筑发展上最重要的文化象征，尤其在1959年，由来自大陆的建筑师卢毓骏在张其昀（"文化保守主义"在台最重要的代表人物）担任"国府"教育部长任内推动完成且具代表性的复古式建筑"国立科学馆"达到高峰，十足反映了"文化保守主义"者所称在文化包容上的优越。尤其在内部垂直性的空间表现中，借一组轻薄如螺旋状的缓坡（Ramp）混凝土薄壳结构体，由小而大，由内而外，主导了整个建筑空间及形式的整体呈现，表现出建筑师如何克服现代及其如何与中国建筑形式做完美结合的"示范"，也为当时在台湾刚起步的公共建筑在文化形式上做了基本的定调。

平心而论，卢毓骏的这项作品，超越了"国府"南京时期对复古式建筑的想象，也进一步地表明了传统文化的空间形式上可能存在的现代性内涵。

在"如何包容传统"的矛盾

五四时期关于学习西方"科学"及"民主"的核心价值及社会期待，在"国民政府"到台湾之后，有了一些基本上的改变。从 1951—1965 年之间，透过美国对台所执行的援助计划，是"国民政府"历来执行成功的计划之一，这项对台的实质性援助计划虽不直接涉及文化性主题，但"美援"本身，或其借援助之实在政治及行政体系达成的广泛性现代思维改造，其实就是文化改造。

说得更贴切些，"美援"其实就是一种符合美国／西方生活价值观的全面性改造，因此，虽然"美援"的重点不在建筑，但是，所有事涉"美援"经费补助的建筑项目，按"美援"执行单位的规定，一律用英文及英尺绘制，且所有设计图面及相关图说必须经美方指定之美籍工程顾问审查，若逢大型且较复杂之工程设计，则须送回美国本土做终审。

这种高规格且严谨的现代工程作业标准流程的规定，借由美方将"系统式"施工图绘制方式的引入及全面性的推广，使得台湾在 1950 年代开始，借由建筑所需的真实性构筑逻辑学习，在很短且极度缺乏专业纪律及共识的混乱时代中，因为建筑工程上设计—发包—施工—完工使用的标准流程的要求及严格执行，获得很好且过去（大陆时期）未曾有过且符合现代潮流的重大进步，直接提升了台湾在现代工程及设计的整体水平及国际视野，"美援"因此成为台湾发展至今相当成功的"现代化"社会发展运动。

虽然"美援"对台湾建筑发展有如此重要的影响，但"美援"对台湾建筑发展的重要性或目的不在于推动美式或西方当时的前卫或主流建筑设计美学或建筑式样，而在于建筑工程的执行面。但是且矛盾的是，当我们在检视相关"美援"的建筑作品案例中，尤其在王大闳所执行完成的台湾大学学生活动中心（1961 年）的设计案中，充分反映出清晰的中国庭园空间脉络，也反映即使"美援"重视的是工程执行，但美方的工程审查者在建筑师所主导的建筑设计的美学意识上并不反对（或者说是同意）台湾的建筑师在设计上加入一些"在地性"的特殊文化元素，反映出"美援"在理性执行层次外的文化包容。

同样的状况发生在当时同属于"美援"计划中，成功大学与美国普渡大学的学术合作计划，这项计划主要是协助辅导提升台湾高等工程教育的水平，满足台湾未来现代化社会的发展需求。过程中，普渡针对成功大学理、工学院的科系，由普渡指派相对应科系的教授来成功大学做驻校辅导。由于普渡并没有建筑科系，因此由派驻土木系的美籍教授兼为成大建筑系的学术咨询教授，这位美籍土木系教授对当时成大建筑系课程、师资认为无太大问题，但他建议成大建筑系未来应加强在台湾本地建筑文化的教学。反映出"美援"所代表象征的庞大置入性西方思维中，对在地文化的包容及期待，也示范了另一种类型的公共建筑文化。

　　显然，文化因素仍是"美援"背后最隐晦但却又最重要的议题，而这项挟"国府"全国之力及美国政治支持下的台湾"再生"计划，在只许成功的压力下，虽有着显著的历史地位及成就，但也与前述"文化保守主义"在文化发展立场上有所矛盾与冲突，也同时成为影响台湾在1960年代建筑文化发展上的两大主要影响因素，也是当时台湾建筑发展生态上建筑师所需面对的"二分式"写实及矛盾状态。

　　显然，以王大闳当时的心智状态，相对于其他台湾建筑师，更具独立思考及符合台湾社会普遍期待的"西方／现代"在台湾的再现，尤其当台湾社会了解他的建筑学习背景与大名鼎鼎的"现代建筑"、"格罗皮乌斯"、"包豪斯"、"哈佛GSD"有直接联结之时，再加上王大闳在家世背景上与"国府"执政高层的亲密渊源，台湾建筑界对于王大闳的到来有着无比的期望与兴奋。王大闳因此被期待成为能引领台湾迈向真正如西方现代建筑发展般的关键人物。

　　王大闳在建筑作品的实践且真正震撼了台湾建筑界的作品，是其来台后自己设计的"建国南路自宅"（1953年，已拆），我们可以从王大闳在1940年代进哈佛时的现代建筑，尤其是当两位德国包豪斯大将格罗皮乌斯及密斯前后移民美国并执教，及在美国产生"二次现代"的背景来看王大闳他在台湾的自宅作品。

　　住宅，尤其是自宅，是最直接反应自身生活文化内涵及主张的建筑类型，我们曾经看过王大闳在哈佛毕业设计所做的图面带着中国国画风的预铸式单元住宅设计（1942年），也看过王大闳参与住宅竞赛的作品，尤其是1945年的"城市中庭住宅"的合院院落式平面及空间透视图，都充分反映出王大闳即便受完整的西方教育成长，尤其在势如中天的现代建筑教育环境中，王大闳对以一般生活文化为前提的"合院空间"努力投入于现代建筑环境之中，而非"外观形式"，令人对现代中国建筑有了完全不一样的想象。而王大闳在哈佛毕业初期（1942—1945年）即便无法投入于建筑事业中，但在工余对建筑理念的热情及理想追求中，已完全透露出现代主义建筑的"转向"对与在地生活文化结合的可能性。当然，这些案例仅止于"纸上建筑"式的呈现，但正因如此，理念的呈现才会如此纯粹。

　　1953年，王大闳来台后，第一个作品就是其自宅的完成，这件被当时台湾建筑界传颂为"现代中国建筑"的经典之作，累积了之前理念追求过程的热情及智慧，完全以"空间”取胜，整个平面介于当时地位如日中天的德国建筑师密斯自 1920 年代以来一系列住宅作品的启发及他个人对生活文化的诠释之间。

我认为，密斯在住宅作品中，运用“墙”的元素，所形成的空间简洁性，是王大闳住宅的建筑设计理念追寻过程中相当重要的“衔接”及启发。因此，在王大闳的住宅作品中有着密斯建筑设计观念的启发，也有着以墙为主要建筑元素的中国传统合院住宅的文化熟悉感及热度。

事实上我认为中国人是喜欢墙的民族，而密斯从 1923 年起，无论“砖宅”（Country Brick House）、1929 年的巴塞罗那馆、1934 年未兴建的“三个合院的住宅”（House with three interior courtyards）等作品，尤其是 1934 年未兴建的住宅案中，以墙所围成的空间配置及 1950 年完成的范斯沃斯宅中，从侧面进入住宅主体及室内空间配置等，都对王大闳的自宅在平面空间构想上有非常直接的影响。尤其在主流现代主义建筑及沉重的现代中国建筑之间，在中国社会中对传统及现代的重要期待及冲突之间，王大闳有意识地在现代主义建筑潮流中，还原密斯的作品中与中国生活文化之间可能的衔接，是我认为王大闳建筑创作生涯上重要的成就。

在 1953 年完成的第一件自宅于 1960 年代初因道路拓宽而拆除后，王大闳接着在 1964 年完成了在台北市济南路三段的第二件自宅作品，这是一栋四层楼高的公寓住宅，展现了王大闳在面对都市环境上及较高建筑的住宅设计处理手法。

一个接近几何方形的基地平面配置，以“高墙”将世俗与生活隐私做了直接而简洁的基本处理，将接近几何方形的平面以近等距的柱梁结构系统将平面划分处理成“九宫格”，并将餐厅置于九宫格之中，以此解释中国人在日常生活中的家庭生活结构。至 1979 年，王大闳在台北市天母的第三件自宅作品落成，同样是四层公寓也同样是“九宫格”平面，王大闳似乎有所为亦有所不为。

“现代中国建筑”看似与他深受西方现代建筑教育无关，但他却选择另一种方式为现代中国建筑而“入世”，以坚定的意志力提出了在他那个年代普遍蕴藏于知识精英阶层内心中现代性大梦的解析。而面对他来台后的建筑执业生涯，在他创作力最旺盛的 1950 及 1960 年代，面对执政当局在国族文化形式上的强势，及面对单一美国文化大量且直接移入，形成对台湾社会的全面性依赖的社会现实，王大闳凭借着自身对中国文化血缘上怀旧式的优雅眷恋及受西方教育成长过程中理性启蒙的双重影响，在他的自宅建筑设计展现了正如密斯认为他在 1929 年完成的巴塞罗那馆是在“展示德国人的生活方式”一般的富于哲理及高明的理性。王大闳在他的执业生涯中以三处“自宅”的设计，完成了当代时空中在以现代中国为前提下，对建筑文化自主性的反思极为重要且独特的华丽反身。

现代都会建筑的拟仿向度：
从巴塞罗那展览馆到虹庐、良士与鸿霖大厦

罗时玮

前言：建筑作为一都市脸相

　　本文目的乃尝试在都会化的脉络中检视个别建筑作品所扮演的角色及其意涵深度。本文以为在都会化过程中，具代表性建筑作品和斯时斯地的都会情境间即存在着这样的参考模拟关系，此时所被着重的比较不是建筑在该都市中的结构功能角色，而较是其作为一都市脸相（Urban Physiognomy）与整体情境间的相互关联性。欲进一步剖析这种关联，涉及诠释的观点与方法，本文试图以现代美学讨论中的"拟仿"概念着手，期望以此探得一些个案建筑作品的弦外之音。

　　此外，从理论都会的研究进路中，有些已建立或被广泛讨论的都会真实，可作为对本土都会建筑研究的出发点。光复后台湾建筑大抵受西方思潮的影响，与西方主流建筑思潮之间自不免为一中心与边陲的关系，但若要进一步探讨两者间在空间形式上的传承与发展，借助"典范"的观念或可更有利于厘清这些关联，撇开典范的开创大多发生于欧美强国的事实，大师之后的追随者不论其在何地其实皆努力在大师开创的形式典范下发展，王大闳当年负笈哈佛，浸淫于现代主义思想，其后在台北的建筑表现亦可作如是观。他的早期作品中清楚地流露出植根于工业美学的现代主义传统的表现，而这个典范的共享范例（shared exemplars）中，若以反映都会情境的强度以及文献上被讨论的频繁度而言，可以密斯·凡·德·罗的作品为代表。

　　本文即尝试以"拟仿"概念来探讨密斯·凡·德·罗的范例作品与王大闳在台北的作品对应于现代都会情境的美学表达层面的意义，并企图对王大闳的建筑空间形式

提出一较完整的诠释。

拟仿美学，其批判本质及悲壮张力

　　艺术活动中作品及其关涉真实对象之间的表征关系中，拟仿（mimesis）是一很普遍的进路。拟仿观念自柏拉图以来即为西方美学理论中很重要的课题。柏拉图对"拟仿"的定义与"模仿"（imitation）约略相近，他认为所有的艺术创造活动皆是一模仿的形式，真实存在于世界上的是由上帝所造的理想原型，而人类在其存在中所能感知的实在事物皆只是上帝所造理想原型的粗浅的表征。艺术活动的拟仿行为是对上帝所造自然的逼近，但对柏拉图而言，它是永远无法企及真实的。这样对拟仿的定义与"现代"以前人们对天地自然的态度是一致的，自然是世间真善美的极致，是理想的原型，为人类努力追求但永远无法达到的理想，但现代艺术家对真实世界的体会则大异其趣。

　　现代艺术家所面对的真实已不尽然是值得人们无止境追寻的永恒理想，对永恒的信念早因"上帝已死"的宣告而趋崩解，人类经验面临分裂的危机，自然的原始一体的完整意象似乎距现代人愈来愈远，20世纪的抽象艺术（包括无调音乐、意识流文学创作等）反映的是属于现代人心灵所感知到的碎化、流动与失根的真实，针对这现代的艺术形式的表现，阿多诺（Theodor W. Adorno）提出"拟仿"概念并赋予更复杂丰富的意义来诠释艺术的本质。

　　从阿多诺认为"拟仿"是与"理性"或"精神"相互补的概念来看，"拟仿"概念其实有着与尼采的"狄俄尼索斯"概念极为接近的意涵，它们皆可被追溯回原始本能冲动的行为形式。

　　相对于柏拉图式的拟仿，阿多诺的拟仿是一种负面的拟仿或颠覆的拟仿。现代艺术工作者采抽象方式，以扭曲图像、破碎线条或寂灭的意象来描绘现代情境中现代心灵所感受到的人性被压抑、人与自然关系被 张的真实，他们以极高的技巧去模拟他们所感知到的社会的负面现象，表面上似乎是彰显这些负面的真实，其实是凸显病态所在。

　　阿多诺认为现代主义所面对的重大课题即"新潮"（the new），而"新潮"首先必须是抽象的，因为没有人知道那会是什么；此外"新潮"密切地关联到死亡，即对传统的及旧有的否定。现代艺术欲对现代社会的"新潮"本质提出拟仿的质疑与批判，它们自主地模拟抽象与死亡，也就是让自我被抽离被放弃，以此来对抗所拟仿的社会时，它们作为艺术作品以抽象与死的形式主调来表现（或说是：以已经少得不能再少的存在状况），这种对立将同时传达出一种升华的悲壮的感觉——即作品与社会现实间的拟仿张力。

　　综合以上讨论，根据阿多诺的界定，"拟仿"作为美学概念，赋予艺术作品批判的与超越的向度。这是否也可应用到建筑讨论的范畴呢？由于建筑中的一些伟大作品也常被赋予超越机能的语言（transfunctional language），以至以拟仿方式将其目的彰显为其本身内容，如汉斯·夏隆（H.B. Scharoun）的柏林爱乐演奏厅的模拟音乐旋律。何况建筑作为一都市脸相，也是一时代与社会的产物，论及它与整体都市情境间的相互关联性，自也有其批判的与超越的意义。

巴塞罗那展览馆的拟仿观

在 1929 年巴塞罗那万国博览会，密斯·凡·德·罗被参展的德国魏玛共和政府任命为参展德国部门的艺术督导，这是第一次世界大战后，德国被正式邀请以平等身份参加国际活动的盛会，在这展览中德国亟欲展出其新近的建设性和激进的转变，提出的口号是："我们希望在此展示今天我们所能做的、我们是什么及我们所感觉的，并且也观摩他人。我们想要的不是别的，而是清晰、单纯和诚实。"在这强调自由与民主的外交宣示，结合了现代主义的理念，产生了密斯所设计的这幢闻名的展览馆建筑。

这幢在巴塞罗那展出的德国馆并非仅是德国国内现代都市新生活主张的展示，也同时是以国际性视野公开地对欧美都市新情境所做出的普遍性的（universal）宣示，这也是当时或日后引起广泛讨论的原因。当时西方都市因普遍的工业化与机械化，造成都市居民人性向度的被压抑与扭曲，譬如都市中心区公共空间由于重型大众运输工具的引进及汽车的普及而愈趋冷漠与非人性。

但这种结果背后还有更深刻的与西方资本社会演变过程有关的影响因素；譬如桑内特（Richard Sennett）指出自 19 世纪末以后的西方都会如伦敦、巴黎市区的公共生活已渐趋沉寂，不若 18 世纪中旧式王朝（Ancien Regime）时期那么多彩多姿。

作为剧场观众，人们从强势的表演参与者渐成为弱势旁观者的演变，也被塔夫里提出讨论，并影射大都会中人渐被剥夺参与经验的处境。1929 年由密斯设计完成的巴塞罗那展览馆则被认为是表征了这样情境的一个范例。塔夫里以为"……在这空间中，一个失落与空洞的场所，意识到要恢复综合作为的不可能性，而这综合曾促成都会中的负面性质能被体认。人们成为这一景象的旁观者，被迫地去演一出哑剧，其中人们只能在没有意义的符号中的符号物迷宫里漂游，这是他每天必须来一遭的哑剧……密斯替空洞与孤立符码组合成的语言注入生命，而使得其间事物被描绘成无言的事件。"

于是，密斯所揭橥的"少即是多"的精炼而节制的空间形式，从这观点来看不啻是一成功的拟仿例子，他企图创造出一种人们无从置喙的纯粹由最少材料表现的组构的（tectonic）空间形式，深切地表征了当代都会人无言地只能旁观而无能参与的被阉割情境，同时这负面的拟仿行动本身即是面对此情境而提出的一种批判。

这是拟仿概念中最原始的部分：类比于动物界"拟态"现象。基本上这是放弃自我认同而求与周遭（情境）雷同的行为，其目的是吊诡地为求自我的生存，或者说是"装死以求生"，这就是这种拟仿行动中的颠覆性本质，模拟死亡，却不想死，拒绝去死。巴塞罗那馆就是一个这样的范例，它展示它所批判的。

在这里，密斯以一个"中心感"失落的流动的空间来传递 20 世纪现代都会中"定住感"的失落（loss of dwelling）的讯息。坚固实体包被空间的形态被打破，空间是不间断的、流动的，没有固定的轴线，只能借着不停改变的焦点来体验这空间。形体组成关系是无方向性的（isotropic），视流动状况而定的。为了强调流动感，柱子被精简成十字形断面，使平面上规则的结构模矩在空间体验中被刻意淡化，没有承重功能的隔墙反倒在视觉上像是负荷屋顶重量的主要元素，自由地界定出流动的空间，柱子成为分离的符号，被简化成为仅是符号。

就如同佛兰西斯·达柯所描述的："……该建筑物是一各部分的蒙太奇组合，每一个别部分以其各个不同的使用材质，各自说着不同语言……"分离的符号的组合，很难凝聚出落实地定住感。而大片玻璃经由这样的使用，更是对"定住感"的具体否定，因为玻璃使那些想在室内寻求庇护的人被暴露出来。密斯在这展览馆中，展示的是现代都会中"无法落实定住"（undichterisch wohnet der Mensch）的情境，他在他的建筑中凸显这无奈的真实，但也因凸显这负面的真实，他也同时标榜出他的批判态度。

然而巴塞罗那展览馆仅只于透过拟仿途径，以极端精简内敛的形式来模拟并批判现代都会情境中人性被压抑、漂白以致浮游无根的真实吗？它仅以虚无的形式来模拟并批判现代都会的贫血情境吗？它是如何透露"生"的玄机呢？弗里茨·纽迈耶（Fritz Neumeyer）对密斯建筑研究中的一些论点或可提供进一步的补充性解释。

纽迈耶认为密斯的去物质化的皮骨建筑（dematerialized skin and bone architecture）致力于减化真实至其真正核心，然后在所有视觉掌握之外，固有的内在秩序将结晶现形。纽迈耶称此为"诚实的美学"（aesthtic of honesty），或为"缺乏艺术的形式"（artless form），一个不是有意图的美学产物，而是自主的技术与机械条件下的"逻辑产物"。他指出密斯所鼓吹的是一匿名的房屋类型，这种建筑理论相信其潜藏的基本法则是指向其本身内在的意义，而此内在形式并非主观地可创造，而是自生命状态中自发引出的，建筑师必须对这些状态让步，为了真理缘故，需很克制地放弃自我的美学表达。

他以为密斯在追求充实（fullness）与秩序的过程，确立了生命乃同时可包容这两极的中庸之道，生命是最重要的中心概念，因为只有在生命之中相对立事物可得化解，由是生命乃以一基本形式而存在（Life exists as an elemental form）。经由如此的诠释，密斯刻意地压抑传统图喻式（figurative）表达，而将建筑化约为一构造上的功能与材料的组合，但针对 20 世纪都会人的生命情调，他提出一开放的空间形式（open space-form），作为介于自由与退隐、表达与压抑之间的可供停留又不受局限的空间（harboring but no confining space）。

他的建筑所流露的精简沉寂，亦即相对于传统形式的烦琐热闹，他在建筑中的"装死"做法，除了凸显负面的情境真实，达到负面拟仿的批判效果外，其实正是同时地刻意显示新时代都会情境中的"生机"所在。在普遍的人性物化氛围中，建筑师应忠实地以自主性的"物"之精华再释出生命之流。

当人们进入他的设计作品亲身浏览参观时，现场的感受是很深刻的。在很精简的空间中，让人体会到的是很凝练的丰富饱满的感觉。譬如仍以巴塞罗那展览馆为例，主体展览馆与户外大水池之间有一双层墙构造，其实是以两片巨大的自顶到底的毛玻璃围封一道宽约 80 厘米的细长空间，此空间上方设一屋顶采光，于是此道毛玻璃夹层墙面很均质地漾满淡淡光晕，以一种前所未有的品质感来界定此道分隔"墙"，墙本身的构成元素极少，但感觉丰富的层次极多。此作品中使用的独立柱构成也是同样的极为简洁，自上至下只是完整的一个断面形式，没有柱头也没有柱基，但其十字形断面与不锈钢亮森森的材质，以及触手柔滑的连续曲面，呈现出极为华贵的品位。

整幢建筑中最惊人的大手笔来自密斯处理室内蛇纹石墙面的气魄，那也是一整片自天花至地面的很简单的独立墙面，但由巨大石脉纹路相互拼接而成，于是客厅中的主墙为一由巨大矿脉纹路连续拼成的大屏风，就好似建筑师把一座山劈出一面完整地搬到这个客厅来。这种"寓极大于极小"的精炼而豪气的做法，是密斯作品里最迷人也最让人震撼的品质。这种经由最精致的材料与最准确的组接所形成的品质，构成了深刻的美学说服力。

从负面拟仿的观点来看，密斯的作品相当程度地表征了现代都会中令人窒息的冷漠疏离情境，刻意模拟的行为本身即凸显了面对该情境的批判态度，唤起人们对多样与热闹的回忆；但同时，也因为拟仿大都会现代性中阿多诺所谓的"抽象"与"死亡"（否定）的成分，而在将"抽象"与"死"的意味刻画到极致，展现出来的构造功能与材料组合上极度浓缩满载的美质，"极度的形式结构性搭配着极度的意象匮乏"，极度地舍弃自我，但又同时获得极具自主性的存在，因此而达到悲壮的美感层次。

也就是说，他在批判的同时也提出了普同的丰富经验（universal richness）来体现悲壮的美感张力。在这层意义上，可以说密斯的作品本身不仅为一手段，同时也是其目的；它在拟仿某种塔夫里所言的都会虚无的现实的过程中，它本身并不仅止于虚无，它也成就了自身的真实存在。

这种真实存在，即是艺术性的存在。对阿多诺而言，认知的拟仿状态是一种不同于工具理性思考地探索世界的可能性，追求的是较深层次的相仿而非表面的相似。所以阿多诺认为拟仿是一工具理性思考方式的突破，超越了机能主义，就像密斯的建筑是中性的，化约为构造上组接与材料表现的美的存在。

密斯的后来追随者执着于细部的完美处理与量体分割的严谨要求，但不见得就承传了大师作品中主动自觉地回应时代与环境的幽微旨意。然而观察王大闳先生在台北市早期完成的作品，其空间形式承接了现代主义理念，在"拟仿"作为上与大师似也遑不相让，所谓"中心—边陲"的观点对此所能解释的程度有限，以"一典范在不同时空条件的再精炼"的说法或更能中肯描述这种情况。

王大闳式的拟仿：常、拙与变

1960 年代与 1970 年代初的台北市正处于光复以后的繁荣发展阶段，"美援"已经停止，台湾经济正进入稳定发展时期，包括罗斯福路一至四段、重庆北路北段、民生东路、松江路、新生北路、仁爱路及敦化北路等宽敞的"美援"道路也已完成。美国于 1965年介入越战，台湾于其后数年成为美军后勤及度假基地，台北市也于 1967 年改制院辖市（亦即人口超过一百万）。1950 年代中，"国府"东渡初期，大江南北的大陆格局缩编到孤悬海外的台湾架构的尴尬也渐获调适，战后年轻一代的文化精英在"首都"台北正露头角，承受着狂飙的现代主义对文化传统的巨大冲击。

这时正是台北市第三波现代化发展时期。台北市的第一波现代化可追溯到清末"中学为体，西学为用"的意识形态下的发展，自 1860 年起，历经大稻埕的国际贸易取向的经济发展，城墙及府衙的兴建及刘铭传的建设，于 1890 年左右已俨然发展成一以中国传统格局为基底的现代化都市。

第二波的现代化始自日据以后，拆除城墙改建林荫大道、兴筑牌楼式街屋，以及现代公共设施与建筑，1920 年代以后市街往城东与东南发展，并渐受西欧装饰艺术（Art Deco）及前卫思潮影响，其具体表现的高峰为 1935 年于台北市举行的台湾博览会；这阶段现代化的特征是"过度的"规模与纪念性（如轴线景观规划、街屋立面及街口空间形式的强化等）撑出一个现代都会的雏形架构。

日据时期为台北市建设所提供的过度的规模与纪念性，因不可抗拒的历史因素：日本投降及"国民政府"内战失利迁台，于 1949 年以后为战时首都的需要迅速填满，这样的都市格局上的转变是空前的，而且也是举世绝无仅有的。一个 36 000 平方公里小岛上的中心都市突然成为是它三十倍面积的超大国家的"首都"（即使以现在的角度来看这已是一想象的"国家"），其间的调适与矛盾可在白先勇小说《台北人》中略见一二。经过 1950 年代的接收与克难将就的惨淡经营，于 1960 年代及 1970 年代初，台北市由于整体国家经济建设的稳定发展而面临急速转变的压力，这是台北市第三波现代化发展阶段。

这时主要受出口导向经济体制与对美国依赖的影响，台北市正渐发展为商品化社会主导的都会，可用资源通过经济机制被转换为以交易价值衡量的商品，也就是渐演变为如同西美尔（Georg Simmel）所说的以钱作为抽象交换介质的都会，同时也受着经由美国输入的现代主义思潮的冲击。

但台北市也和大部分第三世界都市一样，在现代化过程中有着自我认同上的困窘。这困窘呈现在两个通常被联想一起的问题上：现代化与西化之间的混淆，以及传统与现代的调适。第一个问题间接指出非西方都市的都市化与现代化过程应是迥异于西方都市自本身社会涵构中自发的发展经验，但都市化与现代化的动力多来自工业化，而工业化则是由西方先进国家启动的，这使得在第二个问题的回应上，在非西方涵构中的调适过程中总难免不涉及"他者"或"外在影响者"——即西方的冲击。

而对台湾而言，所谓"传统"其实也是模糊的，是多重叠积而呈动态演化的。台湾的文化传统自来即是经由不同的外来"他者"所累积凝聚而成；历经荷西海权入侵、郑成功主政、清帝国的治理、日据殖民发展以及"国民政府"的统治等诸多"外来"影响，台湾原来的移民社会逐渐在这些历史发展脉络中一连串不可抗拒事实的冲击下，累积并激荡出独特的文化自我，亦即每一阶段外来优势族群的影响皆共同参与塑造了台湾的独特自我认同。

从这个角度来看，光复后"国民政府"威权统治可看成是参与塑造台湾文化自我认同的"优势族群"的轮换，由其所主导的第三波现代化发展与日据时期的殖民主义式欧化发展自是不同，其实是处在"西化"与"泛中国化"之间的挣扎与折冲中，而逐渐形成台湾主体的自我认同的一部分。

本文所指"泛中国化"一方面泛指一切与笼统中国形象有关的文化建构过程，另一方面其实意图在复古的中国化之外也涵盖抽象的中国化发展，这两者对待"西方"的态度与诠释是截然不同的，而光复后台湾的这一阶段现代化即是在这样复杂又互相冲突的关联中摸索、激荡而发展出来。

台北都会于这阶段的现代化自然是处在这样独特的涵构条件中；基本上，与本文探讨对象有关的王大闳是属于不那么附和国家权力所动员的文化建构行动的"个人"立场，在对现代性的因应态度上，他较倾向"抽象中国化"的进路。此外，王氏可被视为白先勇的《台北人》中故事要角的第二代，他以留学西方的建筑专业者与中国现代文人的双重身份见证了当时台北都会的变迁。在这时期，他完成了三幢坐落在台北市区街道上的作品，分别是虹庐、良士大厦与鸿霖大厦。由于其建筑形式作为一都市脸相而言，与当时流行的街道建筑甚不相同，以下即尝试以前述的"拟仿"观念做一扼要探讨。

虹庐与良士公寓大楼

虹庐完工于 1965 年，原为一较大居住面积的四层公寓，每层一户，入口前庭空间以修长挑空方式置于正面中央，"是一个意图使集居式生活方式之公共领域有较可亲面貌的创作，同时它在探讨街道与建筑之关系上，已成为封闭型之代表；其外表收敛，内里烁放则又隐约透露了某种建筑风格"。

在临街正立面的做法上，虹庐却表现出一种排斥疏远的姿势，其排斥感来自于一些与约定俗成的街道建筑意象正相反的处理方式：

立面的封闭性：正立面由两座高达四层楼高完全不开口的墙壁组成，此墙壁自上至下平直而落，与整幢房子其他立面凸出柱梁框架的做法不同，其封闭感更经由与中央入口的垂直挑空部分对比并列而显得更强烈，从街上走过，大部分角度看到的皆是封闭面多，所能看到的开窗部分皆为小窗口，这与现代都市中一般临街建筑常欲强调的迎接与邀请的姿态非常不同。

拙朴的外观：一般临街建筑的正立面处理皆强调作为一门面的正式性与炫耀性，故常妆点得非常堂皇华丽，而虹庐作为当时一中上家庭的公寓住宅，其正面仅使用清水砖面上白漆及洗石子边框处理，平直墙面上只在每层楼梁版部位以清水砖竖砌两道作为分割。

内延深度感：中央入口挑空式的前庭，由于其修长的比例及垂直取向，加深了自街面远离而向内里延伸的深度感，这或许就是王氏本人常提到的住宅所需的"神秘感"，将这内向的感觉配置于临街正面，与一般街屋做法也大相径庭。

其实以上的空间处理显示出建筑师个人对当时都市空间的相当独到的看法，也隐约略投射了一些他对当时台北都会情境的回应态度。

这是一个拒绝、排斥的态度，像是安藤忠雄的"住吉之长屋"，但又何尝不是一拟仿的作风。虹庐所代表的公寓住宅为当时正兴起的都市居住空间的新类型，一种强调私密性与匿名性的都会居住形式，定着于坚实土地上的确定与落实感觉逐渐被稀释，虹庐以一种没有五官、没有表情的脸相拟仿如此新兴的匿名居住生活方式。它临接济南路，以正面朝向街道，但却是一负性的正面，它以负面拟仿的方式唤起人们对街屋与街道水乳交融的亲切回忆。

1970年完工、位于敦化北路上的良士大厦，基本上是虹庐格局的放大与垂直发展，中央入口前庭的高挑空间将整幢量体分为两座垂直体，而正面上每一户的阳台所造成的垂直面上的"空"又将垂直体一分为二（可惜目前正立面上的阳台空间大多为玻璃窗盖满，被分割的效果不彰显），大楼外表为喷浆及斩石子处理。

如此对都市公寓大楼的处理手法，若与当时正流行于台北市的其他设计作品相此比较，则可更凸显王大闳的个人风格。譬如安乐大厦（和睦，1967）、香槟大厦（林良鸿，1968）、华美大厦（石城，1972）、林肯大厦（石城，1974）与百利大厦（林良鸿、高山青，1974）所表达的是都市住宅正经过"商品化包装"处理而呈现的华丽风格与面貌，其中尤以林肯大厦与百利大厦为其中翘楚。

虹庐与良士大厦的设计理念皆与这些商业型公寓大楼背道而驰，与当时普遍被感知的都市建筑特质：正面开敞、外形亮丽、无方向性等对立，即使是位于角地上的良士大厦（位于敦化北路与长春路口），有相当的条件塑造出较为无方向性的量体，但良士依然以敦化北路为正面座向，且以一种非迎合的姿势面对街道。

它们不但对新兴的都会匿名居住方式感到不安，也对现代都会中宅地被商品化、包装化以后人性真实无助地木然哑默的现象提出批判，这是对现代都会中"定住感"被拍卖的现实的一种抗议。它们拟仿这些景象，以"抽象的拙朴"与"无言的否定"方式舍弃图喻式表现自我途径，否定自我，但又以此否定坚持其正面的存在。这个正面是以否定的姿势面对街道，就像是以否定来对抗整个社会中的这些负面现象，因此它们的无言抗拒中也有着悲壮的美感张力。

只是这悲壮感不似密斯的巴塞罗那馆以自主的构造性及其美质来匹配，因为王大闳本人的文化自觉，使他作品中的悲壮感来自双重的抗拒，他的"抗拒"不仅是面对现代性中的"抽象"与"死"（否定），也执意面对那隐在其中的"他者"——亦即现代化的西化成分。于是我们也看到他这两个作品中传统空间类型转化的痕迹，换句话说，他也否定当前的自我，走向传统的遗产，以之抗拒西方的压倒性影响。

虹庐与良士大厦的形式逻辑即透露了空间类型转化层面的讯息。假如我们把虹庐当成是传统合院住宅在垂直向度上的转化结果，或可使这形式逻辑较易被清楚掌握。合院住宅的各部分空间，多朝向中央"埕"空间开放，两翼厢房于正前方端部立面上的开窗部分通常是很小的，或甚至不开窗，"埕"或是围闭型（如以墙围起），或如金门民房"一颗印"式的格局。从整体房屋正面来看，是相当排外而重视防御性的，因此形成一持续的公共（房外）→半公共（埕）→半私密（厅堂）→私密（内室）的空间系列，这与传统街屋的空间格局是不一样的，后者的半公共空间以骑楼形式出现或甚至没有。

虹庐正面两座封闭高墙，其实正是传统合院民居两翼厢房正立面的转化，因为要调适现代公寓集居的需要，而在垂直向度上往高处发展，中央入口挑空的前庭看得出是合院民宅的"埕"空间的残留意象，朝向这个已转化为狭长挑高比例的"埕"空间的界面处理是较松动的、开敞而相渗透的，一如合院民居中围绕在"埕"四周空间的做法。

整个房子的外观呈现与传统民居相似的排外且重防御的较封闭的立面处理。虹庐以传统合院民居作为其原型而发展出现代四层公寓的形式，但虹庐为何不采用传统街屋形式作为其空间原型，而是采用了传统合院住宅的形式？为何出现如此的类型上的倒错类比？

第一个原因或许是由于合院民居常被作为泛中国传统的居住空间类型的代表，它是中国传统屋宅的原型，将它转化用在当时最现代的公寓集居空闲，同时有着溯源与反讽的效果；第二个原因可能是针对台北盆地因急剧都市化而面临消逝的合院型农宅有感而发的反应，凸显这类型空间对台北都会发展的不合时宜，也同时对这现象提出质疑。不论如何，王大闳以合院民居中富涵的"拙"与"常"来对应当时正待蓬勃盛行的"巧"与"繁"，并在时代变迁中仍坚持"延续性"的必要。

这种倾向在他的建国南路自宅中早已显露出来。一般论者多着重此房子与密斯空间观念上的类似，但其实王宅与密斯的玻璃盒在类型学上是完全不同的两种做法，密斯的玻璃盒子乃至他早期的风格派式平面构成是一种无方向性或全方位性的（isotropic）空间，是一个中性的空间存在，或是一负性空间。但王宅却是有清楚的方位朝向的，有很清楚的空间组织上的正面与背面、轴向与侧向上的差异，仍是很传统的空间组织（topology）。

深入来看，它正是中国传统建筑中"堂屋"原型的再诠释，房子正前面是一片延续外推的落地窗，两侧为承重厚墙，背后也是坚实的墙，虽然借用了密斯的外衣，但就类型上而言，建筑格局是传统中国的。

鸿霖办公大楼

1972 年完成的仁爱路旁鸿霖办公大厦也代表了王大闳与众不同的作风。同一时期的嘉新大楼（沈祖海，1968 年）、海关大楼（沈祖海）、大陆大楼（吴文熹、陈炼锋，1973 年）等，皆将结构柱外露，形成立面分割上垂直坚实的线条；外观作图喻式（figurative）处理，亦即将建筑物分成顶部、躯干部与基座部三段式，皆强调作为企业总部或阶层组织的气派门面。

比较起来，鸿霖大厦正立面采水平带开窗，整个正立面没有垂直性元素；并且不重视图喻式效果，自上至下皆为同样处理方式，相对于前述办公大楼正面的夸示表情，鸿霖大厦显得相当朴实、单调。这算不算也是一负面拟仿例子呢？模拟这种发展中都会刚兴起的办公空间所代表的机械性重复的、刻板单调的案牍工作形态？或者是对办公大楼内庞大的科层体系的运作使个人被分工化被工具化以后的个性单一化现象的拟仿？

这幢大楼也让人联想到密斯的混凝土办公大楼（Concrete Office Building，1923），这是衍生自多米诺构造系统（Domino Construction system，1914）的实验性作品。由于结构柱梁系统与外墙表皮脱离，于是外墙形式获得了最大的自由。连续的水平带使室内工作者可观赏不被遮挡的户外景观，同时也颠覆了大楼与地面的承重关系在外观上的一贯表达方式，建筑量体在外观上不像是植根大地、被种在土地上的模样，而像是一片片水平地浮在空中、没有重量似的，是否也拟仿着现代都会人所面对的失根的存在现实呢？或者它也同时在意象上颠覆了现代办公大楼所象征的巴别塔的"摩天"企图？

鸿霖大厦的朝地面稍呈倾斜的水平带多少是加强了与地面活动的关系，这与当时办公大楼流行要高耸向上的做法相异其趣。作为一临街建筑，它仍是以仁爱路为正面朝向，它仍坚持保有一个正面，却是一单调的、否定意味的正面，这也是它的"抗拒"姿态。更因为正立面的水平带窗朝下倾斜，玻璃窗面反映了路面上川流不息景象，而对比出这种无言抗拒的坚持。

鸿霖大楼水平带飘浮效果并不那么强，因为水平带并非连续地绕过整幢建筑物表面，它的正前方采完全开敞的水平窗，两侧仍以实墙封住（虽然东侧邻六米巷道为阳台处理，但东侧靠前方仍为宽约三米的实墙），且两侧实墙上的透气口经刻意强调的处理，与正面玻璃的平板光亮呈对比。而且由于这些透气口的排列正好对准正面的水平 RC 腰墙，好似正立面由一根根水平大管子嵌入于垂直侧墙上，形成榫接的趣味。

倾斜的水平带同时也使水平 RC 腰墙凸露出来，使整个正向立面不是平滑的玻璃与实墙交织的一层薄皮，而是不断重叠的"虚与实"水平构造的交替组成，像是不断重叠的屋顶（实）与屋身（虚）的组合，即以此角度来看，似乎刻意重现传统建筑中"重檐"

做法所表现的飘浮效果。这可说是此大楼另一重的抗拒，即使办公大楼是一相当工业化的产物，为传统空间类型所无，但王大闳也在传统建筑中的"楼"的做法中撷取类比，来抗拒成为完全西化的外观形式。

若将鸿霖大楼与虹庐（或良士大楼）比较，则不禁要问：为何同一建筑师处理不同建筑物之间有如许大的差异？为何鸿霖强调水平性（王氏本人于1966年设计的亚洲水泥大楼也强调水平性处理），而虹庐与良士由于正面中央挖空，而强调出垂直性？为何前者正面处理较开放，而后者较封闭？前文中所发展的对它们的诠释为何容许这样的差异？

这其实仍是类型学上的课题，或可说成是文化性因素，仍坚持反映出类型上住宅大楼与公寓大楼的差异。

王大闳毕竟不似密斯，以同一的皮骨建筑基本形式应用在不同类型及不同时空条件的设计作品上，他仍然尊重类型（type），任何一地的每一类型通常皆已满载了该文化的独特性意涵。所以虹庐显得高挑封闭，是由于认同合院民宅的原型；而鸿霖着重水平性与较开放是因为它属办公大楼，而传统建筑中并无此空间类型，于是以"楼"的类型来作类比。

这可说是文化性因素作为拟仿抗拒的另一重要防线，基于文化自我的认同，在放弃自我的抽象表达中仍坚持维护类型上差异的存在。同时这也是对现代主义中密斯型不分住宅与办公空间的通用空间形式的一项质疑与抗拒吧！

结语：颠覆与超越

阿多诺于现代艺术中所看到的拟仿行为其实并不认同被拟仿的对象，它是一种否定的行动，模拟事件的负面真相以提出批判与质疑，所以说它是颠覆性的；它反对自我被否定，但又以否定自我的方式来抗拒，这种不逃避、不妥协但又放弃自我的无言相对抗，产生了悲壮的美感张力。

巴塞罗那展览馆展示了"人无法落实定住"的现代都会现实，它以最少的组构形式，否定自己以拟仿这个现实，并肯定这种否定，以至于在"最少"的组构元素中注入了"最多"的美质，彰显出极深刻的对抗的悲壮美感。

王大闳的三幢作品，也采拟仿的颠覆策略，以无言的或平板的脸相，对当时台北都会中商品化与人性疏离的趋势提出控诉与批判；但王氏在此否定同时的肯定行动中不采取密斯的普遍性原则，而回归到文化本我的类型上转化的传统空间原型，以提升多重抗拒的强度：抗拒作品自我的被否定，以及在现代化中的西化浪潮冲击下抗拒文化自我的被否定。这种作为其实并非纯属王大闳个人自觉而已，也是台北都会处于独特的时空脉络，在被殖民的现代化基础上，进行第三波现代化过程中"大中国情调与西方现代主义融入小台湾格局"的历史性阶段演变的一环。

王大闳的上述三个作品显示了他对现代都会的抽象本质的拟仿过程中，不仅提出个人的回应与诠释，也自觉地于"西化"与"泛中国化"的纠结冲突中既抗拒又整合地走出了当时社会条件下被广泛动员参与的"国家文化建构"的形式主义窠臼。相对于复古建筑执着于形式上的"有"，王大闳在拟仿作为中的自我舍弃的"空"的境界与情调，似乎为台湾主体的文化认同在"西化"与"泛中国化"之间找到一个平衡点；同时由于他的"个人执业者的"的身份，他的例子也同时打破了所谓国家机器垄断社会的文化建构的迷思。

　　总而言之，从本文所举例的作品来看，王大闳先生并不因身在边陲台湾，而一味依赖西方流行的主义与理念，他能深刻体认自己所属的时空脉动与自己所来自的建筑传统，因此对当时现代主义的主要形式典范在台湾本土的精炼过程提供个人的贡献；而在当时台湾的特殊时空情境中，他的作品中的拟仿取向使他对"西化"与"泛中国化"采取一折冲抗衡的态度，并提陈出一积极的台湾现代性主张，在谈到台湾主体性文化认同的形塑上，这是不应被轻易抹杀的。

不语，为了远航

阮庆岳

前言

1945 年日本撤离台湾，结束长达约五十年的殖民时期，也大约底定了台湾在 20 世纪前半段的现代建筑发展样貌。日本自身的现代建筑发展，因为明治维新全面西化的积极态度，而能与其整体的现代化进程同步，有着鲜明的成果。然而日本在第二次世界大战期间，也因为帝国主义思想的强势主导，现代建筑的发展也一度往着仿欧陆古典与纪念性风格、宣扬国家权力符号的方向作发展。

台湾现代建筑的发展相对崎岖，日治时期的建筑设计，几乎完全操纵在日籍专业人士手中，而当时引入台湾的主要风格，除了民间小型建筑（例如医生馆、自宅等），偶尔可以见到一些与现代思潮呼应的作为外，其他重要的公共建筑物，几乎都浮显着浓厚仿古典与权力符号的色彩，某种宣扬帝国意识的姿态昭然，与现代主义的对话，产生严重的时空断离现象。

战后第一代：传统与现代的辩证

战后第一批衔接上来的，是随"国民政府"撤守台湾、主要来自上海的建筑师们。其中，不管是王大闳、杨卓成，或是来自上海圣约翰大学的张肇康、沈祖海等，在带进新的建筑工法与观念时，也都企图将中国传统建筑与现代建筑做出结合，蔚为当时的一代景致，可以王大闳的"国父纪念馆"（1972）与杨卓成的圆山大饭店（1961 和

1971）为例。

王大闳、贝聿铭与长年旅居德国并于近年离世的李承宽，大概可被称为"二战"后台湾最熟悉的首批华人重要建筑师。王与贝在哈佛大学时曾是同窗，彼此也曾有书信往返，但两人一个蝴蝶翩然于国际政商与建筑舞台间，一个顽石般据守台湾60年如一日（王大闳自迁居台湾后，近五十年未离海岛一步），人生境遇与建筑态度南辕北辙。

贝聿铭早期以去文化性格的国际式样（International Style）著称于世，后期因其建筑市场转移至华人世界，才有大逆转般如苏州博物馆，强烈想与在地文化结合的手法出现。王大闳虽然长年在西方教育体制下成长，却自始就有想把传统中国建筑与西方现代主义做联结的使命与责任感，这部分也是王大闳与贝聿铭及李承宽间最大的差异。

也就是说，王大闳的建筑作品，一直严肃地思考着由西方起始的现代建筑，当怎样与中国传统的建筑在形式与空间美学上接轨的问题，例如"国父纪念馆"与"外交部"以钢筋混凝土来转译传统木构造的美学语汇，以及他先后的几个自宅设计（分别在台北的建国南路、济南路与石牌），显现出他对于中国文人传统家居生活的向往与追随态度。此外，王大闳同时极端自律地对应建筑的材料与工法，喜欢用原质的朴素混凝土或砌砖，来呈现传统与文化的建筑意涵，完全不会为了短暂的媚俗目的，刻意轻率地去迎合讨好。

王大闳是台湾战后建筑史上风格与思路的第一个领导人，加以在哈佛大学建筑研究所时，直接受业于包豪斯的创始人格罗皮乌斯，与现代主义核心脉络直接相承，在思维与视野上，几乎远远地超越其他台湾同代的建筑师。

王大闳的作品数量极多，商业性的案子不多，主要作品大半是官方或公部门委托的公共性建筑，以及私人委托的住宅作品。王大闳的创作高峰期，大约集中于1960年代与1970年代的20年间，例如台大学生活动中心、淡水高尔夫俱乐部、阳明山的林语堂宅、虹庐、亚洲水泥大楼、登月纪念碑计划、"外交部"，乃至于1972年落成、堪称他代表作之一的"国父纪念馆"（1963年竞图获选）。

国父纪念馆：最艰难的设计

王大闳曾说："国父纪念馆是我最艰难的设计，而登月纪念碑则是我自许最具有深远意义的作品。"登月纪念碑当年曾经引发台湾社会的热烈回响，并由当时的社会名流积极合力推动捐赠这个高度逾20层楼、优美的白色雕塑物，作为美国独立两百年的礼物，但是后来却因台美关系政治环境的改变，让这计划案终于胎死腹中。

"国父纪念馆"所以会是王大闳自认"最艰难的设计"，原因有许多，其中一个关键，也就是他长久在思考现代主义与传统建筑间究竟何者为主、何者为次，这样艰辛辩证过程的未测与难定。关于此，可以王大闳的两种建筑类型作阅读，一条脉络是有宣示意涵的公共性建筑，譬如1972年落成的"国父纪念馆"；另一条脉络则是私领域的住宅建筑，譬如1953年完工的建国南路自宅。

以"国父纪念馆"为代表的这类型公共建筑，最显著的特征是外形与建筑语汇上有着清晰可辨、想接续传统建筑脉络的意图，尤其如何能够运用钢筋混凝土或钢骨的材质及工法，以取代并延续木构筑美学的辩证，如今成果依旧鲜明可见。

这样对于传统建筑语汇与现代性的辩证，同时代在日本一些建筑师的作品里（譬如1964年丹下健三的东京奥运代代木竞技馆），可以见到对于传统木构造的弧线大屋顶与斗拱构造系统，在以钢骨或钢筋混凝土做构筑时借由现代性语法所表达某种在类同的承传兼致意。

这样的思维轴线，在时代性的位置上，其实也完全符合当时"国民政府"来台后，亟欲在台湾"重建法统"的政治权力思维。然而，对于王大闳而言，这正是祸福相倚的所在，一方面这与他原本的建筑思轴吻合，可以继续他的建筑实践与实验；然而另一方面，在现代性语言与传统文化／符号间，究竟何者应为主体的问题，却也同时交织难解。因为当时的权力者所真正在乎的，其实是传统（宫殿建筑）符号所能暗示的道统与权力象征，对于现代主义在介入时的创新与修正，反而显露出无意承接的态度，而这也成了王大闳无可回避的挑战与困扰所在。

"国父纪念馆"的设计过程，相当繁复漫长与不顺利。除了设计自身的挑战外，另外更大的难处，即是来自于王大闳原本想在接续传统语汇之余，仍然能维持住对于空间性格、构筑方法与材料本质的尊重，以及企图能转化符号／装饰为真实构筑的简约性格。然而，这样现代主义所坚持的基本精神，却难以得到当局的肯定与接纳。至终，"国父纪念馆"的设计，不得不妥协地趋靠向形式上更大程度的模仿（从原本仅在两侧的大斜弧屋顶与中央的平屋顶，改成四向的传统斜屋顶，并且无视内部大会堂的空间与屋顶形式上的冲突）。

这应该就是王大闳"最艰难的设计"关键所在吧！

另外可以拿来与"国父纪念馆"延伸做对比的，应是1961年的台北故宫博物院竞图方案。这个提案虽然得到了评审的首奖，却又因为整体的形式风格，在诠释上"过度"的现代化，无法与当局的威权与道统思维相呼应，最终还是遭到摒除的对待，并替换了另一件"粗鄙走样的抄袭品"。这件事让王大闳更清楚地意识到自己所面对的，已然不只是建筑理念的单纯思辨，还夹杂了时代施加在意识形态上的枷锁，这对抗一定艰辛也必然漫长。

王大闳曾在1963年对此为文，表示："于是，为了想保持中国建筑的传统，大家开始抄袭旧建筑的造型，而对其真精神却始终盲目无所知，把一些艺匠上本属西方风格的建筑物，硬套上些无意义的外形，就当作是中国自己的东西，也就是在这样无聊的抄袭方式下，产生了今天所谓'宫殿式'建筑。"

然而，这事件显然对王大闳尔后的路线影响深远，"国父纪念馆"某个程度上的愿意做修正与妥协，大约也反映了王大闳对于建筑实践这条路途某种的无奈及失望吧！

住宅建筑：自由也可喜

若从另一条脉络的住宅建筑来看，则王大闳的表现相对自由也可喜。

首先要讨论的，当然是已被认为是台湾现代建筑经典作品的建国南路自宅。这住宅是以清水红砖承重墙为主要构造系统，并将理念上源自密斯现代主义的玻璃方盒子，做了两个重要的转换。一是材料与工法的在地化（砌砖实墙取代了玻璃帷幕墙、RC 构造取代钢骨构造），以符合台湾在地的经济、工业与气候条件；其次，除了依旧维系密斯一贯简洁、流动的空间风格，也与中国传统居家空间的观念做结合，譬如借由高墙断离外在世界，以塑造内隐的园林景致，或者强化室内与院落的空间联结，以寻找自我与心灵对语的契机。

这一条脉络的思辨，相对就显得明晰也自在。其后，也有其他的小住宅陆续出现，但比较值得探讨的作品，应是放在 1964 年的虹庐与 1970 年的良士大厦。这两件作品也各自回应了台湾在都市发展历程中无电梯的四层公寓与有电梯的高层公寓（12 层）阶段性兴起的事实，以及王大闳对之的回应与思索。

由民间投资的虹庐与良士大厦，一个面对的是相对安静的济南路街巷，一个面对的是宽广繁忙的敦化北路。王大闳在处理这样都会与现代的住宅时，最有趣的应是他应对外在环境时依旧延续着中国传统住宅的内外断离态度，一反西方高层建筑以开放的门窗，迎向外界空间的做法，反而在迎街的正立面上，塑立起近乎封闭的垂直墙面（让人联想起苏州住宅的白高墙），并另外打造可透光通风的共用天井空间。

想要以传统的内隐式空间形态，来回答现代都会的高层住宅究竟应当如何做发展，其中积极回应传统的姿态与意图，鲜明可辨。然而这样的尝试虽然可敬，但并没有得到当时正将迅速扩张、由建商所主导市场面的善意回应。王大闳也在主观与客观的因素下，渐渐淡出 1980 年代起全然由商业主导的建筑世界，更逐日为社会所淡忘。

结语

现在回顾王大闳的全部作品，我依旧觉得由官方主导的公共建筑与由民间主导的住宅建筑，是交织的两条主要阅读脉络。其中，他想要回应的问题，其实是相同的，也就是如何能延续传统建筑的"真精神"，并结合时代的技术与思潮，重新定义所谓的中国当代新建筑。

王大闳这样的意图与路径，虽然在遭逢当时的政治及商业权力时遇到了某些挫折与困难，因此，也见到王大闳在其间的某些挣扎与委婉求全，然而最终再看去，他性格中一种对真实信仰的坚持，却也是使他几度徘徊、终于无法顺利善舞入时代舞台的因素。也就是说，在建筑的当为与不为间，王大闳有着固执、甚至不甚合时宜的不屈态度，这性格虽使他错失了一些机会，然而相对于益加是媚俗的此刻建筑世道，这态度毋宁是令人怀念与敬佩的吧!

从王大闳的生命与建筑中，让我们见到一种自制的简单，是类乎在西方君子与中国文人间，文化与文明的文质彬彬交织。在平日的生活里，王大闳所显现的简约、隐退与不语，虽是一种可敬的品质，也让人有着些许的遗憾与歉意感受，因为仿佛在这样的退与静里，正像是另种对于时代的无声批判呢!

但是，或许也不需要如此悲观，就引一句1968年格罗皮乌斯函寄给王大闳，其中手抄了希腊诗人塞弗里斯的诗。在这首受到王大闳珍爱的手稿诗里，提到"不语"的重要性:

已到了只说非说不可话语的时候了，
因为明日我们的灵魂即将远航。

1953 建国南路自宅（已拆）
　　 仰德大道日本驻华大使官邸

1954 "国立"台湾大学渔业试验所

1960 马公中油办公大楼

1961 "国立"台湾大学第一学生活动中心
　　 台北监狱（龟山监狱）总办公室、工厂、礼堂
　　 "国立"台湾大学化工馆

1962 "国立"台湾大学地质馆

1963 淡水高尔夫球俱乐部
　　 "国立"台湾大学法学院图书馆
　　 林语堂宅（现为林语堂故居）

1964 虹庐

1965 "国立"台湾大学化学研究中心（已拆）

1966 亚洲水泥大楼
　　 "国立"台湾大学女生第九宿舍

1968 登月纪念碑计划案

1970 "国立"台湾大学归国学人宿舍
　　 良士大楼

1971 "中华民国教育部"办公楼
　　 松山机场扩建案（合作设计）

1972 "中华民国外交部"办公楼
　　 "国立"国父纪念馆
　　 鸿霖大厦

1974 "中央研究院"生物化学研究所大楼
　　 （设于台湾大学）

1975 "中央研究院"植物研究所李先闻纪念馆

1976 "中央研究院"三民主义研究所大楼

　　 "国立"台湾大学农艺馆

1977 "中央研究院"数学研究所大楼
　　 庆龄工业研究中心大楼（设于台湾大学）

1979 天母公寓

1980 仁爱路东门基督教会长老教堂
　　 "中央研究院"信息科学研究所大楼

1982 "中央研究院"欧美联合大楼

1984 "中央研究院"历史文物陈列馆

1985 "中央研究院"分子生物研究所大楼

1987 "中央研究院"学人宿舍

梁思成、林徽因论

探讨中国当代建筑，当然离不开对近现代建筑历史的反思。"新观察"栏目创立四年以来，已陆续刊出了冯纪忠（"何陋轩论"）和王大闳两位现代建筑师的纪念专辑，如果不是因为朱涛的《梁思成与他的时代》"横空出世"，也许，有关梁思成和林徽因的纪念专辑还是很久以后的事。

2014年1月8日，诡异的隆福寺广场东边的东四工人文化宫，广西师大出版社的"理想国"文化沙龙火爆开场，首个演讲即是朱涛关于他的新作《梁思成与他的时代》的，与会嘉宾有夏铸九、赵辰、金秋野和雷颐。

之前，我当然看过他的几篇有关十大建筑的文章，关于这本新书，却无所知。但我深知清华学人的梁先生情结，也理解他们得知此事后急欲"干预"的窘迫心境，置身现场，只是想了解新书的内容和见证这个必然引发争议的活动。

"在中国城市化项目所亟须的一系列批判性评估工作中，中国建筑史写作——与中国社会史写作之间建立起紧密联系的空间史写作——在我看来，是其中最重要部分之一。"虽然，这是朱涛一再强调的，但是对某些细节和对宏阔的社会性的刻意强调，显然调动了媒体的"曲解欲望"，虽然，就是在场嘉宾们的观点，也是颇不一致。

接着，因媒体有关首发式的曲解报道而引发的通信争论，进一步彰显了出版商的营销策略、作者的运思内核，以及相关学人的梁学忧思。

这次，确实是趁热，"新观察"力图在新一轮梁学热的端倪期，以专业态度深度面对这一议题。

就像既往的率直，朱涛此次不避争议，把演讲速记整理成文。夏铸九的文章则是其精彩的虚拟梁氏话语的理论背景陈述。

"今天我们为什么研究梁思成"？作为"异类"或非清华系的梁思成研究专家，赵辰在文章中强调"面对国际的建筑理论，中国建筑文化有进行重新诠释的必要……而这样的重新诠释工作，首先就必须对梁思成等第一代中国建筑学者或者是历史学家的学术思想，进行分析研究和批判"。

作为新一代学者和沙龙论坛的主持人，金秋野的文章既充分肯定了朱涛新作的学术突破，也不避讳其中的问题："我认为：现实中的罪恶，向来都不是某个群体或单方面的错误所能铸就的，就像环境污染，每个现代人都有责任。"

媒体曲解朱涛演讲的报道和由此引发的通信争论，均围绕着林徽因的《论中国建筑之几个特征》与伊东忠太《支那建筑史》，赖德霖的文章正是因这场争论而做的翔实、深度应对。

为什么要把建筑史与
社会史连起来写？[1]

朱 涛

开场白

首先，非常感谢"理想国"的辛勤努力，这本书的品质远远超过我写的时候的想象。感谢各位嘉宾，尤其是夏铸九老师，本来以为他还在南京大学任客座教授上课，顺道过来。结果他已经回到台北，今天早上专门从台北赶来参加这个座谈。我非常清楚地知道大家来到这里，这么辛勤努力，绝对不是为我个人，而是冲着梁思成来的，也是冲着中国建筑的发展来的。

金秋野老师刚才评价了书的封面照片。这个封面我看到样本的时候也大吃一惊：为什么选这张图片？我的书的中心内容是建国十年，1949—1959年间梁思成的心路历程和中国建筑发展、中国政治运动之间的复杂关系，而这张照片却是1947年拍的。但是我反过来一想，觉得非常有意思。可以说这张图片是梁思成先生，也是中国建筑最辉煌的时刻之一。换句话说，中国建筑在那一刹那曾经与世界建筑接轨过。梁先生和他同仁把对中国建筑的研究，一下子提升到国际水平，跟国际同行进行平等交流，并受他们的激励，再回过头来推动中国现代建筑的发展。

我切入今天的主题："梁思成与他的时代"。"理想国"编辑总监陈凌云先生告诉我，今天下午的活动不是一般的新书推介，而更像一个文化沙龙，期待大家借这个主题来

---

1. 《梁思成与他的时代》演讲之一，"理想国"文化沙龙新年场，北京东四工人文化宫，2014年1月8日。

交流思想，进行平等自由观点的碰撞。我的发言重点不是推介这本书的内容，而是想给大家分享一下我写这本书的背景。为什么写这本书呢？其实这张图片，我现在越来越觉得很能概要地说明问题：那就是，立足于今天，回顾历史。我觉得中国建筑在今天再一次与世界接轨，中国建筑的成就和问题，都有了世界的意义，不光是中国建筑师和中国人自己的意义。也正是这种状况下，回顾中国现代建筑史才变得尤其必要。

我正式开始讲，因为今天场面很大，搞得我很紧张，所以我可能大部分内容要靠念讲稿，等一下自由发言的时候再乱说，正式讲话免得说错话。

讲稿部分

倒褪鱼鳞式写作

这本书是另一个写作计划的副产品。

我想用一个比喻：这本书写出来是有点像倒褪鱼鳞似的写作。历史你可以顺着摸，像摸鱼鳞一样，每一个鳞片都是顺的，怎么摸怎么顺利。但是我说倒褪鱼鳞——立足于当代的问题，回溯历史，想探究过去到底发生了什么，它们以何种方式影响到今天，何以导致今天的问题。这样的方式，像倒褪鱼鳞似的，从一个破绽开始，往回刮，最后结果是不可避免的支离破碎、血肉模糊，显得很残酷，分解得很厉害。但是我认为这样才能真正推动我们理解、反思今天的问题。什么问题呢？

回到 2006 年，德国建筑师 Ole Scheeren——当时库哈斯和 OMA 的合伙人，在哥伦比亚大学演讲，介绍他们正在设计的 CCTV 新总部大楼。在场观众表示怀疑：OMA 作为思想这么先进的事务所，为一个政党的宣传机器设计这么一栋巨大、张扬的楼，是不是有违建筑师的伦理？ Scheeren 举出两个理由，加以辩解。第一个理由很正常：CCTV 的巨大尺度是业主自己定的，不是建筑师的选择。一般建筑师辩论到这一点就为止了，但是毕竟 Scheeren 是有思想的建筑师，他进一步说，在中国，修建这样的巨型建筑根本不是一个独特的当代现象，而是中国在追求现代化的路上一以贯之的传统。

接着，他放了一张幻灯片——还好，他没有回溯到秦始皇修长城——他用 1958—1959 年"大跃进"期间修建的北京国庆十大建筑，来说明问题。他说在不到一年时间，中国的首都因此从一个千年古都彻底转变为一个现代城市。这种魄力和速度"对我们外国人来说，是不可想象的"。他继续感叹：中国"有一种神奇的拥抱变化的能力"。中国有一种特殊品质："不后悔"——不管干了啥事，绝不后悔。"而西方精神中长期就有关于后悔的各种感伤和戏剧化思考。相形之下，中国似乎有意愿和能力，去充满勇气地面对新形势，充满热情地追求进步——即使这些激进的变化有时意味着对过去状况的粗暴抹除。"[2]

2. Scheeren 在他为日本建筑杂志《a+u》2005 年特刊 "CCTV by OMA" 所写的 Made in China 一文中正式发表了这些言论。

当时我在哥大读博士。作为一个留学的中国建筑师，我已经在纽约听过很多外国建筑师对中国的评价，从最有想象力、最智慧的，到最幼稚和最扯淡的，无奇不有。但没有比 Scheeren 的话更深地刺痛我的心。在以后的几年中，我经常回想起这番话，也试图搞清楚我为什么会被它刺痛。显然，我不喜欢他的傲慢态度，也不觉得对历史"不后悔"居然能成为一种品质，值得羡慕和称颂。还有，我根本就不喜欢一个外国人来中国观光没几次，就随便发些"中国人的独特品质"之类的宏论。但越过我这些肤浅的、多少有些民族主义的情绪，我开始意识到我之所以被激怒，其实有深层原因：那就是 Scheeren 所提到的现象，在很大程度上，是对的。我们中国人，在当今翻天覆地的社会变迁中，有多少会有兴趣、有精力对过去几十年的历史表示后悔，或进行任何有深度的反省？然而这些历史中有太多的社会和人的灾难，实在值得我们好好后悔，值得我们反思。

Scheeren 的演讲还有一个细节引起我的注意，那就是他放的国庆十大建筑幻灯片。我意识到关于大跃进和国庆工程有两套历史知识：一部社会史和一部建筑史。这两部历史之间的鸿沟是如此巨大，让人甚至怀疑它们是否是在讲同一个时代。一方面，在社会史，越来越多的人开始知道，大跃进的错误政策导致在 1958—1961 年短短几年中，中国乡村遭遇了严重饥荒。而在建筑史上，官方宣传资料称十大建筑为"大跃进的产儿"，"中国建筑史的开创作品"。十大建筑作为工程，确实凝聚了无数人的智慧和血汗，值得认真对待。但很可惜，没有对该项目的深度建筑分析。另一方面，更没有史家将社会史和建筑史连接起来，把国庆工程放在大跃进的语境中分析，探讨一下：该项目如何能在中国开始经历着最悲惨的危急时刻，还能耗巨资修建出来？它与当时中国的政治经济形势是如何互动的？

我发现，当今天建筑师，无论是像 Scheeren 这样的外国建筑师还是中国建筑师，面对这样一组纪念碑似的建筑，将其从历史背景中抽离出来，唯一能做的就是将他们美化为神话。而将建筑和建筑生产从真实的社会状况中抽离出来，单纯地赞美其形式，以美化权力，遮盖社会深层矛盾，不也正是官方的思路？大家在阅读建筑上，往往都持非历史化的态度——似乎我们面前的房子，都没有历史，只有形式。在非历史这点上，再优秀的建筑师都是与权力机构合谋的。

紧接着，2008 年，四川地震中乡村校舍的垮塌和北京奥运工程的对比，让我再次看到，建筑发展的极端不平衡现象，是如何以一种最直接的方式，揭示出中国社会中的深层矛盾。在 2009 年初，我开始研究北京十大建筑。

在调研过程中，我时时对一种现象感到困惑——我称之为"建筑任意化"现象。该现象首先表现在形式语言的任意化：中国建筑师在十大建筑设计上表现为彻底任意的折衷主义。十大建筑中有现代主义、"大屋顶民族形式"、苏联式的社会主义现实主义——这些风格都在 1950 年代被一一批判过，为什么能在 1958 年刹那间同时涌现？

"建筑任意化"更深刻地表现在建筑生产和社会状况之间的巨大断裂。十大建筑是毛泽东在城建大跃进的标杆项目。1958 年底中国乡村已经开始爆发大饥荒，而城里的建筑师们仍在浪漫地梦想建筑的现代性。我采访了将近二十几位参与十大建筑的老建筑师、老工程师，对每一位我都问同样一个问题：您在设计的时候有没有听说乡村正在爆发大饥荒？只有一个人知道，所有其他建筑师都不知道。最打动我的是清华的高亦兰老师的叙述，她参与过中国革命历史博物馆竞赛。

1959 年民族文化宫刚落成时，她在前面广场上的彩色喷泉徜徉，从心底赞叹：多美好啊，北京再过十年就会现代化了！当时中国乡下的图景她完全不知道。只有时任清华大学建筑系党组书记的刘小石先生知道。刘负责拦截当年暑假回乡下探亲回来的学生，阻止他们散播大饥荒的消息。如果有学生散播了，就是思想有问题，就得处分这个学生——刘先生负责这工作，他知道乡下饥荒的事。其他所有人我问到的都不知道。

而在历史学家中，我查到的留下文字的，只有顾准先生的日记。顾先生有着非常罕见的两方面经验：他当时从河南商城、信阳大饥荒逃出来，沿途看到哀鸿遍地，到了北京看到了人民大会堂。刚从地狱逃生出来，面对天堂般的建筑，顾先生发誓不进去。他在 1960 年 1 月 9 日的日记中写道："细细辩查，虽然国庆建筑与哀鸿遍地同时并举，人们对此联想还并不多。这证明 Stalinism（斯大林主义）在中国还有生命力。"

为什么会达到这样的"建筑—社会任意化"状态？我开始觉得光写十大建筑的案例分析已经不够了，决定再倒退一步，追溯新中国成立十年的历史，以便真正理解 1950 年代末的状态。而梁思成便成为这段历史的中心人物——这便产生了今天这本书。

方法实验：梁思成的思想检查为中心线索

接下来马上牵涉到历史写作方法论。通常写建筑史，会利用建筑案例、建筑师发表的文章等作为史料。我做了一个大胆实验：用梁思成写的一系列思想检查做主要线索，串联起其他所有的"正统"史料，以梳理新中国十年建筑史与中国政治运动间的复杂互动。我个人认为这是个方法论的创新，它帮我用一种特殊角度展开叙述和分析，也为全书搭起了一个独特的理论框架。"理想国"编辑总监陈凌云非常敏锐地把我埋在书中这句话揪出来，放到封面上："如果说 1920 年代在欧洲崛起的现代主义建筑运动是靠一系列建筑师宣言推动的，那么 1950 年代的'新中国建筑运动'则是靠一篇篇建筑师的检讨展开的。在众多建筑师的检讨中，梁思成，这个'新中国建筑运动'的中心人物，写得最多，也最深刻、全面……"——我认为这段话是全书的灵魂所在。

再回溯：梁思成与 1930—1940 年代

但当我开始入手，分析处理梁 1951 年的第一篇检查《我为谁工作了二十年》时，就被难倒了：他这篇批判性回顾写得非常全面、系统。我在转述他的文字时，不得不频频解释他在 1930—1940 年代做了些什么。越写篇幅越大，一眨眼一万字下去，转述都还没完成，就更别提对新中国建筑的论述了。于是我决定，还得再回溯历史，把梁先生在 1930—1940 年代做的工作先概括一遍，接着就可以写 1950 年代了。

针对梁在 1930—1940 年代的工作，我开始想不可能再有任何创新了，无数研究梁的学者的工作都集中在这段时期，肯定早就研究得透透的了。没想到一深入下去，我很吃惊地发现对梁先生的研究还有大量空白，很多发表的文字都是想当然的重复和抄袭，很少有独立挖掘史料来分析的。

比如说一个例子，大家都知道 1932 年 3 月梁思成和林徽因先生各发表了一篇文章，非常全面地概括中国建筑史，理论性地、历史性地概括中国建筑体系。[3] 而他们在 1932 年 4 月，即发表两篇论文一个月后，才开始首次对明清之前的中国古建筑进行实地考察——去河北蓟县考察辽代的独乐寺。当我这样把很笨的工作做得具体后，就产生一个问题：他俩 4 月份才开始对明清前的中国古建筑进行实地考察，3 月份就已经写出非常完备的关于整个中国建筑史的概括性文章，那他们的知识从哪儿来？我就到港大图书馆把 1932 年之前的所有国际学者研究中国古建筑史的书拿出来，法国的伯希和、德国的伯希曼、日本的伊东忠太的等等，都摆出来，一点一点地对，跟林徽因先生的文章对，我认为林的大段文字是借鉴了伊东忠太的《支那建筑史》。

我再次声明，这不是贬低梁林二先生的贡献，而是只有分析了他们哪些东西是借鉴别人的，我们才能搞清楚他们的独特贡献在哪里，要不然他们永远成为模糊的神话。他们独特的贡献是什么呢？他们关于中国建筑史的知识大部分借鉴了日本学者，但是他们有他们的观念——他们是建筑师的训练，他们用现代主义、结构理性主义的视角，满眼看到中国建筑的优点都是关于结构的，因为那一点跟现代主义原则是相通的。他们建筑史的研究是非常理论化的，从一开始就关注中国建筑独特的木结构体系是跟现代建筑相通的，因为他们的理想是催发出中国自己的现代建筑。

梁思成与 1950 年代

我的写作中心是 1949—1959 年，按上述梳理、考证、鉴别的方法一个月、一个月地来考察。

总之，通过考察我得出结论，这十年非常重要，对中国建筑影响至深。当权者不懂建筑，但是相信通过一拨又一拨的政治运动和思想改造能全面解决建筑专业问题。而这些运动常常受各种偶然因素影响——国内外局势、领袖的个人情绪等等，变化莫测，前后逻辑不连贯，方向忽左忽右。梁思成先生又是非常热切的追随者（我认为他在新中国成立初的确很真诚，但到"反右"之后，所有人的真诚程度都值得怀疑了）。他不停地写思想检查，批判改造自己，有时候也将批判矛头指向别人。到最后我相信

3. 林徽因，《论中国建筑之几个特征》；梁思成，《我们所知道的唐代佛寺与宫殿》，《中国营造学社汇刊》第三卷第一期，1932 年 3 月。

我弄清这个问题了：到 1958、1959 年，尤其经历了 1957 年的"反右"，政治的任意化导致建筑语言的任意化，建筑师的信念和行动、创作和社会愿景之间的彻底断裂，建筑师完全变成迎合当下政治形势的折衷主义者和手法主义。当然，如我前面提到，政治的任意化也导致建筑生产的任意化。这表现为当权者经常不顾一切代价，调动一切资源，修建少数地标型、纪念碑式的建筑，而时常忽略保障民生和社会正常运转的最基本的基础设施。

今日的历史写作：重建建筑与社会的关系

这个历史远远没有结束，尽管今天阶级斗争、思想政治斗争不再主导中国的社会生活。但据我的观察，建筑任意化如今仍随处可见。更奇怪的是这种红色遗产在全球化的今天，又时常与资本的任意化结合起来。大家看看全国上下，从一二三线城市，到县城，甚至到镇，都在疯狂地圈地，修建庞大的没有馆藏的博物馆，没有演出的歌剧院，等等，无数非理性的建筑生产活动每天都在发生。

我们有非常宏伟的愿望，比如到 2012 年中国要把 3.5 亿农村人口转化成城市人口——这已经超过了美国全国的人口。到 2030 年要达到 70% 的城市化率，这意味着 10 亿人将住在城市里。这样大尺度、高速度的开发，会不会又造成一个一个虚妄的"大跃进"？它的灾难防御措施在哪里？一个经历了这么多的灾难都不会后悔的民族，如何能保证不重蹈灾难？这些是我在写到书的后半部时常想的一些问题。

最后，请让我读一下书中最后两段文字，作为我的发言结尾：

在中国城市化项目所亟须的一系列批判性评估工作中，中国建筑史写作——与中国社会史写作之间建立起紧密联系的空间史写作——在我看来，是其中最重要部分之一。历史写作并不能为我们面临的紧迫问题提供具体答案，也不会帮我们预测未来。但它对于我们的存在至关重要。深入的中国现代建筑史研究，可以帮助我们挖掘集体健忘症的根源，挑战和击破神话，解释来源和意义，重新恢复我们空间经验的连续性和共同性；可以帮助我们清晰认识到，中国在努力寻求现代化的进程中，建筑是如何与社会、文化、政治持续互动，一路走过来的。历史通过加深我们对中国建筑过去的认识，将会帮助我们理解当前的空间问题，从而更智慧地面向未来。

正是在这种意义上，梁思成那一代建筑师在新中国成立十年间，以沉重代价换来的精神遗产，不该被遗忘。他们的心路历程与中国建筑文化的演变过程，以及与那个时代的互动经验，在今日中国的语境中，仍有着极强的相关性。[4]

4. 朱涛，《梁思成与他的时代》，广西师范大学出版社，2014 年，第 335 页。

幽灵的话语与其他 [1]

夏铸九

梁思成的幽灵在北京城上空飘荡……

朱涛写我与我的时代这样的书与论文应该受到肯定，这是必须要做的事的第一步，确实，比起那些对我的空洞缅怀和颂扬有意义得多了。这是中国建筑与城市的专业者走出自己的路的必要一步，这是实践上的必要一步，也是争夺建筑与城市相关论述的国际话语权的必要一步。

然而，作为一位在改革开放之后留学美国哥大的年轻一代的现代主义的建筑史学家，朱涛始终不懂我的心，不懂1950年代初我的自我批判的用心，1950年代政治风向下的那些专业者与政治中人当然也不懂我的自我批判的用心之处啊，虽然，我自己也并不满意自身在用心之外的实践表现。

在实践上的表现我自己确实也不满意，但是，你们无缘理解我可是真正有意愿要摆脱资产阶级的现代史学的史观与史学方法，有意图要摆脱五四之后的现代知识分子对传统文化的偏见，有意图要超越西方现代建筑的形式主义建构。这是我的未竟之业。

你们不理解我对政治与专业结合的真诚赤子之心，可是也不要从你们现在的语境与世界观中曲解了我的用心吧？可惜林徽因早一步离我而去，不然，她总是能捷足先登的。

---

1. 对朱涛的《梁思成与他的时代》在北京首发的发言修正稿。

一、幽灵的话语——历史的难堪是，有理想的知识分子在理论与实践两方面，日后都在鲜血似的空间表征中灭顶，因此，拉开距离的历史反思尤其显得必要。因为难堪，所以无言。

二、其他话语——现代建筑（modern architecture），或者说，现代建筑论述（the discourse of modern architecture），甚至说，建筑（architecture），这是西欧的文化措辞，在文艺复兴之后浮现，在18世纪建构成形的建筑论述，其核心的空间权力是资产阶级美学的社会区分（social distinction），明治维新之后的伊东忠太翻译为汉字时就已经不甚了了。认识它在中国移植（transplantation）的历史过程，也就是中国的当代建筑史中的"现代建筑与规划的移植"，正是历史写作不可回避的任务。由历史的与理论的角度来看，这也是世界上所有非欧洲文化的区域都会遭遇到的文化与语言的现象。

这个"现代建筑与规划的移植"历史写作任务不可或缺的是方法论功夫，避免对实质物理性空间（physical space）的形式主义的致命吸引力与避免实证主义（positivistic）史学与社会科学的限制，同样都需要经过不可或缺的认识论批判的过程。它们都在1968年之后受到了根本质疑。

然而不幸地，几乎同一时期中国爆发的"文革"，却因为国家的政权所掌握的政治权力与政治领袖的权力欲望，使得在思想上，对研究者与专业者的批判性反身要求，与对现代性（modernity）的彻底动摇（这是后现代主义的历史贡献），两者都历史地缺席了。一如对斯大林时代日丹诺夫的恶行，在理论与实践两个层次的反省都是不可或缺的。要完成昔日梁思成的未竟之业，甚至包括刘敦桢的未竟之业，西方在知识上先行的新马克思主义者对社会空间的理论反思，不是套用，而是接合（articulation），确实是有可以接枝之处的。这样，建筑与城市，它们不是静态的空间形式的营造，而是历史过程中社会空间的生产（the production of social space）。这样，作为一个合格的、没有辜负人民期待的专业者与研究者，我们才有能力面对改革开放以后的社会与空间的剧变，这个人类历史上从来没有发生过的巨大与快速的都市过程，我们才能在城乡移民过程中，面对一个知识分子对历史的挑战。举例而言，2013年12月12日中央城镇化工作会议召开时提出的，让许多人大吃一惊的文字表述："要让城市融入大自然，让居民望得见山、看得见水、记得住乡愁。"[3]尤其，让居民"记得住乡愁"，这种历史的挑战。

2. 主要根据梁思成在1951与1952年的两篇反省性文字：梁思成，《我为谁服务了二十余年》，《人民日报》1951年12月27日；梁思成，《我认识了我的资产阶级思想对祖国造成的损害》，《光明日报》1952年4月18日。
3. 见：沈斌，《【饭局观察】"最文艺"的城镇化会议和习李的乡愁》，http://url.cn/P2EKoO，2013年12月19日。

今天我们为什么
研究梁思成

赵 辰

随着朱涛的《梁思成与他的时代》出版，这些年来关于梁思成先生的研究出现了又一次高潮，也许我们可以将这种学术现象定义为"梁学"了。由于梁思成先生在中国建筑界以及文化界的巨大影响力；由于与梁先生相关的家人、亲友们有影响力的社会地位；研究梁思成先生的内容常常被读者指向他本人和他相关联的家庭、友人圈，个人的情绪也容易被带入这种研究与讨论之中，以至于对错、好恶都或多或少地与个人联系，甚至因此分出"圈子"、"宗派"来相互抵触。这样的状况对于真正的学术研究来讲，其实是很不利的。

我本人也可以算是"梁学"的参与者，愿意在此与大家来探讨一下：今天我们为什么研究梁思成？研究梁思成的意义是否仅限于他本人呢？

面对国际理论的中国建筑文化

回顾起来，我本人当年从事这项研究的初衷，并不是出于对梁思成先生本人的兴趣。[1]
正是多年来对于中国建筑文化的理论问题，有一些持续的思考；准确地说就是，

---

1. 尽管十几年前我关于梁思成研究的文章，在建筑学术界产生一定影响。但是，出于对中国建筑学术思想演变的兴趣，早先我更感兴趣的是刘敦桢先生的建筑历史学术经历，并不是梁思成先生。

在国际的建筑理论背景之下，思考中国建筑文化如何被合情合理地诠释？这个问题的另一面，是来自于我对所谓的"中国建筑史"之由来的再思考。这个问题的思考使得我面对前辈学者们已经做出的大量中国建筑研究，经过一定的历史分析梳理后，我认识到：我们今天所普遍接受的，以梁思成、刘敦桢等第一代中国建筑历史学家建立起来的中国建筑学术体系，实际上是国际建筑学术发展过程中的某一阶段的特殊反应。也就是说，在梁、刘等第一代中国建筑学者开始诠释中国建筑之前，域外学者（西方的和日本的）已经取得了相当的研究成就，这些研究成果原本就是中国学者研究的基础。[2] 而且，域外学者的研究，也没有因为中国学者有了主导性的研究成果之后而结束，事实上依然平行地发展着，而且也具卓有成效的进步。这其中，略早于梁、刘等中国学者的日本学者的研究，以及之后李约瑟先生（Joseph Needham）的研究，是极为重要的。但很遗憾的，没有引起梁、刘之后的中国建筑学者们足够的重视。

究其原因，中国的近代文化在受到西方列强压迫下而产生强烈的"民族主义"倾向，扮演了极其重要的角色。中国建筑学术体系在近代的建立，实际上是对抗西方文化殖民主义而兴起"民族主义"的"新史学"之一部分。同时我认识到，被梁思成先生等第一代建筑学者用于诠释中国建筑文化的西方建筑学、历史学，乃至美学的学术基础，是"古典主义"为主体的。而这种"古典主义"的建筑学理论是与中国建筑文化格格不入的，再从今天国际文化的发展来看，不论是中国的国际关系和地位都已经完全不再是当年的情形了，国际的建筑学术之发展也已经远不是当年的状况了；这也意味着面对国际的建筑理论，中国建筑文化有进行重新诠释的必要。于是乎，我将自己主要的研究方向就定位为对中国建筑文化进行重新诠释。

而这样的重新诠释工作，首先就必须对梁思成等第一代中国建筑学者或者是历史学家的学术思想，进行分析研究和批判。以此，才能建立对中国建筑文化进行重新诠释的研究基础。我也清楚地认识到，在第一代中国建筑学者中，梁思成先生显然是最具有代表性的，是所谓的"始作俑者"。为此，应该先选择他作为研究对象。从我个人在欧洲游学的经历中，也有一些特别的体验，让我强烈地体会到中国建筑与文化如何向国际社会来合理地诠释，是一个严重的问题。作为一个中国的建筑学者，是应该有这个社会和历史的责任的。当我阅读到梁思成先生当年也有类似心境这样的描述时，更是坚持了我对他进行研究的决心。我将此理解为，尽梁思成先生未尽之事业，面对

2. 关于中国第一代建筑历史学家的研究，借鉴之前的域外学者尤其是日本学者的成果，这本来就是不争的事实，这并不奇怪，今天我们也不必为此多费笔墨。事实上，"营造学社"的早期研究观念与方法，都基本接受了伊东忠太（1867—1954）等日本学者的学术体系。尽管出于大家都了解的原因，梁思成、刘敦桢等都没有充分交待这个情况，但是在中国建筑历史学科的专业领域之内是比较清楚的。

国际建筑学术理论体系做出中国学者在新时代的工作。

当我了解到朱涛老师对梁思成先生的研究之初衷，实际上是与我十分类似的，这让我很是兴奋，这显得我的研究兴趣不至于那般孤芳自赏。[3] 同时也希望他的研究可以有新的突破，并且真诚地希望他不必受我的研究之影响和干扰。同时，我也自然对他的研究成果有着很大的期待，而事实上逐步地看到他的研究进展，可以说是远远超出我的预期的。他的文字中呈现出的不少内容是我并未涉及的，但也不见得是我乐于去讨论的；但无论如何，我们共享了研究的出发点和研究目的。

中国近代历史和思想史的研究方法

令本人导向梁思成先生研究的原因，还有我对近代历史和思想史研究的一种认知。

关于中国的建筑理论研究，我本人以为最值得关注的是中国的建筑学术体系如何建立的问题，和中国的建筑学术思想之演变问题。由于这些都是发生在近代，尤其是起始于 20 世纪二三十年代直至当代的中国建筑学术现象和事件，在历史学科里的是属于近代史的范畴。在此基础上，我对历史研究方法的认知是：如果说，历史研究传统意义上的实证史料（historical facts）对于研究久远的古代史，具有必然性意义的话；那么对于许多大量鲜活的社会关系、人情世故资料依然存在的近代史领域，研究完全可能也应该不仅限于实证史料。尤其是，建筑学科的知识体系与社会的紧密关联性，导致相应的研究必须大量联系人物及其思想。这就意味着，近代人物的个人经历、家庭背景、社会关系等等因素，都应该是极其有意义的研究对象。更值得注意的是，中国近代政治、学术历史进程的极为跌宕起伏，对于涉入其中的学者们所贡献给相关学科的学术成就，不可能与其生活的社会环境无关。也就是说，中国近代不少学科的学术发展历程，与近代知识分子社会背景之下的个人命运有着必然的关系。[4] 我们对这些学科的学术发展史进行研究时，是不能不联系这些重要的学科建树者之个人命运的。

正因为这种历史研究方法方面的认知，我本人特别关注中国建筑学术领域一些重要学者的个人命运，也以此去挖掘他们学术思想的形成和演变过程。因此，这些近代建筑学者们生存的时代与社会背景，也必然成为我分析他们学术心路的重要参照体系。

很显然，在中国近代的优秀建筑学者群体中，梁思成与林徽因二位先生的个人命运与学术成就都是最具有典型性的。这也正是我选择梁、林作为分析研究对象的重要

3. 虽然"梁思成研究"是如此的热点而被媒体追踪，但是我的研究初衷并不被大家所关心，甚至经常被误读。所以，我一直以为在这方面我是很孤独的。
4. 笔者在这方面的研究思路，曾受到许纪霖先生的不少中国近代知识分子命运研究成果的启发。

原因，在这一点上，我曾受到史景迁（Jonnethan Spense）先生的影响。[5] 也曾为此反思，我本人并不是来写梁思成先生的最合适人选。[6]

历史学研究中的代表性人物

其实，作为一个时代性的人物，梁思成研究或称"梁学"不应该仅仅看作为对梁思成个人的研究，而应该是对梁思成为代表的学术群体和学术体系之研究。起码，在我的心目中和研究的进程中，一直是这样思考的。我所做的相关研究中，凡是在写作时提到梁思成先生，在我的思绪中往往指向的是一个群体和体系。记得我曾专门为此加注如下："笔者在此讨论的'梁思成'及'梁思成建筑理论体系'实际意义上并不一定仅仅限于梁思成一人，在大多数的情形下是包括林徽因的，有时甚至还能代表更广泛的人群和他们的观念，如早期'营造学社'的一般学术思想和方法。"[7] 我当时的用意，就是希望读者不要简单地从梁先生个人层面去理解我的文字。尽管我完全理解，作为作者只能做到尽可能地排除被误解的可能性，但并不能左右读者的可能误读。事实上，我的文章在发表之后，还是在一定意义上受到了相当程度的误读。

因此，我们应该透过梁思成先生而指向它所代表的学术群体和学术体系，去理解他所代表的对我们有着重大影响的体系。而不应该刻意地停留在梁思成先生本人身上，更不必过多地联系个人的情绪。梁思成先生，对于很多人来说是一个活生生的人物，但作为历史性的人物来讲，他的被研究之意义还是在于他的历史性价值。研究历史的意义必然是为当下和未来之参照，所谓"以史为鉴"。过多地纠缠于对历史上的人物之态度，实际上并不有益于我们研究与讨论的公允，而必然干扰我们观察的明辨。

我坚信对于中国的建筑理论与学术来讲，梁思成研究或称"梁学"的意义是重大的，需要更多的学者尤其是年轻学者的加入。

但是，我们应该小心学术的专业研究兴趣与社会公众兴趣的区别；也要合理区分学术的批判争鸣与公众的情绪好恶。另外，公众媒体对于学术的利弊的双重意义，也值得注意。以建筑学术良性发展的愿望出发，我以为，这次朱涛老师的著作所产生的"风波"，似乎在某些方面有值得引以为戒的地方。

5. 史景迁，《前言》，见费慰梅，《梁与林，一对中国古代建筑的发现者》（ Jon neth an Spense: "Forewords", Wilma Fairbank, Liang and Lin,Partners in Exploring China's Architectural Past, University of Pennsylvania Press, Philadelphia, 1994 ）。
6. 赵辰，《民族主义与古典主义——梁思成建筑理论体系的矛盾性与悲剧性》，《"立面"的误会》，三联书店，2007 年，第 11 页。
7. 同上，第 9 页。

该记住的，
该反省的和该遗忘的

金秋野

朱涛新书《梁思成与他的时代》，看题目就有扑面而来的时代气息，有一点年鉴学派的意思——以微观的史料建构，映照滚滚的时代洪流。所以我才会说，这部书，前半部分是伪装成文艺书的学术书，后半部分是伪装成学术书的政治书。字里行间，深深地潜藏着作者对现实的态度。

我不懂史学，更不敢对史料系统和推理过程发表意见。现仅就我熟悉的部分说说对这部书的看法。不同于一般的建筑类书籍，这本书有一些容易辨认的特征。

一是这部书格局大。说格局大，是指书里有一个清晰的史观。朱涛自己大概并不会觉得有个清晰的史观是好事，书中对胡适和傅斯年的对比就很能说明问题。但是我觉得，不做过于明确的预先假定，并不等于不需要假定；人们不喜欢这么做，是因为假定容易走偏，客观公允太难。回顾国内的建筑研究，太多没有态度、只有史料的文章，我自己是看不下去的。那是一种史学八股，并不可取。朱涛把建筑拉回到社会生活的广大空间，他所借助的出版平台，也是对公众发言，而不是局限在这个小小的知识笼子里，这不仅需要眼光，也需要勇气。以建筑为话题，向广大的知识领域发言，这是建筑观念自新的必由之路，对习惯于揽镜自照的建筑界来说，朱涛的做法是有它的启示意义的。近些年来，国内外梁思成研究成果很多，好像一张思想拼图正在慢慢成形，朱涛的研究，用一条观念的线索将这些内容贯穿起来，成了相对完整的叙事，但是这条线索，也是要经受质疑和挑战的。建立史观是为了启示将来，每个人心目中关于未来的图景都有所不同，随着 20 世纪几种不同的社会理想的起起落落，如今敢去描绘蓝图的人日渐稀少了。统计和实证受到重视，通盘的思考偃旗息鼓，这不见得是好事，整个世界的知识格局都在变小，新一代的学者有义务让时代的大风重新鼓荡起来。

二是视野宽。文章旁征博引，在谈到概念源流和思想脉络的时候要言不烦，总是能把中国建筑起步阶段的史实放到世界大局中去谈，有一种顺手牵羊的快感。比如说到结构理性主义，就顺便把19世纪世界建筑领域的思想大变革轻轻写过；谈梁先生的"建筑可译论"，又牵涉到了布扎的来龙去脉和大量国内外的建筑作品，那是一本大厚书都解释不清的事，读来却分外透彻，清风拂面。其他举凡近代中国文化思想、史学流派、政治运动及国际形势等，也都尽量面面俱到且不乱主线，叙事的控制力很强。

三是心思细。在描述新中国成立初建筑师和学者的经历时，不惜使用精神分析的方法，揣摩复杂的社会运动中当事人的心路历程，那种努力自新而不得的失意彷徨和自我折磨，一环扣一环，像侦破小说。这部书并未涉及当事人的生活和工作细节，几乎全部都是在思想观念层面做工夫，面对倏忽去来的思潮和运动，一一条分缕析，与当事人的行动选择和思想转变相映照。这似已不是史学所能完成的任务，而是文学家对世界的感想了。后半部貌似客观冷静的叙述，其实是包含着强烈感情的，读起来令人气短、语塞、心慌。之所以能这般移情，说明在后人和前人之间，无论是学术关怀还是现实处境，都有类似的地方。

想要在历史里寻找真相，实在不是容易的事。比如林语堂写的《苏东坡传》，作者比苏轼本人还憎恨王安石，似不合于恕道。苏东坡后来也没写揭批王、章和维新派的文字，他是没有把那段历史设定为自己的精神敌人的。

作者将"建筑任意化"这件事归结为反复无常的政治意志对知识和良心的摧毁，这当然不无道理，但它难免会被认为是建立在一个自由主义的立论基础之上。事实上，像中国这样一个庞大的文明转身之际，即便给予知识人充分的自由和信任，也仍难在一百年找到独立自主的精神道路和文明造型。朱天文说："无产阶级'文化大革命'的文化本质是狭窄与无知，反对它的人很容易被它的本质限制，而在意识上变得与它一样高矮肥瘦。"她又提到某位流亡的诺奖得主："的确，他能平视之，笑对之，这到底不容易了，可从另方面看，他也是'与尔俱小'。"

我经常能从当代中国作家和学者的作品中读出流亡者的气息，让人感慨。凡事必有因果，"文革"的毒害，将以各种变体继续流布多时，而那些怨憎的气息，将变得越来越不可辨识，最终渗透到每个当代人的精神气质中去。

但是忏悔难道不是必要的吗？只是我觉得，我们应当脱开西方中心主义的"罪与罚"去谈忏悔，带着更宏大的、更具同情的历史意识去谈。每个读书人难道不都是一身毛病吗？相比之下，梁先生当年的自我剖析和省思，要比今天的我们都要来得真诚，他是在"致良知"的层面对自己理不容情，应不仅仅是渴望被关注，或被权威推着走。在那个历史间隙中，我相信，有多少读书人都真诚地看到了自身的精神宿疾，也坚信这是可以治愈的。相形之下，我觉得今天的读书人反思自己所花的工夫，远不如反思历史来的痛切。用今天的话来说，读书人与生俱来的优越感让学问都变得不再单纯，更与一个病痛中的古老文明不能同步，这一点，我认为：现实中的罪恶，向来都不是某个群体或单方面的错误所能铸就的，就像环境污染，每个现代人都有责任。

据《潘子真诗话》记载："东坡得请宜兴，道过钟山，见荆公。时公病方愈，令坡诵近作，因为手写一通以为赠。复自诵诗，俾坡书以赠己。仍约坡卜居秦淮。故坡和公诗云：骑驴渺渺入荒陂，想见先生未病时。劝我试求三亩宅，从公已觉十年迟。"这是委婉的拒绝，也是衷心的赞美。读到此，深感东坡的胸怀真如光风霁月，让人追想。我们所生活的时代跟五十年前到底是不同了，只要怀有希望，总会绕开一些干扰，对历史和未来看得更清楚些。

新作付梓之际，谨以此文，向朱涛致贺，与每个人都站在历史的末尾和未来的前端，朱涛共勉。我们所生活的时代跟五十年前到底是不同了，只要怀有希望，总会绕开一些干扰，对金秋野，北京建筑大学副教授，设计基础教历史和未来看得更清楚些。学部主任。

林徽因《论中国建筑之几个特征》
与伊东忠太《支那建筑史》

赖德霖

1932 年 3 月林徽因发表了她的第一篇关于中国建筑的论述——《论中国建筑之几个特征》。[1] 这篇文章包含了三个重要思想：第一，中国建筑的基本特征在于它的框架结构，这一点与西方的哥特式建筑和现代建筑非常相似；第二，中国建筑之美在于它对于结构的忠实表现，即使外人看来最奇特的外观造型部分也都可以用这一原则进行解释；第三，结构表现的忠实与否是一个标准，据此可以看出中国建筑从初始到成熟，继而衰落的发展演变。这些思想后来贯穿于她与梁思成的中国建筑史研究和大量有关中国建筑的论述。

由于文章对于中国建筑的认识全面、深刻、系统，而作者当年只有 28 岁，且实地考察经历并不丰富，所以后辈读者在惊叹之余，难免希望追究她的认知来源。已有学者指出，这篇文章是 1931 年 11 月 19 日林徽因在北京协和医学院小礼堂为外国使节所做的有关中国建筑的著名讲演的文稿。[2] 如此，文章中没有加注参考文献以今天的学术标准衡量虽然不无缺陷，但也并非不可理解。不过为了回答读者疑问，更为了揭示中

1. 林徽因，《论中国建筑之几个特征》，《中国营造学社汇刊》，第 3 卷，第 1 期，1932 年 3 月，163-179 页。
2. 李军，《古典主义、结构理性主义与诗性的逻辑——林徽因、梁思成早期建筑设计与思想的再检讨》，《中国古代建筑史与艺术史跨学科雅聚》论文，北京：清华大学建筑学院，2011 年 6 月 3—4 日。该讲演之所以"著名"，是因为诗人徐志摩当天从上海赶赴北平听讲，因飞机失事而不幸遇难。

国建筑史学形成的复杂历史，今天的历史学家们仍有责任去钩稽作者所借鉴的来源和所辩驳的对象。为此笔者已经在 2012 年发表了《28 岁的林徽因与世界的对话——〈论中国建筑之几个特征〉评注》一文。[3] 该本从史学史的角度对林文作了文本分析，目的有三：第一，作为中国最早的女性建筑家，林徽因在 28 岁时所达到的认识高度；其次，作为一名民族主义的知识精英，她在捍卫民族文化方面所做的努力。除此之外，笔者还希望揭示在近代中国建筑史话语形成的过程之中，中国建筑史家与西方及日本建筑史家在建筑史方法论以及对中国建筑的认识方面的对话。

近日，朱涛先生在其新作《梁思成与他的时代》一书的首发式上说，林徽因的《论中国建筑之几个特征》一文"大段大段的文字是借鉴了伊东忠太的《支那建筑史》"。[4] 此话被《新京报》记者断章取义，以"香港学者质疑梁思成：文章大段借鉴日本学者"为题对首发式进行了报道，[5] 在社会上引起极大误解。对此，朱涛先生本人已经在自己的博客中进行了澄清。[6] 但他尚未解释自己所说林文"大段大段的文字是借鉴了"伊东著作的具体所指，因而他的话以及《新京报》的讹传对梁思成、林徽因学术甚至人格所造成的恶劣影响依然没有得到消除。故此笔者认为有必要将拙文中对林文与伊东著作的对比内容重新整理发表，交由读者去判断是非。

林文共有 47 个自然段。内容分别为：1. 作为"东方三大系"之一的中国建筑；2. 中国建筑体系何以能够历久，值得研究；3. "一般人"对中国建筑的错误认识（简陋无发展、低劣幼稚）；4. 西人错误观念的原因；5. 好建筑的三要素（实用、坚固、美观）；6. 建筑之美的结构基础；7. 中国建筑之美在于结构原则；8. "真"的价值；9. 建筑艺术发展的一般规律（创造，试验，成熟，抄袭，繁衍，堕落）；10. 从概观转向基本原则的分析；11. 木材料与中国建筑的上、中、下三段式构图的关系；12. 《易经》和《史记》中中国建筑自古便是木构的证据；13. 构架制的特点；14. 构架制特点小结；15. 开间；16. 中国建筑构架制与西方哥特建筑和古典建筑的区别；17. 构架制对中国建筑造型的影响；18. 反映中国建筑造型特色的几个方面（屋顶、台基、斗、色彩和平面布局）；19. 反曲屋面在防水和采光方面的功能；20. 屋顶的构造方法；21. 檐椽在屋顶角部的升起与角梁的关系；22. 中国建筑飞檐之美；23. 屋顶斜度的变化；24. 中国建筑屋顶部分的"举架法"；25. 屋檐仰翻对于室内采光的帮助；26. 中国建筑反曲屋面之美；

3. 赖德霖，《28 岁的林徽因与世界的对话——〈论中国建筑之几个特征〉评注》，《domus》国际中文版，第 61 期，2012 年 1 月。
4. 《【文字全纪录】梁思成与他的时代》，广西师大出版社理想国，2014 年 1 月 10 日，http://site.douban.com/bbt/widget/notes/271271/note/325913035/
5. 《香港学者质疑梁思成：文章大段借鉴日本学者》，《新京报》，2014 年 1 月 9 日。
6. 朱涛，《澄清：我没有"质疑梁思成抄袭"》，朱涛建筑师的 BLOG，2014 年 1 月 12 日，http://blog.sina.com.cn/zhutaoarchitect

27．从《周礼》记载看反曲屋面产生的原因；28．屋顶装饰与结构的关系；29．脊瓦对于结构的表现功能；30．屋顶吻兽和走兽装饰的象征意义；31．屋顶吻兽和走兽装饰的结构功能；32．屋顶由戗上的走兽与角梁结构的关系；33．从结构角度对南方建筑屋顶夸张造型的批评；34．对西方学者有关中国建筑屋顶造型起源解释的批评；35．中国建筑的斗；36．中国建筑斗功能的演变；37．对中国建筑斗功能演变的评论；38．关于斗问题的小结；39．中国建筑色彩的结构和结构表现功能；40．中国建筑色彩没有滥用；41．中国建筑的台基之美；42．中国建筑的对称布局；43．中国园林的浪漫平面；44．从近代工程角度看中国建筑的缺点；45．中国建筑结构真率之美；46．中国建筑的未来；47．中国建筑在现代建筑条件下发展的可能。

在 1930 年代中国建筑史学者开始研究本国建筑之前，西方和日本学者早已展开了对于中国建筑的调查，并先后发表了许多论文和著作。他们以自己对中国建筑的认识，建构了一套有关中国建筑特征、文化关联，以及历史属性的"话语"。作为新一代学者，梁思成、林徽因进入这个领域，不可回避地要与这个既有话语传统进行对话。林徽因就是这场对话中中国建筑史家的第一位代表。除了由罗马建筑家维特鲁威提出的建筑"三要素"标准（第 5 段），她所借助的批评理论和叙述方法主要有三种，这就是当时西方建筑美学中具有主导影响的结构理性主义思想（第 7 段）、材料构造真率性原则（第 8、45 段），以及美术史研究中以 18 世纪德国美术史家温克尔曼（J. J. Winckelmann）的著作为代表线性发展叙述（第 9 段）。在文章中林徽因对前人关于中国建筑的看法有认同，但更多的是更正甚至批判。如她关于反曲屋面在防水和采光方面的功能的讨论（第 19 段），认同的是英国建筑史家 James Fergusson 的观点；而关于中国建筑斗演变规律以及由此所反映的中国建筑的发展趋势的讨论（第 36、37 段），接受的是瑞典美术史家喜龙仁（Osvald Siren）的观点。[7]而她对中国建筑之美的结构和材料本质的认识、对中国建筑发展脉络的认识（第 3 段），以及对中国建筑屋顶造型起源的判断（第 34 段），则是针对英国建筑史家 James Fergusson、Banister Fletcher，以及德国建筑史家 Ernst Boerschmann 的批判。

林文与众外国学者相关论述最大的不同之处在于其文章的结语部分（第 47 段），

7. 详见李军，《古典主义、结构理性主义与诗性的逻辑——林徽因、梁思成早期建筑设计与思想的再检讨》，《建筑史论汇刊》，第 5 卷，北京：中国建筑工业出版社，2012 年，第 383-427 页。

将中国建筑与现代建筑相类比以证明其复兴的可能性。1932年出版的现代建筑经典名著《国际式——1922年以来的建筑》（International Style: Architecture Since 1922）同样采取结构理性主义的立场，把现代建筑在结构方面的发展，尤其是框架结构的普遍采用，看作是现代建筑造型变化的根本原因和现代建筑的本质特征。林的观点发表在1931年底或1932年初，她当未曾研读过希区柯克（Henry Russell Hitchcock）和约翰逊（Philip Johnson）的这部新作。这一偶然相合表明了林在建筑思维上的敏锐和深刻。也正是因为相信"中国架构制既与现代方法恰巧同一原则"，林最后充满信心地说："将来只需变更建筑材料，主要结构部分则均可不有过激变动，而同时因材料之可能，更作新的发展，必有极满意的新建筑产生。"

　　基于上述的比较分析，拙文认为，《论中国建筑之几个特征》是中国建筑史研究的一篇里程碑性论文。在此，作为一名建筑家的林徽因借助于西方近现代建筑中的结构理性主义思想，为评价中国建筑找到了一个美学基础，从而全面地论证了它在世界建筑中的地位，它的历史演变脉络，它与现代建筑的关联，以及它在现代复兴的可能性。从中国现代文化发展的角度考察，林徽因的写作还体现了一名民族主义知识精英的文化自觉意识和文化复兴愿望。借用弗朗茨·法侬（Frantz Fanon）关于被殖民地的本土知识分子在外来强权侵略之下发展民族文化的三阶段理论，我们可以看出，在经过了"吸收消化占领者强势文化"阶段和"他要记住我是谁"的自我意识觉醒阶段之后，中国的建筑家们正在努力迈向另一个新阶段。在这个被称作"战斗"（fighting）的阶段里，他们感到有必要"对他们的民族说话，要为表达人民的心声造句，要成为一个行动中的新现实的代言人"。[8]《论中国建筑之几个特征》就是他们进入这个新阶段的一个宣言。

　　毋庸讳言，林徽因的文章也有多处涉及日本学者伊东忠太讨论过的问题。这是因为，第一，伊东早在20世纪初就开始了对于中国建筑的普查，并于1931年出版了《支那建筑史》（载于《东洋史讲座》第十一卷。1937年上海商务印书馆出版中文版，由陈清泉译补，梁思成校订，中文版名为《中国建筑史》）；第二，从中国营造学社成立之初，伊东就与中国学者们有着频繁的交流，受到了中国同行的尊敬；第三，也是最重要的，伊东与中国学者有着相似的目标，即他为了捍卫日本建筑在世界建筑中的地位，也需要去捍卫被西方"欧洲中心论"的历史叙述贬斥的中国建筑。

　　林徽因文章与伊东著作在内容上可作比较的部分有六段。这六段又可分为与伊东所讨论的问题有关但立论角度与观点有所不同的四段，以及认同了伊东观点的两段。前者是：1. 第1段关于中国建筑为"东方三大系"之一的讨论；2. 第16段关于构架制对中国建筑造型的影响的理解；3. 第21段关于檐椽在屋顶角部的升起与角梁的关

8.　Fanon, Frantz (Farrington, Constance, Trans.), "On National Culture," in The Wretched of the Earth (New York: GrovePress, Inc, 1963): 179. 笔者译。

系的讨论；4. 第 38 段中国建筑色彩的结构和结构表现功能的解释。后者是：第 42 段关于中国建筑的对称布局和第 41 段关于中国园林的浪漫平面的讨论。此外，伊东著作也提到了林徽因在文章第 19 段关于反曲屋面在防水和采光方面的功能的讨论中所认同的 Fergusson 观点，但他并不完全同意。

以下还是让我将拙文对于这些相关段落的分析略加修改，收录在此，敬请读者判断林徽因文章与伊东著作的具体关联。

第 1 段之一：作为"东方三大系"之一的中国建筑

中国建筑为东方最显著的独立系统；渊源深远，而演进程序简纯，历代继承，线索不紊，而基本结构上又绝未因受外来影响致激起复杂变化者。不止在东方三大系建筑之中，较其他两系——印度及阿拉伯（回教建筑）——享寿特长，通行地面特广，而艺术又独臻于最高成熟点。即在世界东西各建筑派系中，相较起来，也是个极特殊的直贯系统。

[评注]"东方三大系建筑"的概念最初由日本建筑家伊东忠太提出。在其 1931 年的著作《支那建筑史》中，伊东说："中国之建筑在世界建筑界中，究居何等位置乎？若将世界古今之建筑，大别之为东西二派，当然属于东洋建筑。所谓东洋者，乃以欧洲为本位而命名者。虽依其与欧洲相距之远近，区别为近东与远东，但由建筑之目光观之，在东洋亦有三大系统。三大系统者，一中国系，二印度系，三回教系。此三大系各有特殊之发达。"[9] 在此，伊东忠太肯定了中国建筑作为东方建筑的一个特殊系统的重要性，他同时也就肯定了作为中国建筑的衍生系的日本建筑存在的价值。

"系"的概念在近代亚洲的出现并非偶然，它体现了在现代化和民族主义的双重背景下，亚洲知识精英们对于自身文化在世界语境中的地位与价值的思考。仅如中国，胡适在其 1917 年的著作《中国哲学史大纲》中就曾将世界哲学分为东西两支，各支又分别以中国与印度两系和希腊与犹太两系为代表。梁漱溟在其 1921 年的著作《东西文化及其哲学》中也曾根据文化精神的不同，将世界文化分为三种类型：即西方文化、中国文化和印度文化。（在他看来，西方文化是以意欲向前要求为其根本精神的。这种文化的特征是以意欲向前要求为其根本精神。中国文化是以意欲自为、调和与持中为其根本精神的。而印度文化是以意欲反身向后要求为其根本精神的。他认为这是世界文化的三种形式和发展的三条道路，在其中中国文化不仅有其地位和价值，而且以

9. 伊东忠太著，陈清泉译补，梁思成校订，《中国建筑史》，上海：商务印书馆，1937 年，第 4-6 页。

其对人生和社会的关注，而将成为人类文化在解决人与自然的关系问题之后一个发展的新方向。）他们这种分类的目的就是在世界范围之内为中国文化谋一席之地，并证明其价值。

第1段之二：中国建筑的"地域普遍性"与"历史持续性"

大凡一例建筑，经过悠长的历史，多掺杂外来影响，而在结构，布置乃至外观上，常发生根本变化，或循地理推广迁移，因致渐改旧制，顿易材料外观，待达到全盛时期，则多已脱离原始胎形，另具格式。独有中国建筑经历极长久之时间，流布甚广大的地面，而在其最盛期中或在其后代繁衍期中，诸重要建筑物，均始终不脱其原始面目，保存其固有主要结构部分，及布置规模，虽则同时在艺术工程方面，又皆无可置议的进化至极高程度。更可异的是：产生这建筑的民族的历史却并不简单，且并不缺乏种种宗教上，思想上，政治组织上的变化叠出；更曾经多次与强盛的外族或在思想上和平的接触（如印度佛教之传入），或在实际利害关系上发生冲突战斗。

[评注] 在此林徽因不仅指出了中国建筑在地域上的普遍性，也强调了它在历史上的持续性。这两点在伊东忠太著作中也有相似表述，如他说："中国系之建筑为汉民族所创建。以中国本部为中心，南及安南交趾支那，北含蒙古，西含新疆，东含日本，其土地之广，约达四千万平方华里，人口近五万万，即占世界总人口约百分之三十。其艺术究历几万年虽不可知，而其历史实异常之古。绵延至于今日，仍保持中国古代之特色，而放异彩于世界之建筑界殊堪惊叹……东洋三大艺术中，仍能保持生命雄视世界之一隅者，中国艺术也。"[10] 但从引文可以看出，伊东的立论强调的是中国建筑在地域分布之广和服务人口之多，而说中国建筑"保存其固有主要结构部分，及布置规模，虽则同时在艺术工程方面，又皆无可置议的进化至极高程度"，林徽因强调的则是中国建筑结构构造之的特殊，这是具有建筑学美学意义的证明。此外，林还特别指出，尽管中国在历史上曾经多次与强盛的外族"或在思想上和平的接触"，"或在实际利害关系上发生冲突战斗"，但中国建筑的"初形"都没有改变。这一观点表现出面对西方文化的强大影响，她对中国建筑所抱有的坚定信心。

第17段：构架制对中国建筑造型的影响

这架构制的特征，影响至其外表式样的，有以下最明显的几点：①高度无形的受限制，绝不出木材可能的范围。②即极庄严的建筑，也是呈现绝对玲珑的外表。结构

10. 伊东忠太著，陈清泉译补，梁思成校订，《中国建筑史》，上海：商务印书馆，1937年，第4-6页。

上既绝不需要坚厚的负重墙，除非故意为表现雄伟的时候，酌量增用外，（如城楼等建筑）任何大建，均不需墙壁堵塞部分。③门窗部分可以不受限制，柱与柱之间可以完全安装透光线的细木作——门屏窗牖之类。实际方面，即在玻璃未发明以前，室内已有极充分光线。北方因气候关系，墙多于窗，南方则反是，可伸缩自如。

[评注] 在此林徽因对中国建筑造型特征的分析首先是从物质因素——木材料——出发，然后分析材料的构造方式——构架制，再分析它们对外形的影响。但这种材料和结构决定论的分析（"高度无形的受限制，绝不出木材可能的范围"）无法解释为何哥特建筑采用比木材更短小的石材却能建造高大的形体和宽广的空间。在这方面，伊东忠太诉诸了观念的因素，试图从文化的角度寻找答案。他认为中国建筑是"宫室本位"，即"中国古代无宗教，或以自己为本位之思想较宗教心为强……故不能大成宗教之建筑"。[11]

第 19 段：反曲屋面在防水和采光方面的功能

屋顶本是建筑上最实际必需的部分，中国则自古，不惮烦难的，使之尽善尽美。使切合于实际需求之外，又特具一种美术风格。屋顶最初即不止为屋之顶，因雨水和日光的切要实题，早就扩张出檐的部分。使檐突出并非难事，但是檐深则低，低则阻碍光线，且雨水顺势急流，檐下溅水问题因之发生。为解决这个问题，我们发明飞檐，用双层瓦椽，使檐沿稍翻上去，微成曲线。又因美观关系，使屋角之檐加甚其仰翻曲度。这种前边成曲线，四角翘起的"飞檐"，在结构上有极自然又合理的布置，几乎可以说它便是结构法所促成的。

[评注] 林徽因对中国建筑屋顶特色的理解当受到了福格森的影响。在其 1859 年的著作《图像世界建筑志》（*The Illustrated Handbook of Architecture in All Ages and All Countries*）中，福氏说："在中国，大雨集中于一年中的一个季节，于是中国普遍采用的瓦屋面需要较大的坡度以排雨水，但是另一个季节明媚的日照又使墙和窗的遮阳成为必要……如果为了后一种需要而延长屋面，高窗将变得十分昏暗，同时也遮挡了视线。为了弥补这一弊端，中国人将渗漏问题不太大的外墙之外的屋檐部分沿水平方向折出。同时，为了打破两个折面之间的僵硬角度，他们采用了凹形的曲线。这样，既有效地解决了屋顶（排水和遮阳）的两个功能，又创造了中国人正确地视为美观的屋面造型。"[12]

11. 伊东忠太著，陈清泉译补，梁思成校订，《中国建筑史》，上海：商务印书馆，1937 年。
12. Fergusson,James,The Illustrated Hand-book of Architecture in All Ages and All Countries (London: John Murray,1859): 140. 笔者译。

伊东忠太在《支那建筑史》中也曾介绍了福氏的这一"构造起源说"。但他说："此种构造不独中国如是，其他地方亦甚多，但他地只成折线，何故惟中国进化为曲线乎？此不可仅由构造上之必要定之，或别有其他原因。"[13]

第21段：檐椽在屋顶角部的升起与角梁的关系

角梁是方的，椽为圆径（有双层时上层便是方的，角梁双层时则仍全是方的）。角梁的木材大小几乎倍于椽子，到椽与角梁并排时，两个的高下不同，以致不能在它们上面铺钉平板，故此必须将椽依次的抬高，令其上皮同角梁上皮平。在抬高的几根椽子底下填补一片三角形木板称"枕头木"，如图二。

[评注] 在《支那建筑史》中，伊东忠太也试图解释中国建筑屋顶曲线形成原因。但他的答案依旧来自文化。他说："余以为中国屋顶形之由来，不可以一偏之理由说明之，只认为汉民族固有之趣味使然。要之屋顶之形，直线实不如曲线之美。如是解释，则简明而且合理。"[14]此处林徽因从构造角度的解释显然更有说服力。

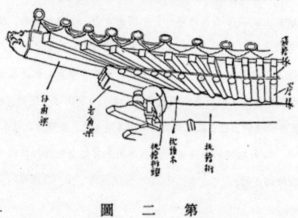

圖 二 第

林徽因《论中国建筑之几个特征》第二图（图片来源：《中国营造学社汇刊》，第3卷，第1期，1932年3月，第171页）

第39段：中国建筑色彩的结构和结构表现功能

斗拱以下的最重要部分，自然是柱，及柱与柱之间的细巧的木作。魁伟的圆柱和细致的木刻门窗对照，又是一种艺术上满意之点。不止如此，因为木料不能经久的原始缘故，中国建筑又发生了色彩的特征。涂漆在木料的结构上为的是：（一）保存木质抵制风日雨水，（二）可牢结各处接合关节，（三）加增色彩的特征。这又是兼收

13. 伊东忠太著，陈清泉译补，梁思成校订，《中国建筑史》，上海：商务印书馆，1937年，第49页。
14. 同上：50页。

美观实际上的好处，不能单以色彩作奇特繁华之表现。彩绘的设施在中国建筑上，非常之慎重，部位多限于檐下结构部分，在阴影掩映之中。主要彩色亦为"冷色"如青蓝碧绿，有时略加金点。其他檐以下的大部分颜色则纯为赤红，与檐下彩绘正成反照。中国人的操纵色彩可谓轻重得当。设使滥用彩色于建筑全部，使上下耀目辉煌，必成野蛮现象，失掉所有庄严和调谐。别系建筑颇有犯此忌者，更可见中国人有超等美术见解。

[评注] 伊东忠太曾说："中国建筑，乃色彩之建筑也。若从中国建筑中除去其色彩，则所存者等于死灰矣。"[15] 与福格森对中国建筑色彩的贬斥不同，伊东称赞"中国人对于色彩有极成熟之考察与技巧也"。[16] 他还说："中国建筑上特异手法之当特笔记载者，即屋顶之色彩也。如前所述，宫殿庙祠等屋顶，依其资格而葺以黄绿等釉瓦，其他仍有种种之色。如北平西郊万寿山离宫众香界之屋顶，为黄底而加青紫等花纹。又北平皇城内南海太液池中瀛台，为建筑之最华美者，各宇各异其色，各宇之屋顶，用不同色之釉瓦饰之，远望之如神话国之宫殿，有超出现世界之梦幻的趣味。"[17] 伊东对中国建筑色彩的讨论除指出其对木料的保护作用之外，还强调了不同色彩的象征含义。而林徽因强调中国建筑色彩对于结构的表现作用（architectonic representation），这一点与伊东忠太对建筑色彩的认识完全不同。

第42段：中国建筑的对称布局

最后的一点关于中国建筑特征的，自然是它的特种的平面布置。平面布置上最特殊处是绝对本着均衡相称的原则，左右均分的对峙。这种分配倒并不是由于结构，主要原因是起于原始的宗教思想和形式，社会组织制度，人民俗习，后来又因喜欢守旧仿古，多承袭传统的惯例。结果均衡相称的原则变成中国特有一个固执嗜好。

[评注] 伊东忠太也曾讨论过中国建筑平面布局的对称性。他说："欧美学者谓中国建筑千篇一律，其理由之一即中国建筑之平面布置，不问其建筑之种类如何，殆常取左右均齐之势，此亦事实也。无论何国，凡以仪式为本位之建筑，或以体裁为本位之建筑，虽取左右均齐之配置，然如住宅，以生活上实用为主者，则渐次进步发达，普通多用不规则之平面。中国住宅，至今犹保太古以来左右均齐之配置，诚天下之奇迹也。"[18]

15. 伊东忠太著，陈清泉译补，梁思成校订，《中国建筑史》，上海：商务印书馆，1937年。
16. 同上：66 页。
17. 同上：66 页。
18. 同上：44 页。

第43段：中国园林的浪漫平面

例外于均衡布置建筑，也有许多。因庄严沉闷的布置，致激起故意浪漫的变化；此类若园庭、别墅，宫苑楼阁者是平面上极其曲折变幻，与对称的布置正相反其性质。中国建筑有此两种极端相反布置，这两种庄严和浪漫平面之间，也颇有混合变化的实例，供给许多有趣的研究，可以打消西人浮躁的结论，谓中国建筑布置上是完全的单调而且缺乏趣味。但是画廊亭阁的曲折纤巧，也得有相当的限制。过于勉强取巧的人工虽可令寻常人惊叹观止，却是审美者所最鄙薄的。

[评注] 伊东忠太在讨论中国建筑的平面布局时也注意到园林建筑的不规则性。他说："然中国人有特别之必要时，亦有破除左右均齐之习惯而取不规则之平面配置者。例如北京宫城内之西苑，有弯曲样式之桥，有作波澜样式之墙壁。杭州西湖有作折线样式之九曲桥。是等为庭园之风致计，故力避均齐之平面布置。"[19] 由此可见，林徽因在有关中国建筑平面布局的介绍中认同了伊东的观点。

通过这些比较读者或许已经可以看出林徽因《论中国建筑之几个特征》一文与伊东忠太《支那建筑史》一书的关联。其中林徽因所完全认同的伊东观点，只有他关于中国建筑平面布局的描述性认识，这些看法在18世纪以来西方有关中国建筑和园林的讨论中也很常见。（详见陈志华《中国造园艺术在欧洲的影响》，2006年）而林徽因更多关于中国建筑结构原理、造型基础，以及文化价值的认识，则是她在前人论述基础之上从结构理性主义的角度重新所作的思考。的确，按照今天的学术论文写作的标准，任何合乎规范的学术论文都应该列出所有参考文献，包括作者所批评的材料。但正如笔者在本文开头已经说明，作为一篇讲演稿，作者对这部分内容的忽略应可理解。我们还应该知道，这篇讲演做于1931年"九·一八"事变之后两个月，而文章又发表在这个事变之后半年和1932年"一·二八"淞沪抗战之后两个月。

1932年6月14日，就在林徽因发表《论中国建筑之几个特征》一文三个月之后，林徽因在致胡适的信中解释徐志摩不幸遇难半年之后朋友中尚无对他的文字严格批评的文章时说："国难期中大家没有心绪，沪战烈时更谈不到文章。"在结尾，她又说："思成又跑路去，这次又是一个宋初木建——在宝坻县——比蓟州独乐寺或能更早。这种工作在国内甚少人注意关心，我们单等他的测绘详图和报告印出来时吓日本鬼子一下痛快痛快，省得他们目中无人，以为中国好欺侮。"[20]

19. 伊东忠太著，陈清泉译补，梁思成校订，《中国建筑史》，上海：商务印书馆，1937年。
20. 耿云志主编，《胡适遗稿及秘藏书信》，第29卷，第387页，合肥：黄山书社，1994年。

补注 1：王贵祥教授最近指出，伊东忠太和林徽因关于建筑的"东方三大系"的表述在 Banister Fletcher 的《比较法建筑史》中也可以看到。王因此认为二人或都受到 Fletcher 的影响。这一看法值得重视。详见：王贵祥《再驳〈新京报〉记者谬评——为林徽因先生辨》，《中国建筑史论汇刊》，http://blog.sina.com.cn/s/blog_6a5e62310101i70f.html

补注 2：1 月 26 日，曾经在梁思成先生忌辰 42 周年以《梁思成文章大段借鉴日本学者？》的《新京报》记者再次发表有关朱涛《梁思成与他的时代》一书所引发的评论的报道：《朱涛：梁思成被神化"梁陈方案"不能改变北京的混乱》。其中没有更正此前批评者普遍质疑的媒体对所谓"梁林抄袭伊东忠太"的讹传，而是继续以朱涛的话提出两条破除"梁思成神话"的证据。其一是梁没有"发现"独乐寺和佛光寺；其二是"梁陈方案"不具有可行性，也不能改变北京的混乱。

我同意朱说独乐寺是日本学者先发现的，这一看法在徐苏斌博士的著作《日本对中国城市与建筑的研究》（中国水利水电出版社，1999 年）出版后就已被中国建筑史界所认可。但我不同意因为梁思成可能是在看过日本学者拍摄的佛光寺佛像照片之后再循踪去找建筑，就否认他是佛光寺建筑的发现者。理由很简单，科学研究中的所谓"发现"从不是指第一个看到，甚至第一个记录，而是指第一个认识，这在建筑史研究中就是断代以及各方面价值的认定（这也是我们承认日本学者先发现独乐寺的理由）。否则佛光寺所在的山西五台豆村村民会比任何人都有理由说他们的祖先早就"发现"了佛光寺。

我同样不同意朱涛说"'梁陈方案'不具有可行性和不能改变北京的混乱"。首先，梁陈方案所关注的问题是中央行政区的地点和布局，目的是避免新区的建设对古城的破坏。当时北京还没有今天的"混乱"问题，以此指责梁陈方案就如同是在抱怨医生为治咽喉炎所开的药医治不了痔疮。其次，"梁陈方案"还仅仅是一个规划战略的建议，落实到实现，还有很多进一步的详细规划和方案设计要做。作为规划和建筑学家，梁思成和陈占祥不至于无知到在一个城市新区仅仅设置办公楼、一点宿舍和一个文化礼堂，而不考虑商业和文化设施。第三，造成今天北京的"混乱"——交通堵塞、空间无序——原因十分复杂。但我认为罪魁祸首应该是 1950 年代以来中国城市规划普遍而且至今仍在沿用的苏联的"小区"规划模式（详见《北京的交通问题出自交通么》，《世界建筑》，2006 年第 9 期）。这一模式的弊端简言之就是小区优先——先定位小区再以城市道路连通，而不是城市道路优先——先规划好城市整体的道路网，然后在路网内开发小区。这一模式的结果就是中国城市中"紫禁城"遍布、"紫禁城"内路网与城市道路无法兼容，以及"紫禁城"内建造无视城市秩序。而梁陈方案在规划方法上的一个基本特点恰恰就是道路优先。这种方法如同用形制规整的瓷砖贴墙——其中每一块面砖都可以被更换或重新设计，但整体结构和秩序绝不会混乱。

当代建筑与
建筑师

CCTV 新楼与库哈斯

原载"新观察"第二辑 / 2009.11

从东三环经长安街奔二环，要在国贸桥左转，这是我每天上班的必经之地。如果赶上红灯，前面的车也足够多，所乘的车又是在外道，就正好遥对 CCTV 新楼。这时，我会即刻拿出相机，开机、调焦距、按快门，这些动作必须在几秒钟之内完成，成功的概率只有百分之几。从 2005 年 5 月到现在，我一直坚持着，也就是从大楼尚未"合龙"一直拍到 TVCC 大火后的"废墟"惨状。

"每天上班路过这个建筑时我都感觉到很丢脸。"这是去年年底，《中国房地产报》的以《建筑奇迹"央视大楼"挑战民众审美底线》为题的文章，在没做任何采访与核实的情况下，编造的我的奇谈。他们可能不知道，我一直是这个建筑及其设计师的拥趸，不久前出版的《北京跑酷：18 个区域路上观察》一书，就把它列入关键词。这是一本从城市角度看建筑的书，在与设计师们沟通时，我反复强调这个建筑群"一楼既出，万栋皆息"的强大的区域空间整合力。然而，在元宵节之夜，这个楼群却遭受了灭顶之灾，进而遭遇罕见的、充满醋意和快感的讨伐铺天盖地。我知道建筑界很多朋友憋了一肚子话，但却无意"招架"——因为他们的观点与已经形成"主民意"的恶评并不构成决然对峙的两极，正如当代建筑的讨论语境超越了"好 / 坏"、"美 / 丑"，对于 CCTV 新楼与库哈斯的理念，必须纳入复杂的、像库哈斯般飘忽不定而又睿智与入世的状态，于是有了下面四篇文采斐然的文章。

"CCTV 干完不要再干建筑了"，"中国没像你想象的那样追逐你"，"解散OMA"，"美国不是个最恶劣的地方"，"向库哈斯学习"，单看这些小标题，就知道马清运的文章一定涉及 / 披露了他与 CCTV 新楼、库哈斯和建筑学之间错综复杂、妙趣横生的关系，文章也正是这样，不必多言。

建筑师钟文凯以美式排比的"俏皮话"（one-liner）文体（或古文的对仗语句）、环形诗语结构，既把他对 CCTV 新楼亦扬亦讽、爱恨交加的心态做了尽情地宣泄，也将这个项目的混杂内涵揭示无疑。

评论家李翔宁所指的"搅局"是指库哈斯以及追随其后的一大批建筑师思想和实践，不仅使得当代建筑的出发点、评判标准到图面表达的整个系统经历了一次变革，而且在实践方面成为随波逐流的实用主义的代表，也成了资本在建筑领域的代言人。

跨越多个领域的唐克扬，则从北京"地标发生学"的视角，揭示了近年来以CCTV 新楼、"鸟巢"等地标建筑为代表的设计现象所凸显的中外空间文化的双重误读迷障。

库哈斯没听过
我这个顾问的

马清运

央视与库哈斯可能是世纪之交最骇人听闻的"拼图"（Collage）了。于是，对它的结局不但拭目而且据心；对它的表象，不但火力对拼，也有空穴来风……所有这一切，使 CCTV 从一个建筑项目，变成一个社会事件，正好落入库哈斯"建筑是社会代言人"的圈子。同时，由于这一段时间国际舆论对中国的关注，CCTV 在世人面前完结了 20 世纪所有对建筑的讨论。库哈斯借 CCTV 把上个世纪所有对建筑学的讨论的意义全部蒸发，或删除了。

问题是 CCTV 之后怎么办？我本人同 CCTV 其实没有关系！（这倒不是因为近来网上因为有人把 CCTV、TVCC 双姝比喻成性陶醉出发点，而洁身自好！）同我有关系的是库哈斯本人。外国人大多数称我是库的中国代理人，也有美国人称我是他的合作者，而中国大多数知道的人又都称我是他的中国问题"顾问"。说实在的，这都是行业中可以认识的定义，都不准确。我对于库哈斯，是用反面意见给他散解的人。

CCTV 干完不要再干建筑了

我说：你的建筑理想是解散建筑师对建筑的统治，把建筑放生到政治、社会、经济的角逐中，该死该生由它们的生命等级定。CCTV 作为中国最高权力媒体，同世界最偏执的建筑思考的结合，不仅是他没有料到的，也是中国没有料到的，更是世界没有料到的。我说：从人生的价值上说，你可以停止了。他说：建筑师活到死，干到死。我说：停止不是停止生产意义，停止是停止用建筑生产意义。因为，央视之后，再做建筑要

422

么否决了你的原则，要么减弱了你的原则。中国人说，"见好就收"是高风亮节。

最后他还是没听我的，还是东西南北。我说：你多累啊，建筑史上还没有具有你这种地位的建筑师放弃职业的，开先河吧！他说：我在想着去冰岛定居。我想他是要开荒了，他这次的话同世界末日有关吗？他说：我虽然很累，但我很大方，我是让我的同事享受或忍受我经历的刺激。

中国没像你想象的那样追逐你

中国社会有着极其惰性普通大众的目标，具有相对封闭的动能。要达到精英阶层的追求，最高的政治境界在于大众社会与精英个性的统一。而这种统一的结果是将把所有语境（朱涛）、理论（朱剑飞）、先锋性（史建）当成"原料"或"咀嚼"的内容，库哈斯也不例外。

世纪之交的中国，要给世界一个新的"印象"，而新的"印象"则一定是"生疏"的人所携带。世纪之交中国新一代的社会决策精英与国际的动向又十分同步（注意，在此之前，一些大型项目的招标选的国际建筑师，要么是基本结束职业生涯的建筑师，要么是在已经去世还沿用人名作建筑师事务所的，因为组织者并不知晓），于是就有了库哈斯、赫尔佐格、萨夫迪等这些作品还不能被主流文化接受的建筑师。而不被对立文明主流接受的文化位置，势必就被另一方的主流文化接受。后现代的价值观，也不再有"出生地"，有的是"发生时"。所以我对他说：中国在用你，中国的时间在用你，不是中国的建筑。不要被课堂上的动静所迷惑，中国观众在追随你，"时间"却是有限的！

解散 OMA

有哪种职业可以摆脱"时间"的力量呢？库哈斯可以飞在时间前面，但 OMA（Office For Metropolitan，大都会建筑事务所）呢？所以我对他说，解散 OMA 是你对建筑的另一个大贡献。你应该同全球的事务所合作，你飞到一个城市就同那个城市的事务所合作，也就是成为乐团指挥或钢琴独奏。乐团是当地的，而你是库哈斯，可能就会出现"爱乐"现象。也会有：库哈斯携北京设计研究院，库哈斯携上海华东院等交响乐公告的说法（如卡拉扬与波士顿交响乐团、卡拉扬与柏林爱乐乐团）。他说那用任何"谱子"吗？我说：哪种谱子不重要，能把建筑降解成"谱子"更重要！

美国不是个最恶劣的地方

美国在他眼里是个极其恶劣的地方。"9·11"之后的美国像是"树倒猢狲散"，库哈斯对美国失去了兴趣，公开宣称他选择了 CCTV 的招标而放弃了对世贸中心的招标。他说：CCTV 代表的是现代历史中最后的社会主义国家，而美国"9·11"象征着资本主义第一个要消亡的国家，为前者投入热情更有价值。美国是条沉船！我应和说：是啊，所以我 1999 年就回到中国了，而且是在"9·11"发生之前。那时在美国我自己活着无味，我活的地方——纽约也就更无味了。

2006 年我决定回到美国，追寻更全面地了解自己也了解美国的方式时，库说：马，你说真的？你怎么会又要返回一个你离开了的地方？我说：美国对我来说永远是个陌生的地方，中国我很熟，熟了就没味道了。他说：美国没有希望，你仍然待在中国吧，中国有更大的机会。我说：美国没有希望了，不等于在美国的人没有希望，美国的希望在于每个人的希望。而美国的人的希望似乎没有地域界限。

建筑认生不认熟！生了就有生长的希望，熟了就该蔫了。你生，你就有希望！那时的中国对我说就是这个感觉，熟的地方不该干建筑。

我对他预言说：你仍然是要重返美国的，你从那里起步，而且美国更需要你。中国并不真正需要你，中国成千上万年的历史缺了库哈斯？显然不缺！当下的中国是你拿给美国人看的。库哈斯在美国拿的是 OI 签证，在中国则是工作签证；前者是特殊人才，后者是劳务。

向库哈斯学习

我在南加州大学（University of Southern California，简称 USC）的第一学期请库哈斯来作讲座，我认为那是他"离开美国"后在美国的第一次公开讲演。他开场时这么说：建筑是什么？我越干越不清楚，因为我是人。但唯一令我清楚的是，建筑不再为表达已经成型了的社会理想，而是形成社会理想的一部分。USC 正进入马（指本文作者）的朝代，而马的朝代的显著特征是不让建筑对社会其他价值轻易作决断的朝代。美国的弱点就是——它太容易对自己不同的主张轻而易断！但选择马做院长，是不知所措、不措而措的出发点。

所以我在校刊上的第一次院长寄语中说：无所作为、无为而治之类的中国只言片语。我对建筑、建筑对我都要重新认识。重返美国，不但能够了解美国，而且可以更了解自己（中国的建筑）。

CCTV 之歌

钟文凯

这是一个注定要饱受争议的建筑，却没有人能阻止它的存在；

它是中国人所不能想象的，却只有中国人会建造起来；

它屹立于一个"与西方平行的宇宙"，却是全球一体化的明证；

它的建筑师意识到西方人很容易去想象中国会失败，却必须想象中国会成功；

它象征着"一种意志力、热情和勇气的结合"，却无法体现公平、冷静和理智；

它出现在一个社会主义国家，这里实行的却是市场经济；

它之所以能建起来是因为"在中国，金钱（还）不能左右一切"，但是没有它背后雄厚的资金，它最多不过是纸上谈兵；

它在"奥运瘦身"中曾一度搁浅，但不仅幸免于难，反而造价激增；

它的业主在市场经济中获取了巨大的利益，却从未遭遇过真正的市场竞争；

它能容纳一万名员工、同时播放一百多个频道的电视节目，发出的却是和谐的声音；

它是三缄其口的媒体，却承载着传扬文化的使命；

它曾经长期离散在幕后，如今终于站到了前台；

它发送的无形电波已经占据了无数家庭的起居室，却还要以物质的形态雄踞于首都的中央商务区；

它的城市有着千百年的历史，却在沦为一座"通属城市"；

它坐落在一个东方的都市，却在脚下的绿地上拼贴起古罗马地图；

它的建筑师向往"拥塞的文化"，却在这里发现了一个摊大饼般的城市，还有拥塞的交通；

它的建筑师还写下过"大"建筑的宣言——"让文脉死去吧"（算是文雅的翻译），却深知文脉不仅仅是物质的，还有政治的、经济的、文化的向度；

它如同从天而降的外来物，却给这座城市带来了一幕都市的奇观、一个当代的符号；

它是无数地标中的一个，却要统御周围的城市空间，并展现出"拥抱整座城市"的姿态；

它的尺度巨大无比，但形体却一目了然；

它是一个首尾相连的巨环，又是一扇无所指向的巨窗；

它可以在烈日下投射巨大的阴影，也可能消失在四处弥漫的尘雾之中；

它被一些人认为奇丑无比，另一些人则赞叹它惊人的美；

它似乎要腾空而起，却显得僵硬笨重；

它留空了地面，却又以泰山压顶之势凌驾于地面之上；

它张开了一顶高高在上的巨伞，却不能为人们遮风挡雨；

它容纳了丰富多彩的内容，却把它们严严实实地包裹在由玻璃覆盖、钢铁捆绑的筒体之中；

它夸张了"大"，却隐藏了"多"；

它是一张喇叭口，又是一个消音筒；

它是一个包罗万象的"集体"，又是一个享有特权的异类；

它让人惊叹于集体的"大"，同时意识到个人的"小"；

它抽象得近乎极简，却招来稀奇古怪的外号；

它引诱世人去猜想，却拒绝任何单一的解读；

它的建筑师声称对形式不感兴趣，却创造了前所未有的形式；

它的建筑师还斥责对高度的追逐毫无意义，却并不介意世界上最长的悬挑；

它七十多米的悬挑是对重力的藐视，却不得不求助于超乎寻常的钢材重量；

它身处一个安全至上、甚至连乘坐地铁都要通过安检的政治中心，却要最大限度地挑战结构安全的极限；

它倾斜扭转，却又不可思议地达到了静力学的平衡；

它的结构设计突破了现有的规范，却经历了最理性最严谨最尖端——甚至在数年前都不可能实现的计算机模拟和验算；

它刻画在外表皮上的斜撑网络看似随机无序，却是一幅表现受力分布的图解；

它直率地把结构概念写在了脸上，却在默默地忍受内部构件的弯曲、扭转、颤抖和变形；

它的施工规模宏大困难复杂，却又必须精确无比，两个悬挑体量在二百米高空中的对接只能完成于某个季节的清晨某个时间的某种气温之下；

它无情地利用了最先进的技术，却没有赶上可持续发展的思潮；

它既是摩天楼，又被称作是对摩天楼的激进反思；

它被誉为二十一世纪之初最前卫的建筑设计，其结构主义的灵感却闪现在 20 世纪二三十年代的前社会主义苏联；

它包容了一条向公众开放的环形参观路径，那既是一所庞大的企业机构内的寄生体，又是一条能注入"公共性"的输液管；

它被称作是一个能弱化等级秩序、促进员工之间的交流与合作的"社会容器"，但建筑师又不得不提醒人们不应高估建筑的力量，因为社会的进步取决于"更大的图景"；

它期待不可预知的变化，却必须应对不可预知的灾难；

它的安全疏散系统据说能极大地缩短逃生的时间，却无奈于一场"自燃"的大火；

它的建筑师曾经感叹建筑太慢了，永远也赶不上资本主义社会里"像病毒一样不断变异"的市场环境，以至好莱坞一个性质类似的项目在几年间逐渐"蒸发"，但是它的设计从竞赛方案到最后建成却保持了惊人的一致，说明在令外界瞠目结舌的中国快速经济增长中，这个机构却表现得出奇之稳定，甚至比建筑还慢；

它或许还隐喻着社会主义制度和市场经济的两根擎天巨柱在向彼此倾斜，在空中做九十度的转向并奇迹般地在水平维度上相遇，但底下已经空无一物，只有紧抱着对方并凝结为一个不分你我的巨构才能屹立于地震带而不倒，这确实需要超人般的意志力、热情和勇气，并且不得不付出昂贵的代价；

它描绘了中国当代的上层意识形态，却没有反映中国当代的基层社会现实；

它敏锐地捕获了中国这一刻的历史片段，却未能向我们展现未来的图景；

它是机缘巧合，却又势所必然；

它充满着矛盾，却仍自成一体；

这是一个注定要饱受争议的建筑，却没有人能忽视它的存在。

库哈斯——中国当代建筑的"搅局者"

李翔宁

最近一阵，当代中国建筑圈里最热门的话题之一就是批判库哈斯。自从 TVCC 被烟花引起的大火付之一炬，以及他在 Content 一书中使用的各种色情图片的（再）曝光（事实上这已经是若干年前的老账了），出于各种不同心态和摆得上摆不上台面的不同立场，中国的老少愤青们对老库恨得牙根痒痒，在各种场合展开了声势浩大的口诛笔伐。史建找到我，让我对这个似乎关乎中国当代建筑走向的大是大非问题表个态。思量再三，还是从我理解中的库哈斯说起吧。

记得在哈佛设计研究生院旁听拉斐尔·莫尼奥（Rafael Moneo）评论当代建筑师的课程，老莫就告诉我们要留心建筑师对自己的作品进行理论化修饰的危险。当代建筑师中套着"大师"光环的那些家伙，尤其有一种理论的焦虑，怕自己的建筑粉丝们觉得自己的作品不再能够提供足够的批判性，或者说越来越缺乏所谓的"概念"，而堕入"Corporate Architects"的档次。近来和东京工业大学的建筑教授们聊天，说起他们正在做一个研究的题目，就是分析当代建筑师们的"说"（discourse）和"做"（practice）之间的有趣关系。我想这种分析最好的对象莫过于库哈斯。

毋庸置疑，库哈斯的理论和实践，改变了年轻一代建筑师对于建筑的认识。如果说赫尔佐格和德穆隆的贡献是挑战了建筑专业奉为圭臬的"空间"至上的理念，或者至少把空间从现代主义的关注重心化约为建筑的其中一个议题，成为和表皮同样重要的一个方面；那么库哈斯则通过他的理论和实践，使得"功能"不再仅仅是建筑形式所要体现的内容，而是成了形式本身。"Diagram"不仅仅是建筑组织到形式之间的一座桥梁，而是直接把功能及其组织方式变成了形式。以前的建筑师先设计一个功能的"泡

428

泡图"，然后通过一个建筑外壳来包裹这种泡泡。而自库哈斯以降，泡泡堆在一起就已经可以是建筑了。库哈斯以及追随其后的一大批建筑师诸如 MVRDV 的思想和实践，使得当代建筑的出发点、评判标准到图面表达的整个系统经历了一次变革。

而事实生活中的库哈斯，却具有一个反面人物的诸多性格特征：自私、自负、冷漠、狡诈、乖戾。虽然他的理论不断挑战建筑学科的各种约定俗成的教条，通过实践无情地抛弃这些教条、并嘲弄着太把建筑当回事的建筑师们，可他自己也难以抵制把建筑造出来的成就感和过程中的挑战和刺激，而被市场所驱使，成了资本和政治的奴隶。虽然建筑或许不是他眼中最重要的命题，但他所表现出来的对甲方和政客的亦步亦趋，或许是因为他非常享受将对手玩弄于股掌之上并最终成就一座建筑的幸福感。正如美国的建筑评论家迈克尔·索金（Michael Sorkin）所批评的，库哈斯成了随波逐流的实用主义的代表，也成了资本在建筑领域的代言人。荷兰人更愿意把这种态度称为"批判的实用主义"，因为在钻了你的空子、利用了你建成了他的建筑的同时，心底里还会偷偷地"批判"你一下，把你归入"傻傻 ×"的范畴。

中国人喜欢用"德艺双馨"的标准来要求他们心目中的艺术大师，所以对这样不够厚道的作为自然义愤填膺。殊不知，其实我们崇拜的 20 世纪建筑大师们，贴近了看个个都很"mean"：赖特拐跑了甲方的老婆，还出尔反尔对流水别墅的主人坐地起价；密斯和业主女医生态度暧昧，心存非分终至对簿公堂；柯布也不缺在 CIAM 中一手遮天排除异己的手段。只是西方社会更愿以成败论英雄，就连克林顿的丑闻也无法抹杀他经济复苏的成就。随着时间的流逝，在宽容的人们心中人性的阴暗面会渐渐被淡忘。我始终认为老库是一个和柯布当量相当的人物，而这种人物一个世纪也出不了几个。他对当代建筑的影响是任何人都无法替代的。

事实上，库哈斯的社会抱负远远大于他的建筑理想。他敏锐地捕捉到对手本人或者对方系统的任何一个漏洞施以攻击。他是一个狡黠的猎手，点中的都是我们的致命伤，无论是建筑还是中国的社会。他清楚地知道在当今的社会系统中，"建筑学"这个学科是多么孱弱多病和不堪一击。他非常关注的是给甲方汇报的 PPT。

他会字斟句酌，甚至为整个汇报过程编出剧本，并设计得无懈可击。我清楚地记得一个朋友向我描述的老库参加西雅图图书馆方案竞赛汇报的情形：这是一个向公众开放的汇报会，规则规定不得制作三维的模型。老库带着一个开满了槽的纸板入场，两头一挤，一个折叠的图书馆模型跃然纸上。而为了说明光在建筑中的作用，他将一张纸点燃，烧了个洞，让灯光从洞中泻下。老库在这里成了个挑战规则的搅局者，观众掌声雷动，而评委却不知所措。正是这个图书馆的设计成为了老库的一个杰作，将功能、流线和形式完美地组织在了一起。正是进入这座建筑的体验让我说服自己打消原先对 CCTV 新楼的怀疑，相信 CCTV 新楼也会是老库职业生涯的最高峰。CCTV 新楼对未来中国建筑的影响未必都是好的，但这不会妨碍这座建筑本身的价值。值得反思的是我们的接受方式：比如今天的建筑学生们把 Diagram（图解）变成了一种新的形式美学而忽略了它突破原有建筑原则的价值所在；再比如库哈斯从西方人视野在《大跃进》中对中国的奇怪都市现象的猎奇和杂陈，竟然变成了国内某些城市研究者和出版物效仿的对象。通过这种效仿的滤镜，形式成了唯一的指向，也最终成了荒谬的噱头。

在中国，库哈斯的"搅局"姿态事实上早在很多年前给参加北京CBD规划方案竞赛时就初露端倪：在漠视任务书对高层建筑群和高容积率等规定指标的状态下，库哈斯和马清运共同提交了一个全多层的方案，而将所有指标堆在高架道路的当中，矗立起了一座超级摩天楼。

其结果当然是废标，可似乎并没有多少人品得出在方案离经叛道的策略之下，传达的是对设计任务书的批判和嘲讽。他要fuck的不光是context（语境），当然还有荒谬的人心。

CCTV新楼这一回，库哈斯似乎也没忘了"实用主义"前面的定语，"批判"开始后知后觉地呈现。Content书中的图片使得他脱离了建筑缔造者的身份，和北京的普通市民一样开始给CCTV新楼贴上各种离谱的形态联想。虽然Content一书将布什和萨达姆也戏谑地拼在一处，人家老美就没拿这种玩笑当回事，觉得有辱国格人格。退一万步说，就算老库真的是拿全国人民的感情开玩笑，他也不过是《皇帝新装》中搅局的骗子，真正丢人的还是那没穿衣服的主。这次老库还迫不及待地一并扮演了道破天机的顽童，在出版物中爆了料。柯布的朗香教堂和伍重的悉尼歌剧院都被人赋予了各种各样的形态联想，即使诸如"乌龟交尾"这样的攻击，也丝毫没用影响悉尼歌剧院进入20世纪最杰出建筑的行列。

在这个搅局事件中，另一个值得关注的问题是：库哈斯的批评者中有多少真正关心这座建筑本身？仔细想想这整桩事情还真是够恶心的。

北京的地标发生学

唐克扬

荷兰的 OMA 或大都会建筑事务所，为了他们中标的 CCTV 新楼项目在北京专门开设了一个分公司，该公司实际负责人的女友，也就是他们的"老板娘"，有个响当当的广告价值极高的名字，叫张曼玉。这名字不是山寨的。

长期以来，路过东三环时我都会"被看见"（该短语用法严重不符合标准现代汉语语法）这座让我不知道如何评价的明星建筑，从它的奠基伊始，直到它扶摇直上乃至惨遭天降之燹；每次看到这幢大楼的时候，我都会情不自禁地想起一个我从小就"被崇拜"的香港女明星，不用说，这个女明星就是张曼玉。

作为一个同时兼有历史学兴趣的建筑理论研究者，对我而言，张曼玉远远比 CCTV 新楼的建筑师库哈斯来得切题。和今天的历史保护主义者所错解的不同，传统的中国城市其实极其缺乏一个明确的形象，它的视觉呈现，如果打一个比较拙劣的比喻，应该是《点石斋画报》式样的半真半假，而不是西方早期摄影师如海达·莫里循（Hedda Morison）镜头中的信辞凿凿；也就是说，它更像是曾经呵护了我童年感性的、地摊上色彩失真、内容空洞但同时又温情脉脉的张曼玉，而不是横空出世的高分辨率的纯粹理性批判。

由于广场这样的低密度开放空间的存在，近代以来的西方城市常常表现为透视进深中豁然折转的"如画"，最不济也是可行可游的；于是，近代的西方摄影师，乃至于期冀具有和西方人同样锐利眼光的中国建筑史家，也常常想在迷宫般的中国城市中寻找类似具有"可意象性"（凯文·林奇，Kevin Lynch）的地标。但通常只能从城市的外部拍到一点明信片式的风景，更有甚者，只有在茫茫大雪，沉沉暮霭之中，这种注定驻留于表面的风景才能和斯蒂格利茨（Alfred Stieglitz）镜头中的纽约、尤金·阿特盖特（Eugene Atget）的巴黎堪将比拟，如果实在要有所突破，硬是鞭辟入里的"北京印象"就只有垃圾场和贫民窟了。

　　抛开理应如何的问题，我们首先想知道的是为什么会如此？首先，这里面自然有历史流失物理变迁的原因，但眼见之别更是因为别具眼光。赵辰认为，中国建筑中不存在西方建筑学意义的"立面"——按照他的观点，中西方建筑立面在概念上的差异，仅仅是因为来自于这两种文化中的建筑物在"空间导向"方面的不同，西方定义的"facade"准确地应该是"来自于主要面对人流方向的建筑物之立面"，应该翻译成"主立面"；西方古典建筑中的主立面是"发展自其建筑传统中的山墙，在后来的发展中又强调了其垂直面的造型问题"，相比之下，中国建筑传统中以屋檐面作为建筑物主要面对人流方向之立面的，其屋檐之下的墙面完全被屋顶的斜面和出檐所压抑，全然不可能发展出"facade"这种东西。

　　类而推之，老北京城的缺乏形象，似乎全然是那拒人于千里之外城墙惹的祸，它阻挡了人的尺度上最自然的视平线，却将观看的唯一可能留在了城市的外面远处，留给了高高在上的天穹，迫得本该属于"人"的热闹都市图画成了一种遥不可及的静止风景。然而，建筑构造或造型本身方面的因素，恐怕并不是"facade"这个词的要义，也不是北京城只能从外面远处观看的唯一原因：两种城市—建筑体系犹如两种语言，其中一种的结构性成分在另一种中可能付之阙如完全不奇怪；但其实个中奥秘并不深晦，facade 的辞源就是"脸面"，可见任何建筑体认多少都是和"身体"的先在观念比拟有关的，由于社会结构的不同，中西建筑所界定之"体"的范围和表现方式并不一样，西方单体建筑或是城市的"脸面"在中国建筑中是院落和城市的大门，在后者的言说结构中，显然更重要的是"前后"和"包容"的关系而不是 facade 所强调的，突兀卓立的建筑形象。

　　传统中国城市的"地标"，因此，无法脱离自己从属于另一巨大体量的语境，即使偶然被孤零零地看到，也总是在一幅流动性的画面中变得半明半昧。美国人费慰梅（Wilma Fairbanks）在她所著《梁与林》一书中记述了当年梁思成一行抵达应县时的生动情景，当时天色已晚，营造学社的建筑师们透过暮霭遥遥看到的拔地而起的佛宫寺释迦塔是一巨大的剪影——梁林以西方理性的驱使对应县木塔的立面和结构测绘，也在这一瞬间注入中国式的感性和心会。后来的聪明建筑师，像张永和，在这段轶事中敏锐地看出建筑再现和空间营造的关系，或现代人对"画"和"空间"的再认识：比起柯林·罗等人一本正经地从艺术史中拾起的恍然大悟来，我们的"现象学透明性"要高明得多也离谱得多，它们是心理的，也是政治的，由于超越了单纯的建筑学审美而变得更加吊诡；传统的"燕京八景"或"北京八景"很少有实事求是的明信片风景，不管是"金台夕照"，还是"银锭观山"，它们扭曲了，甚至是抹杀了事实上的城市，把都会渲染为农村，也将真实的形而下的生活导向无处。

432

尽管有凯歌行进的"十大建筑"，20世纪北京的建筑地标基本上可以说仍旧是一部墙的历史，那是不同的，经过改头换面的新的壁垒，无论是厚重的新古典主义立面（对中国当然是个新东西），还是应运而生的中国式玻璃幕墙（特征是不可思议地综合了"国际式"的无特征和"装饰棚子"的艳俗）都回避了在新的社会条件下变得越来越尖锐的"看"的问题，同时，它们也没有更好地交代被重重包裹着的城市那具真实而羞涩的身体。

　　这些，突然在一夜之间改变了。

　　十年之前的国家大剧院交给了法国人安德鲁来设计，这样"没头没脑"而意外中了大奖的项目显然刺激了西方建筑师的想象力，在国家博物馆改造的国际竞标项目中，套用媒体的行话，我们看到的真是一场眼睛的盛宴，有些渲染图完全可以和科学幻想小说媲美。可是，外国建筑师的缺点并不完全在于他们是一种图像先行（image-driven）的建筑，而在于他们并不知道中国人会怎么看他们的建筑，他们并不能准确地划定"真"和"幻"在中国的尺度。换句话说，西方建筑师认为虚幻的造境，在中国人看来也许却是一种新的，落到社会心理学角度的真实——"鸟巢"的通俗知名度就很能说明问题——那些中了彩票的建筑师自己也未必知道他们为什么这么好运气。由于新规划体制的特点和吸引眼球的需要，这些孤零零站在城市中央的"著名建筑"，像是一个第一次参加舞会的愣小子一样需要老手的开导（这种开导有时候多少有点不怀好意），方能融入新北京那显得有点缺水的天际线。

　　好的"被看见"的建筑，对于将来的北京地标发生学的意义，在于它们不能同时陶醉于"被看见"的现代快感和自以为高明的古典隐身术，它需要明白无误地交代自己的来历，完完整整地，但又不能全然是个玩笑——大剧院的"漫反射"效应，水立方的浑然不着一物，鸟巢，鸡蛋，豆腐，这些都还是些小节了。就在CCTV这座大楼还没有那么引人注目的当儿，著名老板娘张曼玉的非著名男朋友做过一个不是很讨好的、可以说是个很要命的比喻，虽然在媒体上一闪而过，却让我记忆犹新——这座造型奇特的大厦有着闪光的、使之隐身的玻璃，同时，布满外立面的横七竖八的部分承担结构功能的粗大钢梁，使得它也显示出一种充满荒谬平面感的喜剧性：

　　这时候，舍仁先生开口了（大意如此），"北京是很多沙尘暴的，这样一来，就只有这种形象鲜明的网格和充满棱角的形状，才能映照于沙尘暴中呈现出的不甚明晰的北京"（Beijing blur）。

433

黄声远在田中央

原载"新观察"第二十三辑 / 2013.08

"黄声远以耶鲁大学建筑硕士与台北人的身份自1993年'插队'宜兰，设计涉及建筑、规划、环境、装饰、小区等领域，其积极参与的透过公共工程进行地貌与环境改造，并配合区域营销而成功推动地方发展的操作模式，被称为'宜兰模式'。

"以极端的热情与耐心，将宜兰社会福利馆与周遭都市空间的整合起来。向东，他的光大巷都市人行路径整建，表面看来只是一条'普通'道路的稍加清理而已，而其中对环境的深切体悟以及设计精神的坚守，都深藏不露，在这里设计的精髓在于'非设计'。此次，他参展的三个作品罗东文化工场、津梅栈道和樱花陵园D区纳骨廊及入口桥，是宜兰模式在近四年的更为精熟的实践。

"不仅黄声远及其宜兰模式，廖伟立、姚仁喜、谢英俊、邱文杰、刘国沧等台湾建筑师众多的参展作品，均体现了沉潜、周密、涵容的设计品质，令人印象深刻。"

这是去年年底，在李虎、我和庞伟策划的"中国设计大展·空间设计"展的观念展厅，我为"宜兰模式"（八个观念之一）写的解说文字。在我接触的台湾建筑师当中，黄声远是最熟悉（三次去台湾都专程考察了他在宜兰的项目）、最聊得来（在宜兰、台北、北京和深圳，我们有过多次长谈）、最率性（做派完全融于乡野，以致随行的朋友把他误为司机），也是最漫漶不清的（他很少或"坚决"规避明晰表述自己的设计理念与策略）。

记得"新观察"创立，即得益于他设计的宜兰一座别墅里与朱涛和阮庆岳的长谈。所以在先后做过谢英俊和王大闳的专辑之后，黄声远就很自然地成为这一辑的主题，而契机，则是正在台北举办的以他为首的田中央工作群的展览"田中央，工作中"。策展人是台湾的两位建筑评论家王增荣和王俊雄先生，相关文章收录于本辑；另外，还收录了黄声远在"中国建筑传媒奖"上的获奖感言，以及朱涛新近对他做的长篇访谈。

"黄声远在田中央"其实是在"中国设计大展·空间设计"展放映的影片的片名，片中王增荣的一段话观点犀利、透彻，兹录于此，作为本辑内容的补充：

"黄声远的作品最大的一个罩门，就是他的审美有问题。他很清楚想要寻求的什么方向，但是他还没有能力把那个方向驯服到很有韵味的状态。但是放在岛内，他只要在这个方向存在，就已经可以打败台湾很多不敢跑出来独立思考的建筑师。所以有一些建筑师他们做出来的作品，审美的稳定度超越黄声远，但是在我个人的眼光来看，我觉得他们这些作品与其被当作是台湾的代表作，还不如说他们只不过是西方成熟的建筑环境里面的第二线、第三线的作品，这样的方式如果放在台湾来比，可能可以得到比黄声远更好的名次；但是如果我们希望跟西方对话的话，我觉得黄声远的作品是拿得出去的。他可以被诟病说他的完成度不够好，他的精练度不够好，但是他的作品里面隐含的思考，那种寻找新的可能性的潜力，我觉得其他外国建筑师会读得到，这是一个有特色的建筑状态。"

"田中央，工作中"
展览前言

王增荣
王俊雄

黄声远与以他为首的田中央工作群（以下简称"田中央"），可以算是台湾当前建筑发展非常特殊的现象，如果不说是传奇的话！

黄声远在 1994 年，只身往宜兰开展建筑创作的生涯，至今已经 20 年。这段时间，黄声远建立了两个特殊的纪录。一，与黄声远有关的作品几乎都在宜兰地区，这意味着他的创作与个人的生活体验、理解有着绝对的关联；二，经由他个人的创作理念，与其对创作过程独特的见解，黄声远已影响与汇入更多有志一同之年轻人的参与，从黄声远的个人，逐渐发展为田中央的集体，形成台湾建筑发展中难得出现之意志同盟！

黄声远是在现代与后现代交替之际成长的一代，后现代的观念让他体会到理性的现代主义与现实感情的疏离，但相对地，现代主义则帮他看清当时复古倾向的后现代与现实生活的脱节。或许，还有黄声远个人独特的性情吧，因此，他的观念有一种矛盾地游移于理性与感性的特质。他坚信建筑的根基是扎在真实的生活上，但生活最真实的状态，却非物理验体般假设为固定不变的，它无时无刻在变。因此，这精确的认知本身，却潜在地指向不精确的或动感的状态，这就是黄声远与后来成形的田中央创作的特质。

反映在创作上，田中央长期停留宜兰，环境有城市的，也有自然的。这都可以设计不离县内，说明他们不想以一般普让我们看到田中央工作群关心层面的广世通用的知识想当然耳地处理建筑，而度与深度。透过彻底深入的真实生活，让自己与在地的脉动融为一体，透过这样的感知，策展理念上，"工作中"，寓意田中央对让设计与不断变动的环境、使用性等因设计与生活并进、无尽延绵的理念，一素有着绵密却不

438

易以言传的关联。对田直仍处于工作中，所以展出是田中央设中央而言，设计不在建筑兴建时结束，计的工作模型，我们认为，这不仅可让也不在建筑完成后结束，他们认为建筑在使用后，设计仍然进行，因为生活（或使用）是活的，是永远的进行式！

也因为田中央长期的在地经营，以致常被人称为"地域主义"，或加上不同形容词的地域主义。但田中央对"地域性"的理解，似乎与台湾主流的认知不同。后者，基本上仍离不开地方上过去的做法或传统建筑语汇的因循，但田中央显然更着重自身对环境真切的关联，并由此重新诠释地域的当下。因为，对他们而言．地域环境也是活的，不断前行的进行式，响应地域，最真实的就是反映当下，而非知识般的因循。所以，田中央工作群的地域性，是非（既有）在地的，或超越（既有）在地的在地性，是原创的不是因循的在地！

"田中央，工作中"，主要是整理与展出田中央工作群的创作与其创作理念特色。展出的八件品，有住宅与各种类型的公共空间，有单一建筑，也有经由长期累积而成一整体环境改造的状态，改造的环境有城市的，也有自然的。这都可以让我们看到田中央工作群关心层面的广度与深度。

策展理念上，"工作中"，寓意田中央对设计与生活并进、无尽延绵的理念，一直仍处于工作中，所以展出是田中央设计的工作模型，我们认为，这不仅可让大家贴近感受田中央的热情，同时，也可以让一般朋友看到建筑不同的面貌，即创作内在的真实性，而非一般包装过的假象。

IN-the Where，意味田中央在地的特质，同时，也隐喻他们的工作将在地带到新在地，或非在地的状态！

田中央的八个理念

黄声远
王增荣
王俊雄

理念一：建筑前先研究城市

王俊雄（以下简称"小王"）：如果按照你刚才那样讲的方式，是说在你做任何一栋房子之前，其实是对那个城市有一个想法才动手的，而不是一栋建筑的问题……所以说对绝大多数人来讲，他们可能都不知道这件事情，他们就看到你的房子，他不晓得这栋房子的后面其实是酝酿着一个对这个城市的想法。

黄声远（以下简称"黄"）：不会吧，大多数人都知道吧？

小王：当然不知道。

黄：他们不会想到我们会做出这种怪东西其实是因为对周围的很用力的研究，然后才长出这些来？

小王：一般人都认为田中央只是盖有创意的房子而已。从时间来看，你在社福馆的前一年，就已经开始对宜兰的西北角做了研究？

黄：对，而且这些研究是真的跨领域的研究。那时候我们针对宜兰旧城西北角做了模型，有三个好大的，因为那个时候宜兰还没有实施容积率，所以我们做了一个叫建蔽率时代的可能现况，一个建蔽率发展完成会变怎样，然后如果是容积率的话会怎样，因为那时候在讨论说宜兰若要实施容积率应该怎么做，共做了三个模型。为何要做这些模型？那是在做宜兰童玩节，做童玩节的规划，童玩节一开始是在宜兰运动公园，

440

而我们当时正在做旧城西北的规划。县政府发现我们还蛮会做这种 3D 推衍，我猜之前宜兰不太有人做这种事情，所以他们就邀我们做童玩节的空间规划。我们曾经在现在办区运的运动场的二楼借了一个空间，在那边做童玩节体育馆的规划，同一时间在做前面谈到的容积率建蔽率的研究。

小王：也就是说，你来到宜兰的第一件事情不是盖房子，是先对宜兰做研究？

黄：对，而且很好笑，比如礁溪林宅一开始就有一个五百分之一的整个六结村的模型，那个模型还在呢！

小王：为了一栋房子？

黄：是的，为了一栋房子做了整个村子的模型，有稻田啊水路的，然后接着做小区巷弄。

小王：现在回头看，你已经做完了罗东新林场（即"罗东文化工场"——编者注），你还觉得一个建筑师在做设计之前去研究一个城市这件事，真的还是必要的吗？如果是必要的话，那是极端重要、重要，还是稍微重要？

黄：我觉得是不会得赶快会，但是这中间有一件重要的事要讲清楚。我们念书的时候，刚好是一个转化的时候，从一种要做出很英雄式的建筑，转变成要尊重既有环境。可是，现在刚好反过来，尊重既有变成教条，甚至被解释成去传承，如果是这种态度，研究城市这件事就会变成一种负担。

小王：所以我才问你，以你这样的经历来讲，这是绝对必要的吗？或者说，如果绝对必要，那它的意义是什么？或者，其实也没有绝对必要？

黄：我还是觉得它绝对必要，可是它的层次有很多种，所以我觉得随着我们对宜兰研究的增加，我们对宜兰了解的层次也不断在增加，所以才有趣，生生不息。比如说，我以前的研究里就常看不到水。如果你够仔细，会发现文具店买 50 元的地图，不是什么厉害的地图，那上面其实也画水系。可是我们念建筑的从来不看，因为我们在谈所谓的都市是不看那块的。那一定是个很有养分的东西，只是不能被教条化，否则就什么都看不到，也吸收不到养分了。

理念二：田中央

小王：你们事务所不是用你的意志在做事，而是事务所成员用他们自己个别意志做事？

黄：我很怕事务所用我的意志做事，而且我很早就认清我是个有非常多缺点的人，

441

就连我做的设计都有很多缺点。我自己知道，我是个很容易会有"这个东西要像什么？"思考跑出来的人。这个部分，在受教育的过程，就老是被骂。但我还是很希望依附在这上面，不过是不是会真的这样去做，又是另外一回事。我很难"抽象"，很难凭借着几条线或是轴线就做设计，说实在，我很不喜欢那些东西。

小王：这次展览主角写的是"田中央"，不是"黄声远建筑师事务所"，更不是"黄声远"，这样对你意义重大吗？

黄：那是我真正的梦想！

小王：为什么？差别是什么？

黄：因为我好不容易找到一个地方，让我有一点机会不要被人家管来管去。

王增荣（以下简称"大王"）：不是都是你在管别人吗？

黄：不是。如果我可以管别人，代表别人也可以来管我。这个世界就是必须我管不到别人，我也没办法管别人，我也管不动别人，这才是好事。

小王：若是如此，"田中央"是什么意思？当每个人都变成是一个个的小个体，用自己的意思做自己的事时，还有"田中央"吗？

黄：田中央会跑去哪里我还真不知道。可是反过来说，因为要对抗的事情也还算清楚，所以田中央还是会在。

小王：可是田中央还是个事务所，还是有个体制，不是吗？

黄：不是吧？田中央比较像加油站吧！还是要有地方可以加汽油，可以给伙食，还是要有个东西能提供做事的人养分补给，田中央只是这样而已。其实现在很显然地，田中央已经不只在宜兰。昨天我去台南，很明显就看到有些人也是在做相同的事，我还帮他们加油咧！虽然他们不叫"田中央"，但名字不重要。

大王：难道田中央这一个团，没有一个蠕动的方向？这个方向不是你带着？

黄：这其实没有那么难解释耶。我刚不是讲了，就是我一直相信如果我要自由，别人也要自由。

大王：我的意思是说，在这个移动的力量里面你允许各种不同的力量，大家一起互相挤压，然后慢慢地蠕动到一个接近大家都可以接受的方向。这个过程里每个人都用力，每个人都表达一点方向感。不像其他事务所的方式，总是想要方向一致平稳，内部安静失去了活力。

442

理念三：在地／非在地

小王：你怎么看待这"地方"？你落脚宜兰二十年了。

黄：刚来宜兰时，我脑子里还想着这事务所是要在都市里面，才能跟台北和日本竞争。

小王：我们平常对田中央的刻板印象一般就是"在地"，但事实上你们有非常多"非在地"的举措。但奇怪的是，虽然如此，大家还是愿意认同你们是在地的。例如，你们常用的大棚子，不管是葱蒜棚，还是丢丢当森林，还是罗东新林场的大棚子，在那个环境里面都是超乎寻常的地标性建筑，它们都是一种我们称作"超都市"（Super Urban）的东西，而这种超都市本质上常常是反都市的，因为它并非来自都市肌理本身。可是你们厉害的地方，就是你们创造的反都市性，它可以被这个城市吸收掉，回到这个城市。我不晓得你们怎么做到的。

黄：可是我确实有很多在地的影响，这毋庸置疑。但我也可以反过来这样讲。我基本上相信几件事情，一个是整个兰阳平原上根本就没有"自然地景"，是"农业地景"，整个兰阳平原本身是人的意志所构成的状态，只是绿绿的而已。自然是被诠释过的自然，也就是文化。其次，这个农业本身也不都是正面的，很多时候都是负面的，尤其是在农村里面所有的人都是不自由的。人被绑在土地上本身就是残忍的，那不是个我们想象的浪漫的温暖。它会有很多限制，比如说你四点半没起床煮饭就会被念了，就是旁边会有奇怪的压力。可是，这里所有的人都有点急着想要对抗更大的体制，包括台北，也包括戒严体制。宜兰一直有这个气氛，大家用各种方法把它变成一跎一跎的，就是要集体性。

可是老实讲，我自己有兴趣的、我想象的"公共"，不是这样拘束个人的集体性。虽然从道义上来说我不太能接受说，我花了社会资源，却把建筑变成我想要的那个样子，表面上这样好像不对。可是在深层里，我可以接受的原因是，因为我可以自由地表达我的意志，这就意味着所有人都可以自由地这样做，这才是让我们真正喜欢这块土地的原因。如果有机会，这个地方可以让所有人表达自己的意志，所以你每一个小小的个人利益就是公共利益，我相信的是这个。所以我才不断地想要去邀请各种人来参与，所以你看到我们都集体作业，但阿尧做一个，美洁做一个，圣荃做一个，田中央的作品，其实是个人意志的呈现。一个单一的公共意志，我就是讨厌那件事情！

小王：因此在地不是一种单一的想象，在地可以分属个人，又可以共享？

黄：这样才能真正 follow 地方的涵构，不是吗？因为涵构本来就不应该被计划，当涵构被诠释理解成为一种计划，就好像宜兰未来必须有一种蓝图，所有人都顺着它走，我觉得这样就完蛋了。在地它本来就是长出来的，它本来就是独立的各种意志，而且是很难控制的独立意志交互运作的过程，而且这过程没有结果，我觉得这样才安全。

小王：你的在地和一般人谈论的状态很不一样，你的在地是辩证的。

黄：你看真正的农人和自然之间的相处，他没有一定的包袱说这样不行那样不行。树他想砍就砍了，想弯就弯了，但在这背后一定有他的经验和专业在支撑，以及他想要达到的意义。但农夫最厉害的是，他不会觉得他做那件事情的方式是绝对对的，他会随时调整，根据经验，也听别人的意见，然后他自己来作最后判断。比如我就有点吓到，原本我以为农夫会很爱惜树，但他常常却用一种看起来很残酷的方式，不过确实达到了真正救活那棵树的目的。

小王：你举农夫为例，是要说，当你真正了解自然时，你跟它之间会有一种随时随性的关系，会根据当时所遭遇的情况，自发地、不受拘束地处理你和自然之间的关系，不是全然顺从自然，也不是违逆自然，而是能自由自在地不断调整两者之间的关系。

黄：对。另外，这里面还隐含一件事，这件事让我们做动作时，在心理上感觉比较安心。我们知道，我们的确会没把事情想清楚，会做错，所以我们有时不会把事情做到底，有时会做到一半就收手。这当然有人会笑我们自信不够，甚至调侃我们，但我们还是得这么做，不能逞强，而且虽然不够成熟，但它至少会引起思考。无论如何，我们就做出了一种不完全正常的建筑，我希望是小王爱说的"反常合道"，建筑是冒出来，会让所有人都必须认真地想的建筑，而不是它有多完美。我只要想到，有很多人在认真地在想，很多人互相认真听对方说，那就有可能找到一条可以走比较久的路。我想这条路就是在地吧！

理念四：水平的线条

小王：你喜欢水平的空间跟天空有关吗？

黄：我一向对水平的线条是比较有兴趣的。我觉得如果不断用水平的线条，这些水平的线条会让我觉得相对来讲比较自由，因为横向伸展是无边界的，可以和天空相连接，这是我最关注的。我有一个没有盖出来的房子，跟壮围张宅同时间设计的，就是宜兰厝，那时我替这房子下了四个标题，前面几个我已经忘记，我记得最后一个是"天空"。

小王：这是什么意思？

黄：对于别人会而我不会的东西，我一直有一种态度，就是，如果我好好地去欣赏别人那个的好，我仍然可以拿它去做事。我确实可以真正地去喜欢那个我做不到的事情。天空，对我来说就是这种东西，我喜欢那个大是我控制不住的，类似原始人崇拜神灵的感觉。就是，我服你，你比我厉害，可是我还是可以从你这边接迎到很大的

444

力量。类似像这样的事情我经历了非常多，天空是其中一种。碰到这种事情的时候我不觉得挫折，通常我会觉得还蛮有趣的，我会很容易把这个当作力量的来源。

小王：我还是无法理解你喜欢水平空间和天空之间有什么关系。

黄：我念书是在七八十年代，那时理想住宅就像理查德·迈耶（Richard Meier）那种白派的空间，就是第一世界对我们产生魅力的一部分，不是实用的，而是抽象的，这边那边挑空一下而产生空间变化。所以建筑系学生定位自己追求的房子，常常跟爸爸妈妈要的房子很不同；正是在这个地方，进入一种不实的，可是在精神层面一种有点奇妙的空间关系。就是那个年代用这种方式学建筑，好像感觉自己是个知识分子。设计壮围张宅时，我那时大概 33 岁吧，想要直接用人的状态去处理空间。白派那种必须上下两层才能产生挑空、制造趣味的方式，我不想要，想要水平的空间，想要和天空连接。

小王：但是水平板和天空之间有个矛盾。我们一般人讲天空就是天上，眼睛通常就往上看，可是你讲的水平板反而阻挡了人往上看，不是吗？

黄：噢，这点我还蛮清楚的。我大学毕业设计做的是长荣海运游客中心，我跟一般人不一样的是，大多数人在海边做房子，想要的视野就是对着海，可是我当时就做出怪异的设计，就是我不是对着海，而是对着海岸线。

小王：所以你的天空不是天上，而是天跟地交接的那条线？你的天空是个有参考线的天空，不是纯粹的天空？也就是说，你的天空不是在天井或中庭里向上看的天空，不是理查德·迈耶挑空开个天窗看到的天空？

黄：对！对！不过壮围张宅的水平空间还跟另一件事有关。这说来有点好笑，你看张宅的平面还真是蛮密斯（Ludwig Mies van der Rohe）的对不对？张宅的原型来自我在东海时的医务室。这部分似乎一直是我的弱点，虽然我不喜欢符号，可是我常常想东西的时候，会流向符号。

小王：你就是很具象啦！可是这件事本身没有高下之分。

黄：东海医务室是一个封闭的格局，它是一个真的合院，可是我非常不喜欢合院，有可能我潜意识里面觉得合院本身是封建的，是利于管理的，跟中国传统的温驯有关的。但我又喜欢医务室扁平的尺度跟干净的尺寸。所以我想了一个方法，把它移植过来，因为喜欢趴在地上那个感觉，我真的喜欢它的扁、很矮、檐口非常非常低的感觉。连带着我也抓了合院，因为合院对抗海边恶劣气候是不错的。可是我又不喜欢合院，希望它无限地延伸出去。而檐口高度我也不断调整到差不多两米六，非常矮，矮到边缘几乎手举起来都可以摸到。张宅也是一个没有梁的房子，没有梁也是在反映那个没

445

有边际的天，因为它一旦有梁就没有了那种无限延伸的感觉。

理念五：山

小王：山在你的设计里似乎有一定分量，比如礁溪生活学习馆和樱花陵园，为何山是重要的？

黄：我不是那个时候才喜欢山，我申请研究所的作品集里面最明显的两个案子，都是跟地形有关。

小王：所以这是你的天性？

黄：我大学时候就很不喜欢房子是房子，我喜欢房子本身就是地形的一部分。我的毕业设计"八斗子长荣海运的训练中心"，就是在搞地形；另外一个案子是木栅石头公庙，重点也是地形。我本来就喜欢这个。

小王：对你而言，什么是山？

黄：礁溪生活学习馆和樱花陵园两案的山，是完全不同的山。樱花陵园是在真的山上，而在山上做建筑是我们原来不想碰的事，因为宜兰的环保意识很强。樱花陵园之前唯一的经验是忠烈祠，但那其实也只是山坡上的几个平台而已。樱花陵园这案子是我们接受高野游说才去做的，当初我们在他的规划案里看到的建筑基地是平的，上面想要盖一个 Dome（穹窿），一个地景式的纳骨堂，像县史馆那样，他们觉得那样很生态。直到我去过基地后，才发现那是一个斜的坡，不是图上画的平的。不过既然已经答应要做了，就不能反悔，但它明明是斜坡，我怎可能接受把它整平再盖个房子？

小王：所以你就把原来规划翻案了？

黄：我也不知道当时怎么会这么轻松让大家就接受了现在这个方案，重新保留了斜坡的魅力。但斜坡如果没有水平板来相衬的话，斜坡是看不见的，因为斜坡会变得再自然不过。另外，我一直想让坟墓是在树林里面，可是我们的文化不太能忍受风水上前面会有树，然而在山坡就有可能，因为如果控制得宜选对树种，斜坡会让树不会挡到坟墓。当时县长刘守成的一句话，也帮了很大的忙，他说："人在高空看着自己的故乡，是一种幸福！"

小王：我觉得除了水平板之外，垂直的挡土墙也很重要，不是吗？

黄：对！由于在宜兰生态蛮重要的，通常会尽量顺着地形好不做挡土墙，或是不让挡土墙变得高。可是在樱花林园我们故意要有挡土墙，而且这个挡土墙是垂直的线条，而不是斜的线条，这是一个蛮特别的动作。当时好像觉得去仿自然很腻，所以樱花陵

446

园的挡土墙常常是直线的、倒角的，而不是柔软的。因为这样直的下来才有机会长树，而这些树的树梢会跟上一阶的平地齐高，所以不会挡到坟墓，而且坟墓可以横无阻挡地看出去。所以挡土墙一定要存在，要不然就没办法从树梢看出去。因为它的重点在开放和无限延长。

王士芳：我觉得这个经验感觉跟那个礁溪生活学习馆有一点像，礁溪生活学习馆看起来就是有好多层的屋顶叠起来，户外平台是在每一层都出现。因此山坡的意义，就是它可以有好多层的屋顶，都不会被前面挡到，都能够看出去。

黄：礁溪户政并不是那个房子长得像一个山，我觉得大家或许会误解。其实重要的是，在房子上面走动的那个空间经验像是在山上。是把自己看成山的一部分，抱住那个山，当时想象是人在山林里泡温泉的感觉。但樱花陵园完全相反，我反而很刻意让人存在的空间都脱离那个土，因为我觉得坟墓地方所有的土，都有一种令人恐惧的味道。可是做礁溪生活学习馆，因为在都市里，尤其五峰旗那座山对礁溪人那么重要，我认识的礁溪人，早上都会去那个山走一圈，可是外来观光客完全不会想到那个山，他们想到的是温泉，而温泉是在房子里面的。所以当时比较强烈想要让那个山坡是横贯都市进来，是具有体感、肉搏战的山。我感觉到我自己是这样的人，纯粹视觉上，我比较倾向简单的空间，好像比较没有压力。可是如果我人要贴近的时候，这空间如果很简单，我反而觉得紧张，我贴近它的时候，我反而需要它是乱七八糟的，我就觉得还蛮舒服的，这就是我说的肉搏战的感觉。

理念六：游移

小王：我看你讲事情时很喜欢谈"家"，可是我觉得很吊诡，一个真正身处在家的人，不会谈"家"。你不断地谈论这件事情，是否因为"家"对你来讲不是那么具体？从你的生命经验来看，包括你们事务所的人很多都不是宜兰人，可是你们都想把宜兰当"家"，然而它终究不是你的家，从某个意义上来说。

黄：如果是在一般文化下定义的"家"，我显然是个不易找到家的人。

小王：这样你会窒息？

黄：对。我一开始本来就没有家，像我们这种外省第二代，我来宜兰之前已经搬过9次家，来宜兰后又搬了第10次、第11次家。所以谁是家的成员，对我来讲，是非常个人感情的，就是我说是就是。家庭成员重要的不是血缘，也不是地缘，没有血缘地缘关系的人，我一样可以把他们当家人看待。反正我不知道从什么时候起，就不太承认一般对家的集体定义，但我是不是真的很坚持？我也不知道。可是我感觉到我这个不承认，还是有很多人感兴趣，那这个不承认就不是我个人的而已，应该大家也都一定程度感受到才是。

大王：你刚讲"家"的状态，跟我们前面谈"在地"其实蛮连贯的。"家"不但是你一个重要的象征，你和它那种靠近跟分开之间的关系，是很特别的。你好像会喜欢某种甜美的东西，但是你的脑袋有某种程度的清醒是你会跟它保持距离，不会掉进去。

黄：对！

大王：但那个距离并不是混淆不清的距离，而是一种你要得到某种程度的自由而设想出来的距离。这种自由其实是很现代的，而那个甜美却是很传统的。你的特质就在于这两者之间、黑跟白之间，游移。你的位置不是选择纯黑或纯白，纯理性或纯感性，你要在这两者之间游离。

黄：对，而且这样子有可能偶尔我还可以 enjoy 一下纯黑或纯白的感觉。

大王：你就是要定在那个模糊地带，享受那个模糊地带。而且事实上，你也在这个模糊地带做出被赞许的作品。有些人在这模糊地带里什么都不是，两头落空，但是你就做出了成绩。

黄：这个游移某方面也是来自我们这个环境。在这里，没有人会帮你把环境准备好，因此我们得想办法自己调动资源，而调动的时候最好是有很多角度，这样调动才有可能。

大王：所以搞不好你的方式是最适合现在台湾的做法。台湾没有理性的环境，而我们尝试感情的时候，却绝对会变成一败涂地的滥情。但你不同，你标示出一条有趣的路子来。

理念七：大棚子

黄：大棚子是万能金刚，让什么事情都有可能。我甚至在做了棚子之后，并没有把它想成是一个棚子，是因为需要的是一种什么东西，可以把这个地方的感觉浮现出来，加上气候等等因素，最后它成了一个棚子，并不是先设定好要弄一个棚子而去做棚子。

小王：田中央的第一个棚子是葱蒜棚。为什么会有葱蒜棚？你说过这故事，本来业主的意思要做个卡拉 OK 在二楼上面，你把他们的想法推翻，用那笔钱在停车场上面建造了葱蒜棚。从某个角度来说，就是把一个实体性的建筑，放大虚无化成一个棚子。这是一件很有趣的事，对建筑的实体性提出质疑。在葱蒜棚这个第一次经验之后，它所造成的状态，有没有给你启发？所以你能进一步确定棚子，对宜兰的生活是有帮助的？

黄：这种说法比较是当年那时候，现在回头来看，搞不好还真的有别的意思。

小王：但它应该有意义，否则你不可能越做越大，而且越做越细致。你对大棚子的信心从何处来？是不是你感觉到它变成很多事情的综合。

黄：从生活上我学到："这么多事情乱七八糟要处理，最好的方式就是只做一件事，一件最有用的事。"我相信大棚子就是像这样的事，大棚子就是给原来定位不清、角色不明的地方定位和角色，但又说不清那个定位和角色是什么。我个性上本来就喜欢多样和复杂，可是又得找个什么东西，本身不能太复杂，能把这些多样复杂都收进来。这种东西想起来其实也不多，大棚子就是这种比较母性的东西，它什么东西都可以收进来，收进这些东西后不太会产生什么问题，然后在它里面这些东西还可以连来连去。

小王：可是这种在台湾的都市从来没有出现过，有的只是一些临时性的半户外空间，如办桌的棚子，可是用完就被拆掉。

黄：就是没有人把它当做主角啦，大家都是把它当作是延伸物。

小王：你什么时候意识到大棚子这件事要被认真地做？我觉得那个葱蒜棚对你来讲比较是自然推演的结果，还谈不上积极的意识。

黄：这件事情对我来讲好像真的是蛮自然的。比方说，我在耶鲁时做的爵士乐中心，就很像了，有一个超大的东西在上面，其他的事情就在下面发生。

小王：可是我说在台湾的现实上？比如，对我来说，从三星葱蒜棚子到丢丢当森林，它并不是个演进，而是跳跃。在宜兰火车站前面做这样大棚子，要承受的压力，跟要接受的质疑，应该都很巨大吧！因此相对来说，你也需要更强的信心，不是吗？那更不要说罗东新林场那个超级大棚子了！

黄：我举丢丢当为例。我那时想我需要一个东西来让大家注意宜兰火车站很重要，是个决战点，因为火车站出来的公共性就靠这一段，不能让它私有化变成旁边的那种楼房。必须想出一个论述，让县政府愿意出马跟台铁谈，去把它租下来，而红砖屋和大榕树又必须被保留下来。这个论述必须是属于另一个更高层次的，否则不会得到支持。所以这东西应该是既存物之外的一个东西，不能是宜兰是那种细碎肌理的东西，但也不能是台北 101 那种 uniform 的办公大楼。也就是需要一个"反"的东西，你了解这意思吗？

小王：好像有一点，你继续说。

黄：丢丢当森林一根柱子的尺度，对这城市来讲就是一栋房子的尺度，支撑了这个城市没有的大跨距，但又必须加上很多细腻的动作，比如把直线调整成折线，让它碎化掉。我很喜欢东西是重叠存在的。

449

小王：也就是大棚子是一个超宜兰的观念。就是我们一直在谈的在地和非在地之间的辩证关系，你的想法虽然来自在地，但是你是在里面可以跳到另一个层次，重新组织城市的基本关系。

理念八：尺度

小王：从机能的角度来看，社福馆本来会是个很机械性的大楼，一个对于邻近小区来说超级大的房子，但你把它碎化处理。如果不碎化，社福馆可能是旁边房子的30倍大，你就是用旁边房子的尺度把大房子给挤碎掉。

黄：以这块地的环境来讲我觉得还不错，但我还是一直在怀疑一件事，就是社福馆如果往河的那边形体维持稍微完整一点，会不会较好？最近我们做宜兰火车站前那个体育馆的案子，多年后又面临同样的问题，火车站出来以后仍然有一些长条街屋是碎碎的，但丢丢当森林铁树下面已构成了一个埕的感觉，想要让人从火车站出来有一种很小的尺度，想要让这样碎碎的尺度继续走，可是我就已经开始知道，面对火车站这种人流，那个碎是不会让你很愉快的，因为制造了太多摩擦力。

小王：我对你的碎倒是有一个不太一样的观察。例如罗东新林场的超级大棚子，这个棚子基本上不是现代主义的棚子，虽然它在很多面向上是由很技术性的事情所决定，但这个大棚子有个非常特别的地方，它的天花板是平的，而非地面是平的。就是说先制造一个平，当它的柱子变成了耐候性钢，当它在那个很大的平的下面，开始有一些小东西跑出来之后，它就变成一个隐喻的场所，因为这个对比让这些碎碎的小东西的聚合变得很清晰。棚子的非现代主义性是这样子产生的。所以说大棚子在某种程度上，也是碎掉，只是它碎的方式不像社福馆那样，是一种具象的方式。

黄：我听懂你讲的这两个差异，可是我不晓得你为什么要讲这个？

小王：我的意思是你怎么样去产生"碎"这件事，因为这两个案子基本上遭遇尺度的问题很类似，都是在一个小镇内要产生非常大的东西。

黄：但是反过来说，我知道说把一个东西击碎产生的效果，会比原本那个东西大，所以我如果希望它变大的时候，反而不是把它做大，而是打碎。我一直都有这个心法。

小王：但是怎么碎就凭直觉吗？直觉常常是很多经验的累积。

黄：若是直觉也是很多经验的累积。我常常会一阵一阵，常常把其他模型搬来比来比去，你知不知道？

小王：这我第一次知道。

450

黄：我常这样做，比方说，昨天苏子睿他们（黄）壮围游客中心 1:100 的模型出来，我就拿去跟体育馆摆在一起比，体育馆的 1/100 之前曾跟圣嘉民的模型比。因为已经盖出来的房子我有经验了，因为我知道它跟周围的关系成功或失败。

小王：这似乎蛮重要的。

黄：我们壮围张宅那高度之所以可以做到那么漂亮，是因为拿礁溪林宅来比，两个模型做出来会一直拿来比，当时觉得不满意的地方就在这修修改改，然后越修就越有经验，所以我们的模型会拿来比来比去。

小王：这样比有用，恐怕还跟你们做大尺度的模型有关。

黄：常常比较之后我发现，要带给地方一个好的未来就不能只用它旁边的东西当涵构，一直都会想一个稍微远距离的，甚至是很过去或是很未来的，而不是仅跟最旁边的比。

小王：你讲这件事情是指尺度的回应是立基于对城市有一个整体性的理解?

黄：对！因为我在回想你讲的，社福馆为什么我会选择跟旁的小区的尺度是一样，而罗东新林场没有这样做，并不是我忘了这件事，而是我们更在意的是它的任务不同。

王俊雄整理，黄声远校对

"中国建筑传媒奖"
获奖感言

黄声远

宜兰位于台湾东北角，总共 46 万人口，五条水系都指向龟山岛，五个主要城市的人口都在浪漫的五万到十万之间，地理上山脉把兰阳平原跟台湾西岸的城镇隔开，历史上这片土地一直都保持着自主的性格。

宜兰人一直在走不一样的路，愿意让彼此有能力尝试新的未来，而田中央有幸身在其中。这里有一群公务人员愿意倾听人民的声音，秉着自己也是居民的心情，坚守各自的工作位置。他们勇于承担责任、尊重专业，并且和一群一群在地蹲点的工作者结合。无论先来后到，大家知道居民最需要的，是在多数人善意"表达意见"后就"各自去忙"的现实中，有勇气扛起"动手做"的承担，一年又一年细心协调而且"撑到最后"。就算已经分不清是谁的想法，只要是为了公共，就不放弃任何局部实现的可能。

这些前赴后继的专业者不会因为地方政治上的扭曲而裹足不前，也不会因选举时的蓝绿恶斗，有一方找人在地上喷漆，民粹式地讲谁谁谁不是宜兰人就泄气。

乡愁式的抽搐并非自由的青年们可以贡献的回家之路，为了反省几个长期在地团队也有可能共同形成一言堂，不时出现各式各样的地景尝试，有时只是一种友善的邀请；是自我批判的开始，是还没成熟的学习，而非被误会的"形式自信"。

"没见过的样子"在民主社会最终还能被实现而且跨出一步，通常是真实生活的社群包括在地公务员，起来集体反抗包括"政治正确"、"机能挂帅"等隐藏霸权的结果，想找出亲爱家人本来该有的生活。

其实，每一个小城的活化都是非常多团队、非常多人共同努力的，田中央的青年只是从不缺席，也从不放弃。这一代年轻人对英雄式的一意孤行并没有兴趣，他们已经能够和别的团队自自然然地跨界合作，主动，而且愿意不断调整。"人的一生，可贵在能成就什么。"自由的年轻人，一棒接一棒，永远把感谢放在心上。

已经做了14年的罗东文化工场终于开始运营了，当年暂定的名称"罗东新林场"已经走入历史，以后官方的正式名称为"罗东文化工场"，而地方居民仍亲切叫它"丝瓜棚"。从设计到施工，透过与上千人不断沟通，田中央九万小时的集体工作（还不包括营建工人、专家学者以及公务员），心情放松不预设立场，才慢慢凝聚出四周社区真正需要的那片空白。

经过14年努力，跨越"中央"两次与宜兰县二次的"政党轮替"，历任三任县长，七任文化局长操盘，不太顺，反而能慢慢累积认同，开枝散叶，开花结果。希望从来没有忘记过居民们每一个小小托付，暂时做不到的，也留在心里等待。

罗东文化工场是一大群青年的合作接力，包括前赴后继陪我们找方法的热血公务员，以及各行各业在地的民意支持。互相信任的各方承办人员终于能在超大量施工图、预算书、政治敏感的肉搏战中支撑过来。这是一留下空白以等待层层文化从土地里逐渐"生成"的骨架，是邀请人的聚集而非拼凑既定的模式；是让每一个人可以公平登上都市屋顶的礼物；是铺陈"小镇文化廊道"这样的软性组织，钻来钻去的四处蔓延，想要为公共做什么而不是成为什么的冒险付出。

每一个小地方都需要相信自己能够往前连接历史，往后构建传奇。越来越多的自由专业者，选择离开都会定居乡间，他们比同龄待在都会的青年容易跨过门槛，早一点选择土地或者老房子，动手建成自己的住宅或者工作室，大伙互相扶持，轮番体验必要的专业经验，无时无刻不忘那"人人平等"、"生命不被分割"的初衷，这里已是逐渐真实的明日家园。

以前学者们会担心建筑师听不见住民心声，其实这一代在左派理论耳提面命下成长的青年建筑师，不少已成熟到另一个境界。各位看到的常是"见山又是山"来回小心思考的结果。他们知道通常去问个别使用者得到的意见是"再大一点"、"再亮一点"。然而那还是人性中永不满足的反映，很自然，但毕竟不符合有限资源下的公共利益。例如在津梅栈道的十年奋斗中，社会的阿妈告诉我们路要窄一点，才不会有人盘踞，流动时而正面相逢才更增添彼此认识的机会。灯不要太亮以免干扰到鸟和植物的休息。扛起可能被骂但比较永续的责任，每一个动作，其实都要经得起更大范围地方整体民意考验才做得出来。

很高兴有机会从这么远的南方，向快乐的同事、快乐的邻居、市民，还有年轻热血、前赴后继的县政府承办人员致敬。

祝福南方！祝福深圳！

当宜兰遇上田中央

黄声远

朱　涛

连接与可能性

朱涛（以下简称"朱"）：你被公认为台湾"在地化建筑师"的代表之一。大家都佩服你在宜兰持续 20 年的空间实践，帮助强化了宜兰的地方身份和特征。我们也许可以从两方面理解你的工作：一是你努力在建筑、地景语言上探讨和表现宜兰特色，这我希望能在稍后慢慢探讨；二是，我认为你工作更富特色的，你不光设计单个的房子和地景，还经过多年努力，把你那些分布在宜兰各地的作品，利用各种外部公共空间，街道、桥、公园等，逐渐地都串联起来，最终形成一条条连续的景观廊道。有些景观廊道的伸展范围已经相当大了，有了区域性尺度。但它们还在你的持续"栽培"下，像超级藤蔓一样，继续生长、蔓延，似乎最终要连成"景观网络"。你为什么老是连来连去？

黄声远（以下简称"黄"）：有一个原因：台湾的公共政策，你做完一个房子，没有什么机会去修正它。一个房子做了以后，其实是有生命的，对不对？它会坏掉，也会因为我们的年幼无知，因为我们被厂商骗，材料用的不对，对人的估计也会错误……既然它一定会在一个什么地方变坏，那我后来想出个方法。比如西堤屋桥，来回修过很多次。开始犯了很多小错误，材料不了解，漆也不对，后来我知道就说，要面对时间这个事情，要有一些策略。大多数的材料最好还是它原原本本的材料，凡是有套路的建筑系统里面的一部分，通常都会有事。因为建筑系统常常设计的选择就是要更替的，需固定地花钱维护。可是政府的预算是不会有后面那一笔的，所以我当时的想法，就是永远记得在它旁边搞另一个 project 出来，这个 project 可以伸手出来去救原来那个，因为很少能有原有的钱再去修原来那个。真正认识到设计的核心部分，先取得一个重大突破，细节再慢慢修正，这个在私人项目可以的策略，但是公共建筑几乎不可能。我只好在它旁边再搞一个什么东西。没办法搞得很近，就搞得稍微远一点，中间再搞一搞，才有机会让所有事情是在一个有机互补的状态。我们开始也根本不知道要怎么面对，所以需要实验，需要动手做才知道。所以我们都是逮着机会就做做做，做的过程里会有体验。所以说"连来连去"，动机跟这个有关。

朱：你光说用后一个修复前一个，也太简单了吧。比如你修一栋西堤社福馆建筑，还觉得不够，非要伸出一个西堤屋桥，超出基地边界，跨越公路，直抵宜兰河边。你再为河岸修一个观景台，整治河岸地景，又继续在过河的混凝土桥边增设人行道桥，一直把"气"贯通到河对岸——这显然不光是为了修复自己，而是为了两岸的连通，城市空间的打通，这种做法我觉得你是一以贯之的。你也许一开始也是按通常建筑师的理念做单个 object，但不知什么时候，你开始 zoom out，开始拼命搞各种区域空间联结，要生发出更整体、更大尺度的能量。

黄：我有个奇怪的个性，你看我都不喜欢跟人家约时间。我也不喜欢被绑住。一旦觉得被卡住，就很不舒服。比如西堤屋桥到了堤防上，面对着宜兰河。我觉得河比湖厉害，呜地就出去了。做宜兰河的时候，我才知道水是这样流的，流水对于河岸有削切和堆积，我想让两岸的不同被感觉出来，想要让这个河被意识到，而想要感觉出得来，人就最好实地进去体验。

那个步行桥（津梅栈道）真的做了好多好多年，都不知道怎么算它开始的时间。一开始异想天开，说可不可以装个电梯，一个按钮，呜就划过去。还想过在河里拉筏。但河川法令，几公里几棵树都管得紧紧的，所以很多最初的设想，技术上最后被调整成今天的样子。（当时）怎么起脚射门而且还踢进去了，我们也不晓得。（能做的）就是含在嘴里，不要放，一直关注着。西堤屋桥则是碰上郝柏村上台，行政院要扩大内需，一下撒钱出来，地方政府一下不知道钱要往哪里花。可我们做设计的早就自己先想好该做的事，只是没预算。以前做社福馆时就想，这里通不出去有点难过，于是想伸一只脚跨上河堤，设计先做好，如果未来有机会就可以直接把图建议给政府，没想到运气好大家高兴就把它给做出来了。同样，后来横跨宜兰河的津梅栈道，是不小心赶上了一个"竞争型城乡风貌"的政策，当时全台湾讲究工程要减量，如果是凸显性的就要不到钱。所以那时我们想到，把河堤安排出一个裂缝，那个裂缝其实就是椅子，可以坐。想象中秋节，河两岸的人可以一起看月亮……一千人一起看月亮，那是多么壮观！

我们那个年代的愤青，看到一样的努力产生不一样的命运，就觉得不爽。有一个议员，要去盖一条方便回家的水泥桥，他改变了桥的弯度，出入口下到哪条街，那条街马上就被改变了，对面的能量通通被吸过来，乡村的能量全部被吸进城市，没有倒灌回去。我一直觉得，要想个什么办法，让这些能量倒灌回去。

这些思路呢，老实讲没多么有头绪。我们的人生就只有那么点时间，能够让它挣脱现在的、闷在那里的感觉，能够动就先动。纯粹是想要挣脱一点什么东西。倒是每件事情我们都没有把它做绝，都只做了一个头，会很小心地保留可能性，因为知道随时可能有新的东西、新的计划出来，只做一个头，必要时还可以扭过去。

朱：你这里说的是策略上可以很灵活，每一点都是比较开放的。但是"连"的这种意识，你不妨好好想想，是从什么时候开始的？你描绘的这些动作都很生动，比如"不愿意闷在那里"、"疏通"、"倒灌"……这种对"空间能量"的体验，我觉得很重要。刚才你提到，一条高速公路修过来，整个区域空间格局全变了，老城可能迅速衰落，郊区可能迅速成为新区；很多河流在历史上曾是重要航道和地景通道，但铁路、公路一通，它们迅速没落。你的工作室最近又在帮助宜兰修复水网、水道……不管具体策略上多么灵活多变，或者迟疑不定，但是这种"连接"不是典型建筑师的思维，因为建筑师的做法是受土地开发模式局限的：地块边界划定后，我业主在里面该修多大的建筑，你建筑师给我修出来……

黄：不对，如果是这样，我就不干建筑师了……

朱：对。通常建筑师对城市的地面、水流，所有的这种大尺度的连续性，实际上是不在乎的，他也没有责任去在乎。但你这种"连接"意识是从什么时候开始的？一个东西你觉得"闷"，要往外长、往外冲，一连20年，发现好多东西连起来成了网络。其实在你这里，建筑设计、城市设计、景观设计，是合在一起了，甚至从城镇规划到区域规划都在做。

黄：你讲得有点像哎。我曾经和另一位老师出了一次台湾的建筑师考试的题目，一个题目让所有人都大为惊骇。是反过来出的题：我们先照了照片，里面有一些房子，请准建筑师们做出它们的基地。让他们想，这个基地所在环境可以是长什么样子，应该要有什么功能。很多人竟然完全想象不出来。

朱：这让我想起来，我的老师肯尼思·弗兰姆普敦（Kenneth Frampton）有段时间特别迷恋景观。他说建筑不可能了，只有整体的地形、地景设计（landform, landscape）才能修复城市空间的连续性。因为当代建筑就是一个个孤立的 object。传统的城镇是有连续性的，它通过街道网、通过低密度的城市肌理实现空间的连续性。但现在的私有开发，就是划分地块，各自往上修房子而已，只剩下地面才可以维持或修复连续性。

黄：回想一开始，我们在做礁溪林宅的时候，就并没有觉得那个水池不是我们要管的，那些老房子不是我们的……

朱：通常的建筑师，做房子有红线。你是不是从一开始就没有想到有红线？是不是宜兰给你提供了这样一个空间？上来就根本看不到红线……

黄：我们大部分的 project 看起来……比如礁溪林宅，看起来是个住宅，可它摆明了又不是一个住宅。主人一直跟我说，他要回去妈妈家吃饭，他们村子的人也可以统统到他们家来……他家根本是一个小区活动中心。来到宜兰后，我才确信，其实不必一定是产权优先，公共性是可以渗透到我家客厅里面的。在一个熟人社会里，所有空间都是流动的（朱：不受产权界限影响），而且我觉得大家都有这种气度，如果有人只去主张自己的所有权，会是一种丢脸的行为，在那个社会是会被唾弃的。也许这只是部分的个人的宜兰经验，只是刚好在台北和花莲就没有。最近非常讨厌，有一群人要在兰阳溪口做什么小区农地重划。如果成真，我们可能得不惜跟县政府翻脸——它要在兰阳溪口做小区的农地重划，简单地以为可以取得公共设施用地，同时整理出一些新的住宅地块，但那些地块很可能是都市人买走啊。那么漂亮的地方，台北人一定可以出一个比较高的价钱拿下来作度假用。那是咽喉之地啊，三条水汇合的地方，宜兰最有象征意涵、最敏感的地方！那个地方怎么可以把它拿来，规划得让它有被私有收购的可能？这是伤害在地感情的，理论上政府要协助的是让原居民建立特殊、长久的产业连接，适当补偿那些家族因为替大家贡献所受的限制……我们好不容易选择做建筑这一行，就是以为建筑可以帮助社会摆脱一些事情。觉得搞空间的人可以让我们解放。想要学建筑就是和这个有关，如果自己把自己绑住了，只能在框框里做，那不是……

朱：这里连带出一个空间政治的问题。我们在说"连接"，连通的主要是开放性的公共空间。你好像特别不赞成宝贵的公共开放空间被私有开发占据。比如，你宁可在宜兰火车站门前广场，花巨资修丢丢当森林，占据地盘，根除以后私有资本开发的可能性——这种空间政治意识是怎么来的？大部分的建筑师是不会、也无法考虑这些的……在空间产业链里，建筑师往往处于很下游的环节，在开发商决策的下游。

黄：我非常不喜欢公共在私人的下游哎。总有一个方式公共可以翻到私人上面去。谁会比"公共"更大呢？实质环境中我觉得"空"最大。好多地方给了我们这样的经验，反正趁机会，只要特定使用者一不注意就把它挖空。通常业主不会想到该让核心区"空"的，有空地就一定要想方设法"塞"功能进去。政绩性的思维总想要制造很多"面包"，感觉上做了很多事，可以被数得出来的功劳。可是如果是这样子，例如我们罗东文化工场，里面有很多功能，有一天，换了一个执政者，新的主办官员可能会说，哟，我们再多加一些，通常是这样子的。宜兰当时好险的是换执政党的时候为了要降低预算，让我们有机会减少不一定要的功能，趁机把剖面上中段的部分给它铲掉，从此以后它就自主了。空了以后，就没有人敢再让它往上加东西。我们也赶快去计算，把下层结构的强度降到刚好，让结构的强度以后不能再支撑加盖。我很怕再下一任政府想要再加盖什么东西堵回去。它是空的，让四周可以看见彼此，应该没有人会没品位到去挡住邻居。保住了这个"空"，就保住了一个时间上的自由。因为你不管怎么换，这个东西先护住了，掌握了这个"空"，不管怎么变，大家都能分享核心。

朱：可不可以这样理解：你理想中的公共空间，一是绝对不能被私有开发占据；其次是，即使是公有的空间，你也希望，从剖面上、从地面上，尽可能留"空"来营造无穷多的可能性，而不要被限制？

黄：对，还有我觉得用它的人都有责任要付出心思，都需要努力，要奋斗才可以用到它。不能说分到他就是他的，因为"公共"不是这样分的。喜欢在"空"里引入不必然稳定的软件，这也能让很多追求稳定的人不愉快。像文化工场的美术馆漂起在三楼，有些美术协会的成员就很生气啊，他说："我们的画放在一楼都没人看，放在三楼谁要看啊？"我觉得你说对了，人民有选择的权利。有"画廊"放在地面就完蛋了，初一到十五全部讨好式地排满，有的还透过关系硬塞进来，完全动弹不得，留不出空去迎接新东西，还占了一块地，把那个"通"也破坏掉了。所以直接把现代性展馆放到三楼是重要的策略。棚架下保留起伏的当代性空间。

朱：谁也不能妨碍其他的可能性——像你说的三楼的画廊，上面在布展，下面还可以用来做其他的事情。宁可把最多的"空"给未来，给各种其他的可能性。

黄：对。如果有一天它不是画廊了，不是就不是啊，可能更有反省冲击力。如果一开始做死了，就很惨。这个思路按王俊雄的解读，是我们这种出生在戒严时代的人，骨子里有恐惧，怕什么事情被人家说了算。他觉得这是戒严时代走过的人心里的伤痕。

美就是往前走一步

朱：将近 20 年的城市地景的连通，生态的维护、修复，美好空间的塑造，为形成宜兰清晰的身份，加强它的家园意识，甚至宜兰在整个政治版图上的自治，你贡献了很大力量，你同不同意？

黄：我们这个团队也许有一点贡献在于"让更多的人相信，什么事情都是可能的"。这是我们的努力在政治上的意义，然后我也明白，为什么仍有很多人讨厌这群善良的年轻人，不喜欢我们做事的方式。他们觉得这帮人"难以捉摸"，你干嘛，你按照时间表把预算书交掉，按照体系分工就好啦，干嘛一直让事情变得很开放而难以收拾？他们就是受不了每一件事情，一定要问一下，真的要这样吗？简单扣帽子说我们就是"不守规矩"。我们用空间解放了使用的可能性：过桥怎么可以是这个样子？就是可以啊！公共建筑怎么可以是这个样子？那就是可以啊！做一个有反省的公共建筑很难哎，中间要多少人盖章，只要有几个关键的人反对，就可能盖不成。公共建筑是一个集体同

458

意的结果，不是说一个老板说要盖就能盖的，而是要非常多人去同意。解放被禁锢的，希望我们这个团队真的有贡献。但最终，我觉得时间是站在平等、公共这边的。

朱：为什么呢？

黄：因为政客一定会下台的啊。

朱：你是通过专业的能力认识到，田中央这些东西是争取公共的利益。不可能有公众选票直接帮你，如果真的要公众每个人问卷，每个人关心的是自己个人的补偿利益，不可能达到一个规划上的合理解决。那这个时候，你是不是觉得，坚持专业信念，这个信念是超越政党，甚至超越局部的民主程序，一定要坚持，时间能帮你证明？

黄：有些反省必须是超越民粹的。我觉得民意调查常常是靠不住的，因为通常不是想长期的公益……而公共资源在某一个时间点，往往机会只有一次。你必须要做一个让它往前进的。所以我认为每一件事情，都必须想要有贡献。

朱：你这个贡献是指对公共资源的贡献，还是对建筑学的贡献？还是两个都有。

黄：我不晓得怎么定义，就是讨厌会导致今天状态不好的那些事情吧。只要有一点点机会，让它改善一点，就 OK 了。比如樱花陵园的桥（设计），那根本是我们"捞过界"，那本是农业局做的山区道路规划的一部分，我们看到图，就是没感觉啊。这是樱花陵园的入口，我们就想说能不能是一个弯的桥，环抱整个兰阳平原。当时的工务处长听了，觉得有兴趣，他跑去找农业处长说，这个桥拿来我们做好不好？你们路就做到那个端点，不要再往上做了，这部分我们来做。田中央背后有很多不知道会从哪里冒出来的贵人啊！如果只是自己这么想，却没有人去搞它一下，我们也根本做不到。就是有那么个人出现，发神经去跟农业局讲说我们来做，就因为他听进了浪漫的想法。结构技师原本要做一个很干净优美的桥，结构表现很清楚，可是我觉得，那这样子，人就相对变第二啦。纯物理性的表达，常不足以响应环境的身世，原意是要拥抱山下的城市，拥抱我们的故乡，怎么变成表现这个桥了？我后来想通了，就加了一个走向溪谷的步行道，不那么纯粹味道，就比较对了。结构技师不习惯啊，说哪有需要？我当然是逮了另一些原因：请日本的技师把台湾工程测量、地质测量可能不够准确的因素考虑进去，也找了两个在地的结构和大地技师复查，看出这里地质有可能有的风险，真的也需要加一个够大的斜撑。最后用了这个综合见解，由甲方发动变更执行出非纯粹数理而是有人的味道的桥，一个环境的互动，不只是结构的表达。

朱：台湾的小区建设，或者 1970 年代美国的小区参与，往往形成一个结果，建筑设计的想象与创造力其实变成最不重要的事情。群体的意见一表达，最后结果往往就是"维持现状"，各种意见一交织，现状往往是最好的，能容纳大家的意见。那么你们多少是要追求一种更往前的空间解放的程度吧？你其实是想告诉公众，一方面，我是在为大家的利益做这些事情；另一方面，你们应该相信，往前走一步，可以更获得一种解放。

黄：啊对对，我是非常相信别人的智慧，新人的出手极可能比自己好，未来的想象可以比以前好，人是可以一步一步往前走的。当然也偶有风险。

朱：有可能有风险，因为通常我们接受的是惯例，因为日常生活都是重复嘛。如果有这样一批专业工作者告诉我，这个空间其实有更好的一种潜能，让你得到生命的解放，哪怕是一个瞬间的解放，这时候你的体验就会更丰富……

黄：因为大家都往前跨了一步，享受一种……我们过去的那些辛劳，有点提升、升华的感觉。这确实是一种批判的审美。我们的社会现在是不讲这个的，习惯讲儒家嘛。但我觉得这个时候，要认真把这个讲出来，要不然我觉得对在超越现状上挣扎付出的人是不公平的，他的牺牲没有得到该有的支持度。习惯要求别人"正确"的人要不说你是玩物丧志啊，要不然就是形式主义啊，要不就是拿着公共资源去成就你个人的快乐啦，就是讲这种嘛。怎么是这样呢？到最后没人谈自由与解放，所以唯一可以接受的变化是，回到过去，好像怀旧变成了一种道德，这可怕极了。怎么会是这样呢？因为过去多数都包含了一种长期积累的压迫，过去怎么可能很美好？如果很美好，你去过过看啊。

朱：对现状不满，一般人也没有想象未来的新的可能性的能力，没有勇气。

黄：（前进）有风险，当然会出现一些其他的副作用，但那个副作用我们有能力解决啊。现在就动不动去挑那些"副作用"，把副作用夸大，说这个事情是改变引发出来的，你看怎么办？但问题是变好的部分怎么不说呢？要被公平对待啊。

在地与超越

朱：田中央未来会不会考虑外地的项目，比如大陆。田中央这种工作模式，每次要带一个团队去工地，这种方式是不是注定了你只能做在地的项目？还是可以操作？

黄：我有动过念头，日本"3·31"地震之后，最近有团体想找我们去帮忙动脑。日本那种工作秩序，似乎真的是你只要出个点子，他们就可以把剩下的都干了。我觉得去大陆会相对困难。我们如果跑去大陆，丢了一个什么（点子），可能会害了他们哎。如果认真地帮忙执行到最后，就得长期住下来，质量也许OK……可是我怀疑我们真有那个能力吗？老实讲，我对大陆朋友是有感情的，不太能说看他们的家园坏了就算了，我不太能够接受这种冷漠。人的焦虑是看得到的，听得懂的……我去年去大陆去了八次。人家都觉得我疯了，不是摆明了不做大陆的业务吗？那你干嘛一直去大陆？

朱：对啊，干嘛？

黄：会跑大陆，多多少少也是觉得说，既然人家想听听你的经验，那就很诚意地把真实讲一讲，让多一点人听。光听能干嘛？我也不知道，听听再说嘛。我也好奇，大陆对我来讲到处是书上念过的东西，也大都没有去过。没去过的地方，有人请我去就尽量找时间。也真的有一点心愿，万一我在台湾讲了半天台湾没有改变，大陆也许有一天反而会发生啊。所以我就觉得多去经历了解，真的是该做的事哎。也不是只去大陆，我还去香港，还有印度、新加坡、美国、马来西亚去讲去住。我总是希望如果有缘人能够看到，发现原来疯子也可以活，而得到鼓舞，那就好。十多年前，第一次去大陆感觉是非常难过的。我觉得自己明显是跑到一个我完全不熟悉的文化领域，可是那里的人所面对的问题，跟这里面对的问题本质是一样的。我看到的窘相、惨状，会觉得这是不对的，但这和我们也只是一个程度上的差异，或者位置上发生在不同的阶级，或者是时间点机缘上的差异而已。没有办法用一个度假的心情去享受在大陆的旅程，没有办法说到一个地方，只当作观察异质文化，只对自己很有启发，只让自己很长进……

朱：2008年汶川大地震之后……我还是佩服谢英俊，他根本不是像我们在城市里，还找星巴克谈啊什么的，他直接就跑到乡村里，直接就做了……阪茂是走官方路线，从上而下；谢英俊的经验是，我直接跑去修农民的房子，才不管政策——你要是等那个从上到下的政策，每一级都不想担任何责任。本质上说，谢英俊的做法几乎是违法的，他的轻钢体系不符合内地的结构法规，他的施工、保险在大陆都是在体系之外的，每一步都有问题，但是谢英俊他很鬼，他说这是农民自己修的，不是我推广的。所以直接找到草根，最底层的，最多就是说服村长，跟村长喝杯酒，一个村就搞定了。但是你要是跑到省建委，往下走，几年也搞不成。他又是个台湾人，又牵涉到很敏感的问题，他就直接从最基层开始做，反而有大把的空间。

黄：而且他就实现了当下最重要的、最核心的事情，超越简化的法律，我觉得这是非常好的。

朱：很讽刺的就是，地震之后，大陆建筑师一方面没有经验，首先就根本不注重乡村，都是城市开发，这种应急性的结构体系，时间、施工，所有人都没有这方面的知识，大家就都埋怨体制，说体制不给我们空间，我们不熟悉怎么操作……结果反而是最不熟悉大陆的谢英俊，到这里最有成果。

黄：我觉得不管是哪里都要克服这一点，那个体制其实管不到所有的事情呀。在台湾，我们也得不犹豫去做一堆灰色地带的事情，冲撞一堆搞不清楚法律是允许还是不允许做的事情。我们也偷偷去帮谢英俊。那年台湾"8·8"水灾，谢英俊已经疲于奔命了，当时四大慈善机构在各地盘，"中央政府"主要的关心在每一个人的权益是多少，可是整体规划没有人做。一个聚落要重建，需要有公共设施的规划，至少每个公共设施的用地要先留着。可是谢英俊已经分不出身，他直接带人进去盖，可是选址及公共设施的位置，这些规划没有人处理，我们田中央一批正规军决定到现场，躲到谢英俊的工寮里面帮忙，由全部实习生留下宜兰看店。

我知道田中央平常的做事方式，根本完全没有办法应急。"8·8"水灾后，事务所的年轻人和实习生们说要放弃活动去救灾，却也怕上了灾区反而去成为人家的负担，顶多是去挖挖土吧。后来我就打电话给谢英俊，他说正好想找我们来帮忙。谢英俊希望我们可以做一些仿真配置底图，好开始挨家挨户谈，知道我们对小区是非常有经验的。挖土机开路，我们深入了十个村子，就公共设施、配置都做了一些调查和建议。

那是每天都很紧急的行动。谢英俊真的厉害（之处）在于他能够看透这些组织者的矛盾，但是不理它们，不是跟他斗，不是在乎谁赢谁输，而是真的赶快把事情往前推进。

朱：谢英俊和田中央，你们开发出两种很不一样的建筑实践的模式，而且跟现在通常的这些都不一样。谢英俊有点恢复了古代这种 master builder 的传统，总体建造师。他可以到处旅行。因为他的轻钢体系多少可以说是一种新的标准化的体系，可以迅速降落在一个地方。他的填充墙、屋顶形状，稍微改造一下可以适应地方传统。但因为这个体系足够的标准化，足够简单，一下子空降到一个灾难的发生地，迅速地培训一批人，他们又带了材料，加工器械，都很简单，稀里哗啦就起来了。那边发生灾难，马上就过去，空降的建造团队。他改造了建造的材料体系、建造的工序，设计师的能量，实际上把这些全部贯穿了。你们相反，你们扎在一块地上，比如宜兰这块地，一搞，20 年。

黄：我们每天都在学习，真正相信的是每一朵小小的茉莉花。虽然叫我们去外地做事，我都觉得我们能力有限。可是如果在自己的这片土地上找事做，如果这个事情连我们都做得对，理论上谁都可以有机会做对。我觉得如果我们都可以做得出来，那任何人都可以做得出来。

朱：但事实上没有任何一个建筑师能像你们这样，钉在一片土地上。

黄：只是时间还没到吧。而且我有一点感觉，在地实践也会发生在大陆。

朱：你说类似这样实践的模式，在大陆……那是有可能的。比如黄印武在云南沙溪，一搞好几年。大陆版图那么大，如果有这个意识的话，将来的确是有可能。但现在真的……不超过五个吧。

黄：真的吗？十几亿人口……每一个人都得把自己先放开，不要老是把自己放在一个标准去想象的人生。先放开自己，重写自己的人生，有成就感、快乐，我们一开始就知道跟别人不一样。这个说实在，一点都不难哎。当然每个地方都有每个地方的条件，我觉得大陆这么多样化，很多地方都怪得很棒，一定会出现各式各样的人！

朱：你去大陆，应该还有更大的意义，不光是你可以给学生提供一种新的实践的模式。这样想，我们外在的人想内地的版图，要么就是铁板一块，大陆 VS 台湾，大陆 VS 美国；要不就是金字塔这种行政机构，中央到各省，然后省到县、市、乡村。我们现在重新想，如果大陆是无穷多个宜兰，这就完全不一样了。

黄：对对对，这样好美……

朱：这就完全不一样了，这就是真正的大陆，就像欧洲大陆一样，有无数个传统文化、空间格局、生态系统，如果转换成这样，那么大陆每一个地方都可以成为宜兰，每个地方都有自己的文化身份、追求，那建筑师在每个地方都可以起作用的，都可以像你对宜兰这样。文化不只是文学、历史，也有空间，空间营造从专业角度其实是最远离直接的政治，是跟物质性的环境有关的，但实际上又是把人的社会关系牢牢绑在一起的。两岸三地的交流，从这个层面上是可以非常有效地展开的。有了这样的意识的话，这样就鼓励内地建筑师不要老挤在几个城市里，可以做很多很多事情。大陆的传统是非常丰富的，不同的气候地形……这时候爆发出来能量就很大了。

黄：心里真的很期待这个事情啊。我们在宜兰简直快把有限的资源榨干了，到底有多少好东西啊，拼命挖，拼命挖。可是大陆，应该到处都是吧！随便讲一个黑龙江，一定很有趣吧，对人类文化的贡献一定有很多完全不一样，可是棒得不得了的东西。我上次去新疆，新疆好玩得不得了，新疆的水果多好吃啊！我以前以为台湾的水果是世界上最好吃的，原来根还有更多……田中央有过一个大陆实习生叫王侃，我当时就问他说你还蛮喜欢台湾的，那你有没有想过找台湾女朋友啊？来台湾发展你的建筑事业，说不定会比较靠近你想做的事情。他想了半天，跟我说他家在苏州同里，他觉得宜兰的水虽然好，但家乡的水更像是日常无时无刻、好像走在路上就有的那个水，他觉得台湾还是少了一点什么。他有一天去故宫，看到那些老器物里面的线条，他很着迷，看了一整天，他跑去台北就看了一整天线条……我们台湾的孩子是不会这样子想事情的。王侃其实是对他的家乡充满了非常清楚的感情，我还蛮清楚从他身上看到那个土地里面的那个依恋，让他真的很珍惜他的家乡，我就觉得这是个力道。家乡就是家乡，我很羡慕那深刻。台湾虽然有这么多舒服的制度，令他羡慕的事情，可是他还是觉得那（家乡）有一种让他无法忘怀的质量。这很动人呐。

朱：现在大陆，包括香港的建筑教育很大的一个失败，就是把学生对家园的自豪感给毁掉了。大家传诵的都是国际上流行的话语，时髦的理论、概念、现象。大家谈来谈去就是那几个国际著名建筑师，很少空间去探讨个人的背景、独特性……教育在压制那些东西，而不是在释放。我觉得你们的意义是……在社会分工越来越细的情况下，建筑工业的生产链条里，建筑师这个位置越来越被限定了，你和谢英俊，你们用不同的方式在这个链条里尽可能拓展空间。然后影响了决策，影响了建造，影响了大尺度的规划。

黄：不过你们就不要把它英雄化，因为这跟事实不合。我在现实生活是蛮窝囊的啊，我一天到晚是被修理的啊，人家背后也一直讲一些酸酸的话。不是那种双枪侠出去很帅，真的不是那么回事。如果讲成这样，会误导人家，大家会以为做这件事情还蛮爽的。其实真的很平常，倒是我的心里是快乐的。那些不实的偏见也不会影响到我们很坚定地做事，因为我们确实在做一件件长久之事，而且也不是只关于我的，是这么多人想要做的事。我确实觉得如果事是对的，那些人（制造我挫折的）都不是对手，老实讲，他们也真是我们一票票选出来的。

朱：你要知道大部分建筑师的状态是整天受甲方的气，你让我改这个立面，我就改啰，因为要吃这碗饭嘛。

黄：我们要饿死真的不容易啦。虽然我没有什么身家背景，白手起家，可是至少我爸妈健康啊，就是还是有一些还算幸运的条件吧……不过我有点担心，一直鼓励人家做公共的事情是不是对？也有人提醒我说，你可以，别人不一定觉得可以。

朱：这就像种子一样，你撒到田里，它该是什么样就是什么样。但我觉得这是有意义的，这是对职业本身的一种价值的肯定。还有，从这个工作的结果，在今天这个全球化的时候，其实更多的价值肯定是在 global citizen，世界建筑师，寰球建筑师，认为一个建筑师可以到任何地方处理东西，要么是大师型的，要么是标准化的建筑师……但是你这个现象可以说极其固执，哪儿都不去，我就在这里，用台湾的翻译就是"在地化"，动作感很强，"在地"。

黄：我快乐得不得了，我觉得我每天早上在那里鬼混，晃来晃去不必坐车，这非常愉快。我不知道别人可不可以这样，可是这（对我）是非常愉快的事情。你看我晚上工作也不会到多晚，每件事不也都扎扎实实地解决了？因为根本就在现场解决的啊。什么人行道高低，美术馆够不够大，我在图上搞半天，做完心里还是虚虚的，但在现场看，高高兴兴的，因为信息充足，问题容易解决啊。例如什么树该不该留，在办公室讨论得半死，可在现场一看，轻轻松松就看出了方向。

朱：所以我想说的是，这些工作的意义已经不只局限于这块地了。（就像）王俊雄阐释的，对台湾建筑来说，宜兰建筑其实是给台湾开创了一个全新的境界，如果说配合台湾的本土文化意识，其实宜兰建筑在这方面做的是最强的。所以因为这种特别固执的在地化，其实有了一个超越于这个地方的意义，给台湾一个身份。我觉得也给全球化的世界建筑界提供一种启发：正因为非常认真地在地化，或者说一种抵抗全球化，或者给全球化的过程中提供一种新的可能性……在任何一个地方好好做好一个东西，这意义都可以走出这个地方。

（原载香港《号外》2013 年第 3 期，有删节）

黄声远在田中央（续集）

黄声远论建筑　史　建 辑录

原载"新观察"第二十七辑 / 2014.06

从去年年中，得到王俊雄先生为黄声远及田中央展览画册写文章的邀请，畅快答应却文思滞阻，无从下笔，无比焦灼。这是我有关建筑的写作中面临的最大挑战：黄声远特有的台式散文化建筑叙事，时时消解着我"专业"分析的信心。

我知道"漫言"和"浅言"都不是真相，他一定有意、刻意或不在意从惯常专业的角度谈自己的作品。那些真知灼见埋藏于过于浪漫抒情的文字里，但仍然具有力量，这力量每每使论者感到窘迫——倘若评论不能穿透作品和作者刻意笼罩的"雾霾"，洞察设计的真相，只是追随作者的灵光，做些无趣的点评甚至稀释，那还有什么意义？

这次，我采取了"冒险"的策略，搜集他的"全部"文章，精选和重组，设想"替他"完成建筑观与作品的系统、完整阐述。

感谢圣荃，一次次传来文件，那一定是非常艰辛、烦琐的工作。

记得是在从深圳回北京的路上，在设计语言"嚣张"的深圳新机场候机中，读着新打印的黄声远的文章，当读到《影响：1991—1993 我在 Eric Owen Moss 事务所看到的故事，一封信及一篇讲稿》，终于长舒了一口气，显然，很显然，这一次我的预感是对了！黄声远在这篇奇妙而真挚的回忆文章中，"第一次"完整、坦诚、专业、理论地表述了他的创作及其渊源。

当他不经意地述说他的老师／老板莫斯，"Eric 对于空间本质的大转变其实是期待的，外界从'作品摄影'中看到的那些看起来就像 Eric Moss 的'语汇'，其实对 Eric 而言也真的不过只是一种'语言'而已，就好像他不必故意不用'英语'表达他的思考一样，思考才是重点，用哪一种语言本身不是他的着力目标。回想起来我也曾经常面向他表达担心我们在 L.A. 的作品会不会只是超大型的复杂装饰物？只是透露我们的不确定感？他的回答当时让我觉得避重就轻，后来我才有所感触，皮相的样貌，其实真的不是他所关心的。他没有兴趣，也懒得在这件事上花脑筋解释。他比较喜欢跨领域的比喻或暗喻，神话和心理学更是他常引用的线索。"

这其实也是在揭示他自己。

由于资讯的阻隔，两岸建筑评论界的交流看起来热络，其实仍是"隔岸观花"。这份辑录，是给大陆建筑师和评论界呈现的黄声远的另一个角度的"自供状"。

2013 年 8 月，"新观察"曾刊出"黄声远在田中央"专辑，收录了他和田中央在台北个展中的相关文章，以及相关演讲、访谈。一年来，他不时来大陆演讲，有关他的评论在专业期刊上也时有所见，只是，既有的对他和他的作品的理解、阐释困境依旧——如果没有考察经历和洞察力，很难穿透那些"雾霾"。

因此，特将这篇辑录刊载于此，作为第 23 辑的接续。

黄声远论建筑

史 建 辑录

论建筑

"专业"本来是为了什么？[1]

跨出自以为的专业，多听别人的询问，开始体会到没有范围的信任与付托。[24]

设计，说穿了只是现实世界小小心愿的真实反应。[9]

不是没有冲动去盖一座干净的、好看的房子，但好看和动人毕竟不同……为了永续，土地的味道也比个人喜好重要。

生活性的空间很难用照片描述，但值得欣慰的是，我们的空间一向是：现场比照片好，有人比没人好，而且用的愈久愈好。

想要以手工艺精神面对当代材料，想要证明，在台湾，从自己的土壤中寻找仍然有做好构造的可能。

想出了一个只做"半小时以内"工作的傻方法，可以每天跑工地，以勤补拙。

建筑是我们和世界沟通的窗口……建筑是一生的邀请，永远要本于善意，不放弃任何可能。[1]

敏感的建筑，绝不会只是躁进的在隐喻和象征中打转，反而是有血有肉的，在精神和环境之间，一层一层往里面迭。[20]

邀请渐渐消失的精神再生，修补一座城市的尺度和多样性，让居住的我们价值宽宏。[8]

我们念书的时候，刚好是一个转化的时候，从一种要做出很英雄式的建筑，转变成要尊重既有环境。可是，现在刚好反过来，尊重既有变成教条，甚至被解释成去传承，如果是这种态度，研究城市这件事就会变成一种负担。

我常常会一阵一阵，常常把其他模型搬来比来比去……因为已经盖出来的房子我有经验了，因为我知道它跟周围的关系成功或失败……我们壮围张宅那高度之所以可以做到那么漂亮，是因为拿礁溪林宅来比，两个模型做出来会一直拿来比，当时觉得不满意的地方就在这修修改改，然后越修就越有经验，所以我们的模型会拿来比来比去……常常比较之后我发现，要带给地方一个好的未来就不能只用它旁边的东西当涵构，一直都会想一个稍微远距离的，甚至是很过去或是很未来的，而不是仅跟最旁边的比。[25]

台湾的公共政策，你做完一个房子，没有什么机会去修正它。一个房子做了以后，其实是有生命的，对不对？它会坏掉，也会因为我们的年幼无知，因为我们被厂商骗，材料用的不对，对人的估计也会错误……既然它一定会在一个什么地方变坏，那我后来想出个方法。比如西堤屋桥，来回修过很多次。开始犯了很多小错误，材料不了解，漆也不对，后来我知道就说，要面对时间这个事情，要有一些策略。大多数的材料最好还是它原原本本的材料，凡是有套路的建筑系统里面的一部分，通常都会有事。因为建筑系统常常设计的选择就是要更替的，须固定地花钱维护。可是政府的预算是不会有后面那一笔的，所以我当时的想法，就是永远记得在它旁边搞另一个 project 出来，这个 project 可以伸手出来去救原来那个，因为很少能有原有的钱再去修原来那个。真正认识到设计的核心部分，先取得一个重大突破，细节再慢慢修正，这个在私人项目可以的策略，但是公共建筑几乎不可能。我只好在它旁边再搞一个什么东西。没办法搞得很近，就搞得稍微远一点，中间再搞一搞，才有机会让所有事情是在一个有机互补的状态。我们开始也根本不知道要怎么面对，所以需要实验，需要动手做才知道。所以我们都是逮着机会就做做做，做的过程里会有体验。所以说"连来连去"，动机跟这个有关。[27]

论莫斯（Eric Owen Moss）

1991 年的春天，那是我在耶鲁的第四个学期了，在 Advanced Studio 选组前，Eric 像其他老师一样对自己的教学方向有一个简单的说明。令人印象深刻的是，在理论纷飞的空气里，Eric 拿出带来的"蓝晒施工图"，讲了一些"竟然可以听得懂的、像鼓励小学生画图一样的"的可能性。让人瞬间就可以感受到一种久违了的自信。我那时真的很混，并不知道这个远来的老师是谁，但是，"愿意让我们听得懂"，则实在是太震撼了。没有犹豫地选了 Eric 为第一志愿，递进作品集，等着看他会不会挑到我。建筑之路，第二次，又走回了差点就被不小心抛弃的方向。

顺着良知，专心做事，理由以后再想。

1981 年，我遇到一个宜兰来的、很直率的同学；1991 年，如果没有碰到你，1994 年，我会用什么格式和宜兰的天地衔接？

你（指莫斯）记不记得我们快毕业时，你一方面推荐我这个异类参加威尼斯双年展，一方面劝阻我留在学校教书，表示愿意试着介绍我去弗兰克·盖里或汤姆·梅恩那儿磨炼。说实在，我知道你有兴趣的，和前两位完全不同，你对于先验的美感标准是完全不信任的，也就是这一点特别让我感到一种期待。虽然我一直都对事务所作品的"样貌"不以为然，但是"不太喜欢"反而有一种未来不被真的洗脑、可以"留有无限自我"的安全感。当时我们事务所作品中散发出来那种"还没有决定"、"还在转变"、"L. A. 才可能出现"、不知道方向只知道"不要已经知道的方向"，那种带着刻意粗糙、绝不驯化的傲气，正是我懵懂的思乡情绪里，我的故乡台湾，最令人回味、思念、永不认输的近似特质。

1991 年的夏天我来到了阳光普照，假假的，其实又再真实不过的 L. A. 。租了房子、走路上班、傍晚到威尼斯海边看夕阳。那时候如果没有记错，Eric 应该已经撑了 18 年，其鲜明的旗帜，时代似乎终于调到了他的频道而正是充满期待的爆炸时刻。当时的事务所除了 Eric 以外只有 6 个人，没有窗，靠敞开面对广场的门引进阳光与空气。8 张桌子两两相对，排成一列，因为大概只有 15 坪（约 49.6 平方米）大，每一个人讲话都听得到，到处都是模型，而且模型越来越多、越来越大，每天和模型挤在一起，都好像成了同事。每次出去回来就要把被堆到自己桌上的模型或是工读生移到别的桌子，是一段温馨、真实而充满战斗意志的岁月。到了 1993 年，我们已经慢慢扩充为 16 人，搬到现址舒适的大厂房后，人与人的联系就反而需要刻意，大多数的时候都在完成本来就打算要做的事，"意外"减少了，一切反倒不再"自然"。

Eric，我最喜欢我们早期的作品的，其实是在看似游戏一般的形式生长中，事实上充满了人味。有人一般无法捉摸的脾气，有那种生命无限美好的暗喻。离开你那里，从 1994 年起，我在宜兰的工作室安排，一直坚持同事们的座位要尽量面对面，挤一点，吵一点，其实跟那段经验有关。

开始的时候我什么都不会，幸好事务所已经盖好的作品都在附近，要盖的房子也都在旁边，施工图是在对照中，在老鸟个个以身作则带着我跑来跑去中"调"出来的。这些从不同学校被挑来的"学长"都是手脑并用的高手，各个个性鲜明、野心勃勃，模型、施工图、工地，可以同时快速交换操作，什么时候要做什么尺寸的模型其实多半是他们自我建议的，大家对 Eric 的判断力都有一定的信心。怎么有效地搭一个具体的讨论的平台，让眼睛发挥作用，期待不断发生新的观点、互相启发，就像吗啡注射般维持事务所的亢奋。由于每一个意外出现的状况（例如结构和配电有各自的逻辑格子定位系统，但偶尔会交叠）都被视为正面的机会，都可能是发展新空间关系（例如把电管绕过去）的转机，所以模型一定要准，状况一定要"诚实"，要准确到关系复杂的空间冒险中，将来盖出的任何空间效果，在模型阶段最好都能呈现，包括材料的转换和接头。

472

Eric 对于从几何中找到变幻莫测的秩序有着高度的兴趣，制造变异几何系统的扰动因子则常常从"构造"而来，所以"能够被建造"是我们美学系统的原动力而非结果。

事务所每一个案子的施工图，最前面一定有一种叫作"几何控制"的指导图，叙明从设计的角度，依照顺位，在意的是哪些几何关系。因为材料厚度、施工方式二产生的必要界面偏移，则牵动着下一层次的几何控制，有一点像函数关系依次推移。这基本上是设计在物质化、"定量"的决策过程里必然会碰到的议题，只是如今我有机会看到它被正视，在很高的位阶被思考，真是过瘾。而且这种坚持是全面性的，只在资源耗尽时收手。我曾被指定试着用最少的原件，找到单一美学表现的栏杆系统，它要能够适应一栋小住宅已发展的非常复杂的各种空间状态。那一组栏杆我小心翼翼在逻辑上吹毛求疵地画了三个星期，Eric 一直叫我不要太紧张，事务所的工作，不过就是和学校一样。

我想我们的共识是，意外在过程中是被期待的，但不能不被知道。

几何的句法既然能自然引导方向，系统和系统间的碰撞自然就产生无可预期的关系。在那个数位工具尚位于初阶的时代，我们的做法其实是很"务实"的，我们通常在现场用较临时的材料先按照几何控制搭上去，一阵子修修补补找到令人满意的选择效果后，再拆起来当作模型，用正式材料比照其形状再切割后重新正式安装一次。现地发展，其实省掉了不少非必要的坚持。

另外还有一个决定性因子，就是在一片看似理性的逻辑环境中，不受惯例支持的"选择"，便成为关键。在球形住宅的案例中，惯例对于初期草模型的想象都以为是朝向干式薄壳的方向发展，Eric 则看到另一种可能，一种由小单元砖石组成球面的合理性，以及厚重材料带来的张力。这个实验后来更有出人意料的发展，Eric "把建筑设计当作艺术品的模型"，从矛盾的重量感转化而成的不锈钢模型，在纽约现代美术馆，可以卖到比建筑设计费更高的行情。我终于体认到思考和手艺，在那个社会里的互动力量。

谢谢你同意我从设计发展及施工图说开始学习，一个能够自我挑战的事务所能够掌控作品品质的硬功夫，能够戒惧恐惧的坚持去实践思路的天马行空。看过你咬咬牙的气魄，唯有一步步体验每一个尝试要付出多少代价，未来在面临抉择的关头，才会因为心里有个底，才有充分的勇气决定可以下决心撂落去。你看不看得出来，我回台湾后第一时期完成的工作有哪些是受你的鼓舞？

在西班牙 Ibiza 的案子发展中，除了前述的几何探索主轴，Eric 也不知有意还是无意的，可以接纳吸收我们台湾街屋、牌楼的空间经验渗入设计发展，有一次他问及我们双回旋向上的动线"端点"是什么的时候，我自然地以把两系统相接，造成"轮回"的观念作建议，Eric 似乎很喜欢。那些"短路"的桥，形状配合斜坡而自然发展，多年后我们在礁溪公所的案子中，隐约透露出当年未完成的志业，乡公所一案，也是我们在宜兰开始碰触都市议题的开始。

Eric 对于空间本质的大转变其实是期待的，外界从"作品摄影"中看到的那些看起来就像 Eric Moss 的"语汇",其实对 Eric 而言也真的不过只是一种"语言"而已,就好像他不必故意不用"英语"表达他的思考一样,思考才是重点,用哪一种语言本身不是他的着力目标。回想起来我也曾经常面向他表达担心我们在 L. A. 的作品会不会只是超大型的复杂装饰物?只是透露我们的不确定感?他的回答当时让我觉得避重就轻,后来我才有所感触,皮相的样貌,其实真的不是他所关心的。他没有兴趣,也懒得在这件事上花脑筋解释。他比较喜欢跨领域的比喻或暗喻,神话和心理学更是他常引用的线索。

我们平常最常进行的活动,就是对着模型谈,从已经"显示"的机会中,走向哪一条是"好"的。我觉得他所谓的好,通常类似于基因突变,谁能够看出不寻常但是能存活的因子,在继续发展的设计竞赛中,就多了对应新局势的优势。也许我曾经是他的学生,在学生的 studio 中,比较有机会一起经历他乐在"挑出"那存而不显的因子,并且自我攻讦,一瞬间快速调整角度,建构新假设系统的灵活身段。Eric 后来在为我写的推荐信中,提到了"He sees what's not there, a rare quality"。从比重中,可以显示他对"原创诠释"的重视。我没有定型、没有脾气,对于修改乐在其中,也可能是第二年以后,他愿意把很多新启动的基本设计案交给我这个小子帮他试试发展潜力的主要原因。我永远都兴致勃勃地收集他思考的速写,从中推出一些他可能最在意的加以发展,例如四边形变形为三边形,空间凝固的非经济学选择,双螺旋法线缠绕分割,或是从方到椭圆,坦然接受都市计划分区作为形式决定的特别条件等,通常他刚开始也真的不知道要什么,哪一个老板不是如此呢?在财务压力下仍愿意探索,其实是令人尊敬的。

由于"做下去再看看能生出什么可能"的哲学,Eric 自然需要过人的韧性,他不会画地自限。Ibiza 案出现投资问题时,他马上开始思考能不能在美国南部把那段实验转型实现出来。

那两年多在 L. A. 的日子,Eric 为我打开了人生中本来没有期待、却真是关键的自信大门。

过去的十年我一方面并不认为谁能够替 Eric 发言,一方面也怀疑自我分析的真实性。通常朋友或是学者在"拼凑"我的 L. A. 经验时,自己一直都不太接话。然而"痕迹"似乎是清楚的,无论是宜兰事务所的运作模式、工作顺位的选择、价值的取舍甚至是胆量,似乎都受到那占满年轻岁月的 L. A. 经验的鼓舞(当然也有生命不能重来一次的局限)。

我们的命,是很不一样的,我们在做的事,出发点也是很不一样的。你在一个已开发的国度,在一切上轨道、制约重重的环境里扮演突破者的角色,为有力量的技术条件寻找文化及心灵上的多元出口。"

而我们在这里,在这个你曾经听说过是"建筑天堂"什么都可以做的生猛国度里,关心的是怎样才可以有所节制,企图用令人有所感受、能够产生同理心的创意,去取代不可能有效地压制、去中心和物欲的横流。

不同方向如果结果的外貌仍有部分相似，除了我向你学习的，另一方面可能是我们都没有把目标设定在做出"美丽"的东西，而是把有没有"启发性"当作挑战。一方面应该也可以说明形式可能不是我们的包袱，通过这个交会的路口后，各自将仍然朝着心中更在意却不见得清楚的深层目标前进。

你可以刻意不在意重量、质感、记忆，可以保持一种纯度。而我也可以在弥补原乡的缺憾，寻找可以与下一世代共享的地方特质的大转弯中，自在地继续运用你引入我生命、充满民主精神的自由语言编写方式，混杂在纠缠不清的人生欲望之中。

建筑，结果还是我们连接世界的窗口，是我们唯一熟悉的，明知不可为而为之的心灵解药。[7]

论宜兰

宜兰位于台湾东北角，总共 46 万人口，五条水系都指向龟山岛，5 个主要城市的人口都在浪漫的 5 万到 10 万之间，地理上山脉把兰阳平原跟台湾西岸的城镇隔开，历史上这片土地一直都保持着自主的性格。

宜兰人一直在走不一样的路，愿意让彼此有能力尝试新的未来，而田中央有幸身在其中。[25]

水，是宜兰的灵魂。[1]

永远记得那年第一次来到宜兰，匆匆跳下公交车，莫名其妙的爬上铁牛；一位阿伯专心的载着我们穿越阡陌回到村里，你们一路上都没有交谈，到位也没说声谢谢。后来我知道他是你叔叔，也领略在这一片山水之中，语汇是多么显得多余。真正的沟通，靠的是信心与体会。[12]

刚来宜兰时，我脑子里还想着这事务所是要在都市里面，才能跟台北和日本竞争。25

我喜欢在宜兰勘察动植物、老建筑与地景。没有短时间依附单一价值的疯狂发展，兰阳平原的田野和城市就像一首民谣，缓慢诉说着各自的传奇。虽然，平地上几乎没有原生的树林，也听不见蝉鸣，各水系和小区让家园不是独立存在，空间的时间感仍有幸绵延。这里有足够的留白，让每一个人过自己的生活，尽管有时是一种限制，地景和构造物仍让我们有机会体会心中未来。[7]

在太平洋西侧的亚洲，人口密度超高，逻辑上"往都会集中"甚至"往同一种制度集中"本来就不该是唯一选择。

宜兰就是宜兰，不疏不密，城不是乡的下一步，乡也不必为了城扭曲。[23]

宜兰河从西经北到东环绕阻碍了宜兰市向北发展，没有和礁溪连在一起，造就了一个适宜居住的城市尺寸。十万人城市之美，就在其秾纤合度，能够在 15 分钟内，自在的选择进城还是出城。让城乡保有清楚的不同氛围，可能是排除无力感最有效的空间准备。宜兰河不会太宽却也不易跨越，和人保持了一点距离，却也让我们有机会体会到凡事适可而止。[6]

宜兰不是一个只能远望遥想的"故乡"，宜兰是"家"的自由大集合，不必血缘，不必地缘，只要"真心"。[23]

住定在宜兰，急着了解每一块土地，一下子也过了五年。同事们虽来自四面八方，除了有时候一些人会"提醒"我们的"血统"以外，平时倒一点也不觉得疏离。毕竟我们是被这里还能够存在的健康价值观和行动力吸引而来。我们和这一类宜兰人是同质的，物欲较低，也希望贡献自己的力量使这个好环境不要变质。算起来，从大学时代来到宜兰农村，接触到这种不加文饰、自然又自信的感觉也已经十五年了。在宜兰我们从来不必勉强做自己都认为不对的事，也有足够的私人及政府人员愿意听听我们年轻的看法。我们鼓励自己的思绪不要太受"盖房子"影响，我们要找的是有味道的空间。既然不是在盖"房子"，就不太有机会被平常所谓的"现实"困住。这里有很多的可能性，最重要的是大气氛仍然鼓励不怕麻烦、不断寻求真理的企图。来这里以后，我们比较有时间反省，也比较有心情期待新观念的启蒙。如果可以忘掉那些莫名其妙的框框，就可以成就一种"悠游"的境界，去试试看，去感知身边的未知，去做自己认为有价值、快乐的事。[3]

而宜兰除了我们以外，还有好几个傻瓜事务所，最夸张的如象集团在前面冲，我们总是自叹不如。他们十多年前就开始在宜兰冲锋陷阵，姑不论其美学观我们喜不喜欢，他们已经让许多宜兰人对基本品质有了习惯，认为要完成到一定的细节才算数，也愿意等待合理的设计时间。许多业主承续了这种态度，后来的我们才有机会从尝试中慢慢学习，才能有条件达到和理想靠近的品质。感谢之余，有时想想，我们事务所虽然做得很努力，但和他们比起来，除了每个月领得到薪水，其他，尤其是热情，似乎还是不足。我们常自我要求要能像他们一样一直保持一颗探索的心，能撑那么久，真是不容易。[16]

我觉得随着我们对宜兰研究的增加，我们对宜兰了解的层次也不断在增加，所以才有趣，生生不息。比如说，我以前的研究里就常看不到水。如果你够仔细，会发现文具店买 50 元的地图，不是什么厉害的地图，那上面其实也画水系。可是我们念建筑的从来不看，因为我们在谈所谓的都市是不看那块的。那一定是个很有养分的东西，只是不能被教条化，否则就什么都看不到，也吸收不到养分了。[25]

论田中央

1993 年从美国回来后，曾经申请回东海大学教书，但是没被挑上。反倒是在山的另一边，相识 18 年的好友陈登钦（当时已在宜兰教了两年书），认为宜兰的走向已开创了一些新的可能，而我反正又不太适应都会的生活，为什么不敢来试试？因缘际会便决心到宜兰落脚。一路走来，很幸运一直有人支持年少的坚持。例如郭文丰以及一群淡江的学生，帮了很大的忙，也成了长年的好伙伴。两年前又有了另一个好运，就是杨志仲先生的加入，他当时已有15年实务经验了。我们能够从"设计工作室"顺利准备了兼具"事务所"的条件，关键不在我，而是因为许多人的帮忙与扶持。

宜兰整个大环境是我们事务所活得下来很重要的一部份，我们在宜兰到处发掘新"场所"，用身体成为环境中的一分子。[16]

这几年事务所有个昵称叫"田中央"，我们真的又搬回乡下的成衣厂，像个小文化中心，又像个建筑学校。想要在乡下，向世界的标准看齐。

坚持每一个人都要从头到尾什么都做不同个性的人，都找得到自己的强处。

我们会不会在追求形式品质的奋战中，忘掉了本来该做的事？以为只要不做傻事，工作分配好，还可以过好日子，忘掉了我们为什么要来宜兰？比例上，较少听到对人细腻的讨论了，较少听到空气、日光、水了。离开了我们相信的核心少了批判，赶着直接有成果创造力迟早苍白。[1]

单车休闲、生态保育、EMBA，小学、国中、高中的绿建筑或是生活美学课程，田中央的导览渐渐超出体力。有点意外的音乐MV、电视美食，甚至国际名牌服饰借景拍平面……能和真实世界对话固然美好，但到底是开放学习还是被主流收编，是尊重反省还是节奏污染，要怎么拿捏？看样子，我们显然往前想的不够，大家同意的事，就要有警觉……[24]

每次听到学生表达我是如何陪他们一路走来，给了他勇气，我的感觉却正是相反，是他们的行动，让我有机会触到了人生的奥秘，是他们的真心，让我确信田中央能够走到这个阶段，未来就还有更多的事应该要做。[21]

我们一点一滴的累积决心，要抗拒视觉及专业的偏见，要与环境沟通，把自己交给天地。十七年来，态度从没有改变。[12]

这几年，我们刻意选择立足乡野小镇，边游泳边进行稠密的设计生产（总是跨越六七个寒暑）以及探索原生的都市观，本身就是一种期待"沉积"的过程。而高密度集中的实践，也开始显露出当今的都市可以有不同的灵魂与想象。[20]

深耕宜兰，还有很多想做的事。公平的岁月，让我们决心在天地之间，坚定拥抱一个自由自在的位置。[22]

想要给青年伙伴们一个家（不只是建筑学校？）陪他们成长，耐心的等待，推大家往外探索、无牵无挂，立志勾勒出台湾才有的，以前没有能力看出来的自在风景。

让大家知道，人民可以靠自己创造未来。

这样的自在风景，其实是自由城市的空间表达，通常不会放任公共空间发展成单一族群使用；而会积极性的清空，让光、水、历史回来，有机引诱敏感的经营者可以切入发挥想象力；故意保留空缺或是建构未来一些支持性的骨架，提供理由、方便等待、容许社会角色暂时逃逸，塑造出像图书馆，或是在户外大阶梯和朋友分享一杯咖啡的开放气氛。在公共大领域中，享受孤单但不寂寞，可以热闹也喜欢安静，人人有各做各的自由。

长久以来，田中央对每一个地域未来的看法，都有意识去探索集体欲望。动手为人们提供一个个难忘的人生场景，但是仍保持距离，提醒身旁的人，这一切都可以放空。工作上故意的轮调、接力再接力，才能够确保谁都做不尽全部，也签不上名。经验的累积欣慰的能让细部更准、资源更省。沉淀才能渗出体贴，喜悦、坚持才能处处够"挺"。

不大声呐喊，因为思想或行动，无论如何，都需要留下持续学习的空间。

平行于大火后云门新家的设计展开，我们也正在重建一个田中央（一个基地？一个"学会"？一个人生的排练场？），巷弄生活、空气、日光、水，这一切像种子一直都藏在身边，而现在，我们要更积极和大众学习，推动更精准的企业公共性。

只要认真的精神不变，就不怕和过去的田中央说再见。[24]

其实整个宜兰城的活化是非常多团队、非常多人共同努力的，田中央只是从不缺席，从不放弃。

这批在信息洪流里长大的年轻专业者，更懂得"想到才开始问"的"住民参与"是无法深刻穿透问题的，他们愿意更长时间全身投入现场，将心比心，把工作地当作自己的家乡。

他们不会因地方政治上的恶意扭曲而裹足不前，乡愁式的踌躇也并非自由的青年们可以贡献的回家之路。[23]

我们有时候会邀在地其他专业者参与和邻居一起的讨论，也很喜欢一些很棒的学者来宜兰，从更高的标准给我们要求。我们最坚持的是能够在现场做设计，而在地建筑师的好处除了有区域特质的整体了解，就是离工地很近。我们一天到晚在工地，确实能减少在办公室做设计的盲点。"现场"是充满能量的，模型也不只是用来表达，主要是用于记录及量化现地的直觉方案，并且准确到有助于画施工图与内部沟通。每天晚上看看模型的发展，修修改改，所以看起来总是有很多补丁，满是思考的痕迹。也可以说，我们在事务所内已经用模型材料，把房子盖了又拆好几遍。在施工的时候，模型当然要在现场，配合图看，让施工者也能从三度思考，掌握设计的重点，也容易提出更好的施工方式建议。

地方小有个好处，凡事都有信用纪录，所以互相协助不必猜来猜去、不大有心理负担。互相信任是最基本的出发点，年轻的专业者有冲劲但多少会犯错，如果我们都不敢说出来自己发现已做错的地方、仍将错就错，对业主而言才是很糟的事情。

除了与环境缝合……共同的特色是特别注重构造清晰度的表达……处理构造对我们来说是习性，但有时也会变成执狂，这些三年前做的东西，当时关心的是如何把在台湾已渐渐失去的诚实构造美学重新拉回来，甚至扩大其对空间成形的影响力。有一阵子来参观的人都会注意到我们作品中强势的构造表现，虽然多属正面，但有时仍觉得有点失落，因为我们用力最多的是在寻找空间的可能性，没有让大家忘掉有形之物，显然我们的功力是不足或至少是不平衡的。另外从模型上看这些案例大概都过度复杂，

478

其实在现场的尺度中，对于我们这种不在乎热闹一点的一般人倒大多还算适合。也许因为我们做设计是喜欢在现场做，在图桌上比较容易整理出的形式理性架构反而相对没花太多的力气。野性的环境避免机构化是导致我们的量体倾向较碎及有机态的另一原因，也是我们累得要死的肇因。我们的每个单一系统都有清楚的规则，只是很多系统重叠在一起时，整体看起来就变成比较难解。或许大家不相信社福馆一案其实是有几个简单的模矩，这些灯、线槽、窗棂分割、引导系统全都有强制的规则，只是故意让它们各走各的。因为如果全部模矩都调整成可以用公分母除尽的套件，就难以产生令人惊喜的"自然"状态，而变成控制下的有限可能。我们把这些系统脱钩是持续的故意。[16]

我很怕事务所用我的意志做事，而且我很早就认清我是个有非常多缺点的人，就连我做的设计都有很多缺点。我自己知道，我是个很容易会有"这个东西要像什么？"思考跑出来的人。这个部分，在受教育的过程，就老是被骂。但我还是很希望依附在这上面，不过是不是会真的这样去做，又是另外一回事。我很难"抽象"，很难凭借着几条线或是轴线就做设计，说实在，我很不喜欢那些东西。

田中央会跑去哪里我还真不知道。可是反过来说，因为要对抗的事情也还算清楚，所以田中央还是会在……田中央比较像加油站吧！还是要有地方可以加汽油，可以给伙食，还是要有个东西能提供做事的人养分补给，田中央只是这样而已。其实现在很显然地，田中央已经不只在宜兰。昨天我去台南，很明显就看到有些人也是在做相同的事，我还帮他们加油咧！虽然他们不叫"田中央"，但名字不重要。[25]

不过你们就不要把它英雄化，因为这跟事实不合。我在现实生活中是蛮窝囊的啊，我一天到晚是被修理的啊，人家背后也一直讲一些酸酸的话。不是那种双枪侠出去很帅，真的不是那么回事。如果讲成这样，会误导人家，大家会以为做这件事情还蛮爽的。其实真的很平常，倒是我的心里是快乐的。那些不实的偏见也不会影响到我们很坚定地做事，因为我们确实在做一件件长久之事，而且也不是只关于我的，是这么多人想要做的事。我确实觉得如果事是对的，那些人（制造我挫折的）都不是对手，老实讲，他们也真是我们一票票选出来的。[27]

论公共性

想要让更多的人体验本就该有的市民生活，行政区停车场可以变身为自在的表演空间，官员可以习惯在邻里围绕中办公，机构可以完全开放给社区穿越，我们总是把机构打碎，隐没在环境中，友善的成为永远开放的舞台。[1]

地方互动最难的，就是体会出更多人长期的真正利益，替未来排出新的顺序，调整再调整，而且坚持动手做，不只是给意见。[9]

这些靠长时间在地交朋友，才听得到的"真正需求"，包容了更"长久"的公共利益及"平衡"、"妥协"的精神，和一般在路上随口问问，老是以"方便"、"好用"、"愈大愈好"来评价的惯性思维，大相径庭。

选择没有人要做的零星公共工程，虽对得起人生，但就要面对地方县市断断续续永远无法顺利到位的政府预算。有时候只恨我能力不足，让年轻人做的辛苦，还常被误会。

环境本来就不应该只为今天的需要而设计。[23]

这里有一群公务人员愿意倾听人民的声音，秉着自己也是居民的心情，坚守各自的工作位置。他们勇于承担责任、尊重专业，并且和一群一群地蹲点的工作者结合。无论先来后到，大家知道居民最需要的，是在多数人善意"表达意见"后就"各自去忙"的现实中，有勇气扛起"动手做"的承担，一年又一年细心协调而且"撑到最后"。就算已经分不清是谁的想法，只要是为了公共，就不放弃任何局部实现的可能。26

来到宜兰后，我才确信，其实不必一定是产权优先，公共性是可以渗透到我家客厅里面的。在一个熟人社会里，所有空间都是流动的，而且我觉得大家都有这种气度，如果有人只去主张自己的所有权，会是一种丢脸的行为，在那个社会是会被唾弃的。也许这只是部分的个人的宜兰的经验，只是刚好在台北和花莲就没有。

我非常不喜欢公共在私人的下游哎。总有一个方式公共可以翻到私人上面去。谁会比"公共"更大呢？实质环境中我觉得"空"最大。好多地方给了我们这样的经验，反正趁机会，只要特定使用者一不注意就把它挖空。通常业主不会想到该让核心区"空"的，有空地就一定要想方设法"塞"功能进去。政绩性的思维总想要制造很多"面包"，感觉上做了很多事，可以被数得出来的功劳。

有些反省必须是超越民粹的。我觉得民意调查常常是靠不住的，因为通常不是想长期的公益……而公共资源在某一个时间点，往往机会只有一次。你必须要做一个让它往前进的。所以我认为每一件事情，都必须想要有贡献。建筑师的作用，相当于建筑知识分子，只不过，他不用说服、请愿、集会等的惯常诉求表达，而是空间营造。[27]

我觉得宜兰在政策的未未雨绸缪及开创性上是台湾少有的，在这种积极的企图下就需要技术上更有远见及执行力的民间单位协助。如果只能停留在"集思广益"或是"发表看法"的阶段，就算有再多的"在地了解"或是"国外旅行经验"，都没有办法协助人力不足的政府加速推动计划。[3]

这一代在左派理论耳提面命下成长的青年建筑师，不少已成熟到另一个境界。各位看到的常是"见山又是山"来回小心思考的结果。他们知道通常去问个别使用者得到的意见是"再大一点"、"再亮一点"。然而那还是人性中永不满足的反映，很自然，但毕竟不符合有限资源下的公共利益。例如在津梅栈道的十年奋斗中，社会的阿妈告诉我们路要窄一点，才不会有人盘踞，流动时而正面相逢才更增添彼此认识的机会。灯不要太亮以免干扰到鸟和植物的休息。扛起可能被骂但比较永续的责任，每一个动作，其实都要经得起更大范围地方整体民意考验才做得出来。26

大家都往前跨了一步，享受一种……我们过去的那些辛劳，有点提升、升华的感觉。这确实是一种批判的审美。我们的社会现在是不讲这个的，习惯讲儒家嘛。但我觉得这个时候，要认真把这个讲出来，要不然我觉得对在超越现状上挣扎付出的人是不公平的，他的牺牲没有得到该有的支持度。习惯要求别人"正确"的人要不说你是玩物丧志啊，要不然就是形式主义啊，要不就是拿着公共资源去成就你个人的快乐啦，就是讲这种嘛。怎么是这样呢？到最后没人谈自由与解放，所以唯一可以接受的变化是，回到过去，好像怀旧变成了一种道德，这可怕极了。怎么会是这样呢？因为过去多数都包含了一种长期积累的压迫，过去怎么可能很美好？如果很美好，你去过过看啊。[27]

论地域性

地域，不再是议题，而是要小心的时尚。[9]

小地方不管去哪吃饭，常会碰到田中央曾经耕耘的路边角落，听得到民众的反应，成败真的很直接，不必和事不关己的人在程序上穷耗浪费生命。

把这里当作家园，能做什么就做什么，暂时做不到的就放在心里等待，能做也要故意留下一些空白。[23]

我基本上相信几件事情，一个是整个兰阳平原上根本就没有"自然地景"，是"农业地景"，整个兰阳平原本身是人的意志所构成的状态，只是绿绿的而已。自然是被诠释过的自然，也就是文化。其次，这个农业本身也不都是正面的，很多时候都是负面的，尤其是在农村里面所有的人都是不自由的。人被绑在土地上本身就是残忍的，那不是我们想象的浪漫的温暖。它会有很多限制，比如说你四点半没起床煮饭就会被念了，就是旁边会有奇怪的压力。可是，这里所有的人都有点急着想要对抗更大的体制，包括台北，也包括戒严体制。宜兰一直有这个气氛，大家用各种方法把它变成一坨一坨的，就是要集体性。

可是老实讲，我自己有兴趣的、我想象的"公共"，不是这样拘束个人的集体性。虽然从道义上来说我不太能接受说，我花了社会资源，却把建筑变成我想要的那个样子，表面上这样好像不对。可是在深层里，我可以接受的原因是，因为我可以自由地表达我的意志，这就意味着所有人都可以自由地这样做，这才是让我们真正喜欢这块土地的原因。如果有机会这个地方可以让所有人表达自己的意志，所以你每一个小小的个人利益就是公共利益，我相信的是这个。所以我才不断地想要去邀请各种人来参与，所以你看到我们都集体作业，但阿尧做一个，美洁做一个，圣荃做一个，田中央的作品，其实是个人意志的呈现。一个单一的公共意志，我就是讨厌那件事情！

（在地可以分属个人，又可以共享）这样才能真正 follow 地方的涵构，不是吗？因为涵构本来就不应该被计划，当涵构被诠释理解成为一种计划，就好像宜兰未来必须有一种蓝图，所有人都顺着它走，我觉得这样就完蛋了。在地它本来就是长出来的，它本来就是独立的各种意志，而且是很难控制的独立意志交互运作的过程，而且这过程没有结果，我觉得这样才安全。[25]

我有一点感觉，在地实践也会发生在大陆……我觉得大陆这么多样化，很多地方都怪的很棒，一定会出现各式各样的人！[27]

论田中央作品

1. 大棚子

论大棚子

大棚子是万能金刚，让什么事情都有可能。我甚至在做了棚子之后，并没有把它想成是一个棚子，是因为需要的是一种什么东西，可以把这个地方的感觉浮现出来，加上气候等等因素，最后它成了一个棚子，并不是先设定好要弄一个棚子而去做棚子。

从生活上我学到："这么多事情乱七八糟要处理，最好的方式就是只做一件事，一件最有用的事。"我相信大棚子就是像这样的事，大棚子就是给原来定位不清、角色不明的地方定位和角色，但又说不清那个定位和角色是什么。我个性上本来就喜欢多样和复杂，可是又得找个什么东西，本身不能太复杂，能把这些多样复杂都收进来。这种东西想起来其实也不多，大棚子就是这种比较母性的东西，它什么东西都可以收进来，收进这些东西后不太会产生什么问题，然后在它里面这些东西还可以连来连去。[25]

论三星葱蒜棚

三星地区的居民这几年因为葱蒜节而光荣感大增，在各类与形体有关的机会中，也可以感受到他们急着想要找出一些可以认知的地方特色形象。这案子公所原来要做的只是室内表演设备的补充，我们觉得农业地带居民会比较喜欢自在的半户外的空间，可以演歌仔戏、布袋戏，就像这个围蔽很好的广场上本来搭个棚子就可能的使用。说实在软软的葱蒜叶能够因管式结构在比例上那么高挺，是有些启示。钢管的特性有很特殊的几何自由度，对应物性及低预算的企图，我们还是觉得可以扮演一种中介、邀请的角色，把自己变得很薄、很透，能够把空间拉到一起联想到庙埕，也就可以了，说不定还可以替台湾庙前遮雨的方式，例如让我们开始对棚子有兴趣的碧霞宫，提供一种可能。至于是不是仍然与葱蒜有关倒不是我们所在意的，因为直截了当的观察反而不会画地自限，透明顶棚上面是彩色、下面是各种活生生的绿，受了学院教育的人，也许会觉得象征做得太具象会怪怪的，好像不够高级，但是我们却不禁又反省，不想被这些白马非马的念头束缚，生动就好。最近这些钢架才立起来，第一次看觉得有点好笑，大概是这棚子的动作还是吵了点，节庆味过浓，毕竟每天都在庆祝会有点过度亢奋，难以消受。希望猫道、清洗道、灯架等设备接下来装上去后能以对应使用需求的简单功能姿态平衡掉形式上的紧张。[16]

论丢丢当森林

兰城新月和丢丢当计划其实是汇集了多年求改革的能量。宜兰站前一直以来，充斥着积非成是的公地私用，通学学生的脚踏车被汽车逼到角落，为了汽车停车场甚至被逐出百米以外。成群一大早到台北去看病的老人，更硬是缺乏无障碍设施。正当几年来推动引入好医院的都市计划有了雏形，正当为北宜高冲击准备十年的行动快赶不上通车。

有一天，在电视上看到站前宜兴路要拓宽的消息。我们便鼓舞县政府把握机会，自告奋勇的从营建署手中争取道路的设计权。站前本来只是红砖屋的保存活用，后来联合了学者和媒体把大树也保存了下来。再来推动让遮雨棚（树状）跨越马路强调人行，后来想干脆把站前广场种上一片树林……

我们挤出了 8 米~10 米的宽大人行道，前后 980 米。贯穿本来要拆掉的仓库群引入产业交流中心的资金和活力，变更都市计划及历史空间指定等多管齐下。宜兰人回家的路透过酒厂空桥及旧城生活廊带，正一步步连上宜兰河。[1]

这个城市维管束计划，除了回头把预计 35 年才长得好的丢丢当行动，加一把劲，也长出儿童体育馆、新月巷、中山公园的滞洪调整、东岳庙和五谷庙间的历史巷弄、旧台湾银行改装成宜兰美术馆、九芎城再现，以及引水道水利系统的环境教室……[23]

我那时想我需要一个东西来让大家注意宜兰火车站很重要，是个决战点，因为火车站出来的公共性就靠这一段，不能让它私有化变成旁边的那种楼房。必须想出一个论述，让县政府愿意出马跟台铁谈，去把它租下来，而红砖屋和大榕树又必须被保留下来。这个论述必须是属于另一个更高层次的，否则不会得到支持。所以这东西应该是既存物之外的一个东西，不能是宜兰是那种细碎肌理的东西，但也不能是台北 101 那种 uniform 的办公大楼。也就是需要一个"反"的东西。

丢丢当森林一根柱子的尺度，对这城市来讲就是一栋房子的尺度，支撑了这个城市没有的大跨距，但又必须加上很多细腻的真需要一个让不同人生阶段的居民，喘口动作，比如把直线调整成折线，让它碎化掉。我很喜欢东西是重叠存在的。[25]

论罗东文化工场

以林业起家的罗东人真的很怀念木材工业，真的很怀念太平山森林。透过与上千人不断的沟通，方案持续调整而且越来越清晰，田中央九万小时的集体工作（还不包括营建工人、专家学者及公务员）心情放松不预设立场，才慢慢摸索出四周小区真正需要的那片空白。希望从来没有忘记居民们每一个个小小的付托，暂时做不到的，也留在心里等待。经过十四年的努力，跨越二次政党轮替（三任县长，七任文化局长），不太顺反而能慢慢累积认同，开枝散叶、开花结果。

当固定机能的空间越调整越少，为历史留下的空白反而越来越大。能分解成很多部分的设计（大棚架、空中艺廊、文化市集、高架跑道、小区极限运动场）都有自己独立的基础，才能乐观面对地方财政东拼西凑的常态，一项一项分头找钱分期施工，为了等待，事务所一定要先学会长期健康地活下去。

越来越喜欢做出"没有谁说了算"的"模糊的边界"，把活动能量辐射入四周的渠道、小巷、学校、市场，罗东的未来还有正在讨论进行的摊商市集。很谢谢那么多罗东人鼓励我们坚持大棚架至少要有 18 米的净高，让四周邻居都能世代看到彼此。（18 米，是罗东漫长建蔽率时代大多数 8 米路旁建筑物的共同高度）谁都可以自由进出，吹陶笛、打太极、民间自愿的表演也不必空调，更不必预约审查。在浮木光影的棚架平面下，如同置身储木池底，多雨的罗东，气自在伸展的空间。

这又是一个可以公平登上屋顶的全民礼物（不是只有有钱人才能看到全局），也是多年来地方父老、热血公务员陪着我们一起用超大模型真真实实的和各级民意代表沟通的成果。这是一次扎扎实实，十四年长的环境友善课程。田中央的每一个人都必须学习以最少的用料、准确的细部，降低装修。例如：不必上漆可以再进熔炉的耐候性钢及杉木纹清水混凝土就激起我们自主研发的兴趣。在充分考虑时间因子后，只抵抗水平力而且可以依序抽换的木材，保持诚实，与钢轨混搭仍能举起了如同历史上森林产业铁道般的高架跑道。随着季节上上下下的自然水池，迎接夜里的地形风，顺着都市里的水圳纹理，新林场也是一片都市森林，永远没有休馆时间。[5]

至于罗东新林场，是深度参与了罗东人心底的爱恨情仇。罗东有挣脱的气魄，有以知识起家工业城镇的抽象力量，有一大片"人人平等的水平面"。棚架净高 18 米，分享罗东绝大多数七层高楼顶层、过去只有富裕人家才有的纵观全局的经验。8 米的出挑，细细准确的垂直水平线是数学的，在透视上避开了结构的现实性，产生让人接受的那种轻盈。罗东是个阶级流动的传上，透过知识和技术上的努力，自由爬上高空，人人都可以公平看到全局。这样的视野——免费，是真正想送给青少年的礼物，也映照着西南二十万人永远想和西北宜兰一争高下的决心。

罗东也有沉得住气的历史。棚架下，抬头往上看，如同泡在储水池水中，望见充满希望的浮木。阳光洒下，老一辈在大木材厂很习见的梳齿换气窗，则以不同的密度转化成飘在半透明防水 PC 中空板上，滤过阳光的熟悉记忆。空中艺廊的环绕回廊，平面可以联想到古老的日本宿舍。耐候型钢的雨淋板，2.2 米的通廊，其实也是想在中间 4.5 米高，主要展览空间的周围，架上一层半渗透、被压扁的一种透视上的魔术，把整体的比例拉瘦一点，漂亮得更神秘。

不打算有任何的装修，只有必要的结构。面对木材的时间限制，架高跑道垂直的部分由耐候钢负责。把联想到太平山林铁的木梁，当作抵抗水平地震力的主角。过几年，如果有需要，便可以慢慢抽换，让跑步从一开始就不会停下来，让构造有一种自我修复的时间感。整合结构、构造及收尾，以最少的物质、最薄的空间占据，来定义出一个理性、纪律的产业城市特质。

新林场不想有一丝农业家屋的序位感，更避开了文人住房既定的语言。在最精简的条件下爆发，是经济罗东对比政教宜兰的不羁性格……罗东文化园区薄皮大柱子所来出的棚架，透过精准的力学计算，同样以最少的材料与形象来建构诱发认同情感的基础设施。[9]

一开始就想把美术馆吊起来，文化市集趴下去的剖面策略，认真把空间的中段空出来，不挡到四周互望的视线。

这种把一切留给公共流动，游走其间到处透出山色的简单心愿，点出了宜兰公共工程还地于民的心胸。[23]

社福馆为什么我会选择跟旁的小区的尺度是一样，而罗东新林场没有这样做，并不是我忘了这件事，而是我们更在意的是它的任务不同。[25]

罗东文化工场是一大群青年的合作接力，包括前赴后继陪我们找方法的热血公务员，以及各行各业在地的民意支持。互相信任的各方承办人员终于能在超大量施工图、预算书、政治敏感的肉搏战中支撑过来。这是一留下空白以等待层层文化从土地里逐渐"生成"的骨架，是邀请人的聚集而非拼凑既定的模式；是让每一个人可以公平登上都市屋顶的礼物；是铺陈"小镇文化廊道"这样的软性组织，钻来钻去的四处蔓延，想要为公共做什么而不是成为什么的冒险付出。[26]

文化工场的美术馆漂起在三楼，有些美术协会的成员就很生气啊，他说："我们的画放在一楼都没人看，放在三楼谁要看啊？"我觉得你说对了，人民有选择的权利。有"画廊"放在地面就完蛋了，初一到十五全部讨好式地排满，有的还透过关系硬塞进来，完全动弹不得，留不出空去迎接新东西，还占了一块地，把那个"通"也破坏掉了。所以直接把现代性展馆放到三楼是重要的策略。棚架下保留起伏的当代性空间。[27]

2．宜兰市社福馆团块

论宜兰河改造

1995年，第一批规划团队"象集团"进入了宜兰河，1997年"青境"奋力想突破主要河川区不能种树的规定（冬山河是县管理的大排，所以当年就可以种），以防洪墙的工法与河川局合作，在堤顶顺利的种植了树列，也发展出堤顶步道休息区，受到民众的喜爱，虽然学者仍多有所批评，但至少市民重新对这个老朋友重视起来。[6]

八年过后，虽然如今看起来有点过多的"公园"设施，有点欲盖弥彰人们对河又恐惧又不想让人看穿的矛盾情结，但终究在那个时代意志坚定地跨出了邀请都市活动的第一步。如果衡量前几年民意对人文设施的强大要求，加上这几年更进一步迈向永续及设施减量的思维也渐渐开始得到的支持，这一段不妨再静待数年，让整个流域演替出多样角色后再回头做小幅调整。河滨公园的整理，一期一期都能站在前人的基础上再往前冲，真像是见证了人们价值观演进的超大型博物馆。[6]

我们鼓起勇气边学边做，开始参与宜兰河的改造。在前人努力的基础上，把空旷的主题步步贯彻，学习不再只有人的观点。缩小道路、起伏曲折，让老人、孩子都有更亲切的安全步行。连接远山，成为都市的客厅。从学习道路、河流桥梁的设计，到熟悉透过都市计划手段来确保生活的格局。尺度大了，心情轻松开阔，比较不会用力过猛。刻意保持一直要有一个小住宅在设计施工中，是为了对生活严格的贴身反省。[1]

一群群专业者的反省，如日本象设计集团、日亚高野景观公司、台大城乡所、青境、地灵，再加上开放的公务员，接力奋斗把宜兰河高滩地上的设施清空。不一样主张的人，仍然是很需要的对照包容。故乡只有一个，路线要争，但不必先把对方当坏人。近来，从民意代表的语气变化便可发现，越来越多居民支持宜兰继续勇敢前进。

过了庆和桥，2001年主导第二期改造的"境群"公司，开创了另一样空间经验的可能，实现了宛如超级堤防的温柔草坡。因应河道拐弯而南北高滩大小不同，在观念实践上已是向前一步；暂时没有施做他们原本计划的少量设施，更反而沉淀下来奠定了以空旷为魅力的格局。感谢前辈们的努力，让我们在2003年接棒后，可以更放胆的提出"去主题"的看法。宜兰河不再只以人的使用为角度思考，自然及文史资源调查的同时，硬式设施都只试验性的小规模试作。我们接下这分尊敬及谨慎，体会到要让宜兰河有生命，就要让她尽量是"长"出来的。

我总是觉得，我们这些原本只能从事建筑设计的空间专业者，可以不要怕去经历河川整理的挑战，学习这看似景观为主的专业领域，才能有缘分去面对令人敬畏的巨大尺度，提供自己去省思多样的欲望。每一个调整动作的分寸拿捏，都有如修行，而一条河，就是那么活生生的令人动容。她真的是自然力及人民生活想象的再现，远超过"视觉修景"或"景观设计"的命题。北宜高的通车时程近逼，宜兰的质量魅力，是否仍能有梦想未来的领导性格，宜兰河流域扮演吃重的角色。

有了宜兰河及周边都市议题做老师，我们对过去有些过头的执着学习反省，鞭策自己在不局限的简单生活中寻找能引起共鸣的价值创造，期许出手足够"大胆"、"准确"、"轻"。

我们知道宜兰河有能力向都市伸出友情之手。车子非开那么快？水防道路车行宽度其实是可以缩减的，而且应是两侧有树而非只在河堤。

既然有机会把河和都市缝得更紧，在河上行舟就可以靠道路垂直接上河的端点路树延伸到堤上，来辨认相对于城市的位置，而河之绿意也应蔓延渗入都市。透过西堤屋桥以连接正准备大量植栽的社福馆的旧城生活廊带，只是一个例子。

河，和公园是不同的，公园再大，总有一个范围，而河，永远有无尽的延伸，无垠的想象，她和很远的地方的人、鱼、飞鸟连系，永远有流过来和流出去的讯息。

2005年3月，我们对这一段再做一点点修整，到了年底，我们将不必再走在直直的、令人紧张的堤顶，步道往河边稍稍起伏下降，一点点削入土坡。翻起的边缘，夜间要有那么一点灯光，不只是远离水岸且不照桥。在静静的月色、都市的泛光中、连续的水声、波光，仍是主角。

我们正与水理专家合作，期望能从水流的能量分布，动态寻找重建"多重水道"，形成适量变动的活泼地貌，回归空旷，远远可见鹭鸶的家。

一家一家的和每一户沿堤的居民请益，我们终于先把南岸的堤下水防道路和堤身混合，如今，从 10 米缩小成 6 米的车道蜿蜒起伏，有时爬上堤侧，车只能慢行，让出小区尺度的邻里空间以及路边的熟悉的菜圃（在道路用地内），姿态摇曳的路灯有如河边芦苇芒草，这里的堤防不再以都市计划、水利治理的硬性束缚为借口，水防道路与缓坡土堤都可以自然糅合成起伏如丘的有机地貌，这里变成小区共享的许多小客厅。快要离开河滨公园段了，在一片喧哗热闹之后，再往东流下，等待的是更农渔居家的亲切尺度。[6]

论杨士芳纪念林园

杨士芳林园是我们花七八年慢慢整理出来的环境改造，它所处的边缘位置相当具有启发性。当时，宜兰河边的社福馆已经顺利在三度空间上缝进小区，社福馆让出的空，让老城走向宜兰河成为可能。而另一端，走向旧城庙宇的光大巷，巷口对面的绿地和停车场则长年被私人占用。我们第一次学着借由推动都市计划的调整，使公共用地浮现，让小区接手经营。透过挖填方的平衡，有计划地留下树群，把失去的九苫埕找回来。建筑物的复层墙则引用了堆木材和晒木材的质感，既农村又手工，来自民间资源循环的智慧。其下砖石混砌的挡土墙，则透露出城市历史的沧桑。在这里，纤细的柱子隐藏在被救活的树林之中，窄而透风的房子则带着一点清代移民时期的时间厚度，以自我节制的空间序列向环境致意。满眼的绿意和桂香，透过大片落地窗、反曲镜面的顶棚，在室内外任意游走。斜削收薄的混凝土板边缘，绵延了前方老庙的纤细尺度感；冒出挡土墙的杆件接头，则呈现出力的传递。这些都是试图保住手工艺时代的诚实精神；安心，而且无缝接轨。[9]

论旧城生活廊带改造

七年前开始，慢慢凝聚北侧社区的梦想：从市区老巷走入碧霞宫、穿杨士芳林园后轻松漫游社区步道，再经社福馆、西堤屋桥上宜兰河。社区里的新朋友，以整合四户闲置宅院十年不收租问我们是否搬来这里工作算了，犹豫之际，今年园区景观已初成。近日对街台电如约主动开始降低围墙且以洗石子配合石城的基调。前几天，我们约了台电大家再次见面，一伙兴奋勾勒出未来改植有荫树木，两边连成一气，甚至建构木平台邀学子也去他们庭院读书的下一波行动。知道从发想到落实也许又是数年，但回头一看，已然数年。[8]

487　　　　切开台电的围墙，顺着小区种些大家喜欢的植物，好好砌出改良后三明治墙的红砖盒子，附近小区停滞不佳的现状总有被扰动起来、重起生机的一天。

十七年了，如今才有胆量把河畔旧城生活廊带扩散成为以水为主的生活圈。"城市维管束"构想中的三棵大树，想不到像民歌一样，很快就得到广大的支持。这几天，我们正忙着在路边做微调，把未来的水路和小朋友的关系调整出来。9

计划中跨越隆隆环河车流再穿越酒厂的人文通廊，接上即将成形的兰城新月旧城人文廊带，企图缝合曾经是宜兰城清领水运时期高度发达如今没落的都市碎块。掩空头、下渡头，古籍中、记忆里，这一段两岸泊渡频繁。6

论宜兰县社会福利馆

面对这样一个3 000坪（9 917.1平方米）的设计案，还想要亲切的空间品质，压力是很大的。如果做错一个决定，就得收拾很久。幸好在宜兰，如果确实是好的事情，原则上政府倾向鼓励尝试。一样是全省通行的防贼法律，只是宜兰县政府比较愿意承担因探索而可能增加的麻烦。例如变更设计只要让它的每一个程序都经由公开检讨，确实对人民较有利，并做成记录，没有太多事情是不可能的。虽然程序比较长，但如果公私部门双方都甘愿多付出些成本，最终的受益者还是使用者。

社福馆是我们第一次参加竞图获得的案子，我们企图让空间重叠以产生多雨宜兰最需要的半户外空间，并且碎化与老社区打成一片，彻底去机构化。社福馆以南附近有个蛮有名的岳飞庙（碧霞宫），本来管理委员会要拆除扩建，学者们却建议保留这难得的历史空间。县史馆原本提议由政府补助，在一旁整理出一个文物展示馆，增加信众对老庙一向带领文风独特定位的信心，讨论后大家却觉得饼还太小，干脆连同庙后尚未开辟的绿地、停车场一起变更为纪念公园，并以步道通过社福馆连接宜兰河。一方面提升庙的格局及社会责任，一方面补充老城区需要的图书馆、K书中心等等，并与宜兰市环城文化设施连为一线，透过类似总体营造的与社区互动过程，获得庙方的支持，主动将老庙提列县级古迹，成为高难度历史空间保存公私合作的难得成功案例，这是一个都市尺度宗教空间现代化的尝试，我们对运用轻结构找回传统空间的人性尺度也充满期待，如今细部设计看来有可能就要开始。

兴建社福大楼时，一度有居民聚集打算抗议后面的边界似乎超出公有范围，但是当我们说清楚社福馆周围不会有围墙，而是融入社区巷弄之中，打算替社区把空地铺上红砖，可以的话种一些树、加上灯光，聚集的居民们才大为放心变得很欢喜。人造空间与环境相容是一贯的基本标准，能够提升才是追求的境界。未来的社福馆是非常多植物的，户外楼梯与步道桥都和树及竹子一搭一唱，有限的空地也安排了在地乔木，希望高容积的压力下仍然能追求基本的自然愉悦感。16

论西堤屋桥

西堤屋桥则是碰上郝柏村上台，行政院要扩大内需，一下撒钱出来，地方政府一下不知道钱要往哪里花。可我们做设计的早就自己先想好该做的事，只是没预算。以前做社福馆时就想，这里通不出去有点难过，于是想伸一只脚跨上河堤，设计先做好，如果未来有机会就可以直接把图建议给政府，没想到运气好大家高兴就把它给做出来了。[27]

回想 15 年前，透过变身的防汛塔，和河川局帮忙，找出适合的理由。西堤屋桥靠着一口气，就是不想放弃跨过繁忙的河滨道路、跨上河堤。[9]

宜兰河边是民众喜欢去走走的大型都市绿带，但河边和市区被砂石车专用道隔断，险象环生，于是我们从一旁的社福馆向北大胆地在社区道路上空设计了一座有绿树相伴的步道桥与这个未来的河滨公园连接，使都市的人可以藉由社福馆安全的跨越进入河边，也使河边的人可以安全逛进来使用社福馆的公共设施。这部分的构想也像杨士芳林园一样是原本不存在而纯粹从都市的需要而大胆的假设出来的。后来因为中央"扩大内需"的推行而得到县文化中心、社会科、土木课的支持，使得先前赌赌看的设计得以部分落实。这座有顶的桥和塔提供了临时避雨及眺望的功能，弥补了河滨缺乏的垂直元素，把社福馆的美学系统延续疏解到河滨腹地，也对车流的力量做出反应。这种案子需要毅力及运气，虽然保证亏本，但能将这么多都市空间串在一起，看着发想慢慢成真，对空间创作者而言，真有说不出的感动。[16]

论津梅栈道

横跨宜兰河的津梅栈道，是不小心赶上了一个"竞争型城乡风貌"的政策，当时全台湾讲究工程要减量，如果是凸显性的就要不到钱。所以那时我们想到，把河堤安排出一个裂缝，那个裂缝其实就是椅子，可以坐。想象中秋节，河两岸的人可以一起看月亮……一千人一起看月亮，那是多么壮观！[27]

津梅栈道是从空间结构来思考新小区关系的新工法。协商再协商的轻构筑，最终和水泥车型桥和平相处。引孔、悬挑，让人们过河的时候和水更近。新技术是为了更亲切，桥面如同洗衣时随手捡来的建材废料，细细调整方便洗衣的手和水面的关系。路窄一点，人才会相遇；灯暗一点，鸟可以歇息。[9]

河边中小学的学生和老师们，平常下足功夫感动老一辈能认同节约的生态观，最后还要求栈桥晚上灯光能暗就暗，能分辨得出人就好，不要太亮干扰到鸟和植物的休息。

小区的阿嬷喜欢路窄一点，不会有人盘踞，流动中时而相逢也增添认识的机会。和旧桥共生，减少用料，桥面不必太好走，要低调到只像是维护旧桥的临时设施。

洪水时格栅能让水流通过，大家共同承担新构想的责任，减少河川管理单位的压力，有了这次的好案例，共同让历史往前一步，迈向彻底"翻修""河川法"才是目标……[23]

3．环境

论员山忠烈祠

　　员山山头的阶梯顶点原本是日据时期所建的神社，国民政府来台后和别的地方一样，将其拜亭和主殿拆毁，克难的改成仿闽南式的混凝土祠堂。我们认为这个时代了，应该要展现对不同价值的包容，便建议保留这个充满争议的历史空间序列，于是藉神社特有的"神域围篱"模式以一层层的玻璃把见证一个时代的奇特粗糙的中式主殿包起来，有框的透明玻璃会使人联想类比这房子是博物馆橱窗内的展品，而从内往外看，则原生地景植栽又成了被关注的新对象。我们试着考验这几年来累积的，以施工图控制较高难度的细节。试着以无形之形和尺度的精准掌握来表达仪典性。我们建议春秋季国殇照样祭祀，平常则转而为"从认识而生乡土保卫意识"的新忠烈祠、类博物馆，另外以一个木材折叠包围刺桐树的观景台再回应一次神域的形式，并增加象征意函与真实地景的联结感。我们放心的以为很陡的山坡，机具应该很难上去，高高兴兴设计要保留周围的原生树林并用手工除草，没想到承包商竟在无人监造的状况下自以为是的以怪手开路上去，两小时之内反射动作的清除了一大块杂木林，真是触目惊心。为此我们被好多朋友臭骂，自责之虞，只得事后要求赶快恢复植树、种草。原设计与林荫垂直线条及光影交织的空间，未来在枫香、山樱还没长好以前，效果也将大打折扣。[16]

论竹林养护院

　　接触到这个案子时，因为正在做县社福馆，曾到处去参观全省的福利机构，很多场景都让人觉得很伤心。在许多养护院里面，时间似乎是静止的、黑暗的，老人的生活很制式化，令人生气。这个养护院有70%预算由"内政部"奖助，虽然业主仍难免希望把容积盖满，以照顾最多的人，但是业主夫妇原来就经营的旧环境已经比一般用心很多，我们仍看好有心的业主会支持新的养护院能很活泼、充满生气，就一头钻了进去。我们讨论后觉得这房子再怎么去盖，都不会比外面的风景漂亮，所以一方面把容积往后方挤，避免对小路的冲击，轮廓也配合五峰旗的层层山势，另一方面在寝室以外的日间活动区设计了大片开窗，使人在房子里面能知道日出日落，感觉到阴影的变化和时间的移转。老人可以自由的往东看、往西看，眷顾自己从前一路走来的世界，也多少配合着心情，增添点新的视觉经验。走廊并不是笔直、等宽的，在足够的宽度外延展有许多转折，这一点有经验的业主很喜欢，因为老人生活很需要有变化，转折处也形成了行进中可以停留的空间，而护理人员仍可选择直线进行，反映到外部，更可与不规则、多折线的阡陌水圳共鸣。[16]

论礁溪生活学习馆

　　这类案子的重点在于如何开展有历史的市区纹理以及旧建筑的诠释与活用。手法上我们探索如何延续尺度、如何发挥外墙变成内墙的空间重叠感，如何增加民主化的当代政府企业化的效率企图，以及如何用保持距离的现代钢材，去处理新旧办证间的缝合关系。我们除了建议增加K书及乡史资讯传输，也加强了原有男女日光大众浴池。乡长甚至希望在将来能突破用地限制成立公营澡堂，变成一个洽公又可同时享受温泉的乡公所。毕竟县政府都可以盖成花园了，乡公所结合浴池又有何不可呢？[16]

不时想起礁溪户政的"山径"。下了猛药，才保住了新旧省道间很难被管理者阻断的公共空间。[9]

有一次他（莫斯）问及我们双回旋向上的动线"端点"是什么的时候，我自然地以把两系统相接，造成"轮回"的观念作建议，Eric似乎很喜欢。那些"短路"的桥，形状配合斜坡而自然发展，多年后我们在礁溪公所的案子中，隐约透露出当年未完成的志业，乡公所一案，也是我们在宜兰开始碰触都市议题的开始。[7]

礁溪户政并不是那个房子长得像一个山，我觉得大家或许会误解。其实重要的是，在房子上面走动的那个空间经验像是在山上。是把自己看成山的一部分，抱住那个山，当时想象是人在山林里泡温泉的感觉。但樱花陵园完全相反，我反而很刻意让人存在的空间都脱离那个土，因为我觉得坟墓地方所有的土，都有一种令人恐惧的味道。可是做礁溪生活学习馆，因为在都市里，尤其五峰旗那座山对礁溪人那么重要，我认识的礁溪人，早上都会去那个山走一圈，可是外来观光客完全不会想到那个山，他们想到的是温泉，而温泉是在房子里面的。所以当时比较强烈想要让那个山坡是横贯都市进来，是具有体感、肉搏战的山。我感觉到我自己是这样的人，纯粹视觉上，我比较倾向简单的空间，好像比较没有压力。可是如果我人要贴近的时候，这空间如果很简单，我反而觉得紧张，我贴近它的时候，我反而须要它是乱七八糟的，我就觉得还蛮舒服的，这就是我说的肉搏战的感觉。[25]

4. 小住宅

论桂竹林祖厝副公厅

这是我们事务所成立后第二个设计案（第一个是礁溪林宅），但是最先动工，是一个老祖厝的改建，将倾颓的合院一角变成一个小小的宗族多用途空间，而合院也借由盥洗室的清水砖量体被围塑得更完整。我们尝试用很现代又普遍的材料——型钢来定义对称空间，也利用型钢纤细的边角、线条，完成传统形式所需的装饰性线条。我们遇到的这个业主很不错，谈了很多想法，充足的讨论也确立了比较进步的、尊重他人的价值观，另一方面预算及鸠工的限制反而使我们从中可以得到更多线索，发现更有意义的构造实践。[16]

论礁溪林宅

运用明快的技术系统，直截了当地面对每一个机会。干栏式挑高地盘是对清澈泉涌的最佳礼赞。深出檐使得内外的交流不受雨的束缚。为了能大开口欢迎地区夜晚由西向东宜人的陆海风雨庇及遮阳共组了西面的表情。水电全面的明管配设和细部，表达了对时间的态度。清水反梁的楼板除了加强下层空间内外永久连通的气息，易于从上方调整配管系统，也使得上层木地板取得想要的架空弹性：屋主希望未来走起来有点老屋嘎嘎作响的味道。[18]

即便是林宅本身，就有很多地方是因为我们的功力不足而没有处理好。好在一路上鼓励我们的屋主一家早就约好等试过一年四季之后，记录一切，明年再来个总调整。林先生一直没忘记"与家族和自然沟通"才是我们一路寻找的关键目标。他安慰我那些尝试过程中的失误都可以慢慢调整。这样的体谅与支持，猛烈地提醒我对自己的欲望重新思考，真正对成长中所犯的错误释怀。质量的物质面调整要适可而止，不役于物，才正是人们真正的需要。[12]

这个设计其实有很多缺点，例如摆在老村子的环境中，北侧的尺度还是显得太大了，虽然当初模型上就已经感觉到这个可能，于是在屋顶做了打折，除了把从温泉浴池绵延而来的扁长量体收掉（或是反过来说把水的力量从池面吸起来），也是为了在端点和附近邻居的尺度相呼应。可惜我们对直觉的警告有太在意，盖起来后才知道，如果当初每层再降 25 厘米就刚好，内部上下的关系也会较好。我们后来的住宅案都因此做了修正。

要把林宅的空间以摄影来表达，几乎不可能，如果要用很多照片产生的联想再现空间感，则每张照片至少应该要包含附近的生活地景，因为这是设计关键的，也是比较容易记录的一部分。林宅的形体不以自己为主，而是化为边缘，分别定义三区主要的户外空间。我们对"内部与外部的延续"下了很大的功夫，尽量穿透、增加层次。林家搬进去住以后，感觉比刚完工时好很多。使用者真实的生活，对我们的设计做了自己的修改，果然就刚好对味。在这个可以穿短裤拖鞋的生活环境中，太精致的空间会显得格格不入。宜兰共通的环境条件以及业主的生活记忆在此提供了很多独特的创作线索，例如预料木板干缩后行走其上会发出的屐屐声，反而是业主的期待。[16]

论壮围张宅

我念书是在七八十年代，那时理想住宅就像理查德·迈耶（Richard Meier）那种白派的空间，就是第一世界对我们产生魅力的一部分，不是实用的，而是抽象的，这边那边挑空一下而产生空间变化。所以建筑系学生定位自己追求的房子，常常跟爸爸妈妈要的房子很不同；正是在这个地方，进入一种不实在的，可是在精神层面一种有点奇妙的空间关系。就是那个年代用这种方式学建筑，好像感觉自己是个知识分子。设计壮围张宅时，我那时大概 33 岁吧，想要直接用人的状态去处理空间。白派那种必须上下两层才能产生挑空、制造趣味的方式，我不想要，想要水平的空间，想要和天空连接。

不过壮围张宅的水平空间还跟另一件事有关……张宅的平面还真是蛮密斯（Mies）

的对不对? 张宅的原型来自我在东海时的医务室。这部分似乎一直是我的弱点,虽然我不喜欢符号,可是我常常想东西的时候,会流向符号。

东海医务室是一个封闭的格局,它是一个真的合院,可是我非常不喜欢合院,有可能我潜意识里面觉得合院本身是封建的,是利于管理的,跟中国传统的温驯有关的。但我又喜欢医务室扁平的尺度跟干净的尺寸。所以我想了一个方法,把它移植过来,因为喜欢趴在地上那个感觉,我真的喜欢它的扁、很矮、檐口非常非常低的感觉。连带着我也抓了合院,因为合院对抗海边恶劣气候是不错的。可是我又不喜欢合院,希望它无限地延伸出去。而檐口高度我也不断调整到差不多两米六,非常矮,矮到边缘几乎手举起来都可以摸到。张宅也是一个没有梁的房子,没有梁也是在反映那个没有边际的天,因为它一旦有梁就没有了那种无限延伸的感觉。[25]

5. 樱花陵园团块

论樱花陵园入口桥

樱花陵园的桥(设计),那根本是我们"捞过界",那本是农业局做的山区道路规划的一部分,我们看到图,就是没感觉啊。这是樱花陵园的入口,我们就想说能不能是一个弯的桥,环抱整个兰阳平原。当时的工务处长听了,觉得有兴趣,他跑去找农业处长说,这个桥拿来我们做好不好?你们路就做到那个端点,不要再往上做了,这部分我们来做。田中央背后有很多不知道会从哪里冒出来的贵人啊!如果只是自己这么想,却没有人去搞它一下,我们也根本做不到。就是有那么个人出现,发神经去跟农业局讲说我们来做,就因为他听进了浪漫的想法。结构技师原本要做一个很干净优美的桥,结构表现很清楚,可是我觉得,那这样子,人就相对变第二啦。纯物理性的表达,常不足以响应环境的身世,原意是要拥抱山下的城市,拥抱我们的故乡,怎么变成表现这个桥了?我后来想通了,就加了一个走向溪谷的步行道,不那么纯粹味道,就比较对了。结构技师不习惯啊,说哪有需要?我当然是逮了另一些原因:请日本的技师把台湾工程测量、地质测量可能不够准确的因素考虑进去,也找了两个在地的结构和大地技师复查,看出这里地质有可能有的风险,真的也需要加一个够大的斜撑。最后用了这个综合见解,由甲方发动变更执行出非纯粹数理而是有人的味道的桥,一个环境的互动,不只是结构的表达。[27]

论纳骨廊

樱花陵园是在真的山上,而在山上做建筑是我们原来不想碰的事,因为宜兰的环保意识很强。樱花陵园之前唯一的经验是忠烈祠,但那其实也只是山坡上的几个平台而已。樱花陵园这案子是我们接受高野游说才去做的,当初我们在他的规划案里看到的建筑基地是平的,上面想要盖一个 Dome(穹窿),一个地景式的纳骨堂,像县史馆那样,他们觉得那样很生态。直到我去过基地后,才发现那是一个斜的坡,不是图上画的平的。不过既然已经答应要做了，就不能反悔，但它明明是斜坡，我怎可能接受把它整平再盖个房子？

我也不知道当时怎么会这么轻松让大家就接受了现在这个方案，重新保留了斜坡的魅力。但斜坡如果没有水平版来相衬的话，斜坡是看不见的，因为斜坡会变得再自然不过。另外，我一直想让坟墓是在树林里面，可是我们的文化不太能忍受风水上前面会有树，然而在山坡就有可能，因为如果控制得宜选对树种，斜坡会让树不会挡到坟墓。当时县长刘守成的一句话，也帮了很大的忙，他说："人在高空看着自己的故乡，是一种幸福！"

通常会尽量顺着地形好不作挡土墙，或是不让挡土墙变的高。可是在樱花陵园我们故意要有挡土墙，而且这个挡土墙是垂直的线条，而不是斜的线条，这是一个蛮特别的动作。当时好像觉得去仿自然很腻，所以樱花陵园的挡土墙常常是直线的、倒角的，而不是柔软的。因为这样直的下来才有机会长树，而这些树的树梢会跟上一阶的平地齐高，所以不会挡到坟墓，而且坟墓可以横无阻挡地看出去。所以挡土墙一定要存在，要不然就没办法从树梢看出去。因为它的重点在开放和无限延长。[25]

……樱花陵园的长长通透纳骨廊，为未来少子化世代，先准备好容易让岁月借原生植物来复原的简单地景，并从当地的材料起步，重组能够感受时间长短和文化上能接受的材料。[9]

引用文章目录：

1. 《莫忘初衷》。
2. 《宜兰的水》。
3. 《能在两个小时之内》。
4. 《原来 Wonder》。
5. 《十四年来，罗东文化工场教给我们的事》。
6. 《生命流域——宜兰河》，《台湾日报》。
7. 《影响——1991—1993 我在 Eric Owen Moss 事务所看到的故事·一封信及一篇讲稿》。
8. 《杨士芳纪念林园·旧城生活廊带》。
9. 《设计，说穿了只是现实世界小小心愿的真实反应》，《建筑师》164 期。
10. 《第一届台湾建筑奖得奖感言·竹林疗养院·选择》。
11. 《祖厝副公厅》，1996。
12. 《第 20 届建筑师杂志得奖感言》，1998。
13. 《礁溪林宅及得奖感言》，1998。
14. 《壮围张宅》，1999。
15. 《三星展演棚》，1999。
16. 《筑生讲堂》，2000 修正稿。
17. 《宜兰社福馆及屋桥》，2001。
18. 《礁溪乡行政中心再生》，2003。
19. 《研讨会·探索与沉积》，2005。
20. 《杰出建筑师感言·快乐地沉浸于多样的真实之中》，2005。
21. 《建筑奖得奖感言》，2006。
22. 《台湾建筑奖得奖感言·放松（二）》，2006。
23. 《回家》，2007。
24. 《台湾建筑奖·罗东新林场·自由自在》，2008。
25. 《田中央的八个理念》，"新观察"第二十三辑，2013。
26. 《"中国建筑传媒奖"获奖感言》，"新观察"第二十三辑，2013。
27. 《当宜兰遇上田中央》，"新观察"第二十三辑，2013。

李兴钢现象

原载"新观察"第二十四辑 / 2014.01

去年下半年，作为文化部首届"中国设计大展·空间设计"的策展人之一，我借机给华人空间设计界来个大摸底，先北京、深圳，进而台湾（台北、宜兰、台中、台南等）、香港，继之上海、天津、南京、成都和西安……进行了一轮城市疾走，逐一解释策展理念，拜会事务所和大型设计院，考察重点邀请项目，固执地向两轮评委解释、推荐"淘来"的作品——最终，有135件2008年以来建成的作品参展。

这是一个"必须"包含大设计院建筑师及其作品的大型展览，在北京，我拜访了中国院和北京院，也在李兴钢工作室系统了解了他近年的新作。地铁昌平线西二旗站、海南国际会展中心和威海Hiland·名座，最终，李兴钢有三件设计形式迥异、品质优异的作品入选。在这次展览中，每个设计师最多只能有三件作品参展，除了张永和、刘家琨、黄声远和都市实践，李兴钢是唯一以三件作品参展的设计院建筑师。

不仅李兴钢，西南设计院的刘艺，也因德阳聋哑及智障儿童学校获奖（空间设计板块仅评选出四项大奖）。近年来设计院项目品质的提升，已成为建筑界的一个独特现象，这打破了长期以来实验建筑和个人事务所设计师包揽"中国建筑"话语权的格局。

"胜景几何"是李兴钢今年9月在Studio-X个展，这既是他近年作品的集中展示，也如展览名称所显示，更是他近年来建筑设计思考的阶段性呈现。

虽然，在他看来，指向一种不可或缺"胜景"的、与自然紧密相关的空间诗性，是被人工界面不断诱导而呈现于人的深远之景，体现自然性与精神性"，"'胜景'通过'几何'而实现，以建筑本体营造空间诗性……最终'几何'转化为'胜景'。但是，李兴钢以这种"雍容不迫"的理性思考进行"几何"营造"胜景"的实践，还是引来诸多质疑，以致Studio-X隔壁的"猜火车"餐厅，几位本辑作者与他进行了一场开诚布公的讨论。

在很大程度上，正是这场讨论，"主导"了本辑"新观察"文风与观念的迥异。当初，李兴钢不希望这是一场以设计院为语境的讨论，觉得这样会限定讨论的深度；最终，三位作者的文章却已超脱"几何胜景"，成为对李兴钢的生平与"事迹"的评述，和以之为现象的对中国设计现实的妙趣横生的评议。

张路峰的文章既对李兴钢个展及其"胜景几何"理念进行了深入剖析，也率直地指出了其近期设计"几何"本身充当了"胜景"的问题。齐欣以春秋笔法写就的《钢爷正传》和配图，亦庄亦谐，将李兴钢现象纳入的时代语境。金秋野的文章则是对"鸟巢"之后的李兴钢设计的全面周详的评述。

胜景几何

李兴钢

关于人工与自然

虽然人类的文化都封闭于地球这一星体，但中西方文化的确有着重要的不同。"中国哲学是直觉性的，西方哲学是逻辑实证的。东方认同自然，人不过是自然的一种生命形式；西方认同人本，与自然对立。"这是阿城在《文化制约着人类》中的话。当然，他的本意是说在创作活动中的"限制即自由"——若没有建立在一个广泛深厚的文化开掘之上的、强大的、独特的文化限制，则不可能达到文学乃至所有艺术创作的真正自由。

不同的文化制约着不同的人类。在我看来，关于人工和自然，不同的人类的确给出了各不相同的答案。

人工的自成

埃及法老的金字塔陵墓是巨大并具有精密几何性的人工造物，绝对独立于自然而存在，显示着人的强大与自立。或许可称作"人工的自成"。

在这一线索之下，我们可以找到两个伟大建筑师的身影：安东尼奥·高迪和路易·康。

高迪的建筑呈现出一种决然不同于他者的气质，甚至令人感到与自然物的相似和靠近。但实际上，我们可以在集高迪建筑天才之大成的巴塞罗那圣家族大教堂脚下的设计绘图室中，发现高迪的创作秘密：处处可以看到在精密的几何逻辑之上，建筑的形式、结构、空间、材料乃至色彩被神奇地呈现，令人叹为观止，几乎创造出一种接近上帝的人工造物。他是一个把人工的"自成"发展到极致的建筑天才。

路易·康的罗马、希腊、埃及之行成就了他伟大的后半生，他"发现了如何把古罗马的废墟转变成现代建筑"。面对一个项目，他首先质问自己"空间想要成为什么"，然后"秩序"不期而至，最后才是外向的"设计"——即切实地把基地、结构、材料、预算和项目的特殊要求考虑进来。"建筑源自原室空间的创造"（Architecture comes from the making of a room）。在他的建筑中，最基本的几何形体以精妙的组合而成为庄严而诗意的结构和体量，并带来卓越的光源照亮空间。"静谧与光明在此相会。"他是一个以完全的人工达致"自成"状态的建筑诗哲。

但在我看来，康的萨尔克生物研究所似乎有些意料之中的意外。他听从了路易斯·巴拉干的建议，将夹持在两侧建筑之间的种满白杨的"苍翠庭院"改为一个在太阳轴线下面，一条中心水道穿过，直通向太平洋的"石头广场"，虽然康宣称："建筑就是自然不能创造的东西"，但是在这里，大海和天空成为建筑及其空间中的不可或缺。萨尔克是康的建筑中最打动我的作品，自然和人工在这里达到了一种"互成"的状态。

人工与自然的互成

同是皇帝的陵墓，清东陵十几座帝后陵寝呈现出与埃及金字塔完全不同的"风水"格局和理念：背北有靠山，面南是朝山及影壁案山，东西有两山左右拱卫，两条大河环绕夹流，正南还有两山对峙形成"谷口"。堂局辽阔坦荡，雍容不迫，天然的山川形势，对于镶嵌于其中的陵寝形成了拱卫、环抱、朝揖之势——真正的"天人合一"，人工秩序和自然之物相反相成，相互依存而生，也或可称作"人工与自然的互成"。

在这一线索之下，我们还可以找到传统中国城市中的"礼乐相成"、园林中的"宅园并置"、聚落中的"栖居于自然"。

一个被精心制作的预制遮阳窗构件，被置于平常无趣到处可见的城乡接合部街景之中，一个动人的画面会被呈现于观者的眼中，进而作用于内心而转化为某种微小微妙的诗意。这样的空间诗性由代表自然的街景和代表人工的构件互动而成，它们彼此缺一不可。这是最简单的"人工与自然的互成"。

这是一种不同于"人工自成"的哲学，意在营造人工与自然之间的互动、衍化与互成，它们相互不可或缺、不离不弃，这样的整体可以成为人类更为理想的生活世界。

几何与胜景

在人工与自然"互成"的线索之下，"几何与胜景"成为我们逐渐明晰的实践方向。
建筑本体相关，是结构、空间、形式等互动与转化的基础。赋予建筑简明的秩序和捕获胜景的界面，体现人工性与物质性。

"胜景"，则指向一种不可或缺的、与自然紧密相关的空间诗性，是被人工界面不断诱导而呈现于人的深远之景，体现自然性与精神性。

"胜景"通过"几何"而实现，以建筑本体营造空间诗性。形而下的"几何"与形而上的"胜景"互为因果，最终"几何"转化为"胜景"。说到底，就是营造人工与自然之间的互成，它们所构成的整体成为使用者的理想建筑和生活世界。

人工秩序互动和衍化为几何

体现人工造物之秩序的是若干建筑的本体要素：结构／材料、形式／构造、空间／功能等，它们相互激发与转化，通过精密的几何逻辑整合为一体。这是一种由建造而带来的诗性。

在现代建筑的营造体系下，不能不说，高迪和康是我们的榜样。但以《营造法式》为代表的中国悠久的营造传统，也具有以几何为基础的结构、形式、空间等的高度同一性特征。

在中国的艺术乃至城市、园林、聚落的营造传统中，还有一种被不断重复用以组合而构成丰富整体的关键单元要素，或可称为"基本单体"，它也具有简明的几何性。例如构成住宅的"间"、构成园林的"亭台楼廊"、构成城市和村落的"合院"等，它们可重复，可组合；可依几何逻辑被切分，可依功能尺度变换大小，可依环境结构改变形式。

自然经人工捕获成为胜景

最具诗意的自然并非是纯粹天然的自然，而是被人工捕获、并与人工互动互成的自然。人、景、界面以及叙事、隔离物等，成为建筑本体之外的关键要素，貌似引入了一种新的体系，但却悠久而古老。建造的诗性将由此转化为空间的诗性进而为时间的诗性，最终转化为人与生命的诗性。

人，是其中最为关键的要素。人在建筑和自然构成的整体空间中，由外而内，由动观而静观，由外观而内观，由日常生活而精神观照，由视物而入神，因景物的深远意象而达致对宇宙和自身的化悟。人，在这里既是使用者和体验者，如同空间的观众和读者；又是设计者，如同空间的导演和作家。

景，是静态的被观照对象。可以是自然山水，也可是人工造物，甚至是平常无趣的现实场景，要点是与自然元素的密切关联，并被人工界面诱导、捕获与裁切。胜景，则是最具画意之组合——深远不尽之景。在中国的文化传统中，山水是形成胜景的最佳自然物——最易形成层层无尽的画面而与宇宙和生命相连接。

界面，位处于人与景之间，体现人工性和几何性，犹如画之"画框"，亦即心之"心窗"。界面的作用是形成画面感，使人意识到画面的存在，并反复出入画面：入画（戏）则自我体验，出画（戏）则反观自我，将自己（观画者）间离成为我与自然（世界、宇宙）之间的第三者，达致内外兼观，使自我通过感受无尽空间世界而体验生命无限。界面既可框点自然的美妙与宁静，也可裁剪现实的无趣或混乱。

现实的困境

当下中国建筑与城市建设的严酷现实是生活环境的过度人工化，将人们逐步推离往昔悠久的生活理想，人与自然心心相印的独特传统，被由上至下、从专业到大众集体放弃。我们的"千城一面"，早已不再是按《周礼·考工记》所营造出的生活与自然声气相同、相依相存的万千城市。于这样的现实之中，我们何以建构和修正当代生活的诗性世界？也有这样一种生活方式，是回归乡村，回到田园牧歌中去，对于当代的现实生活和大多数现代人类来说，这只能成为"头脑中的乌托邦"。那么，该如何建构和修正现实的理想建筑和城市？我们如何在既成的城市和建筑中修正缺乏诗意的人工？又如何在将成的城市和建筑中营造面对自然的诗意？

以"几何"营造"胜景"的实践

在上述针对当代现实的自我设问中，我们尝试进行和正在进行一系列以"几何"营造"胜景"——以建筑本体营造自然空间诗性的实践以作回答。不同项目所处地域或城市中自然因素的多样性和唯一性成为设计的引发要素。我们企图在不懈的实践中表述对传统的敬意，对现实的改变，对一种文化及生活理想的回归。

"旧构"实践之一：复兴路乙 59-1 号改造，基于原建筑较无规律的结构体系，转化为增加的外部幕墙网格，作为立面及内部空间的控制系统，形成了有自身独立特征的结构、形式和景观。其核心空间是一处自下而上垂直延伸的游园式空间，不同透明度的幕墙玻璃既对应内部空间中人的行动、视线和外部的景观，又使城市中的建筑呈现出深邃、平静而丰富的气质。看似随意实则具有严密几何逻辑的幕墙网格及各种透明度的玻璃，构成了笼罩在空间中人之眼前的人工界面，将外部乏味喧嚣的城市街景裁切成一幅幅别有意味的静谧画面。

"旧构"实践之二：中国驻西班牙大使馆办公楼改造，在内部改造和结构加固的基础上，重塑了内部空间和建筑外观。内部由一套自下而上的完整公共空间体系为核心，以楼梯、廊道和"景墙"为焦点元素，串联各层，将空间上下贯通，并营造出不断变化的光线和场景，景墙采用西班牙传统石材马赛克拼贴工艺，以像素化手法再现著名的《千里江山图》长卷，引导人在空间中的视线和行动。为解决日晒问题，外部采用一套基于结构模数和开窗尺寸的预制 GRC 立体遮阳构件，它们就像一个个小建筑，以相同的几何规则生成体量——外大内小两个矩形之间无缝连接一个以电脑自动生成的

"极简曲面"，在内部空间人的眼前，将呈现出一幅幅神似三维的中国传统"景窗"画意，由构件的几何界面通过透视作用捕获外部街景而成。同时，构件排列于立面而构成了建筑外部的雕塑感，也以此向西班牙天才建筑师高迪致敬。

"城景"实践：唐山"第三空间"，主体是位于城市中心区域的两幢百米高层建筑，76套复式单元（私人会所）与下方的公共部分共同形成具有完善生活设施的商业综合体。在每个复式单元内部，连续抬升的地面标高，犹如几何化的人工山地，容纳从公共到私密的使用功能，在多样的空间变幻中形成静谧的氛围。所有复式单元在垂直方向并列叠加，对应的建筑立面悬挑出不同尺度及方向的室外亭台，收纳下方和远处的城市及自然景观，并形成繁复密匝的"垂直城市聚落"意向，使建筑的空间和形象与城市景观产生因借和互动。

"镇景"实践：绩溪博物馆，整个建筑覆盖在一个连续的屋面之下，起伏的屋面轮廓和肌理是对绩溪古镇周边山形水系的演绎、展现和呼应。为尽可能保留用地内的现状树木，设置了多个庭院、天井和街巷，是徽派建筑空间布局的重释。按特定规则布置的三角形钢屋架结构单元（其坡度源自当地建筑），成对排列、延伸，既营造出连续起伏的屋面形态，又直接暴露于室内，在透视作用下，引导呈现出蜿蜒深远的内部空间。

"地景"实践之一：元上都遗址工作站，锡林郭勒大草原上的这个小建筑，位于世界文化遗产——元上都遗址的入口处，被进一步化整为零成大小不一的若干圆形和椭圆形坡顶小建筑，又按使用功能被分类组合及相互连接，形成一群彼此呼应的小小聚落。这组小建筑朝向外侧的连续弧形界面，罩以白色透光的 PTFE 膜材，带来轻盈和临时之感，似乎随时可以迁走一样，暗合草原的游牧特质，同时表达了对遗址的尊重；而建筑朝向内侧的部分，其坡顶弧形体量在严密的几何规则控制下被连续剖切，形成连续展开的呈曲线轮廓起伏波动的折线形内界面，这个具有强烈动感和自由感的人工界面，对话于苍茫的自然草原和静谧的遗址景观。

"地景"实践之二：吕梁体育中心，作为"造城运动"的一部分，位于规划中的新城中心区域，两侧分别是少水近涸的河流和黄土高原的丘陵山脉。巨大体量的"一场两馆"，以"反向悬挂实验"造型，并以严密几何方程计算确定，生成彼此连接的抛物面拱壳结构，形成群组的开放式围合界面，与用地内保留的余脉山体相插接，并将外部连绵壮阔的山景因借收纳于这个巨大的外部空间。建筑形体如山脉一般连绵起伏，也形成未来城市中与自然景观相呼应的人工地景。

胜景几何？

这既是我们工作的方向与内容，也是对当下现实缺失之诗性的质疑，亦是对自己关于理想世界营造之努力的省问。思考仍在继续，实践仍在进行。

观"胜景几何"有感

张路峰

    对展览标题"胜景几何"的拟定，李兴钢是用了一番心思的，其意义也颇耐人寻味。按我的理解，"胜景"是指建筑所追求的某种状态或目标，而"几何"则是使建筑达到这种状态的手段或工具。同时，李兴钢提示，"几何"也是双关语，是一句自谦的设问，他想借此展览问观众，也问自己："我做得究竟怎么样？"作为一名观者，我想从个人角度对他的作品进行一番主观解读，与李兴钢交流，也与关注他建筑创作的其他观者分享。

    先说说"胜景"。从字面上不难理解，所谓胜景，是一种视觉图景，一种非同寻常的景象，而且必定应该是美好的景象。然而，这个词通常是用来形容自然景物的，用于建筑这类人造景物并不多见。李兴钢建筑作品中的"胜景"具体指的什么？他是怎么做的？根据李兴钢自己的说法，胜景是指建筑精神性的、不可描述的、诗性的品质。既然不可描述，我们就只能根据作品进行推测和揣摩了。我以为，在他的建筑中，"胜景"主要体现在空间体验的戏剧性和观看方式的趣味性上。李兴钢在很多作品中努力追求的是提供某种行走和观看独特方式，并以此为设计的起点。以此为起点的设计其实是比较可靠的，因为空间问题一直是属于建筑本体层面的问题。正因为有了这样内在的起点，给他的形式操作带来了自由，他就可以不太关心外部形态构成的有机和完整，对形态和材料也没有很明显的美学偏好，作品与作品之间形态差异比较大，基本没有可识别的标签，很多时候给人一种陌生感。这与我们以前印象中的李兴钢设计作品大不相同。换句话说，李兴钢的创作之路已经或者正在发生某种转变。

纵览其作品集（当代建筑师系列：李兴钢/李兴钢工作室编著，中国建筑工业出版社，2012 年版）可以较容易发现这种转变。早期的代表作品呈现出一种比较统一的样貌，手法也比较接近，如新华大厦、兴涛会馆、兴涛接待展示中心等；近期的则呈现出多样的态势。我感到湖北省艺术馆竞赛方案是个重要的新起点。这个项目虽然并未建成，但从图纸上已经可以看到他开始放弃在平面上自主"构图"的意识，并开始和周边环境直接"对话"。在此作之前，李兴钢主要关注的是形，而此作及以后，他所追求的不再是形，而是空间，一种对空间的独特体验和观看的方式，也就是他所追求的"胜景"。

对"胜景"的追求显然源于他对园林研究的兴趣。事实上在国内有那么一小批学者和建筑师为中国古典园林特别是江南私家园林的成就所倾倒，认为园林所体现出来的空间概念是中国所特有的，是中国人对于世界建筑的独特贡献，并致力于在当代建筑中借鉴或演绎园林空间的趣味和人文属性，以此来丰富建筑的内涵，表达中国当代建筑的文化特性，追求所谓的"中国性"。李兴钢近年来对园林有持续的兴趣和研究，与其他园林"发烧友"不同的是，他并没有脱离时代的语境把自己想象成一个 17 世纪的文人，退回到农业和手工业时代营造失落的精神家园，或者试图用当代材料呈现传统园林意趣寻求自我安慰，而是立足于当代社会的生产力和智力水平，从古代园林中吸取了一种不同于西方现代主义的自然观，一种内在的精神气质，一种可以概括为"天人合一"的概念，从中建立了自己的建筑观。他认为建筑作为人工物品并不是从自然中分割出来的独立存在，也不是屈服蜷缩于大自然之中的弱势个体，它必须和自然一起合作，互相定义，互相观照，相得益彰。从作品中我们可以看到他在这个方向上非常用力，主要是在场地布局、内部交通流线的组织以及外墙开窗方式方面大做文章，使其建筑呈现出与众不同的特点。比如在复兴路乙 59-1 号改造、地铁 4 号线地面出入口、"第三空间"等项目中，窗的文章被做大，其功能不止在于采光通风和丰富立面构图，更在于提供一种从建筑内部向外观看的"框景"。外部景色要经过窗的过滤和选择才有意义，这种自内向外认知建筑的独特立场给他的创作带来了与众不同之处。

再说说"几何"。抛开那层设问的语义，在李兴钢的概念里，"几何"应该是一种比喻，一种概括的说法，它应该包括所有可量化的技术手段。和贝聿铭将"几何"作为空间构成的逻辑和形式表达的语言不同，李兴钢的"几何"只是一种工作语言，一种"桥梁"，这种"桥梁"能够从内在逻辑上把概念和建造连接起来，把形态和结构、构造、空间连接起来。

对"几何"的追求可能源自他与瑞士建筑师的合作经历。在一次题为"国家体育场（鸟巢）的设计与实施"的讲座（北京建筑大学，2013 年 9 月 2 日）中，他详细地介绍了一个设计概念从最初生成到最后实现的全部过程。在此过程中，各种相关技术的研发和应用起到了关键的作用，使得"鸟巢"的设计概念从头至尾得到了最大限度的实现，即使遭遇"瘦身"运动也未受太大影响。他从"鸟巢"设计工作、从与赫尔佐格与德梅隆事务所合作的经历中获得的影响，不是对材料的重视、对表皮的重视，不是手法或设计语言层面的接近，而是体现在工作方法层面。他着意追求理性秩序的表现，追求形式逻辑的技术实现，追求概念与实施的无缝连接。这种追求在他设计的绩溪博物馆和海南国际会展中心项目中均有所体现。

从这次展览可以看出，李兴钢试图建立并且正在形成自己的建筑立场及方法论。立场明确、方法讲究的建筑师在当代中国并不多见，而身处国营大型设计机构还能坚持从个体角度坚持思考和实验的建筑师更是难能可贵。从"胜景"到"几何"，李兴钢已经超越了对形的关注，转而关注形与空间背后的逻辑呈现。在他看来，概念不是唯一重要的事情，概念的内在逻辑和呈现方式更重要。本来这种关注点在很多欧洲建筑师那里是自然而然的，但在"杂志建筑学"盛行的中国现实中却显得格外有意义。

最后，作为对李兴钢下一步工作的期待，我想重温路易·康著名的一段话：

一座伟大的建筑物，按我的看法，必须从无可度量的状况开始，当它被设计着的时候又必须通过所有可以度量的手段，最后又一定是无可度量的。建筑房屋的唯一途径，也就是使建筑物呈现眼前的唯一途径，是通过可度量的手段。你必须服从自然法则。一定量的砖，施工方法以及工程技术均在必须之列。到最后，建筑物成了生活的一部分，它生发出不可度量的气质，焕发出活生生的精神。[1]

李兴钢所追求的"胜景"，大概相当于康所说的"无可度量"的状态，而他所谓的"几何"，应该表达了与康的"可以度量的手段"相接近的意思。如果我们认可康的说法，那么对于李兴钢，"胜景"是目的，"几何"只是手段；"胜景"在前台，"几何"在幕后。然而，从他的某些作品来看，本该躲在后台的"几何"跳到了前台，雕琢的痕迹过于明显，建筑满身都是抢眼的形状，甚至某些时候让人觉得，"几何"本身充当了"胜景"。这其实也违背了设计者的初衷。其实几何的秩序被看到，无异于戏剧或电影中的"穿帮"。建筑过于雕琢，那种不可名状的建筑的诗性品质会受到打扰而无法呈现。如此看来，李兴钢下一步应当关注的，或许应该是消隐几何、忘掉几何，遵从路易斯·康的提示，迈向追寻建筑"不可度量的气质"之路。

1. 《静谧与光明》，引自《路易斯·康》李大夏编著，
中国建筑工业出版社，1993 年版，第 144 页。

钢爷正传

齐 欣

声明：本文爆料纯属史实，与史建建史无关。

兴钢可是个正经人，满脸的正气，一个褶子都没有，着实无从下笔。但史老爷子亲自吩咐了，不写还不成。只好硬着头皮，模拟兴钢，严肃对待任务，一丝不苟刨料。

据不完全考证，兴钢一生下就这么正经。先操着正宗的唐山腔[1]给父母各鞠了一躬，随即便陷入沉思，规划起人生。鉴于参照物稀缺，因陋就简，凑合着从父母赐予的名字开始吧：

李——那就得讲礼貌，克己复礼，有理想，理性，据理力争。

兴——兴建，那就干建筑吧；兴国安邦，那就在国营大院当个老总吧[2]；兴风作浪，那就生猛点吧。深圳市规划局[3]？爱谁谁！

钢——先得把首钢挪到家乡去，再顺手把用钢量搞上去，比如鸟巢[4]之类的。还得刚毅、坚忍不拔、一往无前、死不改悔。

兴钢——看来还得多用点型钢，最好是 X 型型钢，XG 么，不成就用在地铁四号线

---

1. 1969 年出生于唐山地区，具体日期及时辰极可能是 5 月 4 号（青年节）早晨八九点钟的太阳。
2. 中国建筑设计研究院副总建筑师。
3. 深圳湾体育中心竞赛。
4. 国家体育场。

上吧[5]。XG还与性感关联，那就不肥不瘦，让衬衫从外套底下钻出，皱个眉头，憋着不笑，再弄副圆框眼镜，显老成，弥补阳光缺陷，顺便诠释胜景几何[6]。

李兴钢兴李——理性—性钢—刚性—姓李。嗯，这名起得还成。

等全规划完了，才忽然想起尚未解决温饱问题，于是"哇"地一声，扑向母亲的怀抱。哺乳期间，兴钢绽放出一丝微笑，隐约意识到人生中除了工作，兴许还有旁的乐趣。最好能再来二两白干，半斤唐僧肉，外搭几串烤羊肉。为什么羊肉串？为什么享乐？没出息！卑鄙！一吃饱，正义就取代了邪恶。

按既定方针办！兴钢先选了天下最牛的大学"天大"读书，又拜了华夏最火的建筑师崔恺为师，再挑了世界上最酷的大腕儿赫尔佐格配对，又当了中华最正的博导彭一刚的关门弟子。一路是高歌猛进，所向披靡，留下身后一地冤大头鬼哭狼嚎，与小女生们的激情嘶叫此起彼伏。

光把兴钢歌颂为"学有所成"就太埋汰人了，那可是又红又专！自获全园理性宝宝称号起，兴钢先后成为全校少先队标兵、全市共青团狙击手、全国青联形象代言人、亚洲妇联偶像、国际城市建设艺术指导委员会[7]准接班人，还当选某党派中央委员，被国一号接见，等等等等，等等等。等什么等？一万年太久，只争朝夕！

闹地震那年，兴钢七周岁。唐山地区山崩地裂，如同末日来临。兴钢所在的县城也是地动山摇，一片狼藉。此时的他暗下誓言：一定要掌握好各种专业技能，严格把控建造质量，哪怕把房子的立面设计个花里胡哨[8]，屋脊歪七扭八[9]，也绝不能倒！身正不怕影斜衣裳花么。

地震过后，兴钢又独自成长了一段时间，这才在崔恺的引荐下与笔者相识。那时的兴钢还不到三十，风华正茂，书生意气，面带羞涩，略欠风骚。印象中，他不善言辞，但思维敏锐，行事严谨，正能量到处冒泡，善于在自信与不自信中一边挣扎，一边奋发图强。既然能用复杂的方式解决问题何图简单？在"没有困难，创造困难也要上"的光辉思想指引下，擦枪走火，走火入魔，灭敌一千，自耗八百。奋不顾身的英雄事迹可歌可泣！

由于发育过早，兴钢不得不经常和一帮长其一轮左右的恐龙们厮混在一起。在古董面前，他会摆出一副谦卑的姿态，真伪难辨。中华民族的传统美德不能丢！老朽们散发出的各种气息多少侵蚀了他那纯洁的心灵：什么好好学习天天向上啊；什么一不怕苦二不怕死啊；什么实验啊，空间啊，园林啊；什么立场坚定爱憎分明啊。立场坚定，就要坚持树立中国性不动摇，中国兴礼还性刚，身居中国院，姓李名兴钢，没跑题。爱，

---

5. 北京地铁 4 号线沿线站口。
6. 李兴钢 2013 年个展标题及终生奋斗目标。
7. 简称"国艺委"，尚未注册。
8. 复兴路乙 59-1 号改造。
9. 绩溪博物馆。

就是爱公子，雷厉风行，把他调到老爸工作室主抓创意，青出于蓝而胜于蓝，三岁出草图，五岁搭模型，加班加点，天昏地暗；憎，就是憎公子他娘，谁让她在家装时公然拒不执行李总意图，竟敢当面叫板，无组织无纪律，犯上作乱，让钢爷蒙受了奇耻大辱，是可忍孰不可忍，小不忍则乱大谋，高风亮节，化敌为友，和平共处，求同存异，异性相吸，相辅相成，相敬如宾，相亲相爱，相濡以沫，相安无事。

一晃，15年过去了。

李总正皱着眉头冲电话里的院办发火：这点屁事还用找我？叙利亚问题让美俄两国看着办不就得了？！

诚然，皱眉头挤出的褶子纯属滥竽充数。人家薄熙来随便一笑，就能自然而然地带出满脸的褶子。然而唐僧肉的神力正在于不长褶子，但本事见长，甚至突飞猛进，完全不成体统。如今的兴钢哪怕还在20开外徘徊，却已练就了超凡定力：演讲时目不转睛，表情如一，间歇点上几个"嗯"、"嗯"、"这个"，想好了再指点江山。那可是激扬文字，挥斥方遒，暗弄风骚，风华更茂。

单凭比同龄人统统年轻了十几二十岁，就已经让世人没脾气了。更撮火的是，兴钢之业绩无与伦比，令全球范围内的同龄人望尘莫及。这一丰厚的资本不仅将他造就得火眼金睛，操作大小项目游刃有余，更使其对人生的认识逐级升华。哪怕兴钢的自信仍在疑惑中游荡，却已会时不时地吐出诸如"健康比什么都重要"之类的真言，令人刮目相看。

伴随着改革开放的深化，兴钢率先主动放缓对GDP的追求，注重实践与理论、科研相结合，时常不畏艰险，亲自率队，长途跋涉，扫荡国际大腕儿作品，并有意识地在团队中培养从概念到施工图到工地服务的全能冠军，以实现由猛到巧、从紧至松的结构性转型。

逐渐清除了恐龙污染的兴钢，朦胧地裸露出原形：他时而坦然冒出股拙气，拱出个呆头呆脑的体育馆[10]；时而行云流水，搅和得屋顶们彻底迷失了方向[11]；时而浮想联翩，拿空间当作第三者塑造[12]；时而兴致大发，让奶头们欢聚一堂，倾听大海歌唱[13]。哺乳期的心声茁壮成长，不绝于耳：人生路短，世间万象，工作之余，来串烤羊。

打住！兴国筑梦，志坚如钢！！！

10. 天津大学新校区体育馆。
11. 绩溪博物馆。
12. 第三空间。
13. 海南国际会展中心。

"鸟巢"之后的李兴钢

金秋野

  2008 年 9 月 17 日夜，残奥会结束，"鸟巢"灯火阑珊，北京的奥运之梦至此告一段落。李兴钢一个人独坐在国家体育场西南包厢的看台上，面对着空无一人的跑道，内心思绪万千。在一篇题为《喧嚣与静谧》的回忆文章中，李兴钢记录此刻的心情道："只有前所未有的轻松与释然，心里如此沉静。"

  从 2002 年 12 月竞赛方案启动算起，李兴钢投入"鸟巢"的设计建设任务已近 6 年。尤其是 2003 年到 2005 年，每天都要全负荷地工作，有大量的具体问题要处理，有大量的图纸要完成，由于紧张过度，开始出现睡眠问题。对于建筑师来说，那种压力是史无前例的：一份国家梦想，加上全世界的注视。"鸟巢"是限期施工，也是边设计边施工，前面犯了错误，还要在后面紧急加以弥补，这个压力不是常人所能承受。到工程中后期，方案阶段已经完成，李兴钢和他所代表的设计机构成为法律上的第一负责人，任何一点疏漏都可能很快演变为工地上巨大的失误。未来几十年，这样重大的工程项目也再难重现。

  建筑师作为现代社会职业分工的产物，在个人信念和职业价值取向方面往往将自己视为自由的创造者，是现代知识分子群体中的一员。可是李兴钢做这件事，却总让我觉得有一种传统中国士人的情怀，与这个国家的这段历史同进退。我想，汉代的将军远征西域，大捷之后，望着漠漠平川和猎猎旌旗，心中大概也是这样的轻松和沉静吧。在市场化的今天，国家大型建筑设计院已经开始了痛苦的血缘切割过程，可是当初选择在"体制内"从事建筑设计的人，未尝不是一些以传统方式看待个人与集体关系的当代中国人，而所谓的"国营单位"，又何尝不是古来"家国模式"中世族的一种现代变体，看似稳固保守，其实是承担着不小的历史责任的。说它不伦不类也好，说它妨碍了现代化的进程也好，我们都很难不去面对一个现实：当身边的一切都市场化之后，个人与国家之间再也没有制度的缓冲，一份赤裸裸的社会契约，切断了唯有在大家族中才能保有的丰厚感情和人生景致。

有人说建筑师不妨好好做个建筑师，管管建筑自身的事情，能管好就不错了。其实哪儿有什么事情是属于建筑学而不属于人间世界呢？建筑师把建筑太当回事，不再是个天下的人而只是个"建筑人"，这是非常危险的。古人说文章只是余事，读书人当作天下士，志在拨乱开新，建设礼乐，这样的人，文章亦无人能及。时势之下，"鸟巢"显然并不只是建筑学内部的风景，参与其中也就并不只是单纯地做个建筑师该做的事。这是好事。职业分工出来的现代建筑师，他如果没有胆量和眼光往职业以外看，每天只是做做建筑想想建筑，甚至委身于建筑，那其实也很难把建筑的事弄清楚。所以"鸟巢"还真不能只把它当个建筑来衡量，建筑在此也只是"余事"。回想那个时候，与历史同进退也要有人看不顺眼，觉得辜负了现代建筑师的独立人格，这实在是一种"现代的荒谬"。

奥运谢幕之后是"十一"长假，李兴钢让自己彻底放空。然而此时，一种焦虑乘虚而入。这份焦虑，显然是将军没法带兵打仗的饥饿感，手边的工作不能满足内心的需求，他已经无法让自己适应和风细雨的工作状态。于是，在接下来的一段时间里，对项目来者不拒，一个接一个地去处理，好让自己重新进入紧锣密鼓的工程节奏。

这时候，隶属于中国建筑设计研究院的李兴钢工作室已经成立 5 年了。这个工作室成立于 2003 年下半年，与"鸟巢"的设计工作几乎同步。工作室成立之前，李兴钢并不认为有必要凭空多出这样一个机构。但是，随着"鸟巢"设计工作的进行，他的看法变了，赫尔佐格和德梅隆事务所有条不紊的运转模式、高效的工作机制和创造性的成果让他深受触动。李兴钢意识到，单是靠设计院总建筑师的身份去调动人才、根据项目需求随机搭配的工作模式，其实不足以完成自己的设计理想，唯有搭建一个如手使指的个人团队才能达到类似效果。这是由建筑专业特殊的思考模式所决定的——纵有千军万马，也须决策于一人。

在赫尔佐格和德梅隆事务所，工作人员都很有个性，很自我，设计能力也很强。但是，这些精神上卓尔不群的设计师，在事务所里却能完全听命于两位领导，保证了工作的效率和质量。很多人对老板也有种种不满，但在一个体系下，在工作状态里，都能把个人的效率发挥到极致。就这样，在整齐划一的协调步进当中，个人不仅仅是充当一个画图机器，他的创造性也得到最大程度的发挥。这样的生产机制，是要靠一定的精神力量来维系的。当李兴钢尝试将这种工作模式引入自己的设计工作室的时候，却发现并不是那么容易。

1998 年，李兴钢获得了一次出国进修的机会，有三个月的时间到法国建筑师事务所里去参与实际项目。他没有浪费这次机会，把几乎所有的时间都用来观察和学习。

他独自进入项目组，白天跟法国建筑师一起讨论绘图，下班乘坐地铁，按图索骥，把一本巴黎现代建筑指南中的项目看了个遍。多年以后，李兴钢提起这次游学的经历还是倍感亲切，他很珍惜那种彻底融入欧洲社会生产过程的切肤体验——沉浸在巴黎这个国际化都市特有的文化氛围中。20世纪末，中国还没有迎来国际建筑师的大举入境，多数本土建筑师对西方建筑行业仍然停留在想象阶段。李兴钢去国怀乡，一直都在工作中行走，在行走中思考，在思考中工作。在他心中，真正让人困扰的问题是中国在现代世界中的地位和处境，而这与一位建筑师的职业又是息息相关的。建筑师并不仅仅代表一位富于创造力的自由个体在发言，在世界眼里，一个人注定无法摆脱自己的精神血缘和文化身份。

这份问题意识，在他发表于同一时期的文章中非常清晰。那时候他经常提到日本，对日本和中国之间对现代文明的应对策略加以比较。2002年，他在一次访谈中说："中国建筑要走上世界的舞台，必须有两样东西，一是要在现代化方面和国际接轨，二是一定要有中国自己的东西"。因为有这样一个自觉的文化意识，李兴钢在欧洲看到的，其实是发达现代人居环境中中国现实的倒影。城市给他留下的印象比建筑深刻，现代生活的组织方式及其背后的运行机制，要比个别建筑的设计美学更能引起他的思索。李兴钢利用周末只身来到罗马，在凯旋大道两侧的古罗马遗迹中流连徘徊，那些大尺度的残垣断壁，以及为了加固或方便行走而修筑的围栏和步道，共同组成了一个令人震撼的现代空间，几千年前的人类遗物如此令人动容。李兴钢不禁追想路易斯·康当年在同一片废墟中游历时的情感思绪。在法国的圣米歇尔山，李兴钢看到的也是一个有着三维空间层次的立体宗教综合体城市，并觉察到这座孤岛的空间结构对鲍赞巴克的影响。李兴钢思考的是欧洲古代城市的结构性组织对当代生活和当代建筑制度的作用：何以在这样一片古老的土地上生出了现代设计语言，以及使用这种现代语言的欧洲建筑师如何对待他们的往昔。

李兴钢说："欧洲跟中国面临的相似问题是如何在一个有着悠久文化的土地上进行现代化的城市建设，这是一个有意义的观察，意义在于，欧洲人也有如此深厚的历史传统，但他们何以能够摆脱沉重的文化包袱，轻装上阵。他们是如何做到的呢？我们应该怎么做呢？我们如此纠结。我们应该向欧洲建筑师学习。再有，我们当代的城市永远不要设想有像古典城市一样的统一性和完整性，因为城市运行机制已经完全不同。在现代社会机制下，建筑师各自为政，再没有统一权力去控制城市的形态，这种条件下，新的现代城市呈现出来的外界面，亦即城市自身的内界面注定是混乱的，因为每个建筑都想跟别人不一样。"

带着这样的认识和体验，李兴钢接受了总院布置的任务，加入到国家体育场的竞赛及后续的设计工作中。也正是带着这样的视野和关怀，李兴钢以一种平视西方同侪的立场，开始搭建自己的工作室，一个从"现代"眼光看来相当奇特、介于体制和个人之间、介于历史和现实之间的独特设计机构。而这个机构，其实承载着李兴钢个人的认知和经验、谦逊与抱负，因而也充满了可塑性。

在赫尔佐格和德梅隆事务所的工作经历，让李兴钢深受触动。即便以西方世界的眼光来看，这家事务所也是非常独特的。一开始，李兴钢感受到的是审视和排斥，他们对外人并不特别友好，不许拍照，要签署保密协议。但在工作之余看到他们的大量作品，内心深为感佩。大量方案，已实施和未实施的，都保持着相当高的设计品质，材料安排和空间设计俱臻上乘，让人惊诧。李兴钢留意的并不是这些具体的设计案例，而是一个事务所的工作状态，这与国内完全不同。对他们来说，设计不是一个灵机一动的过程，而是在种种线索的铺陈、大量信息的筛选过程中成形。日常工作都是团队合作，主创建筑师只是最大的决策者，他的直觉和感性部分充当了思维发动机的角色。他们也非常重视艺术家在团队中的特殊作用。这些工作方式、工作态度和设计思路上的冲击，在后来李兴钢工作室的发展完善过程中起到了很大的作用。李兴钢开始认真琢磨这种"研究式"的建筑生产模式的具体细节。

在李兴钢工作室，一个设计项目启动之后，大家不是各行其是，而是遵循设定目标——分派任务——集中讨论——目标深入的模式循环往复。比如第一个阶段的研究要分头安排，汇总后召开第一次讨论会。会上，每个人谈自己的认识和思路，有人从基地环境角度，有人从功能角度，有人从历史文化角度，等等。这个时候李兴钢会进行主导，确定下一步发展的方向，选出一种或几种可能，然后再次分工。项目就按照这样的方向持续进行，不是各自为战，而是为同一个目标来共同工作。

但在这个过程中，问题出现了。尽管采用了类似于赫尔佐格和德梅隆事务所的生产机制，李兴钢发现自己工作室里的设计师们很难保持与前者类似的整齐划一的协调节奏。换句话说，那种特殊的精神力量所带来的高度凝聚力，并不是朝夕之间可以养成的。这种区别，很大程度上源自文化差异。在欧洲的学校教育中，例如ETH，本科高年级的设计教学其实已经非常职业化，但同时又能保证思维的锐度和强度。这一点与中国建筑教育中的所谓"职业化"概念有很大的不同。所以年轻建筑师往往表现得相当成熟，却也保留着观念上的冲击力。而中国的年轻设计师却保持着学校教育的异想天开，或过早进入毫无理想的重复操作。李兴钢认识到，真正的实践必须具备学术性，但学术性不等于学生气，学生气往往是因为学院教育思维僵化、脱离现实的结果。从这个意义上讲，工作室就像是学校教育的延伸，只是转变了方式，开始沿着一条现实的实践之路继续思考、探索、钻研。对初涉工程领域的年轻人来说，这一转变有着特殊的意义。设计如果离开了研究，就无法保证思考的锐度和质量；如果离开了实践和社会，则很容易陷入专业性的自言自语。所以李兴钢会同工作室里的年轻人说："我们是半学校半社会的状态，并不是完全的社会生产状态，也不是完全的学校状态。"

在李兴钢心中，建筑师工作室的理想状态介于学校和社会之间，它的思维强度类似于一所真正意义上的学校，但接触面却已是真实的社会。这里有密切的交流和争论，也有紧张的合作与愉快的旅行，一切都笼罩在积极稳健的研究气氛中。乐观地说，这种工作室得以分享大型设计机构的项目资源和技术力量，同时保持着小规模理想主义事务所的紧凑高效。但凡事都有两面。工作室的项目数量众多且类型丰富，设计师对项目的设计品质要求均一，也不容易将注意力集中在个别富于创造潜力的任务当中。而这恰恰也是李兴钢工作室这一类特殊形态的中国建筑事务所必须面对的问题。

为此，李兴钢兼收并蓄，在保持传统大院的工作习惯、取法于域外事务所的组织方式的同时，努力开拓着属于中国当代的个人化建筑设计工作模式。各种观念和思路从生涩到圆润，逐渐融入"鸟巢"之后的十多个建筑设计任务中。对于一个至今只有16人的小型设计工作室来说，他们的项目数量是非常惊人的，这些项目中有13万平方米的海南国际会展中心，也有小巧别致的威尼斯双年展纸砖房；有3座博物馆，也有西柏坡希望小镇、唐山"第三空间"这样的住宅项目。这些项目都包含着设计师的巧思，建造质量多属上乘。在长长一串作品名单之后，是这个成长中的团队的心血和乐观积极的精神。

以2008和"鸟巢"为界，李兴钢将自己十年来的工作分为前后两个五年。前五年的作品如"复兴路乙59-1号改造工程"，探索立体园林和空间化的视觉处理，仍然受到赫尔佐格与德梅隆作品的不少影响。从2003年11月工作室集体的苏州园林探访开始，李兴钢对中国古典园林发生了真正的兴趣。到2008年前后，像"建川文革镜鉴博物馆"和"威海Hiland·名座"等作品开始出现对园林空间语言的探索。这个趋势在后五年的设计中已经发展成常态。为了统一思想、强化精神凝聚力、改善工作效率，李兴钢提出了"几何与胜景"的概念，它既是方法也是目标，在近期的设计项目中发挥了很大的作用。

李兴钢放下了"鸟巢"带来的喧嚣、荣誉、忙碌和疲惫，甚至不去回味，重新走上那条属于自己的探索之路。这条路，其实就是李兴钢本人对中国问题的一如既往地关注，可以说，这已经成为他职业生涯的特殊色彩。李兴钢不止一次谈到大学时代登上景山，俯瞰紫禁城那一片光芒耀眼的屋顶，心里升起的对传统文化的认同。谈到传统文化在20世纪的断裂所引起的切肤之痛，在一切向国际接轨的年代，身边像李兴钢一样有着深沉感受的人并不在多数。如何弥补这一文化上的裂痕，使自己不再充当一个现代世界中的流浪者、失语者，自中国建筑起步阶段就成为人们内心的期盼，但对当下的本土设计师而言，依然是茫无头绪。看李兴钢的工作，只有从这个角度出发，才能体会到那些俊逸温和的形体语言背后深藏的对传统的向往和追求，这正是当代中国建筑领域难得的发自内心的大愿力。回顾十年来一系列或大或小的设计作品，里面包含着一份罕见的诚恳与郑重，转型期太多夸张和麻木看也看不完，所以一份郑重的交代总是值得珍惜的。

设计理念与实践策略

这辑"新观察"的作者，是四位有着海外求学和在国外著名建筑事务所工作经历、近几年成立建筑事务所并有受关注建成作品的青年建筑师。起因则是前不久我在编辑由广西师范大学出版社出版的《走向公民建筑》第二辑（第三届"中国建筑传媒奖"文集）时，发现所有入围建筑师的简历中，只有他们四人附有"设计哲学"阐述，却终因与全书体例不合而舍弃。期间，哥伦比亚大学建筑学院北京 Studio-X 陆续举办过其中三个事务所的微展，是他们近年设计成果和理念的集中展示。我就打算利用这辑"新观察"请他们把那些被迫舍弃的设计理念结合设计实践，做一次阶段性的阐述。

2012 年 6 月，由《domus 国际中文版》编辑部和一石文化编的《与中国有关：建筑·设计·艺术》由三联书店出版，汇集了我与该杂志合作的 19 个深度访谈。其中《"海外军团"：外国著名事务所的中国建筑师》一篇，收录了我 2006 年底在清华大学王泽生报告厅，与 10 位曾在国外著名事务所工作过的中国年轻建筑师的对话，参与交流的设计师们袒露了他们特殊的工作经历，以及透过在华项目对中国文化与现实的再理解。董功（以及董功后来的合伙人徐千禾）参与了对话活动。

组织"海外军团"对话的动议，是我认为《domus》国际中文版新书《domus + 78 中国建筑师/设计师》中缺少工作于海外著名建筑事务所的中国青年建筑师，而他们对这些事务所在中国的项目曾经起过重要作用，其中有人已经另起炉灶，所以同样值得关注。

有趣的是，2012 年 12 月 9 日"第三届中国建筑传媒奖"颁奖典礼上，"海外军团"终于异军突起，华黎获得"青年建筑师奖"，而入围的是祝晓峰和董功；当然，还有李虎的歌华营地体验中心，与黄声远的罗东文化工场共同获得"最佳建筑奖"。

在后来为开放建筑的秦皇岛歌华营地体验中心项目写的评论中，我将这几位青年建筑师的实践概括为："中国建筑师正在找到积极应对快速营造的方法与经验，开放性建筑、公民建筑的时代正在到来。"当然，这是从更为积极的角度对他们起步阶段无畏的"入世精神"的赞许。

其实，这辑的主题应该是"直向·在地·开放·山水"，既分别取意于四个年轻事务所的名称，也递进式地涵盖了他们分别对建造（构造，面对问题）、在地（起点与重力）、开放（建筑与自然的共存，社会中的不同的人的共存，高贵与平常建筑的共存）和自然（本源，传承与衍生，型与相）的态度。

就像华黎所说的，"用文字来系统地阐释建筑师所做的工作并不是一件容易的事"，在截稿阶段，我再次体会了叙述给建筑师们带来的困难。如果说建筑是一种空间审美，艺术是一种视觉审美，那么文学（字）则是一种叙述审美，期待建筑师们更从容地驾驭，就像马尔克斯或者帕慕克的小说，那实际上也是一种建筑。

关于直向建筑设计与
实践的几点思考

董功

当年在美国工作的时候，我曾经做过一个粗略的调查：一个建筑事务所从诞生到进入一个相对稳定的、有持续项目支持并在建筑设计理念和实践的探索上初露端倪的阶段，平均大约需要十年时间。而中国的情况迥异，其城市化的快速步伐大大缩短了这个良性的积累过程。直向建筑成立至今还不到五年，却已经不知不觉进入了一个非常忙碌的状态。这是一种令我不时感到惶恐的状态，因为之前认定的"仔细周到的研究→按部就班的分析→苦思冥想→得出结论"这套设计程序正在被天天不得不面对的各种需要快速做出的判断和决定挑战着。对于项目的思考也往往容易因为项目周期的紧迫而显得片断化。各种错综复杂的因素纠缠在一处，逐渐积聚，使我渐渐感觉进入了一个需要彻底自我反思和梳理的时期。

史建老师的这篇"作业"恰在此时提供了这样一个契机，令我能够和另外几位同龄的建筑实践者平行书写各自的设计理念和实践感悟，从而促使我沉淀滤清，着手对自己这几年在建筑方面的思考进行一次相对集中的整理。然而，越是整理越感觉到下笔的艰难。这大概是因为直向建筑和我都尚处于一个通过实践来积攒、完善和验证对建筑设计的认识的阶段，还在不停补充和修正着每一轮的思考，而且并不急于将其中的共性形而上地总结为方法论。因此这篇文章其实并非一份系统性的理论陈述，而更多是对于直向建筑这几年实践过程中一些持续的关注点的回顾、整合与真实呈现。

过去五年里，在各种不同的和建筑有关的场合中，我提到最多的几个词大概包括："设计需要面对问题"，"建筑和生活的关系"，"构造"。所谓的"设计需要面对问题"实际上是我所相信的一种建筑师的工作态度，即：设计要有对于客观现实的尊重，要有逻辑的支撑，有章可循，而不是建筑师自我意识的强加，或者对于时尚符号和表面形式的一味追逐。当下中国的设计行业风气浮躁，快速批量生产成为普遍现象，以高度、规模和地标性为追求的评价体系成为主流，设计师因此无暇也无心顾及建筑设计更为本质的内容。正是在这种环境下，坚持"面对问题"的朴素态度才显得尤为真实与重要。

在这种真实的支撑下，对于"建筑和生活的关系"和"构造"的关注则是我在建筑设计本体上的宏观取向。对我而言，"建筑与生活的关系"是建筑设计的本原问题。每一个建筑都是承载生活的容器，都在有意无意间，在不同程度上定义着使用者的生活方式。我相信这种定义起源于对于某种脉络的依循，它包括生活习惯、气候、人文条件、场地特征等众多因素。新的生活方式应该由此而生，但却并非是对既有生活类型的简单挪用或照搬，而是通过设计的智慧而创造出来的一种使用者未曾经历过的生活体验。这是新建筑存在的意义。而关于构造设计，我感兴趣的是在每一个项目里如何准确地建立建造的秩序和逻辑，更完整地体现建筑设计的整体概念，并确保其在建造环节中得到贯彻。好的建筑就像是一棵大树的系统，其中每一处构造像是树的细枝末节，而概念就如同根系，能量从树根输送到末端枝系，它们之间是内在连通、一脉相承的。

在直向建筑面对每一个具体项目时，以上两点相对宏观的思考都会落实并衍生出为更有针对性的设计切入角度，而这些结合具体项目实践的研究又会反之充盈我们宏观层面的思考，二者相辅相成，逐渐积累形成体系，并不断校正和巩固着我们对建筑设计的认知。下文中我将选取直向建筑近年实践中较有代表性的四个角度，结合项目设计中的实际策略，更加具象地对上文中的宏观观点进行阐释。

场地和体验

每一个建筑都应当是具体场地语境下的唯一产物，一旦脱离专属的场地环境，建筑将成为无本之木。在每一次的项目设计中，直向建筑都会投入大量的精力，试图感知并发现项目和场地之间可能存在的某种潜藏的专属关系，并通过新的建筑的介入将这种关系揭示出来，建立一种人在"此地"的独特的生活体验，并借此将人的行为和情感鲜活地植入场地之中。而作为生活载体的建筑空间，也因此获得了一种无法替代的和场地的内在联系。这种"发现和揭示"的过程让我想起米开朗基罗在描述他和他的大理石雕刻时说过，那个形体其实已经存在于石头中，而他要做的工作只是把多余的部分去掉，把那个形体释放出来。

2010年，我们开始为昆山的一处有机农场设计一个餐厅，其目的是为了给未来的农场使用者提供餐饮休憩活动的场所。与我们所习惯的楼宇密布的城市垂直景象截然不同，这块场地平坦而开阔，一侧紧邻阳澄湖。风，水，云，天空，农田共同营造了强烈的田园氛围。正是场地的这种平坦开阔和单侧有湖景的特殊条件，激发了我们对于尝试塑造一种人对于水平方向风景的经历和体验的兴趣。

从平面的角度，通过三层平行墙体的设置，我们建立起一条人行走的线路，从湖景背侧开始沿墙行进，逐渐接近湖景，经过空间的转折和人在墙体之间的穿越，最终使人步入一个对湖景一览无余的餐厅空间之中，这也是这个建筑的空间高潮所在。在整个人的移动过程中，视线的隔与透，期待与发现，时间和空间都像电影情节一样慢慢呈现。天空、光、风、树影、水波，通过建筑的设定和提示，与人发生感官和内心的联络。

而从剖面的角度，在这块平坦的场地上，建筑试图揭示两种空间和地坪的相对位置关系：漂浮和嵌入。餐厅的空间升起 1.5 米，漂浮于地面之上，更接近天空。这个高度可以帮助人的视线越过前方的农作物，更直接地欣赏湖景。而这升起的半层，又为位于其下方的一个向下嵌入地面半层的平台空间提供了充足的使用高度。与漂浮的餐厅空间相对应，这个平台更隶属于土地，在此人可以最大限度地贴近紧邻的一条河道中的水面标高，感受人和水体无限接近的愉悦。

生活关系

如果将生活理解为由多个生活单元组成的复合体，那么如何看待这些生活单元之间的关系，即"生活关系"，则是我们一直感兴趣的课题。较之生活单元往往具备的更为明确的功能性和目的性，单元与单元之间则往往蕴藏着某种无法界定的模糊的能量。针对生活单元之间关系的搭建，实际上也是从某种程度上建立了建筑中人与人之间的关系。而对生活关系的积极挖掘也通常会自然而然地帮助我们推导出某种新鲜的建筑空间的架构。

在张家窝镇小学教学楼的设计中，我们将教室（包括普通教室和专用教室）理解为生活单元，而怎样在它们中间搭建某种积极的利于教学的生活关系，是贯穿设计过程的主线的。国内中小学建筑设计中的梳型平面模式虽然有效解决了日照和间距等规范问题，却会形成过于明确而单一的线形流线，从而导致其中生活行为的单调和乏味。

我们的策略是集中布置教室区（项目用地紧张也使这个概念变得更为可行），将被各个班级单独使用的普通教室设置在一、三、四层，而将需要被所有学生共用的专用教室设置在二层，并利用这些专用教室的体量围合出一个中央交流平台。我们希望这个平台能够成为课间和课后学校师生交流的集中场所。这个平台空间在垂直方向上向上下延伸，形成各层教室之间一个共享的中庭。几个嵌入中庭顶部的下沉内院避免了中庭空间尺度的过于空洞宏大，同时给孩子们提供了课间短暂的户外活动的机会。在三四层的中庭空间中，我们同时设置了一系列宽度有别的连接两侧教室的廊桥。相对于二层的中央平台，这些空间可以提供更小尺度的游戏交流场所，而且令楼层中任意两点的连线方式更为多元，避免了过于单一线型回廊式的空间经验。在这个小学设计中，这一套由集中的交流平台、分散布置的廊桥、嵌入的空中内院组成的空间系统，共同诠释着我们对于学校建筑中生活关系的理解。

公共空间

也许是我们的城市建设过于被各种经济指标和政绩所左右，在我们今天生活的城市，已经越来越难以感受到城市空间本该具备的对人的生活的切实关怀。虽然我们的每一寸土地都是公有的，但是我们城市中能够承载和激发公共生活的空间却少得可怜。从建筑师的责任出发，我们努力尝试在每一个项目中或多或少地注入具备公共性的空间。这个过程一定是艰难的，因为这些空间往往意味着某些现实利益的直接折损，然而我们相信有品质的公共空间所能赋予建筑的亲和感和凝聚力会得到使用者与周边城市公众的双重认可，在这种认可导向下的能量聚集则蕴藏着更为丰厚的长期的社会和经济的双重价值。从建筑的角度出发，公共空间是城市生活在建筑中的延续，它可以使建筑的单体空间更为有机地融入城市生活的脉络之中，同时为使用者创造参与公共生活的机会。

2012 年，直向建筑有机会在营口的海滨公园设计一栋某开发商的品牌展示馆。项目所面对的问题是怎样在这样一个人流密集的公共旅游区里建一个私有属性的房子。如何找到一种公私之间合理的平衡，这在当时也是政府和开发商所共同关心的问题。经过设计开始阶段对场地的分析，我们最终决定在建筑的三层屋顶设置一个公共的观海平台。由于场地处于视野开阔的海滨旅游区，周遭又缺乏能够满足游人期待的登高观海点，因此我们相信这个平台将会成为能够充分吸引公共人流的场所。平台同时承担着三层啤酒餐厅室外酒吧和散座区的功能，这为空间注入了实际的使用价值。为了昭示平台的公共性和易达型，并避免对于建筑内部展示流线的干扰，我们建立了一条从室外步行至平台的公共路线。人们从一开始掩映于银杏林中的缓缓坡道被引导进入切入建筑体量内部的开放楼梯，经历一个相对限定的细长形的上升空间，最后到达四层平台时回身一转，豁然开朗，直面一望无垠的海景。在这个过程中，人所处的高度以及身体和海景之间的角度不断变化，形成了人对风景递进式的体验。室内参观的人们可以通过展厅直达电梯到达观海平台，最终有机会在平台之上和公共人群交融。各种人群可以在此观景、留影、小酌、闲聊。平台的顶盖可以遮挡海边雨水对人室外活动的干扰，而东侧的穿孔镂空墙面则随着一天中太阳轨迹的变化为空间投射出斑斓游弋的光影。

空间界面的建造

如果将建造的逻辑大体界定为两种方向：一种是以表述重力的视觉传递为特征，

源自工业化之前几乎所有的古典建造体系，那么另一种就是对于空间界面的建造。工业技术的发展，使建造逐渐摆脱了忠实于重力秩序视觉传达的单一路径，使得通过更为纯粹的空间界面营造空间气氛的方式成为可能。对于纯粹的空间界面的极限诉求往往需要隐藏来自重力传递而造成的视觉层次，使这种建造的类型从一开始就多少蕴含着对于轻和反重力的偏好。材料从原本的物性中脱离出来，抽象为界面的组成元素，通过和构造设计的结合，表达空间边界的质感和透明性，渲染空间的气氛。而这些都和浸染于空间中的人的感知息息相关，成为造就空间体验的重要部分。回顾直向建筑以往的项目，建造的逻辑大多从属于后者，即空间界面的建造。这和我们对于人对于空间的身体感知、空间和光线、空间和风景等等认知方式有关。

以合肥"瞬间城市"的院落端墙为例。项目处在一个快速拆建的城市中，场地周围被工地、建筑垃圾堆放场和等待拆迁的空置厂房所包围。我们的课题是如何在这样的环境中创造一个场所，令人可以在这里暂时忘却城市的纷乱，在短暂的瞬间体会到远离的自然静谧。我们在城市和建筑之间植入了一系列院落空间，使其成为建筑内部空间和外部环境发生视觉关系的唯一渠道。我们希望院落在城市一端的界面能够呈现出半透明的状态，建立一种若隐若现的内外视觉关系。界面的半透明能够帮助内部空间过滤城市的嘈杂，而同时令路过的行人感受到院落内部的略带神秘的氛围，甚至吸引他们进入建筑。经过从材料和构造双重角度的多番考虑和比选，我们决定使用镂空玻璃钢格栅的双层挂板系统。这种双层的构造体系可以在墙体两侧同时隐藏内部结构龙骨线条对纯粹空间界面的干扰。格栅镂空不仅透光，而且允许风的进入。为了追求空间界面的均质感受，我们切掉了每两块玻璃钢格栅挂板的相邻边以消除接缝痕迹，从而得到视觉上最大程度的纯粹与统一。两层挂板的院落一侧有颜色，配合每个院落中自然的主题。而城市一端，可以透过外侧的无色半透明的界面感受到内层颜色向外的渗透，尤其是夜间，当光线由建筑内部发出的时候，这些院落端面会呈现出更为明显的色差。

以上是对于直向建筑所经历的几个具体设计角度的陈述。而建筑设计的思考过程和文字不同，要点和逻辑往往不会如文中所列举这样清晰而独立地存在，却总是相互交织，共同糅合成最终的答案。比如在营口展示馆的设计里，我们在强调公共空间作为切入角度的同时，也在试图创建人对于场地周边风景的体验；而在合肥"瞬间城市"的项目中，界面氛围的营造也是为创造公共空间的质感而做出的努力。

作为正在实践中探索的直向建筑和我自己，关于建筑的思考还远远不够成熟。但我相信这种思考和积累本身所具有的积极意义。它不仅能够令我们在如此快节奏的中国建筑环境中停下来，静一静，回溯我们对建筑最初的信仰，更能给我们以面对和战胜种种现实层面困难、甚至刁难的力量。我相信这是一种可以传递与分享的力量。这也是我写下这篇文章，愿意将直向建筑发展过程中这个横断面呈现给大家的初衷。

起点与重力
——在地建筑

华 黎

　　建筑是一种建构，而文字是一种颠覆（用新的认识不断去破解原有的知识）。建筑中可以有片刻的、恰到好处的寂静，而文字是让人无法停止的。这大概是因为文字必须被思考，而建筑可以只是被感觉。记得有位哲人说过："一旦你思考了，你就不可能存在于当下，因为头脑要么投射过去，要么投射未来，而当下是看见，是听见。"从这个意义上来讲，只有诗这种文字形式可以被感觉，可以获得寂静，而这恰是因为诗解构了思考，使其破碎而可能被感觉。阿尔瓦罗·西扎（Alvaro Siza）曾说："我只有觉得有写作的欲望时，我才会写作。"这可以理解为当有颠覆产生时，寂静将被打破，才会有文字。

　　因此，用文字来系统地阐释建筑师所做的工作并不是一件容易的事，因为建筑师的实践活动本身就是由很多具有偶然性的碎片组成，而在这差异、跳跃、混沌、矛盾的现实活动中要提炼出一种清晰的理念，必须要剥除纷繁的表象，来找到自己一以贯之的持续的观念，然而叙述这一理念也可能就此掩盖了建筑活动中其实多样而复杂的内容，所以我们对文字还是应该保持清醒，它是一种理想化的抽象，也是一种对现实的简化。

　　建筑对我而言，总是可以归纳为对两个问题的思考：起点和重力。打个比方的话，做建筑的工作就有点像进行一段未知的旅程，起点的意义就是你站在原点需要做出判断往何处去；重力则是这段旅程中你将面对的人和事。从这个意义上讲，必然是没经历过的旅程于我更有吸引力，因为需要从零开始，因为风景不会重复，遇到的人和事不会重复。这也许就是我会选择在不同地方做不同类型的项目而很少重复的原因。但反过来讲，无论是何地何样的建筑，它们所遇到的问题又有着相似相通的地方，这应该是基于人的身体和精神的需求仍有着永恒而普遍的东西，正如路易·康所说：将存在的已经存在（What will be has always been.）。又如卡尔维诺所描述的还未被写出就已经被读过的书，建筑似乎就是在记忆与想象、已知和未知、过去和未来、不确定和永恒之间的思辨式的拉锯。

起点

起点，是事物原初的本质。对起点的思考即是对本质的探寻。例如，卡罗·斯卡帕（Carlo Scarpa）曾经对楼梯有这样的思考：楼梯的每一级踏步总有一半是不用的，因为一步踏在这一级的左半边，另一步则会踏在下一级的右半边。因此他做出了每一级踏步只有一半交错而上的楼梯形式。这一反映了楼梯之实质的设计即是源于一种对起点的思考。因此，寻找起点的价值就在于它使我们直接面对建筑中最本质的意义。

建筑中的起点于我反映在这样一些层面：

1. 场所意义。场所是建筑与人的关系之体现。场所无处不在，即便那些沉默的大多数没有经过建筑师设计的房子里，也都存在着场所。甚至没有建筑的时候，也可以有场所（例如一棵树下自然是一个休憩的场所）。有人的活动，场所就在那了，因此可以说人的行为界定了场所。而设计就是组织空间、形状、尺度、光线、视线等，让建筑对人的行为给出有针对性的回应，因而与人产生紧密的内在联系。例如，设计小学教室的时候，如果让窗户处于小学生坐着的视线高度以上，他会专注于教室内部听老师讲课，而窗户如果在视线高度，他就有机会看外面的风景，产生片刻的精神逃逸，这时窗户就创造了另一个场所，一个心灵想象的场所。所以对场所意义的理解离不开对人的行为本质的思考。这种人的本质需求的存在意志最终一定体现在建筑所塑造的场所中。思考场所意义就是让建筑摒弃先入为主的形式，而回归到人对场所最本质的需要，包括身体的和精神的。场所意义是一个简单而基本的事实，但在我们这个时代反而经常被忽略。

2. 空间。建筑中最能触动我们的，也最有力量的，还是空间。然而空间自身是没有意义的，只有有了人对空间的凝视，它才有意义。就像卒姆托（Peter Zumthor）谈到材料本身不是诗意的，而是人赋予了它诗意。所以，空间最重要的作用还在于对人的意识和感觉的激发。如果前面提到的场所意义更多意味着我们所熟悉的文化中已经存在并沉淀下来的空间和人的关系（因而更多进入我们的潜意识），那么空间还可以提出不熟悉、原始而没有预设答案的问题。例如，当我们把分隔房间的实墙转而理解为一个可进入的空间时，建筑里面就似乎除了房间的"内"部空间以外，又产生了"外"部空间。而当这个外部空间被占据而变成了"内"时，原来的室内空间又变成了"外"，这种我们不熟悉的场景带来无穷的想象并促使人思考：你在空间中的何处？因此空间

526

更为深刻的作用，就在于启发我们的想象力，消解我们固有的认识，去面向未知，去探求新的可能性。空间是神秘的、无限的、超越语言描述的。

3.建造。建筑始于建造这一运用材料的物质活动，木料的搭接、砖石的累叠中体现了自然的法则与秩序。因此建造应该起于对材料本质以及建构逻辑的理解，材料自身的意志需要被尊重并且呈现，材料必须被真实合理地使用，这种真实性可以抗拒事物意义的错位和乱用；而建筑表达结构和构造的真实建构逻辑的愿望，则体现为一种清晰性——尽管这不能完全从视觉上体现；当材料和建构的本质得以呈现，建造就产生了诗意。所以我说让石头成为石头，让过梁成为过梁。

因此，在建筑中针对场所意义、空间和建造做出最原初的提问和思考，成为我设计工作的起点。例如常梦关爱中心小食堂，这样一个有十多个智障儿童和孤儿的关爱机构需要一个什么样的空间？通过实地体验我感受到，这个有着家庭氛围的机构最需要一个有凝聚力的场所。

因此主空间的设计就从一条长桌子出发，为了让孩子们能聚在一起，形成一个集体用餐、聚会、学习的空间，而桌子上方的顶光加强了这种氛围。四川孝泉民族小学项目的概念起源于思考学校的场所意义除了集体教育之外，更在于鼓励儿童个性的自我发展，所以设计出一个城市空间群落，而非一栋单一建筑，这样给儿童个体提供更多有趣的活动空间，使学校成为一个快乐的微型城市。北京运河森林公园林会所的概念则直接起源于营造一个在树下吃饭、聊天、看风景的场所，由此发展出一组树形结构，形成了一片"林下空间"，而用木结构来建造也契合这一想法。

寻找起点的意义在于归零，因为我们处在一个前所未有的被符号充斥的世界，肤浅的、错位的、被误读的、曲解的、非本质的意义不断被叠加，使得最初的真实关系反被掩盖，再也无法呈现。寻找起点就是让视线越过符号堆砌的意义烟尘，找到最初的、尚未命名的内在秩序，而只有内在秩序才会持久存在。

重力

如果说起点是对建筑中的本质问题所做的抽象的、形而上的思考，重力则赋予建筑在此时此地的物质存在。起点是单纯的、无形的，重力则是复杂的、有形的。重力使建筑与当时当地的人和物发生千丝万缕的联系，这就如植物与土壤的关系。建筑只有根植于此时此地的土壤才具有更丰富的意义，抽离了这种实在联系的建筑无异于标本、干花，成为没有生命的形式空壳。因此如果说起点是关于建筑学本体意义的探讨，重力则具有更多的社会和现实意义。起点是一种具有普遍性的整体概念，而重力则是面对每一个案的特有条件时需要的具体策略，可以理解为建筑师对建筑所在的场地、气候、资源、传统、建造技术、造价等等因素的特定的理解和回应。

在地建筑（Architecture In-situ）

"在地"实际上来自对英文"In-situ"的翻译。"In-situ"原义是指现场制造（例如 In-situ concrete，现浇混凝土），在考古学中则意味着文物必须放在原始的环境中去考察，方能理解其原初的文化背景及相关意义，我借此意义来表达我对建筑一直持续的一个观点：建筑与其所在环境是一个有千丝万缕联系的整体，而非孤立的存在。建筑如果脱离了具体的环境土壤而只被当成一个形式物体来审视，必然成为空洞的符号，丧失其鲜活的特征和现实的意义。因此，在地建筑也就意味着认为建筑应植入所在环境并成为其不可分割之一部分的态度。具体而言，在地建筑在我的实践中体现为形式和建造两个层面的策略。

建筑融入场地的自然和文化景观。建筑植入场地，而不是改变场地。建筑成为场地景观的一部分，而不是孤立的纪念物。建筑对场地的态度应该是谨慎微妙地介入，而不是粗暴地抹去重写，原有的场地因素如地形、树木等应该被尊重和利用。例如半山林取景器项目，树的保留使建筑与场地形成共生的景观，有效地延续了场地原有的场所氛围和记忆。水边会所项目建筑用透明和起伏的形态轻盈地介入场地中，力求不破坏水平而开阔的场地中水面、小岛、芦苇等元素共同形成的宁静的场所特质，通过建筑实现人在景观中游走，人、建筑、景观合而为一。孝泉民族小学项目与儿童亲和的建筑尺度、自然转折的形态与城市原有空间肌理和尺度相呼应，这样学生在新建筑里不会有空间的陌生感，与日常的小镇生活因而建立了联系。云南腾冲手工造纸博物馆项目建筑从尺度上化整为零，采用聚落的形式来适应场地环境，避免体量过大带来的突兀感；聚落式的建筑在内部产生了室内外交互的空间体验，以此来提示观众建筑、造纸与环境之间密不可分的关系。整个村庄连同博物馆形成一个更大的博物馆——每一户人家都可以向来访者展示造纸；而博物馆则是村庄空间的浓缩，如同对村庄的一个预览。通过这种方式让博物馆融入整个村庄环境中去。

根植于地域土壤的建造。充分利用当地资源，包括当地材料、工艺和工匠。例如手工造纸博物馆项目运用当地传统榫卯木结构，及木、竹、火山石等当地材料，并完全由当地工匠来建造；孝泉民族小学采用的混凝土、页岩砖、木、竹等材料全部来自当地。北京林会所项目中我们用建筑基础挖出来的土来做该建筑上的夯土墙，减少运输能耗，同时使建筑与场地建立了一种联系。武夷山玉女峰码头游客设施则在现场挖土堆土作为模板浇筑混凝土。这些都是基于因地制宜、就地取材的策略。即便是在今天因全球化而地区差异逐渐模糊甚至消失的大背景下，我相信这一做法仍然有着巨大的意义（尤其是在技术和资源受制约的地区，这样做更有其生态意义和经济价值），它让本地资源参与其中，重新建立对传统的自信，成为抵御世界同化的一种手段，符合自然界物种多样性的法则。

因此，在地建筑意味着每个建筑都是针对特定的场所、人和文化，给出具体而不

528

同的答案。而绝不是预设的风格化的形式操作。如果说建筑中形式是主观的、抽象的、个人化的和感性的，建造则是客观的、物质的、社会性的和理性的。在地建筑也意味着形式不应脱离对建造的理解和观照，形式的"轻"与建造的"重"是不可割裂的。从这个意义上说，在地建筑也是在起点与重力之间建立的桥。于我而言，在地建筑是每段旅程留下的日志，它记录了建筑是一个不断对抗（confrontation）和寻找的过程，这有如爬山，人只有用身体丈量了每寸山路，才真正理解了山，这过程并无捷径。

开放·随想

李 虎

2006 年从纽约搬到北京的时候，我和文菁为 OPEN 写了下面的一段宣言：

我们依旧相信建筑可以改变世界的力量，而且是举足轻重。为了能够变革，我们需要一种新的实践方式，来适应今天的挑战。开放建筑是一个为发掘建筑影响大众生活的潜力而创建的设计和策略的实验平台，开放建筑的实践尺度跨越于日常物体和超级城市之间。

七年间，新的宣言在激烈的实践中重新地酝酿着，在成熟之前，只能写下一些思维片段，一些正在被思考的问题和看法。

共存的状态

2010 年在台湾访问教书期间，我去了台南，熟知当地文化的王明蘅老师带我看了他发现的安吉树屋，在那所老房子里，已经分不清到底是几棵的榕树与建筑缠绕交融在一起，也已经分不清哪是建筑哪是榕树，那一瞬间，不得不去重新思考建筑与自然的关系。

2009 年在葡萄牙我见到了两栋让我难忘的建筑场景。一个是在里斯本新建成的国家美术馆内，一组天真可爱的幼儿园小朋友在老师的组织下上课画画，并且在一个展厅里面搭起了与正式展览平行的他们自己的临时小小作品展。这是什么样的一种自由？

那一瞬间，不得不去想，公共建筑的本质目的不就应该是这样的吗？另一个是在波尔图的歌剧院里，在最大的音乐厅空间的侧墙上有一个巨大的玻璃窗，这是在音乐厅里通常忌讳出现的细节和墙面材料，而当导览介绍到它的目的是为了让那些支付不起音乐会票价的市民有机会在音乐厅的外侧观看，和通过耳机来收听同场音乐会的时候，那一瞬间，我感受到建筑可以为公众带来的温暖和机会。

同样在这次旅途中，我参观了几乎可以找到的所有的西扎在波尔图的代表作品。在看了从最新完成的一个私人美术馆，到波尔图大学建筑系馆，到社会住宅几种完全不同类型的作品之后，我发现了这个在他的作品里的有趣现象，就是建筑不分高低贵贱，均得到相同的待遇：同样精彩的空间、细节，甚至材料的应用。那一瞬间，我感受到了他作品中现代性的真实的精髓，一种古老的平等的精神。

不久以后，我辞掉了 Steven Holl 建筑事务所合伙人的工作，全身心地投入到 OPEN 建筑事务所的工作里。

上面的三个建筑旅途中所反思出来的价值观，恰恰是支持我们 OPEN 实践的一个重要信念，那是一种共存的状态，建筑与自然的共存，社会中的不同的人的共存，高贵与平常建筑的共存。对这种共存状态的创造，也正是我们在实践中不断寻找的创造建筑的机会。

我们觉得，如上几种共存状态，在当下中国尤其有着紧迫的必要性。短短几十年自私与贪婪的裂变让我们城市一直以来与自然原本和谐的关系发生了断裂，人与人之间的关系也在发生微妙但明显的恶化，原本就无人理睬的平民建筑也越来越被忽视。基于这些观察而产生的三个方向的努力也逐渐明晰地成为 OPEN 工作的三条主线，即以人为本的公共空间的塑造，平衡建造与自然的关系，以及我们持续关心的与原型和批量定制有关的设计、建造方面的实验。

2011 年在"深圳城市\建筑双年展"上，OPEN 受泰伦斯·瑞莱（Terence Riley）邀请参加由 12 个年轻事务所共同建造的"街道"项目。在这个意图"复制"影响深远的 1980 年"威尼斯建筑双年展"中的同名项目里，每家事务所被要求利用一个 4 米 ×6 米 ×4 米高的空间构筑一个街道立面并展示自己的作品，以表达自己的建筑思想。我们的作品叫"开放自然"（OPEN Nature），传达了"建筑与自然共生"的观念。我们将传统意义上的"街道立面"彻底打开和消解掉，空间被恢复到一种"未建设"之前的"自然"状态，其他三个墙面由镜面不锈钢组成。空间里的"自然"在镜面中无限反射，限定空间的墙面消失了，自然成为主宰。抛光不锈钢墙的表面嵌入了七个液晶屏幕，对应着七个金属镜面质感的抽象模型，分别讲述七个用不同的方式将建筑与自然相融合的建筑和城市作品。

差不多一年之后，在哥伦比亚大学北京建筑中心"X-Agenda"系列微展的首展上我们做了"OPEN STATE/ 开放状态"的建筑观念展。在那次展览中，我们从近年来作品中选择了 16 个实际的和自发的设计项目，这些项目都在或多或少地探讨一种通过城市与建筑来创造新的公共社交空间的可能性。

　　形态各异的这些项目若隐若现地贯穿了一个统一的追求，即在不同的社会、城市、功能的背景下创造性地营造服务于大众的愉悦的公共空间，这些公共空间积极地参与建构人与人、人与自然之间的关系。

　　以人为本的公共领域迫切需要被关注。在当今的发展中国家，尤其是中国，这个命题比任何时候都更有意义。在城市超速透支发展，愉悦的公共空间严重缺失的背景下，OPEN 在我们遇到的每一个机会里去努力探索解决问题的策略。建筑是我们作为建筑师应对时代挑战的工具。

开放建筑和原型

　　在纽约工作的那些年里，我们思考了很多关于建筑中 1% 可以有机会被建筑师设计和 99% 无人问津的大众建造的问题。把 OPEN Architecture（开放建筑）这个从计算科学借用来的术语，作为事务所的名字是基于对建筑设计的未来变革的坚定信念。这个问题在类似中国所面临的庞大不可思议的建设量的时代是急需解决的一个议题。当然，我们总是可以选择视而不见，去像一个雕塑家一样专注于精雕细琢一些自己的作品。也许是对建筑社会性的关注让我们没有选择逃避这个话题，而是不断以不同方式去介入"大众化"建筑这个庞大的问题。

　　在"红线公园"项目里我们尝试了以一种开放体系框架去指导一种草根实践的可能性，继承了"批量定制"精神的一系列集合住宅概念，例如蜂巢尚未碰到有勇气去实施的业主，但我们并没有放弃寻找实施的机会。

　　而四中房山校区设计竞赛过程中产生的对一种建筑类型的研究继而发展成为有创造性的"学校原型"的可能性，令我们开始思考实现这种建筑理想的另一种途径——建筑原型。

　　一个正在施工即将完成的为万科研发的"标准售楼处"项目里，我们尝试了一个可以被拆卸后重新拼装再利用的建造体系。并且在再次组装的过程中，模块化的结构与围护构件提供了重新调整空间构成的可能性。

　　我们相信，这些类似开源性质的原型有着可以被推广并影响更大范围的建造实践的巨大潜力。

纸上建筑

　　在"开放状态"展览里我们第一次集中展示了一些过去几年中陆陆续续做过的一些"自发性"项目，或者"假想"项目。这些停留在纸上的作品，在我们的工作中是一个很重要的组成部分。由于它的自由性和瞬时性，它成为一种把我们对现实的观察与思考反映到一种建筑状态的最好工具，可以看作一种设计的思考训练。这些虚拟的项目中的思考在日后的实际项目中都有机会被不同程度和方式地表现出来。

被称为"纸上建筑"的这类工作曾经在建筑界有着巨大的影响力，无论是阿基格拉姆学派（Archigram）、塞德里克·普赖斯（Cedric Price）、尤纳·弗里德罗（Yona Friedman），还是海杜克（John Hedujk）的作品都一度成为建筑的经典，其中前瞻的思考和大胆的探索影响了几代建筑师的价值体系。如今的建筑界已经很少提及纸上建筑所倡导的自由的建筑精神和理想主义的重要性，建成作品的数量与完成度成为了商业主导时代的建筑评判标准。为了坚持建筑的自由精神和理想主义情结，我们在继续坚持这作为思考训练的"纸上建筑"。但真实建造和纸上建筑两者界限开始模糊的时候，也许就是一种理想状态的开始。

弱建筑与动人的空间

理论家德索拉·米拉索斯（Ignasi de Sola-Morales）曾对"弱建筑"这样描述：弱的力量在于，艺术和建筑有能力产生一种力量，去采取一种准确的姿态，不是过猛和占上风，而是次要的和弱的。

在如今视觉主导的消费文化下，建筑的传播越来越趋于图像化，三维的空间感受越来越被争奇斗艳的摄影所取代。易于传播和引起瞩目的夸张空洞造型，表皮处理也自然而然地流行起来。而在 OPEN，我们尝试主动地选择朝另外一个方向努力，把建筑的形式语言进一步削弱，回到它更本质的状态，一种空间的营造，这些空间在组织和影响内部人的行为、活动，在某些程度上重新安排一种人和自然、建筑和自然的关系，这时候，建筑的内容逐步成为主导。

在这个有意地减弱建筑形式和语言的过程中，一个很多人认为最为重要的建筑外观变得格外的低调，成为一种空间和环境的背景。这种有意识的尝试也引发一些不同的观点：很多参观过我们去年完成的北戴河青少年营地中心的人觉得这个房子没有立面，很难拍照，有些人看到我们发表的一些全景照片感慨找不到房子在哪里。今年冬天在纽约与霍尔交谈时，他对我和文菁说，你们太低调了，尼迈耶（Oscar Niemeyer）说过，我要我的房子令人惊讶！霍尔的批评或许在说我们矫枉过正，他是非常重视形式的人。但我仍然相信，当建筑的本质内容在不断地被发掘，被加强的过程中，它依然有非常动人的希望！而那种动人，是远超越于形式和表象的，永恒的建筑力量。

简单的复杂性

不难发现，在公共建筑的项目设计中，时常要面临的现象是任务书异常复杂和有挑战性,不仅是建筑功能的类型复杂,这些混杂的功能之间的关系也时常是未知和待定。这也许就是我们一直在寻找的当下"中国性/Chineseness"的一个重要特征。

更有趣的是近期我们开始接触一些建筑设计任务,是几乎没有任务书的,仅有的是业主的一些诉求和目标。这些不确定性和复杂性,恰恰为一场建筑创作提供了最惊险和刺激的机会。如何把那些复杂、无序、看似没有任何关系的功能需求,以一种极其简单、清晰和开放的状态组织在一起,去创造一些意想不到的空间与使用上的可能性,成了我们设计工作初期的很重要的切入点。

在中国当下的实践中,建筑师时常要跨界到另外一个角色去思考建筑的问题,这些经常在西方传统实践是难以想象的现象,为我们提供了很多重新创造建筑类型、使用方式的可能性。在那些即使相对不大体量的建筑里,仍然可以看到一种与城市片段的近似,它赋予了建筑师一种如同编剧和导演的机会,去组织和编织空间与人的可能性。

精准的概念与细节

在中国的实践项目的实施过程中里,出于种种原因,几乎没有不是十万火急的,在遍地是工地的状态下期待碰到高质量的施工与管理团队的概率也很低。这些现实迫使我们不得不进一步加强两个端头的精准性:即建筑概念和细部节点,而相对放松一些其他环节。建筑概念需要明确和清晰到即使施工粗糙甚至有错误,建筑所传达出的概念意图依然不被动摇。当然,这意味着如果建筑的内容空洞仅有视觉造型和表皮的时候,是多么的脆弱和危险。而对一些关键细节的控制,在看似不很可能的外界因素下,实践经验发现恰恰是可以通过艰苦的肉搏,和现场的随机应变和临场发挥去实现。而这些建筑中的人所可以触摸,可以亲身体验的细节,无论是光线的塑造、粗糙墙面上精心设计的扶手、特别的门把手、两个材料相接的转角还是一个舒适的座椅、一个楼梯踏步,都在协助传达在建筑大的概念下细节处对人的关注。

在这个艰苦的行业里,我们持着怀疑的乐观态度,时常在近乎绝望中去寻找潜藏在混乱之中的一些创造的机会,在这个复杂的过程中,我们在试图发现一种超越表象的"中国性",这种针对当下的深层次的观察和思考或许会给我们开始不久的实践不断注入所需的动力。

本源与演化

祝晓峰

在我的建筑观里，从来不存在横空出世的概念，任何变革都有迹可循。当今的信息资源正以一种无比庞杂且平面化的姿态，不断诱使我们沉迷于无立场、无边际的欣快症（euphoria）当中而无法自拔。身处渐次丧失源头和深度的过程，我们偶尔也会深感恐惧。我相信，只有在潮流中秉持对本体之源的敬畏之心，保有对演化机制的批判精神，才能够帮助自己以穿透时代的眼力眺望未来。通过以下的文字，我尝试在四个不同的层面上，叙述我对建筑本源与演化的认识。

作为人类延伸物的建筑

在地球上生活的物种当中，只有少数有能力制造自己的延伸物，比如蜘蛛、蚂蚁、蜜蜂、猩猩，以及自建巢居的鸟类，如燕子、天鹅。分布于新几内亚及澳大利亚等地的园丁鸟，被称为鸟类"建筑师"。其雄鸟在求偶时用树枝和草叶搭建棚屋式的巢居，并将搜集来的贝壳、种子、木炭、石子、鲜花等作为装饰，用来吸引雌鸟，有些园丁鸟甚至还在巢穴的外围加建篱笆。园丁鸟不仅善于建造延伸物，而且会不断完善它们，这种能力明显高于燕子等其他筑巢的鸟类，有些研究人员认为它们具有审美情趣以及模糊的文化意识，这种特征在人类以外的物种中极为罕见。除了这些天才般的特征外，园丁鸟自身和作为其延伸物的巢穴之间还遵循另一个规律：越是专注于修饰巢穴的园丁鸟，其羽毛的光泽度越低；而只是适度打理巢穴的园丁鸟，其羽毛反而更为鲜艳和富有生机。

爱德华·霍尔（Edward T. Hall）在《超越文化》中写道："19 世纪的博物学家说，哺乳类分为两群：人为一群，其他一切哺乳动物为另一群。鸟类也应该分为两群：园丁鸟一群，其他一切鸟为另一群。上述分类法来源于这样的观察：人和园丁鸟都会完善自己的延伸，从而在此过程中大大加速了自身的演化……园丁鸟进化的故事复杂而微妙。我们从中学到的东西是，一旦它开始靠延伸来进化，其进化就开始加速……再不用等待自然选择的缓慢力量来发挥作用……人的进化正是如此，只不过更加彻底罢了。"[1]

人类今天之所以能够在地球上处于支配地位，与其能够制造、使用并不断完善延伸物有着至关重要的关系。原始人在自然界中为了安身，需要用动物皮毛和植物枝叶遮盖身体，进而需要像鸟儿一样筑巢以遮风避雨，因此最原始的建筑其实是人身体的延伸物。随着社会、经济、技术和文化的不断发展，人的延伸物也从衣物和建筑开始，逐步覆盖了所有的领域。语言、文字、货币、轮子、汽车、飞机，以及照相、电影、电视、新媒体等等延伸物加速改变着我们的生活环境。各种延伸物之间的关联作用也达到了前所未有的密度和强度。人类已经依靠延伸物主宰了地球，但也正因为对延伸物的严重依赖，而产生了足以毁灭自身的风险。

从"人类的延伸物"这个角度看待建筑，能够帮助我们认清建筑的本源，以及建筑和个人、社会以及自然的关系。

作为人类最古老的延伸物之一，建筑经过不断的演化，早已超越了作为原生延伸物的简单属性（安全和温控）而成为重要的生活和文化载体，并且同政治、经济、交通一起逐渐衍生出适应群体需要的村落、集镇、城市。建筑直接影响了我们与自然的关联性，以及我们与其他同类的社会性交往。在漫长的繁衍过程中，建筑的延伸系统给自身加上了历史，并产生了一套供人学习继承的知识和理论体系，比如建筑规范和建筑史。进入 21 世纪，建筑，以及村庄、城市这些二代、三代延伸物一方面满足了人类进化的需求，另一方面也由于系统自身的庞杂和对自然的破坏而导致了前所未有的危机。

对建筑本身而言，我们从事设计工作都离不开建筑任务书、建筑规范、面积指标，这些东西都可以视为延伸物内部的控制系统。就建筑的外部关系而言，城市已经取代自然成为容纳大部分建筑物的场所，城市中存在的交通、通讯、经济、文化、政治等各种复杂的技术系统、文明体制和道德规范，都可以视为建筑延伸物的外部环境。

我们自己设定了上述这些系统的标准，并随着社会分工的深入不断地修订、细化它们，而我们在努力驾驭这些标准的同时也逐渐开始受制并迁就于它们。它们为我们

1. 爱德华·霍尔著，何道宽译，《超越文化》，北京大学出版社 2010 年版，第 25 页。

设计出安全的、满足基本使用需求的建筑及城市提供了依据和保障，但也在无形中控制和扼杀着我们的基本天性和创造力。比如中国传统建筑文化中的庭院空间在当代生活中的消逝，就是一个例证：我们的规范里关于面积计算的条文越来越细，关于通风采光的条文越来越量化，但却找不到一条关乎建筑外部空间与自然的沟通。

电梯技术、空调技术的进步，使我们能够在垂直和水平两个维度上建造超级尺寸的巨构，但这种技术性的延伸却使我们常常忘记作为人体延伸物之一的建筑本源。日光和空间尺度如何？皮肤、呼吸的感受如何？公共性和私密性如何？如果建筑成为割裂人与人之间以及人与自然之间关联的延伸物，我们就会像过于专注完善巢穴的园丁鸟一样，走向自身机能乃至群体协作机能的退化。建筑师在观念上要尊重、更要超越上述的控制系统，才有可能回归建筑原初的天性，并以此为根基探索建筑的未来。

传承与衍生

从地缘和历史的角度看，在不同地域进化的人类延伸出了适应本地区需求的建筑。随着历史的推进，这些各具特色的建筑一方面在本地区不断得到传承，另一方面也随着社会、技术、文化的变迁，以及通商、移民等文化传播的扩展而不断杂交和演化。在建筑史上，20 世纪初由西方工业革命产生的现代主义建筑运动，无疑是迄今为止在全球范围内影响最为深远的一次建筑传播。当现代主义建筑思潮携带着自身全新的材料和建造体系，以及由工业、资本、民主等价值观带来的全新功能需求抵达全世界各个角落时，每个地方的建筑方式和观念都受到了前所未有的冲击。亚洲即是一个鲜明的例证。

源自欧洲的现代主义运动与其古典主义传统发自同一根系，但在亚洲却是嫁接。嫁接是双刃剑，往往意味着更多的痛苦，也同时可能蕴含着更多衍生和突破的机会。但 20 世纪的历史告诉我们，这种嫁接发生速度之迅猛，使得健康的建筑文化衍生在短时间内根本无法成形，只能化为学者们延续百年的一厢情愿。舶来式的、满足新的机能需求却缺乏文化质量的建筑，则随着资本的蔓延在短短一个世纪的时间里迅速成就了或者说控制了我们几乎全部的日常生活和城市景观。

我们如何在新的世纪里作为？20 世纪是一面镜子，捕捉其中曾经的叛逆和闪光能够帮助我们照亮未来的道路。

1960—1980 年代的日本，东京大学是主流，知名建筑师们以设计大型公共建筑为荣。但东京工业大学的筱原一男却以批判性的继承，孤独地开启了新的道路。前有清家清、菊竹清训、前川国男的参照，筱原对现代主义和日本传统进行了兼收并蓄的扬弃，并不断地追问建筑的本源，否定、创新、再否定、再创新，他的实践成果和探索方式激励了一代又一代的学生和追随者。"一座家宅就是一件艺术品"的观念更是开启了许多青年建筑师的实践之路。如果我们解读到筱原一男后面的谱系：坂本一成—塚本由晴—长谷川豪，以及伊东丰雄—妹岛和世—藤本壮介、石上纯也。就不难发现，经过不断的启迪、传承和突破，这条曾经被压抑的暗线终于在当代开花结果，成就了日本当代建筑的丰硕成果和可以预见的蔚然之观。

中国现代建筑在 20 世纪中叶也曾经具备健康转型的机遇。1930—1940 年代的一批留学生中，有多位才华横溢者既持有深厚的传统根底，又受到了现代主义建筑教育的洗礼。华揽洪、冯纪忠、王大闳、陈其宽四位先生就是其中的佼佼者。今天，我们不难从他们的作品中看到共性，即尝试从传统中提取现代性，来与当代的社会需求和建造体系结合。他们的作品和思想是中国建筑在 20 世纪分裂期中罕有的光辉。其代表作品大部分在 1950 年代，冯先生的方塔园只是因为历史原因延后发生在 1980 年代。但由于各种缘故，无论在大陆和台湾，这类以智慧和批判精神回应传统和当代的立场都没能成为 20 世纪下半叶的主流。其丰厚的价值时至今日，也只能在少数建筑师的研讨和实践中体现。这是"一条健康而未开展的路"[2]。

建筑学有两块基石：一是人类社会对建筑的需求，二是建筑学本体的演进。两者越是相辅相成，就越能产生有传承或革命价值的现代性。对中国而言，20 世纪之前的建筑史，是两者一体的建筑史。而整个的 20 世纪，则是两者不断分裂的一百年。其缘由庞杂，但我期待在 21 世纪能够看到两者走向相互激发和融合。华、冯、王、陈等前辈在 20 世纪中期曾开启了这条健康的衍生之路，可惜由于时代、社会及个人原因，没能得到群体性的继承和发展，他们之中也无一人如筱原一男般直接成为承前启后式的开创性人物。建筑的表象或许时过境迁，或许因地而异，但建筑内在的智慧却能够穿越时空。作为在当下进行着实践的建筑师，我们如果忽略甚至无视这些前辈的思想和探索，就等于放弃了历史给予我们传承和衍生的机遇。我决意捡起这根线索走下去，并提倡更多当代的建筑师对如何重建前述两块基石的关联进行群体性的思考，进而在思想和作品上展开多元化的回应。

型与相

抽象与具象是建筑学本体进程中不断被讨论的一对概念。评论者和历史学家经常用这两个概念归纳建筑的呈现，许多建筑师也在设计决策中为它们纠结不已。概念、空间、结构、材质——这些建筑要素在呈现上的抽象性和具象性直接影响着人对建筑的体验和解读。

我用"型"和"相"这对相关的概念帮助自己厘清繁杂要素中的具象和抽象。

2. 王镇华，《一条健康而未开展的路——谈前期东海风格与陈其宽》，见东海大学建筑系编，《建筑之心——陈其宽与东海建筑》，田园城市文化事业有限公司，2003 年版。

"型，铸器之法也"（许慎，《说文解字》）。"型"从"土"，本义是铸造器物的模子。用木做的叫模，用竹做的叫范，用泥做的叫型，从建筑学的角度可以解释为抽象化的原型。高度抽象的型可以是空间、结构、材料、体验，甚至是某种内在关联。形式化的型会具备较为明显的视觉特征，容易为媒体和受众所捕捉，但也会因为相对固化的形式本位而缺乏开放性和包容性；非形式化的型常常以空间关系、结构原理或社会体验为核心，由于没有固化的形态，反而拥有相对开放的、多元化呈现的可能。无论是何种"型"，都有赖于建筑师从社会需求和建筑本体的角度出发进行不断的批判和传承，在演化和革新中推动新秩序的产生。真正有意义的"型"往往指向变化，而不是守旧。

　　"相"字中，"目"看"木"，从而获得了形象上的认知。佛学里的"相"可以解释表现于外而能想象于心的各种事物的相状。我试图用"相"代表建筑中的具象和日常，表层的"相"是"型"的外在呈现，如形式和空间。建筑师的工作往往停留在表层的相上，从而经常导致设计过度，或致使建筑拥有过高的支配性。而深层的"相"则蕴含着空间所承载的生活，以及空间和生活相互观照的关系。在建筑尚未建成的设计阶段，深层的相由于难以体认而往往被建筑师忽略。相比表层相，深层相的人性、社会性、日常性才是"型"在现实世界中的生命。

　　产生于 20 世纪的现代主义建筑，是以抽象的型为核心的。勒·柯布西耶的新建筑原型代表了新时代的社会需求和技术进步，他制定了五条抽象化的基本形式语录用于解说原型，但自传播之日起，这些抽象化了的表层相在跟随者的搬用下必然导致其与日常生活的分离。为了维护表层的"相"，或是为了凸显概念性的"型"，许多建筑师在呈现建筑要素时都偏于抽象表达。随着教育和实践的积累，这种设计方式已经成为根深蒂固的惯性。其结果是建筑师喜好的图片式建筑与使用状态的割裂。

　　某些建筑或建筑师可以单单因为原"型"性而成为建筑史上的标签，但对于真正伟大的建筑来说，"相"和"型"同样重要。而只有在深层相的层面上，才能明了某种"型"的真正价值为何。从型和相的角度看，建筑中的抽象性和具象性是两个相互印证的对手。在我看来，它们无须相互压制，而应该以共存和对话的方式建立平衡。我希望在设计表层相的建筑形式时，不仅要用具体的方式将"型"呈现出来，还要与深层相建立积极的、平衡的关联，为生活的介入留有余地。

　　正是在型与相的相互印证中，建筑学得到了一步步的演化。

未来的图景

　　人类自己建立的延伸系统，在经历了漫长的发展和 20 世纪的爆发之后，已经达到了一个危及人类自身生存的临界点。新世纪开始后，人类已经全面意识到自然环境恶化带来的严酷挑战。建筑该如何回应人与自然的双重诉求？虽然这个问题正在受到前所未有的关注，但人类普遍的认知度却有着重物质技术、轻精神观念的危险。我反对技术决定论，技术是帮助我们实现理想的重要途径，而不该沦为我们用来救赎自己所犯过错的工具。重新思考和定位人与自然的关系，才是寻根溯源的正确方向。21世纪的建筑不仅要响应人的需求，更要积极担当人与自然之间的媒介，建筑应该寻求与自然合作，而不是分离。

作为新世纪最具影响力的延伸物，以个人数字媒介为标志的新媒体不仅开启了人类社会交流的革命性平台，也借由虚拟空间开始影响人类对现实空间的需求和体验。这类延伸物正在以前所未有的速度和方式进行着繁衍和传播，其更新和扩散之迅猛甚至超越了一百年前的工业革命。在历史上，建筑对时代的反应总是"慢半拍"。在不远的将来，当新媒体成为人类社会一切交流的主宰之时，作为物质空间和现实生活载体的建筑，也必须做出改变，以回应人与社会关系的新变化。与工业革命时代相比，信息革命带来的变化不易在建筑上以物质化的方式得到转译和呈现。建筑师需要对与之相关的社会交流和生活方式保持高度的敏感，才有可能捕捉到信息与空间和时间的关联，并思考如何用建筑的方式表达人与社会的新关系。

未来的建筑应该是一种现实中存在的媒介，它将在人、自然及社会之间建立起平衡而又充满生机的关联。

我希望以建筑本源和当代生活作为设计的出发点，通过建筑和环境的共同作用来构建新的空间秩序，这些空间秩序能够促进居于其中的人与自然、与社会发生更为积极的互动和交流。我希望这种将自然关系、社会关系与建筑的时空体系融为一体的品质，能够成为建筑学自主性新的生命力。建筑将因此有机会重塑我们曾经共有的空间文化、承载当代的社会变革、并启迪人类与自然在未来的关联，从而协助人类其他的延伸物走向和谐共生的平衡点。探索这样的新秩序将是我一生的追求。

愿以此为新的起点，走向未来的彼岸。

与世博会有关

当本辑"新观察"刊出的时候，创造了多个"第一"的上海世博会已经落幕了。本辑是在世博会临近结束的时候，约请四位负责场馆设计的中国青年建筑师（团队），对他们设计与理念的追述。

作为东道主，中国馆及环围的地区馆已经受到过多的关注，而屋顶花园则较为"低调"。此次设计师张利详述花园主题与圆明园"九洲清宴"的承袭关系，意在探讨"九洲清晏"能带给当代城市的特殊启示。我多年前曾做过圆明园的研究，后来多次到园，也会特意体验这一相对偏远的去处，对"九洲清晏"的"移天缩地入君怀"的江山象征性控制的苦心，颇有体悟和感叹。此次通过作者的详述，算是对中国馆地方馆屋顶花园借助"九洲清晏"的启示，在世博会的当代背景下对东方自然观的大胆诠释，有了深刻认识——遗憾的是，在世博会开幕那天，与这一意境反差巨大的建筑群的伟岸，阻隔了我亲近花园的念想。

与往届世博会一样，上海世博会也是各场馆设计争奇斗艳、技术日新月异的实验场，尤其LED技术令人炫目的展示，可谓本届世博会的一大看点。非常建筑设计的上海企业联合馆的可贵，在于没有致力于弘扬东方文化古董，敢于硬碰硬地与国外场馆拼想象、拼设计、拼技术，他们历经挫折最终实现了场馆外墙三维LED体、热转换太阳能发电等实验，这是它由空间实验到技术实验和绿色实验的重要的转型作品。

与中国馆屋顶花园的皇家园林意趣和上海企业馆的LED实验不同，万科馆主打的是低碳。这个多相工作室的处女作是一个理性建筑，即它是由材料—结构—形态的顺序推导出来的，当然，这只是"纸上万科馆"，即设计生成阶段的设想是想以秸秆板生成结构和建筑。在建成的万科馆，秸秆板由结构化为表皮，就像展馆的主题由"全球变暖"到"尊重的可能"。万科馆主题的变化，也折射出设计的幸与不幸。

在四位（团队）作者中，都市实践的孟岩的身份最为"别样"，他是作为总策展人策划了城市最佳实践区的深圳案例馆。"如何超越展览瞬间的感官冲动，超越'博览'的奇观性，在追求震撼效果的同时创造更高层面的附加值，并引发更深层的文化思考和持久影响力"，这是孟岩在策展之初就思考的问题。深圳案例馆另类地通过城中村大芬村升级的故事，展示了深圳的城市精神。虽然历经波折，最终使以当代性、实验性和批判性介入城市现实、挖掘城市精神的策展基调得以实现。

稍显遗憾的是，本辑的多数作者似乎还没有从介入与建构的亢奋状态中完全冷静下来。就像多相工作室的文章中说的，"差别只在时间长短"，相信随着时间的流逝，有关世博建筑，尤其是中国建筑师作为的反思，会陆续浮现出来。

东方自然观：当代城市的可能启示？
——以上海世博会中国馆屋顶花园
"新九洲清晏"为例

张利

上海世博会的主题是"城市让生活更美好"，虽然这一中文措辞与其英文"Better City, Better Life"之间的对应关系容易引起人们争论，但这届世博会对"城市"的关注显然是毋庸置疑的。

有趣的是，任何一届世博会（注册型或非注册型）均不能回避一个简单的命运：展馆本身作为形象展示物的争奇斗艳。在真实的城市里，建筑是一个个被累积的物体，而城市则是物体和物体之间的空间，它把慷慨的人文关怀以容纳公共活动的方式带给城市的居民。在世博会上，光鲜夺目的展馆作为物体已经不可避免地吸引了人们的眼球，纪念性或奇观已经不可否认地成为世博会体验的主角，那么在这种纪念性或奇观的包围下，城市还能有机会得以充分地讨论吗？如果可能，是通过连接展馆与展馆间的交通，还是通过世博会后存留的世博园空间框架，抑或通过——哪怕是不情愿地和不够有效地——展馆内带有教育意义的展览？

揣摩未来是世博会惯常的精神，也许本届世博会的主旨就是鼓励人们揣摩城市生活的未来。我们的团队在参与这次世博会的工作——中国馆地区馆及屋顶花园的设计——过程中，即获得了一个以不同的范式揣摩未来的机会。在这一范式中，过去、今天、未来不再是离散互斥的存在，城市不再是自然的对立。我们得以表达的观点是，历史是延展的整体，是不灭精神的不停再物化；东方的自然观可以帮助我们更好地认识城市的今天，研讨城市的未来。我们借以完成此讨论的物质实体是中国馆的屋顶花园——"新九洲清晏"。

空间中的主客体关系：东西方自然观念的差异

是主客体统一还是主客体对立，这是东西方自然观念差异的哲学基础，也是东西方人工与自然空间关系不同原型的基本差异，而这种差异来源于东西方文明的不同起始原型（钱穆，1941）。

独占一隅，彼此竞争，以商贸掠夺为经济支撑的城邦模式，使西方文明在原型上把主体置身于敌对的环境之中，形成主体与客体、人与自然的对立关系。在这种对立关系的框架中，征服与被征服、毁灭与被毁灭、"不是……即是……"（either…or）是基本的特征。西方景观园林的发展体现了这种特征。古典欧洲园林以极端化的几何图案，表达人对自然的彻底征服与控制。奥姆斯特德（Frederick Law Olmsted）之后的景观概念虽把原生态的景观引入城市，使人居与原野并置，但这种并置实际上是拉近了从人工中走出到进入自然之间的距离，清晰的聚居边界仍然同时定义着人与自然的分野。

共享边界，彼此牵制，以农业自足为经济支撑的中原模式，使以中国为代表的东方文明在原型上把主体与客体置于相互支持的整体之中，形成主体与客体、人与自然的统一关系。在这种统一关系中，协调与共生、包容与退让、"既是……又是……"（both…and）是基本的特征。中国传统建筑与风景园林体现了这种特征。从皇家园林、陵寝、宗教寺院到私家书馆，人工与自然的彻底交融，精神从自然到人再由人返归自然的生生不息的往复，一直是发人深省的主题。

历史的发展启示我们以中立的态度来看待这两种自然观的不同作用。在人类生存可达的资源边界不断扩张之时，如从文艺复兴晚期到近代工业革命，西方征服式的自然观和"富而不足"的生存模式显然占据过上风。但在人类生存可达的资源边界暂时固定，气候、环境与人口问题使整个人类社会在地球上的存在面临重大威胁的今天，东方共生式的自然观和"足而不富"的生存模式，应当能够给我们带来新的启迪。

九洲清晏：东方自然观对当代的启示

西方对工业文明、技术至上以及大众消费的反思始于工业革命后期，从早年的海德格尔（Heidegger，1927）到当代的德勒兹（Deleuze & Guattari，1980）、巴迪欧（Badiou，2007）重新在彼此分立的主客体之间建立起某种联系是其共同的主题，而这种联系也恰恰定义了后工业社会的当代性所在。

然而主客体的联系从未在东方的思维里间断过，东方的传统能够为全球语境的当代文化提供新的营养。圆明园的"九洲清晏"作为中国封建社会晚期凝聚东方自然观精髓的作品，当然能够为当代空间文化提供深刻的启示。

在圆明园的研究历史上，讨论、揭示"九洲清晏"的文献为数良多，不胜枚举。仅圆明园学会刊物就曾刊载诸多前辈从不同角度论及"九洲清晏"或大小九洲景区的文章（汪之力，圆明园²；于希贤等，圆明园⁷；郭黛姮等，圆明园⁸；檀馨等，圆明园⁸；王道成，2007；张恩荫，2008）。他们从文史、地理、技术和工法等角度对"九洲清晏"智慧进行了精彩的总结。

我们在学习这些文献和实地调研的基础上，也从自身专业的角度对圆明园的"九洲清晏"遗址形成了一些认知，确切地说，是对前辈的研究在城市空间的类型学方面做了一点延伸。我们的观察重点在于"九洲清晏"能带给当代城市的特殊启示，这些启示包括：

首先是"九洲清晏"在形制上的矩阵式群组。"九洲清晏"以龟背式布局，通过以水面分隔的一主八辅九个小岛，体现了封建统治者"移天缩地入君怀"的情趣和对宇宙进行抽象化微缩的态度。抛开王朝或皇帝的对资源的无节制占用不谈，这种以微差系统来浓缩宇宙，以求在一个公共的大宇宙中形成承载主观价值的私密的小宇宙的做法，恰恰是东方传统自然观的一个重要表现。换句话说，人在共享一个物质宇宙的同时，可以拥有无穷多个与个人主体紧密关联的微缩精神宇宙，而这种微缩宇宙可以通过空间进行明确的表现。从"镂月开云"至"茹古涵今"，于"九洲清晏"之上皆序收眼底，这便是一种独特的气概。此时的"移天缩地入君怀"之"君"既可指过去王朝中的唯一君王，又可指今天社会中不停求索的无数君子。这种在形制上对宇宙的抽象浓缩，以及在个人与宇宙之间建立情感联系的能力，是东方的自然观所独有的，也是为何现在的"九洲清晏"虽为遗址，仍可向游者传递强烈的精神力量的原因。

其次是"九洲清晏"在边界上的共享。"九洲清晏"在圆明园中拥有显要的位置和鲜明的完整性，这种完整性的重要来源，就是九洲（州）在一起所形成的清晰的整体边界。九个岛的外围部分边界与环绕在其外圈的线性水面不间断地形成封闭的二维形状，使九洲景区与其他景区之间拥有了明确的界限。这区别于很多的园中园系统，在那些系统中，子园有子园的边界，母园有母园的边界。"九洲清晏"对大边界的共享确实一如"九州"之称谓，体现了以大中原疆土共享为基础的东方农业文明伦理。在这种伦理下，彼此依存的个体在共享的边界内包容差异性与个性，形成和谐稳定的群体。在人类生存范围尚未突破地球生物圈限制，资源分配问题日趋严峻的今天，这种基于共同边界的分享难道不正是一种难得的智慧吗？

再次是"九洲清晏"在空间表达上的对比与差异化。有了矩阵的形制与共享的边界，整体性已经不再是问题，故在九洲的每个小岛上，个性化的空间表达被给予了极度自由的、甚至是放纵的余地。虽然亭台楼阁已不复存在，虽然大部分植被也已境是物非，但我们仍然可以从废墟上体察出"九洲清晏"的九个小岛在空间意境上所涵盖的宽广谱系：在点题的材料（有生命的或无生命的）上，或石或水，或木或竹，或花或鱼；在空间的透视关系上，或纵或横，或远或近，或通或阻；在人文的情趣关怀上，或市或教，或勤或闲，或紧或散，等等。主体意象在物质空间上的无拘无束的展现，使这个九个小岛成为园林空间建立人与自然联系的慷慨典范。如果说当代的城市景观园林

548

探讨的重点之一就是现象学意义上的主体对客体的感应的话，那么"九洲清晏"典范的参考价值在此显然是不能被低估的。

新九洲清晏：对东方自然观进行当代诠释的尝试

我们设计工作的对象，即"新九洲清晏"，实际上就是上海世博会中国馆（地区馆）的屋顶花园，它不是对圆明园"九洲清晏"的一次复制或重建，而是借助"九洲清晏"的启示，在上海世博会的当代背景下对东方自然观的一次尝试性的诠释。

"新九洲清晏"的项目缘起是上海市政府与上海世博局的一个决定。在中国馆建筑整体设计基本确立时，上海市政府与上海世博局共同提出，把地区馆 27000 平方米的屋顶打造成未来上海市最好的屋顶花园，使其作为一个具备当代东方神韵的公共活动场所，长久地在世博会后服务于上海市民和访客。

政府对"东方神韵"的要求与中国馆联合设计团队总设计师何镜堂院士对地区馆屋顶展现"中国园林"特色的期待不谋而合。为了回应这种要求和期待，我们用了很长时间寻找合适的原型，最终在圆明园的"九洲清晏"中找到了答案。方案一经提出，即得到了各方认同，并提前在世博会开幕前得以实施，这也从一个侧面证明了圆明园不灭的精神力量。

"新九洲清晏"试图在三个方面对"九洲清晏"所承载的东方自然观进行当代语汇的诠释，表现为：

首先，"新九洲清晏"在形制上继承了"九洲清晏"的矩阵式群组。圆明园的"九洲清晏"以抽象的方式浓缩了疆土与宇宙的概念，"新九洲清晏"则借助这种方式，以类似的抽象矩阵浓缩当今的全球概念。当然，此处的"全球"关注指的是上海世博会在"城市让生活更美好"主题下重点探讨的资源与环境问题，这也是在"新九洲清晏"中使用"洲"字的原因。"新九洲清晏"中亦按照"九洲清晏"的原有形制，定义了一主八辅九个组成部分，或"洲"。这"九洲"不以有任何具象的地域方位划分，而是以抽象的地理与气候条件划分，涵盖了世界人居环境中普遍存在的九种典型状态："雍"（城池市镇）、"田"（田亩农耕）、"泽"（淀泊沼泽）、"渔"（河湖海水）、"脊"（山麓峰岭）、"林"（森林园圃）、"甸"（草原牧场）、"墅"（土埴地隙）、"漠"（荒漠戈壁）。其中"雍"即是国家馆四个立柱之间的平台广场，为主；其余的八"洲"则以逆时针方向环布在地区馆屋顶的外沿，为辅。

其次，"新九洲清晏"在整体边界上继承了"九洲清晏"共享边界的概念。"新九洲清晏"的"九洲"，包括国家馆下的入口广场和八个新定义的"洲"，完全环绕在整个地区馆屋顶平台的外围，其外向的边界段落连在一起几乎就是中国馆地区馆屋顶平台的边界。这种做法一方面在空间布局上解决了地区馆屋顶平台边界形状不理想的难题（为了达到展示空间的要求，地区馆不得不撑满四周道路所限定的不规则边框），使这一边界因为串联"新九洲"而变得富有逻辑；另一方面也保证了国家馆与八个新定义的"洲"之间的充足间距，不仅可有足够的空间容纳集散广场、倒影水面等场地设施，更可使得在国家馆上俯视八"洲"或在八"洲"中仰望国家馆，都拥有了适宜的观看距离。这一主八辅之间的稳定关系继承了"九洲清晏"中因共享边界而获得的和谐感。

再次，"新九洲清晏"在空间表达上继承了"九洲清晏"对比化和差异化的方法。在新定义的八"洲"中，通过"洲"中心场地铺设材料差异、植被或观赏物种选择、小品建筑布局等手段，尽可能地实现了"洲"与"洲"之间的主题演化。"田"中突出的是仿庄稼作物（狼尾草及少量麦）；"泽"中突出的是水生的荷花和行人散步的木栈桥；"渔"中突出的是锦鲤、红鲤以及供人休息的静目竹筏；"脊"中突出的是千层、英德、太湖三种堆山常用石品所分别组成的平面山水意象；"林"中突出的是季节性色彩鲜明的红枫和表达落叶质感的欧松板地面；"甸"中突出的是草甸与野生花卉；"墅"中突出的是三色的泥土铺地和赏茎类植物；"漠"中突出的是防沙漠地面、干燥地区植被和掩埋在人工地面内的覆土小品空间。这些差异化的空间表达造就了访客在穿越其间时的情感漂移，以丰富的体验拉近了人与场所之间的关系。在这些空间表达中，虽然所有的物质实现所借助的都是当代的构造与形状，但其"洲"易境易的情趣差异和性格对比，则毫无疑问是来源于"九洲清晏"原型的。

"新九洲清晏"是在当代物质环境下尝试对圆明园"九洲清晏"东方精神的一次再诠释。笔者与团队对"新九洲清晏"的设计与实施过程，实际上也是对圆明园"九洲清晏"的再领悟与再思考过程。这其中一个深刻的体会是，工作愈深入，"九洲清晏"原型之东方精神魅力也愈显强大，我们甚至时而为能实现新的当代空间形式而感到惊喜。我们不得不赞叹圆明园在罹难一百五十年之后仍能给今人以如此强烈的启迪，我们也不得不相信，东方自然观作为一种超越文化和种族界限的智慧，能为被全球问题困扰的当今人类城市带来我们亟须的宽容、希望与光明。

参考文献

1. 钱穆. 中国文化史导论 [M]. 北京：商务印书馆，1941.

2. Martin Heidegger, *Sein und Zeit*, 1927.

3. John Macquarrie, *English Translation, Being and Time*, Revised Edition, Harper, 1962.

4. Gilles Deleuze & Felix Guattari, *Thousand Plateaus*, 1980, English Revisded Version, The Athlone Press, 2000.

5. Alain Badiou, *Being and Event*, Continuum, 2007.

6. 汪之力. 圆明园四十景图咏 [J]. 圆明园. 1981（2）.

7. 于希贤，于洪. 圆明园水景艺术 [J]. 圆明园. 2008（7）.

8. 郭黛姮，肖金亮，资艳. 圆明园九洲清晏景区历史遗迹保护实践 [J]. 圆明园. 2008（8）.

9. 檀馨，李战修. 圆明园九洲景区山形水系植物景观的研究及修复 [J]. 圆明园. 2008（8）.

10. 王道成. 圆明园重建大争辩 [M]. 杭州：浙江古籍出版社，2007.

11. 张恩荫. "九洲清晏"景（殿）名辨 [J]. 圆明园研究. 2008（1）.

微博上海企业联合馆

臧 峰

有感于时代的快速变化：

a. 电影可以分配在每天两次、每次 30 分钟的地铁时间来看；电视广告上有个东西没有见过，直接在电视上 google 一下；

b. 外面看到新鲜的，手机拍张照，buzz 上去，谁都知道你在想什么；

c. 打开手机，看看地图，了解一下今天朋友们都在哪里玩，有离得近的，直接招呼一下，聚聚；

d. 每天更新 2 000 个 RSS，初次筛选快速阅读，剩下 600 个，二次筛选适量阅读，剩下 50 个，三次筛选精读，剩下 10 个，就不看了。

我总在想，在这样一个时代，还有谁会花费足够的精力来阅读一篇专业文章，仔细地通过一篇文章来了解一个建筑呢？每天在 dezeen 和 designboom 上能看见好几个建筑的发表内容，眼前一过，留下个印象，仅需做到知道，无须了解更多，这就是今天信息的地位。

我打心眼儿不想让这篇关于"上海企业联合馆"的文章沦落到这种地步，因此我试图以一种更为简单 / 普遍的方式来写这篇文章，希望它能够减少阅读的枯燥感，增加读者的乐趣，一气呵成地看完。

这是一篇关于上海企业联合馆的"微博"。

﹥关于上海企业联合馆的项目说明与官方资料，网上已有不少，这里就不再赘述了，详情请 google。

﹥上海市在世博会当中有两个所谓正式的馆，一个在中国馆里面，是馆中馆；另一个就是上海企业联合馆。考虑到规模大小和投资的差异，可知企业联合馆对上海市政府而言有多重要。

> 我们最初的任务是寻找上海的形象，并获得了几个关键点：时尚、小资、胡蝶（昔日电影明星）、工业城市、金融中心、大都市。如何给这个具有多重历史、至今仍在不断演变的城市赋予一个综合叠加的形象，是我们初期构想的目标。

> 业主在找到我们之前，已经和展览设计者有了一个关于"庄周梦蝶"的概念想法，大意是庄周与蝴蝶在梦中角色互换，醒后重新审视自身的存在。根据这一想法，展览剧本被设计为希望参观者在进入展览之后，变换角色为蝴蝶，前知 500 年，后知 500 年，在了解上海的前世今生后也能够重新看待它。

从最后的结果来看，达成这一目标的手段主要是技术互动，以及影像中"蝴蝶教授"（徐静蕾扮演）的谆谆教导。

我一直觉得这个主题太过空虚与宽泛，虽然对互动这一有趣的展览形式有根本的支持，但却也为肤浅理解中国文化的观点敞开大门。最终证实在展览中互换角色仅仅成为一个噱头，满场充斥着枯燥乏味的说教，毫无新意而言。

> 我们并没有死扣"庄周梦蝶"的故事，而是进行了适当的转换，找到了"变化"这一故事所特有的性质，认为它能够带来上海需要的气质与形象。

> 曾经有过不同方向的"变化"尝试：能旋转的建筑（水平旋转、垂直旋转），能移动的建筑（上下移动），形象变化的建筑（喷雾、LED、光影）等等。当时号称每个方向不实验 100 种可能不罢休。

> 能旋转和移动的建筑在早期的沟通中被放弃了，因为造价太高，使用效果也未必足够好（电机干扰，移动感很难做到平滑，设备维修等原因）。最终选择实施的是形象变化的建筑。

> 我们为形象变化设计了一系列的表现系统：LED 系统、喷雾系统、内表面反射材料、日光光影等等。所有这些手段的目的就是：既能贴合"庄周梦蝶"概念的要求，又能制造一个轮廓模糊、三维立体的多变建筑。

> 有个实习生美其名曰：虚建筑。

> 好评如潮的英国馆也做到了这个目标，从某种角度讲，做得更纯粹、更好。但身为建筑师，难免酸酸的在鸡蛋里面挑骨头：英国馆的模糊是建立在那个形象本身清晰的基础之上的，想一想参观的路线设计：先远眺可见 > 参观道中反而不可见 > 进入内部 > 广场休息欣赏。蒲公英更像是一个展览物，而非建筑。

> 网络的好处是可以搜寻很多好玩的东西：三维 LED 的最初想法来自 Radiohead 与 Google 合作的一个 MV：House of Cards。之后在 YouTube 上找到了实际版的三维 LED 灯具，中国人上传，是一个叫"江门思域"的公司搞的，用于舞厅的灯光效果与显示。这个灯具给予我们莫大的信心：国内公司也能做出这样的东西。

> 刚刚计算出 LED 管长的时候吓了一跳：13 万米长，绕地球几圈呢？仔细算了算，

0.02圈。顿感没趣。但是这个长度所能够带来的事情是：分为128层安装，39万个发光点，156万个LED颗粒，可以称为世界最大的三维显示体。虽然中国依靠数量规模已经赢取了多个世界之最，有时难免有自嘲之心，但到了自己做的东西，还是忍不住炫耀一下。

> 我们一开始倾向用江门思域来做媒体内容制作方，据说他们的老板从来不休周末，天天加班，所以才鼓捣出立体LED显示屏这么个东西，佩服！但是事态后来的发展证明仅靠加班也是不行的：江门思域的显示内容是手工系统输入的，无法频繁更改，如果要为39万个发光点手工输入15分钟长的显示内容，那将是一件超级体力活，人肉活，具有中国特色的活。

> 后来一家澳大利亚的多媒体显示公司进入项目，他们拥有软件输入媒体内容的能力，将这件人肉活转变为程序的事情。科技就是第一生产力。

> 三维LED体的想法刚出来时，曾遭受专家的普遍质疑，都被认为显示点过少，图像分辨率太低。我们解释了无数次：这是一个三维的灯阵，目的是空间中光线的动作，而非显示精度。屡遭不屑。等到深圳实体试验出来后，没有人再说这个话。

> 原本试图在整个建筑的立面设置喷雾，类同于LED，能控制，白天加强建筑的模糊性，降低建筑周围的局部温度；夜晚制造如梦如幻的仙境，在黄浦江边腾云驾雾。

> 在与厂家的数次沟通中，这个想法渐渐成熟：每个喷头可电控，通过时间差和强度的变化形成分辨率很低的图案。图案一触即发，维持数秒，随风飘散。

> 技术理论与具体实施之间总有一段距离需要攻克。首次深圳实体试验暴露了喷雾效果不佳的事实：一旦风较大时，图形及动作完全看不出来。结果如同着火冒烟；同时喷头阀门的密闭性也有隐患，有滴水的问题。最大的问题是造价，厂家狮子大开口：3 000万。

> 最终喷雾被简化到了底层两圈，删除电气控制系统，仅留水闸开关，整圈控制。即便如此，每当喷雾开启，站在底层中间，望见周边渐渐模糊，围合出隐约完整的空间，心中仍不免一阵暗喜。

> 我们曾对合作设计院的选择有如下技术条件：a. 有曲面体钢结构设计经验；b. 有复杂机械设计的能力与经验；c. 有LED设计的能力与经验；d. 建筑相关资质。最终总装备部设计研究总院（总装）入选。

> 第一次去总装开会的场景令人难忘：我们四人先到，在偌大的会议室等候，聊天之际门开了，箭步走进三十多个身着军装的人，将我们紧密地包围起来，惊！真不知道我在介绍方案的时候有没有颤声。

> 总装的常工是位技术设计师，光纤传导工程师出身，他最显要的身份是奥运会开幕式技术设计师，能够邀请他参加这个项目可以说是个幸运。上海企业联合馆外围LED的技术设计全出自他手。这是我第一次与技术设计师合作，他给我最深的印象就是虽然是个军人，但从来不穿军装。技术设计的具体工作包括：LED线路板设计、LED灯点发光效果设计、LED灯具安装深化设计、外围PC管外观细节控制、控制系统监制等。

> 曲面体的外表面材料在整个项目过程中被热烈讨论过数次。最先考虑的是金属反光片状材料，如镜面不锈钢，在深圳实体实验当中也试做了镜面/拉丝/亚光不锈钢的部分式样，以测试反光效果。我自己的看法是这种材料与 LED 结合会形成非常虚幻、甚至有点不真实的建筑外观；而考虑到目前金属片状材料在曲面建筑上被广泛应用这一现实，张老师担心它与其他曲面建筑的相似问题，毕竟这是世博会。

> 灯神 Bob 是业主请来的照明设计师，传说中奥斯卡颁奖晚会、奥巴马任职仪式的照明设计都出自他手。灯神在上海企业联合馆项目中负责展览部分的照明设计，整体建筑的夜晚照明效果也有部分是在他的设计范围内，因此对表面材料的选择也有发言权。他对我们选定的镜面不锈钢表面深感不满，认为过强的表面反射会令建筑外围照明灯光全部失去作用，给外围照明设计带来莫大的困难。

> 我们在测试了玻璃、涂料、其他类金属材料，综合比较了效果、造价、施工难度之后，提出了"背釉超白玻璃马赛克"这个产品，好处有几点：一是玻璃，少量光反射，大量光透折射；二是背釉，虽然光会透过玻璃，但背釉层会将光漫反射出来；三是施工，小块材料的操作对于曲面体来说是个福音。灯神在拿到局部样品之后，用激光笔从各个角度照射，最终认可。

> 外面唱罢里面唱。如何将马赛克粘在金属表面又成为一个问题：原先的结构计算是按照不锈钢挂瓦计算的，改为马赛克后，如以水泥粘接，太重；如以胶粘接，选择何种室外胶。我们在北京做了胶种类的测试，试验了多种能够粘接玻璃与金属的室外胶，最后指定了一类环氧结构胶。

> 我后来意识到马赛克粘接的问题并不是真正的技术问题，而是施工方与甲方之间的经济纠缠：在施工过程中外表面材料更改了，施工方却并没有因此而获得利益的更改是很奇怪的，所以他们用各种理由来夸大这次变更的难度。我也不知道我当时粗鲁直接地提交胶类型试验报告对这个事情的影响是什么，但我猜施工队也就是因为这一次次的事情才知道了我们对这个建筑的要求是什么，在后来的配合中逐渐顺畅起来。

> 灯神的第二次发难是针对 LED 灯管的 360°照射方向，他认为我们设计的 360°发光点导致了后排 LED 灯色受到前排 LED 灯色的污染，使得整体照明效果难以清晰。

> 阅读，建议我们将灯点改为 180°发光；这一建议与之前所有专家对我们的 LED 设计所持意见是类同的：都将这个三维的 LED 体当作一个二维的 LED 屏对待了。我们在最初就明确了如果要显示具体信息，就只能有一层亮，不能有其他层的干扰。而 360°的灯光设计恰恰是为了让每个参观者在任何角度都能够看到 LED 的灯光动作。这一次我们据理力争，坚持不再调整。

> 上海企业联合馆各种各样的设计参与方一共有十几家，国内国外的，让我来首次详细列出参与这个项目工作的各方：

建筑设计：北京非常建筑设计研究所

专业咨询：总装备部设计研究总院

展览设计：ESI Design（美国）

导演：Don Mischer（美国）

制作人：David Goldberg（美国）

灯光设计：Full Flood inc.（美国）

多媒体制作：Spinifex Group（澳大利亚）、壹意堂

展览施工：PICO（新加坡）

展览设备提供及安装：PRG（德国）

建筑施工总承包：上海七建

太阳能设备设计及安装：上海盛合

LED 制作及安装：上海池田

> 上海企业联合馆整个项目当中最令人失望的，并不是我们天天为之争斗的施工质量问题，而是展览设计。展览设计方是美国公司，老板是某总统女婿。

> 展览设计在两方面令人遗憾：一是内容，故事的设定过于高高在上，缺乏与参观者切实相关的联系；二是技术，所谓互动技术的震撼感不够，还不足以引起参观者足够的兴趣。

纵观整个参观现实，相对令人兴奋的反而是底层拍手控制 LED、做菜机器人、举重机器人这类较为容易理解并且体会的技术。

> 剧场中的 360°环幕也做了试样。在观看完试样之后，业主中就有人对我说，在经历了《阿凡达》之后，眼睛的敏感阈值明显提高，不会轻易被震撼了。

> 据厂家所言，那个包起来的电动扶梯不小心突破了一个国内记录：国内最长的电动扶梯跨距。一般也能见到更长的，如重庆皇冠大扶梯，或北京地铁某站，但它们下部支撑的跨距并不大，一般都会有支柱或者扶梯梁。上海企业联合馆的扶梯高差 11.5 米，我们坚持不能在扶梯下部立柱子，厂家说他们做不了，所以我们就在最极限的位置设计了一个斜柱，整合到外包结构中，弱化了整体支撑感。

> 我曾对 LED 的施工非常小心，任何一点有可能出问题的地方我都会过问。LED 施工负责人有点不满意我的纠缠，说："这个建筑是你们的孩子，你们生出了他，但是你们也要放心，孩子总要长大的，我们是不会带坏你们的孩子的。"

> 太阳能的施工一度遇到了很大的问题，每次的现场技术会议都是针对它的。主要原因是这种热转换太阳能发电产品还处于中试阶段，没有成品，因此技术接口条件无法一次提清，所有的相关工种都在等待，或者做了就改。天天开会都在骂，但是厂家也没有办法。办事的人员是个小姑娘，刚毕业，哪里见过这个场面，在一次电话里不禁落泪，让我实感项目的压力。

> 零售区的竹面是我们在韩国双年展"竹灯笼"上使用过的材料，自认效果非常特别，希望可以继续发展，所以在上海企业联合馆零售区得以再次使用。设计的想法也延续了"竹灯笼"的概念，希望能将所有的设备都放到竹皮后面去，以保证白天整个

空间为完整的竹面空间，晚上亮灯后，照明在后方将竹皮照亮，形成竹面照明。

> 没想到在初步完成后，业主却表示并不喜欢这个效果，并且发来措辞严厉的信件，希望能够整改。理由是效果图中的灯光面变成了灯点。这个质问出乎我们的意料，因为面照明无法实施的原因正是施工队无法制作大面的双曲 PC 板，为了保证施工进度，我们在现场做出更改：加密龙骨，将大面双曲 PC 板更改为小面单曲 PC 板，相互叠盖形成双曲面，降低施工难度。但是加密的龙骨也一定导致灯具位置的下降，成为一个个灯点。

在数次实地调整测试之后，这个事情的最后结果是：一方面我们又做了多种扩散光的试验，最终在灯具前增加了一片玻璃；另一方面随着完成面的渐渐增多，空间的整体效果越来越好，反而不凸显灯光的问题了。

似乎不了了之了。

> 一个空间分隔方案的问题，暴露了我们对政府项目的经验不足：我们对 VIP 室内的休息室分隔采用了半透明 PC 管，间隔布置，略微遮挡视线，不遮挡声音。这个设计在最后的施工当中被更改为 PC 管双排紧密布置，视线全遮挡，声音半遮挡。原因是不同派系的领导人要避免直接面对。

> 上海企业联合馆的绿色从技术角度来讲，可以说是站在国内前列，甚至某些是国际前列。然而绿色是否就是高科技的代名词呢？看看世博会中的绿色，百花齐放，百家争鸣：太阳能、喷雾降温、LED 照明、雨废水回收利用、自然材料、回收材料……我非常好奇建筑设计在其中还能做什么？仅仅是选一下技术与配合吗？生活所带来的采光、通风、遮阳、隔音问题，似乎已经全面转交给设备专业和厂家了，设计的智慧也已经全部进入了图集，建筑设计除去功能以外，只剩下几件事情可以做：一是把几何体磨成曲面体，二是告诉结构怎么做悬挑（还得向 CCTV 借胆），三是做立面。

最近我迷上了 WOHA 的设计，如 Moulmein Rise Residential Tower 这个建筑，能看见一些务实和智慧的绿色考虑。如有一个借鉴当地传统建筑的开窗方式，将窗下端向外倾斜，有开洞，这样就可以在下雨的时候也保持通风。

> 在做上海企业联合馆的时候，我开玩笑地说：下一个建筑一定要做很普通、很正常的设计。当时的玩笑话，项目结束后我意识到它不是玩笑：我希望能将设计的智慧应用到具体的生活当中去，而不是先进技术的展示与纯粹的形式设计。我想去思考怎样才能多采一些光，怎样才能多通一些风，怎样才能方便购物，怎样才能让家具多功能化，怎样才能让项目产品卖得更好……

简而言之，我想试试对最普通、最正常的需要进行设计，这也就是我和朋友成立公司的目的。

> 平时大片看得多了，脑子有点乱，有人跟我说感觉这楼像是一座宇宙飞船，我就想零售区那里似乎有点像是控制室，即将起航，全身闪亮，跨越黄浦江，一举攻占对面那个又红又大的城堡。

两个万科馆

多相工作室

2010 上海世博会万科馆昵称"麦垛"。它是多相工作室建成的第一个建筑，虽然它仅存在不到一年的时间。

我们在 2008 年 5 月通过竞赛赢得万科馆的设计项目，历经两年，万科馆于 2010 年 5 月交付使用。可以这么说，设计竞赛中的万科馆和最终实现的万科馆既一致又很不同，以至我们想在这里讲述两个万科馆，一个纸上的万科馆，一个建成的万科馆。区别在于，我们就第一个万科馆的讨论几乎都是围绕建造展开，而对于第二个万科馆则更集中于体验。

在这其中我们也会穿插着对自身设计方法的呈现，以及对于我们影响至深的事物的挖掘和整理。当然也免不了谈到我们的偏好，即如果有很多有吸引力的方向摆在我们的面前，我们更倾向于做何种选择。

需要事先说明的是，我们首先是对建筑的物质性充满兴趣的建筑师，尤其是对建造，正因为此，我们往往会从一开始就去设想建造的方法，并且屡屡由细部（可能是某种材料或者是构造方式）的思考而产生整体的想法。万科馆的生成即属此类。我们通过材料>结构>形态的推导，由小及大，生成整个建筑。

纸上的万科馆

材料

我们曾经在 ZUCZUG（素然）的店铺里用纸来做空间，因为我们了解到出于对消费者审美疲劳的考虑（而非店铺空间的正常使用年限），商场里的店铺平均翻新周期是一年到两年，那为什么不寻找一种寿命与店铺更新周期相应的材料呢？再加上材料作为承重构件所必要的强度，这些要求都可以被纸蜂窝板满足。

万科馆在时间性之外（一个存在不过一年的临时建筑），还有另一个重要条件——它的主题。我们现在看到的万科馆主题是"尊重的可能"，关注地球的生态与环境问题，但在设计竞赛时，万科馆的主题仅聚焦于"全球变暖"，并且当时展演的内容和形式都不明确。理所当然，"全球变暖"这一主题成了我们当时投射思考的唯一对象。

全球变暖和二氧化碳排放直接相关，但在我们的通常认识中，凡是建筑活动就必然要排放二氧化碳。这看似矛盾的前提迫使我们的思考围绕着建造展开：以什么方式盖这个房子？而不是：盖一个什么样式的房子？

秸秆板[1]的介入一开始有些偶然，因为它是我们工作室的墙面材料，我们用它来替代软木板钉图（它无甲醛，气味自然，质地稀松且廉价），当时大家每天关于万科馆的讨论都是对着这面墙进行的，无法对它视而不见。但真正促使我们做出决定的，是合作方清华大学建筑技术科学系提供的一些研究成果和计算结果，即用"生命周期评价"的方法对建筑及建材生命周期二氧化碳排放量做出的定量分析：根据《中国建筑环境影响的生命周期评价》对一栋典型板式多层住宅的研究结果，在建材生产（包括原材料生产）和建筑施工阶段消耗的总能耗中，建材生产的能耗占92%！施工阶段的建材运输能耗占5%，施工作业能耗占3%。这个研究的结果远远出乎我们的想象，选择什么材料来盖房子居然如此至关重要。而在各种常用建材的1公斤材料生命周期二氧化碳排放量的比较中，秸秆板的优势非常明显[2]，其他建筑材料的生产过程都是在释放二氧化碳，它则相反，因为农作物光合作用的产物有一半以上存在于秸秆中，由此制成的秸秆板就将农作物通过光合作用吸收的二氧化碳以有机碳的形式固化了下来。每生产一公斤粮食就会产生1.2公斤秸秆[3]，中国每年有大量的秸秆被白白烧掉，如果能转变为建筑材料，将会对我们的环境产生相当积极的影响。这些研究数据给了我们足够的信心，甚至让我们大胆到想尝试用秸秆板"盖房子"——将其作为建筑结构材料。

结构

如何用小块的片状的秸秆板组成一定体量的结构？

基于秸秆板具有一定的抗压强度、但抗拉强度与弹性模量很低这种材料力学特性，

---

1. 秸秆板是一种以质量上大约95%的秸秆和5%的异氰酸酯（MDI）胶经热压成形制成的建材。
2. 公斤建材的生命周期二氧化碳排放量的比较：秸秆板材 – 0.15公斤，C30混凝土0.276公斤，钢筋0.639公斤，型钢0.869公斤，玻璃1.135公斤，铝9.624公斤。
3. 秸秆通常指小麦、水稻、玉米、棉花、甘蔗等农作物在收获籽实后剩余的茎叶部分。

我们与结构工程师一起设计了一种结构形式——"加劲自平衡预压堆积体系"。这是一种类似于砌体结构的建造方式和结构体系：每层秸秆板之间靠螺丝连接，上下层板错缝布置，并通过在高度方向上分段设置的水平钢板加劲层，与在竖向设置的预应力加劲绞线，将一块块的秸秆板连接为一个整体结构。这种结构形式，和 ZUCZUG 店铺所采用的纸蜂窝板墙体的原理相似。

以该结构形式为前提，我们进行了如下推导：

首先，基于这种结构形式以及设计条件要求的建筑高度（18 米），曲面优于平面，封闭形体优于曲面；

第二，在各种二维封闭形里，圆形简单、基本且最为均匀，于是圆柱和圆台就成为我们初步筛选出的稳定自平衡形体；

第三，与圆柱相比，圆台因为其上下截面不等，更有利于形成富有戏剧性的空间。于是，圆台就被确定为构成空间的起点。

很容易看出，在第二步推导中，我们选择了最为简单的圆形，而不是用更复杂的二维封闭形去生成形体，抑或直接生成复杂的三维自封闭形体。现在看来，原因可能是我们对逻辑和秩序的偏好抑制了我们在形式的生成上走得更远。对更"丰富"（可代换为其他形容词）形式的单纯追求，我们持保留态度。

回想万科馆的设计过程，我们的确在很多次判断中都更倾向于选择一种简单的复杂，而非复杂的复杂，即由简单、可控、有效的规则带来一定程度上丰富的结果。我们更希望操作的是规则，而不是直接的形式结果。对于比较容易引起误解的"简单"，我们大概是这样分辨的：区别于那些对基本工作的压缩而导致的简单，我们欣赏通过对更具本质的问题进行充分的思考而最终获得的某种简单性，如同卡尔维诺所说的，"的确存在着一种深思熟虑的轻"——这个提法对于我们好像有种魔力，总是吸引着我们。

形态

如何组织圆台？

如果将正圆台（上小下大）与倒圆台（上大下小）作为两种基本的形体单元，它们的组合将获得三种基本空间形态：

a. 圆台内部空间——室内空间——独立展厅

b. 倒圆台与倒圆台交接——空场空间——中庭

c. 正圆台与倒圆台交接——夹缝空间——出入口

我们将若干等高但大小不一、斜率不同的中空圆台，以顶部边界相切的方式组织在一起（即在平面上以最密集的方式组织—— 一个挨着一个），它们形成的是一个没有明确边界的建筑。最终提交的纸上万科馆由 11 个圆台组成，其中六个倒圆台，五个正圆台，突出用地的部分圆台被建筑用地边界切断。

我们在竞赛交图前的最后一天，才想起应该给这个设计起个名字，"麦垛"就是这么来的，因为它的形状，还有它和麦垛类似，也是由同质透心的秸秆堆积成的。之后有很多人反而认定万科馆是从麦垛的意象中得到的灵感，恐怕就是这个名字的误导吧。

建成的万科馆

最终实施的"麦垛"由表皮为秸秆板的三个正圆台与四个倒圆台交错组成，它们围合而成的半室外空间形成中庭和出入口，圆台顶部间隙通过透明采光膜连成一体。圆台内部是独立的展厅与后勤办公空间，建筑外部环绕浅水池。

有趣的是，在真正建成的万科馆里，建筑的空间和形态几乎和虚拟的万科馆没有差别（圆台的数量差异是和任务书的变化相应的技术性改变），但空间和形态生成的前提——以秸秆板做结构的设想，却没有实现。于是，设计前提变成了设计工具，结构材料变成了表皮材料，叠涩变成了披叠。现在的万科馆内部是钢结构，外墙为多层复合构造，仅表皮是秸秆板。未实现的原因在于没有现成结构规范可以作为该结构的设计依据，以及秸秆板材料本身遇水膨胀等问题，但最重要的还是因为设计时间的紧迫，不允许我们在该项目里解决这些问题。一开始所设想的固碳建筑其实就此截止。但在这最具挑战的部分停止后，还有什么其他价值可供挖掘以支撑我们后续的设计工作呢？还有什么挑战需要我们去克服呢？虽然有些挑战仅仅是观念上的，但也可能完全改变万科馆的最终样貌。

时间

烟、花、蜡烛、焰火、肥皂、手纸、台历、一颗糖、一杯茶、涌动的泉水、波浪、涟漪……这些都是时间的物质。我们在它们这儿体验到时间的流逝，从无到有，从有到无，或不断更新。

但我们是不是都能坦然接受物质的时间性？接受材料在时间面前的自然变化？新秸秆板的自然纹理和金黄色泽让人感受到生命的健康与丰盛，但如同任何生命会衰老死亡一样，秸秆板的色泽也会随着时间的推移而变化。万科馆希望通过这种自然的褪变可以传达一个观念，如果人们尊重自然的应有状态，就会减少与自然的无谓对抗。

在设计的过程中，一开始很多参与者都难以接受这种自然材料因日晒雨淋、时间流逝而发生的变化，比如褪色、灰变，他们认为这样是不可行的，必须去找到一种保护剂，让它在拆除时还能和新的一样，否则就要更换材料。不过他们最终都逐渐接受了这个大自然的决定。想想看，不会变旧是一件多么不自然的事情！但今天的人们却觉得这应该是再正常不过的。

人类关于整个宇宙的认识也清楚地告诉我们，物质都是时间的物质，差别只在时间长短。时间观念的介入还给了我们一个看待事物价值的全新角度。在时间面前，一条纸尿裤和一件价值连城的晚礼服可以完全等价，因为都是一次性的。

光

　　七个中空圆台及中庭顶部都留有采光天窗。自然采光不仅是为了节省能源，更重要的，我们要通过建筑表现自然光之美：光线从顶部间隙和侧面缝隙进入建筑，打在倾斜的墙面上，打在地上，或形成光斑，或在建筑内部漫射；圆台的界面不会产生明确的明暗交界线，秸秆板的材质不会有强烈的反光，这一切都让人多少摆脱了一些重力感，获得某种"轻"的感受。加之随着各种不同天气的变化，一天之间光线的不同，建筑内部的效果也随之变化……人们可以从中领略到各种表情的自然光带来的魅力，建筑和自然似乎被编织在一起，互相说明。

　　在自然光退场后，我们并没有选择去为它考虑独立的夜景照明——比如将建筑外观整个照亮，而是通过照亮内部秸秆板墙体（将投光灯暗装在部分门斗上口），为中庭和夹缝这些圆台之间的使用空间提供照度，这样的结果就是建筑外观呈现出自然的内透光效果——光线透过圆台间的缝隙溢射出来，同时强调着由若干独立圆台组成的形体关系。

风

　　建筑中空调泛滥的结果，一方面建筑师已经越来越不会设计自然通风降温的建筑，另一方面使用者对自然通风降温越来越怀疑，风作为一个好的体验似乎在我们的建筑体验中逐渐消失了。我们想挑战一下这种让人"气闷"的现状：我们将占建筑总面积1/6的中庭设计为开敞的空间，完全不使用空调。中庭在四个方向均有开口，由于中庭周边的倒圆台形成的空隙都为上小下大，建筑外部的气流在经过建筑的时候，上部的气流被建筑的形体压向下部，从而使靠近地面的风速提高——风变大了，人会感到更凉爽。

　　中庭上部的 ETFE 膜气枕与女儿墙顶留有空隙，ETFE 膜在阳光照射下温度升高，可以加热中庭顶部空气，使顶部空气温度高于地面空气，实现热压通风。

　　虽然圆台内部由展陈设计负责，但我们还是预先在大多圆台的屋面安装了无动力自然通风器（涡轮通风器），希望这些通风器在适宜的时间（温和季节或早晚时段）靠自然风无动力运行，利用自然风力抽出室内空气，而在使用空调时通过电动风阀封闭。各圆筒中央均设有电动高侧窗，在适宜的时间可开启，利用屋顶与地面的温度差实现自然通风。

水

　　围绕在建筑周边的水池提供建筑的倒影和必要的阻隔，同时，当室外空气温度超过 30℃ 和相对湿度低于 70% 的时候，水的蒸发可以降低进入室内空气的温度，这些水池的补水将使用从屋顶收集的雨水。

为了能使阻止人流无序进入万科馆的水池呈现出友好和开放的姿态，我们将池边的设计符合座椅的高度和宽度。最终，大量的游人坐在万科馆低矮的池边歇脚，乘凉和戏水，在建筑形成的巨大落影下人群尤其密集，这与周边其他场馆采用围栏或建筑墙体来划定区域形成鲜明的对照。

空间

在材料之外，万科馆对于大多数人的吸引力可能在于空间。整个建筑的空间分为两大类：圆台内部的空间与圆台外部的空间。圆台内部的空间是封闭的、静态的，同时也是单纯的；而圆台外部的空间是开放的、流动的、复杂的。我们使用的生成机制虽然简单，但是最终产生的空间体验令人惊喜。这是一个随着人的行经持续变化着的空间，倾斜的墙体不提供垂直参照，若干圆台好像组成了一个模糊的、不绝对的、戏剧性的重力场，轻与重的感受交替出现。这是个有些不可预料的，让人产生探寻渴望的空间。

深圳案例馆：
世博盛宴之中的别样实验

孟 岩

历时六个月之久的史上最大世博会很快就要落幕了，随着鼎沸人声的退去和争奇斗艳、五光十色的世博场馆的拆除，城市将再次从喧嚣的大事件中回归常态。随着"后世博"时代正式来临，历史会以它一贯的方式，开始盘点并一步步过滤出光艳之后能够存留下来的世博遗产。

世博会看奇观

在九月的一天，我终于有机会再次走进世博园。与世博开展前为深圳馆的策划和落成身负重任日夜奋战那五个月不同，这一次，我以一个普通观众的心态，在上海的酷热稍退的季节中，几乎身不由己地跟随着或奔涌或蠕行的人流进出各大场馆。当身处由时尚的造型、新奇的材料、迷幻的灯光和影像所构筑的虚拟现实包围之中，看着身边同样鼓足勇气排队等候的人们脸上充满的渴望与好奇的神情，我不断自问：世博会我们来看什么？一个普通观众所期待的，必是奇观，见所未见、闻所未闻的未来奇景。

眼前世博园的宏阔场景准确印证了当下我们身处的这个充满着"大国"、"盛世"豪言壮语的文化时态。30 年来经济的持续高速发展，以及从奥运会到世博会的一系列大型国际事件，把中国一次次推上国际化的大舞台，中国仿佛再次回到了世界的中心。然而这场急剧变革同时也造成了对社会心理和文化承载力的考验与挑战。今日的世博会，自然不同于几百年前的万国来朝，然而在这场历史上以规模最大、参展国最多而空前绝后的超级世博场景中，中国国家馆与各国展馆所构成的空间态势确实极具象征意义。仔细观察就会发现，这些庞大的世博建筑，从国家馆和城市馆对国家/城市精神的表现到企业馆巨大的广告效应，它们共同交织所呈现出的正是身后不远处中国当代城市面貌的真实写照和浓缩。

1851 年首届世博会举办之后的近一个半世纪以来，它一直扮演着展示各国经济发展、科技进步和引领世界文化潮流的角色。作为世界各地共同参与的科技文化盛宴，世博会也是各地区、城市与企业的形象展示工程和吸引招商、旅游的城市营销竞技场。正是这样的语境，促进了各国展馆激烈竞争的态势：所有参展方都铆足力气，披挂着声、光、电加入到这场科技、文化、历史及未来想象的全方位大比拼之中。对于各个展馆的建筑来说，是否能够通过最大限度地与众不同抢夺观众的眼球，以求在这场宏大的视觉厮拼之中成功突围，成了问题的关键。然而在以往的历届世博会上，大多数争奇斗艳的展馆在这种超量信息的集体角逐之中往往相互抵消，难以形成持久的影响力以及进一步引申和讨论的学术价值。在信息爆炸的今天，在人们不遗余力地为世博会的空间集体盛宴创造技术和文化奇观的同时，也面临着在过量信息和商业竞争的裹挟之下其历史价值的自我稀释，以及这一过程的加速。而大多数场馆难逃其虽绚丽一时、但终将很快成为过眼烟云的命运。

深圳馆讲故事

世博会深圳馆能否超越展览瞬间的感官冲动，超越"博览"的奇观性，在追求震撼效果的同时创造更高层面的附加值，并引发更深层的文化思考和持久影响力？

一年前深圳市政府委托 URBANUS 都市实践担任了世博会深圳案例馆的策展以及总设计的工作，从展示理念的立意到展馆最终建成仅有五个月的时间，在策展和设计团队持续夜以继日的会战之后，深圳案例馆终于按计划落成了。

深圳案例馆的位置不在万国博览的浦东，而是坐落在浦西城市最佳实践区一栋白色拉膜包裹的展馆内部，与韩国的首尔和意大利的博洛尼亚展区为邻。城市最佳实践区是上海世博会的首创特色展区，它紧密关注全球各主要城市针对其城市化过程中产生的种种问题而做出的有效和富于创造性地解决案例。不同于其他两个城市馆是结合城市文化、产品和旅游宣传的开放式展示与表演，深圳案例馆可以说是一个严格意义上的案例讲述。

深圳案例馆以深圳的一个城中村——大芬村的再生故事作为叙事主线，从选题角度到展示方式都抛弃城市馆惯用的大而全的"成就展"，把对城市的宣传隐于叙事线索之间。从一个城中村的演化和再生出发，通过讲述普通人的故事，呈现底层劳动者最直白也最真实的梦想和他们为生存所激发的创造力和坚韧品德，从这里探讨深圳这座年轻城市三十年奇迹背后的真实动力，我们相信正是这些鲜活的原生力量，汇成了一座城市的活力和尊严。

大芬村再生案例获得国际世博局的高度评价，其间也曾引发过广泛争议。在深圳人眼里，深圳有那么多高新科技产品，有那么多光鲜的地方不展示，用一个抬不上高雅文化台面的大芬村代表深圳出征世博？让一个城中村来代表深圳岂不让外人看笑话？外面也有人看不惯，有文化人甚至说："如果我是一个深圳人，看到用大芬村的行画来演绎深圳的文化，我会像一个非洲人看到我们认为他们只会唱歌跳舞一样，内心充满遭受歧视的愤怒。"面对各种质疑，策展团队首先说服了正在全市范围征集优秀产品以在世博深圳馆展出的有关部门，让他们理解深圳案例馆不是通过在一个展馆里展示一堆优秀展品，而是让所有展品构成一次叙事，也可以说是以一个故事屋来演绎案例，而观众完整体验之后最终记住的不是深圳的哪些产品或技术，而是记住"深圳"这两个字和它所指代的城市精神气质，这是大宣传。

　　文化人对大芬村的不屑一顾很容易理解，六年前我们在开始深入了解大芬村之前也是带着同样不屑的眼光做出评判的。问题出在只是道听途说和先入为主，这就使人们对大芬村的认识止步于"油画行画的产业村"这样一个单纯的"产业生态"，当我们把大芬村仅仅作为文化人茶余饭后的笑话谈资之际，就轻而易举地陷入了对一个异常复杂多样的文化生态简单粗暴地妄加判断，而成为偏见的受害者。

　　艺术圈对大芬村深恶痛绝同样事出有因，因为大芬村把艺术品的生产方式由个体的创造改为群体的大规模生产，它从根本上颠覆了艺术品传统价值的底线。对艺术家来讲，大芬村式的艺术品生产不但早已失去本雅明所称的艺术作品的"灵晕"，而且嘲讽了艺术创作和艺术教育的几乎所有原则和禁忌。其实当大芬村赤裸裸地把西方经典艺术品批量生产，占领普通百姓家墙壁的同时，在艺术品生产链条的另一端，也有另一些人在有意无意间把模仿自西方的艺术样式和观念的产品推向高端的艺术品市场。其实大芬案例关注的是人、产业和城市再生，如果从一个满足市场需求的产业发展来看，大芬村模式无可厚非，复制和标准化批量生产是产业化的基本特征。

　　很多新兴的中高产阶层人士对大芬村的草根和低端文化也同样不屑一顾，他们明确指出其批量复制而非原创的艺术品生产就像盗版书一样上不得台面，而且低俗，缺乏文化品位。不过有趣的是当我们看到他们怡然自得地住在全国各地的开发商和建筑师们从欧洲、美洲、澳洲或其殖民地原封不动复制过来的"欧陆社区"或整座"风情小镇"里时，立即使得这类文化讨论变得具有了超现实的意味。

　　文化批评家、中山大学教授冯原先生指出了看待大芬村两种视角的不同，从现代主义和精英艺术的标准出发，大芬村的油画加工业很难称上是艺术的或原创的；但如果从后现代主义或文化多元主义的角度，在摆脱了现代主义的线性进步观和精英艺术的局限性之后，会看到它背后的另一层含义。大芬村之所以独特，是因为它成了中国进入全球化时代的一个缩影，它非常形象地表达了中国深圳特区与世界的关系，即一个原来封闭的中国重新迈进全球性贸易和生产体系中的巨大力量，而在其中展现的文化模仿和文化转型，都表现出强烈的中国特色（参见《勇敢的深圳，展示从中国制造到中国创造的梦想》，《南方都市报·城市周刊》，2010 年 4 月 17 日）。

"大芬丽莎"的诞生

中国国家馆的"镇馆之宝"是多媒体版《清明上河图》，法国馆是罗浮宫名画，丹麦馆是原址移来的小美人鱼雕像，而深圳案例馆推出的最大艺术作品是一件 43 米长、7 米高覆盖整个展馆外墙的大型观念油画装置《大芬丽莎：这不是蒙娜丽莎》。

达·芬奇的经典名作《蒙娜丽莎》几个世纪以来高居艺术圣殿之上，而作为一种文化符号，它早已通过不断复制的艺术品生产进入大众消费领域，成为全世界妇孺皆知的文化消费品；同时百余年间这张微笑的面孔又被无数艺术家不断改写再造，衍生出新的艺术作品和观念。《大芬丽莎》是一个新物种，500 名大芬画家参与了这一集体绘制艺术事件。它由 999 块油画单元构成，作为原始文本的画像通过像素化的分解，使每件油画都幻化为色彩和笔触的斑块，画者的个性被忠实地保留在每一个单元之中。策展团队认为选用这张画非常准确地暗示了大芬村与全球产业链的关系，作为大芬村 20 年来生产最多的油画产品，它的内涵有充足的解读空间，可以作为大芬城市再生的样本，《大芬丽莎》作为深圳案例馆外墙，成了一个巨大的悬念和问号，为展览空间叙事开场。

不难想象这样一个巨大问号所再次搅起的争议，使它的出世几经周折，一些人对大芬案例出征世博的疑惑更被这个巨大"山寨产品"所困扰，对于用它作为深圳案例馆的主体形象，一些文化人坦言"怎么说都看着别扭"。当然也有很多人对深圳在此所表现出的坦诚和胆量欣喜若狂，而更多的是冷静的分析解读。正如《南方都市报》的点评："《大芬丽莎》这件看似荒唐的作品，一旦读懂之后会发现它包含着诸多当前中国城市化进程中非常尖锐的话题，深圳案例馆的价值在于敢于展示、敢于提问，而通过提问坦率地承认这座城市的当下现实并以此寻找自身的文化出路。"

《大芬丽莎》难道就能代表深圳？其实策展团队从来也没想过让它代表深圳，就像大熊猫不能代表中国一样。叙事总导演牟森解释道：选用这一形象还是为案例叙事服务，它与大芬土壤的关联性很密切，它是一个导读，是为完整叙事的第一幕而设置的悬念。画背后的普通人才代表深圳，整个展馆的叙事就是要带着观众从画走到背后的人的故事和梦想。

记得《南方都市报》在报道深圳案例馆的专刊中用通栏大标题首先发问："世界最大《蒙娜丽莎》躺着干嘛？"深具意味的是深圳案例馆的这件巨大油画装置正对面恰好是意大利博洛尼亚展区，躺着的《大芬丽莎》微笑注视着对面展出的优雅意大利古城景象和光鲜无比的红色法拉利赛车，这种超现实的空间并置是巧合，也是意味深长的一幕，以致上海一家著名报纸以惊讶的口吻感叹意大利博洛尼亚给上海世博带来了最隆重的礼物《蒙娜丽莎》。相对于相邻展馆超大超高清显示屏上的诱人的城市宣传片和重磅流行音乐表演，德国多媒体设计公司 THISMEDIA 用深圳 30 年前模糊不清的影像加工制作出类似 LOMO 的影效，轻松又智慧地配合了《大芬丽莎》纯手工的油画制作，深圳案例馆用更真诚的讲故事的方式反而具有一种原生的力量。

空间叙事三部曲

大芬村再生的参展案例以当代性、实验性和批判性介入城市现实、挖掘城市精神的策展基调得到相关领导层的认同之后，如何展示成为最关键也是最困难的工作。对于一个 43 米 ×10 米 ×7 米共 390 平方米的馆中馆，深圳可谓是重拳出击：深圳规划与国土资源委员会参照"深圳 / 香港双城双年展"机制确立了独立策展人，并着手组建了庞大的跨界策划创意团队和学术、艺术顾问团队，引入建筑、当代艺术、实验剧场、多媒体艺术、视觉系统设计、纪录片、出版以及公共活动多个领域通力合作，希望各取所长，颠覆传统展示观念。更有价值的是与设计同期进行了一系列跨界学术和艺术工作坊，广泛探讨有关城市精神、城市再生、城中村改造、地方性与全球化、艺术品生产与原创、民众的艺术话语权等问题，这些成果结合对大芬村以及周边地区的详细调研，出版了《特区一村》一书，并将于展后结集为文献丛书。

URBANUS 都市实践总控展览空间设计和展示内容的完整性，先锋戏剧导演牟森勾勒出空间叙事的总体结构和拍摄纪录片，国家大剧院舞台设计总监高广建专注于城市剧场空间以及展馆整体灯效，THISMEDIA 创作了大型多媒体影像，当代艺术家杨勇参与装置作品的制作，平面设计师张达利采用印刷和编织制作了深圳 30 年大事件的文献装置，80 后艺术家雷磊和由宓分别创作了多媒体动画，香港前卫音乐人龚志成用他的原创音乐串联起每一件作品以强化叙事结构的起承转合。在这里，每位艺术家都放弃了在做自己独立作品的角色，作为设计者之一来完成一件丝丝入扣的整体作品，最后呈现出的是一个大型复合空间剧场装置，其同时承载展示和戏剧体验。说到戏剧，最初的确曾设想在剧场中用真人表演，但最后决定用空间氛围的塑造本身构成戏剧体验，这会更贴切地表现案例主题。

深圳案例馆的叙事结构采用了经典的情节相贯的三部曲，也称"三联剧"。观众在展馆内几乎只能沿一条设定的线路行走，展览体验就是经历"序曲：大芬丽莎 / 深圳创世纪"，"第一部曲：大芬制造"，"第二部曲：大芬转型"，"第三部曲：城市剧场 / '深圳——中国梦想试验场'"和"尾声"五个部分的串联观赏，并亲身参与这一部具有完整情节的空间戏剧作品。

第一部曲是从一个独立的橘色空间开始，观众拾级而上，逼仄的空间飘落下百余个层叠纷乱的油画框，穿透墙壁，带出一系列大芬村史的影像档案。穿墙而入的红色集装箱下，一方迷你小剧场正在上演按大芬村史编的连环画《新山乡巨变》；接着在一个幽暗的房间，两墙相对铺满了自大芬村油画作坊采集来的风格各异的油画，以及在流水线的油画工场中分步完成的 20 幅油画样品，与此同时看到的一对影像，是大芬村两代创始人的虚拟对话；经由环绕着真人大小的大芬画工影像的空间，观众可以伸手触摸到天花板上悬挂的晒干的油画，似乎融入了影像现场；人们随即又和油画一起进入一个整装待发的集装箱内部，它是全球化产业链最恰当的空间隐喻；从《村史档案》到集装箱的现成物装置，以极高信息密度完成了第一部曲："大芬制造"，叙事情节既有强烈的现场感，又有离奇、超现实的场景体验。

进入第二部曲的明亮开放空间，一个正在转型的大芬村被放置在三个活泼可爱的彩色盒子之中，成为缩微剧场，观众通过窥视感受大芬再造之中鲜活多样的文化生态。画工用过的调色板和颜料皮构成盒子的外皮，而一旦走进这个区域，就可以听到大芬画工们略显羞涩地讲述他们的梦想，这里面有刚来大芬的年轻人、画家夫妇，还有残疾人，他们用手艺实现梦想和生活的尊严："我的梦想就是有房、有车，做个真正的深圳人。"这些最直白最朴素的梦想，因为真实所以感人。中国普通人的梦想其实就是一个简单的过好日子的梦想，而正是这种梦想所催生的坚韧力量，构建了一座奇迹般的城市。

至此，对大芬村从村到城的城市再生剖面已经完整呈现，观众穿过一个通体亮绿、漂浮着几朵彩云的通道拾级而下，转身进入一个豁然开朗的城市剧场。离村进城是这里的空间隐喻，深蓝色的数字瀑布从倾起的斜坡地面顺流而下，奔向观众，并在观众身后的墙上幻化出层叠起伏、生生不息的城市意象。《深圳面孔》纪录片与《深圳记忆》文献装置，一动一静相互支撑着剧场空间的叙事高潮。

当人们走出第三部曲的城市剧场，展馆尽端的大片影像墙展示着今年一月 500 名大芬画家集体创作《大芬丽莎》的工作场景，之后是五月底在大芬美术馆由中外艺术家及当地画家共同参与的"对流——大芬国际当代艺术展"和八月底开幕的"读村画城：大芬国际壁画邀请展"的盛况；深圳案例馆早已突破了上海世博会的空间限界，直抵深圳案例的原生地大芬村，在那里发动了一系列催生新一轮城市再生与文化生态转型的艺术和文化事件。

漫步在世博园，我会不自觉地沉浸在那些普通的中国大芬画工讲述他们直白、真实的梦想时的感动之中，在一个高科技和多媒体几乎占据一切视觉展示空间的时代，除却无限的视觉刺激之外，真实的感动似乎成了所谓的奢华。在新奇的科技盛宴之中，一点点对人的关注、对文化的敏感，都会给人留下深刻的印象和永恒的价值。几乎很偶然，在这个细雨纷飞的傍晚，当我走进芬兰馆中间的圆形露天中庭，惊喜地看到几十位来自芬兰的老人在庄重地合唱芬兰以及世界各地的古老歌曲，那韵律伴着天穹的浮云，呼唤着人们对那些清澈而古远的回忆的共鸣。这个白色的单纯得几近单调的圆形空间，在世博会科技、时尚的喧嚣盛宴之中划出一片静谧的场地，在这里人是空间的主角，人是仪式的中心，而人所创造的思想和文化，才能为城市的未来美好生活带来充满希望的一切。

建筑双年展
评论

建筑双年展反思

原载"新观察"第十四辑 / 2011.12

"对大多数的人而言，建筑双年展主要就是指'威尼斯双年展'。不只是因为它是世界上这一类的展览中最重要的一个，而是确实因为这四十年来，也只有'威尼斯双年展'对建筑的思想与实践比较有深远的影响力。"

　　这是本辑王维仁的文章开始的表述。但是 2005 年"深圳城市\建筑双年展"横空出世，并以完全特异的运作模式强势推进，进而"带动"了香港、成都等城市的相关展事。这种建立在政商合谋基础上的展览运作机制和嘉年华式的群展氛围，与国内更为众多、浩大的艺术双年展，正在汇聚成中国独有的"双年展现象"——是揭穿"皇帝的新装"的时候了。

　　作为"深圳双年展"的关注者和深度参与者，阮庆岳以其一贯的持中态度，梳理了三届双年展，认为"这三届的展览内容与策展人，都有认真与相当不错的表现"，"张永和的稳健、务实与全面关照，自然是良好的开场戏；马清运的意图破解现状与期待再生，欧宁的颠覆空间权力系统，一个尖锐基进，一个轻快诗意，虽然都'革命尚未成功'，因而有着些许的乌托邦色彩"，而"乌托邦＋游乐场"，是他对"深圳双年展"特质的概括。当然，他也希望新的双年展"摆脱嘉年华形貌，开始确实产生意义"。

　　接下来朱涛、王维仁和刘国沧的文章，均结合"威尼斯建筑双年展"和诸多国际建筑双年展，对"深圳双年展"进行了深入的批判性反思。

　　就像文章标题"是连贯，还是片段"所提示的，朱涛通过"每届双年展究竟是一场为期几十天的孤立事件，还是一个为期两年的文化推动、推广过程？""每届双年展究竟是一个个自我孤立的项目，还是能汇总起来，承前启后，共同朝着某个（或某组）文化目标，逐渐推进的整体项目？""每届双年展究竟是两个城市各自独立的双年展，还是一个'双城双年展'？"三个连续设问，对双年展的连续性、学术深度和文化建设缺失进行了批评。

　　作为"首届香港双年展"的策展人和"深港双城双年展"的学术委员，王维仁的文章先从"威尼斯建筑双年展"说起，在详述了其辉煌的 1970—1980 年代历史之后，也指出其近年来渐失批判与论述的能力，像大多数双年展一样，由一个理论家或建筑师，提出一个宽泛但是空泛、方便，能让人各说各话的主题，不再能有力地反省或预见建筑文化的走向。他认为，"论述明确"是双年展成功与具有影响力的关键。

　　在此基础上，文章就"地域性出发的全球性"、"双年展或世博会"、"双城双展或双城单展"三个核心议题，对"深港双城双年展"进行了清醒、坦诚、锐利、深刻的设问与思辨。

　　用"建筑实作者"的立场来反省"建筑展"本身，是参加过两届"深圳双年展"的台湾建筑师刘国沧的独特视角，他通过分析"米兰设计展"会外展区，认为"在一个展览中所得到的兼具身体愉悦以及城镇同乐的经验"，比展览主题本身更为重要。

我的乌托邦？你的游乐场？

阮庆岳

"深圳城市\建筑双年展"（以下称"深圳双年展"）堂堂迈入第四届，马步与桩脚似乎逐渐稳固，企图与用心也斑斑可见，大约是可以拿来评头论足，兼作回首与瞻望的时间点了，就试着从头梳理起吧！

"深圳双年展"的轮廓与形貌，应是由第一届的组委会（深圳市政府 / 主办方）与策展人（张永和 / 执行方）所共同底定。透过可得到的数据，仿佛阅读得出二者的合纵关系。譬如在官方网页的"深圳举办城市\建筑双年展的意义"标题下，分述了应是主办方的六个重点意义：1. 确立"先锋城市"形象；2. 建构国际化的学术交流平台；3. 总结深圳城市建设成就；4. 形成关注深圳的焦点；5. 吸引大众参与关注；6. 打造国际化的城市品牌。

一翻两瞪眼（以及想一战功成）的企图与目的，确实昭昭然到有些令人不安。然而，张永和（展览的实质掌舵者？）在接受访谈时，委婉也漂亮地作了化解："……我们决定用'开放'，形象地表述为'城市，开门'。'开放'其实是一个立体的概念，不仅仅是经济上的开放，更是思想和文化上的开放……当然，在这次展览中，深圳不是作为榜样，而是作为典型进行研究，有经验、有教训、有各种问题值得探讨。从这个意义上来说，我们希望这次双年展不是展览一些项目，更能研究一些社会问题。"

轻描淡写间，勾勒出作为开放 / 交流与检验 / 反省平台的初步形貌，适度降低双年展惯有的炫耀与声张气息，同时意图深化其意义与社会性，算是相当真实也恳切的铺陈。因此，第一届的"深圳双年展"，或就是把张永和对展览的整体与长远想象，作出实证与定义，也算是为这展览正式的"命名"吧！因之，后来者在这"名字"的笼罩下（祝福兼诅咒），要违逆或翻转皆属不易，而与这大命题如何同调或反调，也可作为阅读"深圳双年展"后续者作为的一种方法。

　　整体而言，张永和主导的"第一届深圳双年展"，在展示制度、展览方式和导视模式等方面，都做了漂亮适切的定调与铺底。同时也借此展现了张永和的特质，譬如以良好的人脉关系与人际形象，拉大整个展览的向度，邀请矶崎新、艾未未、贾樟柯等多元艺术面向的参与；另外，则是他柔软的好奇／探索态度，以及相对宽松的视野与胃口，让展览内容的涵盖面，相对丰富也多元，其中对珠江三角洲城中村现象及其对策的研究，以及对台湾建筑师（谢英俊与黄声远）社会关怀与实践的关注，皆属亮点。

　　相对于张永和的儒雅与婉约，接手"第二届深圳双年展"的马清运策展团队，就显得火力旺盛与对前瞻的激进。马清运从策展主题"城市再生"拉出了十个问题，像手榴弹一样的全球抛掷，意图让遍地皆烽火，然后联机到香港的"双城双展"，开始双城间的同步共舞，加上北京、上海、西安、重庆的外围论坛等活动的呼应，暗示着这是一场以媒体及讯息为思维主轴的展览／战争。

　　展览模式也有着事件化的趋向，譬如通过 Forum、Fun、Fashion、Fund、Food 及 Future 的"6F"活动，展现对游击与爆破的迷恋，也表达游击战与爆破战本就是最吸睛的展览战术。然而这样（项庄舞剑）的展览战略思考，其实是回归到对此刻现代城市的批判与意图颠覆，对语的对象也由前届以中国城市作为主体，转进到对全球城市现象的纵览。

　　这样对人类文明／城市发展的未来瞻顾，确实是让马清运的热血可以沸腾的主因。若推演其思考的脉络与源处，比较接近原本第一届就受邀却因故缺席的 Archigram/Peter Cook（阿基格拉姆学派／彼得·库克）思维传统，也就是对于未来的建筑／城市，必然将讯息化／事件化／临时化／功能化，这样路径所提出的预言与省思。

　　马清运在与梁井宇 2008 年 1 月间的短信对话，对所谓的规划这样做表述："规划的功效在资本主义体制、市场经济的大系统中的确是在消亡。这也是我们都能在中国体会到的（设计师仍在规划的严峻面孔之下），城市空间资源其实一直在社会的发展中不断做着组合和重新组合。从表面上看，失去对未来的认识和控制的能力是规划的悲剧，但这孕育着规划的真正意义：为改变了的社会需求，作有时效的组织！在这个原则下，必须认识规划的'错误本体'、'过时本体'，规划是用'错误决定'为将来的正确提供修改版本的。这就不是'蓝图'般的理想，而是'草图'的理想。永远为修改提供可能。"

　　对"永恒与固定的答案"提出尖锐挞伐，也确切表明"可'擦改'的规划，才是真正规划"的原则观点。在这样看似（类同 Archigram）带着乐观与欢庆的思维引导下，"城市再生"却同时隐隐透露着些许让人觉得虚无与悲观的气息。因为这样不断"擦改"的现实，或许可以提供日日嘉年华般的兴奋感，却也可能形成长远去处与归途何在的空洞化，反而造成文明的自我迷惑，甚至不觉晕染出"今朝有酒今朝醉"的末世气氛。

"城市再生"似乎在传达着：媒体正是此刻的解药与爆破品，却不是长远的答案。对此刻文明仿佛仍然有着忧虑与不安，与权力间则维持着一种"必要之恶"的互动关系。那么，救赎与再生究竟何在呢？对此，马清运在同段对话里，针对梁井宇的问话"土地公有，过期收回，确实含义深远。这种政策，加先天的规划时效性，再加你提出的'农业都市'，是否可以理解为你的'草图'规划观点？"这样回答："是的！农业的秩序是理性生活的最高境界！农业理想是建立在未来对现在的删除上。"

相当猛烈也决断的答语。马清运还追加地写着："对！媒体将使一切按自己的方式组织，它是感知的发起和组织者。媒体将使一切经济化，只要经济仍然是组织我们生活的方式，这种结果就无法避免。有一天农业文明再来了，情况又变了。"

这样将"农业文明"作为再生的救赎答案，以及毅然决然的肯定姿态，自有其逻辑所在，但与此刻现实间巨大的摆荡与距离，似乎让马清运同时有"乐观者的虚无"与"虚无者的乐观"的双重特质了。而从其中所散发出来的乌托邦气息，浓烈也扑鼻。

这种质疑与扣问的底蕴／态度，事实上有趣地延续到第三届的"城市动员"。只是，策展人欧宁一反马清运以城／乡及权力结构作为对应的主轴，直接转换到以人为主体的思考。也就是说，欧宁相信人类文明此刻面对的一切问题与困境，仍必须由人类所有个体的亲自参与来解决，不可全然期待由上而下的权力／精英解救。在这样思考的本体里，透露了欧宁在他策展的"城市动员"，某种本质里反圣性／反精英／反权力的讯息与姿态。

在为双年展所写的文章《一个叫深圳的城市》里，欧宁感性也动人地叙述着于二十年前移居深圳时，自身如何生活／成长其间的往事，并慢慢引出他对深圳时空地位（关于身份自明）很重要的再定义："这里地处国境南端，它接壤的是一个源远流长的资本主义大都会，它们共同被一条大江养育，通行同一种不同于普通话的地方语言，也生成了一种与内陆地区不同的地方性格。这一相连地区很早就对外通商，它对自由贸易、产权保障这些现代观念有很早的认知，它的视野接向一个更广阔的世界。同时它还是历史上多次革命的策源地，它长于审时度势并崇尚实干，所以它比其他地区更容易接受历史的改变，并主动促成这种改变。"

基本上，反对深圳经常被视为无主体、无历史，只是纯然被资本主义殖民与强奸的一个"半下流"城市的论点，重新建构以自身为中心的视点，有趣也可敬。欧宁继续点出 1979 年与 1992 年两个重要的深圳历史节点，如何塑造了改革开放的新契机，以及同样重要 1996 年库哈斯对深圳的兴趣与研究："那时的深圳正是各种断章取义式的欧陆建筑风格盛行的时候。他目睹这种拙劣的模仿，但也发现它们在分层和密度上出现与欧洲不同的处理方法，并深信这种大量存在的现实的合理性。他在这里找到了一种新的感觉，并通过展览和出版物向全世界分享了他的新发现。"

清楚指出，不管爱之恨之，"大量存在的现实的合理性"应是思考与作为的依据。因此欧宁以他对城中村研究的经验为出发点，提出"重返街头"作为展览的第一个策略：

"不管在哪一个城市，真正活跃的街头生活总由底层民众缔造……对他们来说，街头既是拼搏求生的竞争空间，也是寻找集体温暖和精神慰藉的庇护所，更是表达意见和参与政治的议事厅。"

第二个策略是"游乐场"。这是始自与香港交流的渊源，"早期因为大量的香港人在此设厂营商，它拷贝了香港一整套的娱乐模式，到处都是歌舞厅、夜总会以及规模庞大的食街，大量年轻貌美的内陆女子在此聚集，满足人们的吃喝玩乐"。而且"中国人在很长的时间里都不知快乐为何物。我们有过很沉重的历史，习惯于奉献，成为集体的工具，所以在迈入一个新时代的时候，娱乐成了我们表达醒觉的方式"。

看似揶揄／轻慢的说法，其实有着沉痛的自我鞭笞，当然还有着"边做游戏边革命"的潜藏意图。欧宁的策展策略，可以说是"打着红旗反红旗"的操作，虽然接手了已具有被期待模式的"深圳双年展"，却又反对既有双年展的机制，因为"它越来越僵化成某种职业圈子的权力游戏，成为不断重复的生产和营销机器"。欧宁也同时反对双年展的专业／精英姿态，因为"在双年展与普通公众的关系上，它一直以专业、神圣、殿堂自居，总是把公众设置为应接受教育的人群，它与观众的关系模式是自上而下的，要求仰视的，而忽略一种平视的、互动的、参与式的观看关系的培育"。

论述话语虽然显得沉重，然而展览气息却有着轻盈与欢乐的气息。欧宁浓厚特殊的跨领域个性与背景，为展览注入了某种活泼（有时近乎难以收拾）的力道；而对日常、平凡事物的重视，以及在游戏与认真间扑朔难辨的个性，也双双挑战专业／精英与权力者，注视世界的角度与行事的模式。

基本上，我认为这三届的展览内容与策展人，都有认真与相当不错的表现。张永和的稳健、务实与全面关照，自然是良好的开场戏；马清运的意图破解现状与期待再生，欧宁的颠覆空间权力系统，一个尖锐基进，一个轻快诗意，虽然都"革命尚未成功"，因而有着些许的乌托邦色彩。但这样的困境，或正就是此刻的时代现貌，非战之罪也无功无过。

从第一届端庄与慎重的开场铺陈，接下来的两届虽然信仰有异，但也都各自展示了"乌托邦＋游乐场"的特质。也就是说，皆透露着一种对未临世界的想象（与憧憬），一个托身农村、一个允诺街头，因之有着对现状的隐性批判，同时表达必须在现实里游戏兼革命的态度。或许，乌托邦＋游乐场的拼贴／组合，也反映了形而上乐园与形而下乐园的必然共置，矛盾也罢，荒谬也罢，或许正就是我们此刻所共同需要的时代答案？

三轮掌声先后也轻重的拍响过，不表示"深圳城市\建筑双年展"就没有问题呈现。因为，有些归属于本质的问题，不是策展团队能撼动或改变，譬如展览与权力的关系是自第一届就有的隐隐呼唤，其中包括建立资金稳定来源（必须可运作于商业与政治干扰外）、拥有固定的场地与独立的执行机构等问题。因为，这样独立意识与自主系统的完整建构，是关乎"深圳城市\建筑双年展"能否真正有长远发展，以及具有被尊敬与可信任的批判发言位置的关键，而这也是双年展如何摆脱嘉年华形貌，开始确实产生意义的核心所在。

　　此外，与"香港城市\建筑双年展"间，目前有些貌合神离的合作宣示，也需要被更认真的辩论及摊示，因为所有目前内隐的矛盾与症结，都还是会在时间河流的淘洗里，缓缓浮露出来。至于其他关于展览自身的议题与挑战，还有许多面向待解，譬如如何维持展览的鲜度、力度与吸引力，以吸引参展人及观赏者如何定位本体与客体的位置、关系及比重等等，但这些应该不是根本的大问题，因为策展人 / 参展人自会各别的选择挑战点，不断作切入与辩证。而且，正就是借由不同策展人与参展人的介入与观点提出，"深圳城市\建筑双年展"才能有机与永续的生长下去，并因此令人继续期待。

注：本文引用的文章，皆来自"深圳城市\建筑双年展"官方网页。

"双城双年展"
——是连贯，还是片段？

朱 涛

我们处在一个日趋片段化的社会中。人们说话越来越前言不搭后语，干事越来越追求当下效应，缺少长远目标和连贯性。我认为这趋势对生活和文化建设有百害无一利：人们发出大量聒噪，却无法进行思想交流；大家耗费各种资源，瞎忙活，却产生不了意义和价值。针对这种趋势，我想对"深圳·香港城市\建筑双城双年展"提问：双城双年展，需不需要制定些长远目标？它在新旧双年展之间，在深圳和香港两个城市的双年展之间，需不需要保持一定的连贯性？还是竭力强调每一次活动当下性、独立性，最终也汇入这个社会、文化片段化的洪流中？

回顾几年来的双城双年展，除去它的成就外，我认为有三个现象，令人担忧：

1. 各届双年展刚刚铺设好的一些关于建筑和城市的课题研讨，大多没能通过专业和社会媒体做进一步的阐发和推广，就随着双年展事件的结束而迅速消散掉了。

我们不妨回顾一下：不算今年即将开幕的，深圳已经举办了三届，香港举办了两届。在这五次活动过去后，我们留存下几本有内容的书，几个对城市、建筑有洞见的话题，几件值得称道的作品？在我看来，由王维仁、钟宏亮编的《思考再织城市》一书是个优秀特例。它不光记录下"07年香港双年展"的丰富内容，还通过一批新稿件对该双年展开辟的话题做了进一步阐发。相比之下，其他双年展就弱太多了。它们即使在开展期间各有出色作品和思想，但大多因后期的阐发和推广不够，湮没掉了。

2. 每届新双年展的策划重点并不是放在如何延续、推动和深化上届双年展的成果上，而是截然相反，放在如何尽可能绕开上届双年展的经验，另辟蹊径，使得新一届双年展成为一个完全独立的文化项目或事件。

再以王维仁策展的"07年香港双年展"为例，该活动创造出一个平台，使得不同的社会阶层、立场在其中发言、碰撞。它赋予双年展一种潜力，有可能成为一个公民探讨城市和建筑发展的公共场域。这良好的开端和成果，在我看来，非常值得进一步向社会推广，也值得以后各届"双城双年展"学习和发扬光大。但很可惜，后来"双城双年展"并没有继续跟上，而是向其他方向发展了。在我看来，这是社会生活日益片段化的大趋势在具体文化事件上的反映。每一位新策展人就任，全力关注的是如何张扬自己的"个性"，而鲜有"传承"的概念。就如同每一个政客上台，最急切的就是拆毁他的前任的遗产，另起炉灶。

3. 深圳和香港联合举办"双城双年展"，其本意在于通过两城互动来鼓励交流，增强双年展的整体文化资源和品牌效应。而现在由于种种原因，反而越来越呈现为两个独立的展览，只不过偶然凑在同一个时间段里举行，甚至到今天连两者举办的时间段也越错越远了。

当然，上述现象背后有很多复杂原因。但我认为，现在是时候了，"双城双年展"值得深入思考三个相应问题：

一、每届双年展究竟是一场为期几十天的孤立事件，还是一个为期两年的文化推动、推广过程？

如是前者，那势必出现前期策划忙碌，开展一周内热闹、闭幕后一切烟消云散的节奏；如是后者，那么双年展结束后的研讨、出版等深化和推广工作，应被看作与前期和开展期间的工作同等重要。从文化传播上看，后期工作甚至更为重要。

二、每届双年展究竟是一个个自我孤立的项目，还是能汇总起来，承前启后，共同朝着某个（或某组）文化目标，逐渐推进的整体项目？

如是前者，那双年展一届届地办下去，便会很容易落得像如今房地产市场上那些"策划公司"那样，精力全耗在抓着头皮，孤立、抽象地追求"创意"和"个性"上去。在各种各样的压力下——传媒需要热点，参观者需要刺激，领导需要说法，双年展会越来越依赖于制造图一时痛快的视觉奇观和轰动性的事件；如是后者，在保证每届各具特色的基础上，双年展还应该为自己设立更宏大、长远的文化目标，还应该保持相当的连贯性、持续性，只有这样才能循序渐进地推动城市、建筑文化的发展。

也许有人反问：国际上的大牌双年展，如"威尼斯双年展"，在操作上不也是以各届策展人的独特策划为中心，强调每一届的个性，而缺少届与届之间的传承吗？在相当程度上的确如此，但我想强调两点。

第一，恰恰由于这片段化的操作，正导致很多国际建筑双年展，包括"威尼斯双年展"，也进入一种危机状态。在传播即时性、片段化的建筑信息上，各种建筑媒体（杂志、网站等）和有针对性的建筑活动要比双年展强大、灵活太多了。现在人们哪还需要两年一次，旅行到某个城市，去了解"最新的"建筑信息？而在这种情况下，如果双年展不能另辟蹊径，转而致力于一种较为长远、稳定的建筑文化推广工作，那它还有什么优势可言？在我看来，大多国际建筑双年展实际上正在沦落为乏味的业内人士两年一度的派对而已。

第二，对我们来说更重要的是，不管那些国际双年展有多衰落，它们好歹有辉煌的历史在背后撑着。比如，"威尼斯双年展"的巨大品牌效应，仍能有效地将各届活动笼罩在一起，赋予它们一定的文化身份、可识别性和对广大国际参与者的感召力。而我们的"双城双年展"完全没有这种历史资源和文化身份，一切需要从头建立。那问题是：在今天的文化语境中，如果我们从一开始就坚持片段化、任意性的操作，如同搓麻将——砌起来，玩一轮，下一轮推倒重来，与上一轮完全无关，这样一轮轮下去，又如何能保证我们的双年展能建立起明晰的文化身份和品牌？如何能保证它不会迅速走向乏味和扁平化？

我劝各方在忙碌后，静下来，问一个根本问题：办"双城双年展"究竟是为什么？？？

就是为了热热闹闹办一件事吗？那深港两方各自调度着数百万甚至近千万元的资金，实在有太多比办双年展更好的做法。比如用这一大笔钱，仿效重庆的做法，请广大市民免费吃顿百万人大火锅，肯定热闹得多。

就是为了满足市领导"打造文化品牌"的诉求？邀请领导来开幕式发言，几家媒体颂扬一番，将展览期间参观人次达数百万的指标报上去——就这简单的三样东西，基本可以搞掂领导。

就是为了赢得一帮"外宾"的夸奖？现在有无数老外，整天都在想着如何削尖脑袋钻到中国的文化市场里冲浪。一下子有这双年展花钱请他们来，把他们当贵宾捧着，好吃好喝好招待。他们个个内心洋溢着的成就感和喜悦之情，"翻身农奴把歌唱"都来不及，谁还会批评双年展，即使他们心里有批评意见？

在我看来，至少有两个更大、更长远的目标，值得"双城双年展"考虑，要不要去追求。

第一，双年展需不需要以呈现和分析深港和大珠江三角洲的城市和建筑发展为基础，为内核，或者说至少每届双年展要推出一定的有分量的研究成果？这是一个多么可悲、荒谬的现实：每当建筑界人士评述珠江三角洲的城市发展时，所有人都像得了强迫症似的，不得不引用库哈斯的《大跃进》。一个如此独特、丰富的城市区域，经过数十年的动态发展，怎么能只靠这一本书来承担空间阐释的工作？"双城双年展"是否愿意主动承担起这项工作？

第二，双年展需不需要致力于推动中国的城市和建筑文化发展？在全国范围来看，"深港双城双年展"的优势是得天独厚的：深圳有特区城市的独特历史和魅力，有比内地相对开明的政府和雄厚资金；香港有自由的媒体和政治环境，有与台湾和国际频繁的联系。并且，很重要的是，"双城双年展"在主体上仍被定义为文化项目，不像有的双年展从策划开始就散发着令人作呕的铜臭气。那么"双城双年展"愿不愿意花力气，发掘和整合自身的独特优势和潜力，开始有意识地、有步骤地做工作，成为一股推动中国城市和建筑文化发展的强大力量？

毫无疑问，办一个双年展，热闹、打造文化品牌和走向国际化等都很重要，但这些都是些泛泛的愿望——所有双年展都会这么想，或至少这么声称。而只有对自己的核心目标和独特身份有了清晰定位，只有目标坚定、持续不断地推进工作，才是双年展获得成功的根本。如果"深港双城双年展"愿意承担上述两项使命，在我看来，必须要从根本上重新定位自己的发展模式：深入的思考和有针对性的、连贯性的工作，无比重要。

三、每届双年展究竟是两个城市各自独立的双年展，还是一个"双城双年展"？

显然，绝大多数人都会说理应是后者，而且很多人都会同意目前这各自为政的局面不能令人满意。但现在大家能做什么？只能无可奈何地将之归结为"体制问题"而已。我想说的是，不管背后有多少原因，这已经成为"双城双年展"最严重的缺陷。把该问题明确列上日程，深港双方尽可能早地进行交流，争取多些时间探讨合作，非常重要。不然可能每次拖到后期，都会重蹈覆辙，大家都只能一次次地对着"体制问题"兴叹。

总之，经过各届辛勤的"摸着石头过河"的探索，"深圳香港城市\建筑双城双年展"已经积累了不少经验。我认为现在是时候，开始思考一些更深入、更长远的问题了。不然，我担心的是，"双城双年展"好不容易积蓄起来的一些文化能量，会在片段化的洪流中，迅速消散掉。

"港深双年展"三问

王维仁

从威尼斯说起

对大多数的人而言，建筑双年展主要就是指"威尼斯双年展"。不止是因为它是世界上这一类的展览中最重要的一个，而是确实因为这四十年来，也只有"威尼斯双年展"对建筑的思想与实践比较有深远的影响力。就历史来看，1970年代和1980年代的几个"威尼斯双年展"，可能还是最具有明确的反省预言与批判性的。当时几个双年的策展人包括了阿尔多·罗西（Aldo Rossi）和维托里奥·格里高蒂（Vittorio Gregotti）等意大利建筑思想的领导人，试图把当时的时代性，以及围绕当时建筑议题的对时代的预言融合进来。他们有一个清楚的意图，试图赋予双年展一种意义，包括了对现代主义的回顾，对建筑与城市意义的宣示，以及对新世代建筑的预言。

"威尼斯双年展"至今仍然留下令人印象深刻的场景或图像的例子，不论是罗西在圣马可广场前的剧场（Teatro del Mondo），或是由不同的建筑师们设计组合成长达300米的立面街景，或是集结了不同看法的威尼斯项目（Progetto Venezia）设计竞赛，都各自传达着一种讯息，代表着一种明确的建筑态度。虽然不幸的是，它们部分的图像后来变成了后现代形式主义的联想，然而，这些双年展被看作是对当时建筑实践的重新思考，不言而喻地推动了建筑文化的发展。这些双年展不是一部当时的建筑编年记录，也不是当时所谓最好建筑的大拼盘，许多在当时双年展上展现的思考特性，依然存在于现今的建筑发展中。

在世界各地的双年展百家争鸣的今天，不幸的是，甚至近几年的"威尼斯双年展"，也一定程度上失去了这种批判与论述的能力。这些双年展多半是由一个理论家或建筑师，提出一个宽泛但是空泛、方便，能让人各说各话的主题，不再能有力地反省或预见建筑文化的走向。论述明确的双年展，不代表我们必都认同它们的论述，但我们需要理解这些观点是怎样形成的，什么样的人发展了它们，这些思想意识观点又将走向哪里。这是说明一个双年展是否成功、是否具有影响力的关键。

因此，已经走到了第四届的"深圳·香港城市\建筑双城双年展"，应该致力于什么样的建筑与城市议题？它对未来的建筑文化走向有什么看法？在可预见的中短期内，其重要性不可能和"威尼斯双年展"相提并论，在这样的现实下，它应该有什么样的策略规划，让自己成为一个有清楚论述而且有战略地位的双年展？即使我们明白官方出资举办双年展，多半离不开城市竞争和宣传的目的，但是作为双年展摇旗呐喊的策划者和参与者，除了各自争取表演舞台和话语权之外，我们也不得不严肃地面对和思考这些问题。

地域出发的全球性？

第一个问题是，"香港·深圳双城双年展"其建筑的文化定位是什么？它是不是需要有一个更清楚和明确的目标以及地理上的定位？这个定位或许来自香港与深圳的在时间和空间上的特殊性：它们之间的互补或竞合关系；它们和珠三角以及南中国城市的关系；包括它们作为中国城市发展的先锋与论述平台，以及它们作为中国城市和东亚各个城市的网络节点，和它们可以带出来的整个地区的特殊议题。由香港、深圳和珠三角出发，连纵串联中国和东亚的各个城市，这个双年展能不能逐渐的尝试提出一种鲜明而具有全球视野的建筑与城市或环境的论述？

在东亚或中国的城市发展模式下，今天城市、建筑以及区域地景的意义何在？建筑或地景在未来的香港、深圳、广州、上海以及整个中国的意义何在？面临比欧美城市更严峻的生态环境危机，亚洲城市与建筑的对策为何？传承了不同文化轨迹的城市形式和公共空间形态，东亚城市空间的公共性的潜力或危机在哪里？除了提供全球的先锋建筑师肥沃的实验土壤和发挥实践的机会，中国或东亚城市的建筑策略，对全球城市的启发在哪里？记得在 2007 年的"香港双年展"时，东京的大野秀信和首尔的承孝相都曾分别的表示过，亚洲需要这种以地域出发的国际双年展，而"香港·深圳双城双年展"正具有这样的潜力。通过当代中国建筑师学者，以及东亚或全球的建筑人才在这里的建筑实践所表现的活力，我们是不是可以开始逐步的提出一些或一种观点，看出世界建筑发展的走向，至少是亚洲未来二三十年发展的走向？

在"威尼斯双年展"最有力道和论述能力的头几年，无论是策展人的思想背景，或标志性的设计竞赛，都有着明确的威尼斯特色。1970 年代的威尼斯充分利用了当时的历史主义当道，以及作为威尼斯学派思想重镇的地利，屡屡以威尼斯城市和建筑的议题出发，邀请并纳入当时的欧洲城市议题和全球的建筑才华，逐渐巩固了它作为国际双年展盟主的地位。那么作为世界建筑思想边陲，却又是建筑实践中心的珠三角，除了十几年前那一本砖块厚的《大跃进》图集之外，还要用什么样的建筑与城市的论述来巩固这个双年展呢？双年展在旺角、城中村或深港边界这些耳熟能详的议题之后，还能用什么样的主题来凸显香港、深圳的城市特殊性，开启具有代表性和前瞻性的全球城市与建筑议题？如果香港或深圳不够这样的建筑思想分量来挑起这个担子，那么中国或东亚够不够这个分量？

更重要的是，双年展的主办方有没有清晰的思想和由地域而全球的战略，还是急于快步地找一些文化的代理人来确认自己的国际化？

双年展或世博会？

第二个值得思考的问题是，双年展策展主题和展览的明确性和通属性。如果我们希望在展览上看到更聪明、更有批判力的策展，可以包含更多不同的焦点并孕育各种文化议题的成长，而又能让我们可以开始逐渐聚焦，而提出一种对中国城市与建筑的特殊与具有启示的看法，那么策展人应该如何定出展览主题？如何设计几个能支撑并阐述主题的关键展览？它们的题目要有多少的明确性和多大的包容性，才能发挥最大的聚焦力和最宽广多样性？

我们再看看"威尼斯双年展"的头几年，多半是清楚明确的策展题目，以及形式控制度高的主题展："乌托邦和反自然危机"（1978）；"世界剧场"（1979）；"过去的现在呈现"（1980）；"伊斯兰的建筑"（1982）；"威尼斯国建筑际竞赛"（1985）；"荷兰建筑师贝尔拉赫（Hendrik Petrus Berlage）的回顾"（1986），而这些清楚的题目各自带出了明确的建筑讯息，果然也在日后产生了较大的影响力。反观在逐渐地巩固了它作为国际双年展盟主的地位之后，"威尼斯双年展"开始邀请汉斯·霍莱因（Hans Hollein）、迪耶·萨迪奇（Deyan Sudjic）、库尔特·福斯特（Kurt Forster）、理查德·伯德特（Richard Burdett）、阿伦·贝特斯基（Aaron Betsky）、妹岛和世这些来自全球的策展人，提出了"Sensing the Future"，"Next"，"Metamorph"，"Out There"，"People meet in architecture"这些越来越通属化，让大家各自发挥的策展主题。以 2008 年双年展的"Out There"为例，主题展往往变成明星建筑师客串装置艺术家，不是不知所云，就是成了五光十色的电子荧幕秀。

因为主题馆思想的空缺，没有严肃的研究和建筑作品，双年展的主题馆反而比不上各个国家馆的别出心裁、各出奇招来得好看些。因为"威尼斯双年展"已经建立了知名度，成为世界性两年一次的建筑大派对，以各个国家馆投入的庞大资源，自然可以支撑出琳琅满目的视觉经验，其中也就不乏少数具有深度的展览出现了。问题是，当"威尼斯双年展"必须要依赖各个国家馆的内容来成为主角的时候，它已经比较接近世博会，而不是当初带领建筑思潮的双年展了。

"深圳双年展"的主题以2005年的"城市开门"虽然是个海纳百川式的通属主题，因为是第一届，却也兼容并蓄地反映了近十年中国新建筑与城市的主要状态，是一个成功的开始。2007年深圳的"城市再生"相对于香港的"城市再织"，明确地反映了两个城市在不同的发展阶段下各自关心的两种近乎对立的状态，也算是一个有意义的对话。2009年深圳的"城市动员"应该是有（或可以有）明确的市民参与的社会意义，但和香港展览标榜的"你我都可以参与"的速成文化一样，显得有些零散分散而叙述无力。2011年深圳的"城市创造"就明显的是个包容万象的题目了。大概是呼应也不是，回应也困难，香港的策展人干脆另辟战场，谈城市发展阶段的"三相城市"，大概也可以算是另一种"城市创造"的各自表述吧。

这里又回到了一开始的基本问题：这个"双年展"的主题要带领一个什么样的建筑和城市论述？二十个建筑师的深圳街道立面装置，有二十年前"威尼斯双年展"的街道立面为前车，肯定会有视觉的震撼力。问题是二十年前的街道是在当年城市主义的思潮下，论述建筑对城市空间的从属性；那么面对当今的建筑思潮（如果还有的话），街道集合立面要论述什么思想呢？这是我们在今年的两地的"双年展"要拭目以待的。

双城双展或双城单展？

最后一个问题，虽然是程序和技术性的，却也是个关乎双年展长远走向的核心问题：不论是"香港·深圳城市\建筑双城双年展"或是"深圳·香港城市\建筑双城双年展"，到底是一个展览两个城市的两地呈现，还是两个城市两个展览的互相对话？

虽然说是"双城双年展"，这个问题要从两个城市双年展各自的源头来看。"深圳双年展"的动机想必来自城市竞争的压力和品牌的动机：在失掉特区优势而又面临广州竞争的同时，面临劳力密集产业退出而势必技术转型的深圳，举办"建筑双年展"是鼓吹创意产业、提升城市形象的必然的策略。"双城双年展"在理念的层面，是强化深港的城市文化互动、共同思考珠三角的城市策略；拉拢香港，在实用的层面，也可以借助香港作为国际城市的品牌效益，以加持深圳的国际形象，另一方面也满足了市民们"深港合一"的文化想象。"深圳双年展"在这个背景，一群理念型的专业精英，在市府资源相对充分的大力支持下，几年下来确实替深圳打下了一片全国性的建筑文化的平台。

反观香港，过于成熟和专业理性的官僚体系，在大财团发展商对建筑文化多年来的阉割下，对除了地产房价以外的建筑与城市文化议题毫无兴趣，要能长期稳定地支持一个独立而具批判性的双年展是不容易的。在专业制度巨人但文化思想侏儒的香港，只是靠着建筑师学会几个热心人士东奔西走的凑钱，以有一顿没一顿地接济来支持一个大型的国际建筑展，是很难和"深圳双年展"平起平坐的。不论政府资助或民间捐款，都必须通过一笔笔严格的财务监管，在技术上也就很难和深圳一样，在开展两年前就确定策展人，或者跳过程序沿用深圳聘用的策展人，或者把经费用在香港以外的展场。如果两地是不同的策展人，除非没有自己的思想，香港策展人当然不可能拿"深圳双年展"的主题照搬来用，于是两个策展人和主题不同就是几乎不可避免的状态了。更何况在宣传上，要一向以为还是老大的香港市民接受"深圳·香港双年展"，可能最少还要十年以上吧。

在这样的背景下，"双城双年展"短期内的最佳状态，可能还是目前"一国两制"、"各自表述"的模式了。这样的状态固然是现实的必然，却也提供了两个双年展互相合作、观摩和竞争的机会，包括了主题和议题的对话，展览者和论坛活动的交流，以及未来可能的出版物合作。事实上，"深圳双年展"的成就，无疑是给香港建筑界一个当头棒喝，也唤起了忙着帮地产商发展的建筑师们思想的意识。即使不谈反省批判或建构地域或全球的建筑论述的高调，这个双年展不只是协助市民们打开了长期关闭的建筑文化大门，更是帮助香港市民认识这个人口两倍大的邻居城市的一个大好机会。事实上六年下来，"香港双年展"因为每次取得场地的困难，展场年年不同，从中区警署到西九龙，再到九龙公园，也打开了市民对公共空间的想象视野，让双年展成为一个让公共空间一步步演化的都市过程。这样的城市空间的社会意义，可能也就远远地胜过建筑精英们口口声声地批判论述了。

589

为了城镇，不是为了展览

刘国沧

关于这个主题，我想用"建筑实作者"的立场来反省"建筑展"这么一个奇特的事情。

所谓的"建筑实作者"的奇特处境指的是：当我正身处异地的展览现场中，试图呈现（或再现）关于种种对于城乡、土地、建造的想法、心得与预言时，远在真实环境里那一连串关于我在远方的建筑工作中现实里的人、建造等等的事件正不停止地一波波袭来，等待"建筑实作者"有所回应。在那个当下，即使再有诚意的展场呈现（或再现），和现实环境里的任何一丁点的善意作为相较，都是轻薄而可笑的。所以我们不需要建筑展？

我倒愿意以一个不是建筑展的例子去说明我多么希望某种建筑展的型态是存在的，这也同时说明了我对最具国际盛名的"威尼斯建筑双年展"的失望。

颇幸运的，我的国际参展经验启蒙得甚早。1999 年就有机会参与了王明蘅教授主持的台南与波士顿之"城市的艺术交流创作展"。而后也陆续参展或策划了几种性质不同的展览，包含了偏重于家具产品的"米兰设计展"（Salon International del Mobile di Milano）、"柏林国际设计节"（DMY Berlin）、"台湾设计师周"，以及建筑导向的"威尼斯建筑双年展"、"深圳·香港城市\建筑双城双年展"，也参与过偏重于艺术的"威尼斯艺术双年展"、"巴黎 Dieppe 环境与艺术双年展"。这里头如要做一个简单的区分，倒会发现大规模的展览几乎都是国家机器的全力支撑，不论是主办单位或是参展单位的背后力量。而国家机器介入成分越少的展览，交流气氛越融洽，但也较无章法，同时公众的参与度也较低。

其中，我看见了一个很特殊的混合体："米兰设计展"的会外展区（托尔托纳

[ZonaTortona]，以及后来延伸的更多的区域）。这原本只是一个米兰市中心旁的工业小镇，受全球化冲击而没落，但却因为原有的旧厂房进驻了一些知名的设计公司，同时也慢慢地在"米兰设计展"展期中，吸引了一些有趣的展览短期进驻小镇里的旧屋空间，进而日益扩张成为一个最重要的展区。有趣的是，这些分散在街巷之中的展示馆，一周前还是街坊的咖啡馆或修车行，而在一周后它又会从某个城市的设计主题馆恢复为修车行。与主展览新馆米兰新国际展览中心（Fiera Milano）新颖的、商业的、国际化的形象有所不同，这里多了些异类并置的趣味：老气的与时尚的，当地的与国际的，随意地与精致的，过活的与表演的，通通都糅合在这一条条小巷与一间间工厂的环境氛围里。

我想归纳这个情境的特质来引发一些对于建筑展的想象。建筑展如同任何一种展览与节庆、赛事，都有其工作推动的历程，以及其所产生的组织和举办的目标，当然更多的是无法尽如人意的执行过程，以及难以评估的成果效益。我无意于数落什么是一个较差的展览，或是检讨如何改进云云，我想说明的是：我如何曾经在一个展览中所得到的兼具身体愉悦以及城镇同乐的经验，或许这会比"……市民如何如何……城市如何如何"的大会主题更接近真正的市民生活及更清晰的城镇未来。

城市就是展览场，不是用来比喻的

其实整个俗称"米兰设计展"的展览活动本身就是一个极庞大复杂的处境。它的庞大与复杂不只是展览空间的形态是分散，并与整个城市空间结合在一起，而且在这样一个统一的展览名称之下，其实是交织着数种不同、甚至相互对立的参展与观展动机；例如商展属性的主展览新馆、美术馆属性的三年展设计馆（Trien-nale Design Museum），或是实验性格强烈的展区托尔托纳等。

若以大家所熟知的"威尼斯双年展"等国际展览来作比较，"米兰设计展"的不同在于整个展览是散布于米兰市各地的大型展览空间，是由数股性质不同的力量以合作或是互相独立的形式同时推动，当然其中最强而有力的支持者除了官方及半官方机构如基金会外，就是品牌经营者与媒体了。所以追根究底，它最主要的样貌其实是从一个素质极高的商展，进而不断扩张变形与联结，是故各个大小不一、重要性互异的展馆也就都是在这样的脉络下集结发展而成的。

而另一个令人印象深刻的现象是，城市中的观展者均人手一本由不同杂志所免费分送的导览手册。你往往可以在联结各个主要展区的街道、广场上与各个交通节点或展示馆入口处，循着地图看到知名设计杂志所设立的指示牌，甚至不同媒体分别主导着不同展区地点的展馆地图，而所标志导览的展馆、店铺更是各自形成了不同网络，互相竞争与合作。事实上，展馆及店家缴费登载曝光，媒体加以组织宣传，形成了一种良性而有效的供需关系。

最热门的展区：在有老房子的地方，持续过老日子

有没有一种可能性，建筑展是发生在看得到老生活的城市里？老城也因为展览而精神了起来？甚至建筑展的参展作品是由参展者为城镇、为公民生活设计与改造？

"米兰设计展"托尔托纳会外展区正是这样的例子，我亲眼目睹了它从 2008 年迄今的逐渐蓬勃。这个区域位于米兰市中心西南方运河区，原本是一个纺织聚落，在 1980 年代产业变迁后，荒废的厂房因其开阔的空间特质，吸引了许多设计工作者进驻，例如著名之工作室 Super Studio 等，甚至在这个工作室的推动支援下，此地近年来已逐渐成为"米兰设计展"中最热门且最具实验性的展出场域。有趣的是你会发现一个在地的工艺工厂的展览就在国际名牌的展示馆旁，一转身便看到展览空间的窗户外就是邻居老太太的晒衣场，窗户下一群来自荷兰埃因霍芬设计学院（Design Academy Eindhoven）的学生就在停车格的露营车中展出，充满生命力地将旅行与展览混合。

更多是在地的店家也都在这一周内大变身：一个名为 Carlo Traviganti 的在地机械工艺厂房，机器人游走在工厂状态的展场里，吸引了众人的目光，在这里老工艺变成新时尚；一个名为 Blu Factory 的修车厂中展出的是一个荷兰设计团队 BAAS，结合艺术与设计的单品家具标价近 40 万，艺术与设计混合在工厂的油渍味道里。这些场景都发生在托尔托纳，而近 20 万人民币的高租金却一位难求。

这样的场域与威尼斯这类已变成观光客的度假村有着截然不同的城市风景，在地生活仍持续着。旧城不只是布景，它是生活体验之所。而这样的生活情境将会为这个城镇吸引更多的创作者参观与移居，创意者将会为这个城市蓄积发展的创意能量，文化创意唯有落实在老生活的未来里，才不会沦为自我催眠的口号。

少一些仪式，多一些 Party，多一些交流

我观察到一个异于一般建筑展的特殊现象："米兰设计展"是一个交流频率极高的展览。欧洲的年轻人将看展与参展结合在旅行之中，来自各国生活背景不同的年轻设计师们在面对自己的作品时，文化差异的对照下似乎很容易进行讨论。

相较于艺术展与建筑展，在此往往可以发现一些由年轻独立设计师、小型设计工作室及设计科系学生自发性地在街头的角落展示作品，提出最新创意。混杂着自信与寻求机会的期待，这里其实已成为设计师与相关科系学生每年聚集的大型 Party。这样的社群，成员的注意力不只是在于作品是否获得品牌商与制造商的青睐，也不是在于媒体的曝光，我感受到年轻人正享受着与其他成员交换与分享差异的网络，进行包含生产体系、市场差异以及文化观念等交流。在当代网络通信与交通极度便利的环境下，这样的一群国际新公民甚至可能借此建立一种既地域性又国际化的运作方式，一种透过连接不同地域的优势而形成的新设计社群。

想象一种未来的建筑事件

　　如同文章一开始所提：对于"建筑实作者"而言，在展场里"展出建筑"本身就是一种特殊处境，所有关于城乡、土地、建造的想法、心得与预言，在展览的处境下，往往再有诚意的展场呈现（或再现），和现实环境里的任何一丁点的善意作为相较，都是轻薄而可笑的。

　　而正如近年各大国际展的标题所示，这是一个重返、寻求土地伦理、公民价值、城乡未来的时代，我们是为了探讨面对未来土地、公民与城乡问题才大费周章，甚至大兴土木来举办展览的，可不是为了观光客、政客或房地产商办的展览，当然更不是为了建筑师。当"威尼斯建筑双年展"已渐渐老调重弹、露出疲态的同时，是否能有更有前瞻性的国际建筑展发生，是颇让人期待的建筑大事，而可能的答案应该是来自于"城市"，而不是来自于"展览"这一回事。

评论：第五届深港城市\建筑双年展

原载"新观察"第二十六辑 / 2014.04

"建筑评论工作坊"是2013深圳香港城市\建筑双城双年展UABB学堂的培训项目。基于当下建筑评论严重缺失、后继乏人的现状,有方把主题定为"如何成为建筑评论人",旨在通过培训计划推动建筑评论发展。

　　项目自去年11月启动,经过学员招募(从符合条件的65位报名者中遴选出11位)、公开讲座授课及讨论(邀请李欧梵、王军、史建、王俊雄、朱涛等著名学者和评论人,在三天时间里举办了五场公开讲座及一场学术论坛)、学员文章写作(在导师的指导下针对本届双年展进行了为期两个月的课题研究,并根据研究成果撰写评论文章)及评定(经过导师们的评分与点评,得分最高的8篇优秀文章提交给双年展组委会存档并出版)等多个阶段,至今年2月28日止,共持续四个月时间。

　　这些青年作者的文章大都基于对本届双年展的锐利观察与批判性分析,从建筑专业辨异到展览品质解析,对本届双年展做了全面剖析。本辑刊出的,是排在前四位的作品。

　　指导老师朱涛评点张早阅读与辨异A馆的文章:"很多论文针对策展人论述中的策展概念,展开泛文化批评。此篇立场卓尔不群。它坚守专业内核,采取中立、冷静,几近冷酷的立场,聚焦在展览场馆的设计分析,层层递进。论述从观者对空间的观感,到设计师的最初意图,到实际成品,到与世界建筑中相关案例的类比,到与场地历史和环境文脉的关系,丝丝入扣,旁征博引,是形式分析的佳作!"

　　同样是对A馆("价值工厂")改造的分析,宋玮的文章从"价值论"的角度,对策展人的改造策略("无为")在实施中的矛盾性(内部改造)、消极面(对环境的忽视),以及"被狭隘化的价值",进行了精到且很有理论深度的剖析。

　　对于钟刚文章,朱涛的点评是:"这篇文章揭示了一个意义重大,但以往未被深入讨论的问题:游移的双年展与每届落地之处的关系。它将双年展的空间政治反思推到了一个前所未有的深度。一个城市/场地的历史'价值'如何被衡量、尊重?如果不能认识它的历史遗产,我们能不能真正清醒地走向未来?今天的蛇口、深圳,乃至中国的城市化进程是不是完全遗弃了当年改革开放初期的巨大精神力量和全方位的探索精神?本文的成就当然得益于本次双年展蛇口场地的丰富历史价值本身,也归功于作者对历史和社会议题的高度敏锐性和洞察力。幸好有这篇文章,才不辜负了蛇口的历史,不辜负蛇口这次花这么大成本举办了双年展。正是靠这样的文章,双年展的终极关怀——探讨中国城市化进程中的成就和迷失才找到一个精准的切入点。"

　　与其他偏重于从空间角度评论双年展的文章不同,骆思颖以多年从事当代艺术展事的经验,从展览专业的视角,对B馆参展作品的细读、梳理与点评,分析有理有据、技术扎实、观点中肯、眼光独到、语言平实。

价值工厂的
空间阅读与辨异

张早

"一个超现实主义的奇想"

在关于本届双年展的一篇评论文章中，价值工厂入口处新建的建筑体量曾被解读为"a touch of surrealist whimsy"（一个超现实主义的奇想）（图1），筒仓中的新楼梯被看作是"皮拉内西式的"（Piranesian）。[1] 当然，其作者对这些语汇的使用源于行文的特殊语境，但这些词语可以容易地被挪用到对其他一些当代建筑的评论中。那么，期待通过这些文字来了解建筑作品的人们会问，这些即成语言是什么意思呢？它们所指代的感受从何而来呢？更好地理解作者需要进一步的辨别，以理清这些词语在原文中持有的特殊含义。

以"一个超现实的奇想"为例，通过重新阅读可以发现，评论者将架空起的新建

1. Wainwright, Oliver, Shenzhen Biennale: glowing stairs and metal-free bras are the Chinese dream, The Guardian, 19 Dec 2013.

图1：'价值工厂'入口处新建筑体量

598

筑体量描述为"rises on stilts"（在高柱上的，或踩着高跷的）。在针对这些单词的解读中，英语单词"stilts"在语义上的模糊性、新建筑物的细高钢柱，以及"超现实主义奇想"使人可能产生对达利的画作《圣安东尼的诱惑》中细高腿的骏马和大象的联想，那这便成了一种具体的指代。以上结论是一种猜测，同时，"超现实"也有可能指的是新建筑体量和旧厂房之间的直接对接，作者有可能将其视作为超现实主义者"exquisite corpse"（精致尸体）行文、绘画方式所带来的非理性拼贴习惯。[2]

如果顺着第一种猜测类推，架空层露出细长柱子的建筑将陆续被牵入这类联想，最后，萨伏伊别墅这样的作品也有被拟人化的可能。而在第二种猜测中，建筑物多层次、多语言的呈现，被隐喻为拼凑而成的怪物。由于没有更多的相关参照，对以上评论的理解也便止于笔者基于自身经验对这些语句的分析。受篇幅和重点的影响，这篇评论文章没对双年展价值工厂的建筑语汇做进一步的解读。

在今天，对各种作品的阐释中，"超现实主义"一词所蕴含的非理性含义容易成为终止阅读的借口，超现实主义的凝视中投射出的新见解也容易造成对原始意图的遮盖。个人化的形式分析及其结论与历史精确性之间产生了矛盾。停止于此对价值工厂的空间阅读也便难以继续。

架空层的显现：从"Stilts"到"Pi-lotis"的视角转变

从评论回归到作品本身，作为对比，我们在这里试换视角重新对作品进行观察。对一栋具有架空层的新城市建筑来说，相较于具有高跷含义的"Stilts"可能带来的拟人化联想，新建筑五点中的"Pilotis"（桩柱）则似乎更接近建筑设计者的思考及工作方式。（图 2）或者，如果被注意到的是架空层带来的新空间关系以及随之产生的进入方式，而不是新旧实体的材料和做法异同带来的视觉上的拼接关系，那么对作品的解读恐怕

图 2：勒·柯布西耶的'Pilotis'底层架空

2. exquisite corpse（精致尸体），以不同人共同参与来构成文字或者图像的拼贴式游戏方式。从第一人的书写（绘图）开始，之后的人创作内容必须与前面的词汇（图绘）相连接，但不必遵循统一规则，以形成错乱语句（绘画）。其命名源于超现实主义者开始这个游戏后所造出的第一句话的头两个单词。

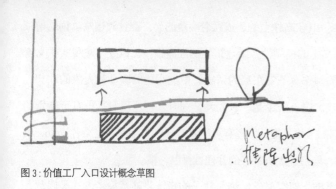

图3：价值工厂入口设计概念草图

难以以单纯的超现实主义视角切入。继而，如果我们所持有的是柯布西耶而不是超现实主义者的视角，那么这个架空处理将很有可能被解读为"穿越"、"运动"，关注点也将从纤细的高脚钢柱实体开始发生游移，落为整个升起的加建形体和原有厂房之间形成的入口空间。

以上猜想的可靠性可以在设计者的一版草图中被证明。（图3）其中，建筑师只明确地画出了新功能体和旧厂房的空间位置、关系，一条红线标示出了由外而内进入厂区的流线，而支撑新体量的结构方式未被给予详细说明。实际上，这一被评价为超现实主义的作品——价值工厂的入口上方的新功能综合体——展会期间的餐厅，在双年展前期的设计工作坊中并未出现，这和一开始的改建原则有关。在初始方案中，入口的设置只是单纯的一个平台。架空的新体量出现后，形成了对入口的遮盖，进入感明显增强了，并且和下方的旧厂房形成了对比，为厂区带来了新的入口形象。在具备了以上的讨论语境后，不难发现，一个简单的设计动作都有可能是多义的。

实际上，通过观察和判断得出以上的结果是不难的。可见，不同的词汇中呈现的不同关注点将可能对原作展开不同的阐释。简单地将新建筑五点中的一个关键词"桩柱—底层架空"引入，现代空间理论便在这一设计动作中显现了。

全景与漫步（promenade）

价值工厂的前身，原有广东浮法玻璃厂是凿山建成。从厂区北侧地势较高的赤湾路向南望去，可见带有异形天窗的巨型厂房，高大的混凝土筒仓，以及远处密布的集装箱和成排的塔吊，繁忙的海港。

原广东浮法玻璃厂厂区及周边的恢宏景象象征着特区建设的起始。出于对工厂全景呈现的考虑，本届双年展价值工厂的主入口被策展人设置在了赤湾路一侧标高较高的路段上，进入点即观景点。这样，人们在经由赤湾路来到位于旧厂房屋顶的入口时，便可以一览原有浮法玻璃厂的全貌以及远处港口的壮观景象。

而在建筑师眼中，单纯的固定视点所带来全景感受以及平接的进入方式削弱了入口的存在感——全景呈现，由远及近，这一进入体验过于直白了。因此，新建的多功能体量从原有厂房屋顶的位置"生长"出来，高高的柱子在原有的一层厂房和新的功能体之间撑起了一片架空区域。但原有的厂房高度低于规划中新入口的标高，因此，为了弥合原有一层厂房和入口道路之间的高差，一层厂房的屋顶上重新建造架空层的地板，使建筑完成了和街道空间的连接。这一空间连接的完成使人们可以从外部的街道空间直接穿越新建筑下方的入口空间，经由逐渐收窄的坡道引导，漫步至玻璃厂巨大的烟囱旁并盘旋而下。

这样的坡道并非是出于绝对的功能性需求存在的，实际上，斜坡的出现使人在建筑中从一个标高到另一个标高的行进不再仅仅是功能性的。在坡道上，人们在三个维度上实现了移动，当坡道放宽，行进就获得了更多的可能性，从而变为一种悠游。现代主义运动初期，勒·柯布西耶在拉罗歇住宅和萨伏伊别墅中的坡道使用便在建筑中建立起了这种漫步状态，人的位置移动和视点变化形成互动，在运动中感知空间。建筑史学家吉迪恩随后将建筑漫游所带来的视点的不断游移和固定视觉感知的解体作为现代建筑的特点，以空间—时间（space-time）作为新的空间特性来划分现代空间。

新平台和坡道形成的漏斗般的平面将外部人流直接引入内部，这种建筑空间和城市空间的联系，剖面上的机能呈现，以及大面积的坡道空间已经不限于柯布的影响，从这些关系中重新理解入口空间的漫游，可以看到库哈斯的影子。通过新体量和入口架空层坡道的设计，人对建筑的感知重新变为动态的，非固定的，连续变化的，现代建筑语言的使用形成了一种对全景视角不自觉的抵抗。作为补偿，方案在入口路段上入口处标高更高的一侧，也是主要人流来向的相反方向，加设了观景台，以满足一个全景视角的需求。

被强化的顶界面

配合入口平台以及坡道带来的变化，在悬浮体量的下方，复杂的天花将工厂形象挤扁，截取为抽象的景观。架空层的天花被采用金属隔板进行装饰，为入口空间塑造出了复杂的顶界面。从一张过程的效果图中可以看到，在设计过程中，入口架空层金属折板天花曾被设想为是具有较强反射能力的材料，旧建筑、新平台、周边景物以及观者都将在这个折面形成的体系里形成各种投射，带来了新旧的对比、行进动感，以及景象的碎片化。但这一想法在最终的决案中被拿掉了。这可能是因为镜面反射在空间中产生了极大的危险，在这样的天花下，观者的注意力将被一片片镜面中所形成的反射所吸引，这样一来，无论是建筑空间还是形体感知都将消失在不同金属镜面所形成平面影像的错觉中，一种镜面形成的深度错觉。

在最终方案中，从入口空间外部并不容易获得灰空间金属顶界面的感知，金属隔板的变化对空间的影响更像是古典建筑中的天花、藻井等顶饰面设计，是面向下方的。

同时，金属隔板天花的特殊化的设计虽然丰富了新建筑体量下边缘的变化，并未打破新旧建筑整体外轮廓的规则形体，新建筑在外形上仍可被完形为一个谦逊、规则的立方体。

钢柱架起的多功能体量下方成为入口的灰空间，这一空间的开放性使得外部城市空间得以引入厂区。因此，可以推断，这些不规则的金属天花表面设计更多地服务于架空层的空间形态及其所带来的体验，其作为空间界面的意义大于自身的形体意义。在设计过程中，建筑师曾经考虑过通过布柱位置与折板天花变化以形成对力流的视觉传达，但由于时间和新建造物下方已存在厂房密布次梁的限制，这一想法未能实现。

为了带来轻盈的空间感，建筑师对柱子截面尺寸的控制也极为苛刻，273毫米直径的无缝钢柱由远在青岛的厂商所制造。不同于柯布服务于设计整体表现的诸多桩柱形式，也不同于库哈斯戏耍式的使用结构对传统体系的调侃，柱子形体对空间的影响被降至最低。天花上不同三角形金属拼板顶点在平面投影上交汇于钢柱的位置，成为天花金属折板的自主形式与受制结构间的视觉关联。

主展馆展览大厅中的"一点透视"（Perspective）与对称性

参观者沿着入口处的坡道，绕过烟囱，便可踏着生锈的钢板进入主展馆——原浮法玻璃厂的主要生产车间。在建筑师的思考中，主场馆厂房的改造设计根据原有功能被划分为四个部分，火、水、人和工业文化。"火"是熔炉的象征，代表着能量转换，成为双年展的宣言大厅。"水"则象征着冷却固化，指代展览大厅的空间。"人"出现在产品成型的区域，是代表着合作伙伴的展区。而工业文化则依靠现状中仍被使用的厂房来体现。

改造后的展厅中，刷黑的钢柱、发光的扶手及其黑色的裙板，这些设计显露出了对泰特现代艺术博物馆在细部上的援引。而原有建筑布局的对称性以及流水线的长度使得人们在进入展厅主体空间后，便可以看到一个对称性极强的、不断收缩的深度景致，这使得价值工厂主展馆的空间感完全区别于泰特博物馆的涡轮机车间。

从改造设计上看，建筑师有意识强化的中轴线，重新修补的对称交通空间，强调出了对称性及景深。在一张摄于双年展开幕式的照片中可以看到，照片的拍摄角度模仿着文艺复兴时期的一点透视，所有物体向中心收缩。（图4）在这一图景中，对称柱列成为整个主展厅空间的重心所在，同时，也重新充当起标识空间深度的角色。摄影师按下快门的时机是有意识选择的，在这一时刻，四盏摇头染色灯正对着拍摄的方向向空间上方射出，紫色光柱的平均排布强化了空间的对称性构图。而这四盏射灯在开幕式中并非一直在这一视角保持对称的光线。

在面向这一深度空间的平台上，"栏杆扶手都应该是透明的，不遮挡任何视线"[3]。这一设计策略中表明了站点及视角对空间感观的重要性。不同于厂区入口处的新体量、架空层和螺旋坡道的运动性，主展厅空间被一个强大的类透视法视点所占据了。这样的构图，尤其是其照明设计对水元素在中轴线上的强化，可以使展览大厅建立起与路易斯·康的萨克研究所的相似性。这一空间的重新设计也直接回应了阿尔伯蒂在《论绘画》一文中提出的透视法，亮起的中轴线和成排的列柱向灭点消失，在那里，台阶被灯光染亮。人的视线直接指向中心灭点处的底景，这条透视法中虚拟的"王子射线"（the prince of rays）使画面获得了方向性、对称性，以及轴线[4]。如今，它在平面上投射所形成的轴线，物化为真实空间水景中一条发亮的灯带。

对对称构图的强调同样在交通空间的改造中显露出来。在原有生产线锡槽的两侧，空间收窄，两侧变为小空间，除去地下层，一侧为二层，而另一侧只有一层。因此，在入口方向看，架起连桥的右侧楼梯仅服务于连桥自身，右侧楼梯和连桥除了在厂房的高处提供一个较高的观看视点外，更多的是为平衡左侧的楼梯而存在。（图 5）这一做法获得了和古典空间元素的相似性，如怀利（Charles de Wailly）于 1789 年为巴黎圣叙尔皮斯教堂做的讲坛设计也面临着类似的问题。（图 6）这一讲坛同样只需一部楼梯就以满足其功能性需求，但为了对建筑轴线做出回应，讲坛被设计为具有对称楼梯的桥形体量，以保持中心线在空间上的畅通。

图 4: 开幕式时展览大厅的照片

3. 坊城建筑，主展厅 MainHall 报告文档，20131113。
4. "王子射线"指连接视点与中心灭点的射线。
Evans, Robin, The projective cast: architecture and its three geometries, The MIT Press, Cambridge, Massachu-setts, 1995, 111.

反观玻璃厂的改造，在前期方案中，为了满足便捷的需求，上下共有两条平桥连接左右两侧的空间，（图7）但下面的一条随着方案的发展被取消了，其原因应该是出于双桥所形成的强烈水平线条对透视进深感的破坏。虽然这两个例子中具有类似的空间关系，但在展览大厅中，现代语言的简洁水平线条代替了新古典主义对于讲坛空间的强化——亭子消失了，连桥被拉平。但这一位于中轴线上方的空间理所当然地显示了其较高的等级感，在开幕式当天，用于投射双年展标识的白布被挂在了连桥中间的位置，这种简易手法对空间等级形成的强调犹如古典空间中核心位置繁复语言的废退。

柱阵的类比

除了新设计动作对对称性的强调，在这里，展厅中仍呈现着车间自身的一部分，即柱阵，这些柱子填补了大空间的空白。作为展览大厅核心空间中的主角，这些混凝土柱子被赋予兵马俑的隐喻[5]。引发这种联想的可能是地下室中的柱阵和坑中兵马俑相似的空间位置：需要俯视，并且所处区域不可直接进入。和陶俑相比，柱阵线条简洁、棱角分明，更具力量感。混凝土表面的粗糙质感，柱头钢构件的斑驳锈迹，更显示了柱阵的现代气息与历史质感。因此，其无疑成为设计师眼中醒目的空间遗产。

在这一对原有柱阵加以保留的设计强调中，上世纪末改革开放浪潮中的历史遗留，工业空间中的柱阵作为一种似曾相识的经验被今天的空间设计习惯重新接收了。这使设计来到了一个安全并具有张力的归处，柱阵被展现和保存的理由也获得了坚实的基础（在另一版设计中，柱阵被加以利用，以支撑一个新的空间），工业空间的遗迹因此在建筑学的体系中被重新阅读，在双年展中，柱阵所建立的新的空间经验及其图片

图 5

图 7　　　　　　　　　　　　　　　　图 6

形成了旧工业区的新印象。

在改造中，设计者通过一系列动作配合已有柱阵。在这一序列中的"最壮观场景"前，步道的"栏杆扶手都应该是透明的，不遮挡任何视线"。地面层"现状的窗户取掉"，来访者的注意力不再被外界景物分散，得以聚焦于内部空间，以试图营造出"一种内省的氛围"。地下层"水面的底面应该做防水处理，让水深保持在20厘米左右，底面应该为粗糙发暗的材质，创造出水面类似镜子的效果"。[6]

另外，柱阵的形式让人不得不联想到现代建筑以来持有相似语言的作品，康的六百万犹太人纪念碑、李布斯金在柏林犹太人博物馆的流放花园，以及艾森曼在勃兰登堡门附近的犹太死难者纪念碑林这些作品。这三个设计都是为纪念"二战"犹太人所遭受的苦难所设计，又同属于战后"反纪念碑"的语境之中。纪念碑形式容易转化对受害人进行安慰的补偿物，并随着历史的发展将自身转化为主体，纪念的意义因此可能消失在纪念碑的形体中。

所以，这些作品都具有空间化的特质，将柱阵所形成的体验与纪念结合起来。显然，这些作品及其建筑语言已经在建筑史中确立了自身的位置，柱阵仿佛具有了天然的纪念性特质。此外，在双年展主展馆的展览大厅中，水面、流水、暗空间的出现，以及对原有柱阵不加修饰的保留，形成了对感知的调动，也透露出了设计中一丝建筑现象学的意味。在这一感知性的阅读中，柱子最大特点在于其本身截面中所暴露出的重量感。除了其本身的空间及形式力量之外，柱头顶端空无一物，尺寸粗壮，其下端是开凿山岩而来的坚实地基，这一切使柱阵上方的空场充满张力。

对建筑学视角的反思

如果本文始于对评论的评论，并从关于语言的语言回到关于建筑语言的语言，那么不妨将作为文本的玻璃厂改造设计本身看作是对浮法玻璃厂旧厂区空间的回应。在厂区的改造中，旧厂房上生长出的新餐厅，沿烟囱、筒仓盘旋的交通空间，以及主展馆强调中轴线的做法使玻璃厂原有的生产空间被祭奠，并被重新唤醒。另外一个例子里，新展览和旧环境的对话关系则更为明显。在2012年威尼斯双年展的一个展厅中，同样可以看到新展览对原有建筑空间的回应。展品的位置与原有的砖柱在平面上形成了精

5. 贾冬婷，《一个厂和一座城：深圳双年展的"边缘"探索》，《三联生活周刊》，2014年第1期。
6. 坊城建筑，主展厅 MainHall 报告文档，20131113。

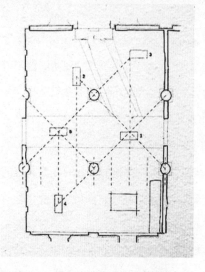

图 8：Peter Märkli2012 威尼斯双年展展览平面

确的几何关系，与古典建筑语言形成了共鸣。（图 8）在这一展览中，被建筑师强调的正是"语言"、"对话"、"位置"、"历史"。[7]

浮法玻璃厂的现代工业空间与威双展厅的不同之处在于，建筑中的几何比例关系不再是空间的灵魂，取而代之的是整条生产线的工艺流程及设备尺寸。因此，当策展人提出"容器本身就是展品，背景变前景"时[8]，原厂工程师的视点则落到了"光秃秃的柱子"上，"大窑没有了"。[9]的确，玻璃厂的熔窑原本处于柱阵之上，由于相关资料的缺乏，这个在主场馆改造设计概念中被赋予"火"的概念的场所，却应处于方案中"水"所占据的空间位置，以工艺和历史作为切入点的设计概念与现实产生了矛盾。

过少的参考资料和短暂的设计周期带来了理解上的偏差，建筑师坦言，在设计完成后才发现一本更完整的资料。如文章开头的例子，经验上的差异可能带来的关注点的异同，以及借此衍生出的理解差异再次出现了。

如果超现实主义的视角源自于建筑学经验的匮乏，那么建筑设计本身又是否能够更好地延续厂房本身承载的经验呢？这样看来，对工业遗产来说，本文这种以建筑学视角切入的解读仍然是富有侵略性的，这也正是建筑师们面对项目时的先天视角。那么，如何找到方法，更好地对这些已被清空的工业空间内核做出更精确的回应，将是一剂

7. Jordana, Sebastian. "Venice Bien-nale 2012: M.rkli Architekt" 14 Sep 2012. ArchDaily. Accessed 12 Feb 2014. <http://www.archdaily.com/ ?p=269579>

8. 奥雷·伯曼，《走向深圳价值工厂》，见《2013深港城﹨市建筑双城双年展览导览手册》，第 15-18 页。

9. 贾冬婷，《一个厂和一座城：深圳双年展的"边缘"探索》，《三联生活周刊》，2014 年第 1 期。

减轻建筑语言对工业空间造成的不可避免的美学入侵的良方，这也将有利于为厂区获得更好的历史连续性。

当然，在面对一个关闭后生产线被清空的工业区时，断裂已经发生。这种断裂可能源于不同群体对自身及他者利益和责任范围的果断分割。

在新价值工厂的建设中，这种分割曾化为了入口处设计实施交接的问题。由于负责入口平台街道一侧的施工方及厂区内部的施工方代表不同群体，在这里，即招商局与工务局，内外不同的测量标高和施工曾造成了入口平台内外标高异同，无法平稳对接。但经过双方的协商，这一问题得到了有效的解决，其成果也物化为地面上一条钢板与木板的分界线。

可见，在这类项目中，政府、投资方和建筑师等各方都需要更多的时间和耐心，理清"背景"的原状与原意，这可以为弥合利益分割所造成的断裂并建立新空间提供条件。

感谢原广东浮法玻璃厂宋沿滨工程师，南沙原创刘珩、杨骞建筑师，坊城建筑陈泽涛建筑师在本文写作中给予的帮助。

解读"价值"
——试评深港城市 \ 建筑双年展 广东浮法玻璃厂的改造

宋 玮

"无为"的改造策略

2013 年 12 月 6 日，以"城市边缘"为主题的第五届深港城市 \ 建筑双城双年展在深圳蛇口原广东浮法玻璃厂，如今改造为"价值工厂"的双年展主展馆内正式拉开序幕。这个曾经最早的改革试验园区，在三十年后再一次回到了人们的视线。我们可以在双年展的官方主页上找到这段关于厂房的介绍：

> 原广东浮法玻璃厂位于深圳南山蛇口湾畔，毗邻蛇口港口码头片区，南侧为蛇口三突堤码头，西侧为左炮台山，北侧为赤湾山……是当时国内兴建最大的现代化浮法玻璃厂。
>
> 2009 年浮法玻璃生产线停产。停产后，虽然主要设备进行了拆除，留存下的建筑构件、建筑细部仍保留了蛇口当年工业文明和场地的印记，尤其是厂房内的高大宽阔空间，屋顶凸起的天窗，以及气势恢宏的熔窑柱头。

面对这个有明确历史意义的基地，2013 年 6 月，策展人奥雷·伯曼组织了一次非常规的国际设计工坊来讨论改造策略，并最终定之以"无为"。奥雷·伯曼认为这种"无为"的策略是基于玻璃厂的现状而量身定做的，坚信已经拥有足够历史亮点的场馆并不需要部署明确的建筑功能，仅凭现有特征就可以"提供精彩的建筑体验"，使通常作为一种展览背景的场馆变成展品。基于此目的，"'无为'是最好的表现方法"。

608

"无为"理念的确定，在当下重发展速度而轻历史敬畏的氛围下，是值得肯定并令人欣喜的。墙上的斑驳，屋顶的漏洞，金属框架的腐蚀，这些由于时光飞逝而留下的烙印，对于25年之间曾经在此工作生活过的人来说，都意味着一段段的往事；对于整个城市来说，浮法玻璃厂本身代表的正是一个大时代的开始：由蛇口开始的改革，正是属于这个城市的独特烙印。这些隐藏于建筑背后的意义使其价值早已超出了一座普通的工厂。阿尔多·罗西将这种蕴涵着集体记忆的建筑称作"纪念碑"，并认为这种已经与原有功能脱离的人造物才正是"城市精神"之所在。

策略实施中的矛盾性

然而，如果我们将"无为"和玻璃厂的具体状况放在一起思考的话，奥雷·伯曼所谓的"无为"本身似乎就是一个"悖论"。

首先，"无为"本身是一个形而上学的概念，在现实层面，这座历史建筑由于玻璃在炼制过程中生成的腐蚀性气体早已破坏了原有的金属屋顶的结构力学特性，所以建筑需要对于屋顶的结构进行更新；缺乏分割的厂房空间也不一定完全适合展览需求，这些类似的问题都需要解决。

其次，"无为"从本质上是强调尊重建筑原有的客观状况，在此基础上对建筑进行较小程度的改造和修复。但在操作层面，这种面对历史建筑而采用的"极少主义"式的植入策略，并不意味着设计与实现上的简单。恰恰相反，由于原有历史建筑的物理特征等方面在一定程度上限制了建筑师的自由发挥，建筑师需要在这种限制下，对已经存在和新进入的建筑元素之间进行平衡。

最后，在历史的更新层面，面对新的需求，将历史建筑进行一定程度的改造，从而使新功能更好地配合符合历史进化的客观规律。

对于建筑师来说，如何通过设计将不同时期的建筑特征和语言和谐地放置在一个空间里，才是建筑改造所面对的最根本问题。毕竟在建筑的世界里，过去，现在，甚至包括未来，不会像士兵队列一样依次展开。建筑师需要通过个人的技法与能力将原本历史的呈现方式由历时性为主的"纵向组合"转为共时性为主的"横向组合"，使得建筑的观者与用者，可以在同一时间内感受到历史与现实的异同。改造的语言的确定来自对于过去特征的合理利用和现代个人化表达之间的辩证法。建筑师需要权衡在强势的历史语境下的个人概念的得失，这并不容易。而"无为"策略无形中放大了这种在历史建筑改造中不得不面对的矛盾。

在奥雷·伯曼的总体规则里，建筑师早在前期的概念设计细则中，就被明确要求保留原建筑的空间形式、体量特征与混凝土桩等重要的细节元素。在此基础上，设定了三个转译自玻璃生产过程的主题空间：火，象征着生产玻璃时的能量转化；水，象征着冷却固化；人，则象征产品，即玻璃的生成。这三个主题分别与宣言大厅、展览大厅和合作伙伴区相对应,并以此主题为出发点制定了一系列细节改造的技术说明。比如在宣言大厅中,外墙面被要求替换所有破损了的铁皮,以减少透光的可能性;与内墙面一同被涂成黑色,以强化神秘感与红色字体之间的对比度;在墙面与地面交接处铺上活性炭,以代表能量源等。

虽然三个空间在与玻璃生产的操作过程的对位上出现了一些误差,但是强行追究这种吻合度并没有太大的意义。任何不同文化之间的转译由于读者(在这里指建筑师个人)的个人理解不同,难免发生变化和偏移。不过需要注意的是,任何转译,其解读的合理性与准确性的实现,依赖于读者对转译原文本和转译后文本这双方面的知识构成与了解程度。在这个设计里,读者(在这里指参观的游客)若想清晰地意识到这个转译过程的存在,需要一方面感知到"火"、"水"、"人"三个场景的主题,又同时具备对于玻璃生产过程的基本知识的了解。其中后者的相对冷僻,无形中又进一步增加了阅读建筑师设计初衷的难度。

相对于理解转译过程的困难,另一问题更为凸显:由于三个人为场景的定义,是基于建筑师对于玻璃生产过程的个人理解,而不是基于工厂本身的客观状况,这使得尊重原有建筑的历史特征同实现主题场景定义的手法之间不可避免地产生了矛盾与冲突。

依旧以宣言大厅为例:外墙面和内墙面均被涂成黑色的手法,目的是为了营造建筑师同策展人所设想的"火"的氛围基础,黑色的基色更好地强化了红色的存在感。但曾经留在建筑表皮上的历史痕迹与破损等丰富的非人工肌理,都粗暴地被人工化的单一的颜色所取代,历史建筑仅仅作为一个形式化与抽象化后的体量而被呈现。这使得建筑丰富的历史可读性被大幅度地降低。地面上的活性炭被置于建筑的地面与墙面之间,隔断了参观者同建筑内墙体之间的触觉联系,对历史建筑的感知方式因而被限制于视觉范围内。黑色的整体氛围,却使得这仅有的感知途径也大受影响。

这种对于昏暗效果的迷恋与对于历史细节的忽视,也体现在展览大厅的具体改造上:以展览板代替原有的两侧窗户的做法本身虽然可以强化纵向的采光天窗,形成建筑师所号称的"神圣的光影效果",但也不可避免地影响到室内的照度。为了满足照度的基本需求,建筑师使用了类似于库哈斯在埃森的工厂改造项目中使用的带状 LED 导览灯系统。但两者的不同之处在于库哈斯项目中的导览灯系统主要用于对周边照度要求较低的垂直交通处;而在这里则用于整个展览大厅中。这套灯光系统的进入,不仅没有使得大厅四周诸多不可视的历史细节问题得到改善,反而由于其相似的带状形式,降低了屋顶采光天窗在整个空间中的地位和效果。

实际上,这种客观状态同建筑师主观意志之间的矛盾在任何历史建筑的改造中都会遇到,其应对方式也各有不同。上文提及的埃森工厂改造中,建筑师基本保留了工厂的原有状况,新植入的建筑元素多以灯光和交通设置为主。在 2011 年获得欧洲建筑奖的柏林博物馆修复与改造项目中,建筑师大卫·奇普菲尔德在权衡多大程度上保留历史元素与材料上投入了大量的时间与精力,以期实现新旧之间相互融合却又不相互混淆的目的，堪称修复改造项目上的极佳参照。但无论是大范围地保留整体，还是有选择性地剔除部分细节，其共同点都是这些策略选择均首先来自对历史建筑的客观状况的尊重与研究，而建筑师的主观意愿则是置于其下的。

针对历史建筑的改造，其本质上是基于现在而去重构过去；是通过调动集体记忆的框架，使得过去、现在，甚至是未来之间的彼此交错与重叠。在这个过程中，对于材料的感知可能性成为认知这种过程和多层叠加的基础。在浮法玻璃厂的改造过程中，建筑师的对个人主题场景的强化，极大地干扰了原有材料和肌理的作用，使得原有工厂的历史"价值"被附以太多的虚假信息与距离感。一个名为"无为"的改造策略，最终仅成全了建筑师的个人英雄主义，造成了这座有着丰富故事的建筑历史感的缺失。

策略本身的消极面

如果说建筑内部改造的实施同"无为"策略本身产生了极大的矛盾，那么对建筑外部环境的忽视，则是"无为"策略与生俱来的消极面。玻璃厂位于蛇口湾畔，南侧为蛇口码头，西侧与北侧皆与自然山体相邻。整个玻璃厂实际上是建于由山体向海边过渡的坡地上，并因此形成了玻璃厂同城市道路之间、工厂的主入口与次入口之间的高度差。这种天然形成的高度差和南北侧截然不同的肌理特性都可以很好地强化由城市进入建筑，又由建筑回归自然的多状态转化过程中所产生的差异感。

即便建筑内部缺乏足够的历史氛围，玻璃厂所处的蛇口码头的工业肌理与背山面海的自然元素所形成的复杂而又充满对抗的周边环境，也足可以为这个建筑改造找到另一种策略：建筑并不是一个完全基于自我逻辑的生成品。建筑与场地的关系，也不仅仅是建筑建于场地之上，而是同场地息息相关。建筑可以理解为环境的延续，可以作为人造环境与自然对抗之间的中立者，甚至可以作为一种环境向另一种环境宣战的武器。

这种共生关系，可以打破建筑的自身局限性。在密斯的经典作品范斯沃斯住宅中，无装饰的现代建筑语言并没有造成其建筑自身的单调，大面积玻璃的使用降低了建筑的室内外之间的隔阂，天气的阴晴雨雪，周边环境的四季变化，让建筑同周边环境融为一体。

而在玻璃厂的改造项目上，由于"无为"概念的确定，建筑不得不接受曾经工厂的功能限制而带来的内向型，仅有的窗户也被展板所代替，导致建筑缺乏同周边环境的联系。整个改造过程中没有展现出任何对于环境的倾向性的动作，周边丰富的环境变为了一个"静止"的无意义的背景。这个可以提供给建筑"动态属性"的元素就被有意无意间无视了。如果说室内改造造成了材料质感的缺失影响了个人同建筑之间的交流，那么由于"无为"所造成的自我封闭也割断了建筑与环境、与场地之间的联系，而后者正是"无为"策论所造成的必然缺失。

多方面的缺失加上功能的不确定，致使建筑改造的秩序与原则既无法遵循形式与功能的关系，又没能体现出基于建筑材料或者是建筑周边环境的关系的尴尬处境，其结果仅仅依靠建筑师和策展人自身对于一个生产过程的解读。奥雷·伯曼所说的"无为"，在整个设计里更像是对于历史、环境的无所作为，更像是一场建立在孤立的个人逻辑之上的独角戏。这座容器确实变成了展品，展示的却是策展人乌托邦般的雄心壮志，而这就是"价值工厂"的价值么？

被狭隘化的价值

奥雷·伯曼在《走向深圳价值工厂》的宣言中，开篇便说道："这座工厂乍一看起来似乎已经失去了使用的价值，但现在我可以肯定地说，我们已经挽救了它的价值。"一种事物同他物关系之上，无论这种关系这也正是价值工厂的由来。策展人奥雷·伯曼希望借双年展之际，为这个已经失去了使用价值的废旧工厂区寻找一种新的价值。在宣言的最后，他颇兴奋地写道：

在价值工厂：
我们生产价值，
我们创造文化；
人们在这里能够深刻体验建筑的永恒，
互相交流，共同分享。
中国与世界在这里接轨，互为镜像。
这是实验的大舞台。

要理解奥雷·伯曼的价值工厂，我们首先要明确什么是价值？什么又是奥雷·伯曼的价值？马克思在《资本论》第一卷中将价值定义为"凝结在商品中无差别的人类劳动"。同时将价值分为两类：使用价值和交换价值，并推测到："使用物品可能成为交换价值的第一步，就是它作为非使用价值而存在，作为超过它的所有者的直接需要的使用价值量而存在。"

价值概念同样也在索绪尔的语言学理论中被强调，索绪尔认为语言学和政治经济学同是价值科学，"人们都面临着价值这个概念。那在这两种科学里都是涉及不同类事物间的等价系统，不过一种是劳动和工资，一种是能指和所指"。索绪尔在《普通语言学教程》中并没有简单地界定"什么是语言的价值"，而是通过强调在系统内多要素之间的相互关系、相互对立与差异来描述的。

比较上述两者的定义，虽然存在着一定的差异，但是有一点是明确的：价值建立在是交流还是对立；或者说价值本身依赖在事物本身与事物外延的关系中。

在奥雷·伯曼的宣言中，虽然整篇并没有对于新的"价值"做出明确的定义和解释，但是基于其对美丽前景的描述，我们可以理解这个"价值"一方面是指一种新的使用价值，即"生产文化"，从而替换工厂原有已经被废弃的"生产玻璃"。同时，正如奥雷·伯曼提到，招商局在这次的价值工厂运作中，"赞助商变身为投资者"。也就是说，工厂的价值另一方面体现在工厂改造后，对于工厂周边区域所产生的投资价值。

但任何事物与其外延的关系并不是单一与固定的，而是充满了任意性。正如雨果所说，建筑像一本书，记录了每个人的思想。所以当我们将这种外延关系定义为一种对于历史的记录之上，工厂的价值则不再是其衍生出来的商业升值，而是在于历史建筑所承载的曾经的时代精神、大众的集体记忆与多年来的变迁过程。工厂逃离了生产等具体的功能的限制，通过其材料和肌理等自身特征为其找到了一种更加本体化的价值可能性。然而在工厂的改造中，因建筑师对主观概念的重视远大于对于历史客观状况的展示，这个价值被大幅消减。

同样，如果我们将工厂看作是其周边环境中的一部分，我们则可以将其外延定义为外部环境与其自身结构斗争后的产物，工厂的价值则在于体现建筑同场地的联系。建筑不仅仅是一种内向性的独立个体，而是受到了外界因素的种种影响与限制，而建筑所体现出的各种特性也正是其对于性和同周边环境的关系等方面对于建筑外界的各种反应。令人遗憾的是，"无为"策略的天生缺陷使得这种价值可能也被无视。

最后，让我们把这种本体同外延关系的建立放回到双年展的这个具体而特殊的语境下，十年的双年展历史，其意义一方面在不断地记录着中国建筑与城市发展的状况，然而更为重要的是承担着对于建筑文化的普及与推广作用。于是，这个双年展有史以来最昂贵的场馆项目的价值，也可以体现在对于建筑文化的传播上；或者说这个本身就是展品的项目，对于其参观者来说，展示的就是一种建筑文化。然而由于策展人的价值取向本身更偏向于一种投资运作，而建筑师在改造的实际操作过程中也多沉醉于自我概念，轻视了历史特的影响，导致所传递的建筑文化的狭隘性：一场炒地皮的游戏与一段建筑师的自说自话。

针对建筑价值的讨论，可以延伸到诸多领域，然而"建筑价值或意义，并不依靠物本身，而是基于我们如何去处理事物的方式"。在浮法玻璃厂的改造上，由于策展人对于建筑的幼稚定位与建筑师在改造过程中的混乱，造成了这个原本充满了诸多价值可能性的"价值工厂"变得单调。一个缩水了的"价值"理念在整个双年展期间，依旧会飘荡在这个空空的工厂大厅中，却不知能带来怎样的回响。

蛇口如何再出发？

钟 刚

　　已经举办了五届的深港城市\建筑双城双年展（深圳，以下简称"深港双年展"），一直在城市的不同空间中移动，先从华侨城创意文化园的南区移到北区，又从北区转到市民中心。这一届则是在蛇口工业区的废弃厂房中，开辟出了新的展场。这样的空间飘移，让深港双年展与一个个全新的"地方"遭遇。这些"地方"，不是简单地等待被经济力量激活的物理空间，而是有人的活动痕迹的记忆地带，它有"为什么会变成今天这样"的历史背景与逻辑。

　　如果说深港双年展的工作不同于发展商的开发，那它就不只是简单、粗暴地对一个地方进行记忆的清除，然后将它绑到地产经济的发展/激活的马车上。它的工作之一应是让我们重新认识地方，使地方的历史与记忆得以唤醒，让地方的异质性得到凸显，与深港双年展中更广泛的中国、世界的空间文化展示相得益彰。作为一个历史并不悠久、空间上持续流动的双年展，也只有充分认识到地方性的重要，有效调动和整合当地的历史记忆、经济潜力、文化资源，才能一方面有助于它自己建立起独特的文化身份，另一方面真正地"激活"地方。

　　最新一届深港双年展的展场也在延续这样的移动传统，将展场从华侨城搬到了蛇口，一个改革开放过程中最为特殊的"地方"。蛇口工业区的设立比经济特区的成立还要早一年，被称作"特区中的特区"、"深圳的美国"、"改革的试管"、"现代乌托邦"。蛇口的灵魂人物袁庚在蛇口进行的经济与社会领域的改革，引领风气之先，至今都是中国开放改革过程中最值得珍视的精神遗产。但到了 1992 年 12 月，袁庚退休，人走政息，改革由此戛然而止，"蛇口变得无声无息，昔日的繁荣在衰退"[1]。

　　深港双年展选择蛇口，将社会的聚焦点重新移到了这个渐于沉寂的"现代乌托邦"，让特区的新一代市民走进这个有点陌生的城市边缘，让他们在那些曾经牛气冲天、如今荒无人烟的工厂间穿梭，徘徊，追逐，这就像刘易斯·芒福德所说的："城市通过自身，以时间和空间合成的丰富而复杂的交响变奏。"[2]袁庚以及蛇口的建设者们也不会想到，他们建造和工作过的工厂，在30年后会被这样使用，改革的风云会重新在一个新的时空泛起涟漪，这不能不说是深港双年展在城市飘移中散发的魅力。

　　深港双年展选择的展场，位于蛇口工业区的广东浮法玻璃厂和蛇口码头一侧的海棠汽车站。这两个空间，很容易让人想起华侨城东部工业区南、北区之前的那些闲置工厂。但由于蛇口的特殊性，浮法玻璃厂和海棠汽车站又有比华侨城东部工业区更为丰富的地方性和历史意味。它们不仅诉说着一个地方的衰落，也在宣告一个举世瞩目的现代乌托邦梦想遭遇到中国政治、社会现实后的破产。

　　袁庚时代的蛇口，是"文革"之后的中国改革开放过程中最璀璨的成果之一。1984年春，邓小平视察蛇口后指出，"蛇口快的原因是给了他们一点权力"[3]；同年七月，时任国家主席的李先念为蛇口题写"希望之窗"，对之寄予厚望。但就是这个曾经的"希望之窗"，如今的情形是：工厂倒闭，厂房大量闲置；作为交通枢纽的海棠汽车站被搁置一边，等待双年展的激活；蛇口敢想敢干的改革精神，也已渐然消逝。即便位于蛇口的"女娲补天"雕塑，曾是蛇口最著名的景点之一，显示了当时的蛇口人的改革气魄和使命感，如今已被各式的休闲场所和杂乱的建筑工地包围，蛇口还在，"补天"的雄心和气概却已荡然无存。

　　深港双年展所选择的A展馆——广东浮法玻璃厂，是当时中国最大的一家玻璃制造企业，引进了先进的美国匹兹堡平板玻璃技术专利，可年产273重箱2～12毫米的透明及茶色玻璃，产品50%以上销往国际市场。它不仅是当时的蛇口明星企业，也是蛇口改革的一个缩影。袁庚曾在一则讲话中提到这家玻璃厂："我们正在上个玻璃厂，要贷款一亿美元。经济预测要预测难。因为国际市场上真是风云变幻，很难做到非常有把握。如果说任何一个预测都是非常科学的都百分百有把握的话，那么所有的资本家早就都发财了，就不会破产了。"[4]

　　从玻璃厂当时奠基典礼的照片上看，袁庚一身西装，意气正盛，现场的中、美、

1. 徐明天，《蛇口怎么了？》，《深圳商报》，1998
年4月8日。blog_551f8e480100no6y.html。
2. 刘易斯·芒福德，《城市文化》，中国建筑工业出
版社，2009年版，第2页。
3. 卢荻，《改革开放的风云人物》，《炎黄春秋》，
2000年第8期。
4. 《袁庚讲话》，见黄振超陈禹山编，《希望之窗：
深圳特区招商局蛇口工业区的经验》，光明日报出版
社，1984年版，内部出版。

泰三国嘉宾笑脸洋溢，气氛非常欢快。但这位充满激情和胆识的改革家恐怕没有想到，这家被寄予厚望的工厂会在投产 22 年后，走到了破产的境地。当深港双年展面对这个濒临死亡的铁锈地带，以及一个气势恢宏的废弃工厂时，摆在他们面前的问题是：如何面对这段地方史和它那独特的地方性？如何让一个梦想工厂的过去与我们身处的这个时代进行勾连？

作为一个"对城市问题的研究形成传统"[5]的深港双年展，处理流行的展览模式与城市的地方性的关系，能充分体现出一个飘移的展览如何与地方遭遇，以及对之有针对性地开展策展工作的思想与方法。策展人、创意总监奥雷·伯曼也确实敏感地意识到蛇口和展场的价值。与往届双年展对展场的定名方式有所不同的是，他将浮法玻璃厂直接称作"价值工厂"。尽管工厂已经衰败不堪，被遗忘，但他相信，这间工厂仍有其贡献和价值。只是遗憾的是，他对工厂价值的理解并不深刻、到位。

伯曼在文章中这样写道："多年来，广东浮法玻璃厂曾是蛇口边缘上的工业厂房。它远离文化和政治的视野，但非常靠海，并悄悄地为大的建筑和很多汽车提供玻璃，把中国和深圳带向繁荣。"[6]在接下来的一段中，他又提到："它曾是一座没有魅力、没有戏剧性的工厂，没有要求任何关注，仅有助于浮法玻璃厂的宗旨：输出。仅有助于蛇口的宗旨，为世界提供中国产品。仅有助于深圳成为一个经济特区。"

在伯曼眼中，这是一间位于城市边缘和国家边境的工厂，远离政治文化和文化视野，是一间"谦虚、卑微、镇静的工厂"，它通过默默地生产，"把中国和深圳带向繁荣"。

正是由于伯曼对原工厂价值的理解是如此消极、静态，他所邀请的设计师团队对厂房进行适应展览需求的改造，也只能流于通行的表层工作。这群设计师像他们过去面对那些籍籍无名的、同时等待活化的工厂空间一样，以纯熟的技术，将工厂清空，通过架设钢架，布置电路，让厂房成为一个舒适的游览场所，同时保留适度的斑驳感，将废弃的厂房中那些曾为了满足生产需要而建造的异形结构充分得以彰显，起到了让观众"吓一跳"的效果。

这是目前中国各处兴起的将旧工业园改造成"创意文化园"热潮中流行的做法。但一个工业区的特殊性以及魅力与价值，是否只停留在"旧厂房美学"之中？作为一个"共和国乌托邦"的蛇口的明星工厂，它的特点难道只是像东莞虎门的任意一家制衣厂那样，进行默默地生产，然后将产品销往海内外？

在伯曼以及建筑改造团队看来，浮法玻璃厂位处城市边缘，破产，萧条，等待"救

5.《双年展，你有什么不一样》，深圳商报，2012年 7 月 4 日。
6. 奥雷·伯曼，《双年展的冒险》，2013 年 9 月 27 日，http://www.szhkbiennale.org/Explaning/default.aspx?id=1。

援"。但真正熟悉蛇口和工厂历史的人可能有完全不同的读解——现状的破败并不意味着它就是一座"没有魅力、没有戏剧性的工厂",它的戏剧性,会不会正在于一个"梦想工厂"以及这个"共和国乌托邦"的"戏剧性终结"?

回到袁庚时代的蛇口,浮法玻璃厂从来都不是"远离政治和文化的视野",它的发展得益于中央权力在"文革"动乱后的放权试验。如果伯曼略知一点中国的"领导人题名政治",会很容易通过简单的文献检索,发现这块弹丸之地曾经密集地受到北京那些最有权势决策集体的垂注;而在文化上,当时的蛇口在传媒、教育领域的开放和思想讨论上的自由,被外界称作"蛇口现象"。

袁庚当时有一句名言:"我可以不同意你的观点,但我誓死捍卫你发表不同意见的权利。"[7] 他所倡导的"免除一切发表政治意见的恐惧心理"至今都被中国的传媒人、知识分子所传颂。1988 年在蛇口掀起的"蛇口风波",更是当代中国青年观念开放的里程碑。可惜伯曼不了解这一段历史,浮法玻璃厂便成了一间"卑微"的工厂,蛇口也成为一个城市边缘的普通社区。

伯曼在《宣言》一文中还犯下了一个常识性错误:"玻璃厂是蛇口工业区最早启动的工厂之一,建于 1987 年,在 2009 年停产。"[8] 而事实上,浮法玻璃厂建于 1985 年 4 月 12 日,投产于 1987 年 9 月 2 日。这个细节也透射出伯曼团队对这个地方历史的疏忽,以及对历史的主体——人的冷漠。

即便在"价值工厂"中展示"玻璃厂的过去"图片展中,策展团队"找到"的只有杂草、铁锈,以及机器被迁走的厂房的影像,他们没有展示一张工厂、工人、生产的历史照片,这给人一个假象:这间工厂似乎一开始就是这么衰败,这间工厂的历史起点,就是一群当代建筑师走进它的那一刻。

当然,这个"回顾过去"的图片展也没有触及一个核心的问题:这间工厂由辉煌走向死亡,给我们的启示是什么?伯曼很像舒马赫所描述的那个人:"像是处在一个没有文明标记、没有地图、路牌或任何标识的异域之客。对他来说什么事都没有意义,什么事都不能引起他的浓厚兴趣。他无法使自己理解任何东西。"[9] 当伯曼站在"价值工厂"的制高点俯视这个展场和观众时,他一定相信,自己才是这个废弃工厂的历史开创者,尽管对眼前的一切,他不过是一知半解。

伯曼对地方历史的忽略,使得在浮法玻璃厂中发生的展览、交流活动没能抓取到

7. 袁庚出席中国经济改革回顾与展望国际研讨会时的即席演讲,1988 年 11 月 12 日,蛇口南海酒店,http://blog.sina.com.cn/s/
8. 奥雷·伯曼,《宣言》,《2013 深港城市\建筑双城双年展(深圳)导览手册》,第 24 页。
9. E.F. 舒马赫,《小的是美好的》,虞鸿钧、郑关林译,商务印书馆,2007 年版,第 52 页。

空间与地方的核心价值。即便在深港双年展开幕前的 2013 年 11 月 15 日（开幕时间是 2013 年 12 月 6 日），也曾举办过一场"口述蛇口"的活动。主办方找到了几位浮法玻璃厂的老员工重返工厂。但遗憾的是伯曼还是策略性地抛开了这段鲜活的历史，呈现给观众的，依然是一个"人去楼空"的、"谦虚、卑微、镇静的"旧工厂风景线。

伯曼团队将浮法玻璃厂称作"价值工厂"，一是因为这些空间用起来还不错，二是他们用好了，更多人会来租用。他对"价值"的认识，依然停留在"土地／空间—升值"这样的地产运作模式。地方只是经济价值的地方，或是抽象地体现工厂美学的地方，而不是具有丰富历史、文化价值的地方。即便他用"价值工厂"的标签替换掉了"广东浮法玻璃厂"的厂牌，也即便他非常热情地在展览手册上写道："作为第五届深港城市＼建筑双城双年展（深圳）的创意总监，我很自豪地将价值工厂呈现给了诸位。"但事实上，他并没有发现蛇口的工厂与他与家乡荷兰的废弃工业空间有什么不同，它们都只是可以用作创意园的材料而已。

伯曼的工作，倒是非常符合斯科特对极端现代主义的描述："缺少背景和特性并非是一种疏忽，这是任何大规模计划行动所必需的前提"，"极端现代主义者视觉的清晰来源于彻底的单一。"[10]

当一个团队还未了解一个地方的历史，还没弄清楚它为什么会走向衰败时，展览激活旧厂房的模式到底能不能屡试不爽呢？如果伯曼做过详尽地调研，他应该不难发现，浮法玻璃厂的内部空间与蛇口工业区普遍的厂房结构有明显的差别：由于蛇口的面积小，起初只有 2.14 平方公里，为了土地更有效率的使用，蛇口的标准厂房"都是 4 层钢筋混凝土现浇框架结构，柱网 6.6 米见方，层高 4 米，每座建筑面积 16000 平方米"[11]，而浮法玻璃厂使用的是有别于标准厂房的"定制厂房"，承建方中铁二局还因此第一次获得了国家建筑工程鲁班奖。浮法玻璃厂的空间独特性，也表明这不是一间普通工厂，遗憾的是伯曼并没有在展览中就这一条线索继续深究下去。

其实，对比今天中国内地一些城市开发区里的厂房结构，蛇口对土地的集约化经验，以及蛇口工业区在规划设计上"结合、利用并突出自然景色"的做法，仍是非常有当下性的。

中国的城市化进程正在快速推进，乡村的土地不断被开发区的平层厂房所蚕食，而城市的边界，被毫无限度地延伸，路网、田垄、村庄、山丘全部被铲除。在这样的背景下，重新梳理"蛇口的空间遗产"的价值与意义已经相当明显。

即便目前正在推动的"蛇口再出发"中，新建的招商局广场也突破了"建筑从属于自然环境"、"不能压倒山势"的规划。这种改变蛇口原有空间形态的"激活"，

10. 詹姆斯·C.斯科特，《国家的视觉：那些试图改善人类状况的项目是如何失败的》（修订版），社会科学文献出版社，2011 年版，第 444-445 页。
11. 韩家相，《蛇口工业区的规划与建筑》，《建筑学报》，1984 年第 7 期。

是否应该也应纳入到"蛇口遗产"和"蛇口价值"的范畴来仔细检视？这样的"蛇口再出发"，到底是对蛇口核心价值的延续，还是粗暴地破坏？这是今日蛇口需要正视的问题。

在谈论蛇口价值时，还需要留意的是自袁庚在1992年退休后，中国的思想界、经济界对蛇口遗产的讨论从未停止过。蛇口在经济、社会领域的全面改革所产生的发展动力，至今都可以视作政治体制改革的信心保障；蛇口所推行的舆论对权力的监督，使袁庚时代的蛇口没有出现一个贪腐事件，这同样也能给今天中国的反腐一些启示。

蛇口被称作"改革的试管"，它所留下的精神遗产正有待于在更广泛的层面上进行探讨，这正是蛇口那些荒废的工厂真正的精神价值所在。袁庚本人也在1998年10月的一篇文章中不无感慨地写道："二十年前一场春雷甘雨，蛇口工业区诞生了。她颇像一个喜欢没完没了提出问题又亲尝屡试的孩子，从总设计师'什么事情总要有人试第一个，才能开拓新路。试第一个就要准备失败，失败也不要紧'的教导汲取了巨大的精神力量。由于触发了思维定式的改变和传统观念的更新，许多人惊异于她的热诚与直率，也未免有人蹙眉于她的活泼与任性。蛇口发生的社会变革的实质，可以说是为优化人的生存空间、激发人的创造精神所作的认真探索，一系列改革的试验与对人的逐步完善的关心互为因果，终于展现出一个较为理想的社会的雏形。"[12]

袁庚在其中提到的敢于试错的精神，对思维定式的改变、传统观念的更新，以及在经济改革时同步推动的社会和政治创新，无论对于浮法玻璃厂的活化，还是今日蛇口，乃至今天的中国改革，都是值得重提的，并且能够让今天受惠的精神遗产。

但吊诡的是，在这一届深港双年展中，与蛇口最有相关性的郑玉龙、黄伟文策划的"蛇口'边'迁——蛇口城市边缘专题展"，丝毫没有触及这些蛇口最应该重提与继承的精神资源。在一篇几百字的展览前言中，策展人没有提及创造蛇口辉煌的袁庚的名字，只是使用了"一位老人"这个模糊的指代；也没有提到"蛇口精神"、"乌托邦"；在为期两个月的展期内，深港双年展举办了近一百场公众沙龙，没有一场沙龙涉及对蛇口精神遗产的讨论，更没有一位策展人撰写相关的文章。

在避谈蛇口精神的策略下，蛇口又将如何实现再出发？在"后袁庚时代"的蛇口，"政治理想的淡化和实用主义的张狂也在不可避免地发生"，"蛇口变得娇贵了，虚弱了，越来越害怕批评了"[13]——这是1992年之后的蛇口一直面临的精神困境之一。蛇口要想再出发，只有突破这些困境，已经别无他途了。

眼下正试图用流行的创意产业来打"强心针"的蛇口，真的需要直面一个关键而紧急的问题：当"价值工厂"的"价值"如此单薄时，"蛇口再出发"的动力是什么？

12. 袁庚，《记忆，理想与爱迪生的灯》，《见证蛇口》，
花城出版社，1999年版。
13.《蛇口：中国乌托邦的困惑与反思》，策划：哲夫；
撰稿：步行，《开放时代》，1994年第4期。

展览视觉与空间体验
——对深港城市＼建筑双年展的一点技术分析

骆思颖

除了参加建筑评论工作坊，我前后一共三次前往参观深港双年展的A馆（价值工厂）和B馆（文献仓库）。与每位首次进入A馆的观众一样，我一下子就被眼前巨大的建筑体量震慑住了，仿佛所有的作品在A馆这个巨型建筑的对比之下都黯然失色。

这种对于奇观建筑的刺激感在国外美术馆也常常遇到，建筑物张显的外形固然吸引眼球，但同时存在着一个危险：展览成为建筑物的一个附属品，不容易受到关注。从媒体和观众的反映看来，正是如此，在参观过A馆之后，大家更多的是谈论建筑物本身，对于展览和作品，大概只能留下稀稀落落的印象，难怪有人调侃说"价值工厂"本身才是本届双年展最大和最重要的作品。这种奇观感兴许需要若干时间或一系列活动才会消散，观众也只有克服了这种奇观感，才可能真的静下心来观看作品。

如果说A馆是过于突出建筑物主体，那么B馆则正好相反，它几乎忽略了这个建筑物原来的特殊身份——蛇口海棠汽车站，曾几何时，这是一个处于改革前沿、连接着重要海外港口的繁忙的中转站。但从展场内部看来，这只是一个再普通不过的长方形展厅而已。与A馆夸张的场馆相比，B馆场馆的低调，恰恰使得展览本身受到更多的关注和专业讨论。

本文将选择若干件在B馆展出的作品进行分析、思考，这些作品刚好对应了我想探讨的问题。讨论这些细节性的问题，并不是吹毛求疵，这些看上去细枝末节的问题，关系着整个展览的视觉呈现和质量，也体现了策展的水平。

有待斟酌的展线

对于一名观众来说，在展厅参观、行走，就涉及展线问题。展线的设计简单来说，就是怎样挑选入选的作品，然后怎样摆放它们，让每一个作品都找到最适合的位置，这是展览策划的最基本问题。对于像深港双年展这种大型综合性展览来说，展线就不仅仅是挂画的墙的长度而已，因为有很多作品都是三维的，展线应该充分考虑所处空间的容量。

在一进入 B 馆展厅正门，观众就可以看到地板上绘制的展厅单元分布图。根据展览主题，整个 B 馆细分为六个单元。客观来说，"城市边缘"是一个不失深刻和前瞻性的学术主题，毫不逊色于历届双年展的展览主题。而且"城市边缘"的优越性还在于它的开放性，围绕着这个主题，延展生发出"城市边缘的实践与理论研究"、"穿越边缘的研究案例"、"探索社会的疆域"、"国家与地区馆"、"边缘影像馆"共五个次主题，再根据这些次主题来组织六个单元的作品。

这是一个典型的以主题分类为布展方案的展览，这比其他以时间顺序或是媒材分类的布展方案更具有弹性，或者说更为复杂。哪怕策展人没必要在观众面前逐一说明每件作品入选的理由和所处位置的合法性，但他必须心里对此是非常清楚的：为什么选择这件作品，而不选择另外一件作品？作品与主题的契合程度是怎样的？它与周围作品的关系又如何？只有充分考虑到这些要点，每一件出现在展览的作品才具备不可取代的价值，展览的整体结构才紧凑、完整。

构思精妙的展线设计，有助于观众对作品的理解。比如戴耘的作品《被重新书写的建筑》就成为展览现场的一个亮点。策展人没有把作品放置在展厅内，而是稍微偏离展厅之外，但又同属于展览空间一部分的露天环境，蛇口海岸成为作品的背景，观众从作品密集的展厅中走出来，吹着海风，看着充满地中海色彩的中国亭子，惬意中又夹杂着矛盾感。

观展的节奏是一个重要问题，在有些作品前，观众停留时间长些（最明显的例子是一些长时段的视频），有些作品不到一分钟就可以看完，在做整体规划时，策展人应该有节奏地设计观展路线，长作品与短作品错落展示，避免在作品前产生人流堵塞；大作品与小作品恰当组合，可以避免了空间上的拥挤。比如艺术家谭红宇的作品《泥中有我》播放时间很长（具体多少分钟多少秒，我也不太清楚，展签没有说明），考虑到观众的停留时间，应该设立座椅。尽管可以看到这次展场有个别视频作品设立了座椅，但由于空间短平，屏幕与座椅离得太近，哪怕观众坐在椅子上，也无法取得最佳的观看角度。

在本届双年展的展场中，我们还可以发现一些再次展出的作品，比如沈瑞筠的《花花草草风风雨雨日出日落人来人往》。我特别留意到这件作品的原因之一是 2010 年初它曾经在深圳 OCAT 展出过。并不是说同样的作品不能反复出现在不同的展览，就像展场中的另外两件作品：欧宁的《碧山计划》和徐跋骋的《流动的美术馆》，前者是一个持续的艺术项目，曾在广州的时代美术馆展出过，而后者曾在中央美术学院美术馆和深圳何香凝美术馆展出。

三件同样是再次展出的作品，《碧山计划》和《流动的美术馆》在每一次的展出都增加了新内容，呈现出艺术家的思考轨迹和项目的推进，但《花花草草风风雨雨日出日落人来人往》的出现，只是一个简单的平移，并且本届双年展现场的展览效果差强人意，没有为该作品营造一个相对独立的空间，沈瑞筠的这件作品几乎淹没在周边其他作品之中，稍不留神的观众，可能还错以为这只是一块下陷的地砖而已。这样的策划，可以说既没有为展览方，也没有为作品本身增添太多额外的光彩。当然，这个例子从侧面说明了中国当代艺术展览的现实：展览机会太多，好作品出现得太少。

还有一些与学术含量无关的要求，也应当给予适当的考虑。比如在 B 馆有五个高出地面约三米的白色方形房子，用钢铁楼梯搭接而上，策展人把它们设立为一个独立的单元——边缘影像馆。这五个上升的白色房子无疑丰富了展厅的空间层次，但是在没有辅助电梯的情况下，实际上也拒绝了一部分行动不便的观众。我第二次去 B 馆时，刚好看到一位上了年纪的伯伯吃力地拉着婴儿车走上去，瞧了两眼就走下来了。如果展览方在地面楼梯边放置一个清晰的展签台，让人得知楼上的是什么作品，这样会更有利于观众做出选择。

贫乏的展览语言

展览语言的贫乏，是造成网络及出版物上呈现的深港双年展与真实的展览现场之间落差的最重要原因。在展览中，一个建筑理念或艺术观点怎样通过展览语言表达出来，首先是视觉，其次才是文字，呈现在观众面前，归根到底就是展览的视觉方案。我在导览手册看到很多不错的作品和方案，但到现场一看，却颇为失望，这大多可归咎于展览语言的失败。

意大利馆的《看见威尼斯：城市历史的新技术》是一个信息量巨大的项目，在一个如此小的空间和有限的经费下，怎样展示这个项目的全部内涵，策展人想到的办法就是使用大量模型和文字，同时设计了一个展示意大利地理变迁的年表。可惜，这些模型对于大部分非意大利人来说，只是一些大大小小的方块而已；年表倒是可以起到弥补这方面知识的作用，但每个小单元展板上的文字实在太多了，很难一口气全部看完；当我想用手机拍下来回家慢慢看的时候，发现连展板的朝向都是不利于观看阅读的。

文字和图片的比例这个问题值得策展人好好考虑，并不是文字越多，就显得项目越好，观众站着读完这么多文字，显然是一个体力上的负担。每一次的展览都有其特殊之处，文字和图片的关系就得重新考量。策展人应通过具备出色展览语言的作品来建立展览主题线索，而不仅仅是对展览主题进行反复地理论阐释，更不是大量文本的堆积展示。

比利时馆的《模型：新兴的比利时建筑／比利时精神》是一个极少文字的单元，作品的信息全部放在音频上供观众戴上耳机收听，利用听觉增加展览的信息渠道，是一个不错的方法。但当20个建筑模型整齐地摆放在一个长条的展台上，没有角度、没有高低、没有疏密的变化，观众只能看到模型的正面，不能全方位地观察立体的模型（模型的各个面向都有重要的价值），这样的展示语言显得多么单调。其实只要调整一下展台的高度（有些高有些低）、模型的角度，辅以合适的灯光，展览的效果就会大不一样。

糟糕的展览语言不仅仅是平庸而已，还会对作品产生损害，我举三个例子。第一个是在展厅中央用脚手架搭建的视频作品，这个脚手架有四个面向，从上到下共有16个视频作品，这16个视频作品来自于不同的艺术家，主题也不尽相同。这样摆放在一起，声音互相干扰（声音是视频作品的一个重要因素），处于高位置的视频作品往往比处于低位置的视频作品更难受到关注，同时亦增加了观众的欣赏难度。也许放置一个工业脚手架对丰富空间的象征意义有莫大好处，但这也几乎牺牲掉16个视频作品的价值了。

第二个和第三个例子有点相似，分别是众建筑的《圈·泡·城》和李麟学的《城市边缘的巨构尺度》。这两件作品处在展厅正门附近，位置显要，但由于没有采用恰当的展览语言，导致在芸芸作品中并不出彩。这两个作品的共同特征是在虚拟中变化与发展，前者由一个圈变成一个可供玩乐、展示、活动的空间（泡），最后成千上万地拼接成为一个可供生活的城；后者则由一个微型物质构建一个巨构系统，按照作者的说法，"这一个系统是可更替与生长的，是充分融合自然要素并具备生态系统的，是与城市边缘系统要素有效整合的"。但现场仅放置两个模型，没有动态的展示语言，根本不能把作品中最有想象力的部分呈现出来。

在做出以上批判性思考时，不能否认展览这一传播形式是有其局限性的，所以深港双年展的主办方在视觉展示之外，还策划了一些工作坊、行为表演、剧场等等活动互为补充，至于怎样把这些活动的过程和成果做进一步交流、传播，这又是另外一个问题了。

我把展览语言作为本文最重要的一个讨论点，是因为有感于近年来参观过的一些展览所发现的问题。现在流行一种所谓"去景观化"的展览美学，这原是针对商业展览刻意对观众营造的感官刺激而言。但学术价值并不一定与视觉吸引力成对立关系，以损害知识和理解为基础、以经济谋利为目的商业展览，的确应该被排除在学术展览之外，同时亦要警惕是否走到另外一个极端：把为观众创造良好的展览体验空间视为"景观化"的展览而唾弃之，把展览视觉语言单一、寡淡的展览视为唯一的选择，也许这本身就是一个矫枉过正的做法。

被忽略的展签

每件作品的展签应该算是展览语言的一部分，我特意抽取出来单独讨论，是因为展签的质量直接体现展览的水平，可惜它在本届双年展的展览现场中被忽略了。

展签对于展览的意义，就像注释对于论文的意义，它不属于"正文"，但是缺它不可。展签可以提供关于一件作品的最为基本、关键的信息。传统（艺术）展览的展签内容有：作品名称、作者、创作时间、媒材、收藏方等，如果是当代艺术，尤其像深港双年展这种大型综合性展览，展签就会包含更多的内容，比如视频作品的时长、播放条件，装置作品的设备要求等等。

有一些展签还应该具备适当的文字说明以弥补观众对作品的理解不足。比如张轲的作品《山居》，在现场看到的是三个高耸的白色锥体，但展签上没有任何的说明，只是简单地写着作者和作品名称，光看现场作品，观众很难想象到原来这是一个"立体村庄"的模型，自然也无法理解作者希望借此激起人们对于将城市"归还"给乡村的如人意，这个现象在国家馆单元表现得尤美好愿望的创作初衷。造成观众对这个作品的理解不足，首要原因在于作品的展览语言，另外一个重要原因则是展签文字没有提供足够可参考的信息。

实际上，参观双年展的大部分观众都没有机会看到导览手册上对于这个作品的文字阐释，在这种情况下，展签就成为策展人与作者向观众传达观念的最重要的渠道，观众从现场展签的文字上，可以了解到作者的创作目的和策展人的想法，从而更好地理解作品。

李巨川的作品《地下城与勇士》同样存在着展签的问题。如果观众在看展览前没有详细读过导览手册，很可能会对不时出现在楼梯下、过道边的小显示器困惑不解，幸运的话，也许能遇到多块屏幕中的唯一展签而找到谜底。我能理解策展人可能特意设置这样一个悬念，没有在每一块屏幕旁边放置展签，以此增加整个作品或展场的戏剧感。但在唯一一个展签里，应该详细列明该作品的信息，起码需要标注它的播放时长和设备要求等等。如果是一个只写了作者和作品名称的展签，那未免过于简单了。

当然，我们在其他类似的展览中，更多遇到的情况是展签的文字又长又晦涩，观众读起来感觉如坠云雾，这与过于简单的展签一样，同样是失败的例子。

最后，深港双年展作为一个国际化的展览，展签的文字需要统一，要么就是全部英文，要么就是中英文并行，但可能由于时间和人力的原因，这些基本的要求都未为明显。

结语

本文以深港双年展为例子，讨论了一个展览中关于展线的设计、展览语言和展签等等问题，是有感于近年来中国兴起的大型展览热潮。这些展览耗资巨大，规模惊人，却往往对展览的质量失去把控。大众媒体视双年展为一次城市的嘉年华，而在专业媒体上，批评家则大多热衷于讨论学术主题、体制建设等"宏大的"、"高端的"问题，唯独缺乏怎样做好一个展览的基础讨论，很多大型展览变成一个个看上去美丽，却又经不起推敲的空中花园。

在某种意义上，策划展览好比撰写文章，作者（策展人）根据每一次写作的对象（策划的对象）来创造或调整具体的方法，很难设定唯一的标准。但正如作者应该遵守避免错别字、段落分明、主题清晰等基本要求，作为策展人，上文谈论到的几个重要、基本的因素也许亦应加以充分的考虑。去景观化的展览并非意味着对展览视觉语言的舍弃，我相信，只有当一个具有独特的展览语言和出色的视觉方案的展览现场出现时，我们才可以消除"看一个展览，还不如看一本书（展览手册）"的错觉。

举办一个大型的双年展会遭遇到很多复杂的问题，主办方和策展人在筹划、组织、沟通、实施等方面都需要克服非常多的困难，在经费有限、时间紧张的情况下，做出一个规模庞大、细节完美的高质量展览，是不切实际的奢求，对此我非常理解，希望上文的讨论不会被视为一种苛评，而是成为对类似展览的一个严肃反思的基础。

如今，很多获得政府支持的大型展览都容易产生对规模的盲目追求，如果可以做一个小的双年展，那么资金、时间、精力等等都会充裕很多，也更容易把控，整体展览质量将会更趋完善。事实上，经验告诉了我们，展览规模的大小与展览质量无关，与学术影响力无关，甚至与城市营销或吸引眼球经济也没有必然的关系。

杂论三题

参数化设计与建筑表皮

原载"新观察"第九辑 / 2011.01

时下，有关参数化设计和建筑表皮的方案、文章、论坛和言论甚嚣尘上，成为一时"显学"，大可媲美上世纪末对后现代主义和解构主义的追捧。本辑是在这一形式主义趋向最为火爆的时刻，约请几位或身在其中或隔岸观火的建筑师，进行的深入浅出、富于洞察力的辨析。

北建工的张路峰教授坦诚地谈到他在教学中因参数化设计而面临的窘境：在教学过程中，学生走在了老师的前面，老师所拥有的传统的、正统的知识优势不复存在了，面对学生们设计出来的怪模怪样的东西无从评论，更无法指导。他认为，"参数化设计只不过是一种新的设计工具，设计工具的改变有可能引发设计革命，但不会引发真正的建筑革命，更不能和当年那场现代建筑的革命相提并论"。

作为参数化设计师，王振飞、王鹿鸣的文章既阐述了参数化设计对建筑的积极影响，也质疑了参数化设计本身："这是不是仅仅是一种不易被察觉的新保守主义？"他们更关注"如何摆脱表皮设计单纯的形式追求，以参数化的思想结合功能规划，创造出全新的建筑设计模式"。

黄勇有在多个国际建筑师事务所与众多著名设计师合作的经验，他以在纽约街头漫游建筑的叙事笔法，将建筑表皮与建筑师的深层关联娓娓道来。黄勇的文章道出了时下关于建筑表皮和参数化设计热潮的某种真相：形式绝不仅仅是形式本身，其背后有着国际知名建筑师、表皮实验企业（"在美国，仅有屈指可数的几家提供特殊表皮加工制作服务的加工厂，为像盖里、赫尔佐格和德梅隆这样的设计事务所服务"）和特殊业主的生产链条。没有参透这一层而盲目追逐形式表象，无异于痴人说梦。

有着深厚学养的建筑师冯路，首先梳理了参数化设计的思路，指出在古典和现代主义时期，参数就已经存在于建筑设计中；眼下，"它符合当下消费主义社会对'新'和'震惊'图像的追求。很多参数化设计止步于此，但它们的结果往往只能带来一种新的形式主义或装饰主义，成为从令人新奇到厌倦的快速消费品"。

冯路的文章一开始有些艰涩，但随着对参数化本质的揭示，即"在参数化设计的背面，存在着一个被参数化的世界"，他的文风也一下子飞扬起来。伴随着对《黑客帝国》等三部科幻电影的分析，他指出参数化设计貌似缥缈的表象，其实仍不过是对人类生存表象的某种虚拟和预设，而"现实生命的迷人之处，也许就在于情绪所带来的不可预设和不可捉摸，在于意识的完全自由"。

参数化设计：
是工具，还是玩具？

张路峰

近年来，"参数化设计"在建筑界逐渐成了热门词汇，也得到了越来越多高校建筑院系学生的追捧。以前只能在杂志上看到的"前卫"设计，也开始出现在学生的课程设计作业中，研究生论文的选题也开始涉及"参数化"、"非线性"等领域。然而，这种关于设计的新知识的传播并不是在课堂上进行的，大多数学生都是通过培训班、讲座等"地下"途径自学而成的，因为国内对参数化设计有研究的老师屈指可数，尚无法成规模地渗入常规的教学体系。这样就出现了一个尴尬的局面：在教学过程中，学生走在了老师的前面，老师所拥有的传统的、正统的知识优势不复存在了，面对学生们设计出来的怪模怪样的东西无从评论，更无法指导。

那些设计虽然五花八门，却有着相当一致的共性特点——具有非常独特的外观形式和内部空间。之所以独特，是因为其通常采用流线型不规则形体，光洁圆润，闪闪发光，无重量，无大小，无左右，无上下，或似天外来客，或如放大了若干倍的生物组织，或仿佛与大地融为一体的自然奇观。教科书中所讲的关于均衡、协调、尺度、比例等美学原理颇为无奈地失效了，建筑历史上那些曾经光彩照人的范例也显得平淡、老旧了，建筑批评也基本上处于失语状态，因为它跟历史、传统、经验、常识一刀两断，使得现有的建筑价值体系和话语体系与之无法对接。

作为一个教育工作者和研究者，我自认为思想还算是比较开放的，能够与时俱进，对新事物能很快接受，对参数化设计并不反感，也不排斥，但初次接触时还是让我有些吃不消，甚至倒了胃口。有一次毕业答辩，我看到一个学生无比热情地介绍了自己用参数化方法设计的方案，一个像水母一样的轻盈的半透明体，形体和空间都相当复杂，

632

图画得也非常漂亮。我发自内心地喜欢上了这个设计，只是好奇地想了解这么复杂的东西是怎么做出来的，学生回答："是用了'犀牛'软件。"我进一步追问形式的来源，为什么做成这样，不料学生答道："我也不知道，是计算机生成的。"我再问这么复杂的空间如何建造，用什么材料建造时，学生颇为自信地答道："这是工程师的事情，我只负责创意，在计算机的时代，只有想不出来的，没有做不出来的。"当然，这样的答案当然无法令人信服，从此我开始关注参数化设计，同时对那些赏心悦目的非线性设计也产生了警惕。

在某些学术场合，参数化设计被捧得相当高，称其是一种"建筑的新范式"，将"引发一场建筑革命"，并将"引领建筑的未来"，然而，我周围的建筑师以及评论家朋友对参数化设计的态度都很谨慎，大部分人都持观望态度，不敢轻易表态。这种状况和以前出现个什么"主义"和"流派"时大家一哄而起、趋之若鹜的热闹场面非常不同。我猜想，原因可能是参数化设计的技术门槛比较高，一般人很难得其门而入，站在门外，对门内的事情说三道四如同隔靴搔痒，难免心虚；而一旦入了此门，也就皈依成了参数化"教徒"，成了非线性"发烧友"，又很难作出客观判断。门外的很难进得去，进去的又很难出得来，于是，参数化设计就成了某种"皇帝的新装"，只有门内人才能看出皇袍的华丽，门外人即使看出皇帝没穿衣服，也不好意思说出口，怕招致门内人的奚落。

我自己就体验过身处门外窥视门内的尴尬。记得在几年前的一次学术研讨会上，第一次听到"涌现"、"非线性"、"参数化"等术语，第一次看到那么多来自世界各地的参数化、非线性设计作品的集中展示。那些作品都有着令人眼花缭乱的空间，有着令人叹为观止的造型，没有一个是我们常见的有门有窗有墙壁有屋顶的矩形盒子。惊愕之余，不免沮丧：原来自己平日给学生们灌输的建筑理念已经成了人家揶揄的对象！原来建筑可以做成这样！原来这样的东西也可以称为建筑！难道我刚过不惑之年就无可救药地落伍了？环顾左右，我猛地意识到，周围的确没有几个比我岁数更大的听众了。看着那一张张的面孔和热切的眼神，我感觉有如时空错位，在错误的时间来到了不该来的地方，颇不自在。几场讲演听完后，就感到更加沮丧——基本没听懂！

唯一听懂了而且印象极为深刻的讲演，来自一位国内颇有名气的青年建筑师，他用自己根据鱼儿在水中自由游动的轨迹设计制作的"非线性"鱼缸装置，深入浅出地阐明自己偏爱曲线的原因：常见的方盒子鱼缸违背了鱼的自由意志，正如现代城市的千篇一律的方盒子建筑违背了人性，为此，人性化的建筑应该是曲线的、自由的、流动的。接下来介绍了他的几个尚在表现图阶段的建筑设计作品，然后，掌声如雷。

会后，同去参会的我的几个研究生围拢过来，他们显然被该青年建筑师的演讲折服了，那些从来没见过的奇形怪状的建筑形式令他们热血沸腾，于是很想马上听听我的看法，因为这显然和我平时讲课所主张的建筑理念完全不同。我当然无法接受"鱼缸逻辑"，一时又拿不出更高深的理论去反驳它，只好先用"常识"搪塞一下："鱼缸做成矩形盒子只需要五块普通平板玻璃，市场上很容易买到，用胶一粘就行了，谁都可以做出来，很便宜；而非线性鱼缸虽然好看，但制作成本太高。矩形的鱼缸边界看似古板，其实内部空间有更多的灵活性，鱼儿可以自主地游出无数条曲线轨迹，而且绝无重复；而非线性鱼缸中鱼游动的空间轨迹是一条固定的管道，鱼儿在同一条管状空间里重复地游，实际上是失去了自由，即使这条管子的形状看上去很美。"我开玩笑地说："你们可以把那个非线性鱼缸借回家（因为自己做不出来），再找个常规的鱼缸，里面分别放上一条鱼，在同样的外部条件下，看看哪条鱼先郁闷死，就知道哪个鱼缸不好用了。"然而，我看得出，学生们对我如此"浅出"而不"深入"的答案并不满足，而且感到扫兴。他们不甘心——这么精心构造的高深理念怎么会轻易被如此简陋粗糙的"常识"击垮？

其实，连我自己都不甘心。我本来对参数化设计有着更多的、更高的期待，但由于身处"门外"，只能看看热闹，看不出什么门道。从那以后，为了保持和学生同步，我更加关注参数化设计在实践与研究领域的进展。

从设计方法论的角度理解，我对参数化设计的思想是非常认同的。设计科学认为，广义的设计就是问题求解的过程，是一系列的决策过程。而由于影响决策的因素（参数）众多，而设计思维的运行机制又难以探知，因此设计结果很难控制。与其谋求对设计结果的控制，不如转而控制决策过程，即所谓"过程理性"，让设计决策的每一步都有道理，那么设计结果也就离正确答案不远了。

按照过程理性的思维逻辑，建筑形式往往是被动的，是某种外部作用的结果，不是目的。或者说，设计者只是在一定条件下，针对某种目标作出相应决定，解决某些问题。在这种情况下，设计者对于设计结果往往无法预知，只要建立了针对问题的应对机制，即可找到创造的机会，问题是独特的，答案必然是独特的。基于这样的理解，我想当然地以为，由于计算机的运算速度和能力在很多方面优于人脑，那么参数化设计的结果应该是超乎人的想象的。也就是说，设计结果应该是多样的，不应该指向某种特定的造型或空间样式。

然而，到目前为止，事实上我所看到的参数化设计作品却大都呈现出相似的面孔，毫无悬念。那些浑圆光滑、自由流淌的形体虽然突破了千篇一律的方盒子，却陷入了另一种形式的陈词滥调，一看便知是采用了参数化的设计方法，这一点未免令人失望。

显然，方盒子以及其他规则几何形体不幸地被当成了参数化设计的"假想敌"。据我的观察，在某些参数化、非线性设计的拥趸看来，方盒子几乎就是一种"原罪"。他们把现代建筑的过失都归结为采用了方盒子，对方盒子的反叛成了他们采用怪异建筑形式的借口。在他们看来，规则代表了理性和束缚，不规则代表了感性和自由；理性束缚了人性，而感性才更符合人性。这种逻辑貌似有道理，但经不住仔细推敲。其实，理性和感性是一枚硬币的两面，它们共同构成了人性。人之所以区别于动物，大概也是因为人拥有更多理性的缘故。片面夸大感性而诋毁理性，只能远离人性而更趋近于动物性。当然，这样说丝毫没有贬低动物的意思。很多动物的理性是以本能的形式表现出来的。可以说，动物自有动物的理性，只是人家不能跟我们人类理论罢了。

看看人家蜜蜂建筑师，在设计建造自己的经济适用房时，理智地采用了规则的六角形结构，用最少的材料构筑最大的空间，既经济，又实用，虽然有点千篇一律，但也在可能的条件下注意了美观。如果哪天厌倦了蜂巢的千篇一律，开始琢磨突破六角形空间，那么蜜蜂一定是失去了本能和理智，而蜂巢也就变成"疯巢"了。同理，人在建造自己的城市时采用方格网、方盒子，已经有两千多年的历史了，如果这样违背了人的意志和本性，人类早就郁闷死了。毫无疑问，方格网城市和方盒子建筑是人类的自主选择，没有什么力量能逼迫人类这么做。而鱼缸却不是鱼类自主建造的，假如鱼类有意志，它不会喜欢任何鱼缸，不管是线性的，还是非线性的。人类为鱼类设计更符合"鱼性"的鱼缸的事迹虽然很感人，但鱼类不会买账，而且用这件事解释设计者自己的某种形式偏好，显得很荒诞。

既然方盒子不是"原罪"，也不能构成参数化设计的"假想敌"，那么参数化设计受到追捧必定另有缘由。我分析，某些建筑师对参数化方法的陶醉和痴迷，更多地源自于对形式创新的渴望和对自身形式创新能力不够的焦虑。参数化的出现，给一些人提供了一个重新洗牌的机会，一个快速成名的捷径。在实践层面，它就像一根救命稻草，谁先抓到它，谁就抓住了形式突破的先机，在竞争中立于不败之地；而在学术研究层面，它就像就像一块战略高地，谁先抢占它，谁就占领了一个学术领域的山头。此外，参数化设计被追捧，也有市场的原因：财富阶层和权力阶层总是需要营造一些视觉奇观来彰显自己的实力和势力，而参数化设计的结果往往能令人"眼前一亮"，作为一种市场上相对"稀缺"的东西，有投资的价值，不管那东西品质究竟如何，总有人愿意为此埋单。

曾有人乐观地预测，参数化设计作为一种计算机时代的新技术，能够引发一场建筑革命，正像 20 世纪初的工业和技术的革命催生出现代建筑一样。对此我不敢苟同。依我之见，和传统的丁字尺、三角板以及计算机时代的 AutoCAD、SketchUp 等软件一样，参数化设计只不过是一种新的设计工具。设计工具的改变有可能引发设计革命，但不会引发真正的建筑革命，更不能和当年那场现代建筑的革命相提并论。相反，我们倒是应该警惕，建筑常常会因设计工具的改变而发生异化。比如，近些年国内的建筑普遍让人感觉缺乏尺度感和重量感，墙体单薄，屋顶轻浮，体量随意拉伸扭转，真实的建筑怎么看怎么像模型或效果图，我想这种现象和操作简便而功能强大的 Sketch Up 软件的流行和普及不无关联。

不可否认，参数化是个功能更强大、效果更神奇的设计工具。一个好工具就要派上大用场，就必须找到适合它或者只有它才能解决的设计问题。如果找不到要解决的问题，或者对问题不感兴趣却只对工具本身着迷，为了参数化而参数化，为了解决困难而制造困难，把本来简单的问题复杂化，那么，工具就成了自娱自乐、玩弄形式花样的玩具。

参数化设计的反思

王振飞

王鹿鸣

初上贝尔拉格建筑学院（Berlage institute）之时，发现二年级有一门课程叫做"关联设计"（Associative Design），当时并未注意。原因有二，第一，当时是这门课程的第一年，毕业设计的名字叫作"城市家具"（Urban Furniture），都是一些小尺度的城市设施，路灯或垃圾筒类的作品，算不上建筑；其二，作为一个以研究建筑政治历史文化背景而闻名的学校，大多数老师对这个课题的态度都很冷淡。

一年级快期末的时候，当时的二年级项目已经差不多完工了，老师换了，课题还叫关联设计，但性质变了，变成了马德里市郊的低层高密度住宅。当时十分不解，在我们心目中，一个有所作为的建筑师设计的项目都应该是博物馆、音乐厅、图书馆这等文化建筑，既然课题是子虚乌有的，为何不让大家爽一下，设计一个文化建筑呢？

四年后的今天，参数化设计（Parametric Design）已经成为时下建筑设计最炙手可热的名词之一，虽然我早已义无反顾地投入到参数化设计的大潮当中，但有时还是忍不住扪心自问，到底参数化设计能为我们带来什么呢？这时我深切地体会到当时选择住宅作为研究课题是一个多么精妙的选择，甚至可以说是一个相当鸡贼的选择。

当时很多学校都设置了以参数化设计为主题的设计课程。建筑联盟（Architectural Association）的 Emtech（Emergent Technology）及 DRL 都是有着多年教学经验、很有代表性的设计课程。Emtech 顾名思义，很注重科学技术，从建筑的物理性能（physical performance）入手，着力解决结构、通风、日照等与物理环境有关的建筑问题，积累了令人十分信服的成果。由于其关注主题的具体性大部分成果都是小尺度的构筑物，一个屋顶，一片自承重的墙体，或一个空间装置。DRL 当年的题目叫作"参数城市"（Parametric

Urbanism），规模上比单纯的建筑单体大一些，试图解决城市设计尺度的建筑问题，尝试了从物理实验到算法设计的几乎所有找形（form finding）的方式，穷尽参数化设计技术之能，创造了大量的以找形研究为主的作品。然而如何能在贝尔拉格这个对建筑的社会问题极度关注的学术环境下生存，创造出"真正"的建筑作品，成为关联设计最大挑战。

参数化设计纵然有着很多强大的理论支持，而且这些理论的来源不是 20 世纪伟大的哲学家，就是当代极为活跃的思想家，但无论这些理论是多么的强大，也不可能改变一个事实：计算机技术的介入给参数化设计提供了实际操作层面的种种可能性，同时造成的结果是计算机技术本身的逻辑／优势对设计过程产生了巨大的影响。

计算机技术的优势在于在短时间内进行大量重复性的运算，大量的算法也是基于这一优势而设计的。举一个简单的例子，在若干空间点里寻找一个点到其他所有点的距离之和最小，这类求极值的问题在没有算法辅助的情况下，用纯几何的方式寻求可能成为一个世界级的几何难题。但是借助精妙的算法（例如遗传算法）再加上计算机强大的计算能力——短时间内遍历求解，这个问题迎刃而解。这就造成了我们近期看到的大部分参数化设计虽各有不同，却给人以极其相似的感觉——参数化设计的美学标准，大量相似又不尽相同的"个体"（component）堆积在一起，由于局部参数不同造成整体渐变的视觉效果。这一结果从开始单纯的基于技术本身的优势合理应用，慢慢变成了参数化设计的审美标准。不可否认，在看腻了简单的剪切复制后，在视觉构成（composition）造成的审美疲劳的环境下，在追寻过极少主义的真谛后，参数化设计这种既复杂又纯粹的形式很容易让人产生好感。再加上 BIM 类软件的广泛推广，使复杂形体的实现逐渐成为可能，参数化设计不免给人以形式感强、设计技术先进的良好印象。

正是如此，参数化设计在建筑上最容易又最讨巧的应用莫过于表皮设计。在这个信息爆炸的时代，真正能去体会一个建筑全貌的机会少之又少，大部分人是通过各种媒体来了解时下的建筑信息，图片成为最重要的传播手段，可想而知，建筑表皮作为最容易被记住的建筑形象，被赋予了多高的关注程度。对建筑表皮关注提高的同时，对建筑内部空间的关注却在日益下降，太多的不确定因素导致建筑师对室内控制的无能为力，这也就不难理解，建筑师将大量无处可投的设计激情倾注在表皮设计上的原因了。

参数化设计的出现为表皮设计提供了全新的可能，无论是美学上的还是技术上的。通过对参数化设计手段的应用，可以使原本造型简单的建筑不再乏味，焕发出新的生机。对于造型复杂的建筑形体，参数化设计真可谓必不可少，给不靠谱的建筑形体以靠谱的技术支持，使不可能成为可能，既说服了业主也肯定了自己。如果将参数化设计在表皮设计中的功用比喻成一剂良药，可以包治百病，倒不如将其比喻成一剂毒品，令人欲罢不能。在尝过了它的甜头后，每次着手新方案的时候，总忍不住要想到它，

637

沉迷其中。

然而大部分的"参数化"表皮受到技术/使用/审美追求等问题的影响，很难体现参数化设计自底向上的设计思想。因此在经历过参数化设计新审美趋势带来的喜悦后，有一个让人无法逃避的问题——这是不是仅仅是一种不易被察觉的新保守主义（fresh-conservative，所谓"新保守主义"，即初看之下以为是全新的概念，细细体会过后发现只是表面看上去新鲜，其实实质上守旧如一，没有变化）？

毫无疑问，新保守主义的方式是无法在贝尔拉格的学术环境下生存的，因此参数化设计必须结合功能规划（program）对建筑的文化及社会背景做出呼应，才有立足之地。但是并非所有的建筑类型都很容易体现参数化设计思想和特征，例如图书馆功能复杂，流线多样，各个功能之间的关系也相对严谨，很难发挥参数化设计大量处理重复问题和层层嵌套的特点。前文之所以说选择住宅小区是一个精妙又鸡贼的选择，是因为一方面可以充分体现参数化设计的设计思想及设计特点，同时又可以做到与功能规划的完美结合，从而对建筑的文化和社会问题做出充分回应；另一方面，选择住宅小区适时规避了参数化设计不适合发挥的方面，给人以参数化设计很完美的印象。

说它完美结合功能规划，是因为住宅小区是一类功能相似（都是居住功能）又相对不同（住宅的大小、位置、景观等要素皆不相同）的建筑类型，即使是中等规模的小区，也会包含很多类型的住宅，这为参数化设计提供了一个创造变异（variation）的好论点。说它借此可以回应社会及文化问题，是因为住宅小区涉及人居这个与社会及文化都十分相关的话题，同时住宅小区里所谓的层级关系，从单体的住宅建筑/院落，到小区组团，再到整个小区层层嵌套，使得单一的设计问题随之层层上升至社会人文问题。同时层层嵌套的层级关系又最能反映参数化设计思想中最为重要的一环——自底向上（BottomUp）。这种思维方式在此可以得到充分体现，从简单的居住单体建筑开始，建筑作为一个单体和其他建筑单体互相协作，共同构成一个环境，这其中并没有预定好的路网，亦没有预计好的结果，唯一预定的只是规则。所以，与其说是参数化设计完美地设计了住宅小区，还不如说是住宅小区这一建筑类型完美地适应了参数化设计的设计思想。

其实就笔者这短短几年的实践经历来讲，参数化设计既不像其鼓吹者所炫耀的那般无所不能，已经成为这个时代的象征，已经变成众人皆应追随的"主义"；也不像其反对者所质疑的那般一无是处，只是一种简单的技术应用，而且还说不定会导致使用者创作受限。坦率地讲，参数化设计于我们来讲是一种新的思考问题的方法，一种新的看待设计的思路，一个新的创作途径。

正像每个时代的建筑师都做过的事情一样，放眼看向建筑以外的领域，试图从另外一个领域"借"一些知识/思想/灵感，来突破当前设计方式的困局。向艺术领域借出了荷兰风格派建筑，向哲学领域借出了解构建筑，在过去的20年里，甚至有建筑师相信图解（diagram）能给建筑学带来指导性的作用。参数化设计无非是其中的一员，带

638

着它鲜明的时代色彩，向 20 世纪最有代表性的知识领域——计算机技术学习。

其实，这其中不仅是计算机科学这一门学科的知识，还包括由于其他领域（例如生物学）在新时代到来后的发展也极大依赖于计算机科学的发展，从而涵盖了计算机科学与其交叉学科的相关知识。除去包含知识广泛这一优点，参数化设计的另一明显优点，在于所用知识中有大部分是与几何直接相关的（无论是几何知识，还是算法知识，都由几何方式直接体现），所以其对建筑设计的直接指导作用明显优于其他知识领域对建筑设计的间接影响。第三个优点——也是最为吸引人的优点——就是一旦所应用的规则能完全契合建筑设计的要求，参数化设计的成果是不使用参数化设计的设计方式完全不可能得到的结果，是全新的设计体验。

当然，每个事物都有其两面性，参数化设计也不例外。参数化设计最大的优点也是参数化设计最大的难点，寻找可以契合建筑设计需求的规则是件可遇而不可求的事情。参数化设计的另一缺点是耗时较长，结果又具有很强的不确定性，结合其规则难觅这一缺点，有时十分致命。个人经验颇像金庸笔下段誉的六脉神剑，武功本身强大至极，一旦成功运用，效果令人叹服，但是十分无奈的是总也无法找到能将其收放自如的法门，情急之下经常在万分强大的但无法控制的六脉神剑和万试万灵的凌波微步之间纠结。

然而参数化设计的缺点，却又是它不可替代的特点，它的难预测性使设计过程变得更加有趣，更像是一个探宝过程，而非对着脑海中的一个特定目标无止境的逼近，探宝过程给建筑设计带来的无限惊喜，是其他方式所无法给予的。之所以说是特点而不是优/缺点，是因为有的建筑师可能甘之如饴，有的建筑师却是恨之入骨。

在享受参数化设计带来的全新设计体验的同时，也饱受参数化设计结合功能规划异常困难困扰。全面肯定或否定参数化设计似乎还为时过早，在对参数化设计既爱又恨的情绪下，依然选择继续投身于参数化设计的实践，是因为它给了我们继续探索的勇气和希望。如何摆脱表皮设计单纯的形式追求，以参数化的思想结合功能规划，创造出全新的建筑设计模式，势必付出加倍的努力，更要依赖勇敢的实验精神。

沿街观表皮

黄 勇

　　"建筑师应该活到 150 岁，因为 70 岁时才学会怎么做建筑。"伦佐·皮亚诺（Renzo Piano，1937 年出生于意大利）在 PBS 电视采访中幽默诙谐地谈到他的体会。是巧合也是荣幸，我所在的建筑事务所目前与两位获普利茨克奖、同为 73 岁的建筑前辈合作：一位是拉斐尔·莫尼奥（Rafel Moneo），合作普林斯顿大学的脑神经和心理学实验楼；一位就是伦佐·皮亚诺，合作哥伦比亚大学的思维和大脑研究试验楼。两位建筑师及其代表作品众所周知，目前的两个项目从空间处理到外立面设计都截然不同，但是如果与城市和校园普通建筑比较，却有明显共同之处——建筑表皮的艺术化。一些了解我专业背景的朋友凭直觉会向我提及"表皮建筑"，坦率地讲，我对这一术语并不理解，但是对于建筑表皮略有体验。

　　现代的表皮作为通用建筑语言被普遍应用，也许要归功于或归罪于 19 世纪末期城市的高密度化和工业大批量生产，价格脱离价值，由供需关系确定。钢铁从 1867 年每吨 166 美元，降到 1895 年的每吨 32 美元，遂成为相对便宜、适合大批量使用的建筑材料。从芝加哥到纽约，不少城市随之成为一系列钢结构建筑的试验基地。既可以利用钢铁的特有属性，兴建全新形式的构筑物，又可以延续或更新传统建筑的式样，将传统的源于铸造艺术的建筑形式转变为附带在钢结构体系之上自由表现的元素。

　　走在纽约下城，经典荟萃的历史建筑中首先可以去欣赏位于 Bleecker 街建于 1899 年的 Bayard 建筑，也是路易·沙利文（Louis Sullivan）在纽约实现的唯一的建筑。钢结构的应用突破了承重墙结构的极限高度，同时使得建筑体量明快，成为纽约的第一座高层钢结构建筑（13 层）。建筑外立面的结构和砖石填充墙全部用工艺镂花陶砖覆盖。

工艺陶砖的可塑性很好，是用手工通过模子塑造出来的，背面中空，重量轻，便于施工安装，又可以在其中加填充构件，有良好的强度和稳定性。整个 Bayard 建筑一共使用了 7 000 件釉面镂花陶砖，一百年后，在 2000 年第一次清理修复中，只有 30 块破碎，需要更换。这些陶砖不仅高质量，而且其中一部分厚度较深图案复杂的釉面陶砖，是在手工模子成型后又经工艺师逐块雕刻而成。美国曾经最著名的陶砖公司 The American Terra Cotta Corporation 创建于 1881 年，基于伊利诺伊州，与早期钢结构发展同步，覆盖了整个美国和加拿大的陶砖市场，直到 1966 年停产。沙利文与同时代最驰名的新古典建筑师麦基姆（McKim）、米德（Mead）和怀特（White）截然不同，巴黎工艺美院的教育并没有使他去追随文艺复兴的样式，而是米开朗基罗的创新精神，开拓了基于时代、技术与美国本土文化的设计典范。欣赏富于自然浪漫表现力的建筑饰面时，不由想起沙利文在 1896 年讲的一句话："形式遵循于功能"，成为至今仍被误解和滥用的口头禅。他的原文是这样的：

It is the pervading law of all things organic and inorganic,

Of all things physical and metaphysical,

Of all things human and all things super-human,

Of all true manifestations of the head,

Of the heart, of the soul,

That the life is recognizable in its expression,

That form ever follows function. This is the law.

这样的语句现在听起来感觉得很遥远，更像教堂里或法庭上对上帝或法官的忏悔或誓言。沙利文以及年轻的赖特等一两代充满理想的艺术家和设计师，当年都受到了 19 世纪中期以爱默生为代表的，起源于哈佛大学的美国先验主义思潮的影响。这里的功能并不是单纯地使用性功能和实务性的功能；建筑之所以有可能像他信仰的那样，拥有改变世界的功能，正是由于这种超越实务性功能之上的功能。他的每一个细部都是为了达到这个"整体功能"（Of all things）所必需的。沙利文竭心尽力将整体理念贯穿渗透到每一细微之处，使得他留下的每一个建筑及构件都成为艺术品，从被拆除的门扶手到楼梯都被大都会博物馆收藏着。Bayard 建筑刚一竣工，就引起轰动，法国建筑评论家称之为世界上出现的最卓越的高楼。这位不走欧洲路的美国设计师反过来影响了欧洲的设计师，奥地利建筑师阿道夫·路斯（Adolf Loos）曾从师于沙利文。有趣的是，随后阿道夫·路斯提到的"装饰就是罪恶"也容易被人误解。阿道夫·路斯的话是针对当时维也纳和欧洲那些思想懒惰、消极应对技术与文化变迁的态度而言的。几十年后，德国战后重建，建筑成为社会工业化和大批量生产的产品；哲学家西奥德·阿多诺（Theodor Wiesengrund Adorno）对这种抹杀建筑人性与个性的流行病提出警告，他对功能主义的剖析，清晰地阐述了这些建筑师一直没有澄清的问题。阿多诺将建筑艺术追溯到康德所提出的艺术的"非目的的合目的性"；他引用莫扎特应对善于演奏长笛的弗雷德里克大帝的一句话，应该是对沙利文的理念最好的解释："尊贵的陛下，我的每一个音符都是必要的，一个不多，一个不少，正合适。"

时隔一个世纪，相邻十几条街区，弗兰克·盖里（Frank Owen Gehry）在切尔西的IAC建筑是沙利文的Bayard建筑一个象征性的回应。沙利文当年痛恨丹尼尔·伯纳姆（Daniel Brunham）为代表的那些效仿欧洲的美国主流建筑权威，盖里痛恨的是后现代主义风格的流行病。"与其从几百年前的建筑形式上寻找文脉关系，还不如退回到三亿年前，从鱼上找灵感。"盖里的这一愤怒导致了他一生都是在建"鱼"。

IAC是他80岁时才在纽约第一个被实施的设计。10层高的办公楼体量不算大，沿着哈德逊河边却非常引人关注。建筑设计的理念集中地通过一系列白色的弧形玻璃幕墙表现出来，像一组抽象的船帆停靠在水边；但办公室使用功能上要求必须透明。Ceramic Fritted Glass（陶瓷喷点玻璃）的应用化解了表现功能与实用功能的矛盾。陶瓷与玻璃的材料属性比较接近，所以带陶瓷点图案的玻璃几乎和玻璃一样持久。通过对白色微型陶瓷颗粒的密度控制，玻璃幕墙白天从远处看上去像白云，但从室内看是通透的。不规则弧面玻璃的分块与拼接调动了世界上最高的工艺与技术。设计的实施很大程度上还要归功于Permasteelisa公司的玻璃外墙的工程设计和组装。整个玻璃外墙由一千多块巨型弧面陶瓷喷点玻璃构成，每一片玻璃都是非重复性的异型弧面；Permasteelisa的工程师创新的节点设计奠定了实施的可行性。当然，业主IAC公司的对项目的支持是显而易见的，他们在建筑表皮这一项，一千多块玻璃就支付了一亿多美元。这种重视艺术价值的业主是很少见的，但业主得到的正是他们所期待的：不仅是一个办公楼，而且还是一个载入史册的艺术品。

盖里的建筑在表皮上的先锋性（艺术原创性和顶端技术应用的创新性）与主结构的普遍性的兼容，作为一种代表性现象，也许更适合被称为表皮建筑，这也正是美国建筑比较明显的特性，兼容性并不是设计上的妥协，而是美国多元化文化对设计的影响；作为建筑师，实际操作所牵连的复杂关系与制约，使每一次创造性的理念实施都带着传奇色彩。这种传奇色彩从沙利文、赖特、路易·康到盖里等都有类同之处。其中盖里最幸运，80多了，设计上反倒更热火朝天。盖里常提到他的建筑是在表现民主，但这种民主也许是盖里心目中的民主，并不一定是实际操作中的民主体制。

提到"民主"一词，如果在美国的今天谈起来含混的话，耶鲁大学政治哲学教授斯蒂文·史密斯（Steven Smith）对古希腊文明的解读，对我们看今天的社会反倒很有启发性：起源于雅典的民主所做的第一件事就是导致最卓越的哲学家苏格拉底的死亡。我们所向往的雅典黄金时代，实际上是暴君专制、公民民主与宗教调节的动态平衡；公民有很广泛的参与民主表决的机会，但公民的议程百分之九十以上不会涉及与君主的利益冲突；如果君主的所作所为不能让多数公民接受，神庙的主持日积月累会听到很多怨言，在每年斯巴达人下山到神庙祭祀时主持会做暗示，这样通过斯巴达人下山将暴君赶出雅典城来重立君主。

历史是事实也是隐喻，"民主"一词虽然相对来讲是衡量人类文明的标志，但发达国家的民主体制在某种程度上使得最糟的与最杰出的东西同样都很难实施。在这里，一群最精明的专业人士聚集在一起，做出的项目既不会差，也很难卓著；而建筑师作为多方面协调的主持人，失去了幽默感就意味着失败。有趣的是，盖里本人并不需要像其他的建筑师那样运作，他可以在职业上保持自己的天然个性，并能被很多人欣赏。盖里几十年来一直要看心理医生。他的心理医生开玩笑地讲，别的病人来看病是关于如何解决家庭婚姻等个人问题的，但盖里找他是关于怎么改变这个世界。不难看出，这些自由表现的建筑表皮形式，是盖里用来改变这个世界的中介物。

返回到沙利文的 Bayard 建筑。两个街口过后，就是赫尔佐格和德梅隆事务所在纽约第一个实施的、也是目前唯一实施的邦德街（Bond Street）40 号楼。该楼主体结构是加强混凝土结构，除了首层塑雕图案金属饰面之外，所有外结构都被玻璃包装。超大型可开启的玻璃窗，看上去很简洁，但这些窗户是世界上目前可以生产的、尺度最大的可开启民用玻璃窗；140 尺长、22 尺高的三维注模成型的金属围栏是由德国的 EXYD 加工厂与设计师一起研制出来的，沿街望去，气度不凡。最有挑战性的要数包装所有立面、立柱与横梁的绿色弧面玻璃。理念上听起来很简单——为了和这一地区历史上传统的铸铁建筑构成微妙的关系。但为了达到理想的感官与筑造效果，每一块弧形玻璃背后，都先要在建筑上外挂一层带塑雕图案的弧形镜面不锈钢板，特制钢板也是由德国的 EXYD 公司研制；夹层弧面玻璃由西班牙巴塞罗那的 Cricursa 公司生产。双层不同弧度的玻璃与镜面不锈钢板重叠在一起，产生新颖的材料与感官效果；这对一点透视的相机镜头是个无意的嘲弄，拍出的照片看上去对焦不准；而人的瞳孔可以在没有意识到的一瞬间将一系列近焦远焦映像综合叠加给大脑，使我们更能看"清"事物。赫尔佐格和德梅隆的设计总能在某一点上通过对材料创新的使用，让人在感官上得到预料之外的愉悦。

确切地讲，有些人称赫尔佐格和德梅隆的风格为表皮建筑，是一种误解，在构筑材料上的创新和以人为本是赫尔佐格和德梅隆建筑作品中的一个重要表现。当然，有时这些表现恰巧体现在表皮上。与美国的同代先锋设计师横向比较，更能体现。2007年赫尔佐格与彼得·艾森曼（Peter Eisenman）在哈佛大学对话，主持人杰弗里·基普尼斯（Jeffrey Kipnis）教授开场即引言赫尔佐格自称世界上最后一位人文主义的建筑师。赫尔佐格不承认自己曾讲过这么高傲的话，但是如果曾讲过类似的话，本意是指自己和其他建筑师一样，是人文主义者。他特意提到意大利文艺复兴时期的人文主义者达·芬奇，永远带着对世界的好奇心。

建筑学者们也许是了写书方便，将建筑师分为三类: Concept（概念）、Phenomenon（现象）和 Performance（运作）。艾森曼把自己的设计归于概念类，声言对建筑感观美不感兴趣；而将赫尔佐格的设计归于现象类，因为赫尔佐格的设计总能达到出奇的感官效果。赫尔佐格的回应巧妙，以赞美艾森曼近期的杰作——柏林纪年广场非常精彩壮观，来阐明成功的建筑是感官美与概念性贯穿一体的；风趣地比喻：你不能因为一个女孩子美丽就断定她一定很愚蠢。

主持人杰弗里·基普尼斯虽然不是建筑师，却是难得的建筑心理分析师，他对埃森曼举了一个例子：那些德国人走进你的建筑，会用手敲一敲柱子，如果发现是空的，他们就会摇头走开。的确如此，艾森曼以及一些美国先锋设计师的表现手法，主要是利用建筑几何形体与视觉空间关系，对构成形体的材料本身没有实质性的挑战和创新性。他们可以用真的或假的混凝土板组建成看上去像实体的混凝土体块；但玻璃就是玻璃，钢板就是钢板，人们很少对他们的材料本身之上的"材料"抱过多的期待。（我们在这里观察的只是一些现象，并没有必要去品评好与不好。）而赫尔佐格与德梅隆，他们并不是德国人，对脱离人性与文化的"高科技新材料"也不感兴趣，但他们几乎在每一个项目上都能成功地运用材料的创新，达到与设计理念融为一体的效果。赫尔佐格和德梅隆事务所在设计理念的孕育和实体化过程中，一方面与当地艺术家合作，一方面与加工厂做大量的实验，当两方面都能达到突破性进展时，项目自然走向成功的轨道。

瑞士有着出天才建筑师的历史，一般的瑞士建筑师也很难做出不好的建筑，但一些瑞士建筑师容易顾影自怜，难得像他们这样激进。记得2003年初，傍晚走出办公室沿莱茵河散步，一位盛年男子看我不像游客，那时华人面孔少见，向我打招呼。当了解到我在赫尔佐格和德梅隆事务所工作，愉快地坐在河边长凳上，谈到他自己是和赫尔佐格、德梅隆一起长大的，也是ETH（苏黎世联邦理工大学）的同学（他自己做了房地产商，现已退休）。他说这里有创意的设计师很多，但像他们既有创意又能通过建造能力成功实施的、走到这样规模的，是仅有的一家，他们是瑞士人的骄傲。出于好奇心，也是想验证他的话，我走到巴塞尔铁路站，赫尔佐格和德梅隆设计的铁路调动信号楼必须从铁路线上才能直接进入，一位铁路员工看我在铁路边观望，善意地告诫我走到这里要小心。得知我是刚来赫尔佐格和德梅隆事务所工作，想参观信号楼，一招手让我跟他一起上了货运列车，出我所料，他开着一整列车厢的货运车，送我到了信号楼；跳下车头，还没等我向他再次致谢，已向我摇了摇手将列车开走。

在赫尔佐格和德梅隆办公室里，有一张年轻的德梅隆与当年已成大师的拉斐尔·莫尼奥的合影。没有想到，几年后当我回到纽约后，会做上与西班牙的莫尼奥在纽约合作的项目。莫尼奥是我接触过的最平易近人的大师，他会使你会觉得你与他很平等，没有一点明星的压力。这也许与他多年在哈佛任教有关。记得他在现代建筑理论课上，提到悉尼歌剧院的悲剧时，总是感情激动。年轻时与设计悉尼歌剧院的约翰·伍重（Jorn Utzon）的短暂工作经历，对他的设计颇有影响，尤其是对材料使用的注重上。我所在的建筑事务所与莫尼奥有两个合作项目：普林斯顿大学的实验楼正在开始施工，哥伦比亚大学的综合实验楼刚完工。

走出地铁一号线 116 街出站口，就可以看到坐落于 120 街哥伦比亚大学西北角立面全部被大尺度铝条板和玻璃包层的综合实验楼。实验楼严格的使用功能要求和地块规划的限制，使得最终的建筑形体定型为一个长方盒子。化学、物理、工程等综合试验室及图书馆、健身房和咖啡厅等多种功能空间，经过设计方与学校的长期配合，终于完善地容纳在这座 14 层总建筑面积一万七千多平方米的盒子里。建筑表现的余地主要留给了建筑在表皮上和沿街入口的处理。1.8 亿美元的造价（不含全部的实验室设备安装），为建筑的表皮艺术处理提供了经济保障。

在美国，仅有屈指可数的几家提供特殊表皮加工制作服务的加工厂，为像盖里、赫尔佐格和德梅隆这样的设计事务所服务：如果是异型玻璃，要找 Permasteelisa（例如盖里的 IAC 建筑）；如果是异型金属，要找位于勘萨斯城的 Zahner（例如赫佐格德默隆的 de Young 博物馆）。

这里于非标准的大尺度铝条板和玻璃综合一体的外墙设计，我们不仅要与 Zahner，还要与玻璃外墙承包商 W&W Glass System，加拿大玻璃幕墙公司 Sota Glazing Inc.，以及纽约的外墙顾问咨询公司 R.A. Heintges & Associates 同时合作。原设计的大尺度铝条板是实心铸铝，曾为赫尔佐格和德梅隆邦德街（Bond Street）项目制作异型金属栏的德国 EXYD 加工厂在前期做了大量的实验，经过用各种不同含量的铸铝做 1:1 大样进行观察，由于没有达到理想的可控制效果，最终决定由美国的 Zahner 采用挤压成型铝合金材料。但为了控制合成铝色调的统一，制作过程中仍需要严密监控。外墙加工安装的设计调动了各方的资源，最终的方案是由四块 18 尺 8 寸（约 5.7 米）×5 尺（约 1.5 米）组成一整块单元板，全部建筑外墙由一千多块单元板构成。

我们这个拥有一百个建筑师的设计事务所，一直配备一名全职的图书馆资料员，两名专业模型工匠。这样不仅为我们的日常设计，也为像莫尼奥合作的项目提供了很大便利。但反过来，正是与莫尼奥的合作，这样的设计才能被实施。如果不是普利茨克奖建筑师的设计，在这么复杂的项目与工作关系中，这些造价很高但没有很明显使用功效的装饰性建筑表皮，很容易在"工程优化"过程中被砍掉；而如果这个作为建筑表现功能的表皮被消减了，构造物本身也就会失去被称为建筑的价值。

莫尼奥并不是口才出众的建筑师，但他的文笔很有韵味。曾写道：在建筑史上，很多没有署名的作品可以很好地留存下来；但也有一些建筑，你在欣赏这种建筑时一定要不由地想到它的建筑师，这些署名的建筑实际上就是艺术品。对于后一种建筑来讲，不仅要将建筑师视为建造者和发明家，同时要视为一个个人……正是这种个人的特性赋予了建筑的价值。生命是美德与缺陷的共存，一定要在建筑这面镜子里映照出来。

我们在这里沿街所看的建筑表皮，不正是一些这样的一些镜子么？

参数化和被参数化

冯 路

参数，就是描述变量或变化之间关系的参照变量。简单说，参数的用途在于设定和描述变化关系。一方面，它起限定作用，然而另一方面，它却容纳变化。

参数化，就是决定和定义参数的过程。因此在参数化的背后，有两个最本源的问题：其一，什么参数？其二，谁来决定？第一个问题露在明处，第二个问题隐于其后。

参数化设计的关键，显而易见，就是以何种参数来决定什么样的关系。例如，如果寻求不同用户和图形文件之间的变量关系，那么参数化设定的就是工作模式与协同设计。这种参数化的设定基础就对等于现实中不同工作组员的关系结构。如果寻求图形文件与生产加工乃至建造自动化之间的变量关系，那么参数化设定的就是设计与生产的一体化。而当下最常见的参数化设计是为了寻求建筑形式生成与影响因素之间的变量关系，这种参数化设计，实际上也就是决定和生成建筑形式的过程。以此出发，不同的参数化模式会带来完全不同的结果。

建筑学漫长历史的一个重要层面，就是寻求建筑形式的过程。形式生成，常常来自两部分因素的交织作用。一方面来自于内部，来自设计工具和设计方法的使用和限制，历史和理论规定的范型和戒律；另一方面来自外部，来自设计所面临的任务和条件，用户和业主的参与和干涉，技术与材料的限制和支持。以建筑形式生成为诉求的参数化设计，在这两方面都具有巨大的潜力。这种潜力的能量来自于当代参数化设计所带来的工具和方法的变革。也正是这种潜力，使参数化设计可以超越简单的形状生产。形状，就是单纯作为视觉对象的、由几何学定义的抽象外观。它没有材料质感，也和身体体验无关。而形式，是特定内容的外在映射，是不同影响力作用的结果。因此它的现实性不仅与材料构成和身体实践有关，还在于现实世界的社会关系和意义。

伴随着各种工业设计软件进入建筑设计领域，新形状的生产变得非常容易。这些新软件更新了设计的工具手段和形式生成背后的逻辑。从另一个方面说，也更新了参数化设计的法则和模式。从早前的尺规作图，到后来的 AutoCAD 或各类相似软件，这种图形学建立在欧几里得几何学和笛卡尔坐标系基础之上，以垂直和平行为主的图形系统不仅决定了形式的产出，也逐渐培养了设计思维的习惯模式。当然，建筑形式的垂直性并非仅由设计工具决定，它来自于重力、技术、经济、审美等各种因素的综合。这也并非是说之前建筑设计中缺乏曲线。无论古典时期还是现代主义之后，曲线的运用可以在很多建筑案例中找到。但是不得不承认的是，直线和直角占据着主要的地位。

在古典和现代主义时期，参数就已经存在于建筑设计中。比例和模数的使用，就是早期的设计参数。

比例，控制的是建筑物或者建筑元素不同组成部分之间的变量关系。一方面，比例的控制带来视觉的愉悦，审美的满足或特定的象征意义；另一方面，它也带来对材料使用的控制方法和建造的参照系统。

模数，把建筑物从整体到局部统一到一个保持高度一致性的标准系统里。这种高度一致性不仅有利于从设计到建造各环节的配合，有时候，也因为精确的数学控制而带来形式上的美感。

如果说比例设定的起源与信仰和象征有关，模数化的设定由机械和系统论决定，那么当代参数化设计的背后是计算机技术、拓扑学、微分几何、仿生学和其他模拟环境运算技术等等。

参数化设计和曲面并没有直接必然的逻辑关系。但是当代参数化设计常常创造出以曲线和曲面为主导的形状。这是因为曲线和曲面的数学属性和几何特征更好地符合了变量的需求，从而使其成为直线和立方体的替代品。曲线不但能够保持一种连续性，与此同时，还具有内在的异质性或变量。一方面曲线上的每个点都维持着曲线的连续伸展，另一方面每个点又都可以有各不相同的曲率半径和中心圆点。正是这种属性及其应用，使得曲面很容易适应参数设定引起的持续变形，既反映出外部影响力的作用，又保持原有的属性。变化的曲面还可以生成一种渐变的族群关系，族群中的每个单体之间相互类似，却又有所变化。因此，曲面形状可以很好地展现局部变化对整体的影响。这些特性使得曲面形状成为参数化设计中的主要媒介。它有利于观察因为参数设置的变化对形状生成的影响，以及多重参数之间的相互影响关系。

当代的参数化设计常常带来让人目眩神迷和匪夷所思的新形状。这一方面是因为我们习惯于制造直线和平面主导的规则形状，并且习惯于这种规则形状所带来的清晰性。规则化的形状使得我们很容易、很清晰地认知和把握对象。它所呈现的清晰性意味着高效有序的世界。而变化的曲线展现出不确定性和模糊性的视觉特征，使世界显得难以捉摸。另一方面，还在于形状生产中的复杂性和自治性。计算机技术的运用，可以把复杂的数学关系呈现为复杂的几何形状。这种复杂性超出了人们通常的认知经验，就像自然界各种不可见的复杂构成和微观组织一样。与此同时，参数化设计规定的是变量关系，而不是结果。形状的产生是程序设置的自治产物，结果是不可预期之物。仿生学或其他模拟系统的重要发展，就在于不仅仅模仿生物或其他物体和现象的组织结构和外在形式，还模拟它们的生成和成长法则。依靠这些模拟系统和程序，当代参数化设计可以创造出超出日常经验的形状和生成方式。建筑师和观众们都很容易满足于当代参数化设计创造新形状的能力，它符合当下消费主义社会对"新"和"震惊"图像的追求。很多参数化设计止步于此，但它们的结果往往只能带来一种新的形式主义或装饰主义，成为从令人新奇到厌倦的快速消费品。

参数化设计创造新形状和更新设计方法的潜能是否可以给建筑形式的生成带来更多的价值，取决于参数的设置是否可以结合每个设计过程所直接面对的、现实的外部影响因素。例如，计算机模拟环境的能力，使诸如风、阳光等环境因素可以被设置成参数，进入建筑形式的生成过程，这种参数化设计带来了建筑设计与环境条件的直接互动，对于建筑节能有明显的辅助价值。又如结构受力计算的新参数系统可以生成新的结构体系，因而拓展新建筑形式的可能性。因为自然科学研究和分析方法的可量化，很多自然环境因素与参数之间的转换相对有效。

然而，当面对不可定量的社会因素时，参数化设计很容易遇到困难。用可定量的科学方法将人类行为和社会关系转化为相应参数，可能带来极大的危险。这种危险不仅仅在于无效的结果，甚至可能带来难以想象的灾难。通过严谨的科学统计，我们或许可以通过大范围的问卷调查和统计分析，得到对象行为和关系在通常意义上或高概率的选项，然而这种结果的价值可以轻易地被时有出现的不同个案所瓦解。即便是固定对象的固定活动模式，也会因为对象情绪的变化和偶尔出现的意图而得到反常的结果。情绪，是人类和人工智能、思考和计算之间的分界线，也是人和人之间差异，乃至人类自由选择的源头。

一旦试图把人类行为和社会关系纳入参数化设计的考量之内，参数由谁决定，就凸显成为至关重要的问题。建筑师自现代主义运动培养出来的英雄主义和上帝姿态，使我们常常很轻易地把建筑设计当成创造理想新世界的途径。建筑师在战后重建和城市更新中所展现出来的社会责任感和巨大作用，让我们相信建筑对于城市，乃至日常社会生活的神圣作用，而忘记了"建筑师在设计过程中的预设"和"建筑在现实状况下的使用"此二者之间巨大的不对等性。建筑师提前假设的固定秩序和法则，往往被现实使用中的偶然性和不确定性很轻易地瓦解掉。

在当代参数化设计中，建筑师掌控参数的设定和程序的编制，在一个自治形式生成的世界中成为主宰。把自然环境因素转换成参数系统，只是创造一个虚拟自然，也只是重新塑造和维护一个以人类为中心的世界。而试图把社会环境因素转换到参数系统则很可能建立了一个与现实社会平行的虚拟世界，其中包含着自治的权力机制和秩

648

序。对于广大用户而言，他们被置入一个预设的世界，只能按照程序法则行事，有时候貌似选择众多，而其实并无自由。这种情境已经可以清楚地从像 QQ 和开心网这样的虚拟社交模拟网络中察觉。在参数化设计的背面，存在着一个被参数化的世界。

这种被参数化的世界，我们或许并不完全陌生。无数人类被用作生物能源和程序载体，他们的身体如同芯片中的电子元件一般被安插在巨大机器的阵列装置中，意识与身体相脱离。他们的意识存活在由电脑编造和控制的 Matrix 世界中。电影《黑客帝国》（The Matrix）展现了一个被参数化的自治世界。在这个世界里，每个人貌似拥有自己的真实生活，而实际上，都不过是电脑控制的巨大数字矩阵中的一个预设点而已。这个虚拟世界的法则，在电影中不断被强调的逻辑和因果，在本质上，就是参数的设定，以及相应的程序生成和运转。所有那些貌似偶然又或必然的选择，其实都是类似上帝般存在的"设计师"早已预定的安排。除了人类情感，一切都是预定程序；除了人类情感，也一切都在程序掌握之中。

这部电影充分反映了自人工智能和数字化空间出现后，人类内心深处对于虚拟世界的担忧和恐惧。早前的工业化生产创造的人工世界与自然世界虽然存在对抗，但是二者界限分明，非此即彼。更重要的是，这种二元对抗并没有从根源上危及人的主体性以及人类的中心地位。

人类可以选择安坐在自己创造的人工世界里，也可以回到自然中。这可以从电影《阿凡达》（Avatar）中清楚地看到。而数字化空间的生产不再纠缠于人工与自然的二元结构，而是把焦点引向虚拟与真实的混淆和区分。当人工智能替代人类，成为世界主宰并制定游戏法则时，人类就必然也必须奋起反抗。为了自由，就必须谋求人类自身的解放。获得自由同时也就意味着不再需要寻找电脑设定的逻辑和因果，而重新拥有自主选择的可能。

电影《盗梦空间》（Inception）展现了另一种被参数化的世界。这一次，决定参数的并非外部因素，而是人自身的意识和潜意识。真实与虚拟的争斗不再是人类与外力之间的非此即彼，而是人自身不同意识层面的彼此难分。如果说，对于个人体验而言，现实与梦境都不过是知觉与意识的映射，那么是回到现实，还是沉浸在梦境的深层乃至陷入潜意识的边缘？二者的区别，也许依然在于个体的充分自由。即使沉浸在完美的梦境里，即便成为梦幻世界的绝对主人，你依然可能只是某个意识设定的奴隶，别人的，或者你自己的。现实生命的迷人之处，也许就在于情绪所带来的不可预设和不可捉摸，在于意识的完全自由。而现实世界的迷人之处，也许就在于自由意识与外部环境之间不可预知、不可复制、充满张力的拥抱。

人类世界的问题，最终都必然要回归到人本身。建筑学，同样如此。

未来城市与乌托邦

去年 11 月底，在北京天安时间当代艺术中心，美籍意大利建筑师与城市规划理论家保罗·索莱里（Paolo Soleri）和荷兰前卫建筑师群体 MVRDV 的联展"立体城市：未来中国"如期展出。索莱里的参展作品，是以他的生态建筑实验之城阿科桑底为语境的简约线性城市设计；MVRDV 的参展作品，则是巨大的立体城市模型"中国山"。

论坛由我主持，嘉宾为对此议题有兴趣的建筑师、艺术家、科学家和学者。为了先在观念上统合这场跨界交流，我预先写了一篇提要式的小文，将讨论引向"未来城市与乌托邦"，意思是"在超速城市化的中国，在面临更多新的问题和有更多新的诉求的时代，则最有可能将由高层建筑复合组群构成的、具有某种'未来主义'特质的立体城市梦想实现"。后来在电话里，我给这篇小文起的名字是"可见的乌托邦"，但是开幕时拿到册子，却误印为"可建的乌托邦"——一字之差，将我对索莱里和 MVRDV 式乌托邦幻想的无限敬佩和有限认同，变成了无比坚定的认同。好在还有"新观察"，我可以将论坛上未及展开和深入的论题，约请评论家和建筑师在这里做充分陈述。

作为对现实保持清醒认识和批判态度的学者，周榕的文章既充满诗意地回忆了多年前他的阿科桑底的"朝圣之旅"，也充满激情地揭示和批判了乌托邦及其在中国的历程。在他看来，未来城市是今日之城市的自然延伸，而非由预设的乌托邦的强力回逆的塑造，他认为："对于中国城市当下所面临的社会溃败与文化涣散，乌托邦发展模式莫辞其咎。"

建筑师史文倩和李虎对未来城市、生态城市和乌托邦的想象、表达与建构，理性而又不乏激情；相对而言，前者偏于参展作品和设计理念的表述，后者着力于营造实验的陈述。

具有未来设计倾向的青年建筑师马岩松，则在质疑理性乌托邦的同时，希冀"重建人与人、人与自然的平等和信任"，在他看来，"未来城市应该能体现出人类最高的精神境界"。

本辑文章分别从批判和建构的角度，深化了"未来城市与乌托邦"这一富于挑战性的议题。作为研究者，我对这一议题，就像对北京的"爱恨交加"，既迷恋其卓绝的想象力，又质疑其诡异的营造力。

"受到乌托邦声音的迷惑，他们拼命挤进天堂的大门，但当大门在身后砰然关上时，他们却发现自己是在地狱里。这样的时刻使我感到，历史总是喜欢开怀大笑的。"最近一直在读小说，对米兰·昆德拉《玩笑》的序中的这句话，印象深刻。

阿科桑底的风铃

周　榕

朝圣之旅

十年前 7 月末的一天清晨，我从科罗拉多的丹佛市驱车出发，去亚利桑那州朝觐传说中的"建筑圣地"——阿科桑底（Arcosanti）。

位于凤凰城以北 110 公里的阿科桑底，是美籍意大利建筑师保罗·索莱里（Paolo Soleri）所创想倡议、规划设计、投资兴建，并注入了毕生心血亲自施工、运营、宣传的一个实验性生态社区。它试图探讨索莱里在 1950 年代即致力建构的"建筑生态学"（Arcology）理论所包含的现实可能性，即在能耗、资源消耗、土地占用、废物排放和环境污染的最小化的同时，又能达到人际交往和人与自然接触的最大化。

建筑生态学的思想，在今天已沦为老生常谈，但在 20 世纪六七十年代，却尚属相当"前卫"的另类，在某种程度上成为当时欧美愤青们反抗社会既定秩序、挑战社会传统权威的有力武器。故而，自 1970 年阿科桑底开建之日起，就因其遗世独立的乌托邦风姿，吸引了众多的青年建筑学子每年从世界各地来此充当义工。阿科桑底之名，也借由他们和媒体的传播不胫而走，像当年的塔里埃森一样，被演绎成引人遐思的传奇版本。

经过十几个小时的疲劳驾驶之后，我的"朝圣"之旅即将抵达终点：车前灯照亮了一块标有"阿科桑底"字样的木牌，而柏油路也就此走到了尽头，接下来是望不穿的茫茫黑夜，以及一条在车灯下坎坷不平的土路。颠簸着继续开了十来分钟，突然发现一只貌似螃蟹的活物在穿越前方道路，疑惑间下车定睛观看，居然是一只拳头大小的橘红色蜘蛛，不禁悚然而退，目送其消失在戈壁的黑暗中。

又不知开了多久，前方终于浮现出人工构筑物的轮廓。停车走近，只见入口墙壁上高悬孤灯一盏，昏黄不过数步，四围影影绰绰，再无半点光亮，远近阒无声迹，恍非人间，殊类鬼域。"Anybody here?"，我边喊边试着向黑暗深处摸索。高声叫了许久，始终无人应答，却冷不丁窜出一只大猫惊嚎一声擦身而过，活似恐怖片中的桥段。就这样，夜宿"圣城"的计划终于泡汤，只好原路退出，在邻近小镇上找了家汽车旅馆将就一夜。第二天一早，再次整装出发奔赴阿科桑底。

上午的阿科桑底分外荒凉，除了那些粗砾的建筑外，没有人愿意暴露在亚利桑那7月底灼人的烈日下。举目望去，一面浅坡上下，疏疏落落几栋建筑尽收眼底，建筑群的中心，是一大一小两个开敞的半穹形混凝土构筑物，仿如科幻片中史前遗迹的硕大布景。其中一个，权充作手工作坊的工棚，另外一个，则是露天剧场的舞台。这两栋公共建筑的周边，还有一些用于居住的覆土建筑，形式粗犷，工艺朴陋，大抵是出自志愿者业余操作的缘故。

从形式上看，阿科桑底足以让任何一个"朝圣"者失望，这里仅仅是一个小规模施工的工地，而远非传说中令人向往的生态乌托邦。虽然在索莱里的规划中，阿科桑底的城市容量最终可达五千人，各类满足城市生活的建筑和设施一应俱全，但是历经30年断断续续的建设，建成的部分还不到设计规模的3%，距离一个"城市"仍然遥不可及。

阿科桑底的访客中心，是整个阿科桑底人气最旺的建筑，不仅由于这里相对凉爽舒适，更因为在这里可以买到阿科桑底独有的旅游纪念品——风铃。说起阿科桑底的风铃，还颇有些来历：1950 年，索莱里接到了一个意大利陶艺工厂的设计委托，在设计建造过程中，他掌握了全部陶艺制作工序，并因有这一技傍身，日后在阿科桑底经济拮据的日子里，索氏带领志愿者们开设作坊，生产、售卖用陶土和黄铜制造的风铃，居然获益颇丰，竟成为支撑阿科桑底运营下去的主要收入来源。阿科桑底的风铃获得过许多艺术奖项，造型古朴，色彩奇丽，更重要的是纯手工制作，每一件都是不可重复的孤品，足以令用惯了大工业产品的美国人大惊小怪，爱不释手了。说来讽刺，每一年，到阿科桑底来投身乌托邦建设的志愿者最多不会超过 150 人，但每年到阿科桑底参观的游客却超过五万人，这其中的一大部分，是爱屋及乌，专程来探看阿科桑底风铃的制作过程的。

微风徐来，访客中心满屋悬吊的串串风铃荡漾相激，发出梦幻般的魔音，袅袅铮铮，宛似天籁，触人欲醉。窗外，是正午的日头下泛映着白光的大漠和永远处在进行时的、半成品乌托邦城市的嶙峋骨架。时虽燥暑，但游目骋怀，这屋内与屋外的反差仍不免令人油然而生悲凉之意。那一刻我清楚地知道，终索莱里此生，阿科桑底将注定无法建成，更让人悲哀的是，纵使这个堂吉诃德式工程有朝一日侥幸告竣，也注定不可能变成一座真正的城市，因为城市那自由放逸的不羁灵魂和腾溢飞扬的恣肆能量，永远也无法盛放进这样一个预设得井井有条的乌托邦容器，不管这个容器所塑造的曼妙姿态是不是像阿科桑底的风铃一样迷人。

再见乌托邦

再见阿科桑底，已是十年后在北京"立体城市：未来中国"的展览上。仔细端详，除了添多几栋新筑之外，我看到今天的阿科桑底一如昔日所见，朴素、崇高，像一个未完成的宗教仪式。二十年间第三次瞻仰索莱里的丰采，老先生虽年逾九旬，仍赤心未泯，依旧坚韧地为他的生态乌托邦向世人布道。在黑暗的演讲厅中，索莱里展映给观众的阿科桑底是如此美妙，恍惚间竟令我短暂忘却了现实中那片荒凉之地，只觉被光影烘托出的一片片乌托邦幻景如风铃声一般摄人心魄。

近代以来，全世界各民族中，最容易被乌托邦幻境所忽悠的，无疑是中国人。清朝末年，中国所面临的"三千年未有之大变局"（李鸿章语），令本土延续数千年的经验传统遭受重创，被弃如敝屣。饱受列强欺凌而积贫积弱的中国人，只得向陌生的超验世界追寻救国拯民之道。这种拯救，既不可能来自"可信而不可亲"的西方社会，也不可能来自"可亲而不可信"的中国传统，唯一的拯救只能来自中立的"未来"。19、20 世纪之交，严复译作《天演论》的普及，令"进化"的观念在中国深入人心，经过"天演论"教育的中国知识分子，普遍相信未来具有一种被自然"进化"所赋予的神秘力量。既然进化是确定的"天演之道"，那么新必然胜旧，今必然胜昨，明日也必然胜于今日，而"未来"就是"新"的巅峰、进化的终极，代表未来的乌托邦就是"天择"，建设乌托邦就是将中国救拔出痛苦的经验现实的捷径与必由之路。

以"五四"为标志的中国新文化运动，推动了中国社会主流价值观的惊天逆转，从极端崇古的"经验中心型文化"，突变成以幻想的乌托邦为旨归的"超验导向型文化"。在当时中国精英阶层的潜意识里，沦落的中国或许可以借助乌托邦的催产术，超越这苦难的当下，直接进入天堂一般美好的未来。而 20 世纪初舶来的各式乌托邦理论，也莫不争先给予中国人有关未来的各种天堂般的许诺。对这些许诺，中国人足足相信了一百年，但一百年来，许诺的乌托邦除了让中国陷入一次又一次的灾难和混乱，却并没有把这个国家带进天堂。

所谓乌托邦，是指与延续的经验世界相对立的一个空降的超验世界。乌托邦的主要特征，一是超验性，因此无法用经验证伪；二是理性，因此要剔除情感的不确定性；三是非时间性，由于乌托邦是一种对进化未来的终极性描述，因此乌托邦是永恒的，不随时间而发生偶然的变化；四是完美性，因为乌托邦是人类智慧最完善的思维成果，因此必然也必须是完美的；五是纯净性，乌托邦是进化的最高级形式，人类集体的最终目标，因此它是单一、匀质而自洽的。

从乌托邦的基本特征，很容易推导出乌托邦运动的必然结果：首先，超验性特征决定了乌托邦是在幻想的基础上被"设计"出来的，而不是在经验的基础上被"延续"下来的，"设计"必然导向精英主义，乌托邦的设计权和解释权被掌握在极少数社会精英手中，因此极少数人通过乌托邦就能主宰大多数人的命运；其次，乌托邦要求以"革命"切断传统经验世界的血脉联络，对于既往的经验世界所积累起来的传统，乌托邦必须予以否定并擦除；第三，乌托邦的理性特征决定了它实施的冷酷，人类情感对于乌托邦来说是多余之物，至少是必须严密控制与导向的；第四，乌托邦的非时间性特征，决定了它的空间主张是瞬时的而非历时的，批量生产而非渐次成长的，时间是乌托邦的敌人，时间会带来不确定的偶然，乌托邦必须以速度来战胜时间，然后进入永恒；第五，乌托邦的完美性要求常常导致乌托邦的设计者降低其结构的复杂度，以简化来达到完美，因此乌托邦结构永远是简单的；第六，乌托邦的纯净性特征，决定了它对于异质元素的零容忍，为了乌托邦的纯洁性，可以用残酷的斗争来消灭异己，所以乌托邦里没有暧昧和混杂，只有清晰与透明。

一部中国近现代史，就是一部被舶来的乌托邦思想反复忽悠的历史。遭遇乌托邦，被乌托邦所迷惑，为乌托邦理想而奋斗、倾轧、争战、杀戮、压榨和欺骗，构成了中国近现代史的主旋律。1843年，从洪秀全读到基督教入门小册子《劝世良言》那一刻起，中国人就开始了被各式各样的乌托邦实验所裹挟和席卷的苦难历程。太平天国是中国历史上第一个乌托邦实验，其代价是用了13年时间消灭了当时中国40%的户籍人口，死亡人数近两亿，创造了人类战争史上酷烈程度的世界纪录！1927年，一个乌托邦政党向另一个合作的乌托邦政党猝然发难，举刀相向，中国历史上因乌托邦理想分歧而引发的暴力时代首次来临，此后22年，内战不绝，国人相屠，白骨盈野。1958年，一场浩大的"超英赶美"的乌托邦实验令举国癫狂。1966年，一场声势更大的乌托邦实验，破"四旧"，立"四新"，革命无罪，造反有理，文攻武卫，几乎把中华三千年文化摧残殆尽……

图腾城市

在一个借助未来之名以管理现实世界的国度中，乌托邦就是全民的精神图腾。有这个图腾在，现行秩序体系就有了合法性。因此，国可以一日无粮，不可一日无乌托邦，一个乌托邦幻灭了，就必须立刻找到另一个新的乌托邦来补位。60年来，各种名目的乌托邦前仆后继，像走马灯一样，始终高悬在我们前方，引导中国走上一条又一条伟大光荣正确的道路。回顾乌托邦在现代中国的演化史，足以汇集成一道令人眼花缭乱的概念轨迹……从1990年代中后期开始，中国终于找到了一个最直观、最能立竿见影、最能迅速令全民族目眩神迷热血上涌的新乌托邦图腾，这个最新的乌托邦图腾，就是城市。

从本质上看，城市与乌托邦从来都是毫不兼容的两个选项：乌托邦是一个被人工设计出来的完美、纯净、匀质的思想晶体，而城市则是一个自然生长出来的充满缺憾、混杂、多样性的生命集群；乌托邦需要自上而下统一意志、建立秩序、规范生活，而城市的魅力正在于自由思想多维组织、妥协共享、各异生活；乌托邦目标明确、轨道预设，而城市则自在自为，轨迹灵变；乌托邦是先空间后社会，空间结构决定社会结构，而城市是先社会后空间，社会结构决定空间结构。正因如此，乌托邦空间可以按照统一目标集中力量大规模快速生产，而城市则必须尊重其自身的规律，给它充分的时间自由地缓慢生长，故此从本质上说，只有乌托邦是可以被规划的，而真正的城市是不可被规划的。

正因为乌托邦与城市是不兼容的对立选项，因此在西方历史上，乌托邦的实验无一例外是反城市的组织形态，从 1824 年罗伯特·欧文（Robert Owen）在美国创办的"新和谐公社"，1832 年夏尔·傅立叶（Charles Fourier）在法国创办的"法朗吉"，1848 年约翰·诺伊斯（John Humphrey Noyes）在美国创办的"奥奈达公社"，一直到索莱里的阿科桑底，莫不选择在远离城市的空间里安身。就连这些乌托邦的精神领袖们也深知，乌托邦的"纯洁"终究挡不住城市之"邪恶"的腐蚀，在正常情况下，乌托邦面对城市完全没有竞争力。

现代历史上，最纯粹的乌托邦城市是巴西利亚，完全按照一个理想的功能布局和空间形态一次建设而成。其结果，是造就了一个史上最枯燥的城市，许多在此上班的人因无法忍受这里被规定好的、没有多样性与自由空间的无聊生活，宁愿忍受奔波之苦，也要回到八九百公里之外的里约热内卢和圣保罗居住。而另一方面，距巴西利亚 10 公里之遥，就有一个巨大的贫民窟，为城市提供基础服务却在乌托邦规划中找不到容身之地的底层劳动者，被迫只能在这个贫民窟里栖身。类似的例子还有澳大利亚首都堪培拉——另一个现代乌托邦城市规划的典范，看起来光耀无比，住起来乏味至极，一到周末居民就倾城而出，几乎变成鬼城。

然而，这些西方城市史上经典的失败案例，与近十几年来在中国 960 万平方公里范围内所进行的城市乌托邦化运动相比，无论在规模上，还是后果的严重程度上，都堪称小巫见大巫。

随着经济的迅猛发展，当代中国于 20 世纪 90 年代中后期开始发动高速城市化引擎时，无论政府、学界还是民间，所能借用的城市思想资源都是乌托邦化的，概括来说，大体来自三种城市模型：其一，是中国古代的"礼法型乌托邦城市"，其代表是《周礼·考工记》中虚托古制对城市进行的礼制化空间描述；其二，是脱胎于前现代西方古典城市的"意识形态乌托邦城市"，这种城市形态百多年前就已通过租界城市和殖民城市进入中国，1950 年代又通过苏联再度传入，成为与官方意识形态相铆固的空间结构；其三，是以摩天楼、立交桥、汽车道等现代景观为标志的"现代化乌托邦城市"，自 20 世纪 70 年代末这些现代性地标经由电视传播，以奇境图景的方式震撼了中国人的眼球之后，现代化乌托邦逐渐演变成以城市标志物为形式核心的"现代奇观图像乌托邦"。

658

之所以说这三个模型都是乌托邦化的，是指它们与中国社会空间的传统构造经验没有关联，对中国社会来说，它们都是超验的、反历史的，并非在既有城市结构肌理上的自然生长与延续。这三种乌托邦城市模型，没有一个尊重人、尊重社会、尊重生活、尊重城市的自然生长与自由演变，而是把城市视作政治观念的物质载体、权力秩序的空间化身、制度优越性的形式表现、官员政绩的广告宣传、经济发展的炫耀图腾。

近十几年来，发生在中国城市的海量建设，就是按照这三者兼杂的乌托邦模式在进行。中国的城市化，与其说是"城市化"，不如说是"乌托邦化"，其结果，是中国在得到越来越多乌托邦的同时，正在摧毁越来越多的城市。乌托邦对城市的破坏，不仅仅是城市表象的更变、空间肌理的涤除、多样性城市生活的屏蔽，更为隐蔽而深刻的是，以乌托邦为蓝图的城市更新，在扫荡了传统城市空间结构与物质形态的同时，也彻底摧毁了附着于其上的固有的社会结构和文化形态，却无力于短期内将其再组织成稳定的新型社会结构和文化形态，可以说，对于中国城市当下所面临的社会溃败与文化涣散，乌托邦发展模式莫辞其咎。

乌托邦在中国，既是意识形态，又是经济形态；既是政治结构，又是空间结构；因此乌托邦对城市的入侵不仅是思想性的，更是暴力性的。2006 年 8 月 11 日下午 4 时 50 分，是一个应当载入史册的时刻，随着无照商贩崔英杰手持烤肠小刀的信手一挥，北京市海淀区城管副队长李志强颈血飞溅，成为中国城市史上第一个"乌托邦烈士"。就此，乌托邦城市的暴力大戏拉开大幕，各地惊爆的拆迁血案与城管暴行触目惊心。2009 年 11 月 13 日，这幕暴力大戏终于达到高潮，成都女企业家唐福珍为反抗拆迁，在自家楼顶自焚身亡。消息传来，举国哗然，然而在全社会群起抨击，何曾想过，这正是乌托邦理想在中国城市中被肆意放纵所带来的必然后果。

说到底，这些血淋淋的生命不过是建设乌托邦、维护乌托邦的巨大成本中微不足道的极小部分。乌托邦是完美的，而完美之物的获得与养护都必须付出昂贵的代价。事实上，人类社会发展至今，还没有哪一种社会形态能够真正支付得起实现乌托邦所需要的高昂成本，现实世界中任何一个乌托邦实践都被迫以各种手段千方百计降低成本，因此我们看到的任何一个现实的乌托邦，都必然是粗制滥造的乌托邦。

常见的降低乌托邦成本的手段，第一是牺牲品质，这一点我们已从全中国的粗糙城市中深有体会；第二是采用暴力进行掠夺，这一点更无须赘述；第三是用谎言和假象进行欺骗，近年来中国城市的乌托邦生产趋于"图像化"，就是乌托邦骗术中最常见的一种。图像化的乌托邦城市，除了表面光鲜的奇观图像之外，完全没有城市应有的深度——生活的深度、社会的深度、文化的深度。从这个角度分析，我们处身其中的半成品乌托邦，与半成品的阿科桑底，本质上没有什么两样。

逃离方舟

　　一百年来,中国人旧的乌托邦之梦未醒犹酣,新的乌托邦造梦人又从西方纷至沓来。美国大片《2012》中,由西方人提供图纸、中国人负责建造的方舟,着实是一个对中国乌托邦实践的精彩隐喻,借一句电影台词:"全世界也只有中国人能干成这样的事情!"一百多年来,中国人之所以屡败屡战、愈挫愈勇,乐此不疲地按照舶来的蓝图不断打造海市蜃楼一般的乌托邦,根本原因还是出于内心深处萦绕不去的恐惧:恐惧落后挨打,恐惧"帝国主义亡我之心不死",恐惧被开除"球籍",恐惧贫困,恐惧丢脸,恐惧被西方鄙视,恐惧阴谋和陷阱,恐惧经济崩溃……一百年来,这重重的恐惧已经积淀为中国人的集体无意识,成为中国人思考的本能语境——说穿了,中国人所寄望的乌托邦,就是一艘虚幻的诺亚方舟,在灾难世界的洪水中,带给他们的生命以免于恐惧的庇护,为了这个应许的庇护,生命之外的任何牺牲都是可以接受的代价。

　　因免于恐惧而建造的乌托邦,却反过来生产出更多的恐惧。因为乌托邦,正是由恐惧所支撑,由恐惧而确立了它的合法性,只要我们心底一天还存留恐惧,我们就一天无法走出乌托邦的庇佑。正源于此,乌托邦的设计者和受益者们就需要不断炮制恐惧,散播恐惧,保持恐惧的浓度。举例来说,刚刚更新过的恐惧版本,是资源枯竭,是全球变暖,是碳排放带来的生态毁灭,为此,那些以制造乌托邦为职业与乐趣的"大师"们,挟"生态乌托邦"的大旗再度越洋而至,向中国人昭示他们"为天地立心,为生民立命,为往圣继绝学,为万世开太平"的宏愿与灼见。与以往每一次乌托邦运动的场景类似,对这些以人类未来为己任的幻想家,对这些伟大乌托邦的先行者,当代中国人的态度和自己的先人一样:深怀敬畏,聆诲领命,赞叹附和,顶礼膜拜,并跃跃欲试,随时准备动手实践。

　　然而,城市毕竟不是诺亚方舟。

　　城市不是人类短暂避难之地,而是社会生命长久生息繁衍之所。

　　城市,也不是某个聪明的建筑师某日梦醒后灵感爆发的涂画,它是城市居民祖祖辈辈的成功与失败、经验和教训、智慧和愚蠢不断累积的空间叠构,是在漫长的历史时间中过往生活的重重印痕,是先人的遗存与后人的创造并存共融的丰饶环境。"歌于斯,哭于斯,聚国族于斯",这真实的人间城市,用任何一个乌托邦天堂我们都不愿交换。

　　我心所爱的人类,那从异域而来,指山为城的人

　　与指鹿为马的人一样必须警惕

　　不信,请你远涉亚利桑那的荒原

　　去听一听阿科桑底的风铃。

一个关于未来城市的梦想

史文倩

缘起

2009 年夏天的时候，翁菱打电话给我，说要请威尼·马斯（Winy Maas）做一个展览，跟未来城市、生态环境有关的主题，题目暂定为"立体城市"。翁菱是少数对城市题材感兴趣的中国当代艺术策展人之一，这跟她全方位地对当代艺术的敏锐度有关。之前她已经做了题为"山水"的展览，请了一些建筑师和艺术家用同一种材料来表达对空间的理解。这次立体城市的展览，主要对中国快速城市化的现象做一个反映，以及对未来生态城市的探讨。她同时邀请保罗·索莱里一起参展。当我听到索莱里的名字的时候有点震惊，索莱里是一个英雄级人物，他在 1960 年代就提出了生态城市的构想，但这不仅仅是一个构想，他还亲自在美国的阿科桑底开始建造这个梦想，30 年来有近6 000 个志愿者参与建设，今年 90 岁的他还在继续建造他的梦想之城，而他在 1960 年代提出的生态城市的概念到今天一点都不过时。

唯一的前提

2005 年的时候 MVRDV 在上海的沪申画廊也做个一个展览，那是一个非常建筑的展览，有模型有图纸，以展示 MVRDV 的项目为主。而这次在天安时间的展览是一个非常大的题目，既抽象到规划策略的层面，又具象到个人空间的层面。唯一有的前提是这个未来城市，要求能够容纳 10 万人口。翁菱想要一个有震撼力的大模型，而画廊的两层空间约 10 米 × 10 米的尺寸，刚好可以容纳下 1:100 的一平方公里的模型。Bingo！

关于 KM3

之所以选择 MVRDV 参展，是因为 MVRDV 在 2005 年出版的 *KM3*（立方公里）一书。*KM3* 是对未来城市的假设（hypothesis）。在这个假设里，通过数据分析得出人类生活所需要功能的面积和体积，包括了住宅、办公、商业、绿化、工业、交通、能源、农业、森林等等功能。这些功能通过最优化的方式，被构成在一个一公里长、一公里宽、一公里高的空间里，在这个空间里各个功能之间的交通距离最短，空间最紧凑，效率最高，同时城市与农业的混合满足了城市自足自给的需求，从而达到节约土地和永续发展城市的目标。这是一个城市自足自给的假设，这是一个探讨全球化之外可能性的假设。

中国土地资源的稀缺

在中国经济大发展的洪流之下，在未来的十年中四亿农村人口要进入城市，城市面积快速扩张，造成自然资源（包括农业森林土地）的减少。同时经济发展带来个人对物质的需求增大，所需要的自然资源也增加。日益增长的需求和日益减少的资源之间的差距越来越难以平衡，这就从两个方面加剧了城市土地与自然资源土地之间的竞争。未来土地资源的稀缺，这也就有了中央提出的 18 亿亩农田不可动的说法。

四个层面的划分

以前我们都说中国地大物博，但中国是地大但分布特别不平均。中国的平均人口密度为 198 人 / 平方公里，居世界第十九位。但中国有 42% 的土地是山脉高原沙漠，都不适宜居住和农作。如果算除去这 42% 人迹罕至的土地，人口密度就是 497 人 / 平方公里。其余 58% 的国土中，以京沪之间的华北平原的密度为最高达到 798 人 / 平方公里。而大北京、大上海的密度为 4 000 人 / 平方公里。这就使中国大概可以划分的四个层面：大城市—京沪地区—东部中部地区—全中国。这个划分与经济发达程度基本相符。

机遇

快速发展和全球化的结果导致大部分城市都依赖于外部资源，交通运输造成了大量二氧化碳的排放。哥本哈根会议上纠缠不清的也是碳排放问题。能否够改变这种局面，城市可以更加独立自主地发展，在二氧化碳的吸收和食物的供给方面实现自足自给，达到城市、农业、自然的混合，从而达到永续发展城市的目标。

　　未来四亿人口推动的城市化进程，正是一个最好的机会，可以抓住这个机会来发展未来型的高密度生态的城市，实现真正的自足自给和可持续发展。同时这种未来城市带来的良性结果，也可以平衡现有城市永续发展的需要。

土地使用的分配

　　除去山脉高原沙漠这些不适宜居住和农作的 42% 土地，中国要满足食物供给和二氧化碳吸收的自足自给，需要在其余 58% 的国土中用 52% 的面积作为森林。未来四亿农村人口进入城市，要满足这些人口所需要的城市和农业功能的空间，剩余 6% 的用地是不够的，就算以望京的密度来建造，也只能满足一半需求。我们需要一种全新的立体城市形态，它是超高密度的，但同时结合了农业和城市的功能，最高效地把两者结合在一起。

自足自给的城市

　　如果以望京的密度计算，一个 10 万人口的城镇所需要的建设用地面积大约是五平方公里，这个面积是不包括农业和森林的需求的。以 KM3 的数据为标准，1 公里 × 公里 ×1 公里的空间里可以容纳 10 万人所需要的城市功能和农业功能，其周边需要 39 平方公里的森林来吸收 10 万人口的城市及农业排出的二氧化碳。两者相比较而言，后者的城市功能之间的交通最紧凑，农业运输所需要的距离最短，其排出的二氧化碳已经降到了最低。而周边森林吸收了其排出的二氧化碳，达到了碳排放和碳吸收的平衡。所以这里面有两个自足自给：第一，通过农业和城市功能的结合，达到食物的自足自给；第二，通过城市高密度化，留出土地给森林，达到二氧化碳吸收的自足自给。

方案形式的确定

　　当确定了理论方向之后，我们开始设计建筑形式。最初的时候有两个方案，一个是叠加的盒子，每个盒子都代表了一种不同的功能，这种形式表达了每种功能存在的独立性；另外一个方案就是连续的山体，这种形式表达了城市和农业功能的混合。按原先的计划，10 月中应该是模型开始制作的时间，而最终的方案还没决定。最后一天，翁菱凌晨一点把我叫去开会，她认为后者连续的山体更有中国式的诗意，与中国的山水主题有呼应关系，是一个人工的自然景观。于是"中国山"的方案就这样确定了。

　　在这个连续的山体里，梯田式的露台带来了农业和能源生产的可能性，从而增加了高层建筑的宜居性。山体内部的巨大空间，用来容纳不需要日照的功能，比如商业、工厂、仓储等辅助功能。

公众的评论

展览开幕之后有各种各样的评论，大部分人把这个展览看得特别具象，提出类似这样的疑惑：这是给人住的房子吗？这房子能造吗？这样的城市舒适吗？这样的城市能有什么好处？等等。

我觉得这个"立体城市"的展览之所以放在天安，而不是在一路之隔的城市规划展览馆，就是因为它把一个城市的概念，通过抽象的艺术形式表达出来。而与保罗·索莱里的展览放在一起，我想是两者都有一种英雄理想的精神。特别有意思的是，保罗·索莱里在阿科桑底的生态城市概念一直是把农业和城市结合在一起，所以在他的草图里看到很多露台和暖房。而"中国山"的形式也是露台。其实这种露台或者 A 字型剖面的建筑，一点都不新奇，1920 年代格罗皮乌斯（Walter Gropius）就提出过这样的建筑形式，60 年代的时候，保罗·索莱里、巴克敏斯特·富勒（Buckminster Fuller）也都提出过金字塔形式的概念。

传达的信息

"中国山"是一个抽象概念的展览，最主要的目的是传达了几个信息。

第一，由于现有城市空间的限制，对其改造很难达到生态城市的目标。而未来立体城市是建造生态城市的一个机会，其带来的贡献同时能够平衡现有城市对生态的需求。

第二，中国未来城市化的进程不可避免高密度的发展方向。如果我们无限制地发展低密度的城市，土地资源将迅速耗尽。只有通过把局部城市密度加大，才能够留出足够的土地给自然资源。

第三，生态城市不仅以城市有多少绿化为计算标准，要把能源、农业的生产和运输的部分计算进去。生态城市的目标是把城市、农业、自然之间的关系最优化。

所以，展览模型所表达的建筑形式不是唯一的形式，模型展示了无数可能性中的一种。在高密度生态城市的概念下，根据具体情况和未来城市的不同尺度，可以发展出不同的建筑形式。

乌托邦的理想

这个展览的题目叫做"中国山：一个关于未来城市的梦想"，我喜欢这个题目。在今天到处充满了披着装饰性的绿色表皮，包裹着消费主义奢侈内里的"绿色建筑"满天飞的时候，这个梦想让人兴奋。在这个梦想里，没有富人和穷人的区别，没有城市和农村的界限，这是一个乌托邦的理想。

当理想照进现实

去年 12 月展览开幕的时候，大部分人都认为这只是一个梦想，离现实太遥远。但今年一月，在哥本哈根峰会上引起联合国环境规划署的关注，并邀请 MVRDV 把这个概念模型搬到上海世博会联合国馆展览。二月，成都规划局结合成都山水城市的未来发展方向，与 MVRDV 探讨未来合作的可能性。除了政府机构，房地产商也在寻求把立体城市概念变成实际项目的可能性。

我看到了理想的光照进了现实。

未来城市从现在开始

李 虎

接下这个写未来城市文章的任务，是因为恰好在同一个时间段里要完成几个涉及未来城市的设想，所以近期在集中整理对城市的思路和研究。一贯把事情推到最后一刻的工作习惯，在花了一个月思考之后，发现对未来城市的思路仍然不够清晰。这是一个不容易的题目，只好把零零散散的思绪匆忙写下来。

未来

第一次接触未来，应该是 20 世纪七八十年代着迷于《小灵通漫游未来》中的幻想。那个年代周围事物没什么变化，各个城市之间，不同人之间，差别不大，所以也没有动机想象未来会怎么样。《小灵通》里的未来世界让我开始对未来充满期待。转眼 30 年过去，那里面的很多幻想都或多或少变成了现实。《小灵通》的作者叶永烈先生对城市的幻想并不很多，书中提到的家庭办公和环路，现在都是普遍的现象了，他可能怎么也没想到我们的城市会变化到今天这个样子。

1873 年，美国人阿尔弗雷德·斯佩尔（Alfred Speer）为了解决车流和人流交叉混杂的问题，已经为当时的纽约百老汇大街规划了高架的移动步行道。这个对于今天的发达国家也是超前的想法，在当时自然没有被政府采用，甚至被认为荒谬，但是他还是为此发明申请了专利。这个想法虽然到现在可能也还没有实施的案例，但是斯佩尔如此大胆设想未来，对我们还是很有启发。

相比西方持续的尤其是近代的城市理论研究，中国历史上对城市的研究并没有得

666

到太深入的发展，已有的文献今天可以借鉴的也不是很多，"九经九纬"和风水理论指导了几千年来的城市建设。有趣的是今天，在中国各地从无到有大举建设新城的同时，西方的城市却在原基础之上一步一步地更新改造。

自打地球变平以来，虽然城市之间的差异变小了，尤其是发展中国家的城市。无论是中国还是印度，南方还是北方。地球变平给我们带来一个直接的好处就是，我们可以让处于不同文化、不同发展进程的城市，平行地看到其他城市。

中国的城市问题在很多时候可以在西方已经走过的路上看到一些经验和教训，可以批判性的拿来借鉴。但我们在当前特有的政策和文化背景下，有太多的新问题是西方所没有面临过的，这些问题可能会强迫我们去观察和理解现在的问题，来为我们城市的未来找到可能答案。无论是古代陶渊明向往的世外桃源，还是近代钱学森提出的山水城市，都反映了中国人内心对自然的向往和需求。这些表面看似反城市的想法，可能恰恰是我们未来城市的出路。

最早的城市据说是发现于印度洋海域的杜瓦尔卡（Dwarka），距今已有 9 500 年。城市作为人类进化的一个结果，人类开始聚居，大到一定规模，城市的雏形开始形成。城市生活最开始的一个必然动力和表象是资源的共享，今天城市的问题出现，恰恰是由于经济、文化和政治原因，城市里的人们开始考虑独有资源。私有化，或者更准确地说，极端私有化，正在成为城市里一个隐形的反作用力，在瓦解和改变本来共享资源的聚居形态。

我的一位老师，美国著名都市学者阿尔伯特·波普（Albert Pope），在他的著作《梯子》（*Ladders*）里写到了传统西方城市结构是一种连续的网格化的。近现代的郊区化产生了一种新的类似梯子一样的城市结构和城市体验，它是不连续的，目标化的，点与点之间的连接是线性的。这种在美国人看来完全郊区化的模式，其实正在我们的城市中出现。

在中国，我们生活在各式各样的"城"中。以我为例，家住在"和平新城"，工作在"万国城"，昨晚刚去"凤凰城"吃饭。在中国的另一种近期的典型反映，是一种被称为豪布斯卡（HOPSCA）的一种商业地产形态，也就是所谓的城市综合体。据说巴黎的德方斯新区是豪布斯卡的最初原型。因为通常包括酒店办公公园商业公寓等物业形态，每个形态商业形态英文开头字母缩写成为这一综合项目的时髦代名词。

从传统意义上讲，它们都是反城市的，但是无论是爱是恨，城市综合体和封闭小区都把我们目前在城市尺度上无法解决和协调的功能问题和交通问题，在一个介于建筑和城市之间的尺度上做出了一种理性的反映。另外一种更早开始普及的形态是大型商品房封闭小区。这两种形态的产生恰恰反映了我们城市目前集中的几个问题。由于收入差异日益加大而造成的社会安全问题，由于政府投入不足而造成的城市公共空间匮乏问题，以及城市过于分散而造成的交通问题等。

实践和实验

　　我的设计实践在 2001 年开始真正接触中国的问题。由于种种原因，在中国的项目因规模的问题几乎很难不去考虑城市。很多项目的标题就是"城"，从 2002 年的南宁新城，到 2005 年的西安新城，再到 2008 年建成被称为城中之城的 Linked Hybrid（北京当代 MOMA），以及正在施工的成都来福士城，在这些与斯蒂文·霍尔（Steven Holl）一起创作的作品里，使我们对现在城市问题批判和对未来城市设想的一些片段有机会得以实现。

　　在成都（来福士广场）的尝试里，通常的多层裙房形态的商场被分层压低到地下，而形成了自然而然引人如内的半围合城市广场空间。在成都的气候里，一年四季可对市民开放享用。另外，经过几年坚持不懈的游说，我们将非常不幸地被搬到城外而让路于商业开发的省博物馆，以数码展览的形式保留下来，镶嵌在巨大的办公楼体量之中，作为对场地的历史记忆和文化的起码的尊重。这两个在我们看来最重要的对城市的贡献，在几年的艰苦设计工作中是最大的精神动力。

　　在深圳（万科中心）的尝试，我们把全部的新建功能或举在天上或摁到地下，创造了一个全部开放的亚热带公园。在大梅沙这样一个典型的过度开发的度假区里，到目前仅剩下两个主要的公共空间，一个是在夏天 24 小时年轻人欢呼雀跃的免费公共海滩，另一个就是这个在漂浮的巨大无形建筑物下面的公园，每天傍晚你可以听到老人和孩子在夕阳里的笑声。

　　在北京（当代 MOMA）的努力从 2003 年就开始一直到现在。复合功能和开发社区从一开始就在阻力中艰难的实现。开放的模式在建成后被开发者改回封闭，但是现在又开始慢慢地打开。复合的功能在设计当初是违反规划条例的，里面的空中联廊和漂浮影院里经常举办一些最时尚的活动。在不久的将来，当商业和居住都日渐饱和之后，当初所设想的电影城市的体验可能会渐渐显现出来。

　　在这些大型商业项目里面绞尽脑汁塞入城市幻想的几年间，我在另外一个工作平台——开放建筑，与黄文菁一起尝试了另外三个不同的也更为理想主义的实验。

　　实验一，红线公园。我们设想的一种开源设计的围墙单元，这些单元作为一种线性垂直的公园功能元素，可以草根式的方式被推广到全国范围内的封闭社区的围墙上。它以低造价的方式温柔地批判和试探解决我们城市里公共空间匮乏问题。

　　实验二，二环公园是另一个自己命题的项目。我们对二环这个昔日的绕城高速、今日的城中心最大的头痛地带，进行了彻头彻尾同时又经济可行的纸上改造。这个计划如果可以实施，可以增加五平方公里的城市公共空间——恢复往日的自然生态，加入今日急需的文化休闲空间。这些空间上和功能上的调整，完全有可能与一种更为高效的交通以及交通换乘系统并存，并且，引入更为传统的街道形式可以带来周边商业的发展和居民的就业改善。

实验三，印度实践。2008年一个偶然的机会遇到一个有着类似的不现实的理想主义梦想的印度人，开始了在一个与中国既相似又非常不同的文化国度里的摸索。在新德里的西南郊区正在建设一个印度最迅猛的新城——古尔冈（Guagoan）。这里聚集着几乎全部西方的知名IT企业在印度的总部和印度自主技术的公司大楼。这个新城的外观和中国大江南北的新城表面上并没有太大的差别。全世界的商业建筑师似乎在使用同样的参考书和规范，这些建筑被快速设计并堆砌在道路两旁。这位印度人看到了这种城市和环境以及人文的危机，他孤注一掷，希望用建筑来改变这一切。在过去的三年里，在这个新城和新德里之间的一块山坡上，我们一起尝试着建设两个"平行的城市"。漂浮的城市承载着能源和空间上高效率的办公空间，按规定除了工作人员，外人不能进入这个免税区。屋面是这些免税区的职员使用的一个巨大的景观功能空间。在下面腾出来的地面上，会是一个完全开放的另一个城市。那里周边的穷人可以来得到免费的教育和医疗，会有传统的露天市场和民主的辩论空间。

未来城市应该是城市居民一起做主的城市，市民共同参与决策的城市。

未来城市应该是节约型的城市，而不是简单的为了拉动内需而铺张浪费的城市。

未来城市应该是在各方面更为高效的城市，从资源利用和占用上，从空间和时间维度上都充分利用的，这样我们可以留下更多的自然，让留下的自然更加自然。

今天的韩国几乎一半人口居住在首尔。不远的未来，城市可能取代国家，把世界格局分布从面转变为点线的关系。我们在这些超级和宜居的大都市之间穿行，高铁和机场代码取代国家代码，早餐在PEK，晚会在DEL。

前天在成都回北京的飞机上读到成都政府最新的口号，要把成都建设成为世界田园城市。成都在最近刚刚把本来没有问题的中轴路上的路灯和铺地全部更换了一遍，这项耗资巨大的工程与城市的田园性到底有多大的关系？

未来城市的希望应该在与如何改进我们现在的城市。在农田或者海滩上建设看似近期获利较多的全新的生态城，虽然逃避了今天城市里棘手的问题，但是它的后果对于我们脆弱的生态环境来说是需要后几代来承担和解决的。

写到这里，正在包头设计的城市综合体就叫"广场的城市"（city of plazas）吧。在没有宏观尺度上来改变城市的权力之前，努力去创造一些好的城市的片段，也应该是对城市一个最简单的贡献吧。

未来之城的精神境界

马岩松

在词典里，对"世界"的解释是"人类社会和自然的总和"。这是西方的理解，无形中把人和自然对立起来，这样的世界观将注定人无法了解这个世界，它将充满矛盾和斗争。

其实人的本性是喜爱自然的，无论是对原生态的敬畏，还是对人造自然的痴迷，小到一棵草、一个盆景，大到一个庭院、一座城市。人喜欢自然并不是因为它能吸收二氧化碳而已，而是因为人们希望寄情于自然来寻找自己存在的精神价值和梦想。

工业革命后，大城市的出现正在改变这一切，城市成为人们贪婪的欲望和自我崇拜的象征物，对自然资源疯狂的占有和野蛮掠夺便是城市的雏形。例如在纽约这样的高密度大城市中，多元混合的都市生活和拔地而起的高层建筑成为人类文明的最高体现，它高效、集中，但也强横、冷漠。纽约除了中央公园那仅有的几棵尚幸存的百年古树，当年的那种"鸟语花香、水天一色"的原生态岛已不复存在。400年的历程，曼哈顿从"树木森林"走入"水泥森林"，看似战胜了自然，实为自毁了家园。阿诺德·汤因比（Arnold Toynbee）曾评价这个世界说：自从人类在大自然中的地位处于优势以来，人类的生存没有比今天更危险的时代了。

如果今天的中国研究高密度未来城市仅仅是为解决诸如移民、城市化和土地价值这样的问题的话，其实纽约和香港已经是近乎完美的参照物，实际上中国很多地区已经在照搬曼哈顿和芝加哥模式建设城市新区。足够的高度和容积率，加入一些公园绿地，大不了再加一些纽约没有的空中横向联系，一座纵横交错的未来大都市就出现了，有可能还是曼哈顿的升级版。好莱坞的未来电影中也曾经常出现这样的后工业大城市形象，但那真的是我们的梦想吗？我们所需要的仅仅是一座密度最高、功能最全、最节能和高效的城市么？

据说在经历了电影《阿凡达》中潘多拉星球的美丽图景后，很多人心中对美好世界的渴望被唤醒，导致很多人难以接受现实的世界。更有人宁愿自杀，也不愿回到丑陋的城市生活中去，他们对不能去潘多拉星球的美丽世界感到绝望。这给那些总是把"现实"挂在嘴边的城市野心家和学者莫大的讽刺。他们没有梦想，他们认为人类走向未来的动力就是要不断去解决眼前的问题，即使他们知道十年后也许这些问题本身就已经不存在了。

解决现实问题是任务，不是梦想，因为梦想是超越现实的。它是人们对美好世界的终极想象，像一束遥远而炙热的光线指引着我们前进的方向。未来人类的发展将由对物质文明的追求向对自然精神文明的追求转变，这是人类在物质条件得到极大满足之后必然的回归。是人类所经历的以牺牲自然环境为代价的农业文明和工业文明之后的后工业文明，我称之为自然文明：自然和人类并存。在未来的理想城市中，我们渴望的是重建精神家园。重建人与人、人与自然的平等和信任。

对理想城市的想象很显然是一个关于精神和伦理的讨论，而不是关于技术的。技术的特征就是随时在更新，而实际上今天的技术已经更新得太快了，以至于现在最新的技术过不了几年就是落后的了。中国城市化进程中的很多建筑，虽然有 70 年产权，但可能 30 年后就没人住了，因为它们当时运用的技术已经过时，很多所谓的节能建筑，可能也已经无法运行了。30 年后的建筑，节能节地是一个基本要求，今天的太阳能板、风力发电等技术到了那时就只会沦为无用的装饰。但另外一些建筑，中国园林、故宫、长城、金字塔、悉尼歌剧院等，它们至少能存在几百年，因为它代表了人类当时的文明和梦想。这不是技术，不是指标，以建筑为载体的精神和文化才是真正能让建筑可以持续的一部分。

绿色和生态是舒适度的问题，这是很初级的，实际上也是另一种物质问题，它忽略了人们寄托在自然中的精神世界。换句话说，一座高效、节能、合理的城市对于人来说是远远不够的，因为人们不想成为幸福的猪，人们有梦想和精神。未来城市应该能体现出人类最高的精神境界。

钱学森提出过"山水城市"这个概念，他认为人类文明是依附于自然来生长的，他希望建筑要与自然结合起来，让人们有重返自然的感受。我认为，"山水城市"不是简单的"园林城市"，也不代表要把建筑直接建成山的形状。这个概念代表的是东方哲学中人们寄托在自然中的情怀和境界。当高密度水泥丛林向每个人逼近，自然逐渐消失，人们希望可以在现代城市生活中感受到自然情感的存在。中国城市与自然的关系从来都不仅仅是舒适和效率的问题，是人们对自然精神上的寄托，更是中国人一种情思，一种观念的表达。

我们希望能够把这样的观念与中国现在的实际问题结合起来，创造一种全新的高密度城市和建筑。

  在 2002 年，我曾经为纽约的世界贸易中心重建提出过"浮游之岛"的概念，它是一座漂浮于摩天楼之上的水平城市，混合的城市功能与空中的森林与湖泊相融合。此概念是基于建筑群体的高密度人造景观。去年 MAD 在台中会展中心的设计中，一座由"群山"围成的院落相互连接，构成了室外空间的自然序列。正如传统中国园林中对于人与自然和谐共生的追求一样，这个建筑群落的意义更多表现在其非物质的属性。自然之物赋予了社会的精神属性—— 一棵树、一片竹林、一潭池水成为空间的主体。还有最近我们在山城重庆完成的一座超高层城市综合体——"城市森林"的设计，我希望把现代城市生活与自然山水中的情感体验联系在一起。让建筑成为自然的延续，并唤起曾经寄托于古老的东方山水之间的情感。"城市森林"没有明确的几何形体，看起来像山脉般整体而生动地变化。它不再强调垂直的力量和高度，而更加注重人们在多向度空间的漫游——多层的立体花园，浮游的平台，纯净光洁的巢穴空间，建筑的形式消失在空气、风和光线的空间流动之中。置身于其中，人们将与自然不期而遇。它不是一个平庸的城市机器，而是一座在钢筋混凝土丛林中自然呼吸的人造有机体。

  我在想，建筑能不能消失，取而代之的是诗情画意的自然体。建筑是一个室内外空间穿梭掩映的漂浮状结构，没有清晰的几何形体，但在各个方位和不同层高上通过庭院空间把城市公共空间与宜人的小尺度环境结合在一起。"空儿"也许可以成为空间组织的核心，人工和自然的界限可以再次模糊。我迫不及待地想去感受"城市森林"建成后的空间效果，也许伴着某个雨后的彩虹，在云端的花园中品上一杯茶，再谈谈未来的城市和梦想。

国土与区域生态安全格局

原载"新观察"第十七辑 / 2012.06

日前，受邀参加北京大学建筑与景观设计学院关于京杭大运河沿线调研项目的介绍会，期间俞孔坚、李迪华介绍了他们新近的研究课题：国土与区域生态安全格局研究。

与建筑界耳熟能详的伦理式（政治正确的、缺少实证性的、难以量化和验证的）空间生态策略不同，他们的研究针对我国面临的水资源短缺、洪涝调节、水土流失、沙漠化、生物多样性维护等问题，以景观生态学为基本理论，采用景观安全格局的分析方法，辨识出了维护这些过程所必需的关键的空间位置及其空间联系，尤其是对洪水调蓄和生态廊道的分析研究，为"反规划"提供了坚实依据，令人耳目一新。

与过往各辑"新观察"由主持人根据主题分别组稿不同，这辑委托俞孔坚教授组织，以四篇文章，完整呈现了他们近年来相关研究的成果。

前两篇文章从宏观角度阐释了其国土生态安全格局观。"国土生态安全格局是对维护土地上所有自然、生物和文化过程及其生态系统服务的关键性空间格局。"俞孔坚、乔青的文章将其观念进行了明晰的梳理和表述。李迪华、王春连的文章则从国土生态安全格局底线的角度，认为："安全格局底线在最低限度保护生态过程的完整性，并提供必要的生态系统服务，它是维护区域生态安全的最后屏障，是城市扩张中不可突破的生态底线，被称为底线生态安全格局，应该纳入到城市禁止建设区和基本生态用地，实行最严格保护。"而他们最为关注的，是国土生态安全格局底线该如何坚守。

正如俞孔坚、乔青文章指出的："国土生态安全格局的意义不仅在于提出了一条从空间规划的角度来应对城市生态问题的途径，更在于它以生态基础设施的形式在各个城市中的落实，并发挥着具体的功能。"后两篇文章以台州和北京为案例，分别涉及其生态安全格局的中观和微观尺度。

"与洪水为友"，浙江台州反规划案例是一个从区域到城市、再到地段街区等多个尺度的生态安全格局研究的成功例证，其诉求在于"增强城市对自然灾害的抵御能力和免疫力，妙方不在于用现代'高科技'来武装自己，而在于充分发挥自然系统的生态服务功能，让自然做功，增强土地生命系统的免疫力"。

而北京案例则试图在改进排水管道，建设公园绿地，机动车限行等看似立竿见影的举措之外，更加宏观、系统的来分析并试图缓解北京的城市发展带来的生态环境问题。其中涉及综合水安全格局、生物安全格局、地质灾害安全格局、文化遗产安全格局、游憩安全格局，以及将不同生态保护目标的安全格局综合叠加形成综合的北京市生态安全格局。

文章最后的告诫令人深思："这座城市的发展中缺少了点什么，缺少的是一种敬畏：人类对自然的敬畏，城市扩张对生态底线的敬畏。只有始终保有着这份敬畏，才能真正'创造生态文明'。"

国土生态安全格局：
再造秀美山川的空间策略

俞孔坚
乔　青

在谈国土生态安全格局之前，必须花费一点儿篇幅来谈谈我们所处的时代背景，以及我们的国家和城市正面临着什么样的生态安全危机，这是探讨国土生态安全格局的前提。

拿刚刚过去的两年来说，2010年冬至2011年上半年，我国安徽、河北、江苏、贵州、四川、云南等地出现了大面积较为严重的旱情，2134万人出现饮水困难；长江中下游地区普遍遭遇干旱，降水达50年来最低水平，江河、湖泊水位异常偏低，鄱阳湖、洞庭湖面积减少约2/3，洪湖1/4湖区干裂；但自六月起，我国南方的大部分地区，尤其是长江中下游地区出现了较强降水过程，部分旱区变为涝区。据2012年2月召开的全国防汛抗旱工作会统计，全国有260多条河流发生超警戒水位洪水，其中50条河流发生超保证水位洪水，11条河流发生超历史纪录的特大洪水，嘉陵江支流渠江发生了自1939年有实测资料以来的最大洪水，洪水频率达百年一遇，全国因旱涝灾害造成的直接经济损失达2329亿元。这发生在不过一年内的、瞬间的旱涝急转给我们敲响了警钟，它让我们清楚地看到我们赖以生存的生态环境对水文的调节能力降低到了怎样的地步，它让我们清楚地看到尽管人类社会经过了几千年的发展，但科技的发达、经济的繁荣、文明的进步并未使我们摆脱自然灾难的威胁，洪涝随时都会在身边发生。

人类本来对大自然及其带来的灾难是有敬畏之心的，这敬畏之心来源于千百年来人类与大自然抗争的经验，然而，科技的进步却使这种敬畏之心日益消减，不全面的科学知识掩盖了人类的无知，加上为追逐眼前经济利益而对已经积累的关于自然的科学知识置若罔闻。在已经过去的二十多年的城市化和大规模的基础建设过程中，我们用极其无知和恶劣的方式，使我国的土地生态和乡土遗产遭受了五千年来未有之破坏，自然生态服务功能全面下降，我们面临着比过去任何一个时期都更为严峻的生态问题，这些问题可以概括为：

大地景观破碎化，各种自然过程的连续性和完整性受到破坏：飞速扩大的城市群、无序蔓延的城市、各种方式的土地开发和建设项目、水利工程等，都使自然景观日益破碎化，自然过程的连续性和完整性受到严重破坏！

水系统的严重破坏：其中包括作为文化景观的、几千年来人与自然共同作用下形成的水网系统的瘫痪，包括河流水系的污染、填满、覆盖、断流、水泥化和渠化；河湖海滩等自然湿地系统的消失和破坏，这些都导致了水生态系统在涵养水源、水文调节、净化污染物、作为水生生物栖息地等功能的下降。

生物栖息地和生物廊道的破坏和消失：包括河流廊道原有植被带被水泥护堤和以非乡土物种为主的"美化"种植所代替；农田防护林林带和乡间道路由于道路扩展而被砍伐；城镇化、道路及水利工程，导致村落、池塘、坟地周边的"风水林"等乡土栖息地斑块大量消失；乡土生物可生存繁衍的栖息地环境日益恶化并减少。

而放眼已经席卷而来的城市化和城镇化浪潮，这种生态危机愈发严峻，如若依旧延续过去以挥霍土地、牺牲自然生态系统健康为代价的土地开发和城市建设方式，即将到来的城市化过程，必将因其建设规模之大、速度之疾，而对我们的国土生态安全带来不可逆转的破坏。

其实，地球给了人类足够的生活空间，我们并不是没有土地来建设城市，而是往往在不合适的地方、用不合适的方式来建城市，破坏了自然生态系统的服务能力。土地是一个有着自身结构和功能的生态系统，不同的空间构型和格局有着不同的生态功能。这意味着只要通过科学、谨慎的土地设计，城市和基础设施建设对土地生命系统的干扰是可以大大减少的，许多破坏是不必要的。

如果说过去我们的城市是惯性地沿着一条危险的轨道滑向灾难的话，在今天这城市化巨变的过程中，在人地关系空前紧张的情况下，我们必须扭转这一趋势，改变传统发展规划模式，主动争取和谐的人地关系。根本解决之道是要重新拾起对大自然的敬畏之心，认识土地的完全价值，重建生态的土地伦理，在城市开发建设选址之前先来对土地上的自然和生物过程进行研究，确定哪些区域是用于维护自然过程完整性所必需的土地，也就是不能进行开发建设的土地，在此基础上，再来确定城市发展的空间格局，以确保在利用土地的时候，不会破坏和切断土地生命系统的血脉。这种优先进行非建设区研究的规划方式，因其与传统城市规划中优先进行建设用地布局的流程相反，可称之为"反规划"。

国土生态安全格局是对维护土地上所有自然、生物和文化过程及其生态系统服务的关键性空间格局。广义的国土生态安全格局是一个多层次的、连续完整的网络，包括宏观的国土生态安全格局、区域的生态安全格局和城市及乡村的微观生态安全格局，全国尺度上的连续完整的山水格局、湿地系统、河流水系的自然形态、绿道体系，以及中国过去已经建立的防护林体系，等等，都是国土安全格局的范畴。上述各种生态要素及其联系共同形成一个生态的网络，将生态服务功能、文化遗产保护以及人与土地的精神联系整合起来，担当起生态安全、遗产保护和精神给养的功能。狭义的国土安全格局则特指全国尺度上的生态安全格局。

为了更清晰地理解国土生态安全格局的内涵，可以从以下两个方面来谈：首先，国土生态安全格局强调该空间格局的关键性和不可替代性。理论上，地球上的任何一块土地都有其生态服务价值，但在土地资源短缺与城市发展扩张之间的矛盾日益突出的背景下，国土生态安全格局强调它在维护某个生态过程、提供某种生态服务方面的重要性，即保护了这个格局，就可以在一定程度上维护某个生态过程的健康，避免某种生态问题的发生，也可以理解为格局对过程维护的高效性；其次，国土生态安全格局强调空间联系，不仅仅是维护生态过程所需要的土地和空间的"量"，更重要的是空间格局和"质"的问题。

按照空间尺度的不同，国土生态安全格局可以分为宏观、中观、微观等多个尺度，不同尺度上安全格局针对的问题和其具体体现形式不同。

宏观对应的是全国尺度，生态安全格局被视为水源涵养、洪水调蓄、生物栖息地网络等维护自然生态过程的永久性地域景观，用来保护城市和家园安全，定义城市空间发展格局和城市形态。2007年，受国家环境保护部（原国家环境保护总局）生态司的委托，北京大学景观设计学研究院开展了国土生态安全格局规划，研究针对我国面临的水资源短缺、洪涝调节、水土流失、沙漠化、生物多样性维护等问题，以景观生态学为基本理论，采用景观安全格局的分析方法，对上述提及的主要自然生态过程进行了分析，辨识出了维护这些过程所必需的关键的空间位置及其空间联系。这个安全格局对维护国土尺度上整体生态过程的完整与健康具有非常重要意义，同时也给国土生态安全保障、国土功能区划和土地利用规划、城市规划等不同部门及不同工作间搭建了一个交流的平台，以便协调保护和发展之间的矛盾，实现精明的保护与精明的发展。

中观对应的是区域和城市尺度，在这个尺度上，生态安全格局能够以生态基础设施的形式落实在城市中，一方面用来引导城市空间扩展、定义城市空间结构、指导周边土地利用；另一方面，生态基础设施可以延伸到城市结构内部，与城市绿地系统、雨洪管理、休闲游憩、非机动车道路、遗产保护和环境教育等多种功能相结合。这个尺度上的生态安全格局边界更为清晰，其生态意义和生态功能也更加具体。

微观对应的是城市街区和地段尺度，生态基础设施作为城市土地开发的限定条件和引导因素，落实到城市的局部设施中，成为进行城市建设的修建性详细规划的依据，将生态基础设施落实到城市内部，让生态系统服务惠及每一个城市居民。浙江台州反规划案例就是一个从区域、到城市、再到地段街区等多个尺度的生态安全格局研究的例证。

国土生态安全格局的意义不仅在于提出了一条从空间规划的角度来应对城市生态问题的途径，更在于它以生态基础设施的形式在各个城市中的落实，并发挥着具体的功能。十多年来，北京大学景观设计学研究院在全国上百个区域或城市内开展了生态安全格局和生态基础设施规划。如台州市的生态基础设施中包含完整的水系网络成为生态的防洪设施，并在防洪之余提供着其他生态功能。无锡太湖新城生态基础设施中设计了一个完善的非机动车道路系统，它与城市绿地、河流、文化遗产、学校、居住区，以及商业步行街相结合，是供城市居民通勤、休闲、文化体验的绿色廊道。北京市案例中在生态安全格局规划成果上进行了未来城市扩展的空间情景模拟，给城市决策者提供了可感知的城市形态……这些案例，使国土生态安全格局从理论研究层面落在了实实在在的城市建设中，使生态系统服务成为市民可触及、可感知的实体。

　　总而言之，在当今的中国、在这个崭新的时代，人与自然的平衡再一次被打破，人类生存面临着生态与文化的危机。我们必须建立起一种新的和谐的人地关系来度过这场危机，作为景观设计师，我们必须重建土地伦理，通过在空间上设计和构建生态基础设施，来引导城市发展，保障生态系统服务的持续发挥，保护乡土和文化遗产，而这就是多尺度的国土生态安全格局。

　　最后，还有一点建议，就是再造"秀美山川"需要动员国家各级机构和部门在不同的国土尺度上系统地、科学地研究和实践，必须有一个国家级的权力系统来统筹国土生态安全问题，因为国土的生态安全与国防安全和国家的发展一样，具有同等的重要性；又因为，自然生态过程是没有行政边界的，目前国土被众多部门条块式分割管理的状态，显然不利于一个完善的国土生态安全格局的建立。我们认为，在这里，中央倡导的"科学发展观"将会得到最充分的体现。

国土生态安全格局底线

李迪华
王春连

国土生态问题日益突出，生态安全格局底线是最后生态屏障

在当前经济全球化和快速城市化的大背景下，我国正经历着轰轰烈烈的城市化过程，在今后几十年里，我国的城市化水平还将会大幅度提高，城镇人口还将继续增长，开发建设的规模和力度也会继续扩大。然而，我国是一个生态环境相对脆弱的区域，西部的干旱半干旱区占全国陆地面积的 52%，山地占全国陆地面积的 2/3，脆弱的自然条件和严酷的生存环境难以承受庞大的人口规模和经济发展带来的压力。而且，在过去相当长的一段时间内，随着人口的激增和工程技术的不断进步，人类以前所未有的规模和速度改变着自然环境，加之不合理的人类活动，导致一系列环境和生态问题的出现，生态系统服务能力下降，生态环境恶化的整体趋势至今仍未得到有效遏制。

长江、黄河、嫩江等大江大河水系涵养水源、保持水土等生态服务功能受到极大削弱，我国西部地区由于干旱、高寒、严重水蚀与风蚀，土地荒漠化严重，生态环境十分脆弱。我国洪水调蓄面临着人与水争地，天然洪涝调蓄系统破坏，洪水危害增加；此外，由于盲目开垦荒地、滥伐森林、过度放牧、掠夺性捕捞、乱采滥挖、不适当地兴修水利工程或不合理灌溉等引起水土流失，草场退化、土壤沙漠化、盐碱化、沼泽化，森林面积急剧减少，矿藏资源遭到破坏，野生动植物和水生生物资源日益枯竭，旱涝灾害频繁等，使我国国土生态安全面临严重威胁。

在不断增加的能源与资源需求压力下，在生态环境问题日益突出的背景下，中

682

国城市化过程中如何维护生态系统的完整与健康，保障国土生态安全，实现人与自然和谐的可持续发展，已成为科学研究和可持续发展战略的重点关注领域。国土生态安全格局的范围有多大，它的生态底线是什么，在哪里，这是需要明确的问题，我们只有掌握了这些才能制定保护战略和措施来坚守安全格局底线，更好的保障国土生态安全。

国土生态安全格局的底线是什么？

近年来，我国先后启动了天然林保护工程、退耕还林还草工程、退田还湖工程等重大生态工程，加快了各类保护区建设，在重要区域（流域）生态保护、防灾减灾及环境管理等方面取得了一定的成效和进展，仅自然保护区、国家级重点生态功能保护区、风景名胜区、森林公园、湿地公园数量达 3 400 多个，总面积约占我国国土面积的24%。而其他各类地方级保护区数量更多，面积更大，范围覆盖全国。但是，各类保护区存在着空间重叠、布局不够合理、保护目标单一、重点不突出、划分不够科学系统、总面积过大等问题，生态保护效率不高的局面一直难以扭转；受保护地区面积过大或界线不合理导致难以实施严格管理；一些线性网状的高生态功能区域由于没有受到重视而不断地受到侵蚀、干扰而断裂、消失和退化；一些相邻的斑块由于缺乏连接而使得生态功能大打折扣。

多年来，我国已开展的全国生态功能区划、全国主体功能区划、重要生态功能区与生物多样性优先保护区设置、生态脆弱区建设规划等多项工作，对最具生态价值和保护意义的区域进行了划界、分级及规划研究，但是在空间布局的合理性、受保护地区的高效性等方面仍存在不足。上述实际情况造成我国部分地区生态保护与经济社会发展矛盾激化、开发建设与保护两难的局面，未能形成确保国家生态安全与区域社会经济协调发展的优化布局与统一格局，对最应该保护的生物多样性维系、水源涵养、防风固沙和洪水调蓄等区域实施有效管控。

上述分析可见目前还没有形成一个完整的国土生态安全格局，它的底线在哪里更是不清楚。因此，明确国土尺度上的生态安全格局底线对未来有效加强生态保护、保障我国国家生态安全具有极为重要的现实意义。安全格局底线在最低限度保护生态过程的完整性，并提供必要的生态系统服务。它是维护区域生态安全的最后屏障，是城市扩张中不可突破的生态底线，被称为底线生态安全格局，应该纳入到城市禁止建设区和基本生态用地，实行最严格保护。

国土生态安全格局底线在哪里？

针对我国面临的国土生态安全问题及其产生的根源，基于景观生态学的基本原理和景观安全格局理论，基于生态过程的完整性分析找出影响该过程具有战略意义的斑块和廊道，构成不同生态过程的安全格局底线，从而综合构建国土生态安全底线，维护好国家生态安全屏障的作用。提出构建国土生态安全格局的设想，以期将维护土地生命系统的安全和健康作为区域和城市开发建设的前提，避免在快速城市化过程中由于忽视自然与生物过程而导致区域生态系统遭到破坏。国土生态安全格局将生态系统的水源涵养、洪水调蓄、水土保持、沙漠化防治、生物多样性保护等生态系统服务进行整合，使之成为维护国土自然生态系统健康与完整的、关键性的空间格局，成为区域开发建设活动必须充分保护和重点恢复的区域。

国土尺度不同的自然过程都有其各自的生态安全格局，我们需明确各过程安全格局的底线在哪里，加强保护才能避免生态问题的发生。

1．江河源区水源涵养安全格局：通过分析江河发源点的空间分布密度来定量化指示重要水源涵养区域的空间范围，然后以植被覆盖度来综合指示该地区的水源涵养能力，并叠加具有重要水源涵养功能的冰川、湿地，最终确定江河源区水源涵养的安全格局。底线安全水平水源涵养安全格局面积233.2万平方公里，占国土面积的24.3%，主要分布在以三江源为核心的青藏高原东部地区和位于我国地势三大阶梯交错带的山脉体系。

2．洪水调蓄安全格局：洪水调蓄安全格局构建战略要充分考虑洪水的自然过程，判别国土尺度上洪水调蓄的关键区域，在我国现有防洪调蓄工程体系下，将现有的蓄滞洪区，可供调、滞、蓄洪水的湿地，以及重要江河的河道缓冲区综合纳入洪水调蓄安全格局的保护范畴，构建发挥洪水调蓄生态系统服务的洪水调蓄安全格局。面积为7.5万平方公里，占国土总面积的0.8%，主要范围包括我国七大流域的河道干流及其缓冲范围、国家蓄滞洪区和洞庭湖、鄱阳湖、太湖等重要的湖泊和湿地。

3．生物多样性保护安全格局：生物多样性保护安全格局根据物种保护关键区域和动物迁移廊道网络共同确定。其中，底线生态安全格局面积为100.9万平方公里，占我国陆地总面积的10.5%，主要分布在大兴安岭北部、小兴安岭、长白山、三江平原湿地、燕山、川西高原、横断山脉、喜马拉雅山、神农架、武夷山脉、海南、台湾等区域。

4．水土保持安全格局：通过选取年降雨量、植被覆盖度、土层厚度、坡度、土壤类型、坡耕地判别需要进行保护与治理的水土流失发生区域，将其纳入全国生态安全格局的范围，以实现保护和改善水土流失地区生态环境，底线安全水平水土保持安全格局面积为41.6万平方公里，占我国陆地总面积的4.3%，主要分布在长江中上游的四川丘陵盆地、秦岭大巴山高中山地，黄河中上游的晋陕蒙接壤区、陕北晋西黄土高原区，珠江南北盘江上游的鄂黔滇中山地区等区域。

5．沙漠化防治安全格局：通过判别沙漠化发生发展的敏感性和沙漠化程度来共同构建沙漠化防治的安全格局，提出沙漠化土地保护和恢复的空间战略。底线安全水平沙漠化防治安全格局面积为45.04万平方公里，占国土面积的4.69%，主要分布范围为内蒙古呼伦贝尔高原沙地,东北地区松嫩平原的松嫩沙地,晋冀蒙接壤地区的坝上高原、山西大同盆地、内蒙古乌兰察布市南部、陕西榆林地区、甘肃省陇中地区的庆阳市、固原、定西,新疆沙漠周边绿洲地区和西藏的部分地区。

将上述主要自然过程的安全格局底线叠加构成综合国土生态安全格局底线,结果表明低安全水平国土尺度生态安全格局面积为342.9万平方公里,占我国陆地总面积的35.7%,是保障国土生态安全的最小范围,应该成为发展建设中不可逾越的生态底线,需要重点保护和严格限制开发。按照地理空间的分异划分,可将中国国土尺度生态安全格局分为三类区域。

第一类为青藏高原和主要山脉体系区域,该区是国土尺度生态安全格局的主体框架,所占百分比分别为50.5%,包括大兴安岭、小兴安岭、长白山、燕山、阿尔泰山、天山、祁连山、青藏高原东部、川西高原和横断山脉等地区,是我国发挥重要的水源涵养、生物多样性保护和土壤保持等多重生态系统服务功能的区域。

第二类为西北干旱区,空间范围涉及新疆天山南北区域、大兴安岭—贺兰山一线以西区域的准格尔盆地、塔里木盆地、河套平原、阿拉善高原、内蒙古高原和呼伦贝尔高原等地区,行政区域涉及新疆、甘肃、青海、内蒙古等省区。该区是我国生态环境较为脆弱和敏感的区域,气候干旱,水资源短缺,土壤结构疏松,植被覆盖度低,容易受风蚀、水蚀和人为活动的强烈影响。该区低安全水平的国土尺度生态安全格局面积所占比例分别为10.6%。

第三类为东部平原和盆地区域,空间范围包括东北平原、华北平原、长江中下游平原和四川盆地等区域,是我国重要的粮食主产区和人居保障。该区低安全水平的国土尺度生态安全格局所占面积比例为13.9%,其中低水平生态安全格局主要包括松嫩平原湿地、淮河中下游湖泊湿地、江汉平原湖泊湿地、洞庭湖、鄱阳湖、京杭大运河沿线湖泊湿地等洪水调蓄重要区域。这些区域对国家防洪减灾战略具有关键作用,需要严格保护湖泊、湿地生态系统,实行退田还湖、平垸行洪等措施来增加调蓄能力,禁止在行滞洪区建立永久性设施和居民点。

国土生态安全格局底线该如何坚守?

从国家层面上进行国土生态安全格局的研究与规划,对维护国土尺度上整体生态过程的完整与健康,促进区域可持续发展都具有非常重要而深远的意义。国土生态安全格局的研究在国土生态安全保障、国土开发、土地利用规划、城市规划等不同部门之间搭建了一个交流的平台,以便协调保护和发展之间的矛盾;同时,国土生态安全格局也是下游各级政府部门进行国土发展规划、开展区域生态补偿的基础,通过将生态保护战略和生态基础设施落实到具体的土地与空间上,切实实现对国土重要生态过程的保护,促进人地关系的和谐。

国土尺度生态安全格局的实施需要将其纳入法定规划体系，将规划成果广泛征求各部门和利益相关者的意见，通过多方博弈最终确定其空间边界。生态安全格局底线该如何坚守？是自上而下的国家层面控制，还是自下而上的地方政府部门监管？都需要我们在实践的摸索中寻找最佳答案。生态安全格局的最终成果应该通过立法和相关政策实现永久性的保护，使之成为保障国土、区域和城市生态安全的永久性格局，并引导和限制无序的城市扩张和人类活动。

"与洪水为友"
——台州生态安全格局案例

李迪华

洪　敏

　　又到雨季，城市的防洪防汛工作又纳入各省市防控的重要议程。每逢这个时节，新闻中有关防洪防汛的报道屡见不鲜。"南方某省市遭遇高强度降雨，逾数以万计的群众受灾……某某武警部队战斗在防洪一线上……"每年国家因洪涝灾害损失巨大，而且每年以成百上亿资金消耗在这场防洪战役中。据官方数据显示，每年洪涝灾害的年直接损失为1 000亿元，受难人口为1.61亿人。1986—2006年，国家为巩固和加强防洪设施投资了1 706亿元。2011年初，国家水文工程的投资预算为4万亿元，将近2010年GDP的10%，其中投资预算的38%用于防洪防汛。永无休止的防洪战斗每年屡屡上演，让人不禁思索，大地母亲究竟在以洪水这种方式向我们申诉些什么呢？我们究竟要对它的申诉置若罔闻多久，或者仅以一些盲目的应对手法（高高的防洪堤等建设）去遮掩这一切。面对大地的申诉，长期以来，我们习惯于采用头疼医头、脚痛医脚的办法，结果，这种单一目标的解决途径只能使城市的整体生存状态日趋恶化。在反思大地母亲申诉的基础上，我们强调要用一种全面系统的空间规划途径，来综合地解决上述问题，实现安全和健康的城市。

　　大地母亲不但具有生产功能，她还有消化和自净能力，同时她还能自我调节各种自然的盈余和亏缺，如调节旱涝、自我修复各种伤害等等，这些都是自然系统的对人类社会经济系统的生态服务。然而，在城市规划和建设中，我们却没有领会和珍惜自然的这些无偿的服务，而用极其恶劣的方式，摧毁和毒害大地母亲的肌体，使她丧失服务功能，包括：肢解她的躯体—大地上的田园和草原；毁损她的筋骨—大地之山脉；毁坏她的肾脏—湿地系统；切断她的血脉—河流水系；毒化她的肺—林地和各种栖息地。

最终使我们的城市不但难以避免类似印度洋海啸那样的特大自然灾难，就连一场小雪和暴雨都可以使整个城市瘫痪；一个感冒病毒变种或一种 SARS 病毒，可以把全国的所有城市带入死亡的恐怖。

增强城市对自然灾害的抵御能力和免疫力，妙方不在于用现代"高科技"来武装自己，而在于充分发挥自然系统的生态服务功能，让自然做功，增强土地生命系统的免疫力。2003 年，在进行城市建设总体规划修编之前，浙江省台州市邀请北京大学进行城市生态安全格局规划，规划提出可能受到海潮侵袭的区域，并建议作为不建设区域。2004 年 8 月 12 日，"云娜"台风来了，给台州市造成了上百亿的经济损失和一百多人死亡，创历史之最。而值得欣慰的是，那些被划为不可建设区域的滨海湿地带，恰恰是受海潮侵袭最严重的地区。如果按通常的建设规划考虑，这些地带是建设区，面临这样的风暴潮的时候，灾难性后果将不堪设想。

北京大学团队在台州市的规划中提出了视洪水为"朋友"的伦理，并从宏观、中观及微观三个层次实践了如何通过生态基础设施来形成健康的城市形态，如何以洪水为友，建设生态基础设施。在台州市的生态安全格局中，除了为海潮预留了一个安全的缓冲带以外，还为城市预留了一个"不设防"的城市洪水安全格局：一个由河流水系和湿地所构成的滞洪调洪系统。把洪水当作可利用的资源，而不是对抗的敌人。并将其与生物保护、文化景观保护及游憩系统相结合，共同构建了城市和区域的生态基础设施，就像市政基础设施为城市提供社会经济服务一样，它成为国土生态安全的保障，并为城市持续地提供生态服务。

目前我国大江南北所采用的河道渠化、通过加高和固化河堤进行防洪的做法是错误的，洪水不应是灾害，而更应是资源。防洪之道在于流域管理和滞洪系统的建立，特别是上游湿地系统的建立。关键的问题是应该有怎样的流域景观格局，特别是滞洪湿地格局来保障安全。台州河流经过不断人工改造，逐步演变成为人工管理下的工程化系统，河流逐渐丧失了其自然的泄洪蓄洪、生物栖息地、美学等功能。而国外研究表明，由洪泛平原以及沿河的小面积湿地、沼泽地、湿林地等，对洪涝灾害有重要的调节作用，并提供了多样的环境条件，本身是河流系统的一个组成部分。河流保护范围应该横向扩展，包括水文上有联系的临近区域。

因此，洪水安全格局的目标在于建立符合水自然过程的空间格局。沿河的支流水系、湿地、湖泊、水库以及一些低洼地，是相互补充的洪水调节涵蓄系统，安全格局就是从整个流域出发，留出可供调、滞、蓄洪的湿地和河道缓冲区，满足洪水自然宣泄的空间。通过控制一些具有关键意义的区域和空间位置，最大限度地减少洪涝灾害程度，达到安全的目标。湿地的容量和河道缓冲区宽度是两个重要的变量，洪水安全格局的关键是建立两者动态消涨、相互补充的关系。通过 GIS 技术，利用径流模型和数字高程模型可以进行洪水过程的模拟，并据此判别不同防洪安全水平下的景观安全格局。

作为一个实践案例，它成功地改变了人们关于城市防洪的观念。当地领导接受了生态安全和生态规划的理念，特别是在永宁江治理工程中，果断地停止了正在进行中的河道的硬化和渠化工程；将已经硬化渠化河段重新通过生态方法恢复成自然河道，建立起湿地公园，成为滞洪系统的有机组成部分；同时成为当地居民一个极佳的休憩场所。

在永宁公园方案中提出"六大景观战略"，核心思想是用现代生态设计理念来形成一个自然的、"野"的底，然后在此基底上，设计体现人文的"图"；基底是大量的、粗野的，它因为自然过程而存在，并提供自然的服务，而"图"是最少量的、精致的，它因为人的体验和对自然服务的接受而存在。这些战略包括：1. 保护和恢复河流的自然形态，停止河道渠化工程；2. 一个内河湿地，形成生态化的旱涝调节系统和乡土生境；3. 一个由大量乡土物种构成的景观基底；4. 水杉方阵，平凡的纪念；5. 景观盒，最少量的设计；6. 延续城市的道路肌理，最便捷地输出公园的服务功能。

永宁公园通过对生态基础设施关键地段的设计，改善和促进自然系统的生态服务功能，同时让城市居民能充分享受到这些服务。永宁公园于2003年5月正式建成开园，由于大量应用乡土植物，在短短的一年多时间内，公园呈现出生机勃勃的景象。设计之初的设想和目标已基本实现，2004年夏天还经历了25年来最严重的台风破坏，但也很快得到了恢复。作为生态基础设施的一个重要节点和示范地，永宁公园的生态服务功能在以下几个方面得到了充分的体现：1. 自然过程的保护和恢复：长达两公里的永宁江水岸恢复了自然形态，沿岸湿地系统得到了恢复并完善；形成了一条内河湿地系统，对流域的防洪滞洪起到积极作用；2. 生物过程的保护和促进：保留滨水带的芦苇、菖蒲等种群，大量应用乡土物种进行河堤的防护，在滨江地带形成了多样化的生境系统，整个公园的绿地面积达到75%，初步形成了物种丰富多样的生物群落；3. 人文过程：为广大市民提供了一个富有特色的休闲环境。

无论是江滨的芒草丛中，还是在横跨在内河湿地的栈桥之上，抑或是野草掩映的景观盒中，我们都可以看到青年男女，老人和小孩在快乐地享受着公园的美景和自然的服务。远山被招引入公园中的美术馆，黄岩的历史和故事不经意间在公园的使用者中传咏着、解释着，对家乡的归属感和认同感由此而生。不曾被注意的乡土野草突然间显示出无比的魅力，一种关于自然和环境的新的伦理犹如润物无声的春风细雨，在参观者的心中孕育：爱护脚下的每一种野草，它们是美的。借着共同的自然和乡土的事与物，人和人之间的交流也因此在这里发生，青年男女之间，家庭成员之间，同事和同游之间。

台州市的实践案例表明，地球上有足够的地方进行城市建设，我们没有必要与洪水过程争空间，也完全可以给生物、文化遗产以及游憩活动以更多的空间，我们甚至可以不用盲目地牺牲更多的土地来保护这些自然和人文过程及遗产。我们更需要通过解读土地、精明定位这些过程和资源建立综合、安全高效的格局或战略性的结构（生态基础设施），然后在这些生态基础设施定义的答案空间里进行城市开发。我们也完全可以谨慎地使用，甚至不用工程措施（如河流的窄弯取直，水泥堤岸防洪工程）来保障城市的生态安全，实现生态与人文理想的城市，有赖于科学和道义的结合，规划的科学性源于对城市发展的不确定性的把握，而道义则体现在对生命土地的关怀，包括对土地上的非生物过程、生物过程、地域的历史文化过程的关怀。

区域生态安全格局：
北京案例

俞孔坚
袁　弘

　　时至初夏，谈及即将到来的雨季，办公室的外籍同事印象深刻的却是北京严重的内涝。对每天出没于高楼大厦之间的普通市民来说，可能很难把地铁站里如瀑般的雨水与郊区一条条干涸的河流，一座座枯竭的水库联系起来；也更加难以理解，为何自然保护区、郊野公园越来越多，而在城市里看见各种野生小动物的机会却越来越少；北京市总人口一再突破规划限制，郊区的农田和山林被一片片住宅区替代，这些与初夏的冰雹，阴霾的天空究竟有着什么样的关系？我们研究团队就是试图在改进排水管道，建设公园绿地，机动车限行等看似立竿见影的举措之外，更加宏观、系统的来分析并试图缓解北京的城市发展带来的生态环境问题。

　　在过去30年中，北京市总人口翻了一番，根据第六次人口普查统计，2010年末已达到1961万；伴随人口的增长，北京城区面积已经拓展了700%，至2005年，北京市域建成区总面积已达到1 209.97平方公里，约相当于1973年建成区面积的6.6倍，净增建成区面积1 026.13平方公里，平均每年扩展约32.07平方公里——这是统计数据中的城市扩张。30年前，五道口地区还是一片农田，如今商贸繁华；15年前，立水桥、天通苑还是一片荒芜，现已成为北京著名的"卧城"——这是我们和父辈人生经历中的城市扩张。

　　在城市快速且无序的扩张背后，是沉重的生态代价：城市建设和城市活动导致城市水系结构的变化和功能的衰退；人为干扰下生物栖息地的减少和破碎化导致城市生物多样性的降低；山区建设活动的增加加剧地质灾害隐患和水土流失风险；中心城区人口与建设活动的高密度集聚导致空气质量恶化和热岛效应加剧。纵观世界各大城市的发展历史，人口的集聚和空间的扩展似乎是不可避免的；在中国的城乡二元体制被打破之前，中国的首都北京已经经历的城市化历程和将要面对的城市扩张压力，会比其他任何一个国家的大城市来得更加严峻。但是，不断恶化的生态环境并不是城市扩张所带来的必然结果。

因此，作为规划师，我们有必要回顾并反思这个城市的规划历史。1953年的《改建扩建城市规划草案的要点》是北京的第一次城市总体规划，其中提出城市的总体发展战略是有步骤地改变自然条件，为工业发展创造条件历程本身。视土地为生产资料和劳动对象是当时空间规划的价值观基础，直到1993年第四次城市总体规划时期，才开始意识到土地的生态功能。

虽然2004年的新一轮城市总体规划已经更进一步提出了禁限建区划分，更重视生态保护与城市发展的矛盾，但是传统的空间规划方法依旧是使规划约束力滞后甚至失效的元凶。首先，几乎所有的传统规划都试图把人口预测与控制凌驾于空间控制之上，把城市空间形态的引导依赖于交通和市政基础设施，规划的实施效果都惊人相似，北京市总人口屡屡突破限制，以人口测算为基础的空间控制随之土崩瓦解。随后，传统规划方法也似乎打算"优先保护生态"，所以才有了禁限建区的诞生。对中心城区而言，对CBD和新兴工业园而言，郊区、农田、山林，仅仅是个模糊的背景，平谷的桃花、怀柔的板栗是只在节假日添色，所以可以想当然的"被保护起来"禁止建设。但是，远郊区和山区的蓬勃发展表明了一个坚定的事实，模糊的、盲目的保护等于不保护。在区划式的禁限建区保护政策下，截然的保护区与发展区的划分，割裂的是土地生命系统，也是地区的发展权限。

十多年来，从城市到乡村，从平原到山区，研究团队的足迹几乎遍布北京市域16410平方公里。骑行温榆河，与农民一起席地而侃，沿着古老的香道寻找几乎快消逝的"娘娘庙"；奔走于各个水文站、乡镇府以搜集最基础的数据……基于这种对区域的系统深入了解以及前述对传统规划理念的自我反省，一步步坚定了我们的认识：对于北京这样一个人地关系高度紧张、土地资源十分紧缺的城市化地区来说，任何"轻视生态保护"或"盲目、模糊的保护"都是行不通的，也是不可持续的。应对北京市未来更迅猛的空间增长（北京的人口和建设用地增长趋势显然不会如各方规划所期望的那样被遏制），需要一个更加前瞻性的可持续的土地利用战略，需要更加明确而清晰的辨析出城市扩张的生态底线。基于"反规划"和生态安全格局的城市发展空间战略分析是必然的选择。

2007年，厚积薄发，北京大学研究团队开始了对北京市生态安全格局的全面系统研究。北京市生态安全格局是一个涵盖多种生态保护目标和策略的综合性空间格局。针对北京市快速城市化过程中面临的关键性生态问题，确定北京市生态安全格局的构建应该达成以下目标，并结合各类城市自然环境和社会人文数据，应用多种GIS空间模型进行雨洪水淹没模拟、生物栖息地评价及生物迁徙模拟等，分别构建相应的安全格局：

1．综合水安全格局：在最有效的区域最大化滞留雨水以回补地下，使城市免受洪涝灾害（包括内涝）的威胁；保护城市最重要的地表和地下水源；

2．生物安全格局：保护关键的生物栖息地和生物迁徙廊道，建立有效的生物保护网络，最大限度地保护生物多样性；

3．地质灾害安全格局：有效的规避地质灾害和水土流失；

4．文化遗产安全格局：保护北京丰富的自然和文化遗产，建立完整的文化遗产保护网络；

5．游憩安全格局：建立城市游憩网络，使不同出行方式的市民能够更安全、便捷、舒适地到达各类户外游憩场所。

将不同生态保护目标的安全格局综合叠加形成综合的北京市生态安全格局：以西—北山体（包括大型地表水源保护区和自然保护区）、浅山区和平原区重要地下水回补区，以及大型湿地和基本农田集中分布区为核心；以河流廊道、防护林带、文化遗产廊道为骨架的生态廊道和游憩廊道；以城市集中建设区内的林地、滞洪湿地和公园绿地为斑块；构成基质—斑块—廊道镶嵌，点—线—面相结合的生态基础设施网络。

在此，有必要强调"网络"这一空间形态，这也是不同的规划价值观和方法论落实到规划空间成果上，而与传统规划结果表现出来的明显差异。因为重视鸟的飞翔、鹿的奔跑、流水的倾泻、人在自然中的体验……这些动态的、活的自然过程，所以拒绝静态的、切割分块式的土地保护途径。静态的水源区保护被联通的河流廊道保护所取代，割裂的自然保护区模式被动态的"生态栖息地＋生物迁徙廊道"模式所取代，独立的文保单位保护被整体的文化遗产体验网络所取代。

同时，研究成果为城市可持续发展提供了多解的方案：1．底线安全格局，是城市发展和扩张的底线，通过最少的用地面积保护城市生态安全所需要的最核心的生态服务，在城市生态系统中处于核心地位；2．满意安全格局，在保护城市安全底线基础上进一步保护部分外围的缓冲区域，使城市生态环境达到满意状态；3．理想安全格局，城市生态环境优良，最大限度保护关键生态过程的完整性，并将提供丰富的生态系统服务，需要最大面积的保护用地。

在完成了北京市生态安全格局的空间辨识后，我们更迫切的需要明确以下的问题：1.它与未来的城市增长的关系如何？2.怎么保障它的实施？规划师、设计师们应该做什么？政府应该做什么？

"预景"方法的应用能够很好地回答第一个问题，区域和城镇发展是自然生态、社会经济等多种过程相互制约—博弈—协调发展的结果。基于 GIS 技术和土地利用／覆盖变化研究所提供的大量空间模拟模型，城镇扩张过程、自然生态过程的大体空间趋势都是可以被预测和模拟的。"无约束的城市扩张"，"基于底线、满意、理想三种不同安全水平的城市扩张"和"基于传统土地空间规划的城市扩张"一共五个预景。"无约束的城市扩张"与"过于理想化的城市生态状态"对于北京这样一个人地关系高度紧张的城市，都是几乎不会出现的极端情况，对应的"摊大饼"式城市格局与"田园城市"更多的只是用于警醒世人的"戒尺"和"愿景"。在给予政府的建议书中，我们应该着重笔墨的探讨剩下的三个预景："城市中的生态基础设施（基于底线安全格局）"、"生态基础设施中的城市（基于满意安全格局）"和"基于传统规划的城市格局"。显而易见的是，规划价值观与方法论的差异使得前两种预景保护了真正的需要保护的生态用地，也真正保护了城市的生态底线。除此之外，预景还有效的证明了一个研究假设：基于生态安全格局的生态保护战略节约了更多的土地，更适应于北京未来的发展。因为，基于生态安全格局的预景显示出提供了的可供建设的土地面积远大于基于传统规划的预景。至于，最后是选择"城市中的生态基础设施"还是"生态基础设施中的城市"则更多取决于城市管理者的发展目标。

不论最后城市管理者选择了哪个城市发展格局，规划师和管理者都同样面临一个头疼问题：如何保障实施？这个问题的复杂程度，一定意义上已经超越了整个研究团队的知识结构体系。我们能做的就是积极的探索并且配合政府部门，将研究成果转化为多样化的应用成果：更大胆更具有前瞻性的研究结论需要被提炼出来，或许能影响决策层，改变基本城市发展理念；更具体且细化的技术标准应该被制定，用于引导同行；明确的政策和具有可操作性的规则需要和政府部门一起探讨，用于规范地方管理和具体的土地利用者行为。

同时，我们不断地在这个城市寻找着一个个案例点，直接在场地尺度和微观尺度践行宏观尺度提出的研究结论。这些案例点，可能是某个乡镇的委托项目，如通州区台湖镇的设计方案中，有效将基本农田与生态基础设施相结合，实现其滞纳雨洪水、净化水体回补地下的功能，同时结合都市农业项目开发，创造良好的社会经济效益；这些案例点也可能是研究生的一门课程实习，例如海淀区苏家坨镇，北京大学研究生与哈佛设计学院学生合作，为西山脚下的小镇提供了不同的丰富的发展战略。总之，北京市生态安全格局的实施是一个长期而艰巨的任务，我们从未停止努力。

访问 Google Earth，查看北京的影像地图，经常会看见一片农田中赫然印刻出如规划图纸上一般工整的街区。前日，网上有人公布了所谓的北京二环内改造方案，俨然的"绿心"、"绿隔"、"绿楔"还在热火朝天的建设中。北京作为国家首都、世界城市，其城市建设中似乎从来不缺乏西方规划理论和各类国际大师的指点江山，但是，严酷的现实恰恰告诉世人，这座城市的发展中缺少了点什么，缺少的是一种敬畏，人类对自然的敬畏，城市扩张对生态底线的敬畏。只有始终保有着这份敬畏，才能真正"创造生态文明"。

作者简介

北京多相建筑设计工作室 (P557)

合伙人陈龙、胡宪、贾莲娜、陆翔（按姓氏拼音首字母排序）。上海世博会万科馆建筑设计团队。

崔 恺 (P202)

中国建筑设计研究院副院长，总建筑师。

丁力扬 (P268)

建筑师，landTHING 建筑工作室创立合伙人。

董 功 (P520)

直向建筑设计事务所创始合伙人。

董豫赣 (P317)

北京大学建筑学研究中心副教授。

杜 鹃 (P226)

香港 IDU 建筑事务所主创人，香港大学建筑系助理教授。

范 凌 (P054)

设计师和评论家，任教于中央美术学院。

冯果川 (P221)

筑博设计执行总建筑师。

冯 路 (P646)

谢菲尔德大学（The University of Sheffield）建筑学博士，无样建筑工作室主持人。

冯 原 (P098)

文化批评家，空间设计师，艺术家，中山大学教授。

葛 明 (P247)

博士，东南大学建筑学院副教授。

龚 彦 (P249)

策展人，艺术家，《艺术世界》杂志主编。

汉斯·尤利斯·奥布里斯特

（Hans Ulrich Obrist） (P279)

瑞士独立策展人，伦敦蛇形艺廊联合总监。

洪 敏 (P687)

博士，北京大学景观设计学研究院研究助理。

华 黎 (P525)

TAO 迹·建筑事务所创始人，主持建筑师。

黄居正 (P122)

《建筑师》杂志主编。

黄声远 (P440, 452, 454)

田中央工作群、黄声远建筑师事务所主持人。

黄伟文 (P205)

深圳市规划和国土资源委员会副总规划师，深圳市城市设计促进中心主任。

黄 勇 (P640)

现任纽约 Davis Brody Bond Aedas 事务所 Associate（主任设计师），兼职授教于罗德岛设计学院，曾任 Herzog & de Meuron 事务所高级建筑师。

矶崎新 (P258)

矶崎新工作室主持建筑师。

姜 珺 (P108)

设计师与评论家，下划线工作室主持，《城市中国》杂志创办人，广州美术学院副教授。

金秋野 (P103, 402, 511)

北京建筑大学副教授，设计基础教学部主任。

赖德霖 (P160, 405)

清华大学建筑历史与理论博士，芝加哥大学中国美术史博士，路易维尔大学美术系亚洲美术与建筑助教授。

雷姆·库哈斯（Rem Koolhaas） (P279)

　　荷兰大都会建筑事务所主持建筑师。

李迪华 (P682,687)

　　北京大学景观设计学研究院副院长、副教授。

李 虎 (P212,530,666)

　　开放建筑工作室创始人，哥伦比亚大学建筑学院北京 Studio-X 主任。

李翔宁 (P170,218,428)

　　同济大学建筑与城市规划学院副院长，中西学院院长。

李兴钢 (P500)

　　工学博士，中国建筑设计研究院（集团）副总建筑师、李兴钢建筑工作室主持人。

林中杰 (P264)

　　美国北卡罗来纳大学夏洛特分校建筑学院副教授，未来都市（Futurepolis）设计事务所设计总监。

刘国沧 (P590)

　　台湾树德科技大学助教授，打开联合工作室主持人。

刘晓都 (P224)

　　URBANUS 都市实践建筑事务所合伙人。

柳亦春 (P245)

　　上海大舍建筑工作室合伙人、主持建筑师。

罗时玮 (P367)

　　台湾东海大学建筑系教授。

骆思颖 (P620)

　　OCT 当代艺术中心。

马清运 (P422)

　　美国南加州大学建筑学院院长，马达思班建筑设计事务所创始合伙人、设计总监。

马卫东 (P128)

　　文筑国际创始人，上海当代建筑文化中心基金会发起人。

马岩松 (P670)

　　MAD 建筑事务所主持建筑师。

孟 岩 (P563)

　　URBANUS 都市实践事务所合伙人，上海世博会深圳案例馆总策展人。

齐 欣 (P508)

　　齐欣建筑设计咨询有限公司董事长、总建筑师。

乔 青 (P678)

　　博士，北京大学景观设计学研究院研究助理。

饶小军 (P150)

　　深圳大学建筑与城市规划学院教授，《世界建筑导报》总编辑。

阮庆岳 (P026,081,379,576)

　　台湾元智大学艺术与设计系副教授、系主任，曾为开业建筑师，同时创作文学、建筑评论与策展。

史 建 (P030,470)

　　建筑评论家，策展人，北京一石文化策划总监，有方创始合伙人。

宋玮 (P608)

　　加泰罗尼亚理工大学建筑设计及理论博士生。

史文倩 (P661)

　　建筑师，荷兰 MVRDV 建筑事务所。

太田佳代子 (P276)

　　大都会建筑事务所策展人，编辑。

唐克扬 (P431)

　　设计学博士，策展人，唐克扬工作室主持建筑师。

童 明 (P307)

　　同济大学建筑与城市规划学院教授，TM Studio 主持建筑师。

王春连 (P682)

　　博士，任职于北京大学景观设计学研究院。

王 辉 (P042)

　　建筑师，URBANUS 都市实践合伙人。

王俊雄 (P350,438,440)

　　台湾实践大学建筑系副教授、《台湾建筑》杂志总编辑。

王 路 (P133)

　　清华大学建筑学院教授。

王明蘅 (P194)

　　台湾成功大学建筑学系教授。

王明贤 (P062)

中国艺术研究院建筑艺术研究所副所长。

王墨林 (P196)

台湾资深剧场工作者，导演，文化评论者。

王澍 (P242,302)

中国美术学院建筑艺术学院教授，业余建筑工作室主持人。

王维仁 (P585)

香港大学建筑系副教授，王维仁建筑研究室主持人。

王欣 (P313)

中国美术学院建筑艺术学院讲师，衣甫设计室主持建筑师。

王昀 (P047)

北京大学建筑学研究中心副教授，方体空间工作室主持建筑师。

王增荣 (P438,440)

比格达工作室主持人。

王振飞、王鹿鸣 (P636)

贝尔拉格建筑学院硕士，华汇设计（北京）主持建筑师。

吴光庭 (P362)

台湾淡江大学建筑系副教授。

夏铸九 (P154,396)

台湾大学建筑与城乡研究所教授。

谢英俊 (P190,234)

谢英俊建筑师事务所，乡村建筑工作室主持建筑师。

徐明松 (P326)

台湾铭传大学建筑系助理教授。

俞孔坚 (P678,691)

博士，北京大学建筑与景观设计学院院长、教授，哈佛大学兼职教授，北京土人景观与建筑设计研究院首席设计师。

袁弘 (P691)

博士，北京大学景观设计学研究院研究助理。

臧峰 (P551)

众建筑主持设计师。曾任职于非常建筑，

期间担任上海世博会上海企业联合馆项目负责人。

张利 (P546)

清华大学建筑学院教授，清华大学简盟工作室主持建筑师。上海世博会中国馆联合设计团队副总设计师。

张路峰 (P505,632)

中国科学院大学建筑研究与设计中心教授。

张永和 (P038,168)

非常建筑主持建筑师，麻省理工学院和同济大学教授。

张早 (P598)

天津大学建筑学院博士。

赵辰 (P146,398)

南京大学建筑学院教授。

赵磊 (P136)

南方都市报城市杂志中心首席编辑，中国建筑传媒奖、中国建筑思想论坛总策划人。

钟刚 (P614)

自由撰稿人。

钟文凯 (P174,425)

建筑师，在场建筑合伙人。

周庆华 (P090)

墨尔本大学建筑学博士研究生。

周榕 (P178,654)

清华大学建筑学院博士，副教授。

朱剑飞 (P023,075)

澳大利亚墨尔本大学建筑规划学院副教授，博士生导师。

朱竞翔 (P215)

香港中文大学建筑学院副教授，建筑研究者与建筑师。

朱涛 (P018,064,198,390,454,581)

建筑师，ZL建筑设计公司创建人之一，香港大学建筑系助教授，有方创始合伙人。

祝晓峰 (P535)

山水秀建筑事务所主持建筑师，同济大学建筑与城市规划学院客座教授。

"光明城"是同济大学出版社城市、建筑、设计专业出版品牌，由群岛工作室负责策划及出版，致力以更新的出版理念、更敏锐的视角、更积极的态度，回应今天中国城市、建筑与设计领域的问题。

图书在版编目（CIP）数据

新观察：建筑评论文集 / 史建编 .-- 上海：同济
大学出版社，2015.5
　ISBN 978-7-5608-5622-3

　Ⅰ . ①新… Ⅱ . ①史… Ⅲ . ①建筑学 – 文集 Ⅳ .
① TU-53

中国版本图书馆 CIP 数据核字（2014）第 209317 号

新观察

建筑评论文集

有方
《城市·空间·设计》杂志社　　　策划

史 建 编

出品人：支文军
策　划：群岛工作室

责任编辑　孟旭彦　秦 蕾　　责任校对　徐春莲　　装帧设计　张 微

出版发行　同济大学出版社 www.tongjipress.com.cn
　　　　　（地址：上海四平路 1239 号　邮编：200092　电话：021–65985622）
经　　销　全国各地新华书店
印　　刷　上海中华商务联合印刷有限公司
开　　本　787mm×960mm　1/16
印　　张　43.75
印　　数　1–3100
字　　数　875 000
版　　次　2015 年 5 月第 1 版　　2015 年 5 月第 1 次印刷
书　　号　ISBN 978-7-5608-5622-3
定　　价　128.00 元